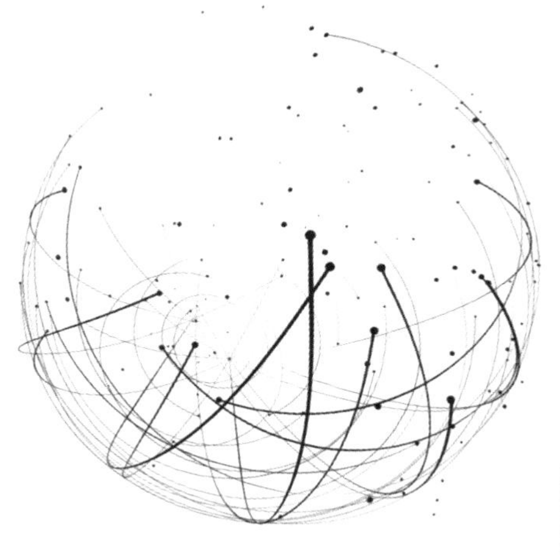

中学物理教师进修用书

电磁学问题讨论

Discussion on Electromagnetics

缪钟英　主编

中国科学技术大学出版社

内 容 简 介

本书初版于1994年，作为教学参考书，供中学物理教师提高业务水平之用.2000年，经教育部师范教育司组织评审，本书被选为全国中小学教师继续教育教材.现在本书面向广大中学生和中学物理教师再次出版.

本书根据中学物理教师在驾驭教材时所应具有的知识和能力，针对教学需要，选择了101个专题详加分析论述，使读者能从较高的水平和较广泛的领域把握经典电磁学基础知识，这对于改革和丰富教学内容很有助益.本书对概念的阐述层次高，而又易懂，对问题分析深入，思路清楚鲜明，有助于提高读者分析问题的能力.

本书主要供高中生、非物理专业本科生学习使用，也可供高中物理教师和教学研究人员参考.

图书在版编目(CIP)数据

电磁学问题讨论/缪钟英主编.—合肥：中国科学技术大学出版社，2018.8(2023.7重印)

ISBN 978-7-312-04430-4

Ⅰ.电…　Ⅱ.缪…　Ⅲ.电磁学—研究　Ⅳ.O441

中国版本图书馆CIP数据核字(2018)第054920号

出版 中国科学技术大学出版社
安徽省合肥市金寨路96号，230026
http://press.ustc.edu.cn
https://zgkxjsdxcbs.tmall.com

印刷 合肥市宏基印刷有限公司

发行 中国科学技术大学出版社

开本 787 mm×1092 mm　1/16

印张 30.5

字数 632千

版次 2018年8月第1版

印次 2023年7月第3次印刷

印数 8001—12000册

定价 78.00元

前　　言

20 世纪 90 年代初,《力学问题讨论》出版后,人民教育出版社物理编辑室决定出版一套《中学物理教师之友》丛书,并邀我再组织编写其中一册,即《电磁学问题讨论》.在几位同事的通力合作下,《电磁学问题讨论》于 1994 年由人民教育出版社出版.2000 年,经教育部师范教育司(今教师工作司)组织评审,本书被选为全国中小学教师继续教育教材,于 2003 年 8 月由人民教育出版社再次出版.2017 年初,中国科学技术大学出版社与我约谈,表示愿重新出版《力学问题讨论》和《电磁学问题讨论》,并于 2017 年 7 月达成出版两书的共识.作为作者,我为这两本书至今仍有再版的价值而感到欣慰.同时,也真诚地感谢所有读者朋友;感谢人民教育出版社老一代的资深编审雷树仁先生和张同恂先生,以及人民教育出版社物理编辑室;感谢中国科学技术大学出版社为这两本书的再版而操劳的朋友们.

本书是一本系统阐述与专题讨论相结合的教学参考书,初衷是为中学物理教师教学业务的提高服务.各章由"基本内容概述"和"问题讨论"两部分组成.前者概述大学普通物理电磁学部分的基本内容,便于读者在阅读"问题讨论"部分时温习和查阅."问题讨论"是本书的重点.我们结合大学电磁学和中学物理教学的实际,讨论了 101 个问题.这些问题概括为以下几类:

(1) 正确理解和应用电磁学的基本概念和规律应当注意的问题.

(2) 直接从中学物理教学实际中抽出的与指导中学物理教学和中学生物理竞赛有关的问题.在这些问题中,尽量给出具体题目或典型实例进行分析讨论.

(3) 有关电磁学发展的一些历史材料,着重阐明基本电磁学规律以及相关的物理思想和方法是怎样在历史上萌芽和最终建立起来的.

(4) 有关电磁学基本原理的应用,以及物理学发展前沿的一些有关电磁学的问题.

在编写风格上,我们力求简明扼要,深入浅出,使有大专水平的中学教师能够读而不觉其难;同时也希望能使有相当教学经验的教师在阅读本书对具体电磁学问题的深入细致的分析讨论时感到有新意而有所收益.

本书由四川大学物理系教授缪钟英主编,参加编写工作的还有:成都市中小学教育专家、成都市第十二中学特级教师郭鸣中,四川大学刘启耕副教授,成都大学谈有余副教授,四川教育学院罗启蕙副教授.在本书编写过程中,人民教育出版社雷树人编审和张同恂编审给予作者许多宝贵的帮助和具体的指导.在定稿过程中,人民教育出版社委托成都市物理学会为本书书稿组织了审稿会.审稿专家委员会由成都市物理学会理事长、四川大学郭士垄教授(主审),贺德昌、穆容生、龚廉光、叶长坚四位成都市中小学教育专家、中学特级教师,四川师范大学封小超教授、梁庭高教授,四川大学吴茂良教授、龚远芳教授和封向东教授等十位先生组成.人民教育出版社张同恂编审和李福利编辑出席了审稿会.审稿会对书稿的修改和完善提出了许多宝贵的意见和建议.四川大学池含芬女士为全书绘制了插图.作者谨对上述各位表示诚挚的谢意.

编著这类教学参考书是一件很有意义的工作,也是一件有相当难度的事.限于作者的水平和经验,我们也许做得不够好.我们衷心期望读者对本书提出批评和建议.

缪钟英
2018 年 6 月

目　　录

第1章　静电场的基本规律

第2章 静电场中的导体和电介质

基本内容概述

问题讨论

第3章 稳恒电流

基本内容概述

问题讨论

第4章 直流电路

基本内容概述

问题讨论

第5章 稳恒磁场

基本内容概述

第7章 电磁感应

基本内容概述

问题讨论

第8章 交 流 电

基本内容概述

■ **问题讨论**

第9章 电 磁 波

■ **基本内容概述**

■ **问题讨论**

第1章　静电场的基本规律

基本内容概述

1.1　库仑定律

两个静止的点电荷之间的相互作用力的大小与它们的电量的乘积成正比，与它们之间的距离的平方成反比；作用力沿它们的连线，同号电荷相斥，异号电荷相吸.用 q_1、q_2 分别表示两点电荷的电量(代数值)，用 r 表示它们之间的距离，则库仑定律可用公式表示为

$$F = k\frac{q_1 q_2}{r^2} \tag{1.1}$$

如果 q_1 与 q_2 异号，则 F 为负，表示电荷互相吸引；如果 q_1、q_2 同号，则 F 为正，表示电荷互相排斥.式中 k 为比例系数，叫静电力常量，在国际单位制中，电量的单位是库(符号为 C)，则有

$$k = \frac{1}{4\pi\varepsilon_0} = 8.99\times 10^9\ \mathrm{N\cdot m^2/C^2}$$

其中 ε_0 是一个基本物理常量，叫做真空介电常量或真空电容率，其值为

$$\varepsilon_0 = 8.85\times 10^{-12}\ \mathrm{C^2/(N\cdot m^2)}$$

如果用矢量 $\boldsymbol{F}_{12}$ 表示点电荷 q_1 受到的来自点电荷 q_2 作用的力，$\boldsymbol{r}_{12}$ 表示由 q_2 指向 q_1 的单位矢量，则库仑定律的矢量表达式为

$$\boldsymbol{F}_{12} = F\boldsymbol{r}_{12} = \frac{q_1 q_2}{4\pi\varepsilon_0 r^2}\boldsymbol{r}_{12} \tag{1.2}$$

1.2 电场 电场强度

1.2.1 电场 静电场

电荷在其周围空间激发**电场**.电场是一种特殊的物质形式.电场的基本性质是对处在场中的电荷有作用力,称为电场力.电荷之间的作用是通过电场产生的.如果空间有两个电荷,那么每一个电荷都在空间激发电场.电荷 1 受到的力是电荷 2 所激发的电场的电场力,电荷 2 受到的力是电荷 1 所激发的电场的电场力.

静止电荷所激发的电场称为**静电场**.以后把激发静电场的电荷称为场源电荷.静电场中各个位置的场的性质不随时间而发生变化.

1.2.2 电场强度

为了定量地描述电场对场中电荷有作用力这一基本性质,采用电量充分小①的带正电的点电荷 q_0 作为试探电荷,探测电场力的作用.结果表明,在任一给定位置,作用于试探电荷的电场力的方向和比值 $\boldsymbol{F}/q_0$ 都是确定的,与试探电荷量的大小无关,只与该电荷的给定位置有关.可见在任一位置上,比值 $\boldsymbol{F}/q_0$ 的大小和方向是由电场本身的性质决定的,于是把它定义为该点的**电场强度**,简称**场强**,用 $\boldsymbol{E}$ 表示:

$$\boldsymbol{E} = \frac{\boldsymbol{F}}{q_0} \tag{1.3}$$

即场中任一点的电场强度矢量的方向与试探正电荷在该点受到的场力的方向相同,其大小等于单位试探电荷在该点所受的场力.场强不是场力,而是场力的强度.

一般情形下,静电场的场强矢量随位置而变,$\boldsymbol{E}$ 是矢量点函数 $\boldsymbol{E}=\boldsymbol{E}(x,y,z)$,场强的空间分布 $\boldsymbol{E}(x,y,z)$ 描述了静电场的空间分布.空间各点场强的大小、方向都相同的电场是一种特例,称为匀强电场(或均匀电场).

在 SI 制中,场强的单位是牛/库或伏/米.

1.2.3 点电荷电场的场强

根据库仑定律和场强的定义,静止的场源点电荷 q 激发的静电场的场强为

---

① 见问题讨论 7.

$$\boldsymbol{E}=\frac{1}{4\pi\varepsilon_0}\frac{q}{r^2}\boldsymbol{r}_0 \tag{1.4}$$

其中，r 为场源电荷到场点的距离，$\boldsymbol{r}_0$ 为从场源到场点方向的单位矢量.

1.2.4　场强叠加原理　点电荷系的场强

场强叠加原理：若干电荷激发的电场中，任一点的场强 $\boldsymbol{E}$ 等于各个电荷在该点激发的场强 $\boldsymbol{E}_i$ 的矢量和，即 $\boldsymbol{E}=\sum_i \boldsymbol{E}_i$.

应用叠加原理可得点电荷系 $q_i(i=1,2,\cdots,n)$ 的场在场点 P 的场强为

$$\boldsymbol{E}=\sum_i^n \frac{q_i}{4\pi\varepsilon_0 r_i^2}\boldsymbol{r}_{i0} \tag{1.5}$$

其中，r_i 为从 q_i 到场点的距离，$\boldsymbol{r}_{i0}$ 为从 q_i 指向场点方向的单位矢量.

对于电荷连续分布的带电体场源，应用叠加原理进行矢量积分运算即可求出场强：

$$\boldsymbol{E}=\frac{1}{4\pi\varepsilon_0}\int_Q \frac{\mathrm{d}q}{r^2}\boldsymbol{r}_0 \tag{1.6}$$

其中，$\mathrm{d}q$ 为带电体上的电荷元，r 为从 $\mathrm{d}q$ 到场点的距离，$\boldsymbol{r}_0$ 为单位矢量，积分遍及带电体的全部电荷 Q.

对于电荷为体分布、面分布或线分布的情况，电荷元可分别表示为

$$\mathrm{d}q=\begin{cases}\rho\mathrm{d}V & (\rho\text{ 为体电荷密度，}\mathrm{d}V\text{ 为体积元})\\ \sigma\mathrm{d}S & (\sigma\text{ 为面电荷密度，}\mathrm{d}S\text{ 为面积元})\\ \eta\mathrm{d}l & (\eta\text{ 为线电荷密度，}\mathrm{d}l\text{ 为线元})\end{cases}$$

这样，式(1.6)可相应地变为体积分、面积分或线积分.

应该用解析方法进行矢量积分，即先计算电荷元 $\mathrm{d}q$ 的元场强 $\mathrm{d}\boldsymbol{E}=\frac{1}{4\pi\varepsilon_0}\frac{\mathrm{d}q}{r^2}\boldsymbol{r}_0$ 沿坐标轴的分量 $\mathrm{d}E_x$、$\mathrm{d}E_y$、$\mathrm{d}E_z$，再分别积分求出 E_x、E_y、E_z，最后确定场强的大小 E 和方向.

1.2.5　电场线

如果在电场中作出许多曲线，使这些曲线上每一点的切线方向和该点的场强方向一致，并使这些曲线的数密度与该处的场强大小成正比，那么，这样作出的曲线叫做该电场的**电场线**. 电场线形象地描绘了电场中场强的分布情形.

电场线具有以下两个主要的性质：

(1) 电场线起于正电荷(或来自无限远处)，止于负电荷(或伸向无限远处)，不会在无电荷处中断.

(2) 静电场中的电场线不形成闭合线.

1.2.6 点电荷在电场中受的力

点电荷 q 在外电场中受的场力为

$$\boldsymbol{F} = q\boldsymbol{E} \tag{1.7}$$

其中 $\boldsymbol{E}$ 为点电荷所在位置的电场强度.

相距为 l、电量分别为 $\pm q$ 的两点电荷组成的电荷系称为电偶极子,其特征用电偶极矩 $\boldsymbol{p} = q\boldsymbol{l}$(方向从负电荷指向正电荷)表示.电偶极子在匀强电场中受力矩作用,这个力矩矢量为

$$\boldsymbol{M} = q\boldsymbol{l} \times \boldsymbol{E} = \boldsymbol{p} \times \boldsymbol{E} \tag{1.8}$$

1.3 高斯定理

1.3.1 电通量

设在场中的某一面元 $\mathrm{d}S$(在此小范围内场强可视为均匀的)的法线方向与该面元处的场强的方向成 θ 角,则面元 $\mathrm{d}S$ 在垂直于场强方向的投影面积为 $\mathrm{d}S_{\perp} = \mathrm{d}S\cos\theta$.过面元 $\mathrm{d}S$ 的元电通量定义为

$$\mathrm{d}\Phi = E\mathrm{d}S_{\perp} = E\mathrm{d}S\cos\theta \tag{1.9}$$

即通过面元 $\mathrm{d}S$ 的电通量等于该处场强的大小与面元在垂直于场强方向的投影面积的乘积.在用电场线形象描绘电场分布的方法中,电通量的大小等于穿过该面元的电场线数目.

如果面元用矢量 $\mathrm{d}\boldsymbol{S} = \mathrm{d}S\boldsymbol{n}$ 表示,其中 $\mathrm{d}S$ 表示面元的大小,$\boldsymbol{n}$ 为面元的法线方向单位矢量,则元电通量可表示为场强与面元矢量的点积:

$$\mathrm{d}\Phi = \boldsymbol{E} \cdot \mathrm{d}\boldsymbol{S} \tag{1.10}$$

对于一个有限大的曲面 S,通过它的电通量为

$$\Phi = \iint_S E\cos\theta\mathrm{d}S = \iint_S \boldsymbol{E} \cdot \mathrm{d}\boldsymbol{S}$$

对于一个闭合曲面,通过此闭合曲面的电通量为

$$\Phi = \oint\!\!\!\oint_S \boldsymbol{E} \cdot \mathrm{d}\boldsymbol{S} \tag{1.11}$$

这里规定面元 $\mathrm{d}S$ 的方向为闭合曲面的外法线方向,因此,从内向外穿出闭合面

的电通量为正，反之为负．式(1.11)中的 Φ 表示穿过闭合面的电通量的代数和．如果从内向外穿出的电通量多于从外向内穿进的电通量，则 $\Phi>0$；反之 $\Phi<0$．如果穿进和穿出的电通量相等，则 $\Phi=0$．

事实上，所有的矢量场都可以按上述规定定义该矢量的通量．

1.3.2　高斯定理

通过任一闭合曲面的电通量等于该闭合面所包围的所有电荷电量的代数和除以 ε_0，与闭合面外的电荷无关，这就是**高斯定理**．其数学表达式为

$$\Phi \equiv \oiint_S \boldsymbol{E}\cdot \mathrm{d}\boldsymbol{S} = \frac{1}{\varepsilon_0}\sum_{S内} q_i \tag{1.12}$$

高斯定理可以由库仑定律和场强叠加原理导出．式中，$\boldsymbol{E}$ 是空间所有电荷激发的电场在闭合面上的场强；而 $\boldsymbol{E}$ 对闭合面的积分，即通过闭合面的电通量，则只由闭合面以内的电荷的代数和决定．

高斯定理揭示了场和场源的联系，表明静电场是有源场，且源于正电荷，汇于负电荷．

1.3.3　应用高斯定理求具有对称分布的带电体场源的场强分布

当空间电荷分布具有某种对称性时，可以适当选取也具有一定对称性的闭合曲面（高斯面），使得在面上的场强的法向分量为零或为常数，对这样的高斯面应用高斯定理即可求出场强分布（见表 1.1）．

表 1.1　具有对称形状的一些均匀带电体所激发的电场的 E 和 U

带电体（场源）	场强分布 E	电势分布 U
半径为 R 的均匀带电球壳，电量为 Q	$0\quad (r<R)$ $\dfrac{Q}{4\pi\varepsilon_0 r^2}\quad (r>R)$	$\dfrac{Q}{4\pi\varepsilon_0 R}\quad (r<R)$ $\dfrac{Q}{4\pi\varepsilon_0 r}\quad (r\geqslant R)$
半径为 R 的均匀带电球体，电量为 Q	$\dfrac{Q}{4\pi\varepsilon_0 R^3}r\quad (r\leqslant R)$ $\dfrac{Q}{4\pi\varepsilon_0 r^2}\quad (r\geqslant R)$	$\dfrac{Q}{8\pi\varepsilon_0 R}\left(3-\dfrac{r^2}{R^2}\right)\quad (r\leqslant R)$ $\dfrac{Q}{4\pi\varepsilon_0 r}\quad (r\geqslant R)$
无限大均匀带电平面，面电荷密度为 σ	$\dfrac{\sigma}{2\varepsilon_0}$（方向垂直于带电平面）	$-\dfrac{\sigma}{2\varepsilon_0}x$（$x$ 为到平面的距离，取 $x=0$ 处 $U=0$）
半径为 R 的均匀带电圆盘，电荷量为 Q（在其轴线上的 E 和 U）	$\dfrac{Q}{2\pi R^2\varepsilon_0}\left(1-\dfrac{x}{\sqrt{x^2+R^2}}\right)$（$x$ 为场点到圆盘的距离）	$\dfrac{Q}{2\pi R^2\varepsilon_0}(\sqrt{R^2+x^2}-x)$

1.4 环路定理 电势

1.4.1 静电场是保守场 环路定理

根据功的定义,在静电场中从一点 M 沿路径 l 移动电荷 q 到另一点 P,电场力所做的功为

$$A = \int_M^P q\boldsymbol{E}\cdot\mathrm{d}\boldsymbol{l}$$

根据由库仑定律得出的场强分布规律,不难证明,电场力所做的功由起点 M 和终点 P 的位置决定,而与所沿路径 l 无关.如果起点与终点重合,即沿任一闭合路径移动电荷 q,则电场力对 q 所做的功为零:

$$\oint q\boldsymbol{E}\cdot\mathrm{d}\boldsymbol{l} = 0 \tag{1.13}$$

这说明静电场力具有保守力的特征,静电场是保守场.

为了不计被移动的电荷量,突出电场本身所具有的上述性质,用电荷量除式(1.13),便得到

$$\oint \boldsymbol{E}\cdot\mathrm{d}\boldsymbol{l} = 0 \tag{1.14}$$

即沿任一闭合路径移动单位正电荷,电场力做功为零.用数学语言表述为:场强矢量 $\boldsymbol{E}$ 沿任一环路的环量(线积分)等于零.这就是场强的**环路定理**.

1.4.2 静电势能

在力学中我们已知道,对任何保守力,存在与之相关的势能(或位能).作用于电荷 q 的电场力既然是保守力,就可引入电荷 q 在静电场中的静电势能 W:**电场力对 q 所做的功等于静电势能的减量**,即

$$\int_M^P q\boldsymbol{E}\cdot\mathrm{d}\boldsymbol{l} = W_M - W_P = -(W_P - W_M) \tag{1.15}$$

如果规定电荷在 P 点的静电势能为零(零势点),那么,电荷在场中任一点 M 的静电势能等于从该点移动 q 到零势能点的过程中电场力所做的功,即

$$W_M = \int_M^{\text{零势点}} q\boldsymbol{E}\cdot\mathrm{d}\boldsymbol{l} \tag{1.16}$$

应用点电荷 Q 的电场强度分布规律可知:如果取距场源电荷无限远为零电势能位置,那么,点电荷 q 在与场源电荷 Q 相距 r 处所具有的静电势能为

$$W = k\frac{qQ}{r} = \frac{qQ}{4\pi\varepsilon_0 r} \tag{1.17}$$

这实际上就是点电荷 Q 与 q 的**相互作用能**,等于将这两个点电荷从无限远离状态移动到相距 r 的状态时外力所做的功.它既可看做电荷 q 在电荷 Q 激发的电场中的势能,也可看做电荷 Q 在电荷 q 激发的电场中的势能.

1.4.3　电势　电势差

为了反映静电场本身具有势(或位)这一性质,把单位正电荷在电场中的电势能定义为电势(或电位),用 U 表示.所以,电场中任一给定点 M 的电势等于从该点移动单位正电荷到零电势点(即零电势能点)的过程中电场力所做的功,用公式表示为

$$U_M = \int_M^{\text{零势点}} \boldsymbol{E}\cdot \mathrm{d}\boldsymbol{l} \tag{1.18}$$

显然,电势的值与所选取的零电势点位置有关.

电场中任意两点(M 点和 P 点)的电势差等于从起点到终点移动单位正电荷时电场力所做的功,记为

$$U_M - U_P(=U_{MP}) = \int_M^P \boldsymbol{E}\cdot \mathrm{d}\boldsymbol{l} \tag{1.19}$$

显然,两点间的电势差(或称电势降落、电压)与零电势点的选取无关,只决定于电场的分布.

如取无限远处为零电势点,在场源点电荷 Q 的电场中,电势分布为

$$U = k\frac{Q}{r} = \frac{Q}{4\pi\varepsilon_0 r} \tag{1.20}$$

根据叠加原理,点电荷系(场源)电场中的电势分布为

$$U = k\sum_i \frac{Q_i}{r_i} \tag{1.21}$$

式中 r_i 为场源点电荷 Q_i 到场点的距离.

电荷连续分布的带电体激发的电场中的电势分布由积分表示:

$$U = k\int_Q \frac{\mathrm{d}q}{r}. \tag{1.22}$$

电势和电势差都是有正负的标量(代数量),其单位为伏特(符号为 V).

$$1\ \mathrm{V} = 1\ \mathrm{J/C}$$

电场中电势相等的各点组成的曲面称为等势面.等势面形象地描绘了静电场的电势分布.显然,沿同一个等势面移动电荷,电场力不做功.从电势值为 U_i 的等势面沿任一路径移动电荷 q 到电势值为 U_j 的等势面的过程中,电场力所做的功为

$$W_{ij} = q(U_i - U_j) \tag{1.23}$$

1.5 $\boldsymbol{E}$ 和 U 的关系

场强 $\boldsymbol{E}$ 和 U 之间的关系由式(1.18)表示.根据这个关系,只要已知场强分布,用积分即可求出电势分布.

电势与场强的关系还可用微分表示,即场强等于电势的负梯度,表示为

$$\boldsymbol{E} = -\nabla U \tag{1.24}$$

电势的梯度是一个矢量,其方向垂直于等势面,指向电势增加的方向,其大小等于沿这个方向单位长度电势的增量.式(1.24)表示场强方向垂直于等势面、指向电势减小的方向,大小等于沿这个方向单位长度电势的减少量.

在直角坐标系中,式(1.24)表示为

$$\boldsymbol{E} = -\left(\frac{\partial U}{\partial x}\boldsymbol{i} + \frac{\partial U}{\partial y}\boldsymbol{j} + \frac{\partial U}{\partial z}\boldsymbol{k}\right) \tag{1.25}$$

场强沿坐标轴的分量分别为

$$E_x = -\frac{\partial U}{\partial x},\quad E_y = -\frac{\partial U}{\partial y},\quad E_z = -\frac{\partial U}{\partial z} \tag{1.26}$$

这表明,场强沿某坐标轴的分量等于电势对该坐标的偏导数的负值.

当已知电势分布 $U(x,y,z)$时,可应用式(1.26),通过求导运算而求出场强分布.

问题讨论

1. 电磁现象的早期研究

(1) 古代关于电磁现象的观察和记载

电磁现象是自然界存在的一种极为普遍的现象.在 17 世纪前,东西方都处于对电磁现象的观察、记载和简单应用的阶段,而人们对它的观察和记载又可以追溯到公元前.

自然界的雷电现象可以说是人类最早观察到的电现象.远在我国的殷商时代(公元前 16 世纪~前 11 世纪),甲骨文中就出现了“雷”字.到了西周时代(公元前 11 世纪~前 771 年),当时的青铜器上就出现了“电”字.随后关于雷电现象的记载和产生雷电原因的推测也不断增多起来.如在西汉时期的《淮南子》中有“阴阳相薄为雷,激

扬为电”的记述，意即阴阳二气彼此相迫产生雷，相互急剧作用产生电，这算是对雷电成因的一种猜测.

关于摩擦起电现象，远在公元前600年左右，古希腊哲学家泰勒斯(Thales)曾发现琥珀经摩擦后可以吸引轻小物体，如纸屑、芥子.我国东汉哲学家王充所著《论衡》一书中也记有摩擦起电现象，并将静电现象与静磁现象并列：“顿牟掇芥，磁石引针.”(顿牟指琥珀)在西晋时代文学家张华(232～300)所著《博物志》中记有“今人梳头、脱着衣时，有随梳、解结为光者，也有咤声”，明显地记述了在梳头、脱衣时摩擦起电发出的火星和声音.

关于磁石的发现，记载较早的是我国春秋时期的《管子》一书，记有“上有慈石者下有铜金”.在《吕氏春秋》中记有“慈石召铁，或引之也”的磁石吸铁现象.几乎在相同的时间里，古希腊哲学家泰勒斯也发现和记述了磁石吸铁的现象.《三辅黄图》一书曾记载秦始皇统一中国后，由于多次遭到谋刺，因此在建造阿房宫时，特令匠人用磁石筑砌阿房宫的北阙门，利用磁石吸铁的作用防备刺客暗藏兵器进宫行刺.《晋书·马隆传》也曾记述大约公元3世纪，晋朝大将马隆率精兵3 500人，在今陕西、甘肃一带作战，他令部下不穿铁甲，在敌人必经的狭道上堆放许多磁石，致使身穿铁甲的敌兵个个动弹不得，而马隆的兵行走如常，吓得敌人以为神鬼相助.

指南针是我国古代四大发明之一.战国末期的《韩非子》一书中的《有度篇》记有“故先王立司南，以端朝夕”，表明此时已出现利用天然磁石的指极特性磨制成的指南器——司南.在东汉王充的《论衡》中记有用人工磁化法制成指南鱼.《梦溪笔谈》则最早详细记述了指南针的制作和四种用法：指甲托磁针、水碗浮磁针、丝悬磁针、碗沿托磁针.世界上最早记载运用指南针定航向的是我国北宋的《萍洲可谈》，该书记载了1099～1102年间广州的海运情况：“舟师识地理，夜则观星，昼则观日，阴晦观指南针.”随后，在我国南宋、元朝、明朝，都将指南针作为导航的重要工具.最著名的明朝郑和下西洋的罗盘导航的针路图记载在《武备志》一书中.在西方，最早记载把指南针用于航海的是英国修道院院长奈康，时间大约是1207年.

《梦溪笔谈》中还记有“方家以磁石磨针锋，则能指南，然常微偏东，不全南也”.这是世界上最早记载发现磁偏角的著作，时间大约是1086年.

13世纪，英国牛津大学的著名学者罗吉尔·培根认为，真正的学者“应该靠实验来弄懂自然科学、医学、炼金术和天上地下的一切事物”.在他重视实验的崇高思想影响下，西方掀起了一股短暂的实验风气.他的朋友马里古特做了不少有关磁现象的实验，并于1269年写了一本小册子.其中有代表性的是发现磁石有两极，并仿照地理的规定定为南极和北极.同时他还认识到异性磁极相吸，同性磁极相斥；一根磁针断为两半，每一半又各成一根有两极的小磁针.这些工作是关于磁现象研究工作的萌芽.由于当时教会的极力反对，这种实验研究之风未能继续下去.在以后的一段时期内，电磁现象的研究没有取得多大进展.

1581年,英国人罗伯特·罗曼写了一本小册子《新奇的吸引力》.书中描述了他用一根绳子把磁针吊在空中,发现磁针指向北方,且与水平面成一倾角,这就是磁倾角;他把一根磁针插在软木上,让它浮悬在水面上,发现磁针仅仅向南北方向转动,并不向南方或北方移动,从而认识到磁力是一种定向力,而不是一种移动力.

(2) 吉尔伯特的研究工作

第一个全面地研究电和磁并提出较为系统的原始理论的是英国御医吉尔伯特(1544～1603).他既是一位杰出的医生,又是一位有代表性的自然科学家.

16世纪末,吉尔伯特做了许多有关磁体的实验,并于1600年发表了《论磁体》一书.该书可谓是科学史上的一部经典著作,它以用详细的实验来检验复杂的推测而著称.在该书中,吉尔伯特总结了前人在磁现象方面已积累的知识,并阐明了自己系统观察和反复实验得出的一些经验性结论,有些结论甚至与现代初级物理教科书中的内容没有本质差别.因而17世纪以《论磁体》一书的出现为标志,电磁研究作为一门学科开始了定性研究的阶段.

有关磁体的实验中最著名的是"小地球"实验.在马里古特磁石球实验的启示下,吉尔伯特把一块大的天然磁石磨制成一个大磁石球,他除了得到马里古特的"经线"汇聚两极的结果外,还得到了小磁针在两极垂直地指向球面,在两极中间则平行于球面的结果.由此,他认为地球本身就是一块巨大的磁石,并把实验用的大磁石球取名为"小地球".

在磁现象方面,吉尔伯特总结出:只有磁性物体才具有磁的吸力和斥力;磁体有南、北两极,同性磁极相斥,异性磁极相吸;不可能单独存在一个磁极;铁制品在磁体的影响下会磁化;地球是一个大磁球,它的磁极与地球南、北极相吻合;磁极不是磁力的集中点,而只是磁性作用最大的点.

吉尔伯特对静电现象也做了研究和总结.除琥珀外,他还对金刚石、蓝宝石、硫黄、树脂、明矾等一一做了摩擦实验,发现都能在摩擦后吸引轻小物体,他称这种性能为"电的作用".他还制作了世界上第一只用于实验的验电器.同时他把电现象与磁现象做了对比,认为:磁性质是磁体本身具备的一种性质,而电性质需要通过摩擦才能产生;磁石对可以磁化的物体才有力的作用,而带电体能吸引任何轻小物体;磁体之间的作用不受中间的纸片、亚麻布等物体的影响,而带电体之间的作用要受这些中间物体的影响;当带电体浸入水中时,电力消失,而磁体的磁力仍然存在;磁力是一种定向力,而电力是一种移动力;磁力既有吸引也有排斥,而电力只有吸引;电与磁是两种截然无关的现象.

由上可见,吉尔伯特在电磁现象方面得出了一些正确的结论,但是由于时代所限,他还不能知道电也有排斥力,尤其是他认为电与磁无关的错误观点,对后人的影响较大,使人们长期以来一直抱着这种观点对电与磁分别加以研究.一直到两个世纪以后,奥斯特(1777～1851)发现电流的磁效应,人们对电磁现象的研究才进入一个崭

新的阶段.

(3) 静电学的早期成果

① 原始电源的出现

用人工简单地摩擦起电得到的电荷是很有限的.要想对电现象进行研究,需要有一种更有效的摩擦方法来获得较多的电荷.大约在1660年,德国的酿酒商兼工程师格里凯(1602～1686)发明了第一台能产生大量电荷的摩擦起电机.他制作了一个有如小孩头部那样大的硫黄球,并钻出一个洞,将其装在一根轴上,使之可绕轴旋转.当硫黄球旋转时,用手或一块湿布摩擦转动的硫黄球,则球上会产生大量的电荷.利用这个带电的硫黄球,他发现带电球能吸引轻小物体,在一定情况下也能排斥轻小物体,从而改正了吉尔伯特关于电力只有吸引力的这种错误看法.格里凯还发现:产生的电荷可以通过一根金属杆传给其他物体;即使带电体不与物体接触,只要靠得足够近,也可以使物体带电,这就是感应起电现象.牛顿于1675年对格里凯的起电机进行了第一次改进,将硫黄球改为玻璃球.1705年,英国科学家豪克斯比用空心玻璃球代替牛顿的实心玻璃球,并将轴由垂直轴改成水平轴.

摩擦起电机的诞生对静电研究起了重要作用,一直到19世纪才被霍尔兹和特普勒发明的感应起电机所取代.所以,我们不妨称摩擦电源为原始电源.

② 两种电液理论

大约1720年,英国人格雷发现摩擦过的玻璃棒上所带的电荷可以转移到木塞上,这说明,不仅摩擦可以使物体带电,传递也可以使物体带电.他还发现物体可以分为两类:一类是导体,一类是绝缘体.

法国人杜菲(1698～1739)对格雷的实验很感兴趣.他对吉尔伯特验电器做了改进,用金箔代替金属细棒,并用它做了很多实验.他发现不同材料经摩擦后产生的电有所不同.他在巴黎一家学报上发表的文章中写道:“由总的性质不同这一点可以认为存在两种电性物质,一种诸如玻璃、晶体等透明固体,另一种诸如琥珀、树脂等物质……互相排斥的物体具有相同的电性,互相吸引的物体具有不同的电性.不带电的物体可以从另一带电物体获得电性,两者所带的电性是相同的.”他把玻璃棒上产生的电称为“玻璃电”,把琥珀上产生的电称为“树脂电”.为了解释这些现象,杜菲提出了二元电液理论,他认为“玻璃电”和“树脂电”是由于存在两种电液所致.

美国人富兰克林(1706～1790)于1747年做了一个实验.他让A、B二人分别站在绝缘的箱子上,A摩擦一根玻璃棒,然后让B与玻璃棒接触,并让A、B分别与站在地上的第三者C接触,结果A与C以及B与C之间都有火花产生.这说明A、B二人都带电.重复这个实验,但让A、B带电之后,先相互接触,然后再与C接触,结果都没有火花产生.这说明A、B二人在相互接触后都不带电了.

为了解释这个现象,富兰克林提出了单元电液理论.他认为平衡时电液以一定比例存在于物质之中.摩擦的作用是使A身上的某种电液转移到玻璃棒上,通过玻璃

棒又传给了 B，即 A 缺少了电液，B 多余了电液. A 与 B 接触，又会使 B 多余的电液回到 A 上，从而又使 A、B 都有正常的电液，既不多也不少，所以两者均不显电性. 富兰克林在杜菲的"玻璃电"和"树脂电"的基础上，根据两种电的相消性，提出了正电和负电的概念. 他认为缺少电液就带负电，多余电液就带正电，而且正、负电可以相互抵消.

两种电液理论的提出，是想回答"电是什么"的问题. 但这种关于电的本性的争论，长期未能得到正确的答案.

③ 电荷的贮存

摩擦起电机的发明及将物质分为导体和绝缘体之后，科学家们又开始了新的研究：用什么方法来保存电荷？起初有人把荷电体放在绝缘支架上或用绝缘丝线把它们吊起来，但电荷会散失到空气中. 于是，人们觉得应该把荷电体放在一个密封的绝缘体中，并使它们尽可能严丝合缝. 1745 年，德国物理学家克莱斯特发现向盛水的瓶中插入导线并通电，瓶子能贮电. 1746 年，荷兰莱顿大学物理学教授穆欣布罗克在荷兰的莱顿城也发现了类似的贮电方法. 他将一枪管悬挂在空中，用起电机与枪管相连，另用一根铜线一端与枪管相连，另一端浸入盛水的玻璃瓶中，给此瓶通电后，可以将电保存起来. 后来法国的电学家诺莱特以穆欣布罗克工作的地名给电瓶取名为莱顿瓶. 之后英国科学家瓦特孙给玻璃瓶内外各镀一层金属，使荷电容量显著增大.

莱顿瓶问世后，欧洲许多科学家都用它进行有关的电学实验，甚至进行有趣的表演. 如用莱顿瓶进行火花放电来杀老鼠，也有人用它来点燃酒精和火药. 其中最为壮观的一次是诺莱特在巴黎圣母院前作的表演[1]，他邀请了国王路易十五及皇室成员临场观看，让 700 个修道士手拉手排成长达 900 ft（约 275 m）的队伍，然后让排头的人用手握住莱顿瓶，让排尾的人用手握住瓶的引线（引线另一端插入瓶内水中），在莱顿瓶放电电击下，700 名修道士因受电击同时跳了起来. 在场观众无不为之目瞪口呆. 诺莱特以令人信服的事实向人们展示了电的威力. 莱顿瓶这种有效的贮电方法为研究电现象提供了有力的新实验手段，推动了电学的进一步发展.

④ 电荷守恒原理的提出

1746 年，富兰克林得到朋友考林森从伦敦寄来的一只莱顿瓶，他用此瓶做了一系列实验. 在实验中，他证明了异种电荷可以相消. 根据这种相消性，他得出正电和负电没有什么本质差异的结论. 他还进一步认为，摩擦使电液从一个物体转移到另一个物体. 摩擦玻璃棒只是使电液从摩擦者转移到了玻璃棒，摩擦者失去的电液与玻璃棒获得的电液严格相等. 电既不能产生，也不能消灭. 这就是电荷守恒原理. 以现代观点看，尽管富兰克林所谓的电液是不存在的，当然他也不可能认识到摩擦起电的实质，但他明确地提出了电荷守恒原理的基本思想. 正、负电概念和电荷守恒原理都是富兰克林电学理论的合理内容，至今仍不失其正确性.

⑤ 天电与地电的统一

富兰克林在电学中还有一大贡献就是著名的风筝实验.

当时很多人认为雷电是"上帝之火",是天神发怒的结果.为了破除人们对雷电的恐惧和迷信心理,富兰克林思考了这样一个问题:雷电的电与摩擦电本质上是否一样,区别在什么地方.为此,他做了风筝实验.

1752 年,富兰克林用轻杉木和丝绸手帕扎成一只风筝,风筝上安上一根尖细的铁丝用来捕捉天电,用麻绳的一端与铁丝相连,麻绳的末端拴一把铜钥匙,钥匙塞在莱顿瓶中.在一个阴云满天的日子里,他和儿子一起在费城广场上将风筝放飞到空中,一道雷电打来,富兰克林顿时感到一阵电麻,他赶紧用丝绸手帕把手里的麻绳包起来继续捕捉天电.又一道雷电打下来,这时麻绳上松散的麻一丝丝向四周竖起,靠近钥匙的手和钥匙之间产生了火花.他用这种方法给莱顿瓶充电,发现天电同样可以点燃酒精,可以做由摩擦起电机产生的地电所做过的许多电学实验,从而证明了天电与地电的同一性.为此,他获得了科普勒金质奖章.这一成就使人类从对雷电的冥思苦想和畏惧中解放了出来,明白了雷电的奥秘.

富兰克林在了解了雷电的起因后,于 1753 年制成了避雷针.过去人们以为这是世界上第一个避雷针.事实并非如此,避雷针是我国古代人民的创造.早在三国时期(220 年～280 年)和南北朝时期(420 年～581 年),我国古籍上就已有"避雷室"的记载.根据唐代王睿的《炙毂子》记载,早在汉代就有人提出,把瓦做成鱼尾状,放在屋顶上,就可以防止雷电引起的火灾.在我国的一些古建筑上,也发现有避雷的装置.法国旅行家卡勃里欧利·戴马甘兰游历中国之后,于 1688 年写的《中国新事》一书中有这样一段记载:"当时中国新式屋宇的屋脊两头都有一个仰起的龙头,龙口吐出曲折的金属舌头,冲向天空,舌根连着一根根细的铁丝,直通地下.这种神奇的装置在发生雷电的时刻就大显神通,若雷电击中了屋宇,电流就会从龙口沿线下行泄至地下,起不了丝毫破坏作用."现在看来,这种龙头口中的金属舌头就是与建筑艺术结合的避雷针.

在 18 世纪,对电现象的研究有了很大的发展,这为电学进入定量研究的新阶段做了充分的准备.

2. 库仑定律的建立

在电磁学的发展史上,定量研究始于库仑定律的建立.它是静电学中最基本的实验定律,至今仍是学习电磁学不可逾越的第一条定律.这里介绍库仑定律建立的历史过程.

(1) 电力平方反比定律的猜测阶段

18 世纪中叶以后,在已认识到同种电荷相斥、异种电荷相吸的基础上,不少学者

对电荷间的相互作用力的规律进行了猜测或实验探索.

大约 1750 年,德国柏林科学院院士爱皮努斯发现当两带电体之间的距离缩短时,两者之间的吸引力或排斥力明显增加.但他到此为止,并未继续研究下去.

大约 1760 年,在流体力学方面很有贡献的物理学家丹尼尔·伯努利从牛顿力学自然观出发,猜测电力会不会也跟万有引力一样,服从平方反比定律.他的这一想法具有一定的代表性.在当时,引力平方反比定律早已确立,对人们的自然观有着深刻的影响.遗憾的是他没有进行实验研究.

在电力平方反比定律的探索中,第一个找到实验根据的是氧的发现者、英国人普利斯特列(1733～1804).1766 年,他接到朋友富兰克林来信,说当他把一个带电软木球悬挂在带电金属盒中时,木球不受电的作用.富兰克林希望普利斯特列重复这个实验并研究其原因.为此,普利斯特列用丝线把带电软木球悬挂在带电金属盒外附近,发现木球受到强烈的吸引;但把它挂在盒内时,不论把木球放在什么地方,都不受电力作用.对此,他联想到匀质球壳对壳内质点也没有引力,从而猜测电力与引力一样服从平方反比定律.他在 1767 年出版的《电学历史和现状及其原始实验》一书中写道:"难道我们就不可以从这个实验得出结论:电的吸引与万有引力服从同一规律,即与距离平方成反比.因为很容易证明,假如地球是一个球壳,在壳内的物体受到的一边的吸引作用,绝不会大于另一边的吸引作用."

虽然普利斯特列做出了大胆而合理的推测,但在当时并未引起重视,他本人也未给出进一步的论证.在这一时期,上述科学家的工作都反映出一种相同的科学思想,这就是把引力定律和超距作用的哲学自然观用于电学和磁学中.

(2) 被埋没的成果

在库仑定律建立前,曾经有两位科学家进行过电荷间相互作用的定量实验研究,并提出了明确的结论.可惜的是,他们的成果都未及时公之于世,致使人们对电力规律的认识推迟到库仑以后.

1769 年,英国爱丁堡大学的约翰·罗比孙(1739～1805)了解到关于电力平方反比定律的猜测后,对其表示出浓厚兴趣,并着手实验研究.他设计了如图 1.1 所示的实验装置.当两个带同号电荷的小球间的斥力矩与转臂受到的重力矩相等时,转臂平衡.调整支架的不同角度并达平衡后,就可测出不同距离间的斥力.通过实验他测出斥力与距离的关系为

$$f \propto \frac{1}{r^{2+\delta}} \tag{1.27}$$

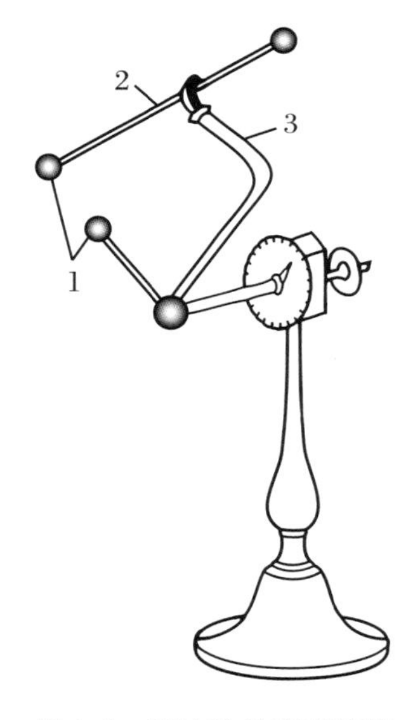

图 1.1　罗比孙的实验装置

1—带电球;2—转臂;3—支架.

其中 δ 叫指数偏差,实验结果为 $\delta=0.06$.他认为 δ 是由

于实验误差所致，所以电力应服从距离的平方反比定律.

可以说，罗比孙是第一个通过定量实验研究直接得到电力平方反比定律的学者.遗憾的是，他当时未发表这一实验结果，他的论文直到1801年才发表，那时已是库仑定律建立后的第16个年头了.

英国物理学家卡文迪许(1731～1810)早在库仑定律建立前13年(1772年)，就已用两个导通的同心金属壳做了电荷只分布在导体表面的实验，并进行计算，得出了较库仑实验更精确的平方反比定律的结果.

卡文迪许的实验装置由用胶纸板做成的直径为12.1 in(30.7 cm)的球体和两个中空的直径稍大些的半球组成.球和半球均用锡箔覆盖，以使它们成为理想的导体.他把内、外球用一根导线连在一起，让外球壳带电，然后取走导线，再打开球壳，用验电器检验内球是否带电.结果发现验电器的金箔没有张开，从而证明电荷完全分布在外球面上.

卡文迪许进而用数学方法论证了只有静电力与电荷间的距离平方成反比才会有此结果.在他未发表的手稿中记述着："电的吸引力和排斥力很可能反比于电荷间距离的平方.如果是这样的话，那么物体中多余的电几乎全部堆积在紧靠物体表面的地方，物体的其余部分处于中性状态."他还给出了静电力公式：

$$f(r) \propto \frac{k}{r^n} \tag{1.28}$$

其中 $n=2\pm0.02$，即排斥力反比于距离的2.02次幂，吸引力反比于距离的1.98次幂.

卡文迪许不仅用实验证实了金属导体表面才分布电荷，而且还明确地认识到，表面带电是电力遵从平方反比定律的必然结果.

卡文迪许是"最富有的学者，最有学问的富翁".他虽然一生都在从事科学研究，但性格孤僻，很少与人交往，过着一种奇特的隐居生活.他的许多物理学成果未发表，静电力规律的实验和理论也同样被埋没，直到1879年有关成果才由麦克斯韦整理出来，发表在《亨利·卡文迪许的电学研究》一书中.

(3) 库仑的实验研究成果

法国物理学家库仑(1736～1806)出生在法国昂古莱姆，之后在巴黎上学，青年时代参过军，后来成为工程师，从事科学研究.他最初研究的是有关材料的摩擦和扭转，力学中关于摩擦力与正压力成正比的定律就是他首先发现的.库仑在从事毛发和金属丝的扭转弹性的研究中，于1777年发明了扭秤.正是由于这些方面的成就，库仑于1781年当选为法国科学院院士.之后他的兴趣转到了电学方面，库仑用自己发明的精密扭秤作为灵敏测力计，得到了著名的电力平方反比定律.

库仑的扭秤实验装置如图1.2所示.在一个直径和高均为12 in(30 cm)的玻璃圆柱筒的上端，盖有一块直径为13 in(33 cm)的玻璃板，盖板上有两个孔.中间孔安有

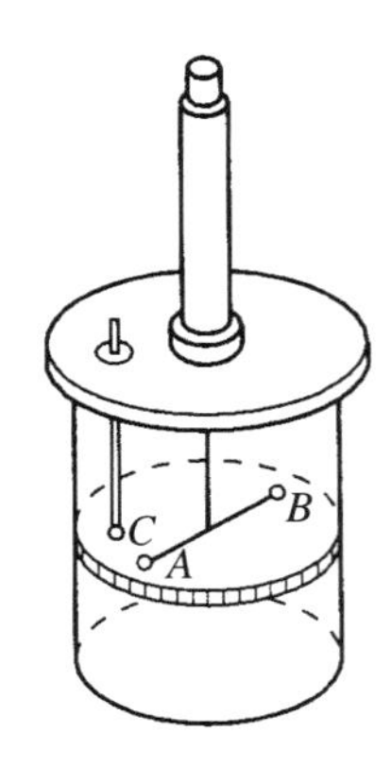

图 1.2

一根高 24 in(61 cm)的玻璃管,上端安有一银质悬丝,悬丝下挂一横杆,杆的一端为木质小球 A,另一端贴一小纸片 B,作配平用.玻璃圆柱筒上刻有 360 个刻度,悬丝自由放松时,横杆上的小木球指零.然后他让另一个小球 C 带电,并使它和横杆上的小木球接触后分开.这样,由于两小球带同种电荷而相互排斥,从而使横杆转过一定角度,直至扭丝的力矩与电斥力的力矩平衡为止.

他做了三次实验,数据记录分别为:第一次令两小球相距 36 个刻度,扭丝转过 36°;第二次令两小球相距 18 个刻度,扭丝转 144°;第三次令两小球相距 8.5 个刻度,扭丝转过 575.5°.由此分析,得出距离之比约为 $1:\frac{1}{2}:\frac{1}{4}$,而转角之比约为 $1:4:16$,最后一次的数据有点出入,库仑将此解释为小球漏电的结果.为此,他在报告中写道:

“在进行实验期间,两球的电量减小了一些.一天,当我做完前面的那些实验后,我发现由于两球间的斥力,它们彼此分开 30 个刻度的位置,在扭丝转 50°下,它们每分钟靠近一个刻度;但由于我仅用了两分钟就做完了前面的三个实验,因而在这些实验中,可以忽略由于电量的减少而引起的误差.当空气潮湿和电量减少很快时,如果人们希望取得更大的精度,应该用第一次的观察来确定每分钟两球间作用力的减小来修正他们在那一天所做实验的结果.”

1785 年,库仑发表了《关于电学和磁学的第一篇科学论文报告》,记述了上述实验及其结果.

然而,用静电学方法测量静电引力却是一个棘手的问题,吸引会使两个带异种电荷的小球接触而使电荷相互抵消.为了测定电引力是否也遵从平方反比定律,库仑于 1787 年改用动力学方法来解决这个问题.

库仑受牛顿万有引力的启发,根据万有引力单摆公式

$$T = 2\pi\sqrt{\frac{l}{g}}$$

及

$$mg = G\frac{mM}{r^2}$$

得到

$$T = 2\pi\sqrt{\frac{l}{GM}}r$$

即

$$T \propto r \tag{1.29}$$

单摆的振动周期与摆锤到地心的距离成正比.显然这是万有引力遵从平方反比定律的结果.

库仑把电引力与万有引力加以类比，认为如果电引力也遵从平方反比定律的话，那么，靠一个大的带电球的电引力作用而摆动的带异号电荷的小球的振动周期也应与其距离成正比．按照这个想法，他设计了电摆实验仪，如图1.3所示．

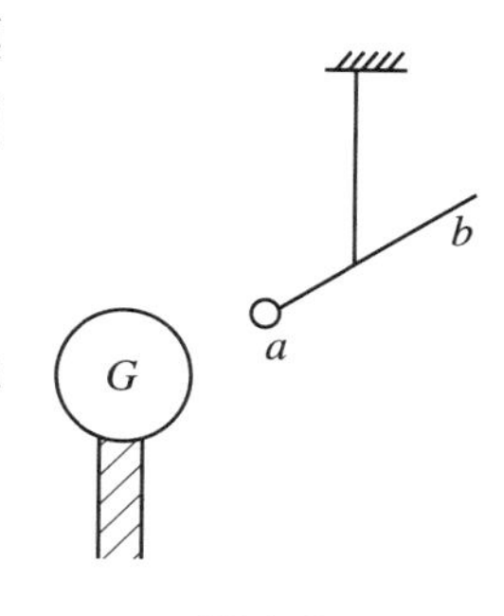

图1.3

G为绝缘金属球，ab为虫胶做的小针，悬挂在长7～8 in的丝线下端，a端放一镀金的小圆纸片．G与a间的距离可以调节．在实验时，让G与a带上异号电荷．由于a受G的电引力作用，小针将摆动．测量出G与a在不同距离时，小针ab摆动的周期，就可以判断周期是否与距离成正比．

库仑做了三次实验，结果见表1.2．

表1.2　库仑的电摆实验数据

实验次数	r/in	15次振动所需时间/s
1	9	20
2	18	41
3	24	60

可见，三次的距离之比为3∶6∶8，三次的振动周期之比为20∶41∶60，理论值$r_1:r_2:r_3=T_1:T_2:T_3$，即应为3∶6∶8＝20∶40∶53．库仑认为漏电是产生误差的主要原因，进而导致往后周期的偏大．在对漏电进行修正后，实验结果与理论值基本符合．于是，他得出电引力也遵从平方反比定律的结论．

在电力平方反比定律建立过程中，库仑成功地运用了类比思维，这表现在两个方面：一是电力的距离平方反比类比于万有引力的距离平方反比．对此，他是先有平方反比思想而后运用实验给予证实．二是电力与两个电荷电量的乘积成正比类比于万有引力与两个质点质量的乘积成正比．对此，他断定无须证明．事实上，当时他用扭秤做实验时，并未改变电量的多少来做实验．实际上，当时要测量电量也是不可能的，因为电量的科学概念和单位在当时还未建立起来．在有了库仑定律之后，高斯才利用库仑定律反过来定义电量．

我们从发现库仑定律的过程中，可以看到类比思维在科学创造活动中所起的重要作用．如果不是先有万有引力定律，仅靠实验数据的积累，不知要晚多少年才能得到库仑定律的严格的数学表达式．由于库仑扭秤实验的精确度有限，所以其指数偏差可达0.04，库仑若不是先有平方反比思想，他也许会得到

$$f(r)\propto\frac{1}{r^{2.04}}\quad 或\quad f(r)\propto\frac{1}{r^{1.96}}\tag{1.30}$$

库仑定律的建立，既是实验事实的总结，也是理论思维的成果．

库仑定律是电磁学中的第一个基本定律．它的建立使电磁学进入了定量的科学

研究时期,为把数学引入电磁学打开了大门,并为发展电动力学奠定了基础.

3. 怎样理解电荷概念

电荷是电磁学中最基本也是最初的概念,是从摩擦起电这类现象中产生的.随着对电现象的本质以及物质结构认识的发展,人们对电荷这个概念的认识也更加全面和深入.

(1) 什么是电荷?

"玻璃棒(或硬树脂棒)被丝绸(或毛皮)摩擦后,能吸引轻小物体,就说玻璃棒(或硬树脂棒)带了电,或有了电荷."这是关于电荷的最原始的定义,许多教材都是如此引入电荷概念的.从这里可见,所谓电荷就是指带电体上荷的电.

早在18世纪30年代,法国人杜菲就发现有两种电荷,用丝绸摩擦过的玻璃棒上的电荷与用毛皮摩擦过的琥珀或树脂棒上的电荷不同.他把前者称为"玻璃电"(vitreous electricity),后者叫"树脂电"(resinous electricity).后来,美国的富兰克林把前者称为"正电",后者称为"负电".这个称呼一直沿用至今.实验发现,电荷的基本性质是:同种电荷相斥,异种电荷相吸.正是根据这一性质才发现了两种电荷的存在.

电荷的量度——电荷量(电量)也简称电荷,因此有时说的"电荷"是指"电荷量".习惯上,有时也把带电体称为"电荷",如试探电荷就是指体积很小,所带电荷量也很小的带电体.所以在说到"电荷"时,要注意分清是在什么意义下使用这个词的,我们这里讨论的是作为一个物理概念的"电荷"的意义.

为了更深入地概括电荷这一概念,我们看看常见教材中出现的以下几种对电荷的抽象定义:

① 在宏观现象中,带有电荷是带电体区别于不带电物体的基本特征.于是从宏观现象出发,将电荷这一概念概括为"电荷是带电体的基本属性".

② 在现代物理发现了实物物质的电结构以后,知道任何实物物质由原子组成,原子中有带正电的质子和与质子带等量负电的电子.不带电的物体是因为其中的电子数和质子数相等,正电与负电中和,故不显电性.不带电物体的电中性乃至中子的电中性本身就与电荷概念有关.据此,认为"电荷是带电体的基本属性"这一说法不妥,应当说"电荷是一切实物物质的基本属性".

③ 从物质的电结构出发,并考虑到基本粒子(电子、质子、中子等)的电性,认为"电荷是带电的基本粒子的基本属性".

以上三种看法的观点都是很清楚的.它们是从不同的层次去概括电荷这一概念的.第一种概括是与从宏观上引入电荷这一概念相协调的.从现代观点看,这里的电荷是指带电体上的两种电荷相互抵消以后的净电荷.后两种看法从物质的电结构出发,第三种看法更趋于从承载电荷的基本粒子这一层次去概括电荷概念.我们认为,

只要明确了各种说法的含义，可不必细究它们的是非．重要的是：一方面不存在脱离实物物质而单独存在的电荷，另一方面电性又是实物粒子（原子、分子、基本粒子）的重要属性．

（2）电荷的基本属性

电荷的基本属性是对偶性、量子性和相对论不变性．

① 电荷的对偶性是指存在正、负两种电荷，同种电荷相排斥，异种电荷相吸引．例如，有 A、B、C 三个小带电体，如果 A 和 B 单独在一起相隔某个距离时相互排斥，而 A 和 C 单独在一起时相互吸引，则 B 和 C 单独在一起时也必定相互吸引，由此可判明 A 和 B 带有同种电荷，C 则带有另一种电荷．至于为什么把被丝绸摩擦过的玻璃棒带的电荷叫做正电荷，而把被毛皮摩擦过的树脂棒带的电荷叫做负电荷，这纯系历史的偶然，反过来叫也是可以的，只不过为了统一称呼，我们尊重历史的这一传统．从根本上讲，正、负电荷是同一本质的两个对立方面．但是为什么是这样，现在尚不能确切地作出解释．

② 电荷量子性是19世纪末以来的无数实验所揭示出来的电荷的一个重要属性．所谓量子性，是指在自然界中，所有电荷的电量总是以一确定的量为单元出现，且总是这个单元量的整数倍．用 e 表示这个单元电量，称其为基本电荷．实验测得 $e=1.602\ 177\ 33\times10^{-19}$ C．电子的电量为 $-e$，正电子的电量精确地等于 e．质子带的正电荷电量也精确地等于 e，不确定度为 10^{-20}．目前已发现的所有带电基本粒子的电量的大小都精确地等于 e．

根据实物物质的电结构，物体带电总是以失去电子或得到多余的电子而破坏原来的电中性，从而带正电或负电的．因此带电体带的净电荷量总是基本电荷 e 的整数倍．带电体电量的变化总是以 e 为“颗粒”进行，只是基本电荷 e 这一“颗粒”太小，以致宏观物体所带电量的变化的不连续性不易被觉察．因此，在研究宏观电现象时，常不考虑电荷的量子性且把宏观物体的电量近似认为是可连续变化的．

1964年，美国物理学家杰曼等在基本粒子研究中提出了分数电荷的设想，认为组成强子的夸克有许多种，它们的电荷分别为 $\pm\dfrac{1}{3}e$、$\pm\dfrac{2}{3}e$ 等四种．这一理论预言有待于从实验中发现自由夸克而得到证实．我们可以说，即使发现了分数电荷 $\pm\dfrac{1}{3}e$、$\pm\dfrac{2}{3}e$ 等，也只是说明基本电荷有更小的值，而不能否定电荷的量子性这一基本属性．

③ 电荷的相对论不变性是指从不同的惯性系上测量某一带电粒子的电量都是相同的．或者说，一个系统的总电量不因带电体的运动而改变．与质量随运动速度而变这一事实相比，电荷不变性是一个十分值得注意的重要属性．

电荷不变性最初是一种信念或假想．1901年考夫曼在测量Ra-C放射 β 射线的荷质比时，发现荷质比 e/m 随速度而变化．他就曾在电荷不变性的假设下，作出过质量随速度而变化的猜想.后来根据狭义相对论得出了质-速关系以后,用质-速公式和电荷不变性的假定又恰好解释了荷质比随速度变化的实验事实.这就相当于证实了电荷不变性的假想是正确的.

我们可以设想,如果电荷的电量要随速度而变化,那么在不同的原子内,电子和核内的质子的运动是大不相同的,因而不同的原子将有不同的净电荷量,不都是中性的.另一方面,已经用高精度的实验证实所有原子都是中性的,这就有力地表明了电荷量与运动速度无关.

电荷不变性对电荷量子化这一性质有特殊的意义,如果电荷随速度而变,而速度是可连续变化的,这就一定会否定电荷的量子性的结论.事实上,一切带电的基本粒子不论运动状态如何不同,电量绝对值相等,都等于 e.这一非常重要的事实不仅证明了电荷的不变性,也证明了电荷的量子性.

(3) 电荷守恒定律

在任何物理过程中,一个与外界无电荷交换的孤立体系内的电荷的代数和保持不变,这就是电荷守恒定律.它是迄今为止所有实验事实证明的规律,是物理学中普遍适用的基本守恒定律之一.

在摩擦起电或静电感应起电现象中,只是某种电荷从一个物体转移到另一物体或从物体的这一部分转移到另一部分,实际上是使原来就存在并相互中和的正电荷和负电荷分开的过程.就相互摩擦的两个物体组成的体系(或就静电感应的整个导体)来说,在摩擦过程(或静电感应过程)中,体系的电荷量的代数和是不变的.

光子是不带电的、没有电结构的基本粒子.近代实验发现,能量($h\nu$)大于电子静质量能(m_0c^2)两倍的高能光子在与实物粒子的作用过程中,可能产生负电子和正电子对.产生的正、负电子对相互吸引,二者绕共同质心运动,形成电子偶素,大约经历 10^{-10} s,电子偶素中的正、负电子对又彼此湮没,产生两个光子.这里似乎没有正、负电荷的转移,而是由光子产生正、负电子对,由正、负电子对湮没而产生光子.但在实验能达到的精度内,可证明正、负电子的电荷量的大小精确相等.成对产生和成对湮没的正、负电子对并不改变体系的电荷量的代数和.因此,电荷守恒定律仍是精确地成立的.

根据电荷的相对论不变性,可知任一孤立体系的电荷的代数和(总电荷量)不仅守恒,而且是一个相对论性不变量.也就是说,从不同的惯性系中对给定体系的总电荷进行测量,都能得到相同的值.孤立体系的总电荷量不仅与内部发生的物理过程无关,而且还与参考系的变换无关.

4. 基本电荷的发现

(1) 法拉第电解定律的启示

法拉第在他青年时代(20 多岁)受伽伐尼电和伏打电堆发现的影响,从实验中发现了电流能分解硫酸盐溶液的现象(即电解),并对这个现象进行了研究,于 1834 年总结出两条电解定律:

法拉第第一定律:对一给定的溶液,在电极上沉淀(或析出)的物质的质量 m 与通过溶液的电量成正比,即

$$m = KQ = KIt \tag{1.31}$$

其中,比例常数 K 称为电化当量,表示单位电量通过电解质时所析出的物质的质量.

法拉第第二定律:元素的电化当量与其原子量 A①成正比,与其化合价 Z 成反比,即

$$K = \frac{1}{F}\frac{A}{Z} \tag{1.32}$$

比值 A/Z 叫做元素的化学当量,也就是该元素在化合物中代替 1 mol 原子氢($1.007\,8\times10^{-3}$ kg)时这种元素的质量.1 化学当量的某元素就是指质量为 A/Z 的该元素,以千克为质量单位时,A/Z kg 的某种元素称为这种元素的 1 千克当量.上式中的比例系数的倒数 F 称为法拉第常量,其值为

$$F = 96\,494\ \text{C/化学当量} \tag{1.33}$$

由式(1.31)、式(1.32)可得

$$F = \frac{A/Z}{m}\cdot Q \tag{1.34}$$

可见,当$\frac{A/Z}{m}=1$时,$F = Q$,也就是说电解析出 1 化学当量的任何物质$\left(m=\frac{A}{Z}\right)$,通过的电量相同,均为 96 494 C.

另一方面,我们知道 1 mol 任何元素物质中包含的原子数目相同,为阿伏伽德罗常量 N_A,故 1 化学当量的物质中包含的原子数为 $N'=\frac{N_A}{Z}$.由此可见,析出一个原子所通过的电量也就是该元素的一个离子所带的电荷量.

$$q = \frac{F}{N'} = \frac{F}{N_A}Z \tag{1.35}$$

这表明:在电解中,每一种元素的离子所带的电荷量与此元素的化合价 Z 成正比.单价元素离子的电量为$\frac{F}{N_A}$,二价、三价、…元素的离子电量分别为$\frac{F}{N_A}$的 2 倍、3 倍……

① 即 1 mol 原子的质量.

单价离子的电量为

$$e = \frac{F}{N_A} = 1.60 \times 10^{-19}\ \text{C} \tag{1.36}$$

这就是离子电量的基本单元.在未发现电子和物质的电结构以前,只知道它附属于各个离子,并不确切知道 e 的承载者是什么.尽管这样,离子电量的基本单元的存在确实是从法拉第电解定律得到的直接结果,它对后人有很大的启示.

到19世纪后半叶,亥姆霍兹和斯通尼把法拉第电解定律与原子论结合起来,得出了电荷量子化(或原子结构)的概念.斯通尼在1891年把基本电荷命名为“电子”时,电子尚未被发现.汤姆孙在1897年通过阴极射线在磁场中的运动,测定阴极射线中的带电粒子的荷质比,并与氢离子的荷质比比较,发现这种粒子的电荷量大小与氢离子的电荷量大小相等,质量约为氢离子的千分之一.最后,采用了斯通尼给离子电荷最小单位的称呼——电子——来命名阴极射线中的带负电的粒子.从此以后,人们才明白了电荷的最小单位的承载者是电子.失去一个或几个电子的原子形成一价或几价的正离子,获得多余电子的原子形成相应的负离子,物体带电总是以失去或得到相当数量的电子而带正电或负电.因此,任何带电离子或带电体的电荷量都是电子电量 e 的整数倍.

(2) 基本电荷的测定——密立根油滴实验

1897年汤姆孙发现电子以后,用实验方法直接测量电子的电荷成为物理学的重大课题.美国物理学家密立根于1909~1916年间进行了“油滴实验”,并成功地测定了基本电荷.油滴实验是最著名的物理实验之一.

密立根油滴实验装置的核心部分(如图1.4所示)是 D 室内的一对水平放置的平行板电极 A 和 B,上板 A 中央有一小孔,小孔上方放置能喷出油雾的喷雾器 P,整个 D 室被恒温油池 G 包围着,在平行板电极侧开有窗口 M、N,以便射入光线或用X光照射油滴以改变油滴的带电状态.电极板可由外接电源 E 在两极间加上电压.图1.4中未画出观察和测量两极板间油滴下降或上升速度的读数显微镜、计时装置等.

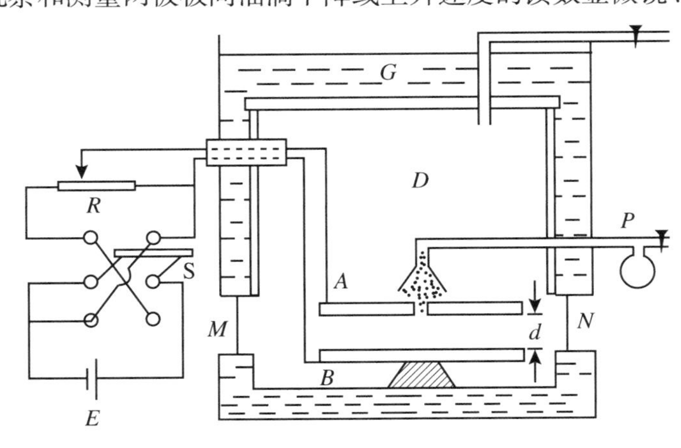

图1.4

实验时，先不在两电极间加电压，两极间无电场．从 P 中喷出的油雾中的一些小油滴从 A 极中央的小孔落入电极之间．由于喷出时的摩擦和紫外线照射，这些油滴都带有一定的电荷．由于未加电场，小油滴受重力、空气的阻力和浮力作用．由于油滴小而速度不大，阻力与速度的一次方成正比．又由于表面张力作用使小油滴近于球形，故可应用斯托克斯公式

$$f_{阻} = 6\pi r\eta v \tag{1.37}$$

计算阻力．式中，r 为油滴半径，η 为空气的黏滞系数，v 为下落速度．如用 ρ 和 ρ' 分别表示油和空气的密度，则小油滴所受的重力和空气浮力分别等于 $\frac{4}{3}\pi r^3\rho g$ 和 $\frac{4}{3}\pi r^3\rho' g$．随着下落速度 v 增大，阻力也增大，当达到收尾速度 v_1 时，重力与向上的浮力和阻力平衡，有

$$\frac{4}{3}\pi r^3\rho g = \frac{4}{3}\pi r^3\rho' g + 6\pi r\eta v_1 \tag{1.38}$$

用读数显微镜注视某一个油滴，并测出该油滴在两刻度之间经历的时间 t_1，就可测出收尾速度 $v_1\left(\propto\frac{1}{t_1}\right)$．应用式(1.38)即可求出小油滴的半径为

$$r = \sqrt{\frac{9\eta v_1}{2(\rho-\rho')g}} \tag{1.39}$$

接着，将图1.4所示电源的双刀双掷开关S掷向下，对 A、B 极板加一定值的电压 U，极板间电场方向向下，场强 $E=\frac{U}{d}$．这时，假定刚才注视的小油滴带有负电荷 $-q$，则它除受上述三种力外，还受到向上的电场力 $qE=\frac{qU}{d}$．如果电场力大于重力，则小油滴转而向上运动．当达到向上的收尾速度 v_2 时，诸力的平衡方程为

$$\frac{4}{3}\pi r^3\rho g + 6\pi\eta r v_2 = \frac{4}{3}\pi r^3\rho' g + \frac{qU}{d} \tag{1.40}$$

用显微镜和计时器读出小油滴在两刻度之间经历的时间 t_2，就可测出它上升的收尾速度 v_2．

将式(1.39)求出的该油滴的半径 r 代入式(1.40)，即可求出这个油滴所带电荷量的大小：

$$q = 9\sqrt{2}\pi(v_1+v_2)\frac{d}{U}\sqrt{\frac{\eta^3 v_1}{(\rho-\rho')g}} \tag{1.41}$$

根据上述实验方法，密立根测量了近两百颗油滴的电荷，发现在实验误差范围内，所有油滴的电荷量都是基本电荷 e 的整数倍．在1909～1910年，他发表的基本电荷大小为 $e=1.639\times10^{-19}$ C(4.917×10^{-10} esu)．表1.3是取自密立根著作的一些数据(单位已从静电单位(esu)换算为库仑)．

表 1.3

油滴电荷的测量值 /($\times 10^{-19}$ C)	1.639×10^{-19} C 的倍数	油滴电荷的测量值 /($\times 10^{-19}$ C)	1.639×10^{-19} C 的倍数
6.553	3.998	11.49	7.010
8.200	5.003	13.13	8.009
9.973	6.085	14.81	9.034

后来,密立根对作用于油滴上的阻力(斯托克斯公式)进行了修正,于 1913 年得出基本电荷量为 1.591×10^{-19} C(4.774×10^{-10} esu).再后,又通过使用空气黏滞系数 η 的更精确的数据,得到基本电荷量为 1.601×10^{-19} C(4.803×10^{-10} esu).

到 1979 年,国际公布的基本电荷量为

$$e = 1.602\,189\,2(46)\times 10^{-19}\ \mathrm{C}$$

1986 年公布的基本电荷量的国际标准值为

$$e = 1.602\,177\,33\times 10^{-19}\ \mathrm{C}$$

值得指出的是,中国学者李耀邦在 20 世纪初也在美国芝加哥大学同密立根一起从事基本电荷测定的工作.1914 年他发表了《以密立根方法,利用固体球粒测定 e 值》的论文.他以精确的实验和严密的数学推导,得出 $e=4.764\times 10^{-10}$ esu.这比当时用硫黄粒子做实验的测定结果精确得多.由于李耀邦改进了密立根的实验,使之适用于测固态微粒上的基本电荷,使基本电荷的普遍存在得到了进一步的证明,这加深了密立根工作的意义.

5. 库仑定律的适用条件

在常见的不少教材中,库仑定律的表述是:在真空中,两个静止的点电荷之间的相互作用力的大小与两电荷量的乘积成正比,与它们的距离的平方成反比;作用力的方向沿着它们的连线,同号电荷相斥,异号电荷相吸.用式子表示为

$$F = \frac{1}{4\pi\varepsilon_0}\frac{q_1 q_2}{r^2}$$

定律的适用条件已在表述中说明,就是“真空中”“静止的”“点电荷”这三条.下面分别讨论.

(1)“点电荷”条件

“点电荷”这一条件是十分明确的.因为只有当电荷的大小线度远比它们间的距离小,可以不计电荷的大小线度而视作点电荷时,二者的距离 r 才是可确定的.任意一个带电物体可以看做由许许多多很小的电荷元组成,每个电荷元可看成一个点电荷.两个有一定形状的带电体之间的相互作用力等于一个带电体的每个电荷元与另

一个带电体的每个电荷元的相互作用力的矢量和.任意两个电荷元之间的作用可看做是点电荷之间的作用,遵守库仑定律.所以,根据库仑定律和叠加原理,应用积分法,就可以求出任意形状的带电体之间的相互作用力.

(2)“静止”条件

“静止”条件是指两个点电荷在所选定的参考系中是静止的,电荷静止也是静电场的前提.如果电荷相对于参考系运动,除激发电场外,还要激发磁场,运动电荷对其他电荷的作用力既有电场力又有磁场力,所以,库仑定律不能反映运动电荷之间的作用.为了深入了解这个问题,我们作以下说明:

① 运动点电荷对其他点电荷(不论静止或运动)的作用力不满足库仑定律.

为了在不引入磁场的情况下说明这个问题,我们应用洛伦兹变换,把在 S 系中静止的点电荷的电场变换到相对于 S 系运动的参考系 S' 中去.这样,在 S' 系中的电场就是运动的点电荷激发的电场.于是我们可以判断这个电场对其他点电荷的作用力是否遵守库仑定律.

假定点电荷 q 静止在参考系 S 的原点上,在 S 系中点电荷 q 激发的电场分布为

$$E = \frac{q}{4\pi\varepsilon_0 r^2}\boldsymbol{r}_0 \tag{1.42}$$

其中,$\boldsymbol{r}_0$ 为从 q 引向场点的单位矢量.显然点电荷的电场在 S 系中是球对称分布的.在 xz 平面上的任一点 (x,z),电场的分量是

$$E_x = \frac{q}{4\pi\varepsilon_0 r^2}\cos(\boldsymbol{r}_0,\boldsymbol{i}) = \frac{q}{4\pi\varepsilon_0}\frac{x}{(x^2+z^2)^{3/2}} \tag{1.43}$$

$$E_z = \frac{q}{4\pi\varepsilon_0 r^2}\cos(\boldsymbol{r}_0,\boldsymbol{k}) = \frac{q}{4\pi\varepsilon_0}\frac{z}{(x^2+z^2)^{3/2}} \tag{1.44}$$

设参考系 S' 以恒速 u 向 x 的负方向运动(相当于点电荷相对于 S' 系以速度 u 向 x 的正方向运动).根据洛伦兹变换,两个参考系中的坐标和时间变换为

$$\begin{cases} x = \gamma(x'-ut'),\ y = y',\ z = z' \\ t = \gamma\left(t' - \dfrac{ux'}{c^2}\right) \end{cases} \tag{1.45}$$

其中,

$$\gamma = \frac{1}{\sqrt{1-\left(\dfrac{u}{c}\right)^2}} = \frac{1}{\sqrt{1-\beta^2}},\quad \beta = \frac{u}{c}$$

在 S' 系中,电荷 q 以速度 u 沿 x' 轴运动.根据电场的洛伦兹变换(参见式(5.142)、(5.143)),在 S' 系和 S 系中场强分量的变换关系为 $E'_x = E_x$,$E'_z = \gamma E_z$.据此,将变换式(1.45)代入式(1.43)、(1.44),注意电荷的不变性,可得出当电荷经过 S' 系的原点,即 $t'=0$ 时刻,在 S' 系中场强分量与坐标间的关系为

$$E'_x = E_x = \frac{1}{4\pi\varepsilon_0}\frac{\gamma q x'}{[(\gamma x')^2 + z'^2]^{3/2}} \tag{1.46}$$

$$E_z' = \gamma E_z = \frac{1}{4\pi\varepsilon_0}\frac{\gamma q z'}{[(\gamma x')^2 + z'^2]^{3/2}} \tag{1.47}$$

可见 $E_z'/E_x' = z'/x'$，表明在 S' 系的 $x'z'$ 平面上，某时刻的场强分布仍是以电荷为中心，沿径向发散的(这里假定 $q>0$)．在电荷运动的方向(即 x' 轴方向)上，场强分量不变($E_x' = E_x$)；而在与之垂直的方向上，场强分量增大为静止电荷场强分量的 γ 倍($E_z' = \gamma E_z$)．图 1.5(a)、(b)分别画出电荷 q 在 S 系中以及在 S' 系中的场强及其分量．图 1.6 表示在 S' 系中，$t'=0$ 时刻的电场线分布(图中各有向线段表示箭头处的场强矢量)．

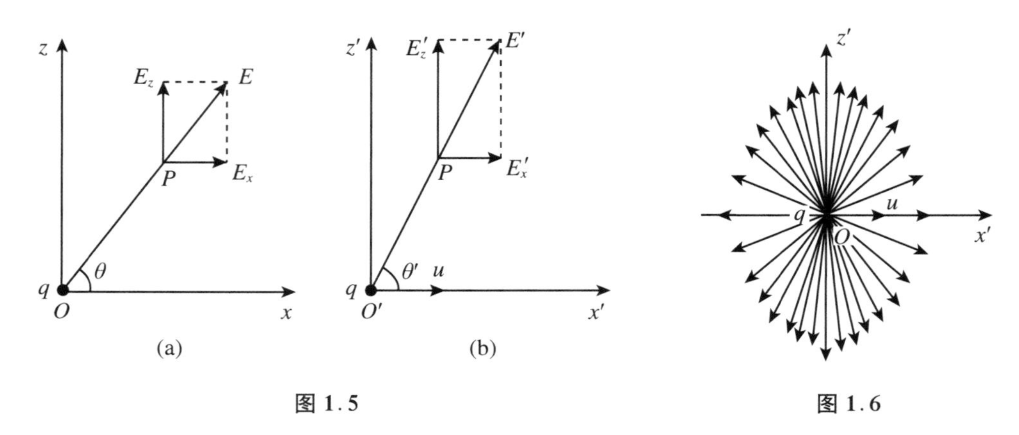

图 1.5　　图 1.6

根据式(1.46)、(1.47)，可算出在 $t'=0$ 时刻(电荷 q 处于 S' 系的原点)，$x'z'$ 平面上的任一点 P 的场强大小为

$$E' = \frac{q}{4\pi\varepsilon_0 r'^2}\frac{1-\beta^2}{(1-\beta^2\sin^2\theta')^{3/2}} \tag{1.48}$$

其中 θ' 表示 P 点的位矢与 x' 轴的夹角．

可见，在电荷以恒速 u 相对运动的参考系(即 S' 系)中，每一时刻的电场分布是以该电荷为中心，呈辐射状分布，但不再具有球对称性．而且，随着电荷位置的不断变化，空间任一确定点 P 的场强不是恒定的，而是变化着的．如果在 P 点放上一个相对于 S' 系静止的点电荷 q'，显然，运动的电荷 q 激发的电场对 q' 作用的电场力 $F' = q'E'$ 是不满足库仑定律的．

从上面的讨论中也可以明白，当电荷的运动速度 u 远小于光速 c 时，$\beta\to 0$，$\gamma\to 1$，相对论效应极小，可以忽略不计．这时，$E' = \dfrac{q}{4\pi\varepsilon_0 r'^2}$，库仑定律近似成立．

② 静止点电荷作用于运动点电荷上的力满足库仑定律．

相对于参考系 S 静止的点电荷所激发的静电场是不随时间变化的，其场强由式(1.42)表示．

理论和实验都表明，作用于相对于参考系 S 运动着的带电粒子上的电场力等于这个带电粒子的电荷量乘以在参考系 S 中的电场强度 E，与粒子的运动速度无关．所以，静止点电荷 q_1 作用于运动点电荷 q_2 上的电场力等于

$$F = \frac{1}{4\pi\varepsilon_0}\frac{q_1 q_2}{r^2}\boldsymbol{r}_0$$

与库仑定律一致.

所以,我们可以大胆地应用库仑定律和公式 $\boldsymbol{F}=q\boldsymbol{E}$ 计算运动点电荷受到的静电场的场力.例如,在经典理论中,根据库仑定律计算原子中电子的轨道和能量,计算以一定速度通过充电电容器的带电粒子轨道等.

综合以上讨论,结论是:库仑定律中的两个点电荷"静止"这一条件可以放宽到静止点电荷对运动点电荷的作用力.运动电荷对静止电荷的作用则不满足库仑定律.可见,只要有一个电荷在运动,而且运动速度不小,以至相对论效应不可忽略的情况下,两个电荷之间的相互作用力就不满足牛顿第三定律.如果把库仑定律作为两个点电荷之间的相互作用所要遵守的规律,那么,应该要求两个点电荷都是静止的.

(3) 怎样理解"真空"条件?

库仑定律是关于两个静止的点电荷之间相互作用力的规律,不管是否在真空中,这两个点电荷之间的相互作用力都等于$\frac{1}{4\pi\varepsilon_0}\frac{q_1 q_2}{r^2}$.

如果空间(真空中)只有两个点电荷,没有其他电荷出现,那么任一个点电荷受的电力完全来自另一点电荷的作用,其大小为$\frac{q_1 q_2}{4\pi\varepsilon_0 r^2}$.也就是说可以直接应用库仑定律求点电荷所受的力.这也许是许多教材对库仑定律的叙述中加上"真空中"这个条件的原因.

实际上,以库仑定律为基础,在引入场的概念后所得到的静电场的基本性质——高斯定理和环路定理,都不只是对真空适用,而是在导体和电介质中均适用.从麦克斯韦开始,直至近代不少人做的检验库仑定律的实验,都不是直接在真空中测量点电荷的相互作用力(这样做精度不高),而是检验静电场中带电导体的电量是否真的(或在多高的精度上)只分布在导体的外壳上(这是电力平方反比定律的推论).这里显然已经没有"真空"条件了.

当电荷处在介质中时,介质要极化,从而出现极化电荷.因此,处在介质中的两个点电荷 q_1 和 q_2 必然伴随着一定数量的极化电荷.于是,每一个点电荷所受的力将是另一个点电荷和所有极化电荷对它的作用力的矢量和.尽管这两个点电荷之间的以及每一个极化电荷元对点电荷的作用力仍遵守库仑定律,但每一个点电荷所受的电场力显然不再是$\frac{q_1 q_2}{4\pi\varepsilon_0 r^2}$.也就是说,不能只考虑用库仑定律去求 q_1 和 q_2 这两个电荷所受的力,这或许是一般认为"库仑定律不适用于介质中"的原因.

有的教材提出"介质中的库仑定律":如果均匀的各向同性介质(相对介电常数为 ε_r)充满电场所在的整个空间,那么其中两个静止点电荷之间的相互作用力为

$$F = \frac{q_1 q_2}{4\pi\varepsilon_0\varepsilon_r r^2} \tag{1.49}$$

其实，说这是 q_1 和 q_2 之间的相互作用力是一种误解，它实际上是 q_1 及其周围的极化电荷 q_1'对 q_2 的作用力的合力.（或 q_2 及其周围的极化电荷 q_2'对 q_1 的作用力的合力.）

为考察电荷 q_1 周围介质的极化电荷分布，不能再把电荷看成点，而应把它当做一个均匀带电的小球体. 在它周围的介质球面上出现均匀分布的极化电荷，这些极化电荷的电量为 $q_1' = -\dfrac{\varepsilon_r - 1}{\varepsilon_r}q_1$（见式(2.21)）. 在介质中距 q_1 为 r 的点电荷 q_2 受的力是 q_1 和极化电荷 q_1'对 q_2 作用的电场力的合力. 根据库仑定律，q_1 对 q_2 的作用力为

$$F = \frac{1}{4\pi\varepsilon_0}\frac{q_1 q_2}{r^2}$$

均匀分布在小球面上的极化电荷 q_1'对 q_2 的作用力为

$$F' = \frac{1}{4\pi\varepsilon_0}\frac{q_1' q_2}{r^2}$$

它们的合力为

$$F_{合} = \frac{1}{4\pi\varepsilon_0 r^2}(q_1 + q_1')q_2 = \frac{q_1 q_2}{4\pi\varepsilon_0 \varepsilon_r r^2}$$

由此可见，所谓介质中的库仑定律（式(1.49)）实际上表示点电荷 q_1 及由它引起的极化电荷 q_1'对点电荷 q_2 的作用力的合力，也就是考虑到介质极化后的有效电荷 $q_{1效} = q_1 + q_1' = \dfrac{1}{\varepsilon_r}q_1$ 对 q_2 的作用力. 从场的角度来说，由于充满电场的均匀介质存在，所以介质极化电荷产生的退极化场削弱了点电荷 q_1 在 q_2 处产生的场强$\left(E_0 = \dfrac{q_1}{4\pi\varepsilon_0 r^2}\right)$，使合场强变为 E_0 的 $1/\varepsilon_r$，因此 q_2 受到的场力也变为 $1/\varepsilon_r$. 但这并不说明库仑定律在介质中不适用，恰恰是所有电荷（包括自由电荷和极化电荷）都适用库仑定律的结果.

所以，两个静止的点电荷之间的电力平方反比定律不应受“真空中”的条件限制. 它是精度极高的实验定律，是静电学的基础.

(4) 库仑定律适用的空间尺度

直接验证库仑定律的实验一般都是在实验室尺度上进行的，并直接证实了在日常尺度上电力与距离平方成反比的关系.

在原子内部，尽管电子的行为应当用量子力学来描写，但力仍然是电力，势仍然是电势. 1947 年兰姆等对氢能级的相对位置进行了极仔细的测量，证明在原子尺度上，也就是 10^{-10} m 量级的距离上，库仑定律仍是有效的. 电力与距离成反比的幂指数与 2 的差不会超过十亿分之一.

20 世纪初，卢瑟福做了 α 粒子散射实验，在理论分析中应用库仑定律得出了原子的有核模型. 此实验已经表明在 10^{-14} m 的距离上库仑定律是有效的. 在近代核物理实验中，已发现在典型的核距离（10^{-15} m）上，电力仍存在，并仍近似地与距离平方成反比.

至于在 10^{-16} m 的距离上又如何呢？这一范围可以通过高能的电子对质子碰撞，

观察电子是如何散射的来加以研究.迄今得到的结果似乎表明库仑定律失效了.在小于 10^{-16} m 的距离上,电力仅为按库仑定律算出的 1/10.这有可能是库仑定律本身在这个距离上失效了,也有可能在这种距离上,电子和质子不能再被看做点电荷.这一问题至今仍未确定.

目前可以肯定的是,库仑定律$\left(\text{包括系数 } k=\dfrac{1}{4\pi\varepsilon_0}\right)$在从 10^{-15} m 到日常距离的范围内都是有效的.$\left(\text{小到 } 10^{-10}\text{ m 时,}\dfrac{1}{r^2}\text{ 中的 2 仍精确到十亿分之一,}\dfrac{1}{4\pi\varepsilon_0}\text{ 的准确度至少为 } 1.5\times10^{-7}.\right)$

6. 库仑定律的实验验证

在前面我们已介绍了发现库仑定律的历史过程.鉴于库仑在总结出电力平方反比定律时所依据的实验精度有限,而平方反比定律作为电学的基础所具有的重要性,所以在库仑定律发表以后直到现代,人们仍力图用越来越精密的实验来检测平方反比定律的精确性,即检验与距离成反比的方次与“2”之间究竟有多大的差异.虽然卡文迪许早于库仑十多年的实验由于未发表而被埋没了一百多年,但他的实验思想成为后来者检验库仑定律的基本思想.下面介绍麦克斯韦改进卡文迪许的方法、检验库仑定律的理论和实验以及近代的检验结果.

(1) 麦克斯韦的实验验证

静电力与距离成反比的方次与“2”有无偏差,偏差是多大?这个问题一直引起一些物理学家的兴趣.建立经典电磁场理论的主帅麦克斯韦是第一个关心并为此作出贡献的物理学家.

由于直接测量两电荷间的力和它们的距离不可能达到很高的精度,因此精确检验库仑定律要另辟蹊径,即从库仑定律直接推论的现象去检验库仑定律的精确程度.

根据库仑定律,我们知道均匀带电的金属球壳的电势分布规律.如果有两个同心的金属球壳,半径分别为 R_1 和 R_2,各带电 q_1 和 q_2,如图 1.7(a)所示,那么,两球壳上的电势分别为

$$U_1=\frac{kq_1}{R_1}+\frac{kq_2}{R_2}$$

$$U_2=\frac{k(q_1+q_2)}{R_2}$$

如果用导线将两球壳联通,再对它们充电到电势 U(如图 1.7(b)),然后切断联通它们的导线.设这时内、外球壳分别带电 q 和 Q,则有

$$U=\frac{kq}{R_1}+\frac{kQ}{R_2} \tag{1.50}$$

$$U = k\frac{q + Q}{R_2} \tag{1.51}$$

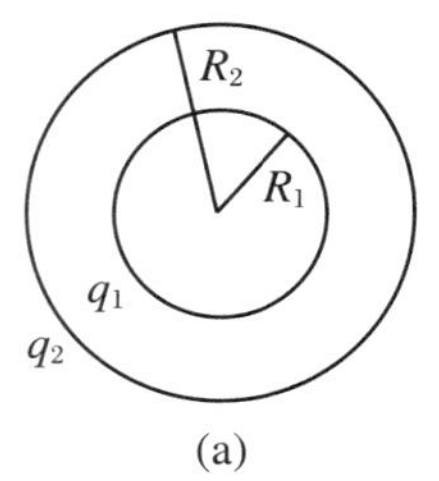

(a)

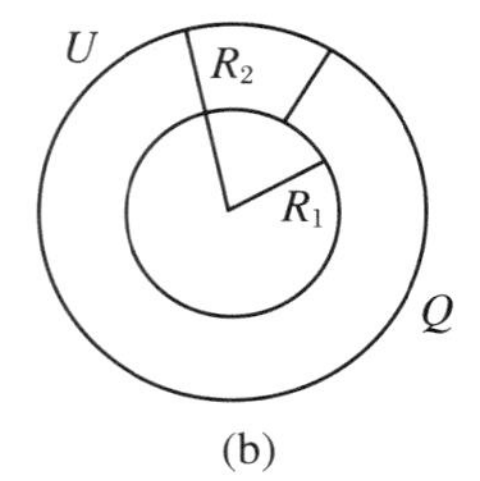

(b)

图 1.7

由以上两式联立可解得 $q=0$. 也就是说，经过导线导通后，内导体球是不带电的，如果再将外球壳接地（使电势为零），那么内球壳的电势也等于零，这是库仑定律的结果.

如果电力与库仑定律有偏差，那么上述结果也不成立.

麦克斯韦为严格检验库仑定律进行了理论研究，他假设两个单位电荷之间的斥力与它们间的距离的关系为

$$\Phi = \frac{1}{r^{2-\delta}} \tag{1.52}$$

其中，δ 即是电力与距离成反比的方次与 2 的偏差. 根据已掌握的实验结果，可知 δ 是一个远小于 1 的量.

对于图 1.7(b)中的情形，即两个同心的导体球壳在导通状态下充电到电压 U，然后切断联通它们的导线，再使外球壳接地（电势为零）. 麦克斯韦从理论上得到：如果式(1.52)成立，那么内球壳上仍应有电荷，其电势不为零，而应该是

$$U_2 = \frac{1}{2}U\delta\left(\ln\frac{4R_2^2}{R_2^2 - R_1^2} - \frac{R_2}{R_1}\ln\frac{R_1 + R_2}{R_2 - R_1}\right) \tag{1.53}$$

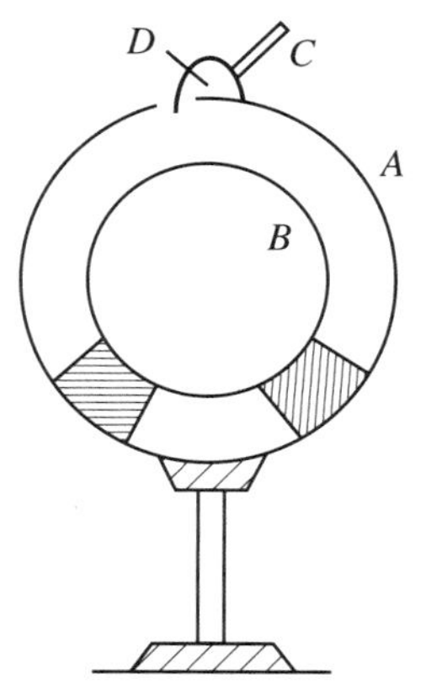

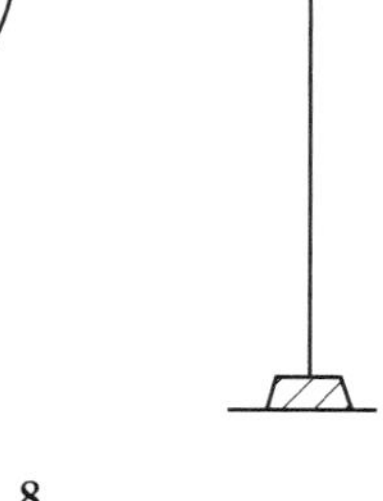

图 1.8

如果能做出精巧的实验，测量出内球壳的电势 U_2，就可以确定偏离平方反比定律的偏差 δ.

麦克斯韦改进了卡文迪许的方法，并进行了实验检测，其装置如图 1.8 所示，其中 A、B 为两个同心导体球壳，中间用胶木垫隔开，A 球的顶端有小孔. C 是有胶木柄的弧形短导线，它可以接通内、外球壳. 当弧形导线接通内外球壳时，固定在弧形导线上的小金属片 D 恰可盖住 A 球上的小孔；当弧形导线撤离后，可将静电计的电极通过小孔与球壳 B 接触，测量 B 的电势.

实验步骤是:用导线 C 接通 A、B 球壳,用带电的莱顿瓶将球壳充电到电势 U;然后撤去连接两球壳的导线 C;使外球壳接地放电;再用静电计通过 A 上的小孔去检测 B 球的电势.实验中没有观察到静电计有任何微弱的反应.

设静电计能够被观察到的最小偏转度为 d,而根据式(1.53)可计算出在上述情况下 B 球的电势为 $U_2=-0.1478\delta U$.因此,由静电计没有任何反应这个实验结果,可以断定 B 球的电势值必定小于静电计能够测量出的最小电势——静电计上可读出的最小偏转度 d 所相应的电势,即

$$|-0.1478\delta U|<d \tag{1.54}$$

显然 d 表征静电计的灵敏度.

进一步的工作是检测静电计的灵敏度.为此,麦克斯韦采取了以下步骤:① 再用莱顿瓶将球壳充电到电势 U.② 将放在近旁的绝缘黄铜小球 M 接地,此时小球上将感应出负电荷.根据实验的具体安置条件,麦克斯韦估计小球 M 上感应的负电荷的大小约为球壳电荷量的$\frac{1}{54}$.③ 撤去小球 M 的接地线,使之与地绝缘,然后再使球壳 A 接地.于是球壳 A 将由于小球M 上的负电荷而感应出正电荷.麦克斯韦估计此感应电荷的大小约等于小球 M 上的电荷量的$\frac{1}{9}$.④ 撤除球壳 A 的接地线后,再使小球 M 接地放电.⑤ 用静电计测量球壳 A 的电势,记下静电计显示出的偏转度 D.

经过以上步骤后,球壳 A 最后的电势由静电计的偏转度D 表示.而这时球壳上的电荷量约等于原来(充电到电势 U 时)电荷量的$\frac{1}{54}\times\frac{1}{9}=\frac{1}{486}$,它的电势也约为原来的$\frac{1}{486}$.所以,静电计偏转度 D 对应的电势约等于$\frac{1}{486}U$,即

$$D=\frac{1}{486}U$$

于是,由式(1.54)就可得出

$$|\delta|<\frac{1}{0.1478\times 486}\frac{d}{D}=\frac{1}{72}\frac{d}{D}$$

在实验条件下,最粗略的估计也有 $D>300d$(d 是静电计上可读出的最小偏转度),于是得出

$$|\delta|<\frac{1}{72}\times\frac{1}{300}\approx 4.6\times 10^{-5}$$

麦克斯韦的实验分析结果表明:在当时的实验条件下,只要电力与距离成反比的方次与2的偏差大于4.6×10^{-5},就可以在静电计上反映出来.也就是说,这个偏差如果有,也不会超过4.6×10^{-5}.

(2) 近代的精确实验验证

近代,在实验技术和精度不断提高的基础上,卡文迪许-麦克斯韦实验被多次重

复,实验精度提高了好几个数量级.表1.4列出了几个著名的实验检验结果.

表1.4 对电力与平方反比的偏离的检验

年代	实 验 者	偏离平方反比的偏差 δ
1772	卡文迪许	2×10^{-2}
19世纪	麦克斯韦	5×10^{-5}
1936	普里波顿和洛顿	2×10^{-9}
1968	Coohran Franken	9.2×10^{-12}
1970	Bartatt 等	1.3×10^{-13}
1971	威廉斯(Williams)等	3×10^{-16}

1936年,普里泼顿和洛顿在实验中先将导通的 A、B 球壳充电到 $U=3\ 000$ V,再撤去导通 A、B 的导线,并让 A 接地后,采用放大器和检流计代替静电计检测导体壳 B 与导体壳 A 之间的电压.放大器和检流计可检测的最小电压 $U_{\mathrm{m}}=10^{-6}$ V.但实验中未观察到检流计有任何偏转.在假定电力与距离满足 $\Phi(r)=\dfrac{1}{r^{2+\delta}}$ 的条件下,根据麦克斯韦导出的式(1.54)和实验的参数,可算出内球 B 的电压为 $0.169\delta U$.于是,由检流计没有偏转这一实验结果,可以断定

$$0.169\delta U < U_{\mathrm{m}}$$

由此算出

$$\delta < \frac{U_{\mathrm{m}}}{0.169U} = \frac{10^{-6}}{0.169\times 3\ 000} \approx 2\times 10^{-9}$$

1968年以后,在进一步提高检测仪器的灵敏度、改进测量技术的情况下,检测库仑定律的实验又做了几次(见表1.4).1971年的实验结果表明,电力与平方反比定律的偏差 δ 不会大于 3×10^{-16}.

由此可见,库仑定律是一个经过实验检验的精确度极高的物理定律.

7. 电荷间的电场力　场源电荷和试探电荷

电荷之间的相互作用力实质上是通过电场作用的.每一个电荷都要激发电场,空间的电场是各个电荷的场的叠加.那么,应当怎样正确理解场中电荷 Q 受的电场力 $\boldsymbol{F}=\int_Q \boldsymbol{E}\mathrm{d}Q$ 中的 $\boldsymbol{E}$?是放进电荷 Q 以前其他电荷激发的电场强度,还是放入 Q 以后的外电场场强,抑或是放入 Q 以后的合场强?应当怎样正确理解试探点电荷的电荷量必须很小这一规定?

(1) 带电体的自作用为零

任何带电体都激发电场,带电体上的任何电荷元都要受这个电场的场力,同时它

又对带电体的其余部分施以等大反向的场力，而且这一对力又都分别与约束它们组成带电体的内部作用力(非静电力)平衡. 所以，任何带电体自身激发的电场对带电体自身的作用力都被约束它们组成带电体的内部非静电力抵消，合作用为零.

(2) 带电体受的电场力应是放入带电体后场源电荷激发的电场的电场力

设电场中放入电荷量为 Q 的带电体后，场源电荷的电场场强为 $\boldsymbol{E}$，带电体激发的场强为 $\boldsymbol{E}'$，空间的合场强为 $\boldsymbol{E}+\boldsymbol{E}'$. 在带电体上任一电荷元 $\mathrm{d}Q$ 处，带电体上除去 $\mathrm{d}Q$ 以外的其他电荷在 $\mathrm{d}Q$ 处产生的场强应为 $\boldsymbol{E}'-\mathrm{d}\boldsymbol{E}'$，作用于 $\mathrm{d}Q$ 上的合外场似应为 $\boldsymbol{E}+\boldsymbol{E}'-\mathrm{d}\boldsymbol{E}'$，$\mathrm{d}Q$ 受的电场力为 $(\boldsymbol{E}+\boldsymbol{E}'-\mathrm{d}\boldsymbol{E}')\mathrm{d}Q$. 但由于 $\mathrm{d}Q$ 和 $\mathrm{d}\boldsymbol{E}'$ 都是无穷小量，$\mathrm{d}\boldsymbol{E}'\mathrm{d}Q$ 为二级小量，略去二级小量，电荷元 $\mathrm{d}Q$ 受的电场力为

$$\mathrm{d}\boldsymbol{F} = (\boldsymbol{E}+\boldsymbol{E}')\mathrm{d}Q$$

整个带电体受的电场力为

$$\int_Q (\boldsymbol{E}+\boldsymbol{E}')\mathrm{d}Q = \int_Q \boldsymbol{E}\mathrm{d}Q + \int_Q \boldsymbol{E}'\mathrm{d}Q$$

积分遍及整个带电体. 其中 $\int_Q \boldsymbol{E}'\mathrm{d}Q$ 表示带电体自身激发的电场对带电体本身的作用力. 由上所述，它被带电体内部的非静电作用抵消了，所以带电体受的力

$$\boldsymbol{F} = \int_Q \boldsymbol{E}\mathrm{d}Q$$

就是场源电荷激发的电场(对受力的带电体而言是外场)的作用力.

这里又发现了一个问题：当带电体被放入外场以前，场源电荷将激发电场，设其强度分布为 $\boldsymbol{E}_0$，在放入带电体以后，场源电荷激发的电场的场强分布为 $\boldsymbol{E}$，它是否仍等于 $\boldsymbol{E}_0$？要弄清这个问题，就应当考虑我们所使用的物理模型，以及带电体的场强 $\boldsymbol{E}'$ 对场源电荷的作用.

如果我们使用的是点电荷模型，场源电荷是点电荷. 点电荷是无形状大小、也无所谓电荷分布、具有一定电荷量和质量的几何点. 电荷量、质量和位置是它的全部特征. 因此，其他带电体的电场对场源点电荷除有作用力以外，无其他任何影响，特别是不会改变场源点电荷的球对称电场分布. 在这种情形下，不管有无带电体放入电场，场源点电荷 q 激发的场强分布相同，为

$$\boldsymbol{E} = \boldsymbol{E}_0 = \frac{q}{4\pi\varepsilon_0 r^2}\boldsymbol{r}_0$$

因此，点电荷 q 激发的电场中，任何带电体受的电场力均为

$$\boldsymbol{F} = \int_Q \frac{q\boldsymbol{r}_0}{4\pi\varepsilon_0 r^2}\mathrm{d}Q$$

积分遍及带电体 Q. 其中，r 为场源点电荷 q 到带电体上电荷元 $\mathrm{d}Q$ 的距离，$\boldsymbol{r}_0$ 是从 q 引向 $\mathrm{d}Q$ 的单位矢量.

如果放入电场的带电体也是点电荷 Q，则它所受场源电荷的电场力为

$$\boldsymbol{F}=\frac{qQ}{4\pi\varepsilon_0 r^2}\boldsymbol{r}_0$$

这就是库仑定律.

但是,点电荷只是在一定情形下使用的理想化模型.实际的场源电荷可以是带电导体或带电的介质,它们都有一定的大小和形状.在场源带电体周围没有其他带电体时,其电荷有一定的分布,并激发一定分布的电场 $\boldsymbol{E}_0$;当在其周围放入带电体 Q 以后,Q 固然受电场的影响,而 Q 激发的场 $\boldsymbol{E}'$ 也要影响场源带电体的电荷分布(静电感应或极化).电荷分布改变以后的场源电荷激发的电场 $\boldsymbol{E}$ 必定不同于 $\boldsymbol{E}_0$.作用于带电体 Q 上的电场力决定于这时的 $\boldsymbol{E}$,而不是原来的 $\boldsymbol{E}_0$.(关于带电导体球与球外点电荷之间的相互作用力问题,见第 2 章问题讨论 10.)

(3) 试探电荷的电荷量为何要充分小?

试探电荷的引入是为了测量电场的分布特性.根据上面的讨论,原则上除场源是点电荷的情形外,在带电体激发的电场中放入其他电荷都会改变原电场的分布,使 $\boldsymbol{E}\neq\boldsymbol{E}_0$.这样的电荷如作为试探点电荷放在场中某点,只能测出在它被引入以后场源激发的电场 $\boldsymbol{E}$(而不是 $\boldsymbol{E}_0$)在该点的性质.这对原来的电场 $\boldsymbol{E}_0$ 来说已经发生了畸变.为了尽量减小这种畸变,要求放入的试探电荷对场源的电荷分布的影响尽可能小到可忽略不计,使 $\boldsymbol{E}=\boldsymbol{E}_0$.这就要求试探点电荷的电荷量充分小.

由于点电荷的场是不会因外电荷的引入而畸变的,因此,如果只是探测点电荷的电场,试探点电荷的电荷量必须充分小的要求并不必要.(描述点电荷间相互作用力的库仑定律不限制任何点电荷的电荷量的大小,这一点是与此相同的.)

有一种看法,认为之所以试探点电荷的电荷量必须充分小,是因为充分小的试探点电荷激发的场(即 $\boldsymbol{E}'$)很弱,因此与原场叠加以后的总场与原场相近,即 $\boldsymbol{E}_合=\boldsymbol{E}_0+\boldsymbol{E}'\approx\boldsymbol{E}_0$.这种看法建立在试探电荷受的力等于合场 $\boldsymbol{E}_合$ 的作用力这种认识上,如前所述这种认识是不正确的.

8. 静电力与引力大小的比较

在处理带电质点之间的相互作用以及运动的问题中,存在万有引力或重力的影响.有的情形下,引力可以忽略不计,有时又必须考虑引力的作用.这里,对几类情形下静电力与引力的大小进行比较,从而说明在哪些情况下不计引力是完全合理的,在什么情况下又应当考虑引力的影响.

(1) 带电粒子间的静电力与引力

设带电粒子的质量为 m,电荷量为 q,由库仑定律和万有引力定律可知,同类带电粒子的静电斥力与万有引力之比为

$$\frac{F_e}{F_G}=\frac{k}{G}\left(\frac{q}{m}\right)^2=1.35\times10^{20}\left(\frac{q}{m}\right)^2 \tag{1.55}$$

可见,静电力与引力的比值决定于带电粒子的荷质比的平方.对于两个不同类的带电粒子,上式中的$\left(\dfrac{q}{m}\right)^2$应换为它们的荷质比的乘积,即$\dfrac{q_1}{m_1}\dfrac{q_2}{m_2}$.

例如,质子$q=1.60\times10^{-19}$ C,$m=1.67\times10^{-27}$ kg,故

$$\frac{q}{m}=0.96\times10^{8}\ \mathrm{C/kg}$$

$$\frac{F_e}{F_G}=1.29\times10^{36}$$

静电力约为引力的10^{36}倍,大36个量级!

据此可估计离子之间比值$\dfrac{F_e}{F_G}$的量级.对于重原子,如果质量比质子质量大两个量级(100倍),仅失去一个价电子而形成的重离子,其荷质比为质子荷质比的$\dfrac{1}{100}$,这种同类重离子之间的静电力与引力之比约为10^{32}.

可见,对原子尺度的带电粒子,静电力是它们之间引力的$10^{32}\sim10^{36}$倍.在讨论它们之间的相互作用时,不计它们之间的万有引力是完全合理的.

(2) 带电粒子受的电场力与重力

地面实验室中带电粒子受重力作用,如果在外电场中,就还受到电场力.设粒子的电荷量为q,质量为m,外电场的场强为E,则电场力与重力($W=mg$)的比值为

$$\frac{F_e}{W}=\frac{qE}{mg}\tag{1.56}$$

为了估计这一比值的大小,我们假设外电场不太强,$E=10^4$ V/m(每厘米100 V的电势降),取$g=10\ \mathrm{m/s^2}$,则

$$\frac{F_e}{W}=10^{3}\times\frac{q}{m}$$

对于α粒子,$\dfrac{q}{m}=0.48\times10^{8}$ C/kg,故$\dfrac{F_e}{W}=4.8\times10^{10}$.如果场强增强,则这一比值按比例增加.由这个数据可见,α粒子在不太强的外电场中,受到的电场力是重力的几百亿倍!对于重离子,在这种不强的外电场中受的电场力也是重力的上亿倍.

由此可见,在讨论带电粒子在外电场中(如平行板电容器提供的电场中)的运动时,重力也是完全可以忽略不计的.

(3) 带电的宏观微粒受的电场力与重力

在外电场中,由大量原子或分子集团组成的宏观带电微粒,电场力和重力的比值仍由式(1.56)表示.电场力和重力大小的比取决于微粒的电荷量和质量,这就需要具体分析了.

这里,我们讨论这样的问题:在中等场强,比如$E=10^5$ V/m$=10^3$ V/cm的外电

场中，多大的带电微粒受的重力才可与电场力相比拟(即不可忽略)？设

$$\frac{F_{\mathrm{e}}}{W} \approx 1$$

根据式(1.56)，有

$$\frac{q}{m} \approx \left(\frac{E}{g}\right)^{-1} \approx 10^{-4}$$

设微粒团的质量为质子质量 m_{p} 的 N 倍($m = Nm_{\mathrm{p}}$)，电荷量为基本电荷 e 的 n 倍，则有

$$\frac{n}{N}\frac{e}{m_{\mathrm{p}}} \approx 10^{-4}$$

$$\frac{N}{n} \approx 10^{4} \times \frac{e}{m_{\mathrm{p}}} = 0.96 \times 10^{12}$$

令 $n=10$，即一个微粒的电荷量为电子电量的 10 倍，则这样的微粒团的质量为质子质量的

$$N \approx 10^{13}$$

倍，即这样的微粒团应包含 10^{13} 个核子.

以水滴为例，由于一个水分子由 18 个核子组成，故含 10^{13} 个核子的小水滴由 $\frac{1}{18}\times 10^{13}$ 个水分子组成，其质量约为

$$m = Nm_{\mathrm{p}} = 10^{13} \times 1.67 \times 10^{-27}\ \mathrm{kg} = 1.67 \times 10^{-14}\ \mathrm{kg}$$

这个小水滴的体积约为

$$V = 1.67 \times 10^{-14} \times 10^{-3}\ \mathrm{m}^3 = 1.67 \times 10^{-17}\ \mathrm{m}^3 = 16.7\ \mu\mathrm{m}^3$$

小水滴的直径约为

$$d = \left(\frac{6}{\pi}V\right)^{\frac{1}{3}} \approx (32)^{\frac{1}{3}}\ \mu\mathrm{m} \approx 3\ \mu\mathrm{m}$$

即在 10^5 V/m 的外电场中，线度为几微米的带电水滴，其重力就可与电场力相比拟. 线度为微米级的小微粒是可用显微镜观察到的宏观小微粒. 对于更大的带电微粒，重力自然就必须考虑了.

密立根油滴实验中的小油滴的直径为 1 μm 量级，所带电荷量是基本电荷量的几倍至十几倍. 在 10^5 V/m 量级的电场中，重力、阻力等都是必须考虑的重要因素.

(4) 宏观带电体

根据上面的讨论，对于微观带电粒子，静电力比重力强大得多，因此在讨论微观带电粒子的运动时，粒子之间的引力和地球作用的重力都应当忽略不计. 对于宏观的微粒(线度为微米量级)，只有当它们失去或俘获少数电子而显电性时，也就是电荷量为 $10^{-19}\sim10^{-18}$ C 时，地球作用的重力与电场力相比才上升为不可忽略的因素. 对于一般的(宏观的)带电物体所受的电场力与重力的量级大小比较，应当具体问题具体

分析.

在比较和分析时,应记住引力常量 G 的量级是 10^{-11},而库仑定律中的常量 $k=\frac{1}{4\pi\varepsilon_0}=8.99\times10^9\ \mathrm{N\cdot m^2/C^2}$.因此,对引力而言,只有星球之间或一般物体与星球(如地球)之间的引力才是实际影响运动的重要因素;而对于电场力,一般带电体之间或带电体在电场中受的电场力就足以成为影响运动的重要因素.实际上,"库仑"这个电量的单位是很大的,两个各带1 C电荷量的点电荷在相距1 m时,它们之间的电场力大小为 8.99×10^9 N!一般的带电体的电荷量常是以 μC(10^{-6} C)或 pC(10^{-12} C)计的.

地球是带负电的星球,地面附近的场强约为120 V/m.由此推算地球带有的负电荷总量的量级为 $10^5\sim10^6$ C.在地面附近的一般带电体,假如电荷量为 10^{-8} C,受大地电场的电场力约为 10^{-6} N.故讨论地面上的一般带电体的运动,可以不计大地的电场力.

作为另一个极端的例子,我们假想将一个人体的所有分子中的每一个都剥去一个电子而使其处于带电状态,看看这个人的电荷量是多大.假定这个人的体重为60 kg,由于人体组织中含水最多,假定人体内各分子的平均分子量约为水的分子量,那么,60 kg体重的人体包含的分子数目约为

$$N=\frac{60}{18\times10^{-3}}\times6.023\times10^{23}\approx2\times10^{27}$$

如果每个分子失去一个电子而使人处于带电状态,则总电量为 $q=Ne=3.2\times10^8$ C!

如果两个这样的人卷曲身体近似成球形,其中心相距1 m时,他们之间的静电斥力为

$$F=9\times10^9\times(3.2\times10^8)^2\ \mathrm{N}\approx9\times10^{26}\ \mathrm{N}.$$

作为比较,地球质量为 5.98×10^{24} kg,设想把地球压缩为小球,放在地面这样的重力场中(重力加速度为 $9.8\ \mathrm{m/s^2}$),则地球的重量约为 6×10^{25} N,比前面叙述的两个人之间的静电力还小1~2个量级.所以有人这样形象地比较电场力与重力:两个相距几米的人,将每人身上的每个分子剥去一个电子,那么这两个人的静电斥力足以举起地球!

处于上述带电状态的人在地面上受大地电场的作用力约为 10^{10} N,远远大于他的体重.显然,像"带电人体"那样,将物体中的每个分子剥去一个(或添加一个)电子而使其处于带电状态,电荷量太大,已超出了现实的可能性.

实际上,在静电实验中或一般情况下,带电物体的电荷量的量级在 10^{-8} C上下.例如,半径为0.1 m的金属球,若电荷量为 10^{-8} C,则表面电荷密度 $\sigma\approx8\times10^{-8}\ \mathrm{C/m^2}$,表面场强 $E=\frac{\sigma}{\varepsilon_0}\approx10^4$ V/m,也属中等场强了.若令这个金属球带电量为 10^{-6} C,则表面场强达 10^6 V/m,属于很强的场强,差不多是空气的击穿场强了(3×10^6 V/m)!正

是由于一般带电体的实际电荷量很小，所以电场力也不会很大（与重力相比），因而重力常常是不能忽略的重要因素．例如，质量为 0.01 kg 的两个带电小木球，当各带 10^{-8} C 的电量（相当于仅有万亿分之一的组成原子被剥去一个或添加一个电子而带电），球心相距为 0.1 m 时，它们间的静电斥力的量级为 10^{-4} N，而它们的重力却是 10^{-1} N，显然重力远大于静电力．当它们各自的电荷量增为 10^{-6} C 时，它们间的静电力才能与它们受的重力相比拟．

所以，对宏观带电体，要对它们受的电场力与重力等其他力作比较时，应该先明确该物体的电荷量、质量以及场强，并对具体问题具体分析．一般说，电磁相互作用是比引力强大得多的相互作用，是针对本问题第一、二部分所讨论的情形而言的．一般的带电体由于所带电荷量很小，地球对它的引力常常是主要作用力之一，甚至远大于电场力．我们在编制题目，特别是给出具体数据的题目时，应当把握不脱离实际、具体分析的原则，不可随意编造数据．

例如，如果编制这样的题："质量为 0.01 kg 的木球带电量 $q=10^{-8}$ C，在水平放置的平行板电容器中平衡，求板间场强为多大．"解这个题目得 $E=10^7$ V/m．如果电容器板间距离为 0.1 m，那么板间电压将为 10^6 V．这在通常的绝缘条件下是不易实现的，这样的题目就脱离了实际，因而是不可取的．如果把电量改为 10^{-5} C，求出能够平衡的场强为 10^4 V/m，板间电压为 10^3 V，似乎容易实现，但小球带电 10^{-5} C 意味着它表面的场强高达 10^7 V/m，可能发生放电现象，这又是不现实的．所以在编制题目时，要留心涉及的各量的量级，避免脱离实际．

9．静电场的基本性质及其形象描绘——电场线和等势面

电场的客观存在表现在对场中的电荷有作用力，电场强度矢量 $\boldsymbol{E}$ 描述了电场的这一基本性质．一般情形下，场强矢量随位置（或坐标）和时间而变化．静止电荷所激发的静电场是稳定的，即不随时间而变化，因此静电场的场强矢量是空间坐标的函数．$\boldsymbol{E}=\boldsymbol{E}(x,y,z)$表示场强的空间分布，它确切地描述了静电场作为矢量场的特征．

库仑定律是静电学的基本实验定律，它与静电场概念的结合，得到点电荷 q 所激发的静电场的场强分布规律 $\boldsymbol{E}=\dfrac{q}{4\pi\varepsilon_0 r^2}\boldsymbol{r}_0$．再应用叠加原理，原则上就可以确定任一电荷系所激发的静电场的场强分布．同时，根据库仑定律导出的关于静电场的高斯定理和环路定理，又从不同方面揭示了静电场的基本特征，使我们可以用电场线和等势面来形象地描绘静电场的性质．

(1) 静电场是有源无旋场　电场线

① 静电场是有源场　电场线是从正电荷到负电荷的连续曲线

静电场场强的高斯定理表达式为

$$\oint_S \boldsymbol{E}\cdot d\boldsymbol{S} = \frac{1}{\varepsilon_0}\sum_{S内} q_i \tag{1.57}$$

表明穿过任意闭合曲面的电通量与闭合面所包围的电荷之间的关系.根据高斯定理，在空间任作一封闭曲面 S，如果它包围有正的净电荷（$\sum_{S内} q_i > 0$），就一定有相应数量（$\frac{1}{\varepsilon_0}\sum q_i$）的电通量从内部通过封闭面穿出；如果封闭面内有负的净电荷，就一定有相应数量的电通量从外部通过封闭面穿入；如果封闭面内没有电荷或净电荷为零，那么从此封闭面穿出和穿入的电通量一样多，总电通量为零.

为了了解电场中任一给定点 P 的性质，我们让封闭面始终包围该点，并取得越来越小.封闭面围成的体积 $\Delta\tau$ 也越来越小，面内的电荷量 $\sum_i q_i$ 也越来越少，该电荷量用 Δq 表示.这时我们用体积 $\Delta\tau$ 除高斯定理表达式的两端，再令 $\Delta\tau$ 趋于零（即包围 P 点的封闭面无限缩小），取极限得

$$\lim_{\Delta\tau\to 0}\frac{\oint_S \boldsymbol{E}\cdot d\boldsymbol{S}}{\Delta\tau} = \frac{1}{\varepsilon_0}\lim_{\Delta\tau\to 0}\frac{\Delta q}{\Delta\tau}$$

式中，左端极限的物理意义是穿过包围 P 点的单位体积的界面的电通量，由于是取极限"$\lim\limits_{\Delta\tau\to 0}$"而得到的，故它决定 P 点的电场性质，在矢量分析中称其为"场强 $\boldsymbol{E}$（在 P 点）的散度"，记为 $\nabla\cdot\boldsymbol{E}$ 或 $\mathrm{div}\boldsymbol{E}$；右端 $\lim\limits_{\Delta\tau\to 0}\frac{\Delta q}{\Delta\tau}=\rho$，即为 P 点的体电荷密度（单位体积的电荷量）.用这些概念可将上式表示为

$$\nabla\cdot\boldsymbol{E} = \frac{\rho}{\varepsilon_0} \tag{1.58}$$

即静电场中任一点场强的散度等于该点的体电荷密度除以 ε_0.这就是微分形式的高斯定理，它表示电场中任一点场和源的关系.由于以上讨论是在取极限"$\lim\limits_{\Delta\tau\to 0}$"下得到的，因此不难明白：若某点有正电荷，即在该点的电荷密度为正（$\rho>0$），则必有相当数量的电通量从该点发源，使包含该点的单位体积的边界面上有数量为 $\frac{\rho}{\varepsilon_0}$ 的电通量从里向外穿出；若某点有负电荷，该点的电荷密度为负（$\rho<0$），则必有相当数量的电通量流入该点（以该点为汇），使包含该点的单位体积的边界面上有数量为 $\left|\frac{\rho}{\varepsilon_0}\right|$ 的电通量从外向里穿入.如果某点无电荷，$\rho=0$，则没有电通量源于此点，也没有电通量汇于此点.

以上的分析表明，高斯定理揭示了静电场是有源有汇场.它源于正电荷，汇于负电荷.这里所谓的源和汇，是指电通量的源和汇.在引入电场线（$\boldsymbol{E}$ 线）来形象描绘静电场以后，通过某个面的电通量与穿过该面的电场线的根数成比例，这样源和汇就是指电场线的源和汇.所以电场线的一个基本性质是：源于正电荷（或无限远处），汇于

负电荷(或无限远处),不在无电荷处中断.这正是以高斯定理为基础的,它恰好形象地描绘了静电场是有源场的这一性质.

② 静电场是无旋场　电场线不闭合

环路定理的表达式为

$$\oint_L \boldsymbol{E}\cdot \mathrm{d}\boldsymbol{l} = 0 \tag{1.59}$$

上式表明:沿任意闭合路径 L,场强 $\boldsymbol{E}$ 的线积分(称为环量)恒等于零.其物理意义是:沿任意闭合路径移动单位正电荷,电场力所做的功恒等于零.

根据电场线的定义,电场线上任一点的场强方向沿电场线的切线.如果存在一根闭合的电场线,那么,我们沿着这根闭合电场线的方向移动一个单位正电荷,电荷的任一元位移的方向都与它受力的方向相同,电场力的元功都是正的.于是沿这根闭合路径,电场力做的功必然大于零,这就直接与环路定理相抵触.所以,环路定理断定沿任一闭合路径 $\oint_L \boldsymbol{E}\cdot \mathrm{d}\boldsymbol{l} = 0$,也就是在静电场中不可能存在闭合的电场线.因此,静电场的电场线的另一个重要性质——电场线不能闭合是以环路定理为基础的.

作为比喻,我们看看水的流动.水在稳定流动时,流速是坐标的函数 $\boldsymbol{v}=\boldsymbol{v}(x,y,z)$,称为流速场.当没有旋涡出现时,流线是不闭合的.当出现旋涡时,旋涡处的流线是围绕旋涡中心的闭合曲线,流速 $\boldsymbol{v}$ 沿闭合曲线(L)的线积分,即速度的环量不等于零$\left(\oint_L \boldsymbol{v}\cdot \mathrm{d}\boldsymbol{l}\neq 0\right)$.人们把这种环量不等于零的矢量场称为有旋场.既然静电场场强 $\boldsymbol{E}$ 的环量等于零,电场线不闭合,因此可仿照流体力学中的形象概括,称静电场是无旋场.

在物理学中,人们用有源与无源、有旋与无旋来区分各种不同的矢量场的特征.以后我们将看到,稳恒磁场和感应电场就是与静电场不同类型的矢量场,它们是无源有旋场.

③ 画电场线要注意的问题

电场线能形象地描述静电场的场强分布.电场线的定义和性质在基本内容概述中已给出,这里不再赘述.上面又根据高斯定理和环路定理论证了电场线是源于正电荷(或无限远处)、汇于负电荷(或无限远处)的不能闭合的连续曲线,这些是画电场线的依据.

要说明的是,场在空间是连续分布的,而电场线则是一根一根分离的;穿过某面积的电通量是随面积大小连续变化的,而穿过某个面的电场线根数是可数的,随面积大小变化是不连续变化的.这说明电场线仅仅是形象地描绘电场分布的一种方法.如果只画一根电场线而不要求表示电场的分布,则可以在场中画出一根通过指定场点(除奇点外)的电场线.然而画电场线的目的在于形象地表示电场的分布,所以必须根据场强的分布来描绘出足以反映分布特性的电场线簇.当然不可能在全部电场区域都布满电场线.电场线之间必须有疏密相宜的间隔,这样才可能用电场线的疏密反映

场强的大小.根据这一点也可理解两根电场线是不能相切的(不能相交是十分明显的),因为,如果两电场线在某点相切,那么这点附近的电场线密度就是无限大,因而场强也是无限大,这是不可能的.

要说明的另一点是,电场中可能存在一些被称作奇点的点,过奇点不能画电场线.例如,两个相同电荷量的点电荷连线的中点 O 就是一个奇点,如图 1.9 所示.不可能过奇点 O 画出电场线又不违反电场线的性质.如按图中所示那样,过 O 点画出两条相向和两条相背的电场线,那么,在这点电场线的方向就不确定.这样的点称为奇点.

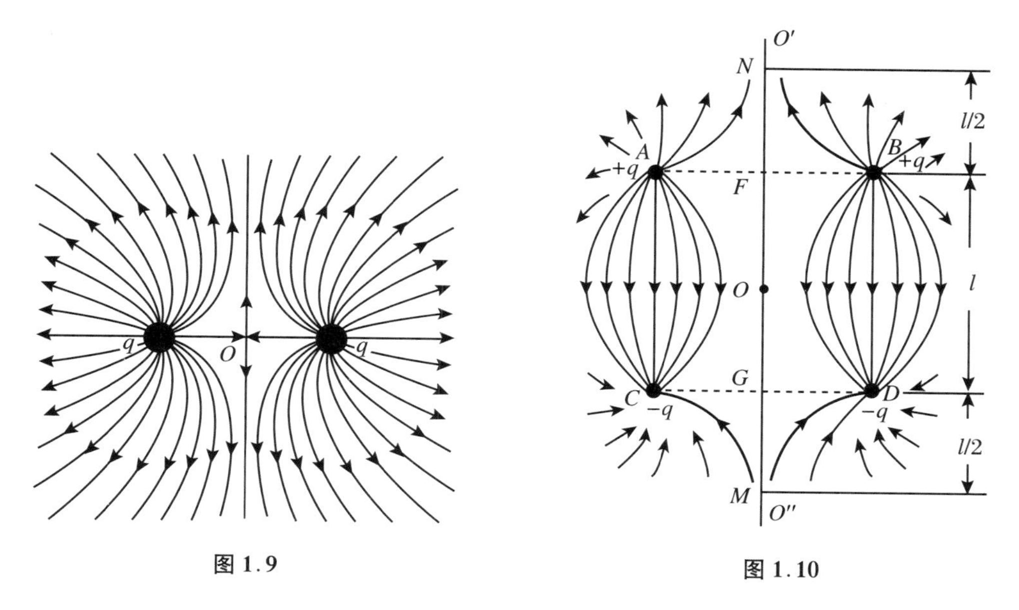

图 1.9　　图 1.10

有时,场强不为零且有确定方向的点也可能成为"奇点".例如,图 1.10 所示的情形中[5],电场分布是对称的,对称轴是 AB 和 CD 的中垂线 $O'O''$.在 $O'O''$ 线上,场强的变化是复杂的.不难证明在 F、G 点之间,场强沿 $O'O''$ 向下,而在 $O'O''$ 轴上距中心 O 为 l 的 N、M 两点,场强沿 $O'O''$ 线向上,这表明在 N 和 F 与 G 和 M 之间各有一个场强为零的奇点,在每个奇点的上、下两侧场强方向相反.所以,虽然 $O'O''$ 线上除奇点外场强不等于零,但也不能沿 $O'O''$ 线画出电场线,否则将违背电场线的性质.同时,在 O 点两侧的电场线也不能画得太靠近 O 点,更不能画出在 O 点相切的两条电场线,否则将违背电场线的密度与场强成正比的这一规定.

(2) 静电场是保守场　电势和等势面

① 静电场是保守场　电势

环路定理表明了在静电场中移动电荷时,电场力做功的特点——沿任一闭合路径场力做的功为零,即电场力做的功只与电荷的初末位置有关而与路径无关.这说明静电场力是保守力,或静电场是保守场,故可以定义为与电场力相关的、由电荷在场中的位置决定的能量——静电势能(或位能).显然电荷 q 在电场中某点的静电势能

除决定于电场本身的分布特性外，还与该电荷量 q 的大小和符号有关.

为了避开放入场中的电荷的电量大小，表征静电场本身具有势的特征，引入了电势概念：场中某点的电势等于单位正电荷在该点的静电势能. 场中任意两个给定点 M 和 P 点的电势差等于从 M 点沿任一路径移动单位正电荷到 P 点的过程中，电场力做的功

$$U_M - U_P = \int_M^P \boldsymbol{E} \cdot \mathrm{d}\boldsymbol{l} \tag{1.60}$$

可见，与势能一样，两点之间的电势差有确定的物理意义，有确定的值. 而任一点的电势值还依赖于零电势参考点的选取. 选定零势点以后，场中某点 M 的电势等于从该点移动单位正电荷到零势点时场力做的功：

$$U_M = \int_M^{\text{零势点}} \boldsymbol{E} \cdot \mathrm{d}\boldsymbol{l} \tag{1.61}$$

相对于不同的零势点，场中各点的电势值将相差一个常数，但不改变给定两点间的电势差.

电势是标量. 当选定零电势点以后，电势作为位置的函数 $U = U(x, y, z)$，即电势分布也就确定了. 电势从电场力对移动电荷做功这一侧面，或从电荷在场中的势能分布这一侧面，描述了静电场具有势的这一性质.

② 等势面

电场中电势相等的点组成的曲面称为等势面. 等势面的方程为

$$U(x, y, z) = U_n \tag{1.62}$$

其中，U_n 就是这个等势面上的电势值. 不同的 U_n 值确定不同的等势面，若干个等势面(组成一簇等势面)形象地描绘了静电场的电势分布.

根据电势的定义，在同一个等势面上移动电荷时，电场力不做功；从一个等势面 U_i 沿任一路径移动电荷 q 到另一等势面 U_j 上时，电场力做的功等于

$$W = q(U_i - U_j) \tag{1.63}$$

其中，W、q、U_i、U_j 都是代数量，可正可负. 当从高电势处移动正电荷到低电势处时，$q>0$，$U_i>U_j$，即 $W>0$，电场力做正功；当从高电势处到低电势处移动的是负电荷时，电场力做负功……在画出等势面分布以后，应用式(1.63)很容易计算出在任意两个等势面之间移动电荷时电场力所做的功.

等势面的疏密分布应反映单位正电荷在电场中的势能分布情形. 为此，在画等势面时，应当用一组等差数列 $U_1, U_2, \cdots, U_i, \cdots$ 来确定一簇等势面，使任意两个相邻的等势面间的电势差 $\Delta U = U_{i+1} - U_i$ 为一给定值.

例如，均匀带电球壳(半径为 R，电荷量为 Q)所激发的静电场的电势分布为

$$U = \frac{Q}{4\pi\varepsilon_0 R} = \frac{kQ}{R} \tag{1.64}$$

即电势与到球心的距离成反比. 在球壳外与球同心的任一球面都是一个等势面. 但是不能随意地画出一些球面作为等势面簇，也不能画若干等距的球面作为等势面簇，因

为这样画出的等势面簇中，任意两个相邻等势面间的电势差不是定值，这样的等势面分布不可能全面反映电势的分布规律.

作为例子，我们画均匀带电球壳的电场中的等势面簇. 设球壳半径 $R=0.1$ m，电荷量 $Q=10^{-8}$ C，球面的电势为 900 V. 令相邻等势面间的电势差 $\Delta U=90$ V. 以球面作为第一个等势面，$U_1=900$ V，则第 i 个等势面的半径为

$$r_i=\frac{kQ}{U_1-(i-1)\Delta U}=\frac{9\times10^9\times10^{-8}}{900-(i-1)\times90}\text{ m}=\frac{1}{11-i}\text{ m}\tag{1.65}$$

由此算出各等势面的半径，如表 1.5 所示.

表 1.5　均匀带电球壳（$R=0.1$ m，$Q=10^{-8}$ C）的等势面，$\Delta U=90$ V

等势面序号	1	2	3	4	5	6	7	8	9	10
电势值 U_i/V	900	810	720	630	540	450	360	270	180	90
半径 r_i/m	0.1	0.111	0.125	0.143	0.166	0.200	0.250	0.333	0.500	1.000

等势面分布如图 1.11 所示.

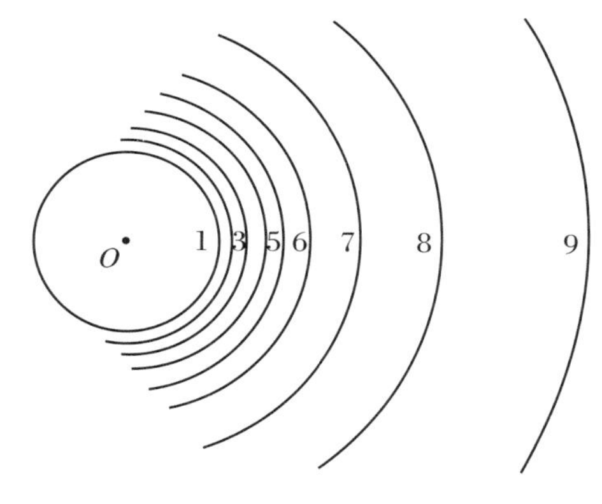

图 1.11

(3) 场强与电势、电场线与等势面的关系

① 场强与电势的关系

场强 E 和电势 U 分别从电荷在场中受力和具有势能的角度去描述静电场的性质，前者是矢量点函数，后者是标量点函数. 它们既然描述同一个静电场，必然有内在的联系，式(1.22)

$$U_M=\int_M^{\text{零势点}}\boldsymbol{E}\cdot\mathrm{d}\boldsymbol{l}\tag{1.66}$$

和式(1.28)

$$\boldsymbol{E}=-\nabla U\tag{1.67}$$

分别以积分形式和微分形式表示了场强与电势的内在联系.

根据式(1.66)、(1.67)，如果 $\boldsymbol{E}(x,y,z)$ 和 $U(x,y,z)$ 中任何一个函数已知，那

么另一个也就确定了，静电场的分布也就唯一地确定了．因此，描述静电场性质的独立的物理量只有一个：$\boldsymbol{E}$ 或 U．由于标量函数更便于处理，故通常用电势函数来描述静电场．

正如运动学中已知某一时刻的速度并不能求出加速度，已知某一特定时刻的加速度也不能确定速度一样，已知空间给定点的场强不能确定该点的电势，已知某给定点的电势也不能确定该点的场强．在运动学中，速度对时间的导数（变化率）等于加速度，只有知道了速度随时间的变化规律，即 $v(t)$，才能求出任一时刻的加速度；反之，只有知道了加速度随时间的变化规律 $a(t)$ 以及初始条件（$t=t_0$ 时，$v=v_0$），才能确定任一时刻的速度．这里的自变量是时间．与此类似，在静电学中，只有已知场强的空间分布规律，即 $\boldsymbol{E}(x,y,z)$，并选定零电势点后，才能用式(1.66)确定任一点 M 的电势；反之，只有已知电势的空间分布规律 $U(x,y,z)$，才能用式(1.67)确定任一点的场强．在这里，自变量是空间坐标．

对于“某点场强为零，电势是否必为零？”“某点电势很高，电场强度是否一定很大？”等问题，应当清楚的一点是，场强由场源电荷分布确定，场强分布确定了，场中任意两点的电势差也就确定了，但是某一场点电势的数值还与选择的零电势点位置有关．在没有指明零电势点以前，说某点的电势的高低或是否为零都是无意义的．要清楚的另一点是，场强的大小决定于电势在空间的变化率，电势相等的区域内（电势不随位置而变化），不论在这区域中电势的高低，场强都为零；反之，在某点附近，如果电势随位置的变化很大，那么不论该点的电势值是多少，该点的场强都一定很大．可以用加速度与速度的关系 $a=\dfrac{\Delta v}{\Delta t}$ 和场强与电势的关系 $E=\dfrac{\Delta U}{\Delta n}$（$\Delta U$ 为电势差，Δn 为沿电场线方向的距离）的对比定性地了解 E 和 U 的关系．

② 电场线和等势面的关系

电场线和等势面分别形象地描绘了场强分布和电势分布，因此电场线和等势面必须正确反映 $\boldsymbol{E}$ 和 U 间的关系．

根据 $\boldsymbol{E}$ 和 U 的关系，电场线应处处与等势面正交，且指向（用箭矢表示）电势减小的方向；电场线的疏密和等势面的疏密都反映场强的大小，因而它们的疏密应是一致的．

对于球对称分布的场，如点电荷、均匀带电球体的静电场，只需在通过球心的一个平面上画出电场线和等势线（即等势面与该平面的交线），就可以反映场的空间分布．对于具有平移对称性的场，场强方向总是在平面 xy 内并只是二维坐标(x,y)的函数，即 $\boldsymbol{E}=E_x\boldsymbol{i}+E_y\boldsymbol{j}$．这时，场的分布可由 xy 平面内的电场线和等势线（等势面与平面的交线）描绘．例如，无限长均匀带电圆柱体所激发的静电场，就可以在和轴垂直的平面（选作 xy 平面）上描绘电场线和等势线．（这时电场分布具有对 z 轴的平移对称性．）单位长度的电荷量为 η、半径为 R 的无限长均匀带电圆柱体的场强分布为

$$E = \frac{\eta}{2\pi\varepsilon_0 r}\boldsymbol{r}_0 \quad (r \geqslant R)$$

若选柱面为零势点,电势分布为

$$U = \frac{\eta}{2\pi\varepsilon_0}\ln\frac{R}{r} \quad (r \geqslant R)$$

若选定两等势面间的电势差为 U,则第 i 个等势面与第 $i+1$ 个等势面间的距离为

$$\Delta r_i = r_{i+1} - r_i = r_i(\mathrm{e}^k - 1)$$

其中,$k = \dfrac{2\pi\varepsilon_0 U}{\eta}$.可见两相邻等势面(在与轴正交的 xy 平面内的等势线)的距离与到轴的距离成正比.只要取定 U 值即可在 xy 平面内描绘出等势线和电场线,如图 1.12 所示.

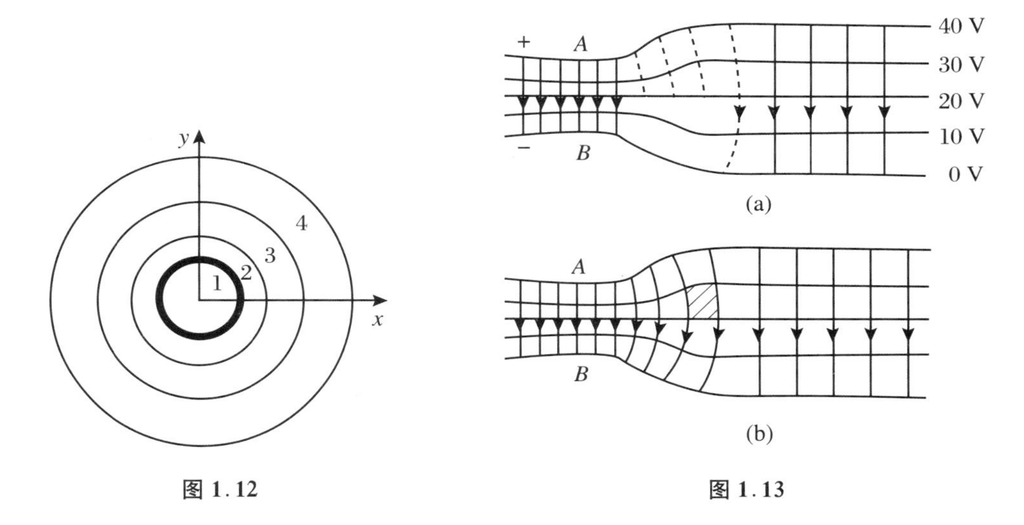

图 1.12　　图 1.13

对于场分布具有平移对称性的一般情形,由于场分布与平移轴(z 轴)无关,且沿这个方向无场强分量,所以可以按以下方法描绘出在 xy 平面内的电场线和等势线分布.先确定一个等势面(多数情况下,给出的导体表面就是一个等势面).之后按选定的电势差值,试作一系列的等势面,同时试描出一系列的电场线,力求使相邻的等势线与电场线组成的图形尽可能接近一个正方形或曲线正方形①,如图 1.13 中的阴影所示.特别是在等势线和电场线分布难于估计的区域,如图 1.13 中两个不同板间距的平行平板的过渡区域,要反复凑试,直到相邻电场线与等势线组成的每一个部分都可满意地看成曲线正方形为止.

在图 1.13 中,A、B 为两个平行电极,由左端相距为 4 cm 的平行平板经过中间一段过渡为右端相距 8 cm 的平行平板.在板间加 40 V 的电压,其间的电场可认为在与纸面垂直的方向有平移对称性.我们选定两等势线之间的电势差为 10 V,在左、右

① 逐次平分各边组成的越来越小的小面积趋于真正的正方形时,原来的那个面积的形状就叫做曲线正方形.

两端的平行板之间，可认为电场是均匀的.在两板间容易作出三个等距的等势面，而在中间过渡区域则应逐渐凑试出合理的电场线和等势面(如图 1.13(a))，最后，得到一个切合实际的电场线和等势线分布图[6](如图 1.13(b)).

10. 关于选取零电势点的几个问题[7,8]

(1) 零电势点选取的任意性及其限制

根据电势的定义，电场中任给两点的电势差 $U_M - U_P$ 有确切的物理意义，它等于从 M 点到 P 点移动单位正电荷的过程中电场力做的功，即

$$U_M - U_P = \int_M^P \boldsymbol{E} \cdot \mathrm{d}\boldsymbol{l} = \int \boldsymbol{E} \cdot \mathrm{d}\boldsymbol{l}\,\Big|_P - \int \boldsymbol{E} \cdot \mathrm{d}\boldsymbol{l}\,\Big|_M$$

$$= \left(-\int \boldsymbol{E} \cdot \mathrm{d}\boldsymbol{l}\right)\Big|_M - \left(-\int \boldsymbol{E} \cdot \mathrm{d}\boldsymbol{l}\right)\Big|_P \tag{1.68}$$

任一位置的电势可表示为位置函数 $\left(-\int \boldsymbol{E} \cdot \mathrm{d}\boldsymbol{l}\right)$ 与任一常数 C 之和：

$$U = -\int \boldsymbol{E} \cdot \mathrm{d}\boldsymbol{l} + C \tag{1.69}$$

函数 $\left(-\int \boldsymbol{E} \cdot \mathrm{d}\boldsymbol{l}\right)$ 是确定的.常数 C 取任一实数都不会改变给定的两点间的电势差.只有预先规定电势等于零的位置(称为零电势点)以后，才能根据式(1.69)确定相加常数 C 的值，从而确定空间任一点的电势值.从物理意义上讲，选定零电势点后，空间任一点(M)的电势等于从该点移动单位正电荷到零电势点的过程中电场力做的功，即

$$U = \int_M^{\text{零势点}} \boldsymbol{E} \cdot \mathrm{d}\boldsymbol{l} \tag{1.70}$$

从上面的叙述可见：一方面，零电势点的选取是重要的.只有预先选定零电势点，才能确切表示出电场中各点的电势值.另一方面，零电势点的选取又是随意的.不同的选取只改变电势表达式(1.69)中的相加常数，因而只有繁简之分.从等势面角度来看，选择不同的零电势点只改变等势面上的电势数值，而不会改变等势面的形状和两相邻等势面间的电势差值.

然而，有一些特殊情况却给零电势点选取的“任意性”加上了限制.这就是在一些情况下，场的分布或者函数 $\left(-\int \boldsymbol{E} \cdot \mathrm{d}\boldsymbol{l}\right)$ 的具体形式使得场中存在一些特殊点，如果取这些点为零电势点，就不可能根据式(1.69)确定常数 C 的值，也就不可能表示出电势分布来.所以，这些点应取消其作为零电势点的候选资格，我们称之为零电势的“奇点”.

例如，在真空中，点电荷 q 的场强分布为 $\boldsymbol{E} = \dfrac{1}{4\pi\varepsilon_0}\dfrac{q}{r^2}\boldsymbol{r}_0$，按式(1.69)，有

$$U=-\int \boldsymbol{E}\cdot \mathrm{d}\boldsymbol{l}+C=-\frac{1}{4\pi\varepsilon_0}\int \frac{q}{r^2}\mathrm{d}r+C=\frac{1}{4\pi\varepsilon_0}\frac{q}{r}+C \tag{1.71}$$

若取 $r=r_0$ 处为零电势点，将 $r=r_0$、$U=0$ 代入上式，可定出

$$C=-\frac{1}{4\pi\varepsilon_0}\frac{q}{r_0}$$

于是得出电势分布为

$$U=\frac{q}{4\pi\varepsilon_0}\left(\frac{1}{r}-\frac{1}{r_0}\right) \tag{1.72}$$

由此可见，r_0 取非零任意实数值，都可得到确定的电势分布. 但是如果取 $r_0=0$ 处（点电荷所在处）为零电势点，就不可能确定常数 C，也就得不到确定的电势分布. 所以，点电荷所在点就是点电荷电场中不能被选作零电势点的“奇点”.

（2）对无穷远点的兴趣

① 对于场源是分布在有限区域内的点电荷系或连续带电体的情况，无穷远点是零电势点的优选点.

对于场源是一个点电荷的情形，如式（1.72）所示，若取无穷远处为零电势点，即 $r_0=\infty$ 处 $U=0$（以后简记为 $U_\infty=0$），则常数 $C=0$，电势

$$U=\frac{q}{4\pi\varepsilon_0 r} \tag{1.73}$$

表达式最为简单.

对于点电荷系，情况就复杂一些. 如取空间一点 P 为零电势点（这一点不能有任何点电荷），根据叠加原理，在点电荷系 $q_i(i=1,2,3,\cdots,n)$ 的电场中，任一点的电势为

$$U=\frac{1}{4\pi\varepsilon_0}\sum_{i=1}^{n}\left(\frac{q_i}{r_i}+\frac{q_i}{r_{iP}}\right)=\frac{1}{4\pi\varepsilon_0}\sum_i \frac{q}{r_i}+C \tag{1.74}$$

式中，r_i 是第 i 个点电荷到场点的距离，r_{iP} 为点电荷 i 到零电势点 P 的距离，于是电势分布表达式中的常数项为

$$C=\frac{1}{4\pi\varepsilon_0}\sum_i \frac{q_i}{r_{iP}} \tag{1.75}$$

上式是 n 项之和！

如果场源是有限区域内的连续带电体，则电场中的电势分布为

$$U=\frac{1}{4\pi\varepsilon_0}\left(\int_Q \frac{1}{r}\mathrm{d}q+\int_Q \frac{1}{r_P}\mathrm{d}q\right)=\frac{1}{4\pi\varepsilon_0}\int_Q \frac{1}{r}\mathrm{d}q+C \tag{1.76}$$

其中，r 为电荷元 $\mathrm{d}q$ 到场点的距离，r_P 为电荷元 $\mathrm{d}q$ 到零电势点 P 的距离. 这时，电势分布表达式中的常数项为

$$C=\frac{1}{4\pi\varepsilon_0}\int_Q \frac{1}{r_P}\mathrm{d}q \tag{1.77}$$

一般而言，要进行体积分计算才能确定 C 值.

可见，对于有限区域的点电荷系或带电体所激发的电场，如果在有限空间内任取一点(不能是奇点)作为零电势点，则确定电势表达式中的常数 C 较为麻烦. 但若取无限远处为零电势位置，则式(1.75)和(1.77)中的 r_{lP} 和 r_P 都为无限大，因而相加常数 $C=0$，电势表达式最为简单. 所以，大家都愿意取 $U_\infty=0$，并习以为常，以至无须作出特别的说明.

实际上，点电荷是一个物理模型. 所谓无穷远处，也不是纯数学意义下的无穷远. 对于任何一个分布在有限区域的带电体，在与其中心距离相当远处，就可把带电体近似看做点电荷，距离愈远，这种近似的精确性愈高. 带电体在远处的电场分布随着距离的增加而趋于点电荷的球对称电场，等势面随 r 的增大而趋于球面，场强随 r 增大而趋于按 $\frac{1}{r^2}$ 的规律减小. 所谓物理上的无穷远，就是指场强已减得极弱而可以忽略不计的那些地方. 这些地方对有限范围的带电体是具有球对称性的，它们组成对于带电体来说是无穷大的球形等势面. 规定 $U_\infty=0$，就是规定这个无穷大的球形等势面处的电势为零. 因此，对有限分布的任一带电体的激发的电场，和点电荷一样，都可以取 $U_\infty=0$.

② 对于场源电荷分布在无限区域的情况，无限远点可能成为零电势的“奇点”.

既然电荷分布在无限区域，从物理上看就排除了还存在一个无限远处，在那里可以把这个无限分布的场源电荷系看做一个点电荷. 这时，上面的讨论已不成立.

通常遇到的情况是电荷均匀分布在无限大平面上(面电荷密度为 σ)，或电荷均匀分布在无限长直线(或圆柱)上(线电荷密度为 η). 从数学上看无限大是没有边界的. 而这里的无限大和无限长都是物理上的无限，是指对要考察的场点位置而言，带电面可看做无限大的. 也就是说，从场点到带电体边缘引的射线组成与带电面几乎平行的平面. 因此，无限大的带电平面与距离平面无限远这两个概念在物理上就是互相矛盾的. 既然称场源是无限大的带电平面，所考虑的任何有物理意义的场点都应是距带电平面有限距离的位置，不能再是无限远的. 这就从物理上排斥了取 $U_\infty=0$ 的可能性.

我们再作定量讨论如下. 无限大均匀带电平面所激发的场是均匀电场，其场强为

$$\boldsymbol{E}=\frac{\sigma}{2\varepsilon_0}\boldsymbol{n}$$

其中，$\boldsymbol{n}$ 为垂直平面向外的单位矢量，根据式(1.69)，有

$$U=-\int\frac{\sigma}{2\varepsilon_0}\boldsymbol{n}\cdot \mathrm{d}\boldsymbol{l}+C=-\frac{\sigma}{2\varepsilon_0}x+C$$

其中，x 为场点到平面的距离，$\mathrm{d}\boldsymbol{l}=\mathrm{d}x\boldsymbol{n}$，若取离平面无穷远处为零电势点，即 $x=\infty$ 时，$U=0$，则由上式得 $C=\infty$，显然不能得到电势的确切表达式. 所以，在这里无穷远处不能充当零电势点.

若任取距平面为 x_0 的点为零电势点，则可方便地得到无限大均匀带电平面的电

场的电势分布：

$$U = \frac{\sigma}{2\varepsilon_0}(x_0 - x)$$

若取 $x_0 = 0$，即平面上的电势为零，则电势分布为

$$U = -\frac{\sigma}{2\varepsilon_0}x$$

可见，对无限大均匀带电平面来说，距离无穷远处恰恰成了零电势的"奇点"，零电势点最好选在带电平面上.

类似的讨论同样适用于无限长的均匀带电直线.

当然，也不是说场源是在无限区域分布的电荷系的所有情况，无限远处都不能作为零电势点. 从电场的分布角度而言，设场强 E 随距离 r 增加而减小，$E \propto \frac{1}{r^n}$，可以证明：当 $n \leqslant 1$ 时，无限远处不能作为零电势点；当 $n > 1$ 时，无限远处才能选作零电势点. 从电荷分布而言，有作者[9]构造了这样的无限分布的带电体：电荷呈球对称分布，体电荷密度 ρ 满足

$$\rho = \begin{cases} \rho_0 & (r \leqslant r_0) \\ \dfrac{k}{r^m} & (r \geqslant r_0) \end{cases}$$

当 $m > 2$ 时，可选无穷远处为零电势点；当 $m \leqslant 2$ 时，不可选无穷远处为零电势点.

(3) $U_{地} = 0$ 以及 $U_{地} = 0$ 与 $U_{\infty} = 0$ 的等效性

在实际问题中常取大地的电势为零（$U_{地} = 0$），凡接地的导体电势皆等于零. 接地并取 $U_{地} = 0$ 的优势在于地球可看做一个极大的（对通常的带电体而言是无穷大的）导体球. 一般的带电体与大地接通，可能由流入（或流出）地内的电量 Δq 引起地球的电势变化为 $\Delta U_{地} = \frac{1}{4\pi\varepsilon_0}\frac{\Delta q}{R_{地}}$. 由于 Δq 极小而 $R_{地}$ 极大，大地电势的变化 $\Delta U_{地}$ 是极小且可忽略不计的. 另一方面，在地面附近的带电体严格来说也将使地球发生静电感应，但对地球这样大的球体来说，这种感应所引起的电荷分布的改变也是极小且可忽略不计的. 归纳以上两点，说明地面上一带电体的变化或接地对地球本身的电势影响极小，完全可忽略不计. 地球是一个很好的电势稳定不变的大导体，因此，把地球作为电势的参考，并规定其电势为零就是十分自然而方便的.

现在的问题是，取 $U_{地} = 0$ 与通常取 $U_{\infty} = 0$ 相容吗？它们是否等效？

对于激发电场的电荷分布在有限区域的情形，答案是肯定的，即在相当高的精度下，二者相容、等效. 但这是一个实际问题，是实验验证的，而不是从理论上严格证明的结论.

要理解这个结论，需搞清这里的"无穷远"的物理意义. 如果以地球为所考察的带电体系，地球物理已表明地球带负电，电荷量的量级为 $10^5 \sim 10^6$ C. 如果取对地球为无穷远处的电势为零，那么地球的电势虽稳定但不是零（约 -10^8 V）. 然而我们的一

切实验都是在实验室或工厂厂房里进行的，其尺度远小于地球.对它们来说，地球是无穷大的，一切实验中的带电体激发的电场所充满的空间也只是地面上的一个局部小区域.这个区域的边缘对实验室中的带电体来说就是无穷远(物理的无穷远).这就是说，对实际带电体而言，无穷远处只是地面上的部分地区，这一地区由地面上的各种建筑物构成，它们显然是与地等势的.由此可以理解，对通常的实验，取无穷远处电势为零与取地的电势为零是完全相容且等效的.

一个简单的实验可证明上述问题.一个内、外半径分别为 R_2、R_3 的球壳内有一个半径为 R_1 的导体球.让内球带电 q，由于静电感应，球壳的内、外表面上分别感应出 $-q$ 和 q 的电荷量.若取 $U_\infty=0$，则这时球壳的电势为 $\frac{q}{4\pi\varepsilon_0 R_3}$.然后将球壳接地，并令 $U_{地}=0$，于是球壳电势为零.如果这时 $U_\infty=0$ 仍然成立，那么球壳与无穷远等势，其外表面上应当无电荷.反之，如果球壳外表面上还有电荷 q'，那么，它相对无限远就必有电势差，$U_\infty=0$ 就不能成立.静电感应的实验相当精密地证明了接地后外球壳无电荷，这就证明了 $U_{地}=0$ 与 $U_\infty=0$ 是相容的.

当然，对于地球物理，大气现象以及火箭、航天飞机的发射等问题，必须考虑大地与电离层之间的电场及其变化.不能再认为 $U_{地}=0$ 与 $U_\infty=0$ 等效，而应考虑大地的电势及其变化.航天飞机升空和返回地面都要在大地与电离层之间的电场中运动，就必须顾及大地电场对飞船和宇航员的作用.

11. 带电粒子在稳定、均匀电场中的运动

在稳定的均匀电场中，一切带电体均会受到恒定的电场力，且具有静电势能.只要在带电体所受的力中计入电场力，在势能中计入静电势能，带电体的运动就完全是一个力学问题.应用牛顿定律、功能原理等力学规律，不难求解带电体在场中的运动.应当注意的是，区分带电体是属于原子分子尺度的微观粒子还是宏观的带电体(包括宏观的小微粒)，从而考虑是否应当略去重力等非静电力.一般来说，微观粒子的运动总是在真空中进行的，除可能发生的粒子间碰撞外，只计静电力的作用；宏观带电体的运动还必须如实地考虑重力、阻力等非静电力的作用.

(1) 宏观带电质点的平衡和运动

带电质点具有质量 m 和电荷量 q，受重力 mg 和电场力 $\boldsymbol{F}=q\boldsymbol{E}$，这两个力是主动力.如果受有约束，则必然还受到相应的约束反力(被动力)，如绳的拉力 $\boldsymbol{T}$、面的支持力 $\boldsymbol{N}$、摩擦力 f 等.带电质点的平衡属于共点力的平衡问题，列出共点力系平衡方程不难求解.油滴实验的理论计算就是电场力、重力、阻力、浮力等诸力平衡的问题.

带电质点的动力学问题应在正确分析受力的基础上，应用牛顿定律求解.功能原理的应用常常可以使一些问题的求解更为简便.在应用功能原理时，应正确根据零电势点的选取写出带电粒子静电势能的表达式.例如，设电场强度 $\boldsymbol{E}$ 沿 x 正向，如选

$x=0$处为零电势点，则带电质点的静电势能为

$$E_p = -qEx$$

势能的正负由 q 的正负和 x 的正负决定. 带电质点的总势能为所有各种势能之和(包括重力势能、弹性势能等). 每一种势能可以独立地选取零势能点位置，这是因为只有势能的变化才是有意义的，不同零势能位置的选取不会改变带电质点在两个位置的势能差. 表示静电势能和重力势能、弹性势能的自变量可能不同(如重力势能 mgh 中变量是 h，静电势能 $-qEx$ 中变量是 x)，但它们都是由带电质点的位置决定的. 在常见的问题中(只有一个自由度)，应根据具体约束条件，用描写质点位置的一个变量来表示它们，从而把总势能表示成这个变量的函数.

例 1　如图 1.14 所示，质量为 m、电荷量为 $q(q>0)$的带电小木球被长 l 的绝缘绳系于 O 点. 均匀电场 $\boldsymbol{E}$ 水平向右. 现将小球抬至绳水平的位置，然后静止释放小球. 求当绳与水平成 θ 角时小球的速度和 θ 角的最大值.

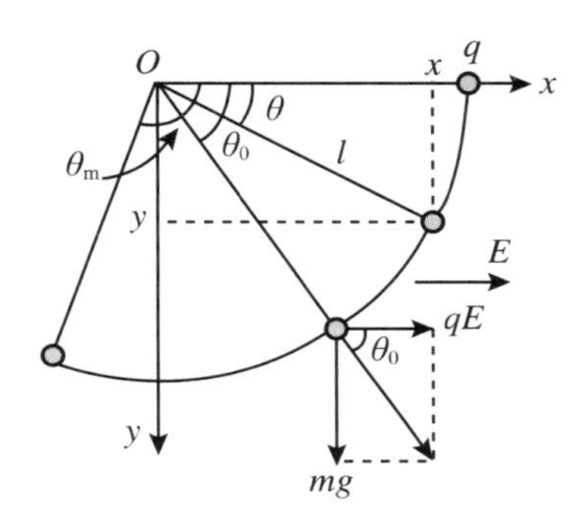

图 1.14

解　以悬点 O 为原点建立坐标系 Oxy，并把 O 点作为重力势能和静电势能的零势能点，则绳与水平成 θ 角时，小球的总势能为

$$W = -qEx - mgy = -(qE\cos\theta + mg\sin\theta)l$$

设此时小球的速度为 v，由于不计阻力，摆球的机械能守恒，故有

$$-(qE\cos\theta + mg\sin\theta)l + \frac{1}{2}mv^2 = -qEl$$

解出

$$v = \left\{\frac{2l}{m}[mg\sin\theta - qE(1-\cos\theta)]\right\}^{\frac{1}{2}}$$

当 v 再次为零时，摆球到达左边的极端位置，设这时 $\theta=\theta_m$. 在上式中，令 $v=0$，解得

$$\tan\frac{\theta_m}{2} = \frac{mg}{qE}$$

$$\theta_m = 2\arctan\frac{mg}{qE} = 2\theta_0$$

其中

$$\theta_0 = \arctan\frac{mg}{qE}$$

由图可见，当绳与水平成 θ_0 角时，电场力、重力的合力方向沿绳方向，这正是小球在重力和电场力作用下往复摆动的平衡位置. 小球在此位置有最大的动能和最小的势能. 摆线在此处受的拉力最大.

(2) 带电粒子的运动

对原子分子尺度的带电粒子在均匀电场中的运动,只需考虑电场力 $\boldsymbol{F}=q\boldsymbol{E}$,不计重力的影响,因此粒子的运动是恒定加速度 $\boldsymbol{a}=\dfrac{q}{m}\boldsymbol{E}$ 的运动.一般是抛物线运动,抛物线轨道的具体形状由加速度 $\boldsymbol{a}$ 的大小、初速度 $\boldsymbol{v}_0$ 的大小以及 $\boldsymbol{v}_0$ 与 $\boldsymbol{a}$ 的夹角 φ 决定.当 $\boldsymbol{v}_0 /\!/ \boldsymbol{E}$ 时,轨道为直线.

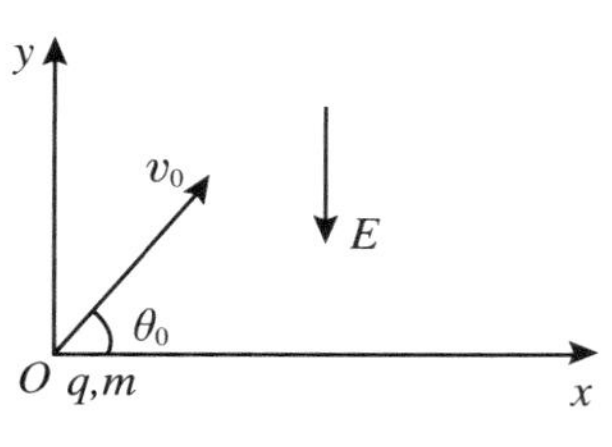

图 1.15

假定场强 $\boldsymbol{E}$ 与 y 轴反向,x 轴与 $\boldsymbol{E}$ 垂直(如图 1.15).带电粒子的初速度 $\boldsymbol{v}_0$ 在 xy 平面内并与 x 轴的夹角为 θ_0,与 $\boldsymbol{E}$ 的夹角为 $\varphi=\theta_0+\dfrac{\pi}{2}$,加速度的分量 $a_x=0$,$a_y=-\dfrac{q}{m}E$.粒子的运动方程为

$$\begin{cases} v_x = v_0\cos\theta_0 \\ v_y = v_0\sin\theta_0 - \dfrac{q}{m}Et \end{cases} \tag{1.78}$$

$$\begin{cases} x = (v_0\cos\theta_0)t \\ y = (v_0\sin\theta_0)t - \dfrac{qE}{2m}t^2 \end{cases} \tag{1.79}$$

轨道方程为

$$y = x\tan\theta_0 - \frac{ax^2}{2v_0^2\cos^2\theta_0} \quad \left(a = \frac{qE}{m}\right) \tag{1.80}$$

以上各式中,q 是代数值,符号由粒子电荷的正负决定.只要已知 m、q、E 和粒子的初速,由以上各式可完全解决带电粒子在均匀电场中的运动问题.

有时,从能量角度求解更为方便,因为电场是保守力场,带电粒子在电场中运动时,机械能保持不变,能很容易列出机械能守恒方程式.在图 1.15 所示的情形中,取 $y=0$ 处为零势面(等势面与 y 轴垂直).则静电势能 $E_{\mathrm{p}}=qEy$,粒子的机械能守恒式为

$$\frac{1}{2}mv_0^2 = \frac{1}{2}mv^2 + qEy \tag{1.81}$$

用该式可以直接求出粒子在某等势面处的速率.如果再考虑到 $v_x=v_{0x}=v_0\cos\theta_0$ 保持不变,还可由上式得出粒子沿 y 方向(即沿电场方向)的速度分量 $v_y=v\sin\theta$ 变化的规律:

$$\frac{1}{2}mv_y^2 = \frac{1}{2}mv_{0y}^2 - qEy \tag{1.82}$$

其中 $v_{0y}=v_0\sin\theta_0$.如果 $q>0$,则粒子逆电场方向射入的最大深度可在上式中令 $v_y=0$而求得:

$$y_{\max} = \frac{mv_{0y}^2}{2qE} = \frac{mv_0^2\sin^2\theta_0}{2qE} \tag{1.83}$$

(3) 带电粒子穿越平行板电容器

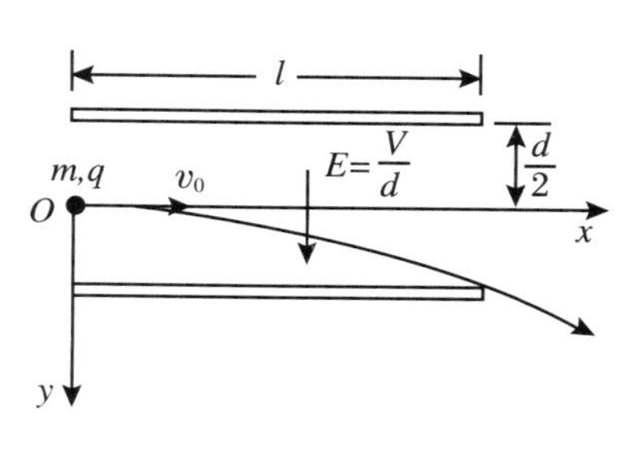

图 1.16

设电容器两板间加稳定电压 U,两板长为 l,间距为 d.忽略边缘效应,两极板间为稳恒的均匀场,$E=\dfrac{U}{d}$.带电粒子(m,q)沿与两板等距的 x 轴方向射入电容器.以带电粒子进入容器处为原点 O,建立平面坐标系 Oxy,如图 1.16 所示.

在电容器空间内,带电粒子的加速度沿 y 轴,大小为 $a=\dfrac{qE}{m}=\dfrac{qU}{md}$.初始条件为 $v_{x0}=v_0, v_{y0}=0, x_0=y_0=0$,运动方程为

$$\begin{cases} x = v_0 t \\ y = \dfrac{1}{2}\dfrac{qU}{md}t^2 \end{cases} \tag{1.84}$$

轨道方程为

$$y = \frac{qU}{2mv_0^2 d}x^2 \tag{1.85}$$

下面讨论几个问题.

① 带电粒子能射出电容器(不落在极板上)的条件.

由上面建立的坐标系和电容器的几何尺寸可知,这个条件是:当 $x=l$ 时,$|y|\leqslant\dfrac{d}{2}$(如 q 为正电荷,则 $y\leqslant\dfrac{d}{2}$,下面就按这个情形来讨论).将此关系式代入式(1.85),得带电粒子能射出电容器的条件是

$$\frac{qUl^2}{2mv_0^2 d}\leqslant\frac{d}{2}$$

即

$$\frac{qU}{mv_0^2}\leqslant\frac{d^2}{l^2} \tag{1.86}$$

不等式的右端由电容器的几何参量决定,而左端,对确定的带电粒子(m、q 一定),还取决于粒子的初速度 v_0 和两极板间的电压 U.

如果极板间电压 U 一定,那么能穿过电容器的带电粒子的初速度必须满足的条件是

$$v_0\geqslant\sqrt{\frac{qU}{m}}\,\frac{l}{d} = v_{\min} \tag{1.87}$$

把这个条件改用能量的形式表示,为

$$\frac{1}{2}mv_0^2\geqslant\frac{1}{2}qU\left(\frac{l}{d}\right)^2 \tag{1.88}$$

不等式左端为入射粒子的动能,右端前面的因子$\dfrac{1}{2}qU$ 为带电粒子进入电容器时相对

于负极的静电势能.

以上两式表明,只有速度大于 $v_{\min}$,或动能大于进入电容器时相对于负极的电势能的$\left(\frac{l}{d}\right)^2$ 倍的带电粒子,才能射出电容器.式中的等号表示带电粒子刚巧掠过或落在负极板边缘的条件.

如果带电粒子进入电容器的速度 v_0 是给定的,则要使这种带电粒子射出电容器,两极板间的电压应当满足的条件是

$$U \leqslant \frac{mv_0^2 d^2}{ql^2} \tag{1.89}$$

即电压不能高于$\frac{mv_0^2 d^2}{ql^2}$.式中等号可以认为是允许这种带电粒子刚好掠过边缘时的电压条件.

② 偏转角和最大偏转角.

在两极板之间的均匀电场中,带电粒子做抛体运动;当粒子射出电场区域后,便以离开电场区域边缘时的速度做匀速直线运动.所以离开时的速度方向与初速方向(即 x 轴方向)之间的夹角即为偏转角.由于速度分量的变化规律为

$$v_x = v_0,\quad v_y = at = \frac{a}{v_0}x$$

在电容器边缘 $x=l$ 处,沿 y 轴的分速度为

$$v_y = \frac{a}{v_0}l$$

速度矢量与 x 轴的夹角,即偏转角 θ 满足

$$\tan\theta = \frac{v_y}{v_x} = \frac{al}{v_0^2} = \frac{qUl}{mv_0^2 d} \tag{1.90}$$

根据轨道方程式(1.85),在 $x=l$ 处,即电容器边缘,粒子的 y 坐标为

$$Y = \frac{qU}{2mv_0^2 d}l^2$$

从以上两式不难得到

$$\tan\theta = \frac{Y}{l/2} \tag{1.91}$$

参看图 1.17 可知:偏转角正好与从电容器中心 C 向粒子离开电容器时所在位置引的射线与 x 轴的夹角相等.由此可见:只要明确了带电粒子离开电容器边缘的位置(P 点),则粒子射出的方向就是从初速度 v_0 的延长线在电容器内的这一段的中点(C 点)向 P 点所引射线的方向.

从式(1.90)还可知道,当电压 U 不变时,偏转角的正切与初速的平方成反比.v_0 越小,Y 越大,偏转角越大.当 v_0小到一定限度v_0'时,$Y=\frac{d}{2}$,带电粒子刚从极板的边缘掠过;如果 $v_0 < v_0'$,带电粒子将落在极板上.所以 $v_0 = v_0'$或 $Y=\frac{d}{2}$时的偏转角就

是射出电容器的带电粒子的最大偏转角 θ_m. 将 $v_0 = v_0' = \sqrt{\frac{qU}{m}}\frac{l}{d}$ 或 $Y = \frac{d}{2}$ 代入式(1.90)或式(1.91)得

$$\tan\theta_m = \frac{d}{l} \tag{1.92}$$

可见,最大偏转角决定于电容器的尺寸.就我们这里所讨论的情况而论(带电粒子沿与两极板等距的直线射入),偏转最大的粒子沿着电容器中心(C 点)与极板边缘的连线方向射出(图1.17).不难理解,如果带电粒子初速所在的直线与它将要偏向的极板之间的距离不是 $\frac{d}{2}$,而是任一确定值 D,如图1.18所示,那么,其最大偏转角为

$$\theta_m = \arctan\frac{D}{l/2} \tag{1.93}$$

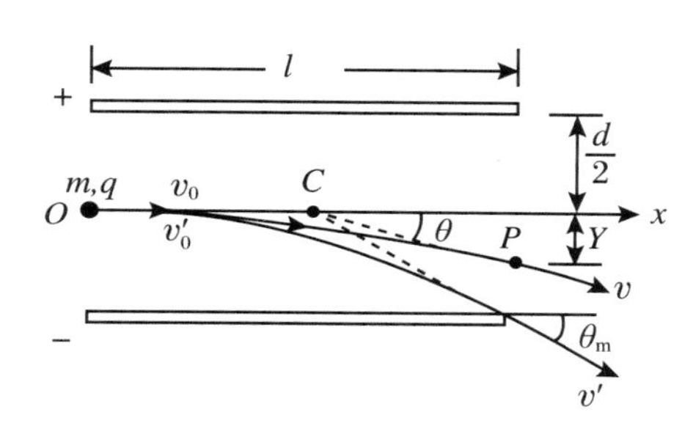

图1.17

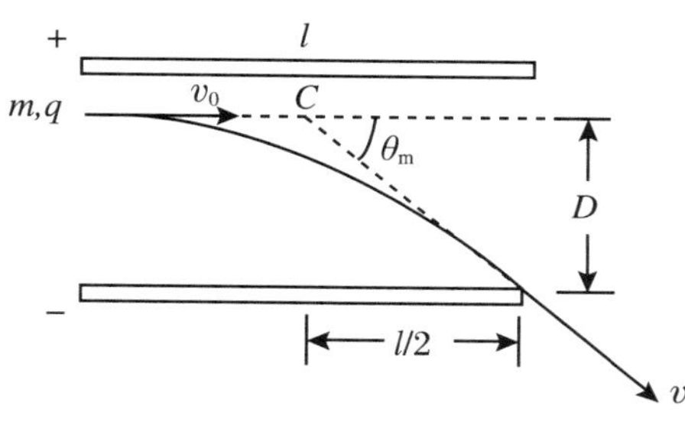

图1.18

对应的粒子初速的大小为

$$v_0 = \sqrt{\frac{qU}{m}}\frac{l}{2D} \tag{1.94}$$

12. 带电粒子在交变电场中的运动

现在,我们越出稳定场这一范围,讨论带电粒子在交变电场中的运动.希望有助于了解带电粒子穿越加交变电压的电容器(如示波管内的偏转电极)的运动规律.

(1) 初速为零的带电粒子在简谐变化电场中的运动

设在 y 方向有作简谐变化的电场:

$$E = E_0\sin(\omega t + \varphi)$$

其中,ω 为交变场的角频率,周期 $T = \frac{2\pi}{\omega}$,E_0 为场强的幅值,φ 为初相位.

现在一带电粒子,质量为 m,电荷量为 q,处于此交变场中,设初始条件为 $t_0 = 0$,$y_0 = 0$,$v_0 = 0$(即开始时,粒子静止于坐标原点).粒子受变化的场力为

$$F = qE_0\sin(\omega t + \varphi) \tag{1.95}$$

带电粒子的运动微分方程为

$$m\frac{\mathrm{d}v_y}{\mathrm{d}t}=qE_0\sin(\omega t+\varphi) \tag{1.96}$$

解此方程并代入初始条件，可得粒子在 y 轴方向的速度和坐标随时间变化的规律：

$$v_y=\frac{qE_0}{m\omega}[\cos\varphi-\cos(\omega t+\varphi)] \tag{1.97}$$

$$y=\frac{qE_0}{m\omega^2}[\sin\varphi+\omega t\cos\varphi-\sin(\omega t+\varphi)]$$

从这个结果可看出：初速度为零的带电粒子在正弦交变电场中的运动规律可看做是在匀速运动

$$y_1=\frac{qE_0}{m\omega^2}[\sin\varphi+(\omega\cos\varphi)t]=\frac{qE_0}{m\omega^2}\sin\varphi+\left(\frac{qE_0}{m\omega}\cos\varphi\right)t \tag{1.98}$$

基础上叠加一个简谐振动

$$y_2=\frac{-qE_0}{m\omega^2}\sin(\omega t+\varphi)=\frac{qE_0}{m\omega^2}\sin(\omega t+\varphi-\pi) \tag{1.99}$$

匀速的分运动的速度$\frac{qE_0}{m\omega}\cos\varphi$ 由变化电场场强的幅值E_0 和初相位 φ 决定；振动的分运动则与变化电场的频率相同，相位相反（如果粒子带负电，$q<0$，那么与变化电场同相位）. 图 1.19(a)和(b)分别表示粒子的 v_y-t 和y-t 图线. 图 1.19(b)中的虚线分别表示两个分运动 y_1 和 y_2. 带电粒子的平均速度就是匀速分运动的速度，$\bar{v}_y=\frac{qE_0}{m\omega}\cos\varphi$. 粒子的速度以 $\bar{v}_y$ 为中心作简谐变化，变化的幅值为$\frac{qE_0}{m\omega}$. 带电粒子匀速分运动的方向与交变电场的初相位有关：当 $-\frac{\pi}{2}<\varphi<\frac{\pi}{2}$ 时，$\bar{v}_y>0$，带正电粒子向 y 正方向漂移，同时叠加上一个简谐振动分量；当$\frac{\pi}{2}<\varphi<\frac{3}{2}\pi$ 时，$\bar{v}_y<0$，带正电粒子向 y 负方向漂移，并叠加上一个简谐振动分量. 进一步概括为：带正电的粒子的漂移（匀速分运动）的方向总与初始时电场变化的方向相同.

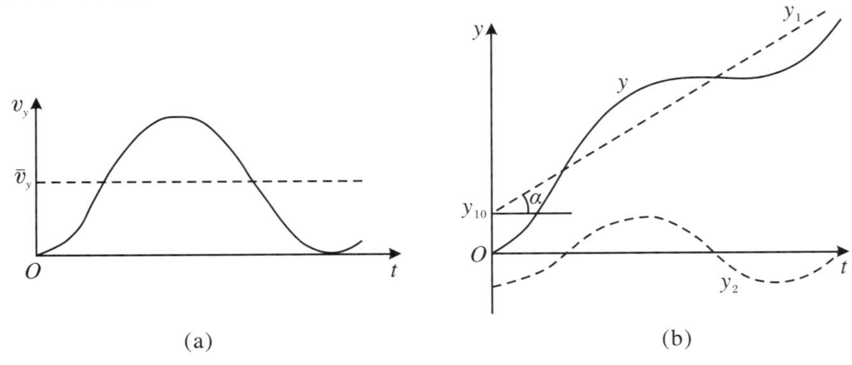

图 1.19 在谐变电场中带电粒子的运动图像

图(b)中：$y_{10}=\frac{qE_0}{m\omega^2}\sin\varphi$，$\alpha=\arctan\bar{v}_y=\arctan\left(\frac{qE_0}{m\omega}\cos\varphi\right)$.

下面就 φ 为几个特殊值时带电粒子的运动规律作一简要的讨论.

① 如果 $\varphi=0$,即 $E_y=E_0\sin\omega t$,这时粒子的运动规律为

$$\begin{cases} v_y = \dfrac{qE_0}{m\omega}(1-\cos\omega t) \\ y = \dfrac{qE_0}{m\omega^2}(\omega t-\sin\omega t) \end{cases} \tag{1.100}$$

带电粒子将沿着 y 轴正向运动(即开始时场强变化的方向),速度在0和$\dfrac{2qE_0}{m\omega}$之间做简谐变化,平均速度 $\bar{v}_y=\dfrac{qE_0}{m\omega}$.如图1.20中曲线1所示.

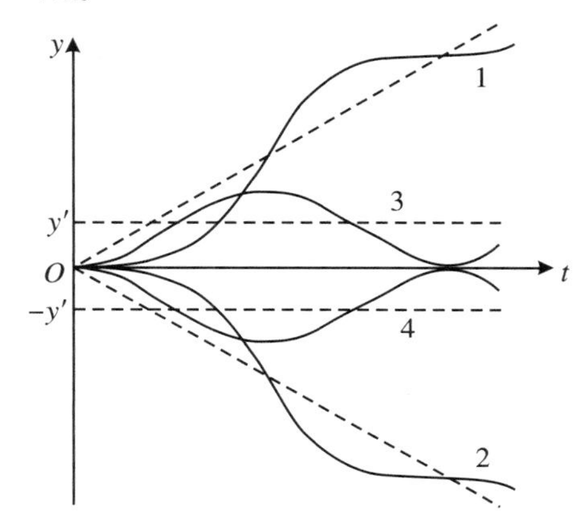

图1.20 在交变场 $E_y=E_0\sin(\omega t+\varphi)$ 中,初速度为零的带电粒子的 y-t 图线

图中曲线1、2、3、4分别为 φ 等于 0、π、$\dfrac{\pi}{2}$和$-\dfrac{\pi}{2}$的情形.

② 如果 $\varphi=\pi$,即 $E_y=E_0\sin(\omega t+\pi)=-E_0\sin\omega t$,这时粒子的运动规律为

$$\begin{cases} v_y = \dfrac{qE_0}{m\omega}(\cos\omega t-1) \\ y = \dfrac{qE_0}{m\omega^2}(\sin\omega t-\omega t) \end{cases} \tag{1.101}$$

带电粒子将沿着 y 轴的负方向(也是开始时场强变化的方向)运动,平均速度 $\bar{v}_y=-\dfrac{qE_0}{m\omega}$.如图1.20中曲线2所示.

③ 如果 $\varphi=\dfrac{\pi}{2}$,即

$$E_y=E_0\sin\left(\omega t+\frac{\pi}{2}\right)=E_0\cos\omega t$$

这时粒子的运动规律为

$$\begin{cases} v_y = \dfrac{qE_0}{m\omega}\sin\omega t \\ y = \dfrac{qE_0}{m\omega^2}(1-\cos\omega t) \end{cases} \tag{1.102}$$

④ 如果 $\varphi=-\frac{\pi}{2}$，即

$$E_y=-E_0\cos\omega t$$

则粒子的运动规律为

$$\begin{cases} v_y=\dfrac{-qE_0}{m\omega}\sin\omega t \\ y=\dfrac{qE_0}{m\omega^2}(\cos\omega t-1) \end{cases} \tag{1.103}$$

图 1.20 中的图线 3、4 分别表示 $\varphi=\frac{\pi}{2}$ 和 $\varphi=-\frac{\pi}{2}$ 的情形. 可见，当 $\varphi=\pm\frac{\pi}{2}$ 时，最初静止的带电粒子将分别以 $\pm y'=\pm\frac{qE_0}{m\omega^2}$ 为平衡位置做简谐振动，其频率与电场变化的频率相同，振幅为 $\frac{qE_0}{m\omega^2}$，相位与相应的交变电场的相位相反.

(2) 带电粒子穿越加交变电压的电容器

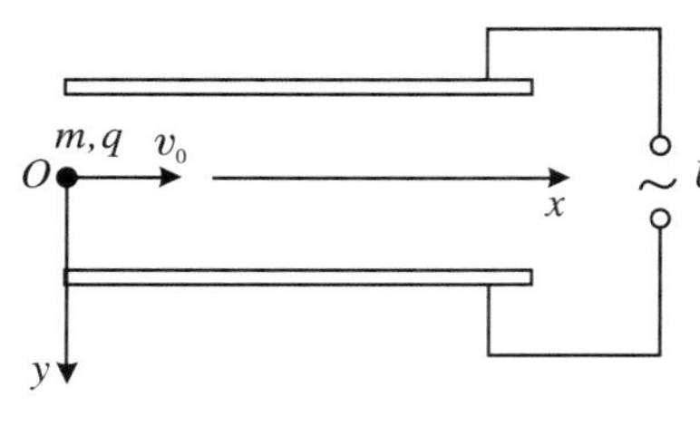

图 1.21

现在，我们讨论带电粒子沿与极板平行的方向射入加交变电压的平行板电容器时粒子的运动情形. 仍假定粒子沿着与两极板等距的 x 轴射入，初速度为 v_0，如图 1.21 所示.

设交变电压为

$$U=U_0\sin(\omega t+\varphi_0)$$

不计边缘效应，两板之间的电场是沿 y 轴的正弦交变电场：

$$E=\frac{U}{d}=\frac{U_0}{d}\sin(\omega t+\varphi_0) \tag{1.104}$$

带电粒子沿 x 轴射入电容器后，在 x 方向不受力，y 方向受电场力(不计重力). 设第 i 个带电粒子于 t_i 时刻到达电容器左端边缘，这时，正弦交变电场的相位为 $\varphi_i=\omega t_i+\varphi_0$. 从粒子 i 进入电容器起计算的时间用 $t'=t-t_i$ 表示，从粒子 i 进入电容器起到离开电容器为止，故有 $0\leqslant t'\leqslant\frac{l}{v_0}$. 按上一段的讨论，这第 i 个带电粒子在电容器中的运动规律可用 t' 和 φ_i 表示为

$$\begin{cases} v_x=v_0 \\ v_y=\dfrac{qU_0}{m\omega d}[\cos\varphi_i-\cos(\omega t'+\varphi_i)] \end{cases} \tag{1.105}$$

$$\begin{cases} x=v_0t' \\ y=\dfrac{qU_0}{m\omega^2 d}[\sin\varphi_i+\omega t'\cos\varphi_i-\sin(\omega t'+\varphi_i)] \end{cases} \tag{1.106}$$

通常情况是一束带电粒子射入电容器，粒子束中不同粒子进入电场的时间 t_i 不

同，所对应的交变电场的相位 φ_i 也就不同．如果电容器极板很大（l 很长），带电粒子的初速度 v_0 不大，而交变场的角频率 ω 却很大，以致带电粒子飞越电容器所用的时间与交变场的周期可比拟，甚至更大时，应当用式（1.105）、（1.106）讨论每个带电粒子的运动规律以及通过电容器发生的偏转．显然，这是十分繁琐的．

幸好，在常见的问题中，$\dfrac{l}{v_0}$很小，交变电场的频率都不太高．如市电 $\omega=100\pi\ \mathrm{s}^{-1}$，高速带电粒子飞越电容器的时间远小于电场变化的周期，$\omega t'\leqslant\dfrac{\omega l}{v_0}\ll 1$，因此可以进行合理的简化．先看粒子的分速度 v_y．将式（1.105）化为

$$v_y=\frac{qU_0}{m\omega d}[(1-\cos\omega t')\cos\varphi_i+\sin\omega t'\sin\varphi_i]\tag{1.107}$$

再用幂级数展开式

$$\sin\omega t'=\omega t'-\frac{(\omega t')^3}{3!}+\frac{(\omega t')^5}{5!}-\frac{(\omega t')^7}{7!}+\cdots$$

$$\cos\omega t'=1-\frac{(\omega t')^2}{2!}+\frac{(\omega t')^4}{4!}-\cdots$$

由于 $\omega t'\ll 1$ 是一小量，在式（1.107）中略去二级以上的小量，得

$$v_y=\frac{qU_0\sin\varphi_i}{md}t'=a_{iy}t'\tag{1.108}$$

其中

$$a_{iy}=\frac{qU_0\sin\varphi_i}{md}\tag{1.109}$$

为带电粒子 i 刚进入电容器时（$t'=0$）在电场 $E_i=\dfrac{U_0\sin\varphi_i}{d}$作用下的加速度．

再看粒子沿 y 方向的运动规律．由式（1.106）可得

$$y=\frac{qU_0}{m\omega^2 d}[(1-\cos\omega t')\sin\varphi_i+\cos\varphi_i(\omega t'-\sin\omega t')]$$

将正弦和余弦的幂级数展开式代入此式，并略去三级以上的小量（如果仍略去二级及以上的小量，将把含时间的项统统略去而得 $y=0$ 这个结果，显然是不合适的，故这里应保留二级小量），得

$$y=\frac{1}{2}\frac{qU_0\sin\varphi_i}{md}t'^2=\frac{1}{2}a_{iy}t'^2\tag{1.110}$$

从式（1.108）和式（1.110）可见，在$\dfrac{\omega l}{v_0}\ll 1\left(即\dfrac{l}{v_0}\ll\dfrac{2\pi}{\omega}=T\right)$的情形下，带电粒子 i 沿 y 轴的分运动近似于匀变速运动，而其加速度 a_{iy} 等于粒子刚进入电容器时两极板间的电压值（$U_i=U_0\sin\varphi_i=U_0\sin(\omega t_i+\varphi_0)$）所引起的加速度．这就是说，在所讨论的那个带电粒子飞越电容器的时间内，可不计电压的变化，将其当做稳定电压．当然，对不同时刻射入的带电粒子，这个电压 $U_i=U_0\sin\varphi_i=U_0\sin(\omega t_i+\varphi_0)$是不相同的．因此，不同带电粒子射出电容器的偏转角也不相同．

根据问题讨论 11 中的式(1.89),只要电压的幅值 U_0 满足

$$U_0 \leqslant \frac{mv_0^2}{q}\frac{d^2}{l^2} \tag{1.111}$$

所有带电粒子都能穿越电容器而不落在极板上.带电粒子束偏转角的变化规律可由将问题讨论 11 中的式(1.90)的电压 U 用 $U_0\sin(\omega t+\varphi_0)$ 来代替而得到:

$$\tan\theta = \frac{ql}{mv_0^2 d}U_0\sin(\omega t+\varphi_0) \tag{1.112}$$

对于小的偏转角,$\tan\theta\approx\theta$,故得

$$\theta = \frac{ql}{mv_0^2 d}U_0\sin(\omega t+\varphi_0) \tag{1.113}$$

可见,粒子束的偏转角随时间变化的规律与加在电容器两极板上的电压变化规律相同.一般示波器中的偏转电极正如同我们这里讨论的电容器的极板.上面的讨论说明通过偏转电极的电子的偏转规律能如实地反映所加电压信号的变化规律.

13. 带电粒子在静止点电荷电场中的运动

根据库仑定律,视作点电荷的带电粒子(质量为 m,电荷量为 q)在静止的场源点电荷(电荷量为 Q)激发的静电场中的运动,就是在与距离平方成反比的有心力场中的运动.这是一个典型的力学问题,在《力学问题讨论》第 6 章中讨论了物体在万有引力作用下的运动,只需将那里的引力换为静电库仑力,就可以解决这里的问题.因此,这里只作扼要的概述和必要的补充.

(1) 在库仑力作用下带电粒子运动的一般规律

带电粒子受静止场源点电荷(以后称为中心电荷)的库仑力为

$$\boldsymbol{F} = \frac{qQ}{4\pi\varepsilon_0 r^2}\boldsymbol{r}_0 = \frac{K}{r^2}\boldsymbol{r}_0 \tag{1.114}$$

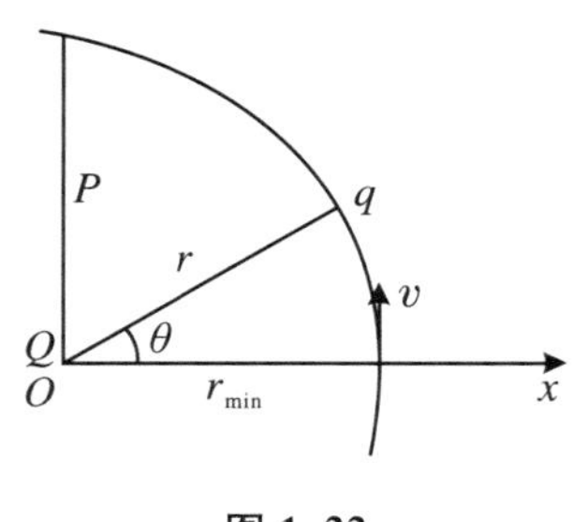

图 1.22

式中,$K=\dfrac{qQ}{4\pi\varepsilon_0}$.这个力是与距离 r 的平方成反比的有心力,是保守力.设中心电荷的质量远大于运动带电粒子的质量,中心电荷可视作静止,带电粒子对中心电荷的角动量守恒,机械能守恒.带电粒子在包含中心电荷的平面上做以中心电荷为焦点的二次曲线运动.如果将平面极坐标的极轴选为从场源电荷指向运动电荷且距场源电荷最近的位置(图 1.22),则其轨道方程为

$$r = \frac{P}{1+e\cos\theta} \tag{1.115}$$

其中,焦点参数(半正交弦)为

$$P = -\frac{L^2}{mK} \tag{1.116}$$

离心率为

$$e = \sqrt{1 + 2E\frac{L^2}{mK^2}} \tag{1.117}$$

其中，L 为带电粒子对中心电荷的角动量常数，E 为带电粒子的机械能常数.

可见，决定轨道类型（椭圆、抛物线或双曲线）和具体形状的两个几何参数 e 和 P 由物理参数 $K\left(=\frac{qQ}{4\pi\varepsilon_0}\right)$、$L$ 和 E 决定，特别是能量常数 E 的正、负决定了离心率 e 是否大于 1，从而决定了轨道曲线的类型：

当 $E<0$ 时，$e<1$，轨道为椭圆.

当 $E=0$ 时，$e=1$，轨道为抛物线.

当 $E>0$ 时，$e>1$，轨道为双曲线.

(2) 带电粒子绕异号中心电荷的椭圆运动

如果 q 与 Q 异号，$K=\frac{qQ}{4\pi\varepsilon_0}<0$，带电粒子在平方反比引力作用下运动.粒子的静电势能 $E_p=\frac{qQ}{4\pi\varepsilon_0 r}=\frac{K}{r}$ 为负值，故机械能常数 $E=\frac{1}{2}mv_0^2+\frac{K}{r_0}$ 可正可负，由初速度 v_0 与初始极径 r_0 的大小决定.$E<0$、$E=0$ 和 $E>0$ 三种情况所对应的轨道分别为椭圆、抛物线和近支双曲线，如图 1.23 所示.

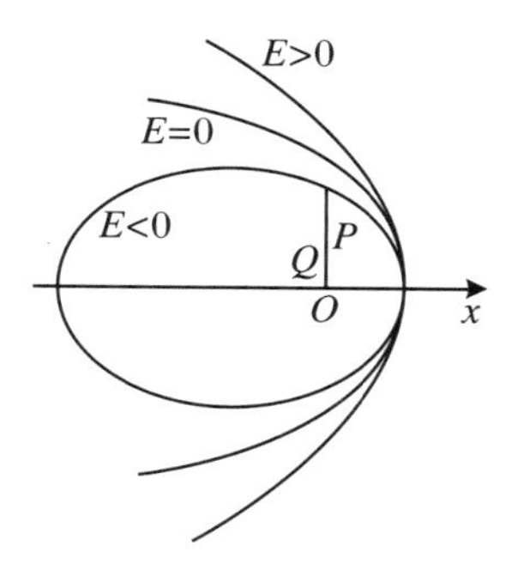

图 1.23

当 $E<0$ 时，带电粒子做以中心电荷为焦点的椭圆运动.这是一种周期运动.在经典原子理论中，电子绕核的运动就是这种情形.

常用半长轴 a 和半短轴 b 表征椭圆的几何特征.它们与 e 和 P 的关系为

$$e = \frac{\sqrt{a^2 - b^2}}{a}, \quad P = \frac{b^2}{a}$$

应用式(1.116)、式(1.117)，可得出 a、b 与物理参数 E 和 L 间的关系：

$$a = \frac{K}{2E} = \frac{qQ}{8\pi\varepsilon_0 E} \tag{1.118}$$

$$b = \frac{L}{\sqrt{2m|E|}} \tag{1.119}$$

可见，椭圆轨道的半长轴 a 由粒子的总机械能常数 E 决定，而半短轴 b 还与角动量常数 L 有关.能量相同而对中心电荷的角动量不同的带电粒子，它们的椭圆轨道有相同的半长轴，但半短轴的长短各异.对于绕核运动的电子来说，$q=-e$，核电荷为中心电荷 $Q=Ze$（Z 为原子序数）.玻尔和索末菲的原子理论便是在上述结果的基础上加入量子化条件，得出电子椭圆轨道的半长轴 a 决定于主量子数 n（能量量子数），而

半短轴 b 则不仅与 n 有关，还与角量子数 n_φ 有关.

带电粒子椭圆运动的周期与半长轴之间的关系是

$$T = \sqrt{\frac{16\pi^3 \varepsilon_0 m}{|qQ|}} a^{\frac{3}{2}} \tag{1.120}$$

即周期与半长轴 a 的 $\frac{3}{2}$ 次方成比例，比例系数不仅与中心电荷的电量 Q 有关，还与运动带电粒子的荷质比 $\frac{q}{m}$ 有关.

圆是椭圆的特例——离心率 $e=0$，或 $a=b=r$（半径）. 粒子的环绕速度 v 总是与半径垂直. 由式(1.115)，得 $r=P=\frac{-L^2}{mK}$，这时 $L=mvr$. 于是，不难得出圆轨道半径与速度的关系为

$$r = \frac{-qQ}{4\pi\varepsilon_0}\frac{1}{mv^2} = \frac{|qQ|}{4\pi\varepsilon_0}\frac{1}{mv^2} \tag{1.121}$$

与直接应用库仑定律和匀速率圆周运动规律所算得的结果相同.

(3) 带电粒子在库仑斥力作用下的运动　α 散射

现在讨论带电粒子 q 在同号的中心电荷 Q 的库仑斥力作用下的运动，这时 $K=\frac{qQ}{4\pi\varepsilon_0}>0$，势能 $E_p=\frac{K}{r}$ 恒正，机械能 $E>0$，轨道方程式(1.115)中的焦点参数 $P=\frac{-L^2}{mK}$ 为负，而极径 r 应是恒正值，这就要求式(1.115)的分母亦为负值，即 $1+e\cos\theta<0$，或 $\cos\theta<-\frac{1}{e}$. 由此得出在库仑斥力作用下，带电粒子轨道上任一点的极角 θ 应满足的条件为

$$\theta_0 < \theta < 2\pi - \theta_0 \tag{1.122}$$

其中

$$\theta_0 = \arccos\left(-\frac{1}{e}\right) \tag{1.123}$$

可见，极角在第二、三象限内，双曲线轨道的渐近线与极轴的夹角分别为 θ_0 和 $2\pi-\theta_0$（或 $-\theta_0$），如图 1.24 所示. 带电粒子在库仑斥力作用下的运动轨道是以中心电荷为焦点的一条远支双曲线.

这类问题即为带电粒子在中心电荷电场中的散射问题. 如著名的 α 散射就是射入的 α 粒子（$q=+2e$）在重原子核（$Q=+Ze$）的库仑斥力作用下，沿双曲线轨道发生偏转——散射. 散射角（即偏转角）就是双曲线的两渐近线之间的夹角 φ（图 1.24），显然

$$\varphi = 2\theta_0 - \pi \tag{1.124}$$

下面，我们导出散射角与瞄准距离（或碰撞参数）ρ 之间的关系. 所谓瞄准距离，就是粒子从“无限远”处射入电场时初速度矢量 $\boldsymbol{v}_0$ 偏离中心电荷的距离，也就是中心

电荷与渐近线间的距离(图 1.24).

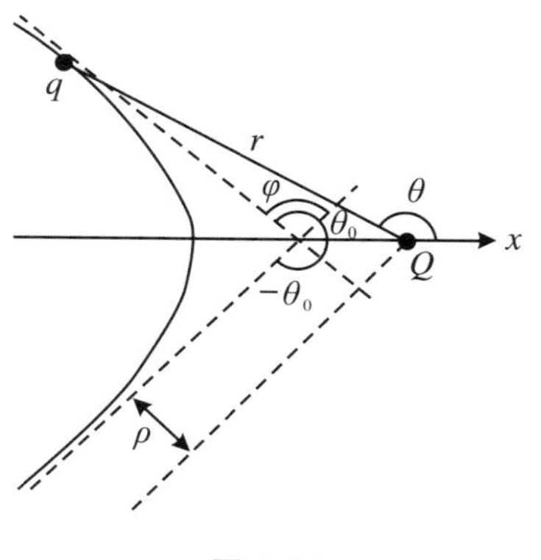

图 1.24

由于已知 $r=\infty$ 处，$v=v_0$，瞄准距离为 ρ，则粒子对中心电荷的角动量常数为

$$L = m\rho v_0$$

能量常数为

$$E = \frac{1}{2}mv_0^2$$

由式(1.117)算出轨道的离心率为

$$e = \sqrt{1+2E\frac{L^2}{mK^2}} = \frac{1}{K}\sqrt{K^2+m^2\rho^2v_0^4}\,(>1) \tag{1.125}$$

应用式(1.123)～(1.125)可求得散射角满足的关系为

$$\sin\frac{\varphi}{2} = -\cos\theta_0 = \frac{1}{e} = \frac{K}{\sqrt{K^2+m^2\rho^2v_0^4}}$$

化为

$$\cot\frac{\varphi}{2} = \sqrt{\frac{1}{\sin^2\frac{\varphi}{2}}-1} = \frac{\rho m v_0^2}{K} \tag{1.126}$$

由此得到瞄准距离 ρ 与散射角 φ 之间的著名公式：

$$\rho = \frac{K}{mv_0^2}\cot\frac{\varphi}{2} \tag{1.127}$$

在 α 散射实验中，$q=2e$，$Q=Ze$，$K=\dfrac{Ze^2}{2\pi\varepsilon_0}$.

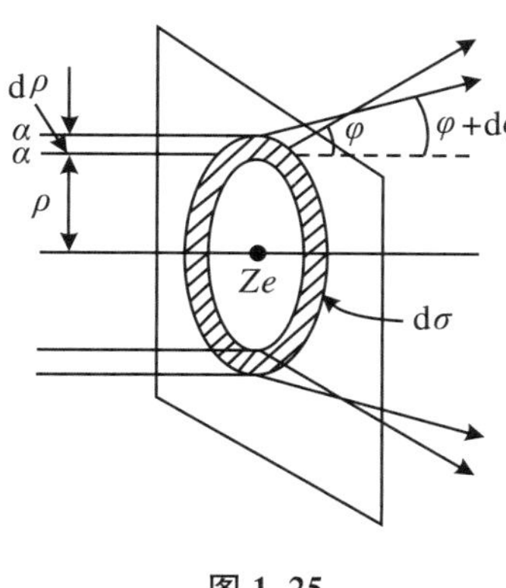

图 1.25

设单位时间通过与 α 粒子束垂直的单位面积的 α 粒子数目——α 粒子流密度——为 n，经散射后，单位时间散射角在 $\varphi\to\varphi+\mathrm{d}\varphi$ 内的粒子数为 $\mathrm{d}N$. 比值 $\dfrac{\mathrm{d}N}{n}$ 表示散射角为 $\varphi\to\varphi+\mathrm{d}\varphi$ 的粒子的概率，称为微分散射截面，记为 $\mathrm{d}\sigma$. 从图 1.25 可知，瞄准距离为 ρ 时，散射角为 φ；瞄准距离为 $\rho+\mathrm{d}\rho$ 时，散射角为 $\varphi+\mathrm{d}\varphi$. 因此，入射在图中圆环形阴影(面积为 $2\pi\rho\mathrm{d}\rho$)内的 α 粒子的散射角均在 φ 到 $\varphi+\mathrm{d}\varphi$ 之间. 单位时间内的这些粒子数为 $\mathrm{d}N=n2\pi\rho\mathrm{d}\rho$，所以散射截面为

$$\mathrm{d}\sigma = \frac{\mathrm{d}N}{n} = 2\pi\rho\mathrm{d}\rho \tag{1.128}$$

应用式(1.127)，便得到有名的卢瑟福散射公式：

$$\mathrm{d}\sigma = \frac{\pi}{2}\left(\frac{K}{mv_0^2}\right)^2\frac{\sin\varphi}{\sin^4\frac{\varphi}{2}}\mathrm{d}\varphi \tag{1.129}$$

这个公式成功地解释了 α 粒子散射的实验结果，从而肯定了原子的核式模型. 对于大角度散射($\varphi\approx180^\circ$)，理论与实验也相符合，从而可计算 α 粒子能到达的与核的最小距离，估计出了原子核尺度的量级为 $10^{-15}\sim10^{-14}$ m，同时也表明在这个尺度上，静电力的平方反比定律仍是有效的.

以上讨论中假定中心电荷质量大，可视作静止. 实际上，中心电荷和运动带电粒子都相对于它们的质心运动着，是两体问题. 对于两体问题，以上各式中带电粒子的质量 m 都应用折合质量 $\mu=\dfrac{mM}{m+M}$ 代替，式中 M 为中心电荷的质量.

14. 均匀带电球面的电场　应用举例

均匀带电球面半径为 R，电荷量为 Q，电荷面密度 $\sigma=\dfrac{Q}{4\pi R^2}$. 一般教材中，作为高斯定理的应用例子，求出球面内、外的电场分布，其规律为：

在球面外，电场分布的规律与将带电球面上的电荷集中在球心处所成的点电荷的电场分布规律相同，即

$$\boldsymbol{E}=\frac{Q}{4\pi\varepsilon_0 r^2}\boldsymbol{r}_0=\frac{kQ}{r^2}\boldsymbol{r}_0\quad(r>R)\tag{1.130}$$

$$U=\frac{kQ}{r}\quad(\text{取 }U_\infty=0)\tag{1.131}$$

在球面内，场强为零，各点等电势，即

$$\boldsymbol{E}=\boldsymbol{0}\quad(r<R)\tag{1.132}$$

$$U=U(r=R)=\frac{kQ}{R}\quad(r\leqslant R)\tag{1.133}$$

均匀带电球面的电场分布规律是经常被引用的重要公式. 下面讨论与此有关的若干问题.

(1) 球面内场强为零的简单论证

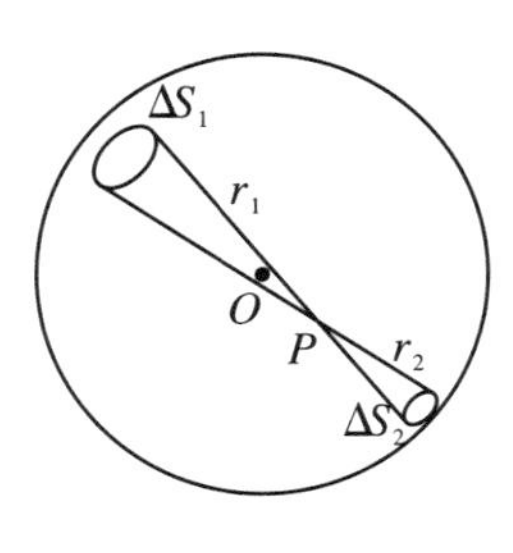

图 1.26

在球面内任取一点 P，在球面上任取一小面元 ΔS_1 并从它的周线各点向 P 点引射线，形成以 P 为顶点的锥. 延长各射线至 P 的另一侧球面上，割出另一面元 ΔS_2，如图 1.26 所示. 显然，P 点对 ΔS_1 和对 ΔS_2 所张的锥角(立体角)相等. 设 P 点到 ΔS_1 和 ΔS_2 的距离分别为 r_1 和 r_2，则有

$$\frac{\Delta S_1}{r_1^2}=\frac{\Delta S_2}{r_2^2}\tag{1.134}$$

由于球面均匀带电，所以 ΔS_1 和 ΔS_2 上所带电荷量正比于面元面积，即

$$\frac{\Delta q_1}{\Delta q_2}=\frac{\Delta S_1}{\Delta S_2}\tag{1.135}$$

且由于面元极小，面元上的电荷可视作点电荷. 在 P 点，这两个面元上的同号电荷产生的电场强度方向相反，大小各为

$$E_1 = k\frac{\Delta q_1}{r_1^2},\quad E_2 = k\frac{\Delta q_2}{r_2^2} \tag{1.136}$$

由式(1.134)、(1.135)可知$\frac{\Delta q_1}{r_1^2}=\frac{\Delta q_2}{r_2^2}$，所以

$$E_1 = E_2 \tag{1.137}$$

即面元 ΔS_1 和 ΔS_2 上的电荷在 P 点的场强等大反向，恰好抵消.

球面上的各部分都可按上述办法配对，每一对面元在 P 点产生的电场都相互抵消. 所以，P 点的合场强为零.

以上讨论中，式(1.136)是至关重要的，因为它是库仑定律的一种表示. 可见，电力与距离平方成反比的规律是均匀带电球面内场强为零的根本原因. 试设想，若电力反比于距离的三次方，那么球面上接近 P 点的面元(ΔS_2)上的电荷在 P 点产生的场强就会大些，结果球面带正电，在球面内就会形成指向球心的电场，$E_{内}\neq 0$. 进一步可断言，电力的平方反比定律的任何偏离都会造成 $E_{内}\neq 0$ 的结果. 由此可知，确定一个均匀带电球体内的场强是否为零(球内各点是否等势)，是检验库仑定律的最优方案.

(2) 球面上的场强等于多大

由式(1.130)、式(1.132)可知，从球内经过球面到球面外，场强的大小发生了突变$\left(从 0 变为\frac{kQ}{r^2}\right)$，即当 r 从大于 R 的区域趋近于 R 时，$\lim\limits_{r\to R^+}\boldsymbol{E}=\frac{kQ}{R^2}\boldsymbol{r}_0=\boldsymbol{E}_+$；当 r 从小于 R 的区域趋近于 R 时，$\lim\limits_{r\to R^-}\boldsymbol{E}=0=\boldsymbol{E}_-$. 左、右极限不相等. 那么，在 $r=R$ 的地方场强是多大呢？这个问题具有一定的普遍性. 有作者论述了[10]，在电荷面均匀分布的情形下，当 $E_+\neq E_-$ 时，带电面上的电场强度等于

$$\boldsymbol{E} = \frac{1}{2}(\boldsymbol{E}_+ + \boldsymbol{E}_-) \tag{1.138}$$

均匀带电球面上($r=R$)的场强为

$$\boldsymbol{E} = k\frac{Q}{2R^2}\boldsymbol{r}_0 = \frac{Q}{8\pi\varepsilon_0 R^2}\boldsymbol{r}_0 \tag{1.139}$$

这一结论可根据场强叠加原理应用积分法求出. 下面我们不采用积分法，而是应用 $\boldsymbol{E}_{内}=\boldsymbol{0}$ 这一结论和叠加原理作一简单的证明.

在球面上任取一点 P，包围它的小球面面元为 ΔS. 在球面内、外紧靠 P 点取两点 P_1 和 P_2，如图 1.27 所示.

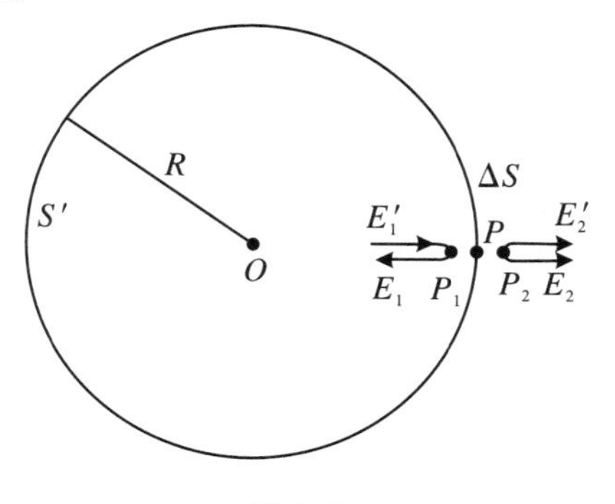

图 1.27

P_1 点的场强可看做是 ΔS 面上的电荷($\sigma\Delta S$)在该点的场强 $\boldsymbol{E}_1$ 与球面除 ΔS 的其余部分 S' 的电荷在该点的场强 $\boldsymbol{E}_1'$ 的矢量和，由于

$\boldsymbol{E}_{P_1}=\boldsymbol{0}$，所以有

$$\boldsymbol{E}_1+\boldsymbol{E}_1'=\boldsymbol{E}_{P_1}=\boldsymbol{0}$$

$$\boldsymbol{E}_1'=-\boldsymbol{E}_1 \tag{1.140}$$

P_2 点的场强可看做 ΔS 面上的电荷在该点的场强 $\boldsymbol{E}_2$ 与球面其余部分 S' 的电荷在该点的场强 $\boldsymbol{E}_2'$ 的矢量和. 根据式(1.130)，得 $\boldsymbol{E}_{P_2}=k\dfrac{Q}{r^2}\boldsymbol{r}_0$，故

$$\boldsymbol{E}_2+\boldsymbol{E}_2'=k\frac{Q}{r^2}\boldsymbol{r}_0,\quad \boldsymbol{E}_2'=k\frac{Q}{r^2}\boldsymbol{r}_0-\boldsymbol{E}_2 \tag{1.141}$$

其中，r 为 P_2 到球心的距离. 由于 P_2 紧靠 P 点，故 $r\to R$.

当 P_1 和 P_2 都无限靠近 P 点时，S' 在这三点产生的场强趋于相等，即

$$\boldsymbol{E}_1'=\boldsymbol{E}_2'=\boldsymbol{E}_P' \tag{1.142}$$

又由于 ΔS 为很小的球面面元，所以可将其当做一小平面. 根据对称性可知，ΔS 上的电荷在 P_1 和 P_2 点产生的场强等大反向，即

$$\boldsymbol{E}_1=-\boldsymbol{E}_2 \tag{1.143}$$

式(1.140)与式(1.141)相加，并应用式(1.142)、式(1.143)可得

$$\boldsymbol{E}_P'=\frac{1}{2}k\frac{Q}{R^2}\boldsymbol{r}_0 \tag{1.144}$$

这是除去 ΔS 的球面其余部分 S' 在 P 点产生的场强. 令 ΔS 趋于零，$\boldsymbol{E}_P'$ 与均匀带电球面在 P 点的场强 $\boldsymbol{E}_P$ 相等，故由式(1.144)可得式(1.139).

(3) 均匀带电球体的电场

均匀带电球体的半径为 R，电荷量为 Q，电荷体密度 $\rho=Q/\dfrac{4}{3}\pi R^3$. 只需把均匀带电球体看做由无限多个均匀带电薄球壳叠合组成，应用式(1.130)、式(1.132)很容易得到球体内、外的电场分布规律.

球体外($r>R$)的电场分布与把球体所带的全部电量集中在球心所成的点电荷的电场分布规律相同，即

$$\boldsymbol{E}=k\frac{Q}{r^2}\boldsymbol{r}_0\quad(r\geqslant R) \tag{1.145}$$

$$U=k\frac{Q}{r}\quad(U_\infty=0,r\geqslant R) \tag{1.146}$$

对于球内的点 P，因为所有半径大于 r_P 的那些均匀带电球壳在 P 点产生的场强都为零，所以，均匀带电球体内任一点 $P(r_P<R)$ 的电场强度由半径等于 r_P 的(即 P 点以内的)球体上的电荷 Q' 决定. 由式(1.145)可知，P 点的场强为

$$\boldsymbol{E}_P=k\frac{Q'}{r_P^2}\boldsymbol{r}_0$$

其中，$Q'=\rho\dfrac{4}{3}\pi r_P^3=\dfrac{r_P^3}{R^3}Q$，所以上式可表示为

$$\boldsymbol{E}_P = \frac{4}{3}\pi k\rho r_P \boldsymbol{r}_0 = \frac{kQ}{R^3} r_P \boldsymbol{r}_0 \tag{1.147}$$

可见，均匀带电球体内一点的场强的大小与该点到球心的距离成正比.

由于万有引力也遵守距离平方反比定律，所以上面的讨论同样适用于均匀球体内、外的引力场强（大小等于单位质量受的引力），只需将上面各式中的静电常量 k 换成引力常量 G，电荷量 Q 换成球体的质量 M. 同时，由于万有引力总是吸引力，应在各相应公式前加一负号，即可得到均匀球体的引力场强的分布规律.

(4) 应用举例

应用叠加原理和均匀带电球面的电场分布公式，可以避免复杂的数学运算，较简易地求解一些静电学问题.

例 1　一个半径为 R 的球壳上有一个面积为 ΔS 的小孔，球壳均匀带正电，电荷面密度为 σ. 求球心处的电场强度.

解　有孔球壳的带电状态可看做由一个电荷面密度为 σ 的均匀带电整球面加上在小孔处面积为 ΔS、电荷面密度为 $-\sigma$ 的带电面元. 因此，球心 O 点的场强 E_0 等于均匀带电球面在 O 点的场强与带负电的面元 ΔS 在 O 点产生的场强的矢量和. 由于前者为零，后者因 ΔS 很小，可看做是位于小孔处的点电荷（$-\sigma\Delta S$）在 O 点产生的场强，所以 O 点场强的大小为

$$E_0 = k\frac{\sigma\Delta S}{R^2}$$

E_0 的方向指向小孔中心，如图 1.28 所示.

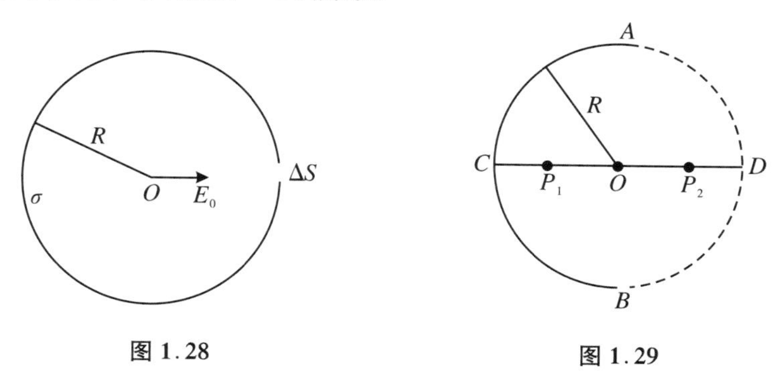

图 1.28　　图 1.29

例 2　电荷 Q 均匀分布在半球面 ACB 上，球面的半径为 R. CD 为通过半球顶点 C 与球心 O 的轴线，如图 1.29 所示. P_1、P_2 是 CD 轴上在 O 点两侧，离 O 点等距的两点. 已知 P_1 点的电势为 U_1，试求 P_2 点的电势 U_2.

解　假想将半球面补成完整球面，所补的半球面 ADB 仍均匀带电，电荷量为 Q. 因此全球面所带的电荷量为 $2Q$. 根据叠加原理，原带电半球面 ACB 在 P_2 点产生的电势等于均匀带电整球面在 P_2 点的电势 $k\dfrac{2Q}{R}$ 减去所补的带电半球面 ADB 在 P_2 点

的电势 U_2'，即

$$U_2 = k\frac{2Q}{R} - U_2' \qquad ①$$

又根据已知条件，P_1 点和 P_2 点在轴 CD 上且对球心 O 是对称的，故 P_2 点对半球面 ADB 的相对位置与 P_1 点对半球面 ACB 的相对位置相同. 由对称性可判断：带电半球面 ADB 在 P_2 点产生的电势与带电半球面 ACB 在 P_1 点产生的电势相等，即

$$U_2' = U_1 \qquad ②$$

将此式代入式①，即得题目要求的均匀带电半球面 ACB 在 P_2 点产生的电势：

$$U_2 = k\frac{2Q}{R} - U_1 \qquad ③$$

以上方法（包括例 1）可以叫做补偿法，要点在于灵活应用叠加原理和均匀带电球面的电场分布公式. 采用积分法可以解出同样的结果. 场强积分法是一般通用的方法，但与上述的补偿法相比要复杂得多. 有兴趣的读者可以自己试一试.

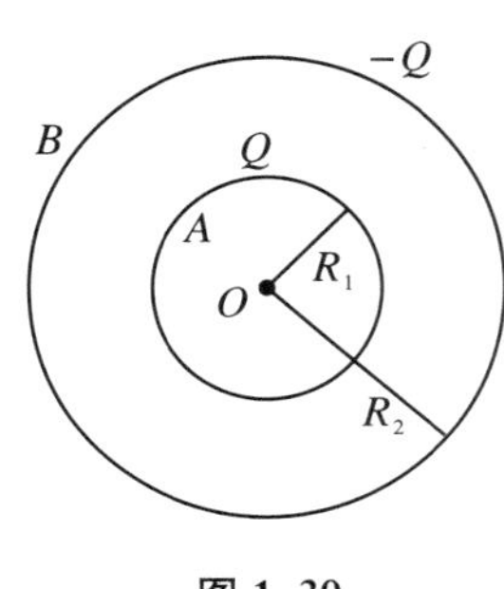

图 1.30

例 3 半径分别为 R_1 和 R_2 的两同心球面 A 和 B 都均匀带电，电荷量分别为 $+Q$ 和 $-Q$（图 1.30）. 求两个球面上的电势、两球面间的电势差以及场强分布.

解 根据叠加原理，带电球面 A 的电势等于球面 A 自身的电荷在球面上产生的电势与球面 B 的电荷在球面 A 处产生的电势的代数和. 应用式(1.131)和式(1.133)，得

$$U_A = k\frac{Q}{R_1} + k\frac{-Q}{R_2} = kQ\left(\frac{1}{R_1} - \frac{1}{R_2}\right)$$

同理可知，球面 B 的电势为

$$U_B = k\frac{Q}{R_2} + k\frac{-Q}{R_2} = 0$$

所以，两球面间的电势差为

$$U_{AB} = kQ\left(\frac{1}{R_1} - \frac{1}{R_2}\right)$$

应用均匀带电球面的场强分布公式（式(1.130)、式(1.132)、式(1.139)）和场强叠加原理，可得到两带电球面的场强分布规律：

在 $r<R_1$ 区域，$\boldsymbol{E}=\boldsymbol{0}$.

在 $R_1<r<R_2$ 区域，$\boldsymbol{E} = k\dfrac{Q}{r^2}\boldsymbol{r}_0$.

在 $r>R_2$ 区域，$\boldsymbol{E} = k\dfrac{Q}{r^2}\boldsymbol{r}_0 + k\dfrac{-Q}{r^2}\boldsymbol{r}_0 = \boldsymbol{0}$.

在球面 A 上，$r=R_1$，$\boldsymbol{E} = \dfrac{1}{2}k\dfrac{Q}{R_1^2}\boldsymbol{r}_0$（根据式(1.139)）.

在球面 B 上，$r=R_2$，$\boldsymbol{E} = k\dfrac{Q}{R_2^2}\boldsymbol{r}_0 + \dfrac{1}{2}k\dfrac{-Q}{R_2^2}\boldsymbol{r}_0 = \dfrac{1}{2}k\dfrac{Q}{R_2^2}\boldsymbol{r}_0$.

参 考 文 献

[1] 郭奕玲,沙振舜,沈慧君.物理实验史话[M].北京:科学出版社,1988.
[2] 杨保成.避雷针史话[J].物理教师,1991(1):36.
[3] 潘仲麟,胡芬.关于库仑定律的成立条件[J].大学物理,1987(5):26-28.
[4] 陈熙谋.电力平方反比定律的实验验证[J].大学物理,1982(1):11-15.
[5] 王忠亮,封小超.电磁学讨论[M].成都:四川教育出版社,1988:51.
[6] 克劳斯.电磁学[M].北京:人民邮电出版社,1979:90-98.
[7] 金仲辉,陈秉乾.静电场电位零点的选择[J].大学物理,1984(8):44-45.
[8] 封小超.关于零电位选择的几个问题[J].大学物理,1986(7):13-16.
[9] 封小超.分布在无限区域的电荷选无穷远处电势为零的条件[J].大学物理,1987(9):31-32.
[10] 张之翔.电磁学教学札记[M].北京:高等教育出版社,1987:20-34.

第 2 章　静电场中的导体和电介质

基本内容概述

2.1　静电场中的导体

2.1.1　导体的静电平衡条件

均匀导体的静电平衡条件是导体内部场强为零.

推论一:导体是个等势体,导体表面是一个等势面.

推论二:导体外靠近其表面处的场强方向与其表面垂直.

推论三:导体内部无净电荷,电荷只分布在导体表面上.

这三个推论表明了处于静电平衡的金属导体的基本电学特点.

2.1.2　导体表面的电荷分布与表面附近的场强

(1) 导体表面附近的场强与导体表面电荷面密度 σ 的关系:

$$\boldsymbol{E}=\frac{\sigma}{\varepsilon_0}\boldsymbol{n}_0 \tag{2.1}$$

其中,$\boldsymbol{n}_0$ 为垂直于表面、方向向外的单位矢量.

(2) 孤立导体表面电荷面密度 σ 与表面曲率有关.定性的实验规律是:曲率大处,电荷面密度 σ 大;曲率小处,电荷面密度小.一般情况下,面密度 σ 与表面曲率之间没有定量的关系.

2.1.3　静电感应和静电屏蔽

1. 静电感应

在导体附近放置电荷 q(称为施感电荷)时,导体内的大量自由电子将在场力作用下运动,最后达到稳定的电荷分布,使靠近施感电荷一端出现与 q 反号的感应电荷,远端出现与 q 同号的感应电荷,这种现象称为**静电感应**.感应电荷激发的电场与施感电荷激发的电场叠加,一方面将改变导体外的电场分布,另一方面保证金属导体内部场强为零.

2. 静电屏蔽

接地的封闭导体壳能屏蔽壳内电荷(或电场)变化对壳外的电场强度和电势的影响,也能屏蔽壳外电荷(电场)的变化对壳内场强和电势的影响.这种现象叫做**静电屏蔽**.

2.2　电容　电容器

2.2.1　孤立导体的电容

孤立导体所带电量 Q 与电势 U 成比例,比值

$$C = \frac{Q}{U} \tag{2.2}$$

定义为孤立导体的**电容**,它由孤立导体的几何形状和大小决定.

由于均匀带电球壳的电势与电量的关系为 $U = \dfrac{Q}{4\pi\varepsilon_0 R}$,应用上式可求得孤立导体球(半径为 R)的电容为

$$C = 4\pi\varepsilon_0 R \tag{2.3}$$

电容的单位为**法拉**,符号为 F(1 F = 1 C/V).法拉是很大的单位.由式(2.3)可知,1 F 相当于半径 R 约为 10^{10} m 的导体球的电容.常用的电容单位为**微法**(1 μF = 10^{-6} F)和**皮法**(1 pF = 10^{-12} F).

2.2.2　电容器及其电容

采用静电屏蔽原理构成的两导体组合即为电容器.其中的两个导体 A 和 B 称为电容器的两极.当电容器 A、B 两极分别带有 $+q$ 和 $-q$ 的电荷量时,两极之间有电

势差 U_A-U_B.电荷量 q 和电势差 U_A-U_B 的比值与电荷量的大小无关,也与外部是否有其他带电体无关,只取决于两极的形状和相对位置以及两极之间填充的绝缘介质的性质.称这个比值为电容器的电容:

$$C=\frac{q}{U_A-U_B} \tag{2.4}$$

常见的电容器有:

(1) 平行板电容器

两极板(导体板)平行,极板面积 S 大且两板间距 d 很小,可近似地把两极板看做无限大的,因而可认为两极板之间的电场是很好屏蔽的,可以忽略边缘效应.当两极板分别带有 $+q$ 和 $-q$ 电荷时,两极板之间的电场为均匀电场,场强为 $E=\frac{q}{\varepsilon_0 S}$,两极的电势差为 $U_A-U_B=Ed=\frac{qd}{\varepsilon_0 S}$.所以,板间为真空的平行板电容器的电容为

$$C=\frac{q}{U_A-U_B}=\frac{\varepsilon_0 S}{d} \tag{2.5}$$

(2) 球形电容器

半径分别为 R_1、R_2 的两同心导体球壳组成球形电容器.当内球壳充以电荷量 q 时,外壳的内表面必有电荷量 $-q$.两极(内、外导体球壳)间的电势差为

$$U_1-U_2=\int_{R_1}^{R_2}\frac{1}{4\pi\varepsilon_0}\frac{q}{r^2}\mathrm{d}r=\frac{q}{4\pi\varepsilon_0}\frac{R_2-R_1}{R_1R_2}$$

故球形电容器的电容量为

$$C=\frac{q}{U_1-U_2}=\frac{4\pi\varepsilon_0 R_1R_2}{R_2-R_1} \tag{2.6}$$

外壳接地的球形电容器是屏蔽最为理想的电容器.

2.2.3 电容器的并联和串联

1. 并联

如图2.1所示.设各电容器的电容为 C_1、C_2、…、C_n,并联时各电容器的两极电势差(或电压)相等,为 U_A-U_B,而电荷量 $q_i(i=1,2,\cdots,n)$不同.并联电容器的总电量 $q=\sum q_i$.故并联电容器的总电容(或等效电容)为

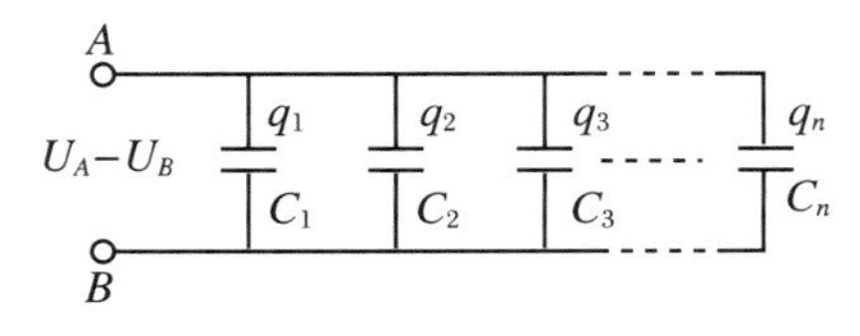

图2.1

$$C = \frac{q}{U_A - U_B} = \sum_i \frac{q_i}{U_A - U_B} = \sum_i C_i \tag{2.7}$$

即并联时总电容等于多个被并联的电容器的电容之和.

2. 串联

如图2.2所示.串联的各电容器的电量相等,即 $q_i = q$,而各电容器的电压 U_i 不相等.串联电容器的总电压为

$$U_A - U_B = \sum U_i = \sum_i \frac{q}{C_i} = q \sum_i \frac{1}{C_i}$$

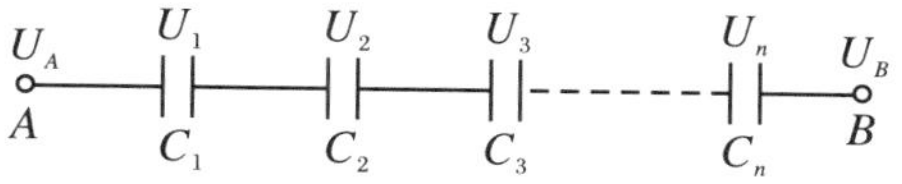

图2.2

故串联电容器的总电容为

$$C = \left(\frac{1}{C_1} + \frac{1}{C_2} + \cdots + \frac{1}{C_n}\right)^{-1} \tag{2.8}$$

2.3 电介质及其极化

2.3.1 电介质的极化

电介质是电的绝缘体.电介质原子中的电子被束缚在原子核附近,只能在原子分子尺度内移动,因而电介质几乎没有自由电子.电介质分子按其中正、负束缚电荷的“重心”是否重合区分为有极分子和无极分子.有极分子相当于一个电偶极子,偶极矩 $\boldsymbol{p}_i$ 的大小等于电荷量乘正、负电荷中心相距的距离,方向由负电荷中心指向正电荷中心.虽然在有极分子组成的电介质中,每一个分子都有极性,其分子偶极矩为 $\boldsymbol{p}_i$,但是由于无规则热运动,各分子偶极矩做无规取向.统计而言,电介质不显示电的极性.

把电介质放入电场中时,介质中的有极分子的分子偶极矩受电场力矩的作用而向着外场方向取向,从而使电介质具有电的极性,称为**取向极化**;无极分子的正、负电荷将受电场力作用,正、负电荷“重心”不再重合,形成沿外场方向的分子偶极子,从而使电介质具有极性,称为**位移极化**.这样一来,电介质的所有分子偶极矩 $\boldsymbol{p}_i$ 的矢量和不为零.于是,在电介质的表面出现电荷,称为**极化电荷**.在电场线进入的介质表面出现负的极化电荷,在电场线穿出的介质表面出现正的极化电荷.(对于非均匀介质,除在表面上出现极化电荷外,介质内部也会出现体极化电荷.)电介质在电场作用下出现极化电荷,因而电介质显现出电极性的现象,称为**介质的极化**.

2.3.2 极化强度

单位体积介质的分子电偶极矩的矢量和称为**极化强度**，表示为

$$\boldsymbol{P} = \frac{\sum_i \boldsymbol{p}_i}{\Delta V} \tag{2.9}$$

其中，ΔV 是宏观上很小但仍包含大量介质分子的体积元. 极化强度是矢量，其方向表示分子电偶极矩的合矢量方向. 在各向同性的电介质中，$\boldsymbol{P}$ 的方向与电场强度方向一致.

2.3.3 极化强度与极化电荷的关系

(1) 极化强度矢量 $\boldsymbol{P}$ 对介质中任一封闭曲面 S 的通量等于该封闭面所包围的体积中的极化电荷 q' 的代数和的负值，即

$$\oint\!\!\!\oint_S \boldsymbol{P} \cdot \mathrm{d}\boldsymbol{S} = -\sum_{S内} q' \tag{2.10}$$

(2) 介质表面(与真空的界面)上的极化电荷面密度 σ' 等于在该表面处的极化强度矢量沿表面外法线方向($\boldsymbol{n}_0$)的分量，即

$$\sigma' = \boldsymbol{P} \cdot \boldsymbol{n}_0 = P_n \tag{2.11}$$

在两种介质(1 和 2)分界面上的极化电荷面密度等于(在边界层中的)两种介质的极化强度矢量沿界面法向(垂直于界面，从介质 1 指向介质 2)的分量之差，即

$$\sigma' = P_{1n} - P_{2n} \tag{2.12}$$

2.3.4 介质中的场强　极化强度与场强的关系

1. 介质中的场强

极化电荷 q' 的出现将改变介质内、外的电场分布. 极化电荷 q' 在介质内部所激发的电场的场强 E' 力图阻碍介质的极化，称为**退极化场**. 介质内的(合)场强等于未出现极化电荷以前的外场场强(即纯粹的自由电荷激发的场强)E_0 和退极化场强 E' 的矢量和，即

$$\boldsymbol{E} = \boldsymbol{E}_0 + \boldsymbol{E}' \tag{2.13}$$

2. 极化强度 P 与场强的关系

实验表明：在各向同性的电介质中，极化强度与介质中的(合)场强 $\boldsymbol{E}$ 的方向相同，大小与场强成正比，即

$$\boldsymbol{P} = \chi_e \varepsilon_0 \boldsymbol{E} \tag{2.14}$$

式中，无量纲数 χ_e 叫做**电极化率**，其数值决定于介质的介电性质. 对于均匀的各向同性介质，χ_e 为常数. 通常令

$$\varepsilon_r = \chi_e + 1 \tag{2.15}$$

称 ε_r 为介质的**相对介电常数**. 用 ε_r 表示 $\boldsymbol{P}$ 和 $\boldsymbol{E}$ 的关系：

$$\boldsymbol{P} = (\varepsilon_r - 1)\varepsilon_0 \boldsymbol{E} \tag{2.16}$$

表 2.1　几种介质的相对介电常数和介电强度*

电介质	相对介电常数 ε_r	介电强度/(kV/mm)
空气	1.005	3
水	78	—
云母	3.7～7.5	80～200
玻璃	5～10	10～25
瓷	5.7～6.8	6～20
纸	3.5	14
电木	7.6	10～20
聚乙烯	2.3	50
二氧化钛	100	6
氧化钽	11.6	15
钛酸钡	10^3～10^4	3

* 电介质所能承受的最大电场强度叫做介质的介电强度. 当场强超过介电强度时，介质的绝缘性能被破坏，称为介质的击穿.

2.4　电位移矢量 $\boldsymbol{D}$　$\boldsymbol{D}$ 的高斯定理

由于电介质在外场中极化而出现极化电荷 q'，q'激发的电场 E'与自由电荷 q 激发的电场 E_0 叠加成有介质时的总场强 E. 极化电荷和自由电荷激发的电场对电通量都有贡献，在有介质时，高斯定理应为

$$\oint\!\!\!\oint_S \boldsymbol{E} \cdot \mathrm{d}\boldsymbol{S} = \frac{1}{\varepsilon_0}\sum_{S内}(q_0 + q')$$

其中，极化电荷 q'与介质极化强度 $\boldsymbol{P}$ 的关系为

$$-\oint\!\!\!\oint_S \boldsymbol{P} \cdot \mathrm{d}\boldsymbol{S} = \sum_{S内} q'$$

从以上两式中可以消去极化电荷，得到

$$\oint\!\!\!\oint_S (\varepsilon_0 \boldsymbol{E} + \boldsymbol{P}) \cdot \mathrm{d}\boldsymbol{S} = \sum_{S内} q_0 \tag{2.17}$$

可见，复合量 $\varepsilon_0 \boldsymbol{E} + \boldsymbol{P}$ 对任一封闭曲面的通量只与封闭面内的自由电荷有关，与极化

电荷 q'无关.我们知道,正是极化电荷的出现给求解场强分布带来困难.式(2.17)告诉我们,如果把 $\varepsilon_0 \boldsymbol{E}+\boldsymbol{P}$ 作为一个辅助量引入,或许能避开这个困难,实际上正是如此.

定义

$$\boldsymbol{D}=\varepsilon_0 \boldsymbol{E}+\boldsymbol{P} \tag{2.18}$$

为**电位移矢量**.于是,用电位移矢量表示的高斯定理为

$$\oiint_S \boldsymbol{D} \cdot \mathrm{d}\boldsymbol{S}=\sum_{S内} q_0 \tag{2.19}$$

即电位移矢量 $\boldsymbol{D}$ 对任一封闭曲面的通量(电位移通量)等于该封闭面内的自由电荷的代数和.

高斯定理表明电位移线($\boldsymbol{D}$ 线)源于正自由电荷(或无穷远),汇于负自由电荷(或无穷远),在无自由电荷处不中断.

在各向同性的介质中,$\boldsymbol{P}=\chi_e \varepsilon_0 \boldsymbol{E}$,故电位移矢量与场强矢量的关系是

$$\boldsymbol{D}=(1+\chi_e) \varepsilon_0 \boldsymbol{E}=\varepsilon_r \varepsilon_0 \boldsymbol{E}=\varepsilon \boldsymbol{E} \tag{2.20}$$

其中,$\varepsilon=\varepsilon_r \varepsilon_0$ 为**介质的(绝对)介电常数**.

于是,在均匀的各向同性介质中,当自由电荷分布和介质都具有一定对称性时,可以应用 $\boldsymbol{D}$ 的高斯定理,由自由电荷分布求出 $\boldsymbol{D}$ 的分布,再应用式(2.20)求出场强分布.还可求出极化强度 $\boldsymbol{P}\left(=\dfrac{\chi_e}{\varepsilon_r} \boldsymbol{D}\right)$,进而可求出极化电荷:

$$\sum_{S内} q'=-\oiint_S \boldsymbol{P} \cdot \mathrm{d}\boldsymbol{S}=-\frac{\chi_e}{\varepsilon_r} \oiint_S \boldsymbol{D} \cdot \mathrm{d}\boldsymbol{S}=-\frac{\varepsilon_r-1}{\varepsilon_r} \sum_{S内} q_0 \tag{2.21}$$

可以证明:对于均匀的各向同性介质充满电场不为零的空间,或不同的均匀介质的分界面都是等势面的情形,电位移矢量 $\boldsymbol{D}$ 和介质中的场强 $\boldsymbol{E}$ 与仅由自由电荷激发的场强 $\boldsymbol{E}_0$ 之间有以下关系(见问题讨论 11):

$$\boldsymbol{D}=\varepsilon_0 \boldsymbol{E}_0 \tag{2.22}$$

$$\boldsymbol{E}=\frac{\boldsymbol{E}_0}{\varepsilon_r} \tag{2.23}$$

2.5 $\boldsymbol{E}$ 和 $\boldsymbol{D}$ 的边界关系

这里的边界关系是指在两种不同介质的分界面的两侧,场强 $\boldsymbol{E}$ 和电位移矢量 $\boldsymbol{D}$ 应分别满足的关系.

在两介质的界面上(包括这两种介质相互接触的面)可能出现束缚电荷,也可能有自由电荷.设界面上的净束缚电荷密度为 σ',自由电荷密度为 σ_0,两介质的相对介

电常数分别为 ε_{r1} 和 ε_{r2}，规定界面的法向单位矢量的方向 $\boldsymbol{n}$ 是从介质 1 指向介质 2.

2.5.1　$\boldsymbol{E}$ 和 $\boldsymbol{D}$ 沿边界切向分量满足的关系

如图 2.3 所示，在界面上任取一点 P，设在 P 点两侧介质中的场强分别为 $\boldsymbol{E}_1$ 和 $\boldsymbol{E}_2$，它们与法线 $\boldsymbol{n}$ 的夹角分别为 α_1 和 α_2. 在由 $\boldsymbol{E}_1$ 和 $\boldsymbol{E}_2$ 构成的平面内，围绕边界线作一狭窄矩形回路 $abcda$，长为 Δl 的 ab 和 cd 边分别在 1、2 介质内，并且非常靠近界面(即 ad 和 bc 边长趋于零). 对这个回路应用 $\boldsymbol{E}$ 的环路定理 $\oint_{abcda} \boldsymbol{E} \cdot \mathrm{d}\boldsymbol{l} = 0$，并注意 $\overline{ab} = \overline{cd} = \Delta l$，而 $\overline{bc}$ 和 $\overline{da}$ 两边长趋于零，可得

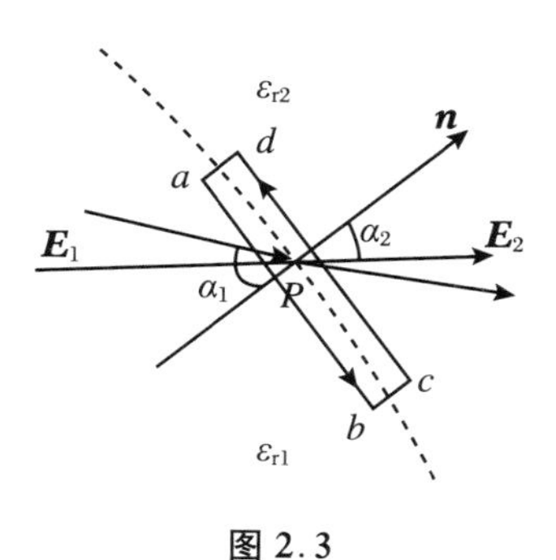

图 2.3

$$E_1\sin\alpha_1 \cdot \overline{ab} - E_2\sin\alpha_2 \cdot \overline{cd} = (E_1\sin\alpha_1 - E_2\sin\alpha_2)\Delta l = 0$$

其中，$E_1\sin\alpha_1$ 和 $E_2\sin\alpha_2$ 分别是 $\boldsymbol{E}_1$ 和 $\boldsymbol{E}_2$ 沿界面切向的分量，记为 E_{1t} 和 E_{2t}，所以由环路定理可得场强的边界关系为

$$E_{1t} = E_{2t} \tag{2.24}$$

即**场强沿界面的切向分量是连续的**.

根据 $\boldsymbol{D} = \varepsilon_r\varepsilon_0\boldsymbol{E}$，可得

$$\frac{D_{1t}}{\varepsilon_{r1}} = \frac{D_{2t}}{\varepsilon_{r2}} \tag{2.25}$$

即电位移矢量沿界面的切向分量不连续. 在界面两侧，$\boldsymbol{D}$ 的切向分量与两介质的介电常数成正比.

2.5.2　$\boldsymbol{D}$ 和 $\boldsymbol{E}$ 沿界面法向分量满足的关系

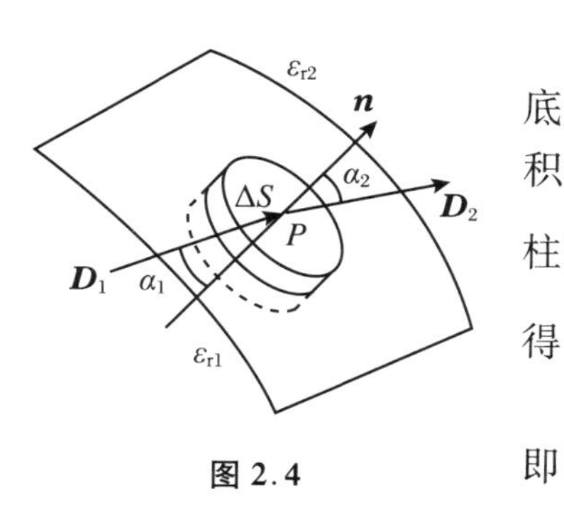

图 2.4

如图 2.4 所示，以界面上任一点为中心，作一个两底分别在两介质中，并与界面平行的扁平圆柱面. 底面积为 ΔS，母线与界面垂直，而其长度趋于零. 以此扁平柱面为高斯面，应用 $\boldsymbol{D}$ 的高斯定理 $\oiint_S \boldsymbol{D} \cdot \mathrm{d}\boldsymbol{S} = q_0$，可得

$$(D_{2n} - D_{1n})\Delta S = \sigma_0 \Delta S$$

即

$$D_{2n} - D_{1n} = \sigma_0 \tag{2.26}$$

其中，$D_{1n} = D_1\cos\alpha_1$ 和 $D_{2n} = D_2\cos\alpha_2$ 分别为 $\boldsymbol{D}_1$ 和 $\boldsymbol{D}_2$ 沿界面的法向分量. 所以，$\boldsymbol{D}$

满足的边界关系为：电位移矢量沿界面法向分量的跃变等于界面上的自由电荷的密度.

当界面上没有自由电荷时，$\sigma_0=0$，有

$$D_{2n} = D_{1n} \tag{2.27}$$

即在无自由电荷的界边两侧，电位移矢量的法向分量是连续的. 应用 $\boldsymbol{D}=\varepsilon_r\varepsilon_0\boldsymbol{E}$，得到

$$\varepsilon_{r1}E_{1n} = \varepsilon_{r2}E_{2n} \tag{2.28}$$

即在无自由电荷的界面两侧，场强的法向分量不连续，与两介质的介电常数成反比.

2.6 静电场的能量和能量密度

2.6.1 充电电容器的静电能

若电容为 C 的电容器两极板分别带电 $\pm q$，两板间的电压为 U，则该电容器的静电能量为

$$W = \frac{1}{2}qU = \frac{1}{2}CU^2 = \frac{q^2}{2C} \tag{2.29}$$

按场的观点，静电能量应分布在电容器两极之间的电场中，是静电场的能量.

2.6.2 静电场能量 静电场能密度

以平行板电容器为例，平行板电容器中的电场是均匀电场，场强 $E=\frac{U}{d}$，可由式(2.29)导出板间电场的总电场能为

$$W = \frac{1}{2}\varepsilon_r\varepsilon_0E^2\tau^2$$

式中，ε_r 为充满电容器的介质的相对介电常数，$\tau=Sd$ 为平行板电容器两极板之间的体积，即有电场分布的空间的体积. 因此，单位体积的电场能量——电场能密度为

$$w_e = \frac{1}{2}\varepsilon_r\varepsilon_0E^2 = \frac{1}{2}ED \tag{2.30}$$

静电场的能量密度的普遍表达式为

$$w_e = \frac{1}{2}\boldsymbol{E}\cdot\boldsymbol{D} \tag{2.31}$$

对各向同性介质，$\boldsymbol{D}$ 与 $\boldsymbol{E}$ 方向相同，故能量密度由式(2.30)表示.

体积为 τ 的电场空间内的静电场能量等于 w_e 的体积分：

$$W = \iiint_{\tau} w_e \mathrm{d}\tau = \frac{1}{2}\iiint \boldsymbol{D} \cdot \boldsymbol{E} \mathrm{d}\tau \tag{2.32}$$

2.7　静电场方程、边值问题及其唯一性定理

2.7.1　静电场的基本方程

静电场可以用场强分布 $\boldsymbol{E}(x,y,z)$来描写，也可用电势分布 $U(x,y,z)$来描写. $\boldsymbol{E}$ 和 U 之间有一定的内在联系. 由于电势分布 $U(x,y,z)$是标量场，相比矢量场，处理起来方便得多，故通常采用电势(或标势)来描写静电场.

根据电位移矢量的高斯定理的积分形式(式(2.19))可以知道，高斯定理的微分形式为

$$\nabla \cdot \boldsymbol{D} = \rho \tag{2.33}$$

即电场中任一点的电位移矢量 $\boldsymbol{D}$ 的散度等于该点的自由电荷体密度 ρ.(由此可知电位移线是源于正自由电荷，汇于负自由电荷的.)再应用各向同性介质中 $\boldsymbol{D}$ 与 $\boldsymbol{E}$ 的关系 $\boldsymbol{D} = \varepsilon_0 \varepsilon_r \boldsymbol{E}$，可知对于由均匀介质填充的每一区域 i 有

$$\nabla \cdot \boldsymbol{E} = \frac{\rho}{\varepsilon_{ri}\varepsilon_0} = \frac{\rho}{\varepsilon_i} \tag{2.34}$$

再应用 $\boldsymbol{E}$ 与 $\boldsymbol{U}$ 之间的微分关系 $\boldsymbol{E} = -\nabla U$，可得在均匀介质填充的区域 i，电势满足的偏微分方程为

$$\nabla^2 U = -\frac{\rho}{\varepsilon_i} \tag{2.35}$$

这个方程称为泊松方程. 对于无自由电荷的空间，有

$$\nabla^2 U = 0 \tag{2.36}$$

称为拉普拉斯方程. 式中，$\nabla^2 \equiv \nabla \cdot \nabla$是一个微分算符，称为拉普拉斯算符. 在直角坐标系中

$$\nabla^2 \equiv \frac{\partial^2}{\partial x^2} + \frac{\partial^2}{\partial y^2} + \frac{\partial^2}{\partial z^2}$$

在静电问题中，常用球坐标系，在球坐标系(r,θ,φ)中

$$\nabla^2 \equiv \frac{1}{r^2}\frac{\partial}{\partial r}\left(r^2 \frac{\partial}{\partial r}\right) + \frac{1}{r^2 \sin\theta}\frac{\partial}{\partial \theta}\left(\sin\theta \cdot \frac{\partial}{\partial \theta}\right) + \frac{1}{r^2 \sin^2\theta}\frac{\partial^2}{\partial \varphi^2}$$

泊松方程和拉普拉斯方程是静电场电势必须满足的基本偏微分方程. 泊松方程是 U 的非齐次偏微分方程，拉普拉斯方程是相应的齐次方程. 根据偏微分方程的理

论，前者的任一特解加上后者的任一解仍然是前者的解. 鉴于解有此不确定性，在不同的均匀区域应用上面两个方程求解静电场分布时，还必须考虑到在两种不同介质组成区域的界面上 U 必须满足的边值关系，以此作为消除不确定性的一个依据.

在2.5节中，我们知道两个介质 i 和 j 的界面上 $\boldsymbol{E}$ 和 $\boldsymbol{D}$ 的边界关系是：$E_{it}=E_{jt}$，$D_{jn}-D_{in}=\sigma_0$（见式(2.24)、式(2.26)）.

再根据场强与电势的关系，可以用电势来表示上述边值关系：

$$U_i = U_j \tag{2.37}$$

即在两介质分界面上，电势是连续的，以及

$$\varepsilon_j\frac{\partial U_j}{\partial n}-\varepsilon_i\frac{\partial U_i}{\partial n}=\sigma_0 \tag{2.38}$$

式中，n 为从介质 i 指向介质 j 的界面法线. 式(2.38)为 $\frac{\partial U}{\partial n}$ 满足的边界关系. 如果界面上无自由电荷，则 $\frac{\partial U}{\partial n}$ 满足的边值关系为

$$\varepsilon_j\frac{\partial U_j}{\partial n}=\varepsilon_i\frac{\partial U_i}{\partial n} \tag{2.39}$$

如果静电场中有导体存在，并设导体表面的电荷面密度为 σ，则根据导体的静电平衡条件，可得在导体表面处应满足的边界关系为

$$\begin{cases} U = 常数 \\ \varepsilon\dfrac{\partial U}{\partial n}=-\sigma \end{cases} \tag{2.40}$$

对于由若干均匀介质分区组成的空间，泊松方程、拉普拉斯方程和边值关系就是电势必须满足的方程，它们描述了静电场的基本规律.

2.7.2 边值问题及唯一性定理

为了确定由若干个均匀介质分区 V_i 所组成的区域 V 内的电场分布，除在每个分区应用泊松方程、拉普拉斯方程和各分区边界的边值条件外，还必须给出区域 V 的边界 S 上的一些必要条件. 所谓静电场的边值问题，就是在区域 V 内给定自由电荷分布 $\rho(x,y,z)$ 的情况下，求解满足给定边界条件的静电场分布.

所谓唯一性定理是指：在给出区域 V 内的自由电荷分布后，只要按一定的要求给出一组边界条件，那么静电场的解就是唯一确定的.

在一般情况下，按唯一性定理所要求的边界条件是：给定区域 V 的边界 S 上的电势 U_S 或电势的法向导数 $\left.\frac{\partial U}{\partial n}\right|_S$.

在有导体存在的情况下，由于导体内无静电场，因此导体的表面就构成实际电场的一部分边界. 所要求解电场分布的区域是由 V 的边界 S 和导体表面围成的区域

V'. V'的边界由 V 的边界S 和导体的表面组成. 这样,除上述 S 面上应该给定的边界条件外,还应给定导体表面的边值条件. 按唯一性定理的要求,必要的导体表面的边值条件可按两种类型给出:

(1) 给定每个导体的电势 U_i;

(2) 给定每个导体的总电荷 $Q_i$$\left(\right.$根据高斯定理,给定导体 i 的电荷量Q_i 相当于给出了在此导体边界上的$\dfrac{\partial U}{\partial n}$满足的条件: $-\oiint \dfrac{\partial U}{\partial n}\mathrm{d}S = \dfrac{Q_i}{\varepsilon_0}\left.\right)$.

如果给定空间的带电体都是导体(设有 k 个导体),而导体表面就是电场的边界,在这些边界外无自由电荷,那么静电场的问题就归结为求解拉普拉斯方程式(2.36)满足给定边值条件(1)或(2)的特解.

唯一性定理是静电场的一个重要定理. 根据唯一性定理,对于给定的电荷分布和边界条件,不论用什么方法求出的电场分布,都可确信它是唯一的电场分布. 因此它可以帮助我们深入地认识一些静电学的问题.

问题讨论

1. 孤立导体表面的电荷分布和附近的场强

(1) 孤立带电导体球和椭球表面的电荷面密度

设空间有两个半径不等的带电导体球,它们相距足够远,以至每个球都可看成孤立的带电导体. 采用适当方式,让两导体球等势,例如用一根长导线将它们导通. 这以后,各球分别带有电荷量 q_1 和 q_2,并认为它们的电荷均匀分布在各自的球面上. 根据孤立带电球壳的电势公式,由两球等势,得

$$\frac{q_1}{4\pi\varepsilon_0 R_1} = \frac{q_2}{4\pi\varepsilon_0 R_2}$$

两球表面的电荷面密度分别为 $\sigma_1 = \dfrac{q_1}{4\pi R_1^2}$, $\sigma_2 = \dfrac{q_2}{4\pi R_2^2}$,代入上式,可得两球表面的电荷面密度之间的关系:

$$\sigma_1 R_1 = \sigma_2 R_2 \tag{2.41}$$

这表明:电势相等的孤立带电导体球表面的电荷面密度与半径(即表面的曲率半径)成反比. 大球表面的电荷面密度小,小球表面的电荷面密度大.

在有些场合,这个结果被不正确地推广到有任意形状的孤立带电导体,说电荷面密度与表面曲率(曲率半径的倒数)成正比,这是没有根据的. 任意形状的孤立导体的

电荷面密度与表面曲率之间没有这种简单的关系.一般来说,在孤立导体表面上,表面曲率大的地方电荷面密度大、表面曲率小的地方电荷面密度小只是一个定性的结果.

一个有定量计算结果的例子是,孤立的带电椭球形导体表面的电荷面密度分布规律[1]:

$$\sigma = \frac{q}{4\pi abc}\left(\frac{x^2}{a^4} + \frac{y^2}{b^4} + \frac{z^2}{c^4}\right)^{-\frac{1}{2}} \tag{2.42}$$

其中,a、b、c 分别为椭球三个对称轴的一半,q 为椭球面上的电荷量.设椭球为旋转椭球,$a > b = c$.我们比较图 2.5 中 P 点和 M 点两个顶点的电荷面密度.P 点坐标为$(a,0,0)$,由式(2.42)得电荷密度为

$$\sigma_P = \frac{q}{4\pi bc} = \frac{q}{4\pi b^2}$$

M 点的坐标为$(0,b,0)$,电荷面密度为

$$\sigma_M = \frac{q}{4\pi ab}$$

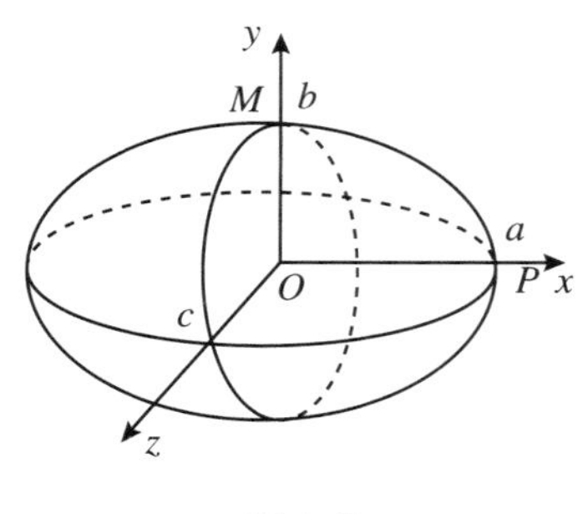

图 2.5

所以

$$\frac{\sigma_P}{\sigma_M} = \frac{a}{b} > 1 \tag{2.43}$$

可见,P 点的电荷面密度比 M 点大.

再看这两点的曲率半径.由于是旋转椭球,在 P 点的两个主曲率半径相同,为 $\frac{b^2}{a}$,故(平均)曲率半径为

$$\rho_P = \frac{b^2}{a}$$

M 点的两个主曲率半径不同,分别为 $\rho_1 = \frac{a^2}{b}$,$\rho_2 = b$,故曲率半径为

$$\rho_M = \frac{2}{\frac{1}{\rho_1} + \frac{1}{\rho_2}} = \frac{2a^2 b}{a^2 + b^2}$$

$$\frac{\rho_M}{\rho_P} = \frac{2a^2 b}{a^2 + b^2}\frac{a}{b^2} = \frac{2}{1 + \left(\frac{b}{a}\right)^2}\frac{a}{b} \tag{2.44}$$

由于 $a > b$,故 $\rho_M/\rho_P > 1$,即 P 点的曲率大于 M 点.

比较式(2.43)、式(2.44)可知,曲率半径小(曲率大)的 P 点处电荷面密度大,曲率半径大(曲率小)的 M 点处电荷面密度小.它们的定量关系为

$$\frac{\sigma_P}{\sigma_M} = \frac{1 + \left(\frac{b}{a}\right)^2}{2}\frac{\rho_M}{\rho_P} \neq \frac{\rho_M}{\rho_P}$$

可见，即使在椭球的两个特殊点上，电荷面密度也不是与曲率成正比（或与曲率半径成反比）的.

（2）孤立导体表面曲率与表面邻近的场强及其空间变化率之间的关系

可以证明[2]，等势面的曲率与场强 E 的关系为

$$\frac{1}{E}\frac{\mathrm{d}E}{\mathrm{d}z} = -\frac{2}{\rho} \tag{2.45}$$

式中，ρ 为等势面的平均曲率半径（简称曲率半径）. 坐标 z 的方向规定为与等势面垂直、沿场强的方向，即等势面外法线方向. $\dfrac{\mathrm{d}E}{\mathrm{d}z}$ 为场强在沿着场强方向的变化率（单位长度上场强的变化）. $\dfrac{1}{E}\dfrac{\mathrm{d}E}{\mathrm{d}z}$ 为在场强方向上场强的相对变化率. 按照 z 方向的规定，等势面的法线方向（即 z 方向）与场强方向一致，并由此判断等势面是凸面或是凹面. 根据式(2.45)，当等势面是凸面时，$\rho>0$，$\dfrac{1}{E}\dfrac{\mathrm{d}E}{\mathrm{d}z}<0$，而其中 E 为正（与 z 方向相同），故有 $\dfrac{\mathrm{d}E}{\mathrm{d}z}<0$，可见，离开凸等势面，场强逐渐减弱，电场线是发散的；当等势面是凹面时，$\rho<0$，$\dfrac{1}{E}\dfrac{\mathrm{d}E}{\mathrm{d}z}>0$，其中 E 仍为正（与 z 方向相同），故有 $\dfrac{\mathrm{d}E}{\mathrm{d}z}>0$，可见离开凹等势面，场强逐渐增强，电场线是收敛的，如图 2.6 所示.

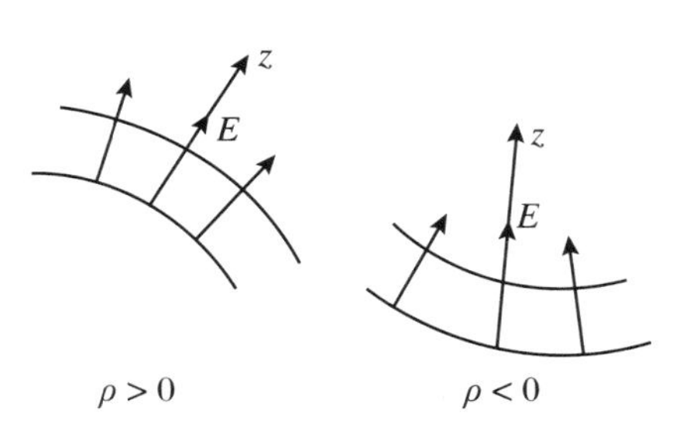

图 2.6

孤立的带电导体表面是一个等势面，因此，式(2.45)也表示导体表面曲率与导体表面场强之间的关系. 不过，要注意的是，当导体带正电荷时，z 或场强总是指向导体表面的外法线方向. 导体表面的凸凹与式(2.45)中的等势面的凸凹是一致的. 如果导体表面带负电荷，导体表面的场强方向与导体表面的外法线方向相反，式(2.45)中，z 的方向与 E 的方向相同，故指向导体内，这时，导体表面的凸凹恰与按式(2.45)中规定的等势面的凸凹相反.

由于导体表面附近的场强大小与表面电荷面密度之间的关系为

$$E = \frac{\sigma}{\varepsilon_0} \tag{2.46}$$

代入式(2.45)可得

$$\frac{\varepsilon_0}{\sigma}\frac{\mathrm{d}E}{\mathrm{d}z} = -\frac{2}{\rho} \tag{2.47}$$

式中，$\dfrac{\mathrm{d}E}{\mathrm{d}z}$ 为导体表面附近场强沿表面法线方向的变化率$\left(\text{显然}\dfrac{\mathrm{d}E}{\mathrm{d}z}\text{中的}E\text{不能理解为确定值}\dfrac{\sigma}{\varepsilon_0}\right)$. 由上式可以看出，孤立导体的电荷面密度不仅与表面曲率有关，还与场

强的空间变化率$\frac{\mathrm{d}E}{\mathrm{d}z}$有关;而$\frac{\mathrm{d}E}{\mathrm{d}z}$依赖于场强分布,后者又取决于导体表面的形状和电荷分布.所以,一般来说,导体表面电荷面密度与表面曲率之间不存在简单的定量关系.

(3) 导体凸尖和凹角处的电荷面密度和场强[2]

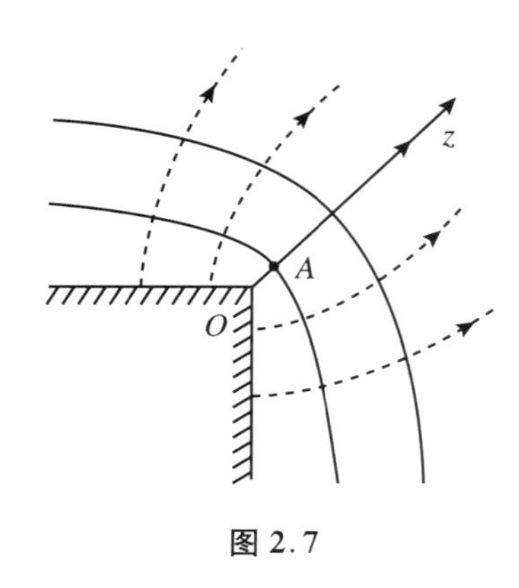

图 2.7

作为理想模型,我们认为凸尖和凹角处的表面曲率半径等于零,曲率为无穷大.

带电的导体凸尖的顶点为 O,将从 O 点发出的电场线作为 z 轴,导体凸尖附近的等势面簇(实线)是凸面($\rho>0$),如图 2.7 所示.图中虚线表示电场线.设过 z 轴上 O 点邻近处的一点 A(坐标为 z)的等势面的曲率半径为 ρ,可按 O 点的曲率半径 ρ_0 展成泰勒级数,则

$$\rho = \rho_0 + \left(\frac{\mathrm{d}\rho}{\mathrm{d}z}\right)_0 z + \frac{1}{2}\left(\frac{\mathrm{d}^2\rho}{\mathrm{d}z^2}\right)_0 z + \cdots$$

式中,ρ_0 为凸尖顶点 O 处的曲率半径.按上面所述,设 $\rho_0 = 0$,并只取到一级小量,则有

$$\rho \approx \left(\frac{\mathrm{d}\rho}{\mathrm{d}z}\right)_0 z$$

代入公式(2.45),得

$$\frac{\mathrm{d}E}{E} = -\frac{2}{\rho}\mathrm{d}z = -\frac{2}{\left(\frac{\mathrm{d}\rho}{\mathrm{d}z}\right)_0}\frac{\mathrm{d}z}{z}$$

设 O 点场强为 E_0,A 点场强为 E_A,从 O 到 A 点积分上式,即得

$$\ln\frac{E_A}{E_0} = -\frac{2}{\left(\frac{\mathrm{d}\rho}{\mathrm{d}z}\right)_0}\ln z \Big|_{z=0}^{z}$$

由于凸尖处$\left(\frac{\mathrm{d}\rho}{\mathrm{d}z}\right)_0>0$,可见 $\ln\frac{E_A}{E_0} = -\infty$,其中 E_A 为有限值,所以得出结论:$E_0 = \infty$,因而凸尖($\rho_0 = 0$)处的电荷面密度 $\sigma = \infty$.

对于凹角(设凹角处的曲率半径 $\rho_0 = 0$),如图 2.8 所示.按同样的步骤可以得出结论:

$$E_0 = 0, \quad \sigma = 0$$

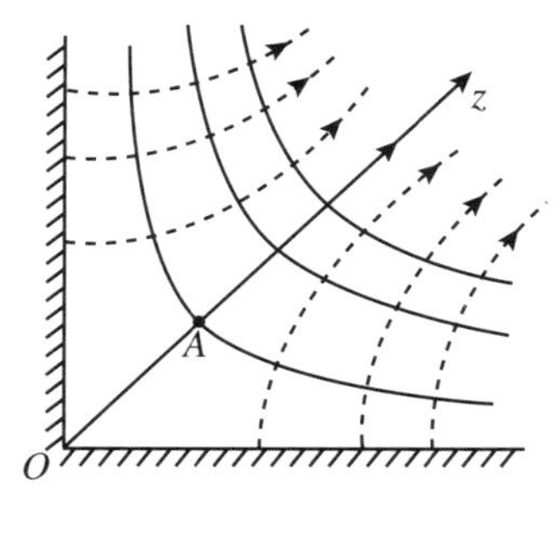

图 2.8

(4) 尖端效应　场致发射显微镜

① 尖端效应

带电导体的尖锐部分因曲率半径极小而有极大的电荷面密度,在其附近的电场

极强.在尖端附近的空气中本来就存在的少量电子或离子被强电场加速.当它们碰撞原是中性的空气分子时,可能剥掉分子上的电子,使这些分子也变成离子.如此,带电的离子和游离的电子会越来越多.它们在电场的驱使下运动,与尖端电荷异号的离子一起向尖端运动并落到尖端表面,形成放电现象,这就是尖端效应.空气的介电强度为 3×10^{6} V/m,当尖端附近的场强超过介电强度时,空气就会电离而成为导电物质,发生放电现象.

一般的高压电器设备都应注意避免有害的尖端放电现象.如高压电线若在某处出现尖角,就可能使尖角周围的空气电离.夜晚可能在高压线的尖角部分看到的"电晕"现象就是离子化的空气分子在强电场加速后与其他空气分子碰撞,使分子处于激发态后产生的辐射.这类放电现象要损失能量并可能造成事故,应尽量避免.因此在高压设备上应尽量避免尖锐部分的出现,把表面做得圆滑些.高压电极常做成球形,也是出于同样的原因.

避雷针是利用尖端效应为人类造福的一个例子.在高大建筑物楼顶安装尖锐的导体(即避雷针),并用良导线与埋入潮湿的地下的金属板接通,保持良好的接地.当带电云层接近时,避雷针尖出现感应电荷.因其尖锐,附近的场强很强,以致发生尖端放电.放电电流通过良好的接地导线不断通向大地.这样就避免高大建筑物顶大量电荷的积累,也就避免了大楼与带电云层之间的大规模的猛烈的放电,避免了雷击.

② 场致发射显微镜

尖端效应在现代科学技术上的一个重要应用,是场致发射显微镜,或场-离子显微镜.

场致发射显微镜的核心部分如图 2.9 所示.图中 a 为金属针尖,做得极为尖锐.尖端的直径约 $10^{-8}\sim10^{-7}$ m.针尖置于玻璃球泡 b 的中心,泡内被抽成高真空.球泡内表面敷上一层由荧光材料制成的导电膜 c,并使之接地.在针尖与荧光膜(或荧光屏)之间加电压 U.在图 2.9 所示的情况中,针相对荧光膜的电压为负,电场线指向针尖.由于尖锐,针尖附近的场强极强.若设针尖的半径为 10^{-7} m,泡的半径为 10^{-1} m,则只需加上 100 V 的电压,在针尖处的场强就可以达到 10^{9} V/m.这样强的电场可以把金属针尖表面的电子拉出来,然后在泡内电场中加速,到达荧光屏,引起发光.假定电子从它被拉离针尖表面处逆着电场线的方向到达荧光屏,由于每个电子都带着它原来的"居留地"的信息,所以在荧光屏上产生的荧光图案就是放大了的针尖表面电子发射率图像,它反映了针尖的原子结构.人们希望用这种装置看到针尖材料的原子结构.这种靠强电场引起电子发射并显示发射处的微观图像的显微镜叫做场致发射显微镜,其放大率等于玻璃球泡的直径与针尖的直径之比.

但是有两个不可克服的效应限制了上述场致电子发射显微镜的分辨率.一是电子的波动性(德布罗意波)固有的衍射现象,二是电子的热运动因质量小而较为剧烈,这使得电子在被强电场拉出针尖表面时,可能由于具有不可忽略的与表面平行的侧向分速度，导致它不能完全沿电场线运动.这两种效应（量子力学效应和热运动效应）造成在荧光屏上成的针尖表面的像模糊，影响了分辨率.

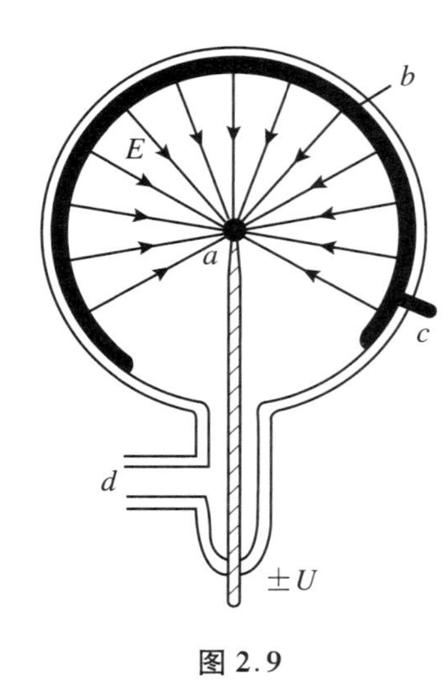

图 2.9

为了缓和量子力学效应和热运动引起的问题，提高分辨率，人们采用德布罗意波长较短、质量较大的正离子代替电子，作为显示金属针尖微观图像的媒介.为此，在图 2.9 所示的球形玻璃泡内充以少量的氦气，并将电场的方向倒转（针尖接正电压，$U>0$）.当氦原子与针尖碰撞时，极强的电场会剥去氦原子上的电子，而使氦原子变成带正电的氦离子.这些离子将带着它与针尖表面碰撞处的针尖原子结构的信息，沿电场线加速运动，到达荧光屏.因此，荧光屏上由氦离子引起的荧光图案反映了针尖材料的微观结构图像.这种正离子的场致发射显微镜又叫做场-离子显微镜.由于氦离子的质量比电子大很多倍，量子力学的波动性决定的衍射和热运动导致的偏离电场线运动的效应比电子小得多，因此可以大大提高分辨率.这种场-离子显微镜可以得到几百万到几千万倍的放大率，比电子显微镜的放大率还高.

2. 应用电场线的性质讨论导体静电平衡问题

虽然电场线只是人为引入的静电场的形象描绘，但是根据静电场的两个基本定理与电场线的若干性质，我们可以在不少场合应用这些性质来定性讨论有关的导体静电平衡问题，得出一些正确的、有用的结论.经常应用到的有关电场线的性质有：① 电场线源于正电荷（或无限远），汇于负电荷（或无限远），在无电荷处不中断.② 电场线指向电势减小的方向，一根电场线起点的电势比终点的电势高.③ 从一个正电荷上发出（或终止于负电荷）的电场线的数目与该电荷的电荷量的绝对值成正比.空间一点附近的电场线数密度与该点的电场强度成正比.④ 由于在静电平衡下导体是等势体，导体内场强为零，故不可能有从导体上的正电荷发出而终止在同一导体的负电荷上的电场线，也不可能有穿入导体内部的电场线.在导体表面，电场线与导体表面垂直.

此外，在讨论静电平衡问题时，承认接地电势为零，无限远处的电势也为零，即$U_{地}=U_{\infty}=0$.实验表明，这样选取是相容的、正确的.

下面讨论几个具体问题.

（1）关于中性导体的电势

中性导体是指不带电或净电荷量等于零的导体.一个中性导体的电势决定于它

周围的电荷分布.下面分几种情形论述.

① 孤立的中性导体的电势为零,表面电荷密度处处等于零.

用反证法证明.假如孤立的中性导体的电势为正,即 $U>0$,必有电场线从该导体表面某点发出并终止于无限远,导体表面该处必有正电荷.由于导体是中性的,导体表面的另一处必有负电荷.终止于这些负电荷上的电场线又只能来自无限远(因为导体是孤立的,周围没有其他物体),由此又得导体的电势为负,即 $U<0$.这与假设 $U>0$ 相矛盾.若先设 $U<0$,同样会导致矛盾.所以孤立的中性导体的电势必等于零,表面处处没有电荷分布.

② 一个中性导体接近一个带正电的导体时,中性导体的电势升高,带电导体的电势降低,但后者的电势总是高于前者.

如图 2.10 所示,当中性导体 A 接近带正电的导体 B 时,由于静电感应,A 上近 B 侧出现感应负电荷,远侧出现等量的感应正电荷.B 的电荷分布改变,但不会在 B 上任何位置出现负电荷(见第(2)部分第 2 段的讨论).A 上的感应正电荷发出的电场线不能终止在 A 的感应负电荷上,也不会终止在 B 上,只能终止于无限远处,故有 $U_A>0$,即比孤立的中性导体的电势高.另一方面,由于 A 上感应负电荷的出现,B 上的正电荷分布改变,靠近 A 的一侧电荷密度增大,从这些正电荷发出的电场线的一部分终止在 A 的感应负电荷上,因此有 $U_B>U_A$.从带电导体 B 的左侧的正电荷发出的电场线终止于无限远处.但是由于静电感应,B 上的电荷向靠近 A 的右侧聚集,故左侧电荷密度减小,由它们发出而终止于无限远处的电场线变稀疏了,即左侧的场强减小.场强沿这些电场线到无限远的积分也就减小,即 B 的电势(比中性导体 A 接近之前)降低.

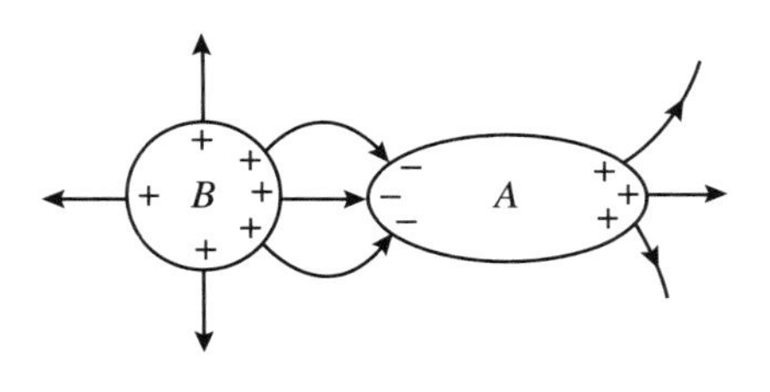

图 2.10

同理可证:当一个中性导体接近一个带负电的导体时,中性导体的电势降低,带电导体的电势升高,但后者的电势总是低于前者.

(2) 接地导体表面的感应电荷分布

当接地导体附近只有一个带电体时,在接地导体靠近带电体的一端出现与带电体电荷异号的感应电荷.并且接地导体的任何部分都不可能出现与施感电荷同号的感应电荷.上述结论与接地线在接地导体上的位置无关.图 2.11 表示接地导体 A 上的感应负电荷分布,图中有意把接地线连接在导体 A 靠近施感电荷 B 的一侧.

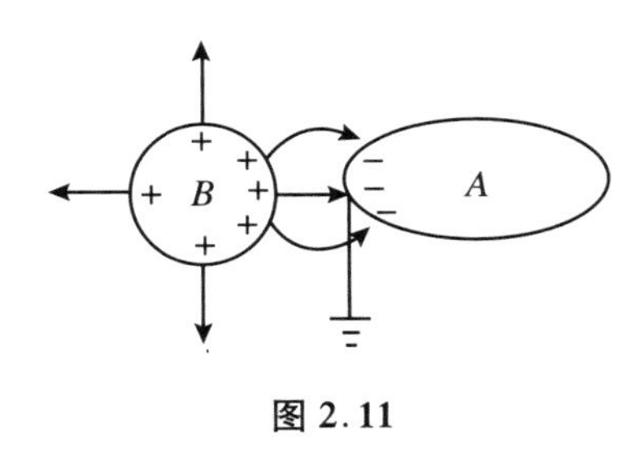

图 2.11

用反证法证明上段第二句话.假设在接地导体 A 的某处,如远离施感电荷的右侧,出现与施感电荷同号的正电荷,那么,从此正电荷上发出的电场线找不到任何合理的终点:它不能终止于 A 的感应负电荷上,也不能终止于施感电荷上.如果它终止于无限远或终止于地,则导体 A 的电势 $U_A>0$,而这又与导体 A 接地($U_A=0$)这一前提相矛盾.所以,这样的电场线不可能存在.也就是说,接地导体 A 的任何部位都不可能出现与施感电荷同号的电荷.

当然,如果接地导体附近有多个带不同号电荷的带电体,那么,接地导体上将会出现不同号的感应电荷.

(3) 感应电荷的绝对值不大于施感电荷的绝对值

电中性导体 A 近旁放一带电导体 B,B 带的电量为 q,则在 A 的两端出现的感应电荷量 $\pm q'$ 的大小不大于施感电荷 q 的大小,即 $|q'|\leqslant|q|$.

设导体 B 的电荷量 $q>0$,在 A 的两端感应出异号感应电荷,其大小为 q',如图 2.12 所示.导体 A 靠近 B 的一端感应出负电荷 $-q'$.以 $-q'$ 为终点的电场线全部由导体 B 上的正电荷发出,不可能由 A 远端的感应正电荷发出(否则导体 A 不等势).所以,B 发出的电场线数目不会少于以 A 上近端的感应负电荷为终点的电场线数目.用电通量语言来表示就是

$$\oint_S \boldsymbol{E}\cdot \mathrm{d}\boldsymbol{S}\geqslant\left|\oint_{S'}\boldsymbol{E}\cdot \mathrm{d}\boldsymbol{S}\right|$$

其中,S 和 S' 分别为包围导体 B(电荷 q)和包围 A 上的所有感应负电荷的任意封闭曲面,如图 2.12 所示.应用高斯定理即得 $\dfrac{q}{\varepsilon_0}\geqslant\dfrac{|q'|}{\varepsilon_0}$,即 $|q'|\leqslant q$.

导体空腔 A 内有一带电体 B,B 上的电荷量为 q 的情况下,施感电荷 q 发出的电场线将全部终结在空腔内表面的感应负电荷 $-q'$ 上.这时,有 $|q'|=q$,如图 2.13 所示.

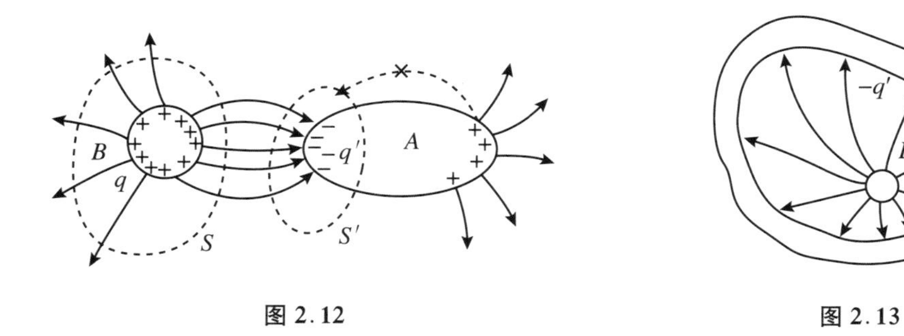

图 2.12　　　　图 2.13

(4) 如果空间只有两个导体,则其中至少有一个导体表面各点的电荷同号

论证如下:设导体 A 两端有异号电荷.如果导体 B 上也出现异号电荷,根据电场线的性质,无论如何安排电场线,都将出现不可解决的矛盾.

① 两导体上正电荷发出的电场线都终止于本导体上的负电荷,多余的电场线射

向或来自无穷远.这与每一个导体是等势体这一性质相违背,所以是不可能的.

② 假设 A 上正电荷发出的电场线终于B 上的负电荷,B 上的正电荷发出的电场线终于 A 上的负电荷.根据电场线起点的电势高于终点电势的性质,前者表明 $U_A > U_B$,而后者表明 $U_B > U_A$,彼此矛盾,故假设不可能成立.

③ 假设 A 上的正电荷发出的电场线终结于 B 上的负电荷,B 上的正电荷发出的电场线归结到无穷远处,终止于 A 上的负电荷的电场线来自无穷远处,如图 2.14 所示.根据电场线的性质,前者表明 $U_A > U_B$;后者表明 $U_B > U_\infty$,$U_A < U_\infty$,两者又彼此矛盾,故这种假设也不可能成立.

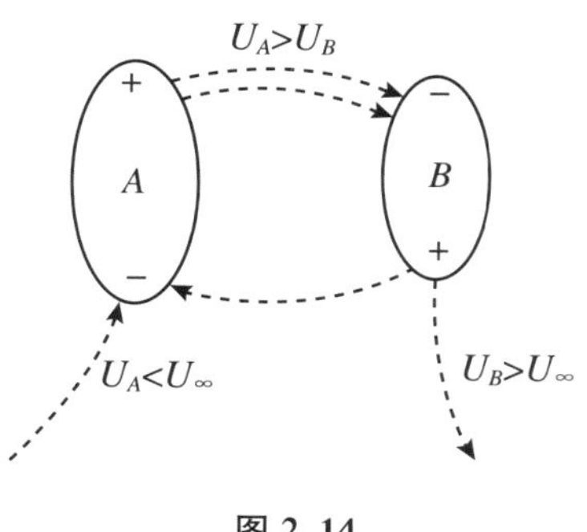

图 2.14

④ 假设 A、B 上的正电荷发出的电场线和终止于负电荷的电场线都归结到无穷远或来自无穷远,同样分析会产生 $U_A > U_\infty > U_B$ 和 $U_A < U_\infty < U_B$ 的矛盾,也是不能成立的.

由以上论证可见,如果导体 A 两端有异号电荷,那么,导体 B 上就不能出现异号的电荷.否则,将不可能安排电场线而不违反静电平衡下导体的基本性质或不产生矛盾.所以,如果空间有两个导体,其中至少有一个导体表面上的电荷密度不能有不同符号.

同理可证明:如果空间有许多导体,则其中至少有一个导体表面上的电荷密度不能异号,也就是至少有一个导体表面上带有同种电荷.

(5) 封闭金属壳内带电导体的电势

① 封闭的金属壳内的导体,如果带正电,则比金属壳的电势高;如果带负电,则比金属壳的电势低.(证明从略.)

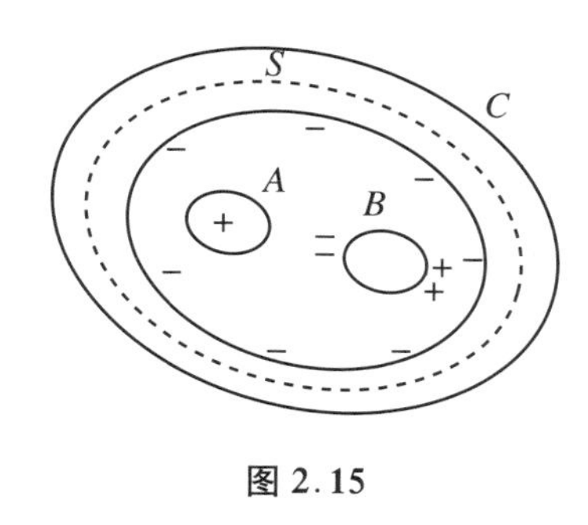

图 2.15

② 封闭金属壳 C 内有带电导体 A 和净电荷量为零的"中性"导体 B,如图 2.15 所示.如果 A 带正电,则 A、B、C 三者中 A 的电势最高,C 的电势最低,即 $U_A > U_B > U_C$;如果 A 带负电,则 A 的电势最低,C 的电势最高,即 $U_A < U_B < U_C$.

就 A 带正电荷的情形论证如下:首先弄清金属壳 C 的内表面和导体 B 上出现的感应电荷的种类.为此在金属壳的内、外表面之间作一闭合曲面 S.由于导体内各点场强等于零,故通过此闭合面的电通量为零.根据高斯定理,闭合曲面 S 内的电荷的代数和等于零.现在 A 带正电荷,$q_A > 0$,B 上的净电荷量为零,所以金属壳内表面的感应电荷是负电荷,且 $q' = -q_A$.至于导体 B,不难明白在近 A 端分布感应负电荷,在远端出现等量的感应正电荷.

然后,根据导体是等势体以及电场线指向电势降低的方向的性质可知,导体 B 上的感应正电荷发出的电场线不能终止在 B 的感应负电荷上(否则违背导体是等势体这一性质),也不能终止在导体 A 上(因导体 A 上无负电荷),只能终止在 C 的内表面的负电荷上.由此可判定 B 的电势比 C 的电势高,$U_B>U_C$.导体 A 上的正电荷发出的电场线只能终止在 B 的感应负电荷以及金属壳内表面的负电荷上.由此可确定 A 的电势比 B 和 C 都要高.综合上述,有 $U_A>U_B>U_C$.

同理可证:当 A 带负电时,有 $U_A<U_B<U_C$.

③ 金属壳 C 内的两个导体 A 和 B 分别带有等量异号电荷,$q_A=|q_B|>0$.比较 A、B 和 C 的电势的高低.

仿照②,应用高斯定理可证明金属壳 C 的内表面上的净电荷量为零.但在靠近 A 的部分会出现感应负电荷,靠近 B 的部分会出现感应正电荷.A 上正电荷发出的电场线一部分终止在 B 的负电荷上,一部分终止在 C 的内表面的负电荷上,因此有 $U_A>U_B$,$U_A>U_C$.C 的内表面的感应正电荷发出的电场线不可能终止在 C 的内表面的感应负电荷上,只能终止在 B 的负电荷上,因此有 $U_C>U_B$.综合起来,有 $U_A>U_C>U_B$.

如果 $q_A>0$,$q_B<0$,且 $q_A>|q_B|$,则金属壳内表面的感应电荷的净电荷量为负(大小为 $q_A-|q_B|$).导体 A 上正电荷发出的电场线一部分终止在 B 的负电荷上,一部分终止在金属壳 C 的内表面的负电荷上,因此有 $U_A>U_B$ 和 $U_A>U_C$.至于 U_B 和 U_C 谁高谁低,一般不能作出判断,因为 B 和 C 的内表面电荷的分布情况还依赖于 A、B 的大小和形状,以及在金属壳内的位置,电荷分布不清楚就难于对 U_B 与 U_C 谁大的问题作出判断.根据②和前面的讨论可了解两种极限情形,即当 $q_B\to 0$ 时,有 $U_A>U_B>U_C$;当 $|q_B|\to q_A$ 时,有 $U_A>U_C>U_B$.

④ 金属壳内的两个导体带同号电荷.如 $q_A>0$,$q_B>0$.应用高斯定理,可判定金属壳 C 的内表面分布有感应负电荷.再应用电场线性质,可判定 $U_A>U_C$ 和 $U_B>U_C$.反之,如果 $q_A<0$,$q_B<0$,则 $U_A<U_C$,$U_B<U_C$.但是 U_A 和 U_B 谁高谁低依赖于具体情况,一般不能作出判断.即使已知 $q_A>q_B$,也不能作出 $U_A>U_B$ 的判断,因为电势的高低不仅取决于电荷量,还与导体的大小、形状等因素有关.

3. 导体空腔内外的电场　静电屏蔽

(1) 导体空腔内无电荷的情形

对于导体空腔(或封闭的导体壳)内无电荷的情形,不论导体壳外部的电场或电荷分布如何,也不管导体壳是否接地,空腔的内表面都不会出现电荷,腔内场强恒等于零,即

$$\sigma_{内表面}=0,\quad E_{内}=0$$

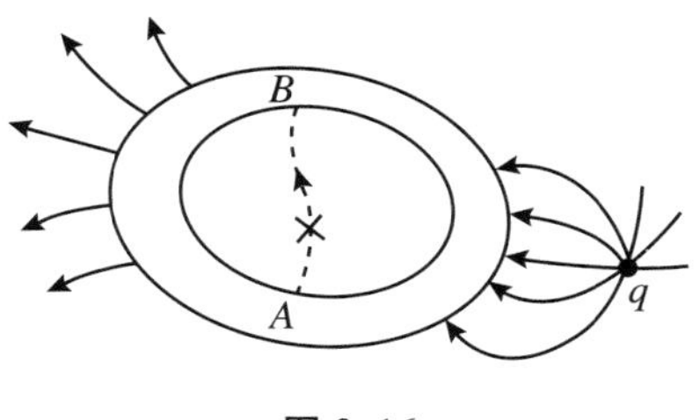

图 2.16

上述结论的论证如下：如果腔内表面任一处 A 点有电荷，设 $\sigma_A>0$，则从该处必有电场线发出．由于导体内场强为零，由 A 发出的电场线只能通过空腔终结于腔内表面的另一点 B，如图 2.16 中虚线所示．于是有 $U_A>U_B$，这和静电平衡下导体是等势体这一事实相违背．所以，腔内表面上任一点都不会有电荷，既不会出现从腔内表面一点发出、终止于内表面另一点的电场线，也不存在起、止于腔内的空间中任意两点的电场线（因为腔内无电荷），故腔内各点场强为零，$E_{内}=0$.

腔内场强为零，电势梯度为零，腔内各点必等势，并等于导体壳的电势．导体壳的电势等于从壳上任一点移动单位正电荷到无穷远处（$U_\infty=0$）时电场力做的功．必定与导体壳外的电场有关，所以，壳外电场分布（或电荷分布）对腔内的电势值有影响．

如果导体壳接地，导体空腔电势等于零，不受壳外电场的影响．

（2）不接地的导体空腔内有电荷的情形

对于导体空腔内有电荷的情形，腔内空间有电场，下面从两方面说明空腔内、外电场及其相互影响．

① 腔内电荷 q 在导体空腔的内表面感应出等量异号的电荷 $-q$，其分布决定于腔内表面的形状和电荷 q 的相对位置．

腔内电荷量的大小直接影响由它感应的、分布在导体壳外表面的同号感应电荷量的大小（两者相等），因而要影响导体壳外部的电场分布，也要影响导体壳的电势．但是，如果保持腔内电荷量 q 的大小不变，只改变它在腔内的位置，那么导体外表面感应电荷分布不变，导体壳外部的电场分布也不受影响．

对上面所述的最后部分作如下的说明：不论腔内电荷 q 的位置如何变化，由 q 发出的全部电场线（假定 $q>0$）都终止于腔内表面上的等量异号感应电荷上．腔内电荷 q 和内表面的感应电荷 $-q$ 在腔内表面以外的区域所激发的场相互抵消．因此，导体壳外表面的感应电荷的分布只决定于导体壳外表面的形状和导体壳外的电荷分布，与腔内电荷 q 的位置无关．所以，大小恒定的腔内电荷 q 在腔内处于不同的位置时，导体壳外的电场分布都相同，导体壳的电势是确定不变的．

② 导体壳外电场（或电荷）不影响导体空腔内的电场分布．

导体空腔内的电场强度分布由腔内电荷 q 以及分布在腔内表面的感应电荷 $-q$ 决定．（导体内部无电场，壳外电荷和壳外表面的感应电荷在壳外表面以内的场相互抵消．）当腔内表面形状一定，电荷 q 的位置一定时，腔内表面（腔内场的边界）的感应电荷（$-q$）的分布就确定了．根据唯一性定理，空腔内的电场分布是唯一确定的，不受导体壳以外电场的影响．

导体壳外部的电场(或电荷)会影响导体壳的电势高低.当导体壳的电势因外部场不同而取不同值时,只会使腔内空间各点的电势改变相同的数值,而不改变腔内各点电势的梯度.

综上所述,不接地的导体空腔不能屏蔽空腔内的电场对空腔外部电场的影响,但能够屏蔽外部电场对空腔内电场强度的影响.

(3) 接地的导体空腔　静电屏蔽

接地的导体壳电势恒等于零.由于接地,导体腔内的电荷 q 在导体壳外表面感应出的与之同号的电荷的多少不再与腔内电荷有关,只取决于壳外的电荷分布.这就是说"接地"割断了腔内电荷影响导体壳外电荷分布的途径.另一方面,导体壳外部电场(或电荷)可以影响导体壳和腔内的电势值的这一功能也因"接地"而化为乌有.所以,接地的导体空腔能完全地消除腔内和导体壳外的电场的相互影响,这种现象称为静电屏蔽.

静电屏蔽只是说,从总的效应和结果来看,接地导体壳内、外的电场不相互影响.并不是说,壳外每个电荷都不在壳内激发电场,壳内电荷也不会在壳外激发电场,壳外电荷对壳内电荷没有作用力,库仑定律因导体壳的阻挡而失效了.事实上,每个电荷都会在空间激发自己的电场.如果是点电荷,它激发的场总是球对称的,满足与距离平方成反比的规律.任何两个静止点电荷之间的相互作用力总是存在的,而且满足库仑定律.静电屏蔽现象是若干电荷(包括导体表面的感应电荷)的总体作用的效应,应当用场的叠加原理给以说明.

静电屏蔽的实质:导体空腔内的电荷和腔内表面的感应电荷在腔外每一点激发的场相互抵消,因而对壳外电场无任何贡献;导体外部的所有电荷和导体壳外表面的电荷(包括感应电荷)在空腔内每一点激发的场相互抵消,因而对腔内电场无任何贡献.接地的导体提供了腔内和壳外两个区域的电场的不变边界条件.因此,这两个区域的电场分别由各自区域内的电荷分布唯一地确定,它们是相互独立的.

例如,取任一形状的封闭金属壳,并将它接地.如果在金属壳外表面附近 A 点处放置电荷 Q,而壳内无电荷,则腔内无电场,腔外电场分布如图 2.17(a)所示;如果在金属壳外不放置电荷而在腔内 P 点放置电荷 q,则壳外无电场,而腔内电场分布如图 2.17(b)所示.现在的问题是,如果同时在 A 点和 P 点分别放上电荷 Q 和 q,那么腔内、外的电场分布是不是仍然像图 2.17(a)(b)中所示的一样,即如图 2.17(c)所示的那样呢?

根据唯一性定理,答案是肯定的.因为在图 2.17(b)(c)两图中,腔内空间的边界条件是相同的——腔内表面电势为零,带电体的位置 P 和电荷量 q 也相同.因而,腔内电场分布是唯一的,与腔外电场无关.这便是接地导体壳对内部的屏蔽效应.同样,在图 2.17(a)(c)两图中,金属壳外空间的边界条件相同——金属壳外表面电势为零,带电体的位置 A 和电荷量 Q 也相同.因此,壳外电场分布也是独一无二的,与腔内是

否有电场无关.这便是接地导体壳对外部的屏蔽效应.

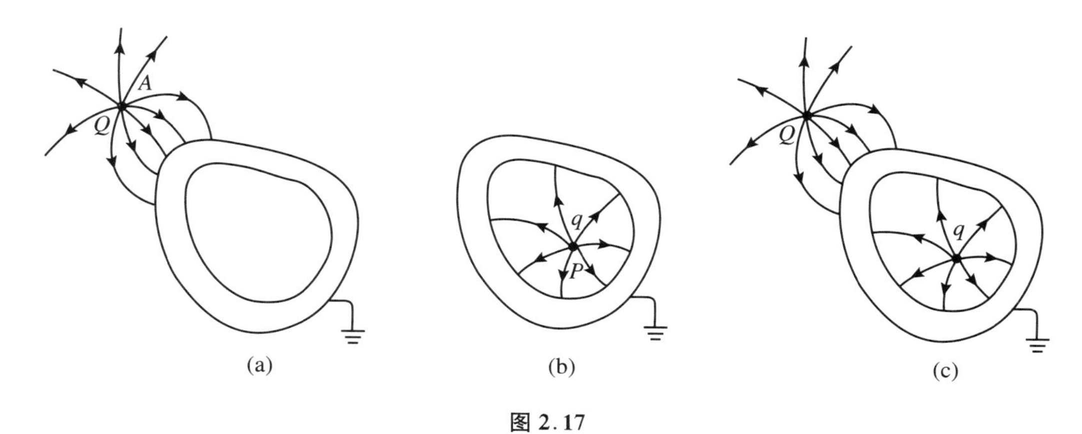

图 2.17

(4) 带电导体壳内的导体球　接地的影响

半径为 R_1 的导体球 A 位于同心的导体球壳 B 内,球壳的内、外半径分别为 R_2 和 R_3.开始时球壳带电荷 Q,内球 A 不带电.于是外球壳的电荷均匀分布在外球表面,在 $r<R_3$ 的区域电场强度为零,电势等于球壳表面电势 $U_0=\dfrac{Q}{4\pi\varepsilon_0 R_3}$.

问题:

① 通过导体壳上的小孔插入接地导线并与导体球 A 接通后,导体球和导球壳的电荷分布以及电场分布有何变化?

解　上述操作就是使内球接地,球 A 的电势变为零,与带电的外球壳之间出现电势差.球 A 的表面上将出现与 Q 异号的感应电荷,设为 $-q$.球壳 B 的内表面将出现感应电荷 q.根据电荷守恒,球壳外表面的电荷量为 $Q-q$,电荷分布如图 2.18(a)所示.下面首先求感应电荷量 q.

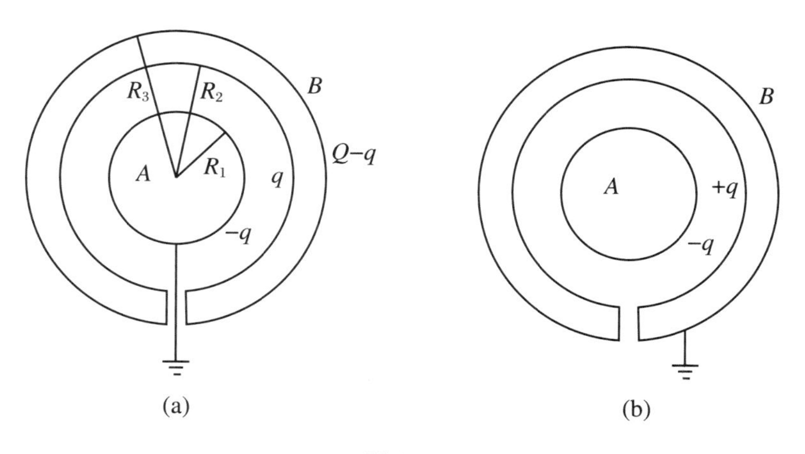

图 2.18

应用均匀带电球面的电势分布公式（取 $U_\infty=0$），根据叠加原理，可得内球 A 的电势为

$$U_A=\frac{1}{4\pi\varepsilon_0}\left(\frac{-q}{R_1}+\frac{q}{R_2}+\frac{Q-q}{R_3}\right)$$

$$=\frac{q(R_1R_3-R_1R_2-R_2R_3)+QR_1R_2}{4\pi\varepsilon_0R_1R_2R_3} \qquad ①$$

现在 A 球接地，而 $U_{地}=0$ 与 $U_\infty=0$ 等价，故 $U_A=0$. 令上式为零，即求得感应电荷量：

$$q=\frac{R_1R_2}{R_1R_2+R_2R_3-R_1R_3}Q \qquad ②$$

由于各球面都均匀带电，应用均匀带电球面的电场分布规律，求得电场强度的分布为

$$\boldsymbol{E}=\begin{cases}\dfrac{-q}{4\pi\varepsilon_0r^2}\boldsymbol{r}_0 & (R_1<r<R_2)\\ \boldsymbol{0} & (R_2<r<R_3)\\ \dfrac{Q-q}{4\pi\varepsilon_0r^2}\boldsymbol{r}_0 & (r>R_3)\end{cases} \qquad ③$$

电势分布为（$U_{地}=U_\infty=0$）

$$U=\begin{cases}0 & (r\leqslant R_1)\\ \dfrac{q}{4\pi\varepsilon_0}\left(\dfrac{1}{R_1}-\dfrac{1}{r}\right) & (R_1\leqslant r\leqslant R_2)\\ \dfrac{Q-q}{4\pi\varepsilon_0R_3} & (R_2\leqslant r\leqslant R_3)\\ \dfrac{Q-q}{4\pi\varepsilon_0r} & (r>R_3)\end{cases} \qquad ④$$

可见，球壳 B 与内球之间的电势差为

$$U_{BA}=\frac{Q-q}{4\pi\varepsilon_0R_3} \qquad ⑤$$

将式②代入式⑤，消去 Q，可得

$$U_{BA}=q\frac{R_2-R_1}{4\pi\varepsilon_0R_1R_2} \qquad ⑥$$

实际上，A 与 B 构成球形电容器，q 正是极板上的电荷量. 应用球形电容器的电容公式

$$C=\frac{4\pi\varepsilon_0R_1R_2}{R_2-R_1} \qquad ⑦$$

亦可求出球壳与接地内球之间的电势差 $U_{BA}=\dfrac{q}{C}$，与式⑥相同.

② 抽出使内球接地的导线后，再让外球壳接地，电荷分布和电场分布有何变化？

解　完成上述操作后，接地的外球壳构成静电屏蔽，球壳外表面无电荷，电势为零，$r>R_3$ 的空间场强为零. 球壳外表面以内($r<R_3$)的电荷分布和电场分布不变(如图 2.18(b)所示)，B 与 A 之间的电势差不变，仍由式⑥表示. 由于外球壳的电势为零，故内球 A 的电势变为

$$U_A=-U_{BA}=-\frac{R_2-R_1}{4\pi\varepsilon_0 R_1 R_2}q \tag{8}$$

③ 使 B、A 的带电情况恢复到初始情形，即球壳带正电 Q、不接地，内球 A 不带电. 现用一导线将内球 A 与球壳外的净电荷量为零的导体球 C 接通，如图 2.19 所示. 这时电荷分布和电场分布有何变化？如用手触球 C 使之接地，情况又如何？

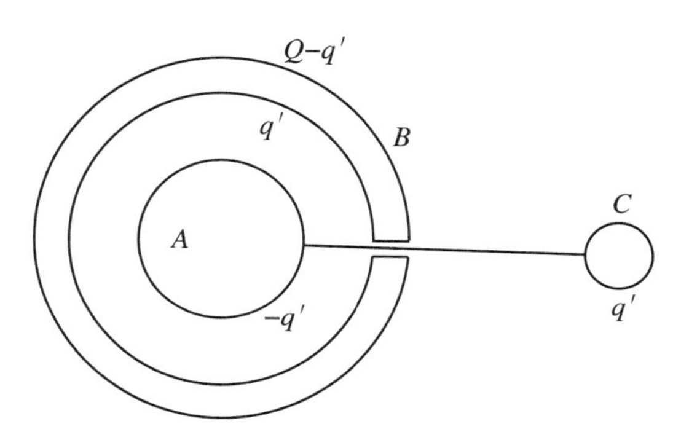

图 2.19

定性解答如下：A 与 C 接通后，A 与 C 等势. 而导体球 C 在带正电的球壳 B 的电场中，电势低于 B，故 A、B 将不等势(B 的电势高于 A). A、C 导体组在外电场中发生静电感应，A 球表面上会出现感应电荷 $-q'$. C 球上有净感应电荷量 q'(感应电荷量与 C 球的大小和位置有关). 因此，导体球壳内表面也将出现感应电荷 q'. A 与导体球壳内表面之间将分布有电场. 球壳外表面($r=R_3$)上的电荷量变为 $Q-q'$. 球壳外($r>R_3$)的电场将会发生变化，而且受 C 球的影响，壳外电场将偏离球对称分布. 下面讨论几种情况：

(1) 如果再用手触 C 球使之接地，将进一步改变电荷分布. 这时，A 球的感应电荷量为 $-q''_1$，C 球上也有负的感应电荷 $-q''_2$，B 球内壳感应电荷量为 q''_1，B 球外壳的电荷量为 $Q-q''_1$. B 球壳外表面的电荷分布与壳外电场偏离球对称分布. 具体情况(q''_1、q''_2的大小)仍与 C 的大小和位置有关.

(2) 如果连接 A、C 的导线长度很长，即 C 球无限远离球壳，再用手触 C 球后情形与问题①相同. 即 $-q''_1\to -q$，$-q''_2\to 0$，$U_{BA}\to q\dfrac{R_2-R_1}{4\pi\varepsilon_0 R_1 R_2}$.

(3) 如果不让 C 球接地而使导体球壳 B 接地，则 A、B、C 三个导体都不带电荷，它们的电势都等于零. 反证如下：如果 A 带负电，C 带正电，则 B 的内壳带正电，B 的外壳带负电. 由于 B 的电势为零，则 A 的电势为负，C 的电势为正，A、C 不等势，这

就破坏了静电平衡条件，所以这种情况不可能．同理可证，A 带正电、C 带负电的情况也不可能．A、C 上不可能有异号电荷，接地的球壳 B 也不可能有电荷，否则将违反 B 的电势为零这一条件．

4．电容器的电容公式 $C=\dfrac{Q}{U}$ 中的 Q 是指什么电荷？

（1）问题的提出

按通常的说法，电容器的电容公式中的 Q 是两极板所带的等量异号电荷的电荷量的大小（绝对值）．在球形电容器中，Q 就是内导体球（电容器的一极）所带电荷量的大小，它全部分布在内球的表面，根据静电感应原理，外球内表面必带等量异号电荷．在圆柱电容器中，Q 就是内导体圆柱（电容器的一极）所带电荷量的大小，它完全分布在内导体圆柱的表面上，在外导体圆柱面的内表面上必带有等量异号的电荷．这是很容易理解的．

一般地，平行板电容器由一个电源充电，电容器两极板由电源充以等量异号的电荷 $\pm Q$，它们都分布到各自极板的内侧表面上，分别是两块极板所带的全部电荷量．电容公式中的 U 也是明确的．它被认为是电源做功，将 $+Q$ 的电荷从负极搬运到正极（或将 $-Q$ 的电荷从正极搬运到负极），从而在两极间建立电场，使两极板之间产生与 Q 成比例的电势差 $U\left(=\dfrac{Q}{C}\right)$．

如果就平行板电容器提出更一般的问题，回答或许不会像上面那样简单明了．例如，将平行板电容器的两极板分别带上 Q_1 和 Q_2 的净电荷（一般而论，$Q_1\neq Q_2$）．两极板间将产生电势差 U．在这种情形下，$C=\dfrac{Q}{U}$ 中的 Q 是指什么电荷量？它与 Q_1 和 Q_2 有什么关系？为了方便，我们约定称 Q 为电容器所容的电荷．

为了解决这个问题，我们先弄清在无外部电荷（电场）的情况下，平行板电容两极板四个表面的电荷分配规律．

（2）平行板电容器两极板的电荷分布规律

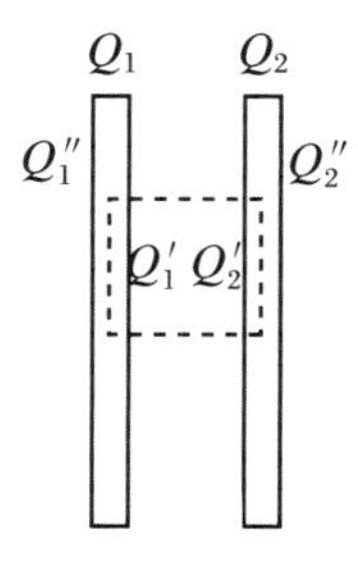

图 2.20

设未接通电源的电容器两板上的净电荷量分别为 Q_1 和 Q_2，两极板内侧表面上带的电量分别为 Q_1' 和 Q_2'，外侧表面的电量分别为 Q_1'' 和 Q_2''．以上各电荷量本身包含正、负号，是代数值．板面积为 S，两板间距离为 d，如图 2.20 所示．

根据电荷守恒，有

$$Q_1'+Q_1''=Q_1 \tag{2.48}$$

$$Q_2'+Q_2''=Q_2 \tag{2.49}$$

由于不计边缘效应，板间为均匀电场，它源于一板内侧表面上的正电荷，汇于另一板内侧表面上的负电荷.根据高斯定理(选如图 2.20 中虚线所示的高斯面)，可证明两板内侧电荷面密度等大异号，故有

$$Q_1' = -Q_2' \tag{2.50}$$

两板外侧表面的电荷在这两个表面之间的空间(包括两块导体内部)的电场必须相互抵消，以保证导体内场强为零，因此这两外侧表面所带电荷量应相同，即

$$Q_1'' = Q_2'' \tag{2.51}$$

由上面四式可求出四个表面上的电荷量与两板所带的净电荷量 Q_1 和 Q_2 之间的关系为

$$Q_1' = -Q_2' = \frac{1}{2}(Q_1 - Q_2) \tag{2.52}$$

$$Q_1'' = Q_2'' = \frac{1}{2}(Q_1 + Q_2) \tag{2.53}$$

这就是在无外界电荷影响的条件下，平行板电容器两板四个表面的电荷分配规律.下面举几个例子(图 2.21).

如果 $Q_1 = -Q_2 = +Q$，即两板带的净电荷量等值反号，则由式(2.52)、式(2.53)，可算出 $Q_1' = -Q_2' = Q$，$Q_1'' = Q_2'' = 0$，即两板电荷全分布到相互正对着的内侧表面上，如图 2.21(a)所示.

如果 $Q_1 = Q > 0$，$Q_2 = 0$，则 $Q_1' = -Q_2' = \frac{1}{2}Q$，$Q_1'' = Q_2'' = \frac{1}{2}Q$，电荷分配如图 2.21(b)所示.

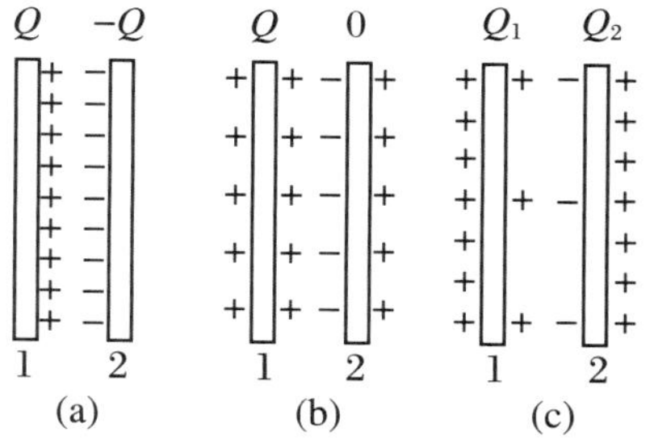

图 2.21

如果 $Q_1 = +10\times10^{-6}$ C，$Q_2 = +4\times10^{-6}$ C，则 $Q_1' = -Q_2' = 3\times10^{-6}$ C，$Q_1'' = -Q_2'' = 7\times10^{-6}$ C，如图 2.21(c)所示，图中每一个“+”“-”表示大小为 1×10^{-6} C 的该号电荷.

(3) $C = \frac{Q}{U}$ 中的 Q 是指什么电荷？

在如上讨论的两极板分别带电荷 Q_1 和 Q_2 的一般情况下，电容定义中的电量 Q 是指什么呢？首先，由于 $|Q_1|$ 一般可不等于 $|Q_2|$，显然，电容器所容电量 Q 不可能是 $|Q_1|$ 或 $|Q_2|$.其次，电容器两极板外侧表面的电荷 Q_1'' 和 Q_2'' 在电容器内部激发的电场相互抵消，叠加后对电容器内电场无贡献，因而与两极板间的电压无关.所以 Q 也不应是 $|Q_1''|$ 或 $|Q_2''|$.最后剩下 Q_1' 和 Q_2'.由于电容器两极间的电场完全是由它们激发的，又有 $Q_1' = -Q_2'$，因此极间场强大小 $E = \frac{|Q_1'|}{\varepsilon_0 S}$，两极板之间的电压由 E 和 d 决定：

$$U = Ed = \frac{d}{\varepsilon_0 S} | Q_1' |$$

可见，正是$|Q_1'|$（$=|Q_2'|$）决定了电容器的极间电压，并与电压成正比，$\frac{|Q_1'|}{U}=\frac{\varepsilon_0 S}{d}=C$.

由此，我们得出如下结论：电容器电容定义式中的Q是指电容器的两极板相对的内侧表面（它们构成电容器极间电场的边界）上分别所带的等量异号电荷的大小，即$Q=|Q_1'|=|Q_2'|$. 正是这一对等量异号电荷决定电容器内空间中的电场，决定两极板间的电势差.

对于上面陈述的意思存在不同的表述方式. 如说"Q是使电容器极间电压从U变到零必须从正极板移到负极板的正电荷量"，或"Q是从电容器两极板等电势状态变到有大小为U的电势差时，从一个极板移到另一个极板的电荷量". 这些说法都是正确的，与我们上面的陈述等价. 对此，说明如下：当$Q_1 \neq Q_2$时，两极板间有电势差U. 如果$Q_1 > Q_2$，则板1的电势比板2的电势高. 由于$Q_1'=\frac{1}{2}(Q_1-Q_2)$，所以，如果从板1取出等于$Q_1'$的电量加在板2上，则有$Q_1-Q_1'=Q_2+Q_1'=\frac{1}{2}(Q_1+Q_2)$，两极板所带净电荷量相等. 这时每个板上的全部电荷将分布到两极板外侧表面，板间场强为零，两极板之间将无电势差. 由此可见，Q_1'也就是要使两极板间电压从U变到零时，必须从板1搬运到板2的电荷量.

5. 静电屏蔽在构成电容器中的作用

(1) 静电屏蔽的作用

任一孤立导体有电容（式(2.2)），但不构成电容器，为何？因为实际上不存在孤立的导体，外界的影响总是不可避免的. 当一个带电导体周围存在其他导体或带电体时，它的电势将由所有带电体（包括它自身）所激发的总电场决定. 因此，某一个导体的电势U将不再只由它本身的电量决定，还与周围环境有关. 这个导体的电荷量与电势的比值$\frac{Q}{U}$就必然要受周围环境的影响，而不会是只由导体的几何大小和形状决定的常数. 我们知道，电容器作为一个基本的电器元件而存在，主要依靠于它有不变的电容这个基本属性. 既然单独一个导体的电容量要受外界影响而不能保证恒定，那么它就不能充做电容器.

从对静电屏蔽原理的讨论中我们知道，如果导体壳B的空腔内有一个带电导体A，设所带电荷量为Q，那么导体空腔的内表面上将出现等量异号的感应电荷$-Q$. 导体A与空腔导体B的空腔内表面之间的场强分布以及A与B之间的电势差由电荷

量Q、腔内表面的形状以及A在腔内的相对位置决定，与导体壳外面的电场(或电荷分布)无关. 即使导体壳B不接地，壳外电场的改变也只导致金属壳和腔内各点的电势等量地增减，不会改变腔内的电场强度，也不会改变A、B间的电势差(即电压$U=U_A-U_B$). 也就是说，A、B间的电压只取决于电量Q以及腔内表面和内部导体A的形状和相对位置，这样

$$C=\frac{Q}{U}$$

才是与外界无关的常数. 电容C才是表征A、B两导体在这种组合下具有的有意义的物理属性. A、B导体的这种组合就叫做电容器.

从上面的分析可见，导体壳B对腔内电场的屏蔽作用(如B不接地，还不能起完全的屏蔽)起到很重要的作用. 对于电容器来说，屏蔽的要点是保证比值$\frac{Q}{U}$不受外界的影响.

球形电容器就是与前面所述的A、B导体组合相类似的电容器，是屏蔽最好的一种电容器.

实际使用的电容器(最普遍的一种是平行板电容器)都在相当程度上应用了静电屏蔽效应. 静电屏蔽的好坏成为电容器的电容量在多高的精度上与外界无关的重要因素.

理想的平行板电容器的两平行板应当可视作无限大平行板，也就是两极板的尺度远远大于两极板之间的距离. 当两极板充以等量异号电荷时，极间的电场是均匀的，并完全决定于两极板相对的内侧表面上所带电荷的面密度$\sigma\left(E=\frac{\sigma}{\varepsilon_0}\right)$. 即使任一极板不接地，极间电压$U=Ed=\frac{\sigma}{\varepsilon_0}d=\frac{Q}{\varepsilon_0 S}d$也都与极板内侧电荷量$Q$成正比，不受外界影响，因而$C=\frac{Q}{U}=\frac{\varepsilon_0 S}{d}=$常数. 这里两平行导体极板阻止了外界对比值$\frac{Q}{U}$的影响. 当然，即使有一板接地，两平行导体板对两板之间的空间也不构成严格的静电屏蔽. 外场可以改变两极板内侧表面上的电荷量Q，从而改变两板间的场强，极间电压U也将随之而改变，但是比值$\frac{Q}{U}$却是不变的(详见第(2)部分的讨论). 因此，两极板的"屏蔽"效应在于避免外界对比值$\frac{Q}{U}$的影响，保证$C=$常数. 对于电容器来说，这已经足够了.

实际的平行板电容器的两平行导体板是不能看做无限大的，因而在电容器边缘的电场不是均匀的，称作边缘效应，如图2.22所示. 边缘效应将在一定程度上影响$C=\frac{Q}{U}=$常数的精确性. 在一般电

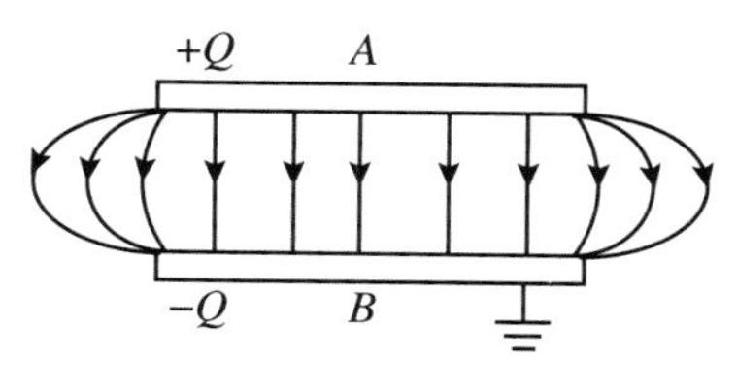

图2.22

学问题中，都采用“无限大两平行导体板组成的平行板电容器”这个理想模型，常常说明的“不计边缘效应”就是这个意思.

(2) 一板接地和外电场对平行板电容器的影响[4]

这里我们通过“接地”和外电场对平行板电容器两极板的电荷分配及板间电场的影响的具体讨论，阐明外界的影响虽能改变电荷分配，改变电场，但不影响比值$\frac{Q}{U}$.所得的这一结果固然重要，得出这个结果的分析方法或许有助于把握处理静电场中的导体问题，因此我们用一些篇幅较仔细地讨论.

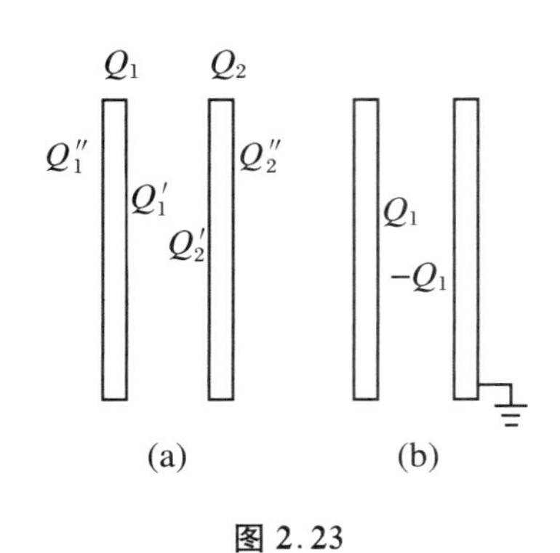

图 2.23

① 一板接地的影响

以图 2.23 所示情况为例，设板 2 接地(图 2.23(b)).接地使极板 2 外侧不再带电，即 $Q_2''=0$，而地球又可提供充足的电荷使板 2 的内侧表面上带有所需要的感应电荷量 Q_2'.这时板 2 原来带有的电荷量 Q_2 将不会保持不变.于是，式(2.48)～式(2.51)在板 2 接地情况下应改为

$$Q_1'+Q_1''=Q_1$$
$$Q_1'=-Q_2'$$
$$Q_1''=Q_2''=0$$

由此解出

$$Q_1'=-Q_2'=Q_1$$

即未接地的板的全部电荷 Q_1 分布到内侧表面，接地板的内侧表面的电荷量与之等值异号.两极板外侧均无电荷，如图 2.23(b)所示.

接地使两极板内侧表面电荷量发生变化，从 $Q_1'=\frac{1}{2}(Q_1-Q_2)$变为 Q_1，极间场强从

$$E_1'=\frac{Q_1'}{\varepsilon_0 S}=\frac{Q_1-Q_2}{2\varepsilon_0 S}$$

变为

$$E=\frac{Q_1}{\varepsilon_0 S}$$

极间电压从

$$U'=E_1'd=\frac{Q_1-Q_2}{2\varepsilon_0 S}d$$

变为

$$U=\frac{Q_1}{\varepsilon_0 S}d$$

电场和极间电压都变了,但是,极板内侧所容电荷量与极间电压的比值不变,即

$$\frac{Q'}{U'}=\frac{Q_1}{U}=\frac{\varepsilon_0 S}{d}=C$$

所以,一板接地虽然改变各板的电荷在内、外侧的分配,改变极板间的电场,改变极间电压,但是电压的变化总是与极板内侧电荷量的变化成正比,且保持电容量 $C=\dfrac{Q}{U}$不变.

② 电容器放入外电场中

将两极板分别有净电荷 Q_1 和 Q_2 的电容器放入外电场中会发生什么情况呢?为了简便,我们设外电场 E_0 是均匀的,并使电容器极板与场强方向垂直,如图2.24所示.设这时两极板内、外侧面分配的电荷量分别是 q_1'、q_1'' 和 q_2'、q_2''.由电荷守恒得

$$q_1'+q_1''=Q_1$$

$$q_2'+q_2''=Q_2$$

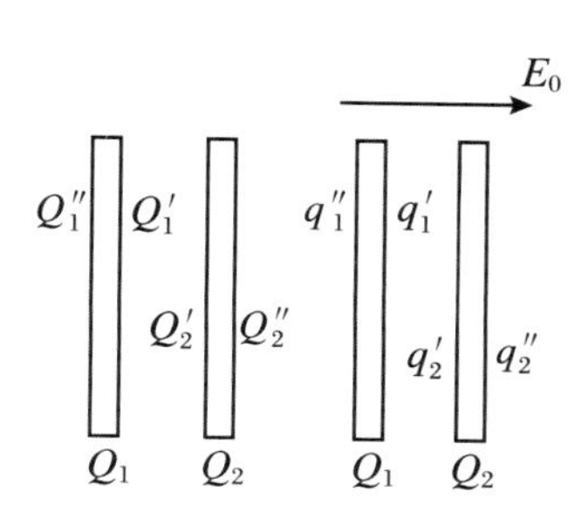

图 2.24

由于导体内场强为零,应用高斯定理可得

$$q_1'=-q_2'$$

同样,根据导体内场强为零,应用叠加原理可知,两极板外侧的电荷 q_1''和 q_2''在它们之间(包含导体内部)的合场强应抵消外加电场 E_0.据此,应用均匀带电平面的场强公式 $E=\dfrac{\sigma}{2\varepsilon_0}=\dfrac{q}{2\varepsilon_0 S}$,有

$$\frac{q_2''}{2\varepsilon_0 S}-\frac{q_1''}{2\varepsilon_0 S}=E_0$$

联立以上四式,解得各侧面分配的电荷量分别为

$$q_1'=-q_2'=\frac{1}{2}(Q_1-Q_2)+\varepsilon_0 SE_0 \tag{2.54}$$

$$q_1''=\frac{1}{2}(Q_1+Q_2)-\varepsilon_0 SE_0 \tag{2.55}$$

$$q_2''=\frac{1}{2}(Q_1+Q_2)+\varepsilon_0 SE_0 \tag{2.56}$$

假定单独由外加电场 E_0 在各板侧面上感应出的电荷量为 $\pm q_0$,根据导体表面场强与面电荷密度的关系 $E=\dfrac{\sigma}{\varepsilon_0}$,应有 $E_0=\dfrac{q_0}{\varepsilon_0 S}$,得 $q_0=\varepsilon_0 SE_0$,于是上面三式改写为

$$q_1'=-q_2'=\frac{1}{2}(Q_1-Q_2)+q_0 \tag{2.57}$$

$$q_1''=\frac{1}{2}(Q_1+Q_2)-q_0 \tag{2.58}$$

$$q_2''=\frac{1}{2}(Q_1+Q_2)+q_0 \tag{2.59}$$

与式(2.52)、式(2.53)比较可得,加均匀外场 E_0 后,各侧面上的电荷量等于没有加外电场情况下分配的电荷量加上由于外电场 E_0 在该面上感应出的电荷量($-q_0$ 或 $+q_0$).

两极板之间的电压

$$U=\frac{|q_1'|}{\varepsilon_0 S}d=\frac{d}{\varepsilon_0 S}\left|\frac{1}{2}(Q_1-Q_2)+\varepsilon_0 SE_0\right| \tag{2.60}$$

与未加外场相比,电压增大了 $\Delta U=E_0 d$,但相应的极板内侧面的电荷量增加了 $\Delta Q=q_0=\varepsilon_0 SE$,比值 $\frac{\Delta Q}{\Delta U}=\frac{\varepsilon_0 S}{d}$ 仍等于电容器的电容量,这就保证了 $C=\frac{Q}{U}$ 不变. 所以,外加电场虽改变极板各表面的电荷分配,改变电容器内的电场和极间电压,但并不改变电容器的电容量.

另一方面,电容器两极外侧的电荷 q_1'' 和 q_2'' 决定电容器外部的电场,使之不再是原来所加的外电场. 电容器左、右两侧的外电场场强分别为

$$E_1=\frac{q_1''}{\varepsilon_0 S}=\frac{Q_1+Q_2}{2\varepsilon_0 S}-E_0 \tag{2.61}$$

$$E_2=\frac{q_2''}{\varepsilon_0 S}=\frac{Q_1+Q_2}{2\varepsilon_0 S}+E_0 \tag{2.62}$$

显然,它们分别是无外场时两板外侧表面电荷 $Q_1''=Q_2''=\frac{1}{2}(Q_1+Q_2)$ 在外部激发的场强与所加的外电场场强 E_0 叠加后的结果.

我们不妨再次使用图 2.21(c)的例子,在那里,$Q_1=+10\times10^{-6}$ C,$Q_2=+4\times10^{-6}$ C. 在不加外场也不接地时,电荷在两极的四个表面的分配分别是 $Q_1'=-Q_2'=3\times10^{-6}$ C,$Q_1''=Q_2''=7\times10^{-6}$ C. 我们把它重画为图 2.25(a),约定一个"+"或"−"表示大小为 1×10^{-6} C 的该号电荷. 图 2.25(b)表示板 2 接地后的情形,图 2.25(c)表示加外场 $E_0=\frac{q_0}{\varepsilon_0 S}$($q_0=2\times10^{-6}$ C)后的情形,这时由式(2.57)~式(2.59)可算出 $q_1'=-q_2'=5\times10^{-6}$ C,$q_1''=Q_1''-q_0=5\times10^{-6}$ C,$q_2''=Q_2''+q_0=9\times10^{-6}$ C.

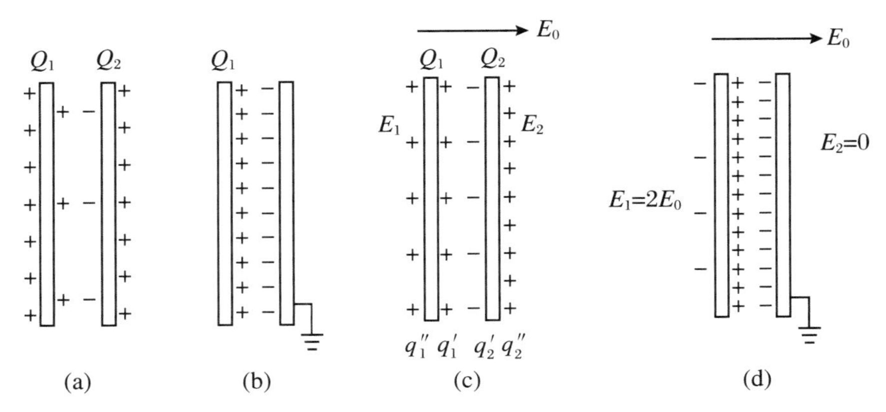

图 2.25

③ 电容器放入外电场中，再将一板接地

在上面讨论的基础上，将板 2 接地，看有什么变化.

由于我们把电容器极板视为无限大，导体板接地相当于屏蔽了板 2 右侧的空间，故板 2 右侧电场强度为零，板 2 右侧表面不带电（$q_2''=0$），接地板 2 上的净电荷也不再保持不变.因此，其余三个表面电荷之间的关系为

$$q_1' + q_2'' = Q_1$$

$$q_1' = -q_2'$$

由于加有外电场 $E_0\left(E_0=\dfrac{q_0}{\varepsilon_0 S}\right)$，且 $q_2''=0$，q_1' 与 q_2' 等值异号，要保证导体内场强为零，只有靠板 1 外侧表面的电荷 q_1'' 激发的场去抵消所加的外场 E_0，于是有

$$\frac{q_1''}{2\varepsilon_0 S} = -E_0$$

由以上三式解出

$$q_1' = -q_2' = Q_1 + 2\varepsilon_0 SE_0 = Q_1 + 2q_0$$

$$q_1'' = -2\varepsilon_0 SE_0 = -2q_0$$

接地使电容器内侧表面所容的电量（$Q=|q_1'|$）增加，极间电压 $U=\dfrac{|q_1'|}{\varepsilon_0 S}d$ 以同样比例增大，故电容 $C=\dfrac{Q}{U}$仍保持不变.

图 2.25(d)表示板 2 接地后两极板表面的电荷分配情形.由电荷分配情况可以看出，电容器右侧的电场 $E_2=0$，左侧的电场的大小等于外加电场的两倍，$E_1=2E_0$.如果注意到由于接地，板 2 带的净电荷不是原来的值（Q_2），而变为 q_2'.应用式(2.61)、式(2.62)（其中 Q_2 变为 $q_2'=-(Q_1+2q_0)$），同样可得出 $E_1=2E_0$，$E_2=0$ 这个结果.

6. 在什么条件下串联电容器才能提高耐压能力

常有这样的说法：电容器串联可提高耐压能力.甚至说：串联电容器组的耐压值大于任一分电容的耐压值.若不经心，这种说法似乎有理；认真分析后，其实不然.事实上，通过串联来提高电容器组的耐压能力是有条件的.为搞清这个问题，应先了解串联电容器中各电容的电压分配规律和耐压强度的意义.

(1) 串联电容器组中各电容的电压分配

设有 n 个电容器串联，等效电容量为 C，总电压为 U，各电容器的容量和电压分别为 C_i 和 U_i（$i=1,2,\cdots,n$）.由于串联电容器中各电容器的电量相同，设为 Q，故有以下关系：

$$C = \frac{Q}{U}$$

$$C_i = \frac{Q}{U_i}$$

由此两式可求出第 i 个电容器上分配的电压为

$$U_i = \frac{C}{C_i}U \tag{2.63}$$

其中

$$C = \left(\frac{1}{C_1} + \frac{1}{C_2} + \cdots + \frac{1}{C_n}\right)^{-1} < C_i$$

可见,串联电容器中任一电容器的电压小于总电压,是总电压的$\frac{C}{C_i}$.串联电容器组中各电容器分配的电压(U_i)与它的电容量(C_i)成反比.

(2) 电容器组的耐压能力

电容器的两极板之间总是充以电介质.在通常情况下,电介质是不导电的,但当介质中的电场强度足够高时,电介质分子将被强电场加速的自由电子碰撞而离解,电介质的绝缘性能会遭到破坏,变成导体.这种现象称为电介质被击穿.在未被击穿情况下,电介质能承受的最大电场强度称为电介质的介电强度.如空气的介电强度为 3×10^4 V/cm,玻璃为 $10\times10^4\sim25\times10^4$ V/cm,云母为 $80\times10^4\sim200\times10^4$ V/cm.

电容器内的场强取决于电容器的极间电压,当极间电压太高以致场强超过介质的介电强度时,电介质被击穿.所谓电容器的耐压能力是指在电容器内的电介质不被击穿的情况下极板间可加的最高电压值.

对于串联电容器组来说,只要其中一个电容被击穿,满足特定要求的电容器组合也就随之被破坏,所以串联电容器组的耐压能力是指串联电容器组中每一个电容器都不被击穿的情况下电容器组可承受的最高电压值.

从前面的讨论中,我们知道串联电容器组中各电容分配的电压与该电容的电容量成反比.电容最小的电容器上分配的电压最高.因此,假如所有串联电容器的耐压能力相同,那么如果逐渐增大加在电容器组的总电压,电容量最小的电容器将首先被击穿.在电容最小的电容器被击穿时,其他电容器上的电压则还低于它能承受的最高电压.由此可见,电容器组的耐压能力并不等于被串联的各电容器的耐压能力的总和.

例如,有两个电容器串联:$C_1=200$ pF,耐压能力为 500 V;$C_2=300$ pF,耐压能力为 900 V.在接通电源后,如果电容器 C_1 上分配的电压超过 500 V,电容器 C_1 将被击穿.虽这时电容器 C_2 可能未被击穿,但电容器的组合却随之被破坏.为求得这个电容器组的耐压能力,我们令电容器 C_1 上的电压取最大值,即令 $U_1=500$ V,由

$$\frac{U_2}{U_1} = \frac{C_1}{C_2}$$

可算出这时在电容器 C_2 上分配的电压为

$$U_2 = \frac{C_1}{C_2}U_1 = \frac{2}{3}\times 500\ \text{V} \approx 333.3\ \text{V}$$

可见，这个串联电容器组的耐压能力为

$$U' = U_1 + U_2 = 833.3\ \text{V}$$

它显然小于两个电容器耐压能力的总和，甚至小于电容器 C_2 的耐压能力.

(3) 串联电容器组提高耐压能力的条件

根据串联电容器组中各电容器电压分配的规律和耐压能力的意义，可得出如下结论：当被串联的各电容器的耐压能力与它的电容量成反比时，串联电容器组的耐压能力等于各电容的耐压能力之和.显然，这样的串联电容器组可提高耐压能力.用 U' 表示串联电容器组的耐压能力，U_i'表示第 i 个电容器的耐压能力.则上述结论可用式子表示为：如果

$$U_i' = \frac{C}{C_i}U' \tag{2.64}$$

则

$$U' = \sum U_i'$$

通常将若干(n 个)电容量 C 和耐压能力 U'相同的电容器串联组成电容器组，以便得到所要求的电容量$\left(\frac{C}{n}\right)$.这种情况下，在加上电压后，各电容器上分配的电压值也相同，因此，这种电容器组的耐压能力等于各个电容器的耐压能力的总和，即为 nU'.如果常说的“串联电容器组可提高耐压能力”是指这种情况，那无疑是正确的，但不能忘记了它的条件.

在实验工作中，如果要将不同的电容器串联，就应该根据额定的电压值和各电容器的电容量，由式(2.64)来确定各电容应当具有的耐压能力，从而适当地选择电容元件.

7. 充介质的电容器的电容

在电容器的两极板之间以不同方式填充电介质后，电容器的电容量将发生变化.计算填充介质后的电容器电容量涉及根据已知的自由电荷分布计算介质中的场强分布问题.因此在这个问题讨论中，我们将从在普通电磁学中解决介质中场强分布的一般方法开始.

(1) 解均匀介质中场强分布的方法

由于在外电场中介质的极化，出现极化电荷 q'，极化电荷的场强(即退极化场) $\boldsymbol{E}'$与自由电荷产生的场强 $\boldsymbol{E}_0$ 叠加为介质中的场强 $\boldsymbol{E}$.如果单纯按这个思路，从求 $\boldsymbol{E}'$

着手，将遇到困难.因为 $\boldsymbol{E}'$ 取决于 q'，而 q' 取决于极化强度 $\boldsymbol{P}$，后者又与介质中的场强 $\boldsymbol{E}$ 有关.这就陷入几个量相互依赖的循环中.

因此，引入辅助量电位移矢量 $\boldsymbol{D}$，得到 $\boldsymbol{D}$ 的高斯定理和各向同性介质中 $\boldsymbol{D}$ 与 $\boldsymbol{E}$ 的关系，就可以对具有一定对称性的问题应用高斯定理，根据自由电荷分布，再应用 $\boldsymbol{D}$ 与 $\boldsymbol{E}$、$\boldsymbol{E}$ 与 $\boldsymbol{P}$、q' 与 $\boldsymbol{P}$ 的关系，求解介质中的场强分布、极化强度以及极化电荷分布等问题.这就是在普通电磁学中解电介质问题的一般思路.下面以一典型问题为例说明.

例 1 内径为 R_2 的导体球壳内，有一个半径为 R_1 的同心导体球，它的带电量为 Q，在它们之间充满相对介电常数为 ε_r 的均匀介质，求介质中场强的分布和与导体球接触的介质表面上的极化电荷量.

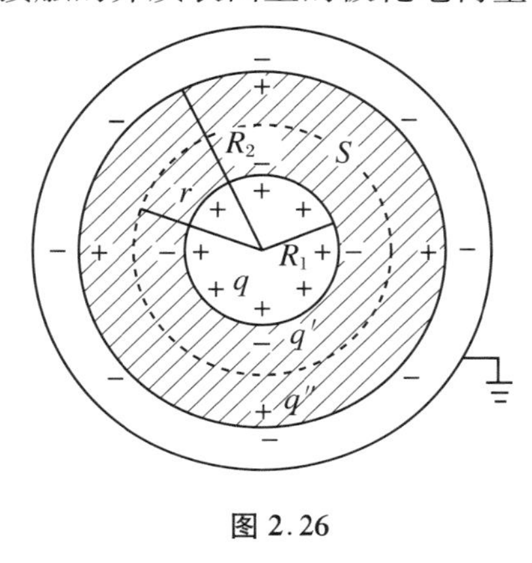

图 2.26

解 首先求 $\boldsymbol{D}$.由于此问题具有球对称性，可知电位移矢量是沿半径方向的，为求距球心 O 为 r 处的电位移矢量，以 r 为半径作一球形高斯面 S，如图 2.26 所示.由对称性可判定 S 面上各点的 $\boldsymbol{D}$ 的大小相同，方向总是与高斯面在该点的面元 $\mathrm{d}\boldsymbol{S}$ 的方向相同.所以，通过封闭面 S 的 $\boldsymbol{D}$ 的通量等于

$$\oint\!\!\!\oint_S \boldsymbol{D}\cdot \mathrm{d}\boldsymbol{S} = D\oint\!\!\!\oint_S \mathrm{d}S = 4\pi r^2 D$$

由高斯定理，$\oint\!\!\!\oint_S \boldsymbol{D}\cdot \mathrm{d}\boldsymbol{S} = Q$，得

$$D = \frac{Q}{4\pi r^2}$$

由于 Q 为正，故 $\boldsymbol{D}$ 的方向沿半径向外，用矢量表示为

$$\boldsymbol{D} = \frac{Q}{4\pi r^2}\boldsymbol{r}_0 \quad ①$$

再求 $\boldsymbol{E}$.根据均匀介质中 $\boldsymbol{D}$ 和 $\boldsymbol{E}$ 的关系

$$\boldsymbol{D} = \varepsilon_r\varepsilon_0\boldsymbol{E}$$

得

$$\boldsymbol{E} = \frac{\boldsymbol{D}}{\varepsilon_r\varepsilon_0} = \frac{Q}{4\pi\varepsilon_r\varepsilon_0 r^2}\boldsymbol{r}_0 = \frac{\boldsymbol{E}_0}{\varepsilon_r} \quad ②$$

其中 $E_0 = \dfrac{Q}{4\pi\varepsilon_0 r^2}$，它是由自由电荷 Q 激发的场强.

最后求与球面接触处的介质表面上的极化电荷量 q'.

由于极化电荷面密度 σ' 等于极化强度沿介质表面的外法向分量 P_n.$\boldsymbol{P}$ 又与 $\boldsymbol{E}$ 有关($\boldsymbol{P} = (\varepsilon_r - 1)\varepsilon_0\boldsymbol{E}$)，故先求介质表面的 $\boldsymbol{P}$.

与球面接触的介质表面处（$r=R_1$）的场强为

$$\boldsymbol{E}=\frac{Q}{4\pi\varepsilon_r\varepsilon_0R_1^2}\boldsymbol{r}_0$$

故该处的极化强度为

$$\boldsymbol{P}=(\varepsilon_r-1)\varepsilon_0\boldsymbol{E}=\frac{\varepsilon_r-1}{4\pi\varepsilon_r}\frac{Q}{R_1^2}\boldsymbol{r}_0$$

由于与球面接触的介质表面的外法线 $\boldsymbol{n}$ 的方向与 $\boldsymbol{r}_0$ 相反（$\boldsymbol{n}=-\boldsymbol{r}_0$），故

$$P_n=\boldsymbol{P}\cdot\boldsymbol{n}=-\frac{\varepsilon_r-1}{\varepsilon_r}\frac{Q}{4\pi R_1^2}$$

极化电荷面密度为

$$\sigma'=P_n=-\frac{\varepsilon_r-1}{\varepsilon_r}\frac{Q}{4\pi R_1^2} \tag{③}$$

极化电荷的总量为

$$q'=4\pi R_1^2\sigma'=-\frac{\varepsilon_r-1}{\varepsilon_r}Q \tag{④}$$

用同样步骤可求出与球壳内表面接触的介质表面（$r=R_2$）上出现的极化电荷量为

$$q''=\frac{\varepsilon_r-1}{\varepsilon_r}Q=-q'$$

图2.26中表示出了各个表面的电荷分布.

(2) 充满均匀介质的电容器

上例中的导体球 A 和导体球壳 B 组成的球形电容器中充满了相对介电常数为 ε_r 的均匀介质，当极板电荷量为 Q 时，电容器中的场强为

$$\boldsymbol{E}=\frac{Q}{4\pi\varepsilon_r\varepsilon_0r^2}\boldsymbol{r}_0$$

因此，A、B 两极间电压为

$$U=\int_{R_1}^{R_2}E\mathrm{d}r=\frac{Q}{4\pi\varepsilon_r\varepsilon_0}\int_{R_1}^{R_2}\frac{1}{r^2}\mathrm{d}r=\frac{Q}{4\pi\varepsilon_r\varepsilon_0}\left(\frac{1}{R_1}-\frac{1}{R_2}\right)$$

根据电容的定义，此球形电容器的电容为

$$C=\frac{Q}{U}=\frac{4\pi\varepsilon_r\varepsilon_0R_1R_2}{R_2-R_1}=\varepsilon_rC_0 \tag{2.65}$$

式中

$$C_0=\frac{4\pi\varepsilon_0R_1R_2}{R_2-R_1}$$

为球形电容器的极间无介质（真空）时的电容量.

可见，充满均匀介质的电容器的电容量为该电容器未充满介质时的电容量 C_0 的 ε_r 倍.这个结论是普遍成立的.根据这个结论，在技术上广泛采用电容器极板间充以

高 ε_r 值的介质，以达到缩小电容器体积并保证足够大的电容量的目的.

(3) 部分填充电介质的电容器

如果介质未充满电容器极板间的空间，而是部分填充，或分层填充不同介电常数的介质，这时关系 $C=\varepsilon_r C_0$ 不成立. 此时应该根据介质的具体填充情况，应用静电学的基本规律求电容量. 下面以常见的几种情形为例进行讨论.

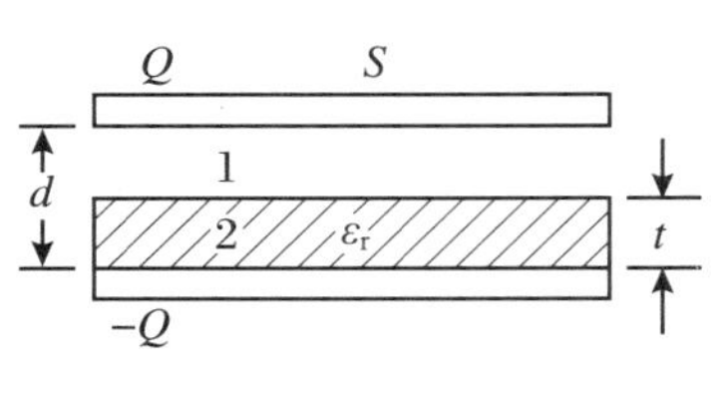

图 2.27

例 2 在平行板电容器中，与极板平行地插入厚度为 t、相对介电常数为 ε_r 的介质平板. 求该电容器的电容量. 已知板间距离为 $d(>t)$，板面积为 S（图 2.27）.

解 设两极板分别带电 $\pm Q$. 在极板间将建立电场. 这时两板间充有两种介质，1 是空气，其 $\varepsilon_{r空气}\approx 1$，可当做真空处理，2 是相对介电常数为 ε_r 的均匀介质. 由于平板状介质是平行于极板插入的，在不计边缘效应的情况下，根据对称性，可判定介质与空气的分界面是等势面. 因此，介质内的场强为 $E_2=\dfrac{E_0}{\varepsilon_r}$，其中 E_0 是由两极板上的自由电荷 $\pm Q$ 所激发的场强，有

$$E_0=\frac{\sigma}{\varepsilon_0}=\frac{Q}{\varepsilon_0 S}$$

所以，两个区域的场强分别为

$$E_1=\frac{E_0}{\varepsilon_{r空气}}=E_0=\frac{Q}{\varepsilon_0 S}$$

$$E_2=\frac{E_0}{\varepsilon_r}=\frac{Q}{\varepsilon_r\varepsilon_0 S}$$

极板间电压为

$$\begin{aligned}U&=\int_{正极板}^{负极板}\boldsymbol{E}\cdot \mathrm{d}\boldsymbol{l}=E_1(d-t)+E_2 t\\&=\frac{Q}{\varepsilon_r\varepsilon_0 S}[\varepsilon_r(d-t)+t]=\frac{Q}{\varepsilon_r\varepsilon_0 S}[\varepsilon_r d-(\varepsilon_r-1)t]\end{aligned}$$

电容量为

$$\begin{aligned}C&=\frac{Q}{U}=\frac{\varepsilon_r\varepsilon_0 S}{\varepsilon_r d-(\varepsilon_r-1)t}=\frac{\varepsilon_r}{\varepsilon_r-(\varepsilon_r-1)\dfrac{t}{d}}\frac{\varepsilon_0 S}{d}\\&=\frac{\varepsilon_r}{\varepsilon_r-(\varepsilon_r-1)\dfrac{t}{d}}C_0\end{aligned}\qquad ①$$

如果 $t=d$，即均匀介质充满平行板电容器，则

$$C=\varepsilon_r C_0 \qquad ②$$

如果 $t=\dfrac{d}{2}$，即介质厚度为极间距离的一半，则

$$C=\frac{2\varepsilon_r}{\varepsilon_r+1}C_0 \qquad ③$$

其中 $C_0=\dfrac{\varepsilon_0 S}{d}$，为未充介质时平行板电容器的电容量(下例同)．

例 3　在平行板电容器中，有厚度为 d 的均匀介质，介质正对极板的面积为 S'(＜S)，如图 2.28 所示，求电容量．

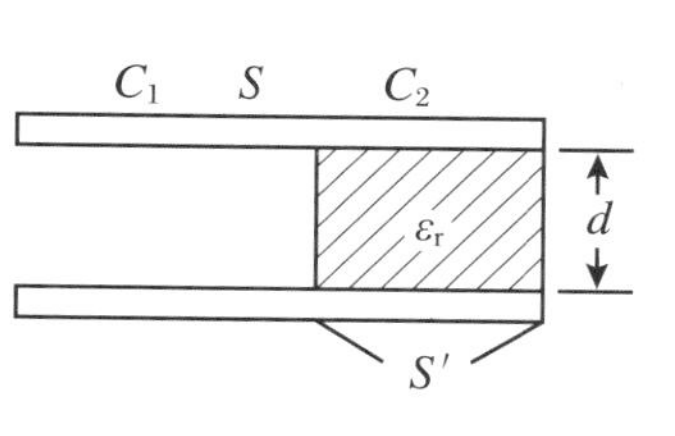

图 2.28

解　这时可将电容器看做是极板面积为 $S-S'$ 的充空气的电容器 C_1 与极板面积为 S' 的充满介质(相对介电常数为 ε_r)的电容器 C_2 的并联．这两个电容器的电容分别为

$$C_1=\frac{\varepsilon_0(S-S')}{d},\quad C_2=\frac{\varepsilon_r\varepsilon_0 S'}{d}$$

故总电容器的电容量为

$$C=C_1+C_2=\frac{\varepsilon_0 S}{d}\left[1+(\varepsilon_r-1)\frac{S'}{S}\right] \qquad ①$$

如果正对极板的介质面积为极板面积的一半，$S'=\dfrac{S}{2}$，则

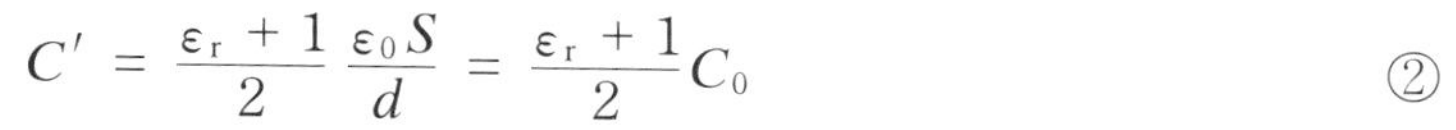

$$C'=\frac{\varepsilon_r+1}{2}\frac{\varepsilon_0 S}{d}=\frac{\varepsilon_r+1}{2}C_0 \qquad ②$$

例 4　球形电容器两极板之间的空间的一半由介质(相对介电常数为 ε_r)充满，如图 2.29 所示．求电容量．

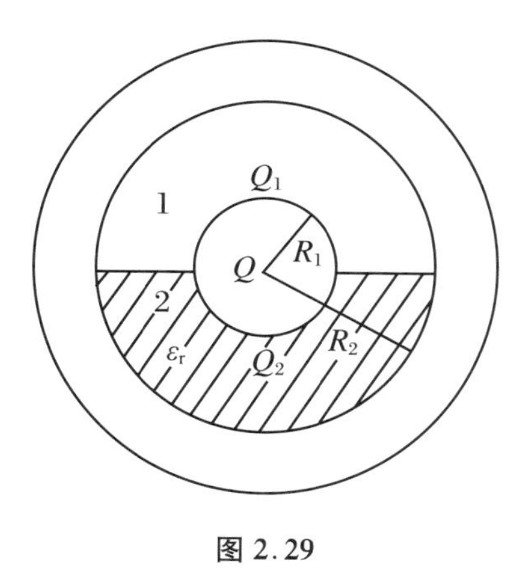

图 2.29

解　由于介质恰好是内、外径分别为 R_1 和 R_2 的半球壳，其侧面与球的径向夹角为零，故介质的填入不影响球形电容器内电位移矢量和场强的辐射状分布．

当充电 Q 后，极间电压有确定值，而由于 $U=\int_{R_1}^{R_2}E\mathrm{d}r$，故可判定充介质和未充介质区域中的场强相等，即

$$E_1=E_2$$

只要求出 E_1(或 E_2)，即可确定电压 U，也就可求出电容量 $C=\dfrac{Q}{U}$．为了求出场强，仍从电位移矢量着手，根据 D 和 E 的关系 $D=\varepsilon_r\varepsilon_0 E$，由上式得，两区域电位移 D_1 和 D_2 满足

$$D_1 = \frac{D_2}{\varepsilon_r}$$

所以,内球形极板与空气接触和与介质接触部分的自由面电荷密度将不同,其关系为

$$\sigma_1 = \frac{\sigma_2}{\varepsilon_r}$$

球形极板的这两个半球面上分配的自由电荷量 Q_1 和 Q_2 将满足同样的关系,即

$$Q_1 = \frac{Q_2}{\varepsilon_r}$$

根据电荷守恒,有

$$Q_1 + Q_2 = Q$$

由以上两式解出

$$Q_1 = \frac{Q}{1+\varepsilon_r}, \quad Q_2 = \frac{\varepsilon_r}{1+\varepsilon_r}Q$$

再应用高斯定理分别求出两区域的电位移分布,为

$$D_1 = \frac{Q_1}{2\pi r^2} = \frac{Q}{2\pi(\varepsilon_r + 1)r^2}$$

$$D_2 = \frac{Q_2}{2\pi r^2} = \frac{\varepsilon_r Q}{2\pi(\varepsilon_r + 1)r^2}$$

所以,两区域的场强分布为

$$E_1 = E_2 = \frac{D_2}{\varepsilon_r \varepsilon_0} = \frac{Q}{2\pi(\varepsilon_r + 1)\varepsilon_0 r^2}$$

极板间电压为

$$U = \int_{R_1}^{R_2} E_1 \mathrm{d}r = \frac{Q}{2\pi(\varepsilon_r + 1)\varepsilon_0}\left(\frac{1}{R_1} - \frac{1}{R_2}\right)$$

电容量为

$$C' = \frac{Q}{U} = \frac{2\pi(\varepsilon_r + 1)\varepsilon_0 R_1 R_2}{R_2 - R_1} = \frac{\varepsilon_r + 1}{2}C_0$$

其中

$$C_0 = \frac{4\pi\varepsilon_0 R_1 R_2}{R_2 - R_1}$$

为未充介质的球形电容器的电容.

8. 关于静电能的几个问题

在静电学中与能量有关的概念有静电势能、相互作用能、自能、静电能和静电场的能量等.这里就它们各自的含义和相互间的关系谈几点看法.

(1) 带电体系的相互作用能和静电势能

带电体系的相互作用能(简称互能)等于在保持各个带电体电荷分布不变的情况

下,把带电体从无限分散的状态缓慢地搬运至给定的配置状态的过程中外力反抗静电力所做的功.(这里,“缓慢地搬运”是指外力保持与静电力平衡,被搬运的带电体的动能可以忽略不计.)显然,由于静电力是保守力,时刻与静电力平衡的外力在搬运带电体过程中做的功与具体路径无关.所以,一定配置状态的相互作用能是确定的,不依赖于搬运带电体的次序和所经过的具体路径.

按静电势能的定义,如上所定义的带电体系的互能正是以无限分散状态为零势能状态时带电体系在相应配置状态的静电势能.

两个相距为 r 的点电荷 q_1 和 q_2 组成的带电体系的互能为

$$W_{互} = k\frac{q_1 q_2}{r} = q_1 U_{21} = q_2 U_{12} \tag{2.66}$$

式中,$k=\dfrac{1}{4\pi\varepsilon_0}$,$U_{21}=k\dfrac{q_2}{r}$为选无限远为零电势点时 q_2 激发的电场在 q_1 处的电势,$U_{12}=k\dfrac{q_1}{r}$为 q_1 激发的电场在 q_2 处的电势.把式(2.66)改写成对称的形式:

$$W_{互} = \frac{1}{2}(q_1 U_{21} + q_2 U_{12}) \tag{2.67}$$

推广到由几个点电荷组成的电荷系,有

$$W_{互} = \frac{1}{2}\sum_i q_i U_i \tag{2.68}$$

其中,U_i 是除 q_i 以外的所有其他点电荷激发的电场在 q_i 处的电势,显然 $U_\infty=0$ 的条件是必要的.

一般而论,点电荷 q 在电场中的静电势能 qU 同该点电荷与场源电荷的互能之间的关系为

$$W_{互} = qU + C$$

当选取无限远为零电势点时,常数 $C=0$,有

$$W_{互} = qU \quad (U_\infty = 0) \tag{2.69}$$

在各带电体的电荷分布不变的情形下,带电体系的相互作用能或静电势能由各带电体的相对位置决定.因此,它可当做系统的机械能的组成部分,并应用机械能定理处理系统的机械运动问题.

显然,互能与静电势能一样,是可正可负的.同号点电荷之间的互能为正,异号点电荷之间的互能为负.

(2) 带电体的自能

带电体的自能(有的称为自具能)等于把该带电体的所有电荷元从无限分散远离的状态缓慢地聚集成带电体的过程中外力反抗静电力所做的功.根据这个定义,带电体(总电荷量为 Q)的自能可表示为

$$W_{自} = \int_0^Q u(q)\mathrm{d}q \tag{2.70}$$

其中,$u(q)$为当带电体的电荷量为 q 时,再往上添加的电荷元 $\mathrm{d}q$ 所在位置处的电势,当然应以无限远处作为零电势点.对于带电的导体,由于它是一个等势体,电荷分布在表面上,故式(2.70)的 $u(q)$就是当导体电荷量为 q 时导体的电势.

按自能的定义,如果把带电体看成由无限多个无限小的电荷元 $\mathrm{d}q$ 组成的带电体系,那么,组成带电体的这无限多个电荷元之间的互能也就等于带电体的自能,于是由互能表达式(2.68),将求和换成积分,便得到带电体自能的另一种表示:

$$W_{自} = \frac{1}{2}\int_0^Q U\mathrm{d}q \tag{2.71}$$

与式(2.70)中的 $u(q)$不同,这里的 U 是带电体带有的全部电荷量 Q 所激发的电场在电荷元 $\mathrm{d}q$ 所在位置的电势.

对于带电导体,导体表面各电荷元所在处的电势都等于导体的电势,因此在积分式中 U 为一常量.于是孤立带电导体的自能可表示为

$$W_{自} = \frac{1}{2}QU \tag{2.72}$$

不管带电体带正电还是负电,在把无限多个无限分散的同号电荷聚集起来形成带电体的过程中,外力总是要克服静电斥力做正功,故孤立带电体的自能是恒正的.

下面举两例说明自能的计算.

例 1 计算孤立带电导体球的自能.设导体球半径为 R,电荷量为 Q.

解 取 $U_\infty=0$.当导体球带有电荷 $q(q<Q)$时,球面的电势为

$$u(q) = \frac{q}{4\pi\varepsilon_0 R}$$

应用式(2.70)计算,带电导体球的自能为

$$W_{自} = \int_0^Q \frac{q}{4\pi\varepsilon_0 R}\mathrm{d}q = \frac{Q^2}{8\pi\varepsilon_0 R}$$

再根据式(2.71)计算.

当电荷量为 Q 时,导体球的电势为

$$U = \frac{Q}{4\pi\varepsilon_0 R}$$

由式(2.71),导体球的自能为

$$W_{自} = \frac{1}{2}\int_0^Q U\mathrm{d}q = \frac{1}{2}U\int_0^Q \mathrm{d}q = \frac{Q^2}{8\pi\varepsilon_0 R}$$

由以上可看出用式(2.70)和式(2.71)分别算出了相同的结果.

例 2 计算孤立的均匀带电球体(非导体)的自能.设球体的半径为 R,电荷量 $Q=\frac{4}{3}\pi R^3\rho$,其中 ρ 为电荷体密度.

解 应用式(2.70)计算.

根据球对称性,我们假定电荷是从里到外一层一层地聚集在球体上的.设半径为

$r(r<R)$的球已均匀带上电荷 $q\left(=\frac{4}{3}\pi r^3\rho\right)$，它的外面尚未带上电荷，则已带电的球体的界面（半径为 r 的球面）上的电势为

$$u(q)=\frac{q}{4\pi\varepsilon_0 r}=\frac{r^2}{3\varepsilon_0}\rho$$

再往这个边界面上添加厚为 $\mathrm{d}r$、体电荷密度为 ρ 的电荷层（即一薄球壳电荷层），其电荷 $\mathrm{d}q=4\pi r^2\rho\mathrm{d}r$. 按式(2.70)，均匀带电球体的自能为

$$W_{自}=\int_0^Q u(q)\mathrm{d}q=\int_0^R\frac{r^2}{3\varepsilon_0}\rho\cdot4\pi r^2\rho\mathrm{d}r=\frac{3Q^2}{20\varepsilon_0\pi R}$$

应用式(2.71)计算，可得到相同的结果. 由于均匀带电球体内电势分布如表1.1，计算会稍微复杂一些.

在涉及自能的场合，点电荷模型不适用，因为点电荷（$R\to0$）的自能为无限大. 同样无限大的带电体的自能也为无限大. 因而，在涉及自能时，也不用诸如无限大带电平面等模型.

(3) 电子的经典半径

电子是最小的带电粒子，它的静质量 $m_e=9.1\times10^{-31}$ kg，电荷量为 $-e=-1.60\times10^{-19}$ C. 如果计算电子的自能，则不能把它视作点电荷，而应对它的形状和带电状态假定出一个模型. 如果假定电子是半径为 r_e 的均匀带电球壳，则按例1，电子的自能为$\frac{e^2}{8\pi\varepsilon_0 r_e}$. 如果假定电子是半径为 r_e 的均匀带电球体，则按例2，电子的自能为$\frac{3e^2}{20\pi\varepsilon_0 r_e}$. 根据相对论质能公式，电子的静能为 $W=m_ec^2$. 如果不计与非电磁力相关的自能，认为 W 全部来自静电自能. 则按上述两种模型可求出相应的电子半径 r_e. 如取第一种模型，算出的结果是

$$r_e\approx2.8\times10^{-15}\ \mathrm{m}\tag{2.73}$$

如取第二种模型，算出的 r_e 有相同的数量级. r_e 称为**电子的经典半径**.

(4) 带电体系的静电能

带电体系的静电能等于体系中各带电体的自能和它们之间的相互作用能之和：

$$W=W_{自}+W_{互}\tag{2.74}$$

对于一些简单的情形，如两个体电荷密度均匀的带电小球体各自的半径和电荷量分别为 R_1、q_1 和 R_2、q_2. 两球心相距 r 远大于R_1 和 R_2. 这时可分别计算它们的自能和互能，而得静电能为

$$\begin{aligned}W&=\frac{3q_1^2}{20\pi\varepsilon_0R_1}+\frac{3q_2^2}{20\pi\varepsilon_0R_2}+\frac{q_1q_2}{4\pi\varepsilon_0 r}\\&=\frac{3}{20\pi\varepsilon_0}\left(\frac{q_1^2}{R_1}+\frac{q_2^2}{R_2}+\frac{5q_1q_2}{3r}\right)\end{aligned}$$

如果带电体系由几个带电导体组成,各导体的电势和电荷量分别为 U_i 和 Q_i $(i=1,2,\cdots,n)$,则带电导体系的静电能为

$$W=\frac{1}{2}\sum_i U_iQ_i \tag{2.75}$$

这里,U_i 为所有带电导体(包括导体 i 自身)激发的总电场中导体 i 的电势.正由于 U_i 是由带电导体系的全部电荷决定的,所以式(2.75)既包括了各导体的自能又包括了它们之间的互能.应当注意与点电荷系的互能表达式(2.68)的区别.

如果体系由若干个带电体(不一定是导体)组成,各个带电体不一定是等势体,则静电能的计算要复杂一些,其一般表示式可写为

$$W=\frac{1}{2}\sum_i\int_0^{Q_i}U_i\mathrm{d}q_i \tag{2.76}$$

这里,U_i 为体系中的所有电荷(包括带电体 i 自身的电荷 Q_i)在带电体的电荷元 $\mathrm{d}q_i$ 处的电势.

对确定的带电体系,自能和互能的划分是相对的,但静电能是确定的恒正量.

以三个带电体 A、B、C 组成的带电体系为例,静电能可看做三个带电体各自的自能与三个带电体间的互能之和;也可以把 A 和 B 组合为一个整体,C 作为另一带电体,此时静电能是 A、B 组合的自能,C 的自能以及 A、B 组合和 C 的互能之和,等等.对不同的划分,自能和互能不同,但静电能有确定值.

可以这样理解:把带电体系的每一个带电体都分成无限多个无限小的电荷元,因此带电体系由无限多个电荷元按确定的配置状态组成.由于每一个电荷元的电荷是无限小的,它激发的场在自身位置的电势也是无限小的,故无限小电荷元的自能是二级无限小,可忽略不计.因此,整个带电体系的静电能就是在给定的配置状态下,这无限多个无限小电荷元之间的互能.实际上这也就是式(2.76)的物理意义.由此可见,带电体系的静电能是有确定值的.

一个给定的带电体系可能由带不同号电荷的带电体组成.每一个宏观的同号电荷团都由无限多个同号的电荷元聚集而成.不论电荷的正负,同一电荷团的自能恒为正;同号电荷团之间的互能也为正;只有异号电荷团间的互能为负.任意两个异号电荷元只能分别在不同符号的电荷团上,它们之间的距离平均来说都大于每一个电荷团中的同号电荷元间的距离.由于静电力与距离平方成反比,故不难理解,把无限分散的无限多个正、负电荷元分别聚集,在形成带正电或负电的电荷团的过程中,外力所做的正功一定大于把不同符号的电荷团从无限远离状态移至给定的位置时外力所做负功的绝对值,更不用说把同号电荷团移至给定位置,外力还要做正功.所以带电体系的静电能总是正值.

例如,两个分别带 $+q$ 和 $-q$ 电荷的均匀带电的介质小球的半径均为 R,两球心相距为 R.假定两球的电荷分布不变,两带电球的自能各为$\dfrac{3q^2}{20\pi\varepsilon_0 R}$,它们之间的互能

为$\frac{-q^2}{4\pi\varepsilon_0 R}$. 这个带电体系的静电能为

$$W=\frac{6q^2}{20\pi\varepsilon_0 R}-\frac{q^2}{4\pi\varepsilon_0 R}=\frac{q^2}{20\pi\varepsilon_0 R}>0$$

（5）静电能与其他形式的能量相互转化问题

带电体系的静电能如果发生变化，则必须有其他形式的能量发生相应的变化，或必与外界对带电体系做功的过程相联系.

如果体系中各带电体的电荷及电荷分布不变，则各带电体的自能保持不变. 各带电体的相对位置变化将引起它们的互能改变，即静电势能发生改变. 这时，必然有外力做功或带电体的动能发生变化，但问题中只涉及动能和势能的变化. 因此，可用机械能定理解决带电体的运动问题. 例如，带电粒子（点电荷）在电场中的运动就是这种情形. 这时，静电能的变化只限于带电粒子与场源电荷间的互能变化. 对这类问题，从静电能中明确划分出互能或静电势能，并把它作为机械能的组成部分，方便之处是大家熟知的.

如果在运动变化中各带电体的电荷及电荷分布也发生变化，那么不仅各带电体之间的互能，而且各带电体的自能也将发生变化. 这时，能量转换的情况会复杂得多，将不仅涉及势能、动能和外力做功，而且还可能出现其他的非静电、非机械能量的变化. 而且除去一些简单例子，在一般情况下，不必要、也难于从静电能中区分带电体的自能和它们之间的互能的变化.

下面举例说明. 极板面积为 S、相距为 d 的电容器充电后，两极板分别带电荷量 $\pm Q$，正、负极板的电势分别为 U_+ 和 U_-. 这时电容器的静电能为

$$W_0=\frac{1}{2}[U_+Q+U_-(-Q)]=\frac{1}{2}(U_+-U_-)Q=\frac{Q^2}{2C}=\frac{Q^2 d}{2\varepsilon_0 S}$$

现在在断开电源的情况下，缓慢地将两板距离增加为 $2d$，这时电荷量不变而电容量减小为原来的一半，于是静电能变为

$$W=\frac{Q^2(2d)}{2\varepsilon_0 S}=\frac{Q^2 d}{\varepsilon_0 S}$$

可见，静电能的增量为 $\Delta W=W-W_0=\frac{Q^2 d}{2\varepsilon_0 S}$. 由于两极板带电状态无变化，故各板的自能不变，静电能的增量就是两极板间的互能的增量.

另一方面，在缓慢移动极板的过程中，外力要做功，由于一个极板的电荷在另一极板处产生的场强为 $E'=\frac{Q}{2\varepsilon_0 S}$，故外力反抗电场力做的功为 $W=EQd=\frac{Q^2 d}{2\varepsilon_0 S}$，正好等于两带电极板间的互能（或静电势能）的增量. 在上述过程中，只有互能和与之相联系的机械功的变化，无其他形式的能量参与变化.

如果对上述充电后的电容器在保持与恒压电源接通的情况下，缓慢地把两板距

离增加为$2d$，这时，两极板间电势差$U_+ - U_-$不变，电容减半，电量也减半，则静电能变为

$$W' = \frac{\left(\frac{Q}{2}\right)^2 (2d)}{2\varepsilon_0 S} = \frac{Q^2 d}{4\varepsilon_0 S} = \frac{1}{2} W_0$$

静电能的增量为$\Delta W' = W' - W_0 = -\frac{Q^2 d}{4\varepsilon_0 S}$. 由于各极板的电荷量发生了改变，故各极板的自能和相互间的互能都发生了变化.

在移动极板过程中，时刻与静电力平衡的外力（变力）要做功，不难计算出外力做的功为$W = \frac{Q^2 d}{4\varepsilon_0 S}$.

按照以上计算结果，可知外力做正功，而静电能却减少. 按普遍的功能关系，可知必有其他形式的功或能量的变化与上述过程相伴. 这就是电容器通过连接两板和电源的电路放电，放电电流在电阻上产生焦耳热，同时反抗电源电动势做功（对电源充电）. 所以，外力做的功加上静电能的减少量转换成焦耳热和电源内的非静电能的增量.

9. $\boldsymbol{E} = \frac{\boldsymbol{E}_0}{\varepsilon_r}$成立的条件及其证明

在均匀各向同性的电介质中，电场强度与电位移矢量的关系是$\boldsymbol{D} = \varepsilon_r \varepsilon_0 \boldsymbol{E}$. 通常用$\boldsymbol{E}_0$表示在相同的情况下单纯由自由电荷激发的场强，它决定于自由电荷的空间分布. $\boldsymbol{E}$和$\boldsymbol{E}_0$之间的一般关系式为$\boldsymbol{E} = \boldsymbol{E}_0 + \boldsymbol{E}'$. 其中，$\boldsymbol{E}'$为介质的极化电荷激发的退极化场强，它决定于极化电荷分布. 一般情形下不存在$\boldsymbol{E} = \frac{\boldsymbol{E}_0}{\varepsilon_r}$（$\boldsymbol{D} = \varepsilon_0 \boldsymbol{E}_0$）的关系. $\boldsymbol{E} = \frac{\boldsymbol{E}_0}{\varepsilon_r}$只有在下面两种情况下才成立：

(1) 均匀介质充满电场存在的空间，$\boldsymbol{E} = \frac{\boldsymbol{E}_0}{\varepsilon_r}$成立

在无限大均匀介质（相对介电常数为ε_r）中，点电荷q_1激发的场强分布为

$$\boldsymbol{E} = \frac{\boldsymbol{E}_0}{\varepsilon_r} = \frac{q_1}{4\pi\varepsilon_0 \varepsilon_r r^2} \boldsymbol{r}_0 \tag{2.77}$$

在介质中，距场源电荷r的点电荷q_2受的电场力为

$$\boldsymbol{F} = q_2 \boldsymbol{E} = \frac{q_1 q_2}{4\pi\varepsilon_0 \varepsilon_r r^2} \boldsymbol{r}_0 \tag{2.78}$$

一些教材中称式(2.78)为介质中的库仑定律（见第1章问题讨论6）. 显然它成立的条件是两个点电荷都处于无限大（充满电场所在空间）的均匀介质中.

现在我们对上述结论给出证明.

设在确定的自由电荷分布的情况下，无介质（真空中）时的场强即单纯由自由电荷激发的场强为 $\boldsymbol{E}_0$. 根据微分形式的高斯定理：

$$\begin{cases}\nabla\cdot\boldsymbol{E}_0=\dfrac{\rho}{\varepsilon_0} & （有电荷处）\\ \nabla\cdot\boldsymbol{E}_0=0 & （无电荷的空间）\end{cases}\tag{2.79}$$

当电场中充满均匀介质时，ε_r 是常数. 根据 $\boldsymbol{E}=\dfrac{1}{\varepsilon_r\varepsilon_0}\boldsymbol{D}$ 和高斯定理 $\nabla\cdot\boldsymbol{D}=\rho$，可得

$$\begin{cases}\nabla\cdot\boldsymbol{E}=\dfrac{\rho}{\varepsilon_0\varepsilon_r} & （有电荷处）\\ \nabla\cdot\boldsymbol{E}=0 & （无电荷处）\end{cases}\tag{2.80}$$

同样，由于在空间各点 ε_r 为常数，有 $\dfrac{1}{\varepsilon_r}\nabla\cdot\boldsymbol{E}_0=\nabla\cdot\dfrac{\boldsymbol{E}_0}{\varepsilon_r}$，用 $\dfrac{1}{\varepsilon_r}$ 分别乘式(2.77)两端可得

$$\begin{cases}\nabla\cdot\dfrac{\boldsymbol{E}_0}{\varepsilon_r}=\dfrac{\rho}{\varepsilon_0\varepsilon_r} & （有电荷处）\\ \nabla\cdot\dfrac{\boldsymbol{E}_0}{\varepsilon_r}=0 & （无电荷处）\end{cases}\tag{2.81}$$

比较式(2.80)、式(2.81)可得：当自由电荷分布确定时，$\boldsymbol{E}$ 与 $\dfrac{\boldsymbol{E}_0}{\varepsilon_r}$ 满足相同的微分方程.

再考虑边界条件. 当电荷分布在有限区域时，不论是真空中还是充满电场空间的无限大均匀介质中，在无限远处场强均为零，即

$$\boldsymbol{E}_0\xrightarrow{r\to\infty}0;\quad \boldsymbol{E}\xrightarrow{r\to\infty}0$$

可见，当均匀介质充满电场存在的空间时，$\boldsymbol{E}$ 与 $\dfrac{\boldsymbol{E}_0}{\varepsilon_r}$ 满足相同的微分方程，同时满足相同的边界条件. 根据唯一性定理，它们相等，即

$$\boldsymbol{E}=\frac{\boldsymbol{E}_0}{\varepsilon_r}\tag{2.82}$$

也就是说，当均匀介质充满电场存在的空间时，介质内的电场强度等于相同自由电荷分布情形下真空中的场强的 $\dfrac{1}{\varepsilon_r}$. 在应用式(2.82)时，要注意它成立的条件. 在上面的证明中，只有“介质均匀，ε_r 为常数”，才能得到式(2.80)和式(2.81)；只有“均匀介质充满电场存在的空间”，才能保证 $\boldsymbol{E}$ 和 $\dfrac{\boldsymbol{E}_0}{\varepsilon_r}$ 有相同的边界条件.

(2) 任意两个相邻介质的界面都是等势面时，$\boldsymbol{E}=\dfrac{\boldsymbol{E}_0}{\varepsilon_r}$ 成立

证明如下：在空间所有区域，单纯由自由电荷激发的场强 $\boldsymbol{E}_0$ 仍满足式(2.79). 在

任一区域 i,相对介电常数为 ε_{ri},场强为 $\boldsymbol{E}_i$,由高斯定理,有

$$\begin{cases}\nabla\cdot \boldsymbol{E}_i = \dfrac{\rho}{\varepsilon_0\varepsilon_{ri}} & (有电荷处)\\ \nabla\cdot \boldsymbol{E}_i = 0 & (无电荷处)\end{cases} \tag{2.83}$$

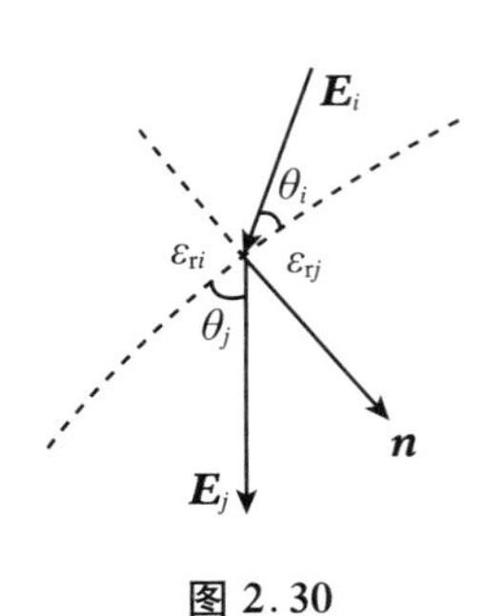

图 2.30

同时,在介质 i 和介质 j 的界面上,$\boldsymbol{E}_i$ 和 $\boldsymbol{E}_j$ 必须满足的边界关系为 $E_{it}=E_{jt}$和$\varepsilon_{ri}E_{in}=\varepsilon_{rj}E_{jn}$(见 2.5 节),其中 E_{it}、E_{jt}和 E_{in}、E_{jn}分别为 $\boldsymbol{E}_i$ 和$\boldsymbol{E}_j$ 沿界面切线和法线的分量.设 $\boldsymbol{E}_i$ 与界面法线成 θ_i 角,$\boldsymbol{E}_j$ 与界面法线成θ_j 角(如图2.30 所示).则边界关系为

$$\begin{cases}E_i\sin\theta_i = E_j\sin\theta_j\\ \varepsilon_{ri}E_i\cos\theta_i = \varepsilon_{rj}E_j\cos\theta_j\end{cases} \tag{2.84}$$

根据静电场边值问题及其解的唯一性定理,满足边界关系的式(2.83)的解就是静电场的确定解.

当两介质的界面不是等势面时,$\boldsymbol{E}_i$ 和$\boldsymbol{E}_j$ 都不与界面垂直,θ_i 和θ_j 不为零,由式(2.84)可得

$$\frac{\tan\theta_i}{\tan\theta_j} = \frac{\varepsilon_{ri}}{\varepsilon_{rj}} \tag{2.85}$$

故只要 $\varepsilon_{ri}\neq\varepsilon_{rj}$,则 $\theta_i\neq\theta_j$.所以,虽然与式(2.79)比较,$\boldsymbol{E}_i=\dfrac{\boldsymbol{E}_0}{\varepsilon_{ri}}$和$\boldsymbol{E}_j=\dfrac{\boldsymbol{E}_0}{\varepsilon_{rj}}$可满足方程式(2.83),但不满足边界关系式(2.84).故当界面不是等势面时,关系 $\boldsymbol{E}_i=\dfrac{\boldsymbol{E}_0}{\varepsilon_{ri}}$不成立.

当各个界面是等势面时,$\boldsymbol{E}_i$ 和 $\boldsymbol{E}_j$ 均与界面垂直,于是,$\theta_i=\theta_j=0$,边界关系成为

$$\varepsilon_{ri}\boldsymbol{E}_i = \varepsilon_{rj}\boldsymbol{E}_j \tag{2.86}$$

在这种情形下,$\boldsymbol{E}_i=\dfrac{\boldsymbol{E}_0}{\varepsilon_{ri}}$,$\boldsymbol{E}_j=\dfrac{\boldsymbol{E}_0}{\varepsilon_{rj}}$既是场方程的一个解,又满足了所有边界关系.根据唯一性定理,它就是静电场的唯一确定的解.

到此已经证明了只有在各不同的均匀介质的界面都是等势面的情况下,才有

$$\boldsymbol{E}_i = \frac{\boldsymbol{E}_0}{\varepsilon_{ri}} \quad (i = 1,2,\cdots,n)$$

即任一区域的场强等于单纯由自由电荷激发的场强除以该区域的相对介电常数.

10. 电介质在电场中受到的力

在电场中电介质极化,出现极化电荷$\pm q'$和极化强度 $\boldsymbol{P}$(单位体积内分子电偶极矩的矢量和).介质内的电场强度 $\boldsymbol{E}$ 是自由电荷产生的电场强度$\boldsymbol{E}_0$ 与极化电荷产生

的电场强度 $\boldsymbol{E}'$的叠加,即

$$\boldsymbol{E} = \boldsymbol{E}_0 + \boldsymbol{E}'$$

极化强度正比于介质中的电场强度:

$$\boldsymbol{P} = (\varepsilon_r - 1)\varepsilon_0 \boldsymbol{E} \tag{2.87}$$

在介质中,电场的能量密度为

$$\begin{aligned} w &= \frac{1}{2}\boldsymbol{D}\cdot\boldsymbol{E} = \frac{1}{2}\varepsilon_0 E^2 + \frac{1}{2}\boldsymbol{P}\cdot\boldsymbol{E} \\ &= \frac{1}{2}\varepsilon_0 E^2 + \frac{1}{2}(\varepsilon_r - l)\varepsilon_0 E^2 = \frac{1}{2}\varepsilon_r\varepsilon_0 E^2 \end{aligned} \tag{2.88}$$

上式中第二和第三个等式的前一项表示自由电荷和极化电荷在“真空化”了的介质空间产生的电场能密度,第二项表示介质因极化而具有的电场能密度.

电场力做的功和电场能的变化密切相关.由上式可知,电介质在电场中受到的力不仅与极化电荷有关,还与介质的极化强度相关.

对于均匀电介质(我们通常讨论的对象),极化电荷分布在表面上.在均匀电场中,电场力作用在介质表面.在非均匀电场中,介质体内也受电场力,单位体积介质受的电场力与电场强度的平方的梯度(ΔE^2)成正比.我们讨论均匀电场的情形.

求电场对某介质表面的作用力的一般方法是根据能量守恒定律的功能原理.作为典型例子,我们讨论电容器电场中某一介质表面受的电场力.有两种情形:

一种情形是电容器极板上的自由电荷量保持不变,如电容器充电后断开电源.

为求电场作用在某介质表面层的电场力 F,假定该表面层沿力的方向发生一虚位移 δx,因而介质的体积将变化,电容器空间的电场能 W 也将随之变化.根据功能原理,电场力在虚位移中做的功必等于电场能量的减量 $-\delta W$,即

$$F\delta x = -\delta W \tag{2.89}$$

或

$$F = -\frac{\delta W}{\delta x} \tag{2.89$'$}$$

另一种情形是电容器两极板间电压 U 保持不变,也就是电容器两极板保持与恒压电源接通.

在此种情形下,假定介质某表面沿电场力方向发生虚位移 δx,电容器的电容 C 也随之变化 δC,在电压不变的条件下,电容器极板上的电量将发生变化 $\delta Q = U\delta C$,为输送此电量,电源必做功 $\delta A' = U\delta Q$,这也就是电源向电容器系统提供的能量.根据功能原理,在介质表面的虚位移 δx 中,电源提供的能量必等于电场能量的增量与电场力在虚位移中做的功的和,即

$$\delta A' = \delta W + F\delta x \tag{2.90}$$

又因电容器系统的静电能(即电场能)为

$$W = \frac{1}{2}QU = \frac{1}{2}CU^2 \tag{2.91}$$

所以，在 U 不变的条件下，有

$$\delta W = \frac{1}{2}U\delta Q = \frac{1}{2}\delta A' = F\delta x \tag{2.92}$$

可见，在电压不变的条件下，电场力在虚位移中做的功等于电场能的增量，即

$$F\delta x = \delta W \tag{2.93}$$

下面我们讨论几个问题.

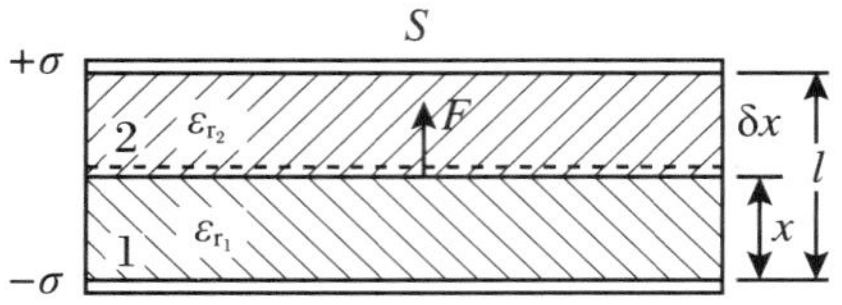

图 2.31

例 1 平板电容器极板面积为 S，板间距为 l，两板间充以相对介电常数分别为 ε_{r_1} 和 ε_{r_2} 的两种电介质，两介质的接触面与极板平行，第 1 种介质板的厚为 x. 电容器两板分别带电，电荷面密度分别为 $\pm\sigma$，电容与电源断开接触. 求两介质的接触面（即包含两介质接触面的一极薄层）受的电场力.

解 为解此问题，先求电容器内电场的能量. 在介质 1 中，电场强度和电场能密度分别为

$$E_1 = \frac{\sigma}{\varepsilon_{r_1}\varepsilon_0}, \quad w_1 = \frac{1}{2}\varepsilon_{r_1}\varepsilon_0 E^2 = \frac{\sigma^2}{2\varepsilon_{r_1}\varepsilon_0}$$

在介质 2 中分别为

$$E_2 = \frac{\sigma}{\varepsilon_{r_2}\varepsilon_0}, \quad w_2 = \frac{1}{2}\varepsilon_{r_2}\varepsilon_0 E^2 = \frac{\sigma^2}{2\varepsilon_{r_2}\varepsilon_0}$$

所以，电容器空间的电场能为

$$W = w_1 Sx + w_2 S(l - x) = \frac{\sigma^2 S[\varepsilon_{r_1} l - (\varepsilon_{r_1} - \varepsilon_{r_2})x]}{2\varepsilon_{r_1}\varepsilon_{r_2}\varepsilon_0} \tag{①}$$

也可以先求出电容器的电容 C，进而应用电容器储能公式 $W = \dfrac{Q^2}{2C} = \dfrac{\sigma^2 S^2}{2C}$ 求出电容器系统的静电能（即电场能），求出的结果必与式①相同.

由对称性判断电场作用于界面层的力与界面垂直，设为 F 如图 2.31 所示，假设界面沿 F 方向发生一虚位移 δx，由功能原理有

$$F\delta x = -\delta W$$

代入式①，得

$$F\delta x = \frac{\varepsilon_{r_1} - \varepsilon_{r_2}}{2\varepsilon_{r_1}\varepsilon_{r_2}\varepsilon_0}\sigma^2 S\delta x$$

$$F = \frac{\varepsilon_{r_1} - \varepsilon_{r_2}}{2\varepsilon_{r_1}\varepsilon_{r_2}\varepsilon_0}\sigma^2 S \tag{②}$$

可见，作用于界面层的电场力与介质板厚度 x 无关. 若 $\varepsilon_{r_1} > \varepsilon_{r_2}$，则 $F>0$；若 $\varepsilon_{r_1} < \varepsilon_{r_2}$，则 $F<0$，表明电场力是从相对介质常数大的介质指向相对介电常数小的介质（参见参考文献[7]）.

例 2 关于流传较广的一个题目的讨论. 这个题目是：水平放置的平行板电容器，

一块极板在液面上方，另一块在液面下方，液体的相对介电常数为 ε_r，密度为 ρ. 传送给电容器上、下极板的电荷面密度分别为 σ、$-\sigma$，电容器内液面升高 h 后将保持平衡状态，试求 h.

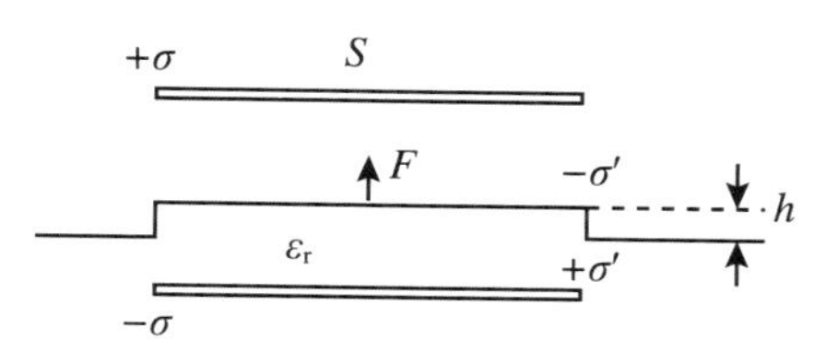

图 2.32

解　本例显然是例 1 的一个特例. 只需在例 1 中以 ε_r 代替 ε_{r_1}，并令 $\varepsilon_{r_2}=1$（空气相对介电常数约为 1），代入例 1 的式②，即得液面受到的向上的电场力 F（不必重复计算过程）：

$$F=\frac{\varepsilon_r-1}{2\varepsilon_r\varepsilon_0}\sigma^2S \qquad ①$$

此力与高出 h 的液体的重力平衡，即

$$F=\rho ghS \qquad ②$$

于是求得

$$h=\frac{(\varepsilon_r-1)\sigma^2}{2\varepsilon_r\varepsilon_0\rho g} \qquad ③$$

这个本一般的问题却出现了争议. 在两本有较大影响的物理竞赛参考书中对这个问题给出的答案是：液面受的电场力为

$$F^*=\frac{\varepsilon_r^2-1}{2\varepsilon_r^2\varepsilon_0}\sigma^2S \qquad ④$$

液面升高

$$h^*=\frac{(\varepsilon_r^2-1)\sigma^2}{2\varepsilon_r^2\varepsilon_0\rho g} \qquad ⑤$$

得出这个结果的一种解法是：直接求出两极板上的自由电荷（σS 和 $-\sigma S$）和液体与下极板接触面的极化电荷（$+\sigma'S$）在液体上表面处产生的电场强度，然后用液体上表面的极化电荷（$-\sigma'S$）乘以电场强度，即得如式④表示的电场力.

这种解法的根据或物理模型是：用极化电荷 $\pm\sigma'S$ 完全替代极化了的电介质，有极化电荷的两表面之间被“真空化”了. 介质分子的极化、极化强度这个描述介质极化程度的物理量以及由极化造成的对介质表面层的作用被完全弃之不顾了.

事实上，极化会引起介质线度的伸缩（称电致伸缩，在有些介质如石英晶体中，这种伸缩是很明显的，因而被用作电振动和机械振动之间转换的器件）. 极化使介质线度改变，分子热运动产生的退极化效应又力图使介质回到原来的线度，这就在介质内部出现与极化相关的应力，对介质表面层就会有力的作用. 与此相关的力是一种统计效应，尚未见有关的解析表达. 尽管如此，完全把这种作用忽略，而简单地用“两表面极化电荷加其间的真空”来代替极化了的介质，在物理模型上是站不住脚的.

我们试试用功能原理式(2.89)计算极化介质作用于液体介质表面的力. 与极化相关的电场能量，即极化能密度为

$$w' = \frac{1}{2}\boldsymbol{P}\cdot\boldsymbol{E} = \frac{1}{2}(\varepsilon_r - 1)\varepsilon_0 E^2$$

因此,液体介质内的极化能为

$$W' = w'Sx = \frac{(\varepsilon_r - 1)}{2\varepsilon_r^2\varepsilon_0}\sigma^2 Sx$$

设由于极化,液体介质作用在液面层的力为 F'.应用功能原理,对液面的虚位移,力 F'的功等于极化能的减量:

$$F'\delta x = -\delta W' = -\frac{(\varepsilon_r - 1)}{2\varepsilon_r^2\varepsilon_0}\sigma^2 S\delta x$$

$$F' = -\frac{(\varepsilon_r - 1)}{2\varepsilon_r^2\varepsilon_0}\sigma^2 S \qquad ⑥$$

负号表示此力垂直液面指向液面内.这个结果表明,由于极化,介质内在沿 $\boldsymbol{P}$ 方向处于张应力状态.

我们把源于介质极化的力 F'与只考虑自由电荷和另一表面的极化电荷($+\sigma'S$)对液面($-\sigma'S$)的作用力 F^*(式④)相加,得

$$F = F^* + F' = \frac{(\varepsilon_r^2 - 1)\sigma^2 S}{2\varepsilon_r^2\varepsilon_0} - \frac{(\varepsilon_r - 1)\sigma^2 S}{2\varepsilon_r^2\varepsilon_0} = \frac{(\varepsilon_r - 1)\sigma^2 S}{2\varepsilon_r\varepsilon_0}$$

这正是我们期待的结果式①,这或许不是偶然.

从另一角度分析,如果一开始就决定应用功能原理,或用静电势能和液面升高 h 的重力势能之和求得总势能,平衡时势能取最小值的方法求解,只要应用“两表面的极化电荷加其间的真空(介质被‘真空化’)”这一模型,即用$\frac{1}{2}\varepsilon_0 E^2$ 作为液体内部的能量密度,都会得到与式④和式⑤相同的错误结果.

可见,得出式④这样的不正确结果皆因对极化了的电介质所使用的物理模型的不正确.

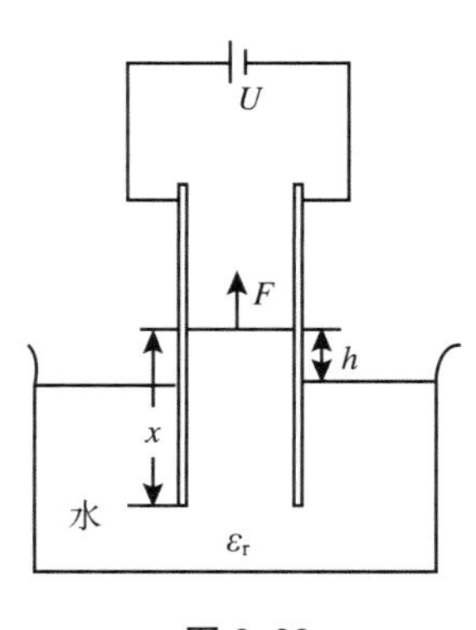

图 2.33

例 3 边长为 l 的正方形平行板电容器,板间距为 d,与电压为 U 的恒压电源连接,将此电容插入介质水中,保持板面与水面垂直,而板的上下两边与水面平行,如图 2.33 所示.水的相对介电常数为 ε_r.平衡后,电容器内的水面比外面的水面高出 h,求 h.

解 设平衡后,没入水中的电容器极板长为 x,则电容器的电容为

$$C = \frac{\varepsilon_0 l(l-x)}{d} + \frac{\varepsilon_r\varepsilon_0 lx}{d} = \frac{\varepsilon_0 l^2}{d} + \frac{(\varepsilon_r - 1)\varepsilon_0 l}{d}x$$

电容系统的静电能或电场能为

$$W = \frac{1}{2}CU^2 = \frac{\varepsilon_0 l^2 U^2}{2d} + \frac{(\varepsilon_r - 1)\varepsilon_0}{2d}lU^2 x \qquad ①$$

设电容器内的水面受向上的电场力 F，令水面向上发生一虚位移 δx，由于电压保持不变，所以功能关系是：电场力在虚位移中做的功等于电场能的增量，即

$$F\delta x = \delta W$$

将式①代入，得

$$F\delta x = \frac{(\varepsilon_r - 1)\varepsilon_0}{2d} lU^2 \delta x$$

$$F = \frac{(\varepsilon_r - 1)\varepsilon_0}{2d} lU^2 \qquad ②$$

此力与高 h 的水柱的重力平衡，即

$$F = \rho ghld \qquad ③$$

由以上两式求得

$$h = \frac{(\varepsilon_r - 1)\varepsilon_0}{2\rho g d^2} U^2 \qquad ④$$

讨论：在不计电容器的边缘效应这一常用理想模型中，电容器内空气中和水中的电场强度相等，为

$$E = \frac{U}{d}$$

方向均垂直于板面，从正极板指向负极板．在电容器内的水表面上没有极化电荷．那么，该水面受到的电场力因何而来呢？

根据例 2 中的讨论，该表面上既然无极化电荷，也就没有自由电荷对极化电荷的作用，那么此力就只能是由于介质水的极化而产生的．我们分析式①可知：右端第一项为常量（与 x 无关），它就是电压恒为 U 时真空电容器的电场能；第二项与 x 成正比，它就是介质水的极化电场能 W'．我们不妨按介质中的电场能密度 w' 乘体积再算一遍，如下：

$$W' = w' dlx = \frac{1}{2}(\varepsilon_r - 1)\varepsilon_0 E^2 dlx = \frac{(\varepsilon_r - 1)\varepsilon_0}{2d} U^2 lx$$

可见在本例中，作用于电容器水面的电场力为

$$F = \frac{\delta W}{\delta x} = \frac{\delta W'}{\delta x} = \frac{(\varepsilon_r - 1)\varepsilon_0}{2d} U^2 l$$

显然，本例中，水面受到的电场力完全源于介质水的极化．在例 2 中，液体内极化强度 $\boldsymbol{P}$ 的方向与液面垂直，源于极化的对液面层的作用力 F' 垂直液面指向液体内部；在本例中，水内极化强度方向与水面平行，源于极化的对水表面层的作用力垂直于水面指向水外空间．

真实的情形远比我们用的理想模型复杂．实际上，在介质水与空气接触面附近，电荷分布和电场分布都是复杂的，水面上会有极化电荷出现．因此，水面受的电场力有自由电荷对表面上的极化电荷的作用这一部分，而源于介质极化的对水面层的作用仍是重要组成部分．如果要考虑这种"边缘效应"，从理论上计算水面受到的电场力

或许是不可能的，唯有用实验测定. 以上三例中，我们都使用了“不计边缘效应”这一理想模型，算出的结果与实验测定的结果肯定是有偏差的.

11. 电像法应用简介

电像法是以静电场解的唯一性定理为依据的、在一些情况下求解电场分布的简便方法. 例如，具有一定形状的导体表面附近有已知电荷，已知电荷与导体表面的感应电荷激发的静电场区域又是以恒定电势的导体表面为边界的(其他部分边界可能在无限远处). 直接求这个区域的电场分布是很困难的. 但是在一定条件下，从导体表面(即边界面)和已知电荷的位置可以判断，如在这个区域之外的适当位置放置一个或若干个适当电荷量的假想点电荷，那么，它(或它们)可等效替换导体表面的感应电荷，并保证边界面的电势不变，即保持原电场区域的边界条件不变. 根据唯一性定理，在原区域内，这若干假想电荷和已知电荷所决定的电场分布与已知电荷和导体表面感应电荷决定的电场分布相同. 于是，原电场的求解问题简化为求解已知电荷和若干假想点电荷产生的电场的分布问题，应用叠加原理即可解决. 这些假想的点电荷好比原来的已知电荷以导体表面为“镜”的像，故称这种方法为**电像法**或**镜像法**. 其实质是用像电荷的作用替换导体表面的感应电荷的作用.

(1) 点电荷在无限大接地导体平面中的像

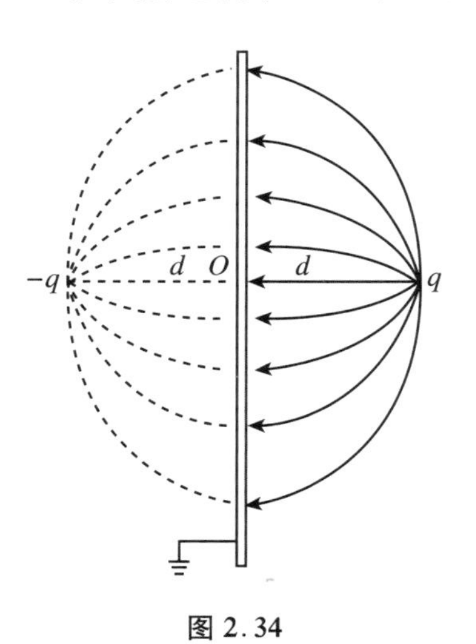

图 2.34

如图 2.34 所示，无限大的接地导体平面右侧距离为 d 处有一点电荷 q，求解导体平面右侧的电场分布.

这个问题中给定了带电体(点电荷 q)和边界条件(导体平面的电势为零). 解应是确定的. 根据唯一性定理，凡是满足这个边界条件的电场分布都是同一的.

我们不难想到，如果不考虑导体平面，而在导体所在平面的左侧距离为 d 处与电荷 q 镜像对称的位置上放一点电荷 $-q$，那么，$-q$ 与 q 的电场在它们的中垂面上的电势等于零，与在相同位置的接地导体平面的电势相同. 因此，接地导体平面右侧的场与点电荷 q 和 $-q$ 在它们中垂面右侧激发的场有相同的边界条件，有相同的场分布. 于是可以用 $-q$ 与 q 所激发的场的叠加来求解平面右侧的电场分布. 电荷 $-q$ 称为点电荷 q 的像电荷.

导体右侧表面附近的场强可由 q 与 $-q$ 在其中垂面上的场强叠加求出. 在距中心 O 点为 r 处，导体表面右侧的场强为

$$E=\frac{q}{2\pi\varepsilon_0}\frac{d}{(d^2+r^2)^{3/2}}$$

该处导体的感应电荷的面密度的大小为

$$\sigma=\varepsilon_0 E=\frac{\dfrac{q}{2\pi}}{d^2\left(1+\dfrac{r^2}{d^2}\right)^{3/2}}$$

导体上的总感应电荷量为 $-q$，点电荷 q 与接地导体表面上的异号感应电荷之间的作用力(引力)等于点电荷 q 与像电荷 $-q$ 间的引力：

$$F=\frac{1}{4\pi\varepsilon_0}\frac{q^2}{(2d)^2}=\frac{q^2}{16\pi\varepsilon_0 d^2}$$

(2) 在两接地导体平面组成的角域内的静电场

我们先讨论一个特例.如图2.35所示，设两半无限大接地导体平面Ⅰ和Ⅱ夹角为 $\theta=\frac{\pi}{3}$，在此角域内的 P 点有一点电荷 q，它到角顶点 O 的距离为 r，与角顶点的连线和平面Ⅰ的夹角为 $\varphi=\frac{\pi}{4}$.现在我们首先根据电像法找出电荷 q 对这两个平面导体的全部像电荷.

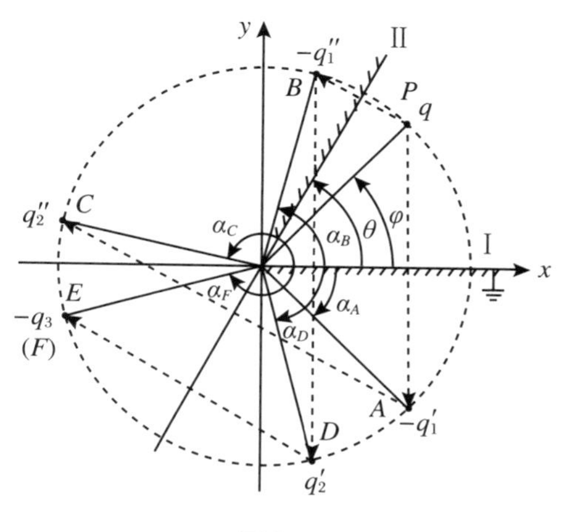

图 2.35

由于接地，导体平面前一个点电荷 q 的像电荷位于与电荷 q 镜面对称位置，其电荷量为 $-q$.于是：

电荷 q 对平面Ⅰ的像电荷 $-q_1'$ 位于 A 点，它到 O 点距离为 r，与 x 轴(平面Ⅰ)的夹角为 $\alpha_A=-\varphi=-\frac{\pi}{4}$.

电荷 q 对平面Ⅱ的像电荷 $-q_1''$ 位于 B 点，它到 O 点距离为 r，与 x 轴的夹角为 $\alpha_B=\theta+(\theta-\varphi)=2\theta-\varphi=\frac{5}{12}\pi$.

已知的点电荷 q 与像电荷 $-q_1'$ 能保证平面Ⅰ处的电势为零，却将破坏平面Ⅱ处电势为零的条件；同样，像电荷 $-q_1''$ 与电荷 q 能保证平面Ⅱ处的电势为零，却将破坏平面Ⅰ处电势为零的条件.为了保证平面Ⅰ和Ⅱ(场的边界)的电势为零，还应继续寻求 $-q_1'$ 对平面Ⅱ的像 q_2'' 以及 $-q_1''$ 对平面Ⅰ的像 q_2'.它们分别位于 C 点和 D 点，距离原点 O 为 r，它们与 O 点连线和 x 轴的夹角分别为 $\alpha_C=2\theta+\varphi=\frac{11}{12}\pi$ 和 $\alpha_D=-\alpha_B=-(2\theta-\varphi)=-\frac{5}{12}\pi$，如图2.35所示.

q_2''的引入又改变了平面Ⅰ的电势为零的条件;同样,q_2'的引入改变了平面Ⅱ的电势为零的条件,故还应继续寻求q_2''对平面Ⅰ的像电荷以及q_2'对平面Ⅱ的像电荷.

q_2''对平面Ⅰ的像$-q_3'$位于E点,它的径矢与x轴的夹角为$\alpha_E=-\alpha_C=-(2\theta+\varphi)=-\dfrac{11}{12}\pi$. q_2'对平面Ⅱ的像$-q_3''$位于F点,它的径矢与x轴的夹角$\alpha_F=-\alpha_D+2\theta=4\theta-\varphi=\dfrac{13}{12}\pi$. 比较$\alpha_E$和$\alpha_F$,不难发现$2\pi+\alpha_E=\alpha_F$,可见,$E$、$F$两点重合,也就是说像$-q_3'$与$-q_3''$的位置重合,用$-q_3$表示,它既是$q_2''$对平面Ⅰ的像,又是$q_2'$对平面Ⅱ的像,于是$-q_3$的引入与电荷$q$及前面几个像电荷一起保证了平面Ⅰ和平面Ⅱ处的电势均为零,即保持了原角域内电场的边界条件不变.

这就是说,在所给出的特例下,分布在以角顶点为圆心,r为半径的圆周上的五个像电荷$-q_1'$、$-q_1''$、q_2'、q_2''和$-q_3$(它们的绝对值都等于q)可等效替换两导体平面上的感应电荷,并保持原电场区域的边界条件不变. 成θ角的两导体平板构成的角域内的电场等效于点电荷q与像电荷$-q_1'$、$-q_1''$、q_2'、q_2''和$-q_3$组成的点电荷系在角域内产生的电场. 电荷q受的电场力等于五个像电荷对它的库仑力的合力.

为了从这个特例中归纳出有规律性的结论,我们将各次对各导体平面所成像电荷的位置的径矢与x轴(即平面Ⅰ)所夹的角α列表如下(表2.2),其中第一栏表示角域中的已知点电荷,n为成像的次数,$n=1,2,3,\cdots$,θ为两平面的夹角,φ为电荷q的径矢与x轴的夹角,$n=4$以后的各栏为推论的结果.

表2.2

n / α / 导体平面	0		1		2	
	电荷	α	像	α	像	α
Ⅰ	q	φ	$-q_1'$	$-\varphi$	$+q_2'$	$-(2\theta-\varphi)$
Ⅱ			$-q_1''$	$2\theta-\varphi$	$+q_2''$	$2\theta+\varphi$

n / α / 导体平面	3		4		5	
	像	α	像	α	像	α
Ⅰ	$-q_3'$	$-(2\theta+\varphi)$	$+q_4'$	$-(4\theta-\varphi)$	$-q_5'$	$-(4\theta+\varphi)$
Ⅱ	$-q_3''$	$4\theta-\varphi$	$+q_4''$	$4\theta+\varphi$	$-q_5''$	$6\theta-\varphi$

从表中可见,当n为奇数时,有

$$\alpha_n=\mp[(n\mp1)\theta\pm\varphi]\tag{2.94}$$

当n为偶数时,有

$$\alpha_n=\mp(n\theta\mp\varphi)\tag{2.95}$$

这两式中,上排的符号对应平面Ⅰ中的像,下排的符号对应平面Ⅱ中的像.

如果在两个平面中的第 n 次像相互重合，则共得 $2n-1$ 个像电荷，恰可保证角域内电场的边界条件——两导体平面电势为零.于是，这有限个像电荷就是我们要寻求的电荷 q 对两导体平面的电像.原角域内的静电场问题等效于这有限个像电荷与电荷 q 组成的点电荷系在该区域中产生的静电场问题.

如果在 n 从1逐次增加的过程中，无任何一次出现两导体平面的电像重合，这表明不可能用有限个像电荷去等效替换两接地导体平面，或 q 的电像有无限多个，而且还有可能有某次的电像进入给定的电场区域（角域）从而改变区域内的电荷分布.对这些情况，电像法就无能为力了.

因此，能用电像法解两导体组成的角域内电场分布的条件是：在两平面上的第 n 次电像重合.如用 α_{n1} 和 α_{n2} 分别表示在对平面Ⅰ和平面Ⅱ的第 n 次电像的径矢与 x 轴的夹角，其中 α_{n1} 是用负角表示的，则两电像重合的条件是

$$2\pi+\alpha_{n1}=\alpha_{n2} \tag{2.96}$$

应用式(2.94)或式(2.95)，可解得

$$\theta=\frac{\pi}{n} \tag{2.97}$$

其中 $n=1,2,3,\cdots$ 为正整数.

由此可见，存在有限个与两导体平面上的感应电荷等效的像电荷的条件是：两导体平面的夹角 θ 的 n 倍等于 π，这时像电荷的数目为 $2n-1$.如上面的特例中，$\theta=\frac{\pi}{3}$，故 $n=3$，像电荷的数目为 $2n-1=5$.

当 $\theta=\pi$ 时，$n=1$，两导体平面组成一个平面，平面外电荷 q 只有一个像电荷 $-q$ $(2n-1=1)$.它恰处于与 q 镜面对称的位置，这是早已熟知的例子.

当 $\theta=\frac{\pi}{2}$ 时，$n=2$，两导体平面正交，这时共有 $2n-1=3$ 个像电荷.

(3) 点电荷在接地导体球面中的像

半径为 R 的导体球壳接地，在球面外距离球心为 d 的 P 点有一点电荷 q.求解导体面上的感应电荷量、导体球壳的感应电荷对点电荷 q 的静电引力以及导体壳外的电场分布是应用电像法的一个典型例子.

根据对称性，能等效替换导体球面上的感应电荷的像电荷 q' 应在 OP 上距球心为 $x<R$ 的 P' 点.根据唯一性定理，q' 与 q 激发的电场在球面上任一点 M 的电势应等于零，于是有

$$\frac{q'}{r'}+\frac{q}{r}=0 \tag{2.98}$$

即

$$\frac{q'}{(R^2+x^2-2Rx\cos\theta)^{1/2}}+\frac{q}{(R^2+d^2-2Rd\cos\theta)^{1/2}}=0 \tag{2.99}$$

式中，r' 和 r 分别为像电荷 q' 和电荷 q 到 M 点的距离，θ 为过 M 点的半径与 OP 的夹

角,如图2.36所示.上式对球面上任一点M成立,也就是对任一θ皆成立,这就要求比值

$$\frac{R^2+d^2-2Rd\cos\theta}{R^2+x^2-2Rx\cos\theta}=\left(-\frac{q}{q'}\right)^2=C \tag{2.100}$$

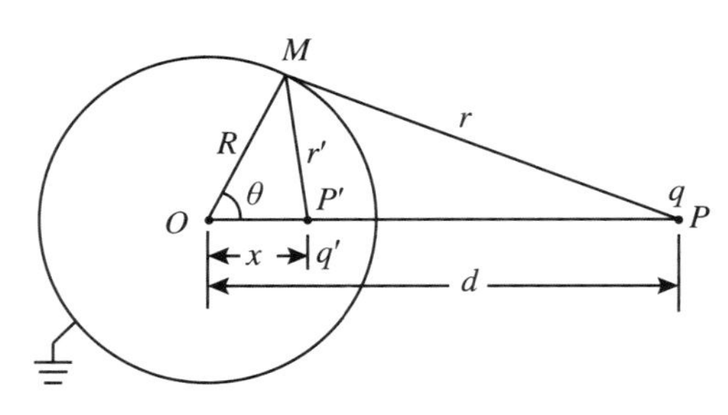

图2.36

为一与θ无关的常数.为此必须满足

$$C(R^2+x^2)=R^2+d^2,\quad Cx=d \tag{2.101}$$

由此二式可解出

$$x=\frac{R^2}{d} \tag{2.102}$$

$$q'=-\frac{R}{d}q \tag{2.103}$$

式(2.102)、式(2.103)确定了像电荷q'的位置(x)和电荷量.像电荷q'可在$r\geqslant R$的空间等效替换导体球面上的感应电荷的作用.由此可得如下结论:

距球心d处的点电荷q在半径为R的接地导体球面上引起的感应电荷量为$q'=-\frac{R}{d}q$,点电荷与导体表面感应电荷间的静电引力等于P'处的像电荷q'与点电荷q间的静电力,即

$$F=\frac{1}{4\pi\varepsilon_0}\frac{q'q}{(d-x)^2}=\frac{-q^2}{4\pi\varepsilon_0}\frac{Rd}{(d^2-R^2)^2} \tag{2.104}$$

其中,负号表示引力.导体球面外的静电场分布与位于P处的点电荷q和球内P'处的像电荷q'在球面外空间激发的静电场分布相同.

(4) 带电导体球与球外的同号点电荷之间的静电力总是斥力吗?

导体球外的电荷作为施感电荷要在球面近侧感应出与自身异号的感应电荷.故原来不带电的导体球与球外点电荷间的静电力是电荷与近端的异号感应电荷间的引力占优势,静电力总是引力.原来带电的导体球与球外异号点电荷间的静电力必定是引力,这是显而易见的.但是带电导体球与球外的同号点电荷间的静电力是斥力还是引力则由于异号感应电荷的出现而变得不那么显而易见.在距离相当近时,如果异号感应电荷的引力占优势,则静电力表现为引力;当距离相当远时,如果异号感应电荷的引力处于次要地位,则静电力表现为斥力.引力与斥力的转折点在哪里?又怎样计

算它们之间的静电力？这里我们就举一个特例，应用电像法进行讨论[6].

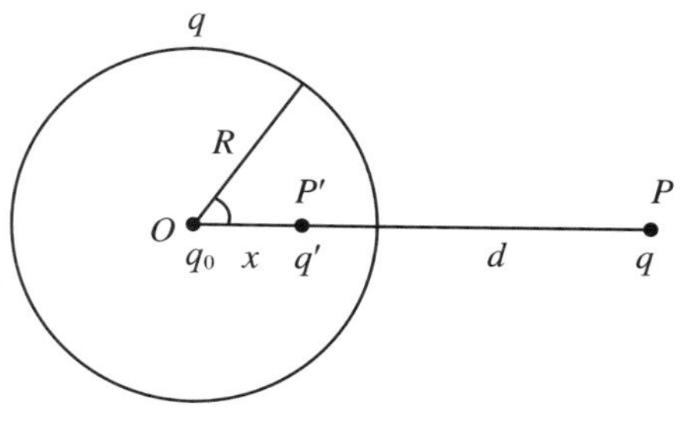

设半径为 R 的导体球所带电荷量为 q，球外点电荷的电荷量也为 q，它与球心间的距离为 d.

根据第(3)部分的结果，导体球面上的感应电荷可用电荷 q 的像电荷 q' 等效，其电荷量为

$$q' = -\frac{R}{d}q \tag{2.105}$$

图 2.37

它的位置 P' 到球心的距离为

$$x = \frac{R^2}{d} \tag{2.106}$$

像电荷 q' 与点电荷 q 在球面上产生的电势相互抵消(由式(2.98)表明).

导体球面必是等势面.既然不在球心的感应电荷的等效像电荷 q' 与球外点电荷 q 在球面上的合电势为零，那么导体球面上的其余电荷的等效电荷必须在球心，这样才能保证球面是等势面，设这个位于球心的等效电荷为 q_0.为保证球面上的净电荷量等于 q，q_0 的值应为

$$q_0 = q - q' = q + \frac{R}{d}q = \left(1 + \frac{R}{d}\right)q \tag{2.107}$$

于是，导体球面上分布的全部电荷由位于 O 点的等效电荷 q_0 和位于 P' 点的像电荷 q' 等效.带电导体球与点电荷 q 的相互作用问题转变为点电荷 q_0 和 q' 与球外点电荷 q 之间的相互作用问题.根据库仑定律，即可求得静电力的合力为

$$F = \frac{q}{4\pi\varepsilon_0}\left[\frac{q_0}{d^2} + \frac{q'}{(d-x)^2}\right] \tag{2.108}$$

将式(2.105)～式(2.107)代入上式，整理后得

$$F = \frac{q^2}{4\pi\varepsilon_0 d^2}\left[1 + \frac{R}{d} - \frac{Rd^3}{(d^2 - R^2)^2}\right] \tag{2.109}$$

令 $t = \dfrac{d}{R}$，可将上式整理为

$$F = \frac{q^2}{4\pi\varepsilon_0 d^2} \cdot \frac{(t^2 - t - 1)(t^3 + t^2 - 1)}{t(t^2 - 1)^2} \tag{2.110}$$

由于 t 总是大于1的($d>R$)，上式后面分数中的分母和分子的第二个乘数 $t^3 + t^2 - 1$ 恒为正.但 $t^2 - t - 1$ 则可正可负，视 t 的大小而定.因此，点电荷 q 与带等量电荷的导体球间的静电力可能是斥力也可能是引力，视比值 $\dfrac{d}{R}$ 的大小而定.现令

$$t^2 - t - 1 = 0$$

解得

$$t = \frac{d}{R} = 1.618$$

表明：当 $d = 1.618R$，或点电荷 q 与球面的距离为 $0.618R$ 时，$F = 0$，点电荷与导体球间的静电力为零.

当 $t > 1.618$，即 $d > 1.618R$ 时，$t^2 - t - 1 > 0$，$F > 0$. 电荷 q 受导体球的静电力为斥力.

当 $t < 1.618$，即 $d < 1.618R$ 时，$t^2 - t - 1 < 0$，$F < 0$. 表明在这个距离内，电荷 q 受导体球的静电力为引力. 显然，这是由于电荷 q 接近球面（与球面距离小于 $0.618R$），它在导体球面上感应的异号电荷对 q 的引力占了优势的缘故.

有趣的是，当电荷 q 距球面距离为 $0.618R$ 时，电荷 q 与带等量电荷的导体球之间的静电力为零，这时像电荷的位置 P' 距球心的距离 $x = \frac{R^2}{d} = 0.618R$，也是半径的 0.618 倍；像电荷的电荷量的绝对值 $|q'| = \frac{R}{d}q = \frac{R}{1.618R}q = 0.618q$，为点电荷电荷量的 0.618 倍. 一个题目中出现了三个 0.618. 在两千五百多年前毕达哥拉斯从对几何图案的研究中得出的所谓“黄金分割数”0.618 不仅早成为美学的判据，引起数学界的注意，就是在我们这个静电学问题中竟也出现了三次.

参 考 文 献

[1] 张金仲. 几种孤立带电导体的电荷面密度与曲率的关系[J]. 大学物理，1985(1)：10-12.

[2] 王国权. 孤立带电导体面电荷密度的分布[J]. 物理通报，1966(3)：11-14.

[3] 何宝明. 谈谈电容器及其电容的概念[J]. 大学物理，1988(2)：10-11.

[4] 苏湛. 外界干扰不会影响平行板电容器极间的电位差吗？[M]//电磁学专辑. 北京：北京工业大学出版社，1988：89.

[5] 姚超元，马明敏. 静电学中的能量[J]. 大学物理，1986(9)：1-2.

[6] 陆正亚. 一个静电场题目中的三个“0.618”[M]//电磁学专辑. 北京：北京工业大学出版社，1988：11.

[7] 严济慈. 电磁学[M]. 北京：高等教育出版社，1989：135-144.

第3章 稳恒电流

基本内容概述

3.1 电流稳恒的条件

3.1.1 电流和电流强度

电荷的定向流动形成电流.要产生持续的电流,必须同时具备两个条件:① 存在自由电荷;② 存在电场.

正、负电荷的定向运动都可形成电流.为分析方便,通常规定正电荷流动方向为电流方向.在导体中,在电场力作用下形成的电流方向是沿电场方向的.

电流的强弱(大小)用电流强度(简称电流)表示.单位时间内通过导体任一横截面的电量,即 $I=\Delta q/\Delta t$,叫做 Δt 时间内的平均电流强度.在一般情形下,电流强度是变化的,某一时刻的电流强度定义为

$$I=\lim_{\Delta t\to 0}\frac{\Delta q}{\Delta t}=\frac{\mathrm{d}q}{\mathrm{d}t} \tag{3.1}$$

电流强度是标量,但存在电流的方向.通常在选定回路绕行方向后,用"+""−"表示电流的方向与回路绕行方向的同或异.电流强度的单位为安培(A),1 A=1 C/s.

3.1.2 电流密度 电流线

在大的导体内,电流在各处的分布是不均匀的.为了描述导体中电流的分布,引入电流密度矢量 $\boldsymbol{j}$.在导体中,任一点 $\boldsymbol{j}$ 的方向规定为该点电流的方向,电流密度大小等于通过在该点垂直于电流方向的截面元的电流强度 $\mathrm{d}I$ 与此截面元 $\mathrm{d}S_{\perp}$ 之比:

$$j = \frac{\mathrm{d}I}{\mathrm{d}S_{\perp}} \tag{3.2}$$

其单位为 A/m^2.

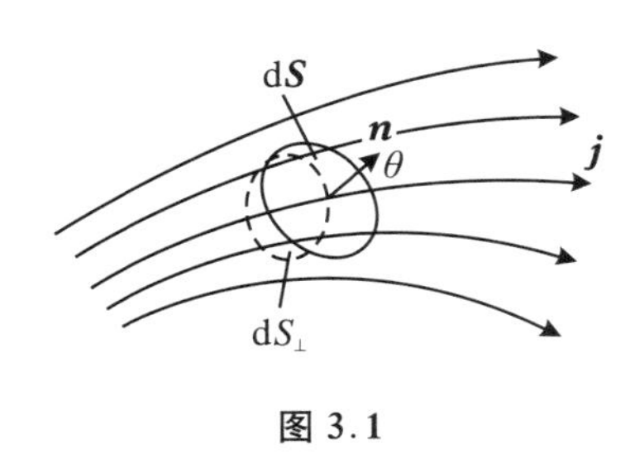

图 3.1

如果截面元 $\mathrm{d}\boldsymbol{S}$ 与电流方向不垂直，它的法线方向单位矢量 $\boldsymbol{n}$ 与电流方向的夹角为 θ，如图 3.1 所示，则有 $\mathrm{d}S_{\perp}=\mathrm{d}S\cos\theta$，因此，通过 $\mathrm{d}S$ 的电流强度 $\mathrm{d}I$ 与电流密度的大小的关系为

$$\mathrm{d}I = j\mathrm{d}S_{\perp} = j\mathrm{d}S\cos\theta \quad 或 \quad \mathrm{d}I = \boldsymbol{j}\cdot\mathrm{d}\boldsymbol{S} \tag{3.3}$$

在导体中，电流密度是位置的函数，它所构成的矢量场叫电流场．电流场可用电流线来形象描绘．所谓电流线是这样一组曲线，其上每一点的切线方向都与该点的电流密度方向一致；某处面元 $\mathrm{d}S_{\perp}$ 上的电流线的条数与该处的电流密度的大小 j 成正比，如图 3.1 所示．显然，电流线永不相交．

由式(3.3)，通过导体任一横截面 S 的电流强度为

$$I = \iint_S \boldsymbol{j}\cdot\mathrm{d}\boldsymbol{S} = \iint_S j\cos\theta\mathrm{d}S \tag{3.4}$$

即通过面元 S 的电流等于电流密度矢量 $\boldsymbol{j}$ 在该点的通量．

3.1.3 电流稳恒的条件

根据电荷守恒定律，在单位时间内流出导体中任一闭合曲面 S 的电量应等于这段时间内此闭合面内的电量减少，用式表示为

$$\oint\!\!\!\oint_S \boldsymbol{j}\cdot\mathrm{d}\boldsymbol{S} = -\frac{\mathrm{d}q}{\mathrm{d}t} \tag{3.5}$$

上式叫**电流的连续性方程**．其中，闭合曲面 S 上的任一面元 $\mathrm{d}\boldsymbol{S}$ 的方向规定为外法线方向，$-\mathrm{d}q/\mathrm{d}t$ 表示曲面 S 内电量的减少率．如果 $\oint\!\!\oint_S \boldsymbol{j}\cdot\mathrm{d}\boldsymbol{S}$ 为正，表示单位时间内从闭合曲面内流出了正电荷，这时 $\mathrm{d}q/\mathrm{d}t<0$，表示闭合曲面内正电荷量减少．反之，如果 $\oint\!\!\oint_S \boldsymbol{j}\cdot\mathrm{d}\boldsymbol{S}$ 为负，表示从外面向闭合曲面流入了正电荷，这时 $\mathrm{d}q/\mathrm{d}t>0$，表示闭合面内正电荷量增加．所以式(3.5)表明了电流线总是发源于正电荷减少的地方，终止于正电荷增加的地方．

对于稳恒电流，电流不随时间变化．这就要求导体中的电荷分布不随时间作变化，即 $\mathrm{d}q/\mathrm{d}t=0$．则从式(3.5)可得稳恒电流的连续性方程为

$$\oint\!\!\!\oint_S \boldsymbol{j}\cdot \mathrm{d}\boldsymbol{S} = 0 \tag{3.6}$$

此式也就是电流稳恒的条件.它表明同一时间内流入闭合面 S 的电量等于从闭合面内流出的电量.

3.2 欧姆定律

3.2.1 欧姆定律、电阻率和电导率

对于一段通有稳恒电流的金属或电解液导体,其中必存在有稳恒的电场.此稳恒电场和静电场一样,满足安培环路定理:

$$\oint_L \boldsymbol{E}\cdot \mathrm{d}\boldsymbol{L} = 0 \tag{3.7}$$

即稳恒电场是势场,电场中各点间有恒定的电势差.实验证明,在温度恒定时,通过金属(或电解液)导体的电流强度与导体两端 a 和 b 的电势差(电压)$U = U_a - U_b = U_{ab}$成正比,即

$$I \propto U \quad 或 \quad I = \frac{U}{R} \quad 或 \quad U = IR \tag{3.8}$$

这就是**欧姆定律**.其中比例系数 R 叫导体的电阻,单位是欧姆(Ω).

导体的电阻与它的长度成正比,与它的横截面积成反比,即

$$R = \rho\frac{L}{S} \tag{3.9}$$

这叫**电阻定律**.式中,比例系数 ρ 由组成导体的材料决定,叫材料的**电阻率**.它在数值上等于单位长度、单位截面积的材料所具有的电阻,其单位为 Ω·m.

对于截面 S、电阻率不均匀的导体,其电阻应由下式计算:

$$R = \int \frac{\rho \mathrm{d}L}{S} \tag{3.10}$$

电阻率的倒数称为电导率,用 σ 表示:

$$\sigma = \frac{1}{\rho} \tag{3.11}$$

其单位为 $\Omega^{-1}\cdot \mathrm{m}^{-1}$(S/m).

3.2.2 欧姆定律的微分形式

在通有稳恒电流的导体中电荷的定向运动是导体中存在稳恒电场的结果.对于

一段导体,它两端的电压与其内的稳恒电场的关系为

$$U = \int_L \boldsymbol{E} \cdot \mathrm{d}\boldsymbol{L} \tag{3.12}$$

由式(3.4)、式(3.10)和式(3.12),式(3.8)可改写为

$$\iint_S \boldsymbol{j} \cdot \mathrm{d}\boldsymbol{S} = \frac{\int_L \boldsymbol{E} \cdot \mathrm{d}\boldsymbol{L}}{\int \frac{\rho \mathrm{d}L}{S}} \tag{3.13}$$

所以常称式(3.13)为欧姆定律的积分形式.它所描述的是一段导体整体的导电规律.对于大块导体或密度不均匀导体,其内各处的场强和导电性可能不同.为研究导体中任一点的导电规律,可在导体中沿电流密度方向任取一长 $\mathrm{d}L$、截面积为 $\mathrm{d}S$ 的导体元,其侧面处处与电流密度方向平行,如图 3.2 所示.由式(3.8),此导体元内的电流 $\mathrm{d}I$ 与它两端的电压 $\mathrm{d}U$ 的关系为

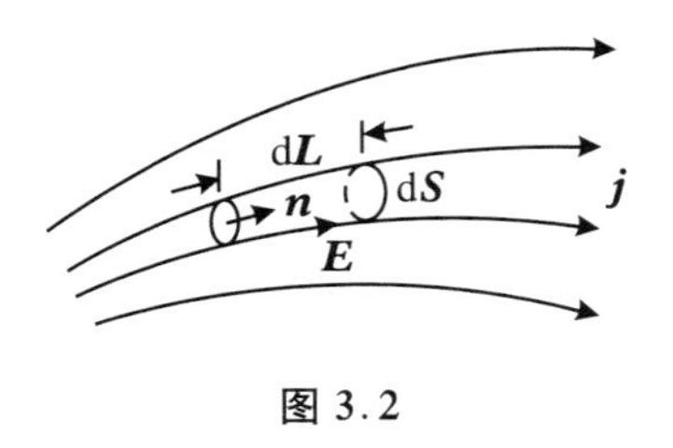

图 3.2

$$\mathrm{d}I = \frac{\mathrm{d}U}{\mathrm{d}R} \tag{3.14}$$

式中 $\mathrm{d}R$ 为该导体元的电阻,为

$$\mathrm{d}R = \frac{\mathrm{d}L}{\sigma \mathrm{d}S} \tag{3.15}$$

电压为

$$\mathrm{d}U = E\mathrm{d}L \tag{3.16}$$

将式(3.15)、式(3.16)代入式(3.14),注意 $j = \mathrm{d}I/\mathrm{d}S$ 和 $\boldsymbol{j}$ 与 $\boldsymbol{E}$ 方向一致,可得

$$j = \sigma E \quad 或 \quad \boldsymbol{j} = \sigma \boldsymbol{E} \tag{3.17}$$

式(3.17)叫**欧姆定律的微分形式**.它表示导体中各点的电流密度与该点的电场强度成正比.它比积分形式更细致地描写了导体的导电规律.比例系数 σ 叫电导率,它由导体自身的性质决定.

3.3 电功率　焦耳定律

3.3.1 电功和电功率

当电流通过一段电路时,电场对定向运动电荷做功(称为电流的功或电功),电荷的电势能减少,转化为其他形式的能.设导体 a、b 两端的电势分别为 U_a 和 U_b,$U_a > U_b$,电功为 W,则 $W = qU_a - qU_b = qU_{ab} = qU$.设通电时间为 t,$q = It$,则

$$W = UIt \tag{3.18}$$

电功与做功时间之比叫电功率，它表示电流做功的快慢．用 P 表示电功率，则

$$P = \frac{W}{t} = IU \tag{3.19}$$

在国际单位制中，电功的单位为焦耳，简称焦(J)，电功率的单位为瓦特，简称瓦(W)．在电力工程中，常用千瓦(kW)作为电功率单位，千瓦时(kW·h)作为电功的单位．1 kW·h = 3.6×10^6 J，常称为1度电．

3.3.2　焦耳定律　热功率

当电流通过绝热的纯电阻元件时，电流的功等于电阻元件内能的增量．如果保持电阻元件温度不变，则电功等于元件放出的热量．设此热量为 Q，则 $Q = W = IUt$，由式(3.8)可得

$$Q = I^2Rt \quad 或 \quad Q = \frac{U^2 t}{R} \tag{3.20}$$

式中，Q 的单位为焦耳．在历史上，式(3.20)是焦耳从实验得出的，故叫**焦耳定律**．

恒温导体在单位时间内发出的热量称为**热功率**，由式(3.20)可得热功率为

$$P = I^2R \quad 或 \quad P = \frac{U^2}{R} \tag{3.21}$$

焦耳定律所描述的是导体整体发热的效果，而导体内由于各处电流密度一般不同，所以发热情况一般也不同．为了细致描述导体内各点的发热情况，我们定义导体单位体积内的热功率叫热功率密度，用 p 表示．设图3.2中所任取的导体元的体积为 $\mathrm{d}\tau$，此体积的热功率为 $\mathrm{d}P$，则

$$p = \frac{\mathrm{d}P}{\mathrm{d}\tau} \tag{3.22}$$

由于 $\mathrm{d}\tau = \mathrm{d}S\mathrm{d}L$，$\mathrm{d}P = (\mathrm{d}I)^2\mathrm{d}R$，$j = \mathrm{d}I/\mathrm{d}S$，联系式(3.15)和式(3.17)，可得

$$p = \frac{j^2}{\sigma} = \sigma E^2 \tag{3.23}$$

此式称为焦耳定律的微分形式．它说明导体中某点的热功率密度由外加电场和导体自身性质决定．

3.4 电源 电动势

3.4.1 电源

电荷在电场力作用下做定向运动时,正电荷只能从高电势位置移向低电势位置,负电荷只能从低电势位置移向高电势位置.在稳恒电路中,电流线必须闭合.这就要求必须依靠某种作用使流到低电势处的正电荷回到高电势处去(或流到高电势处的负电荷回到低电势处去),以保证电流的稳定性.这种作用不可能是电场力,必定是某种非静电作用,称为非静电力.能够提供这种非静电力的装置叫做**电源**.在稳恒电流中,导体内的稳恒电场是靠非静电力来保证的,这是稳恒电流情形下的稳恒电场与静电场的区别.

电荷在电场力作用下运动时,持续地把电能(电荷的电势能)转化为其他形式的能,电荷的电势能不断减少.根据能的转化和守恒定律,必须有其他形式的能不断地转化为电能,即提高电荷的电势能.这种转化正是通过非静电力对电荷做功实现的.所以,从能的转化角度看,电源的作用就是把其他形式的能转化为电能.

3.4.2 电动势

在单位电荷沿闭合电路移动一周的过程中,非静电力对电荷所做的功称为电源的电动势,用 $\mathscr{E}$ 表示.电动势表示电源把其他形式的能转化为电能的本领的大小.设作用在单位正电荷上的非静电力为 $\boldsymbol{K}$(可称为非静电力场强),则

$$\mathscr{E} = \oint_L \boldsymbol{K} \cdot \mathrm{d}\boldsymbol{L} \tag{3.24}$$

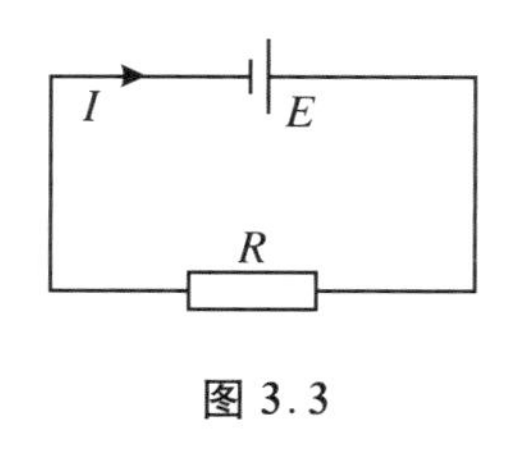

图 3.3

在实际中,许多情形是电源集中于闭合电路的某些区段.在电源区段中,电势高的一端叫电源的正极,电势低的一端叫电源的负极,示意图如图 3.3,电源内部的电路叫内电路,电源外部的电路叫外电路,内、外电路的整体叫全电路或闭合电路.在内电路中,正电荷所受的非静电力从负极指向正极,其作用是使电流从负极经电源内部流向正极.在外电路中,$\boldsymbol{K} = \boldsymbol{0}$,则式(3.24)可表示为

$$\mathscr{E} = \int_{\text{内电路}\,-}^{+} \boldsymbol{K} \cdot \mathrm{d}\boldsymbol{L} \tag{3.25}$$

电动势的单位是伏特(V).式(3.24)适用于闭合电路都存在非静电力的情况.它表示沿闭合回路一周非静电力对单位正电荷做的功,是电动势定义的普遍形式.式(3.25)是其特例.但在直流电路中,经常用到的是化学电源,它们的电动势集中在电源的某些区段,用式(3.25)讨论较为简便.各种电源的电动势形成的微观机理不同,我们将在问题讨论中予以介绍.

3.5　全电路欧姆定律和稳恒电路中的功能关系

3.5.1　全电路欧姆定律

稳恒电流中的稳定电场遵守安培环路定理式(3.7).因此,沿闭合回路一周,非静电力所引起的电势升高应等于回路中电流通过导体引起的电势下降.设外电路上的电势降落为 U,内电路上电势降落为 U',则对于单一电源回路,有

$$\mathscr{E} = U + U' \tag{3.26}$$

设内电路电阻为 r,外电路电阻为 R,电路中电流为 I,由于 $U = IR$,$U' = Ir$,则式(3.26)可写为

$$\mathscr{E} = I(R + r) \quad 或 \quad I = \frac{E}{r + R} \tag{3.27}$$

上式叫**闭合电路欧姆定律**或**全电路欧姆定律**.它表明,闭合电路中的电流强度跟电源电动势成正比,跟电路的总电阻成反比.

3.5.2　电源的路端电压

在稳恒电路中,电源两极间电势差叫路端电压.如果电源如图3.3所示那样接入电路,在电源内部,电流从负极流向正极.这种情形叫电源对电阻 R **放电**,电源把其他形式的能转化为电能.由式(3.26)和式(3.27),电源的路端电压与电动势的关系为

$$U = \mathscr{E} - Ir \tag{3.28}$$

如果一个闭合电路中,除电动势为 $\mathscr{E}_1$、内阻为 r_1 的放电电源外,还有电动势为 $\mathscr{E}_2$($\mathscr{E}_2 < \mathscr{E}_1$)、内阻为 r 的电源,且电流从此电源的正极流入,经电源内部从负极流出,如图3.4所示.设两电源内的非静电力场强分别为 $\boldsymbol{K}_1$ 和 $\boldsymbol{K}_2$,由式(3.24)和式(3.25),沿电流方向取线积分,则此电路中电源的总电动势 $\mathscr{E}_{总}$ 为

$$\mathscr{E}_{总} = \oint_L \boldsymbol{K} \cdot \mathrm{d}\boldsymbol{L} = \int_A^B \boldsymbol{K}_1 \cdot \mathrm{d}\boldsymbol{L} + \int_B^A \boldsymbol{K}_2 \cdot \mathrm{d}\boldsymbol{L}$$

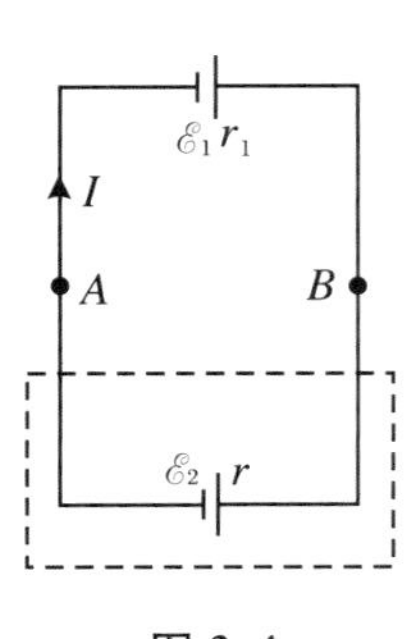

图 3.4

$$= \int_A^B \boldsymbol{K}_1 \cdot \mathrm{d}\boldsymbol{L} - \int_A^B \boldsymbol{K}_2 \cdot \mathrm{d}\boldsymbol{L} = \mathscr{E}_1 - \mathscr{E}_2$$

由式(3.27)得

$$\mathscr{E}_{总} = \mathscr{E}_1 - \mathscr{E}_2 = I(r_1 + r) \quad 或 \quad \mathscr{E}_1 - Ir_1 = Ir + \mathscr{E}_2$$

由式(3.28)可知,$\mathscr{E}_1 - Ir_1 = U$,为放电电源的路端电压.而对电动势为 $\mathscr{E}_2$ 的电源,有

$$U = \mathscr{E}_2 + Ir \tag{3.29}$$

显然,U 也是此电源的路端电压.在这种电源中,非静电力的方向与电流方向相反,电场力移送电荷反抗非静电力做功,把电能转化为其他形式的能(例如化学能).这种情况叫做电源在**充电**.充电电源的电动势表示静电场力移送单位电荷通过电源内部时把电能转化为除内能外的其他非静电能的多少.充电电源的电动势与放电电源的电动势的作用刚好相反,故叫做**反电动势**,充电电源又叫反电动势源.当外加电压与充电电源的反电动势相等时,$I = 0$,充电过程结束.放电电源和充电电源的等效电路图分别如图 3.5(a)、(b)所示.

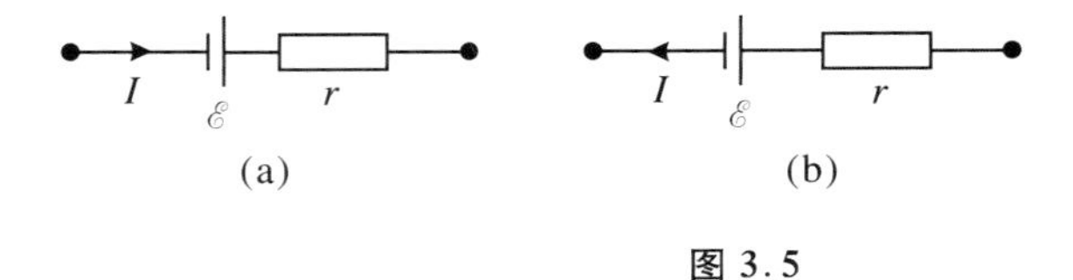

图 3.5

3.5.3 稳恒电路中的功能关系、电功和电热

将式(3.28)乘以 I,可得

$$I\mathscr{E} = IU + I^2 r \tag{3.30}$$

其中,$I\mathscr{E}$ 叫放电电源功率,是电源中非静电力向电路提供的功率,$I^2 r$ 是内电路上消耗的热功率,IU 是电源向外电路提供的电功率(输出功率).式(3.30)的物理意义是:电源功率等于内、外电路上消耗的功率之和.这正是能的转化和守恒定律所要求的.

将式(3.29)乘以 I,可得对反电动势源充电的功能关系:

$$IU = I\mathscr{E} + I^2 r \tag{3.31}$$

其中,IU 表示供电电源向含反电动势源的电路提供的电功率,$I\mathscr{E}$ 表示反电动势源把电能转化为除热能外的非静电能的功率,$I^2 r$ 为反电动势源内部发热的功率.式(3.31)的物理意义是:供电电源向含源电路所提供的电功率等于反电动势源转化为非静电能的功率与发热功率之和.这也是与能的转化和守恒定律一致的.因此,式(3.30)和式(3.31)都是能的转化和守恒定律在电路中的具体体现.

由式(3.31)可以清楚地说明电功率和热功率的区别:当电路中含有反电动势源时,热功率仅是电功率的一部分.仅在纯电阻电路中,电功率 IU 才与热功率 $I^2 R$ 相等.

问题讨论

1. 从电流的发现到欧姆定律的确立

(1) 电流发现的历史过程

① 动物电

远在公元 50 年,罗马医生拉古斯曾叙述过一位叫安塞罗的自由人懂得用电鯆放电治疗痛风.后来,法伊也作过类似描述,说非洲老卡拉巴尔河沿岸的黑人用电鳗放电给孩子治疗疾病.

1752 年,瑞士学者苏尔泽(J. G. Sulzer,1720～1779)发现,若将一根铅线和一根银线的一端相连,把它们的自由端放在舌头上,则舌头就会感到麻木和有酸味,它与铅和银的味道都不同.

1772 年,英国皇家学会会员华尔士(J. Walsh)发现电鳗放电限制在两点之间,一是在背脊,一是在胸腹.他还发现电鯆身上也有类似构造.

1773 年,苏格兰科学家亨特发现电鯆的发电机构位于头壳和腮部之间的空腔内,是由许多小圆柱体堆叠而成的.

1781 年,普鲁士科学家阿查尔(F. C. Achard)发现电击可以使刚死的动物复活.他作过一次实验,让一只快断气的红雀通过适当的电接触,结果红雀不但苏醒了过来,眼睛睁开,还能站起鸣叫,甚至振击翅膀.经过八分钟后,它才真正死去.

遗憾的是,以上这些发现未能引起人们的重视.

② 伽伐尼电

1780 年 9 月 20 日,意大利解剖学家伽伐尼(L. Galvani,1737～1798)在一次解剖青蛙中偶然发现,一只剥了皮的青蛙放在起电机旁实验桌上的金属板上,解剖刀触及青蛙腿神经,若这时起电机发出电火花,青蛙腿会猛然地抽搐一下.经过反复实验,他发现用金属接触神经和发出电火花都是必要条件.伽伐尼是电的同一性的信奉者,于是他想用雷电做实验.他把蛙腿用铜钩子挂到室外铁杆上,结果观察到了雷雨天蛙腿的收缩.后来,他把蛙腿提进屋内,放在一张铁桌上,当铜钩子碰上铁桌子时,蛙腿又痉挛起来,这时既无电火花又无雷电.之后他又用各种不同的金属多次重复实验,总能得到相同的结果,只是在使用某些金属时,收缩得更强烈而已.但用诸如玻璃、橡胶、松香、干木头等来代替金属时,则不会发生这样的现象.

伽伐尼实际上已经接近了现象的本质,即电流是由两种不同金属夹以某种湿组织产生的.然而,他未能形成这样的认识,却认为是动物体内存在着"动物电",只要用两种金属与之接触，这种电就能激发出来，就如莱顿瓶放电一样.他提出“神经电流体”假说来说明动物电的产生，认为青蛙体内存在一种“神经电流体”，它由大脑中的血液产生，经过神经传至肌肉内部使之带正电，而肌肉外层感应出负电.青蛙就像一只充了电的莱顿瓶，若有一种导体从外部接通神经和肌肉，“神经电流体”就会经导线弧放电，导致肌肉抽搐.

伽伐尼的发现立即引起了人们的广泛重视，在意大利掀起了一股伽伐尼电的热潮.当时有三种观点：第一种观点认为它与莱顿瓶放电相类似；第二种观点认为伽伐尼电与普通电不同，是动物电；第三种观点根本不同意把这一现象归因于动物神经电流体，但人们仍称这种电流为“伽伐尼电”.

1792年，意大利解剖学家柏林吉里(F. V. L. Berlingiere)做了一个实验：把青蛙腿神经截成两段，使神经末梢与上部神经分离，再用锡箔包住神经末梢，当用导线一端与锡箔接触，另一端与肌肉接触时，结果发现青蛙腿部仍然抽搐.这一事实说明伽伐尼的“神经电流体”假说是不正确的.

③ 伏打电堆

伏打(A. Volta, 1745～1827)是意大利巴维亚大学的自然哲学教授，开始时他完全赞同伽伐尼的观点.后来，他改变方式重做实验.用两种不同金属构成的弧来刺激一只活青蛙，一端接触腿，一端接触背，结果青蛙也发生抽搐.这个实验事实是神经电流体假说所不能解释的.因为导线弧未进入肌肉，未与神经直接接触.此外，他又用莱顿瓶对一只活青蛙放电，结果也观察到青蛙的抽搐现象.表明这是外部电流刺激的结果.所以，伏打开始认为肌肉不是电的源泉，它只不过起到了显示电的存在的作用.

1792年9月13日，伏打在给卡伐洛的一封信中最早提出了“接触电”思想.他说：“用一种无可置疑的方法，即用两种不同金属相互接触的方法产生非常微弱的人工电的作用”是伽伐尼电的根本原因.

1793年，伏打对各种金属相互间的接触电动势进行了全面研究.根据测量结果，按接触电势高低顺序，他把金属和石墨排成如下顺序：锌、锡、铅、铁、黄铜、青铜、铂、银、金、水银、石墨，称为伏打序列.

伏打还提出了中间金属定理：不论多少种不同金属串联在一起，它们的总接触电动势与中间金属无关，仅取决于两端金属的性质.

1793年12月，伏打在给一家物理杂志的编辑格伦的信中指出：“用不同导体，特别是金属导体接触在一起，包括黄铜矿等其他矿石以及炭等，我们称之为干导体或第一类导体，再与第二类导体或湿导体接触，就会引起电激励.”

1800年春，伏打制成了有名的伏打电堆，它是用一些不同的导体按一定方式叠置起来的装置.他在给英国皇家学会的一个报告中谈到“用30片、40片、60片，甚至更多的铜片(当然最好是银片)，将它们中的每一片与一片锡(最好是锌)接触，然后充一层水或导电性比水更好的食盐水、碱水等液层，或填上一层用这些液体浸透的纸皮

或皮革……就能产生相当多的电荷”.

伏打电堆相比莱顿瓶的优越之处是能获得持续的电流.伏打的这一成就深受人们赞赏,轰动了科学界.

1801 年,罗马姆用伏打电堆给莱顿瓶充电成功,证明了伽伐尼电与摩擦电是相同的.

电流的发现工作始于伽伐尼,但发现电流的却是伏打.

伏打电堆的发明,第一次提供了产生稳恒电流的电源,使电学研究从静电走向动电,从而开辟了一个新的研究领域.

伏打电堆促进了电化学、化学电源的研究,也促进了人们研究电流的各种效应.

围绕伽伐尼电的性质历史上发生过一场争论.论战一方以伏打为代表,主张以接触电来解释伽伐尼效应;另一方以伽伐尼及其侄儿阿尔迪尼为代表,主张动物电思想.

大约 1796 年,意大利佛罗伦萨大学化学教授法伯龙尼(G. Fabroni,1752～1822)做了一个实验.他将两种金属放入水中,也观察到了伽伐尼效应,但他特别强调还观察到了其中一片金属部分被氧化了,并由此认为某些化学作用与伽伐尼效应联系在一起.他指出,伽伐尼电既不是动物电,也不是接触电,而是一种化学电.

伏打虽然发明了电堆,但并不了解其机理,他把电堆动力的来源归结为不同金属的接触.真正阐明伏打电堆的电流来自化学作用的是英国著名化学家戴维(H. Davy,1778～1829).

(2) 欧姆定律的建立

欧姆(G. S. Ohm,1787～1854)是德国物理学家,他不是大学毕业生,只在大学里听过一些课.他长期担任中学教师,对科学很有抱负,立志要当大学教授.欧姆从1820 年开始研究电磁学,由于成果卓著,于 1841 年获英国皇家学会科普勒奖章.1849年任慕尼黑大学副教授,1852 年转为教授.

1822 年,傅里叶在热传导现象中引进了热流、热阻、热导率等概念,建立了稳恒热传导现象中的基本定律.欧姆受此启发,采用类比方法对电传导现象进行研究.他把电流现象与热流现象类比,根据一段导热杆中的热流正比于两端的温度差,猜测一段导线中的电流正比于两端之间的某种驱动力,他把这种驱动力称为验电力.

为了测定电流(或电流的电磁力)的大小,他创造性地把奥斯特发现的电流磁效应和库仑扭秤相结合,巧妙地设计制作了一个电流扭秤,以便用磁针偏转角的大小来量度通过导线的电流强度.

1825 年 7 月,欧姆利用电流扭秤比较了各种导线的电导率.他把各种金属制成直径相同的导线,实验时通过调整导线的长度来保证每次测量时扭秤的磁针有相同的偏转角.这样就可以根据各种导线的相对实验长度来确定各种金属的相对电导率.

关于金属电导率问题,法国物理学家贝克莱尔(A. C. Becquerdl)也进行过很好的研究.他于1825年指出,同一金属的各种导线的电导率相等的条件是它们的长度之比等于它们的横截面积之比.

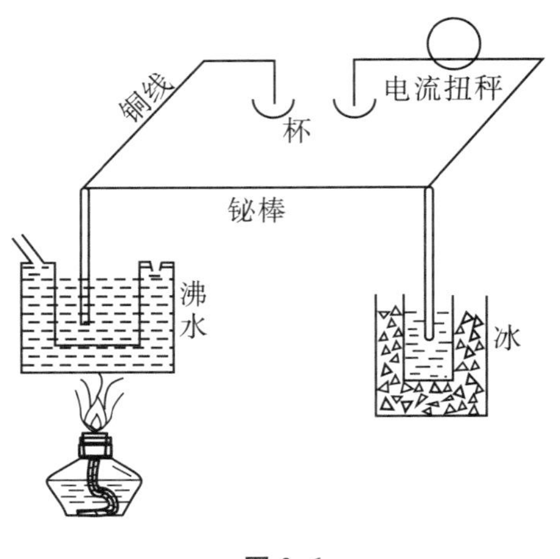

图3.6

欧姆在进行实验研究时,开始采用的电源是伏打电池,由于电动势不稳定,使他大为头痛,后改用温差电池才解决这个问题.欧姆实验装置如图3.6所示.把铜-铋温差电池的一端浸入沸水中,另一端浸入碎冰中,从而形成温差电池.当用两个水银杯和插在其间的待测导线形成回路时,就有电流产生.图中的电流扭秤是用来测量通过导线的电流强度的.实验中,保持电池两端的温度差不变,即电池的电动势不变.

欧姆准备了八根直径相等但长度不同的铜导线,于1826年1月8日、11日、15日共进行了五次实验.实验时,把待测导线分别插入两水银杯间,测出每次线路中的电流强度.根据实验数据,欧姆归纳出如下关系式:

$$X = \frac{a}{b + x}$$

其中,X 为通过导线的电流强度,以磁针的偏转角来量度;a 和 b 为电路的两个参数,a 由温差电池的温度差决定,b 依赖于电路其余部分的电阻;x 为实验导线的长度.

之后他又改变温度做过一些实验.他在实验数据与数学公式之间反复推算,用实验数据来建立公式,又通过计算来验证公式,从数据的归纳到公式的演绎,最后才确立了电路的实验定律.这种研究方法称为尝试法,是科学研究中的基本方法之一.

欧姆将上述结果于1826年4月以《金属导电定律的测定》一文发表在《化学与物理学杂志》上.同月在发表的另一篇论文中,他把电路实验定律改写为

$$X = kS\frac{a}{l}$$

式中,X 为通过导线的电流强度,k 为电导率,S 为导线的横截面积,a 为导线两端的电压,l 为导线的长度.

后来,他把实验长度改写为当量长度(即电阻)$L = \frac{l}{kS}$,则欧姆定律可写为

$$X = \frac{a}{L}$$

1827年,欧姆完成了对电路的理论研究,发表了《电路的数学研究》一书,从理论上推导了欧姆定律.但是,欧姆的研究成果并未立即得到当时学术界的认可.直到1840年以后,欧姆定律的重要性才得到物理学界的普遍认可,并被广泛应用.

值得注意的是,在欧姆实验研究电路定律的时候,没有测电流的电流表,没有测电压的电压表,没有确立电阻定律.在这种情形下,欧姆却独具匠心,利用电流的磁效

应,设计制作了电流扭秤;利用温差电池的温差来反映“验电力”(电压)的大小;引入电导率,并采用当量长度 L 表示电阻.这些都表明欧姆作为青史留名的物理学家的超人智慧.

2. 金属导电的经典微观理论简介

由洛伦兹发展的关于金属中的自由电子的概念和理论能解释金属是良好的导电体和导热体以及热电子发射规律、欧姆定律和焦耳定律,我们在这里作一简要的介绍.

(1) 自由电子的热运动

洛伦兹认为,金属处于固态(或液态)时,它的原子处于电离状态,分离成正离子和一个或数个电子.正离子排列在晶格的结点上,只能在平衡位置附近做微小振动,组成金属物体的骨架.而脱离了原子的电子与正离子频繁碰撞,并在各正离子之间做不规则的运动,称为“自由电子”.大量自由电子的这种不规则运动与气体分子的热运动相似,组成一种特殊的“电子气”.

洛伦兹从统计理论出发,认为电子热运动的平均动能等于原子的平均平动动能,即 $\bar{E}_k = 3kT/2$, k 为玻尔兹曼常量.用 $\sqrt{\overline{v^2}}$ 表示电子热运动的方均根速率,则由 $\frac{1}{2}m\overline{v^2} = \frac{3}{2}kT$,得

$$\sqrt{\overline{v^2}} = \sqrt{\frac{3kT}{m}} \tag{3.32}$$

应用分子运动论的结果,自由电子的热运动平均速率为

$$\bar{v} = \sqrt{\frac{8kT}{\pi m}} \tag{3.33}$$

式中, m 为电子质量,它大约是氢原子质量 M_H 的 1/1 840.在常温($T = 300$ K)下,氢气分子的平均速率为

$$\bar{v}_H = \sqrt{\frac{8kT}{\pi 2M_H}} \approx 1.4 \times 10^3 \text{ m/s}$$

电子气中自由电子的平均速率为

$$\bar{v} = \sqrt{\frac{2M_H}{m}}\bar{v}_H \approx 60\bar{v}_H \approx 0.85 \times 10^5 \text{ m/s}$$

可见,电子气中自由电子热运动的平均速率比室温下一般气体分子的平均速率高出两个数量级.

洛伦兹的上述关于金属中的自由电子的运动理论现在被称为经典的金属电子论.

(2) 热电子发射和金属导热性的微观解释

金属炽热时,从它的表面可放出电子到周围空间中,这种现象叫热电子发射(或

热离子现象).如果在两个金属电极间加上一定的电压,并使电势低的一极(阴极)炽热,那么在两极之间就会产生电流,称为热电子流.现代热电子发射广泛用于电子管和电子枪中.热电子流不服从欧姆定律.在阴极温度一定时,热电子流随阳极电势升高而增大,但当阳极电势升高到一定程度后,热电子流将呈现饱和状态,不再随两极电势差的增大而增大.

从金属电子论观点看,在通常温度下,金属中的自由电子受到导体表面的非静电起源的力的约束,不能飞离金属表面.但当金属受热时,金属中自由电子的热运动加剧,就有一部分自由电子能获得足够的动能,克服这种约束力做功而越出金属表面.在一定温度下,单位时间内能越出金属表面的电子数是一定的.通过定量计算,证明热电子流强度(饱和电流)和金属的温度的关系与经典电子论符合得很好.

一切金属都是热的良导体,这不难用金属电子论来解释.金属传导热不仅靠原子(金属正离子)的“碰撞”,而且靠自由电子之间和自由电子与金属正离子之间的碰撞.由于自由电子在导体中易于改变运动状态,因此电子能把在导体高温区获得的附加的热运动能量比较迅速地传递到相邻区域去,从而大大地加速了热传导的过程.

(3) 欧姆定律的微观解释

由于自由电子在与晶格结点频繁碰撞时,向各方向散射的机会均等,平均定向运动速度为零,所以自由电子的热运动并不能产生电荷的集体定向运动,因而不可能形成电流.但是,如果有某种外源存在,使金属中存在一定方向的电场,则在电场作用下,自由电子将在热运动的基础上得到一个与电场方向相反的附加定向运动速度.图3.7表示一个电子在某一段时间内的运动,图中实线表示在无电场时自由电子的热运动情形,虚线表示有电场时自由电子的热运动情形.自由电子集体逆电场方向定向运动的现象称为“漂移”,这种漂移运动的平均速度称为“漂移速度”,用 $\boldsymbol{u}$ 表示.

我们来看 $\boldsymbol{u}$ 与 $\boldsymbol{j}$ 的关系.在导体中取一小导体元(图3.8),并设导体内单位体积内自由电子数为 n,则在 Δt 时间内流过导体元的电量为 $\Delta q = neu\Delta t\Delta S$,故

$$j = \frac{\Delta I}{\Delta S} = \frac{\Delta q}{\Delta S\Delta t} = neu$$

图3.7　　图3.8

由于自由电子的漂移速度与电场反向,因而与 $\boldsymbol{j}$ 反向,故有

$$\boldsymbol{j} = -ne\boldsymbol{u} \tag{3.34}$$

下面我们研究 $\boldsymbol{u}$ 与导体中的场强 $\boldsymbol{E}$ 的关系. 类似气体分子运动论，自由电子连续两次与晶格骨架的碰撞之间通过的路程和经历的时间分别用电子的平均自由程 $\bar{\lambda}$ 和平均自由飞行时间 $\bar{\tau}$ 来描写，故自由电子热运动的平均速率为

$$\bar{v} = \frac{\bar{\lambda}}{\bar{\tau}} \tag{3.35}$$

由于热运动不引起自由电子的定向运动，可以把两次碰撞之间自由电子在恒定电场 E 作用下的运动看做初速度为零的匀加速运动，$a = \frac{eE}{m}$. 设自由电子与正离子碰前的定向速率为 u_t，平均定向漂移速度为 u，则有

$$u_t = a\bar{\tau} = \frac{eE\bar{\lambda}}{m\bar{v}}$$

$$u = \frac{u_t}{2} = \frac{eE\bar{\lambda}}{2m\bar{v}} \tag{3.36}$$

由于漂移速度与场强方向相反，故得

$$\boldsymbol{u} = -\frac{e\bar{\lambda}}{2m\bar{v}}\boldsymbol{E} \tag{3.37}$$

由式(3.34)、式(3.37)，得

$$\boldsymbol{j} = \frac{ne^2\bar{\lambda}}{2m\bar{v}}\boldsymbol{E} \tag{3.38}$$

同种的金属在确定温度下，n、$\bar{\lambda}$、$\bar{v}$ 为常量，故式(3.38)表明，电流密度 $\boldsymbol{j}$ 与导体中的场强成正比(微分形式的欧姆定律)，可见欧姆定律是自由电子在外电场作用下运动的必然结果. 对比式(3.38)和式(3.17)，电导率为

$$\sigma = \frac{ne^2\bar{\lambda}}{2m\bar{v}} \tag{3.39}$$

式(3.39)即为经典电子论关于电导率 σ 的公式. 它表明金属单位体积内的电子数越多，电子的平均自由程越大，电导率越大.

(4) 焦耳定律的微观解释

电子在电场作用下得到的与漂移速度有关的动能为

$$\bar{E}_{\mathrm{k}} = \frac{1}{2}m\overline{u_t^2} = \frac{1}{2}\frac{e^2E^2\bar{\lambda}^2}{m\bar{v}^2} \tag{3.40}$$

由于电子在碰撞后平均定向运动速度为零，所以式(3.40)所决定的动能就是碰撞时传递给金属的动能.

设在单位时间内，每一电子平均碰撞 $\bar{Z}$ 次，由气体分子运动论可知

$$\bar{Z} = \frac{\bar{v}}{\bar{\lambda}} \tag{3.41}$$

在单位时间内，金属中单位体积内的自由电子由碰撞而传给金属的总能量为(联系式(3.39))

$$p = \bar{E}_{\mathrm{k}} \cdot \bar{Z} \cdot n = \frac{ne^2\bar{\lambda}}{2m\bar{v}}E^2 = \sigma E^2 \tag{3.42}$$

这正是式(3.23)所表达的焦耳定律的微分形式.

(5) 自由电子的漂移速度和电流的传导速度

我们先对自由电子的漂移速度的大小作出估计,由式(3.34)有

$$u = \frac{j}{en} \tag{3.43}$$

金属中单位体积内的自由电子数 n 可以认为跟单位体积内的原子数同数量级,即

$$n \approx \frac{\rho}{\mu}N_{\mathrm{A}} \tag{3.44}$$

式中,ρ 为金属的密度,μ 为金属的摩尔质量,N_{A} 为阿伏伽德罗常量.普通金属的摩尔质量范围是 $20\times10^{-3}\sim70\times10^{-3}$ kg/mol,例如,铜的摩尔质量为 64.6×10^{-3} kg/mol.普通金属的密度范围是$(5\sim10)\times10^{-3}$ kg/mol,例如,铜的密度为 8.9×10^{-3} kg/mol.通常横截面积为 1 mm^2 的导线中通有 10 A 的电流,算是较强的电流,相应的电流密度为 $j=10^7$ A/m^2.我们取 $\mu\approx60\times10^{-3}$ kg/mol,$\rho\approx10\times10^3$ kg/m^3 和上述电流密度值进行估算,由式(3.43)和式(3.44),得

$$u = \frac{j\mu}{N_{\mathrm{A}}\rho e} \approx \frac{10^7\times60\times10^{-3}}{6\times10^{23}\times10\times10^3\times1.6\times10^{-19}}\ \mathrm{m/s} \approx 6\times10^{-4}\ \mathrm{m/s}$$

可见,金属中自由电子的漂移速度是很小的,比它的热运动的平均速率约小 9 个数量级.

既然自由电子的定向运动速率这样小,为什么即使位于很远处的电源开关(例如发电厂的开关)一合上,电灯也会立刻亮起来呢?这里,首先需要弄清电子的漂移速度和电流的传导速度的区别.电流是金属导体中各处自由电子集体定向运动的表现.电流的传导速度反比于从闭合开关起到用电器的导体中的自由电子开始做定向运动所经历的时间.而自由电子的定向运动是由电场推动的,上述时间就是电场从电源到用电器传播所需的时间,所以电流的传导速度应等于电场的传播速度,约为 3×10^8 m/s.一旦开关闭合,电场迅速把电源的能量传播到电路中,引起导体中电荷的重新分配,在导体中建立起电场,并立即推动自由电子(或自由电荷)集体定向运动,形成电流.

(6) 经典金属电子论的困难

虽然经典的电子论能比较简明地解释金属的导电规律,但只能做到定性的程度.一旦涉及定量,理论结果与实际差别很大.例如,近似地用 $\sqrt{\overline{v^2}}$ 代替 $\bar{v}$(它们之间只相差一个常系数),由式(3.32)和式(3.39),可得金属的电阻率为

$$\rho = \frac{1}{\sigma} = \frac{2\sqrt{3kmT}}{e^2n\bar{\lambda}} \tag{3.45}$$

因为在常温下,n、$\bar{\lambda}$ 与金属的温度无关,式(3.45)表明,金属的电阻率与绝对温度的

平方根成正比.但实验证明,电阻率与绝对温度成正比,$\rho \propto T$.

在金属的导热性方面,经典电子论与实验也很不符合.经典电子论假定金属中大量自由电子在做热运动,且具有相应的能量,这就会得出导体的热容量应该大于不导电的固体的热容量的结论.在断定自由电子数与原子数同数量级时,每摩尔质量的物质由于自由电子的热运动而附加的内能应为 $3kNT/2=3RT/2$,R 为普适气体常量,因而摩尔热容量应增加 $3R/2$.而实验证明,导体与不导电的固体的热容量是一样的.

造成上述困难的基本原因是把适用于气体运动的经典统计理论套用到自由电子的运动中,即困难主要是由式(3.32)的引入而产生的.实际上,"电子气"不遵循经典统计,而是遵循量子力学的费米-狄拉克统计.上述困难以及其他一些困难借助于量子理论都能克服.

3. 稳恒电路中的电场和电荷的作用与分布

(1) 稳恒电场和静电场的异同

如果在导体 AB 两端保持恒定的电势差,根据部分电路欧姆定律 $I=U_{AB}/R$,导体中就能存在稳恒的电流.根据电势差的定义,有

$$U_{AB}=\int_A^B \boldsymbol{E}\cdot \mathrm{d}\boldsymbol{L} \tag{3.46}$$

$$I=\frac{\int_A^B \boldsymbol{E}\cdot \mathrm{d}\boldsymbol{L}}{R} \tag{3.47}$$

由式(3.47)可见,要使 I 不随时间变化,必须使 $\boldsymbol{E}$ 不随时间变化.所以从场的观点看,导体中存在稳恒电流的原因在于导体内存在不随时间变化的电场,称为稳恒电场.

导体中的稳恒电场是由导体上分布的电荷产生的,且产生电场的电荷分布不随时间改变,这似乎与静电场无异,但是,它们是有区别的.在静电场中,处于静电平衡的导体,内部的场强一定为零,导体表面上的场强一定与导体表面垂直,导体内部没有自由电荷的定向移动.而通有电流的导体内部的稳恒电场却一定不为零,下面我们将看到,导体表面上的场强也不一定与导体表面垂直,导体内一定存在自由电荷的定向移动.从这个意义上讲,导体中的静电场(为零)只是稳恒电场的一个特例.

(2) 稳恒电场的作用

在稳恒电流通过的导体中,稳恒电场起着重要的作用.

① 电场的作用力和非静电力一起保证电流线的闭合,并把电源的非静电能在负载上转化为其他形式的能量.在电源内部存在非静电力的地方,非静电力的方向与电场方向相反.其总效果是把正电荷由电源的负极移到正极,使电荷的电势能增大.在外电路上,正电荷在电场力作用下,由正极回到负极,电荷的电势能减小.这样,不仅

实现了电流在闭合回路中的循环，而且通过导体中电荷的定向运动把电势能转化为动能，并在正负电荷的相互作用中转化为电阻所消耗的热能.

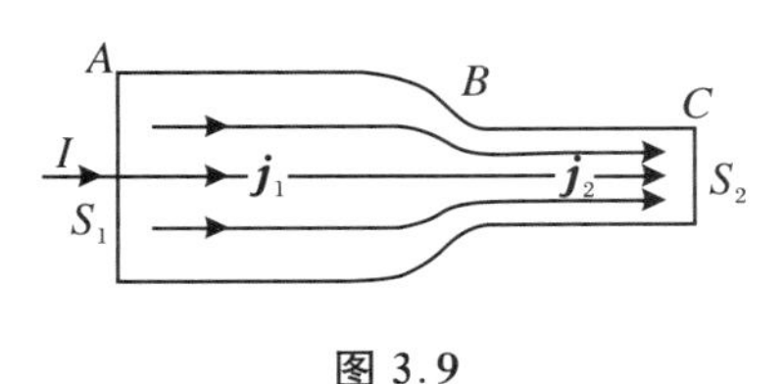

图 3.9

② 由欧姆定律的微分形式(式(3.17))知，在回路中不存在非静电力的地方，稳恒电场的分布决定着导体中电流的分布. 在场强大的地方，电流密度一定大；场强分布不均匀的地方，电流密度的分布也不均匀. 例如，在图 3.9 所示的通有电流为 I 的同种导体中，若 AB 段的横截面积S_1 为 BC 段的横截面积S_2 的 2 倍，由 $j = I/S$ 知，$j_1 = j_2/2$. 由 $j = \sigma E$ 知，AB 段的场强必是 BC 段的场强的 1/2. 在 AB 和 BC 交接处，电流密度分布不均匀，必是该处稳恒场强分布不均匀的结果.

(3) 稳恒电路中的电场分布和电荷分布

电路中的稳恒电场分布决定着电流分布，而稳恒电场的分布又是由电路中稳定的电荷分布决定的. 为了弄清回路中稳恒电场的分布，必须先要弄清回路中的电荷分布.

在回路中没有非静电力存在的地方，根据稳恒电流的条件式(3.6)和式(3.17)，应有

$$\oint\!\!\!\oint_S \boldsymbol{j} \cdot \mathrm{d}\boldsymbol{S} = \oint\!\!\!\oint_S \sigma \boldsymbol{E} \cdot \mathrm{d}\boldsymbol{S} = 0 \tag{3.48}$$

如果导体是均匀的，σ 为常量，且不为零，则有

$$\oint\!\!\!\oint_S \boldsymbol{E} \cdot \mathrm{d}\boldsymbol{S} = 0 \tag{3.49}$$

在式(3.49)中，闭合面 S 可在均匀导体中任意选取. 由高斯定理可知，式(3.49)表示在均匀导体内部的任意闭合面内的电荷量 $q = 0$. 这就是说，在均匀导体内部不可能分布有稳定的净电荷.

对于不均匀导体，导体内各处的 σ 是不同的，不能从式(3.48)的积分号中提出，因此式(3.49)不成立. 所以在稳恒电路内，电荷可以而且只能分布在导体的不均匀处或电导率不同的导体的分界面上，导体中的稳恒电场正是由这些电荷激发的.

由稳恒电流的条件还知道，回路中的电流线必须与导线表面平行，否则，在电流线指向导线表面的地方将出现电荷的连续积累，使导线中的电场不断变化，这就破坏了电流的稳定. 由于回路电场方向与电流线方向处处一致，因此导线内部的电场线也必须与导线表面平行.

(4) 形成稳恒电流的暂态过程的物理图像

下面我们通过分析回路从通电到电流达到稳定的过程，来具体认识稳恒电路中导体上的电荷和电场分布的上述特点. 如图 3.10(a)所示，在未通电前，由于电源的非静电作用，电源两极上分别积累等量异号的电荷，在电源外部空间激发起静电场. 其

中虚线表示在纸面内的电场线，实线表示电场等势面与纸面的交线.

现在用图 3.10(b)所示的均匀 U 形导线连接电源的正、负极，设想在刚接通瞬间，电荷尚未移动，电场将维持原来的分布.由于导体靠近电极的两端处电场强度较大，自由电子在此电场作用下，将形成导线两端的电流比中部大，于是导体上在靠近电源正极一端有过剩的正电荷出现，在靠近电源负极一端有过剩的负电荷出现，

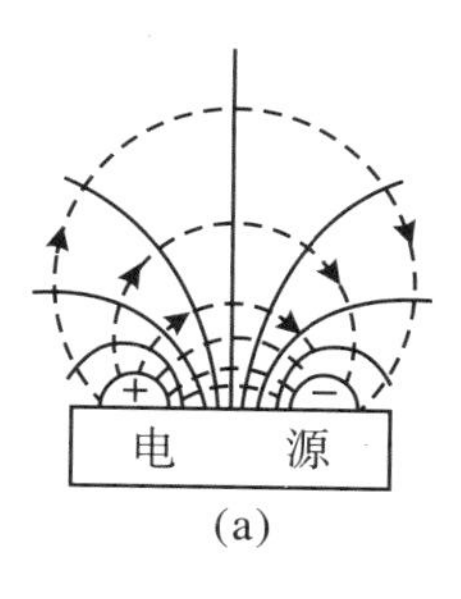

(a)

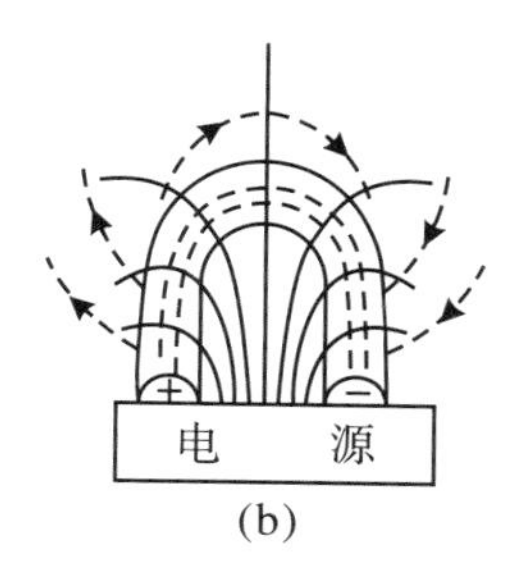

(b)

图 3.10

且越靠近两极处，过剩电荷越多.这些过剩电荷激发的电场将改变原电场的分布，使导线中段电场增强，而两端原来较强的电场被削弱.电场强度这种沿导线分布的变化促使导线各部分的电流趋于均匀，直到沿均匀导线各处的电流强度处处大小相等，导体上不再发生电荷的继续积累，电路就达到了稳恒状态.在稳恒状态下，电荷只分布在导体表面，导体内部的电场线与导线平行，均匀导体内部电势降落也是均匀的.电路达到稳定时的电场分布如图 3.10(b)所示.

上述过程发生的时间极短(约 10^{-10} s).而且，在导线靠近电源两极时，电场分布已经在开始发生改变，因而实际情况比上述假定的过程复杂.但最后达到稳定时的电场分布与图 3.10(b)是一致的.

从另一方面看，构成回路的导体存在着分布电容.给导体通电的过程就是给导体的分布电容充电的过程.导线自身的形状、粗细以及各部分导线间的相对位置都会影响分布电容，因而也会影响到导体上的电荷分布.就是已经达到了稳恒的情况，当导线各部分相对位置发生变化时，虽然导体内部各处的电势不会发生变化，但由于导线的分布电容改变，导线上的电荷分布也要发生改变.

4. 关于电动势的定义和方向

电动势是表征电源把其他形式的能转化为电能的本领的一个物理量.

(1) 关于电动势的定义

如 3.4 节所述，电动势的通常定义是：单位正电荷沿闭合回路移动一周时非静电力所做的功，由式(3.24)表示.电动势的这个定义具有普遍性.它既适合非静电力存在于电路的某些局部区段，也适合非静电力连续存在于电路的各个部分；既适合稳恒电路，也适合非稳恒电路.例如，闭合导线处于变化的磁场中时，其内的电动势(感生电动势)为

$$\mathscr{E} = \oint_L \boldsymbol{E}'_{\text{场}} \cdot \mathrm{d}\boldsymbol{L} = -\frac{\mathrm{d}\Phi}{\mathrm{d}t} \tag{3.50}$$

其中，$\boldsymbol{E}'_{场}$为导线内的涡旋电场，它就是式(3.24)中的非静电力场强 $\boldsymbol{K}$.如果磁通均匀变化，则回路中电流将维持不变：

$$I = \frac{\mathscr{E}}{R} = \left|\frac{\mathrm{d}\Phi}{\mathrm{d}t}\right|\frac{1}{R}$$

值得注意的是，式(3.24)中的 $\boldsymbol{K}$ 或式(3.50)中的 $\boldsymbol{E}'_{场}$并非只存在于导体回路内部.电动势的实质是电源把其他形式的能转化为电路中的电能，线积分路径必须沿电流通过的导体.

(2) 关于电动势的方向

电动势是标量.但是对电动势作出非矢量性的方向规定，对于进行物理过程分析和电路计算中采用符号法则可以带来方便.对于电动势方向的规定，大致有下述几种：

① 当电动势单独作用时，使正电荷移动的方向；

② 从电源负极经内电路指向正极的方向；

③ 电源内部电势升高的方向.

第①种规定的方向就是非静电力做正功的方向，使电动势的方向与非静电力做功的正负合理地联系起来，与电动势的本质意义协调，具有一般性.将这种定义写成微分形式：$\mathrm{d}\mathscr{E} = \boldsymbol{K}\cdot\mathrm{d}\boldsymbol{L}$.当 $\mathrm{d}\mathscr{E} > 0$ 时，$\boldsymbol{K}$ 的方向应与 $\mathrm{d}\boldsymbol{L}$ 成锐角，此时非静电力做正功，把其他形式的能转化为电能，电源放电，电动势方向与电流方向一致.反之，$\mathrm{d}\mathscr{E} < 0$ 时，非静电力做负功，电源充电，电动势方向与电流方向相反.对于电源处于电路的局部区域，能明确规定电源的正负极的情形，在电源内部，电流必是从负极流向正极，则由此规定可得，电动势方向就是从电源的负极经电源内部到正极的方向，也就是前述的第②种规定.

前述第③种规定的意义是含混的.例如，在化学电源内部，不同区段电势有升高也有降低，一些区段电势升高的方向和另一些区段电势降低的方向都是从电源的负极指向正极的(可参看图 3.12)，应以哪一区段为标准？规定中没有反映出来.如果把它理解为电源内部电势升高的总趋势的方向，对串联组合电源也不尽适合.即使是放电电源，在串联组合中，电源内部(反映为两极间)的电势升高的方向也有可能是从正极指向负极的，与电流方向相反(参看第 4 章问题讨论 6)，所以这种规定不妥.

5. 闭合电路中的两种场与欧姆定律

由稳恒电流的条件式(3.6)知，在稳恒电路中电流线必须闭合.由于导体电阻的存在，电场力移动电荷做功总是使电荷电势能减少，并转化为电阻上消耗的焦耳热，因而电场力不可能使电荷从电势较低的位置再返回电势较高的位置，使电流线闭合.所以，在闭合电路中存在稳恒电流的前提条件是电路中一定存在有非静电力.只在稳

恒电场 $\boldsymbol{E}$ 的作用下,导体中的电流密度由式(3.17),即 $\boldsymbol{j}=\sigma\boldsymbol{E}$ 决定.然而在稳恒电路中,电荷的定向运动是电场力和非静电力共同作用的结果,在电场力和非静电力同时存在的区域,它们对形成电流有同等的作用.设稳恒电场的场强为 $\boldsymbol{E}_{场}$,非静电力场强为 $\boldsymbol{K}$,则式(3.17)可推广为

$$\boldsymbol{j}=\sigma(\boldsymbol{E}_{场}+\boldsymbol{K}) \quad 或 \quad \boldsymbol{E}_{场}+\boldsymbol{K}=\rho\boldsymbol{j} \tag{3.51}$$

式(3.51)常称为有电动势存在时推广的欧姆定律的微分形式或全电路欧姆定律的微分形式.对于无分支电路的闭合回路,对式(3.51)沿电流线方向取线积分,得

$$\oint_L \boldsymbol{E}_{场}\cdot \mathrm{d}\boldsymbol{L}+\oint_L \boldsymbol{K}\cdot \mathrm{d}\boldsymbol{L}=\oint_L \rho\boldsymbol{j}\cdot \mathrm{d}\boldsymbol{L} \tag{3.52}$$

由式(3.7)和式(3.24)知,式(3.52)左边第一项为零,第二项是回路中电源的电动势 $\boldsymbol{E}$,即

$$\mathscr{E}=\oint_L \boldsymbol{K}\cdot \mathrm{d}\boldsymbol{L}=\oint_L \rho\boldsymbol{j}\cdot \mathrm{d}\boldsymbol{L} \tag{3.53}$$

在实际电路中,电源大都集中于电路的某些区段.设电源集中于一个区段,如图3.11(a)所示.在外电路中 $\boldsymbol{K}=\boldsymbol{0}$,则

$$\mathscr{E}=\int_{-\,内电路}^{+}\boldsymbol{K}\cdot \mathrm{d}\boldsymbol{L} \tag{3.54}$$

对于稳恒电流,式(3.53)右边可改写为

$$\begin{aligned}\oint_L \rho\boldsymbol{j}\cdot \mathrm{d}\boldsymbol{L}&=\int_{-\,内电路}^{+}\rho\boldsymbol{j}\cdot \mathrm{d}\boldsymbol{L}+\int_{+\,外电路}^{-}\rho\boldsymbol{j}\cdot \mathrm{d}\boldsymbol{L}\\&=I\int_{-\,内电路}^{+}\frac{\rho\cos\theta}{S}\mathrm{d}L+I\int_{+\,外电路}^{-}\frac{\rho\cos\theta}{S}\mathrm{d}L\end{aligned}$$

其中,θ 为电流密度矢量 $\boldsymbol{j}$ 与 $\mathrm{d}\boldsymbol{L}$ 的夹角.因是沿电流线取积分,所以 $\theta=0$,$\cos\theta=1$.由式(3.10)$\left(即\ R=\int\rho\mathrm{d}L/S\right)$,上式中积分分别表示内、外电路上的电阻:

$$r=\int_{-}^{+}\frac{\rho\mathrm{d}L}{S},\quad R=\int_{+}^{-}\frac{\rho}{S}\mathrm{d}L$$

即

$$\oint_L \rho\boldsymbol{j}\cdot \mathrm{d}\boldsymbol{L}=Ir+IR \tag{3.55}$$

由式(3.53)~式(3.55)得

$$\mathscr{E}=I(r+R) \quad 或 \quad I=\frac{\mathscr{E}}{r+R} \tag{3.56}$$

这就是全电路欧姆定律.

如果电路中除供电电源 $\mathscr{E}'$ 外还有一充电电源 $\mathscr{E}$,如图3.11(b)所示.将式(3.51)由 A 至 B 沿电流方向经充电电源内部取线积分:

$$\int_A^B \boldsymbol{E}_{场}\cdot \mathrm{d}\boldsymbol{L}+\int_A^B \boldsymbol{K}\cdot \mathrm{d}\boldsymbol{L}=\int_A^B \rho\boldsymbol{j}\cdot \mathrm{d}\boldsymbol{L} \tag{3.57}$$

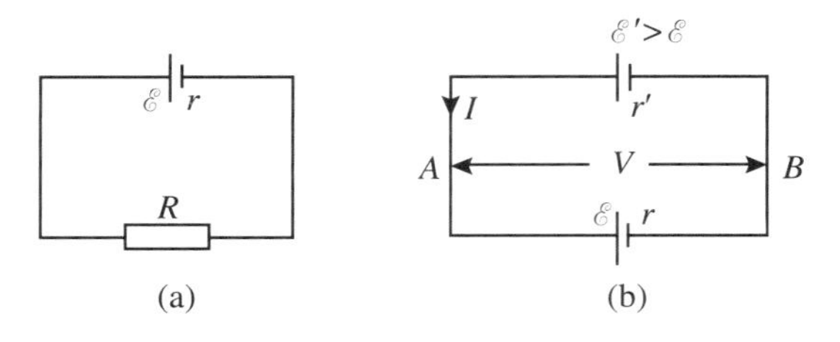

图 3.11

其中，$\int_A^B \boldsymbol{E}_{场} \cdot \mathrm{d}\boldsymbol{L} = U$ 为电路的路端电压，$\int_A^B \rho \boldsymbol{j} \cdot \mathrm{d}\boldsymbol{L} = Ir$ 为内阻上的电势降.因在充电电源内部，$\boldsymbol{K}$ 的方向与 $\mathrm{d}\boldsymbol{L}$ 的方向相反，所以

$$\int_A^B \boldsymbol{K} \cdot \mathrm{d}\boldsymbol{L} = -\int_B^A \boldsymbol{K} \cdot \mathrm{d}\boldsymbol{L} = -\int_-^+ \boldsymbol{K} \cdot \mathrm{d}\boldsymbol{L} = -\mathscr{E}$$

则式(3.57)可写为

$$U - \mathscr{E} = Ir \quad 或 \quad I = \frac{U - \mathscr{E}}{r} \tag{3.58}$$

式(3.58)就是含反电动势源电路的欧姆定律.这样，我们从场的观点导出了式(3.56)和式(3.58)，它们与实验结果是一致的.

6. 化学电源电动势的形成机理

在电源电动势的定义中，“非静电力”或非静电力作用泛指静电力以外的其他相互作用.对于不同电源，电动势形成的机理不同.这里着重讨论原电池的电动势的形成过程以及微观机理.

(1) 原电池电动势的形成和维持

伏打根据伽伐尼的发现进行了大量实验研究，制成了第一个利用化学作用提供持续电流的电源，称为伏打电池.后来人们根据同样的原理制成了一系列具有不同特性的电池，如丹聂尔电池、勒克朗谢电池(即通常说的干电池)、标准电池等.这类电池通常只能一次性使用，故统称一次性电池或原电池，也叫伽伐尼电池.下面以伏打电池为例，说明原电池电动势形成和维持的物理、化学过程.

① 伏打电池的电动势形成和维持过程

伏打最初制成的电池是用铜板和锌板为电极，电解液是稀硫酸溶液.

如图 3.12(a)所示，把锌板和铜板插入稀硫酸溶液，在断开 S 时，锌与硫酸发生化学反应，锌离子 Zn^{2+} 进入溶液中，留下电子在锌板上，使锌板带负电.带正电的 Zn^{2+} 又被带负电的锌板吸引，聚集在锌板附近，形成电偶层，阻碍锌离子进入溶液，且有少数 Zn^{2+} 能返回锌板.当 Zn^{2+} 聚集到一定程度时，锌板与溶液处于动态平衡，在锌板与溶液间形成指向锌板的稳定电场 $\boldsymbol{E}_1$.

在铜板处，铜板的电子进入溶液，使铜板带正电，形成与锌板处情况相反的电偶层，最后也达到动态平衡，在铜板与溶液间形成指向溶液的稳定电场 $\boldsymbol{E}_2$. 这样造成了锌板与铜板之间的电势差，形成电源电动势. 铜板是电池的正极，锌板是电池的负极. 伏打电池的电动势约 1 V. 这时，内电路上的电势变化情况如图 3.12(c)中的电势图所示.

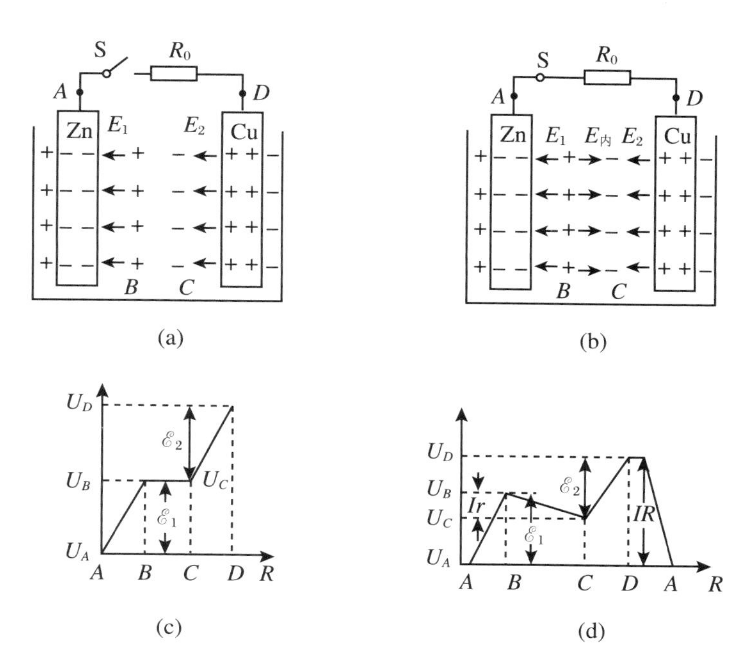

图 3.12

② 通电时，电路中的电势变化情况

如图 3.12(b)所示，当 S 闭合时，锌板上的电子在电场力作用下沿电阻 R_0 运动至铜板，使两极上的电荷减少，电势差减小，电偶层内电场减弱，进而在电偶层内起源于化学反应的非静电力场强 $\boldsymbol{K}$ 大于 $\boldsymbol{E}_1$ 和 $\boldsymbol{E}_2$，破坏了原有的动态平衡. 锌板上的锌离子和铜板上的电子继续进入溶液. 只要负载电阻 R_0 一定，经短暂时间就可建立起新的动态平衡. 这时，外电路中存在稳定电场 $\boldsymbol{E}_外$，由它决定了外电路上的电势差(路端电压) $U=\int_D^A \boldsymbol{E}_外 \cdot \mathrm{d}\boldsymbol{L}$. 在整个通电过程中，$Zn^{2+}$ 离子不断溶解，溶液中的氢离子不断与从铜板上下来的电子结合成氢原子，进而结合成氢分子，形成氢气逸出溶液. 化学反应持续进行，硫酸溶液变为硫酸锌溶液，不断地把化学能转化为电能. 由于电解液中的正离子不断地溶解和沉积，使得电解液中正离子在负极附近较多，正极附近较少，因而在溶液内形成由负极指向正极的电场 $\boldsymbol{E}_内$. 它推动电解液中正、负离子流动，形成电流.

从上面的分析还可得出结论，将两块同种固体导体插入电解质是不可能构成电

源的.例如在图3.12(a)中,若插入的两个电极都是锌板,则两块锌板附近形成的电偶层的电场方向都指向锌板,两锌板的电势都比溶液的电势低,且电势相等,即总电动势为零.在接通电键时,电路中不可能有电流通过.

设溶液电阻为 r,则闭合后的电路可用图3.12(b)表示,电路中沿电流方向的电势的变化情况可用图3.12(d)所示的电势图表示.电源电动势 $\mathscr{E}$ 等于铜板和锌板处电势跃升之和:$\mathscr{E}=\mathscr{E}_1+\mathscr{E}_2$.由于电偶层内距离很小,其电阻近于零.故图中 A、B 及 C、D 应几乎重合.

③ 伏打电池的极化

由于在伏打电池放电过程中,氢气不断从溶液中析出,溶液中氢离子不断减少,并且有些氢气形成气泡附着在铜板上.这种现象引起两方面的后果:一方面,氢气泡的存在减小了极板的工作面积,增加了电池的内阻.另一方面,氢具有形成氢离子进入溶液的趋势,因此产生了一个新的电动势.这个电动势的方向与电池电动势方向相反,从而削弱了电池的电动势.这两种结果都会削弱外电路中的电流.所以,把灯泡接在伏打电池上,会发现灯泡越变越暗.这种现象叫电极的极化.为了消除电极的极化,可以用机械方法去掉电极上的氢气泡,但这给实用带来麻烦,所以通常利用去极剂把正极上的氢气氧化成水.常用的去极剂有二氧化锰和重铬酸钾等.

(2) 化学电池电动势形成的微观机理[1]

前面只是对电动势的形成过程做了定性的描述,没有涉及具体的机制.比如,为什么在伏打电池中,在锌板处是锌离子进入溶液,而在铜板处则是电子进入溶液?$\mathscr{E}_1$、$\mathscr{E}_2$ 的值由什么决定?下面对这些问题作概括的介绍.

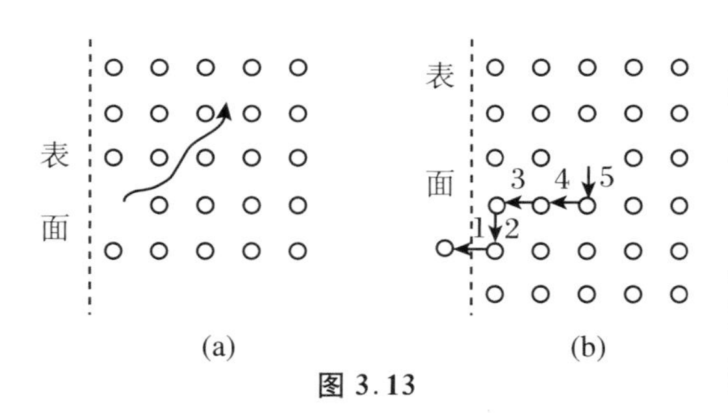

图 3.13

大家知道,金属正离子形成空间点阵,在其平衡位置做热振动,或者说金属正离子处于周围离子所形成的"势阱"之中.但任何温度下,总有少数正离子具有足够的能量,能离开平衡位置(脱离势阱),在空间点阵中造成缺陷,称为"热缺陷".热缺陷有两种情况.一种情况如图3.13(a)所示,原来在金属表面的离子脱离原来的平衡位置,运动到点阵的空隙中去,而在原来的平衡位置处留下一个"空位".这样的离子叫"填隙离子"(或填隙粒子).这种形式的缺陷叫弗仑克尔缺陷.这时晶体表面空位处显负电性,填隙粒子所在处显正电性,形成空间电荷.另一种情况是表面上的一个离子移到表面的另一正规空位上(如图3.13(b)中箭头1所示),附近的粒子又来填补它所留下的空位(如图3.13(b)中箭头2、3、4所示),导致空位向晶体内部运动,这时金属表面显正电性,金属内部显负电性.这种由边界造成的空位缺陷叫肖特基缺陷.由于填隙粒子和空位的存在,离子在晶体中扩散变得容易.

填隙粒子和空位的运动可视为无规则的热运动，服从玻尔兹曼分布，在一定温度下，所形成的空位数 n 由下式决定：

$$n = n_0 e^{-W/kT} \tag{3.59}$$

式中，n_0 为晶体中的原子数，k 为玻尔兹曼常量，W 为形成一个空位所需的能量. 由于离子并未逸出晶体，n 值改变时，n_0 不变. 所以 W 值相当于把一个离子移到金属表面所需做的功，叫逸出功，如果离子要脱离金属表面进入真空，所需的逸出功更大.

当金属表面与水接触（例如锌板插入水中）时，由于热运动，表面的正离子就可能有少数进入水中，并与周围的水分子发生相互作用. 水分子极性很强，偶极矩很大，锌离子进入水中时，它的库仑场使其周围的水分子极化，围着它作整齐的排列，如图 3.14 所示. 这样的离子叫水化离子.

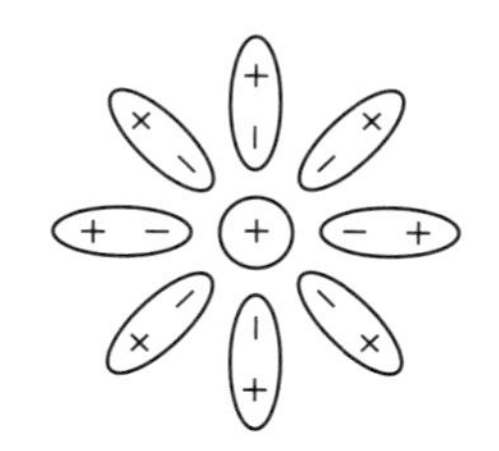

图 3.14

锌离子从晶格内移至真空所需的逸出功较大. 当把锌板放入稀硫酸溶液中时，金属表面离子进入溶液形成水化离子后，其表面处有负的空间电荷形成，它们的库仑引力使其余离子进入溶液的逸出功比进入真空的逸出功小，因而能加速金属离子的自动溶解.

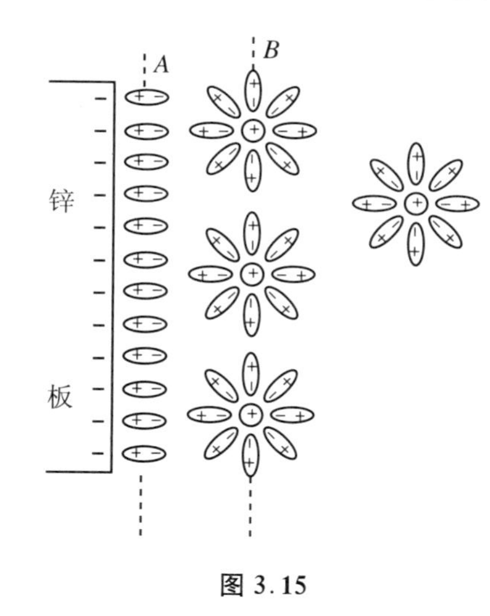

图 3.15

随着水化锌离子的增多，锌板上聚积的电子数目也增多，对将要进入水中的正离子引力增大，从而减缓了锌离子溶解的速度. 同时水化锌离子在锌板的负电荷吸引下向锌板沉积，还原为锌原子. 当溶解速度与沉积速度相等时，两者达到动态平衡. 这时，若无外力作用，水化锌离子和极板上的负电荷形成相对稳定的偶电层，过剩的水化锌离子将分散在溶液中，如图 3.15 所示. 在水化锌离子和锌板之间有一层被极化的水分子，它阻碍水化锌离子向锌板的移动.

设 n_{01} 为表示金属表面单位面积的离子数，n_1 为这个面积上从锌板进入溶液的离子数，则由式(3.59)，有

$$n_1 = n_{01} e^{-w_1/kT} \tag{3.60}$$

式中，w_1 表示离子从锌板进入溶液时所需的逸出功. 由于锌板表面附近形成了偶电层，锌离子到达偶电层之外的溶液中还需做功 ZeU. 其中 Z 为原子价，e 是基本电荷，$U = U_B - U_A$，是图 3.15 中偶电层 B、A 面之间的电势差. 因此，式(3.60)应改为

$$n_1 = n_{01} e^{-(w_1 + ZeU)/kT} \tag{3.61}$$

设离子从锌板进入溶液的溶解速度为 u_1，它与逸出的离子数 n_1 成正比. 设比例系数为 K_1，则

$$u_1 = K_1 n_1 = K_1 n_{01} e^{-(w_1 + ZeU)/kT} \tag{3.62}$$

设分散在溶液中的锌离子返回锌板表面时，越过包围它的极化水分子所需的功为 w_2，越过偶电层到达锌表面时，电偶层电场对它做的功为 ZeV，C 为溶液中锌离子的浓度，n_2 为到达锌板的锌离子数，u_2 为锌离子返回锌板表面的沉积速度，同理可得

$$u_2 = K_2 C e^{-(w_2 - ZeU)/kT} \tag{3.63}$$

达到动态平衡时，$u_1 = u_2$，由式(3.62)、式(3.63)得

$$K_1 n_{01} e^{-(w_1 + ZeU)/kT} = K_2 C e^{-(w_2 - ZeU)/kT}$$

则

$$U = \frac{w_2 - w_1}{2Ze} + \frac{kT}{2Ze}\ln\frac{K_1 n_{01}}{K_2 C} \tag{3.64}$$

偶电层处的电势跃升值 U 就是非静电力在电极处形成的电动势，设为 $\mathscr{E}_1$，即 $\mathscr{E}_1 = U$. 令 ΔW 表示 1 mol 离子在溶液中与在金属表面上的能量之差，而一个离子的这种能量差为 $w_2 - w_1$，故

$$\Delta W = N_A (w_2 - w_1) \tag{3.65}$$

其中，N_A 为阿伏伽德罗常量. 因 $N_A e = F$（F 为法拉第常量），$N_A k = R$（R 为普适气体常量），则式(3.64)可改写为

$$\mathscr{E}_1 = \frac{\Delta W}{2FZ} + \frac{RT}{2FZ}\ln\frac{K_1 n_{01}}{K_2} - \frac{RT}{2FZ}\ln C \tag{3.66}$$

在温度恒定时，ΔW、n_{01}、K_1、K_2 均恒定，即

$$\mathscr{E}_0 = \frac{\Delta W}{2FZ} + \frac{RT}{2FZ}\ln\frac{K_1 n_{01}}{K_2}$$

为常量，则式(3.66)可简化为

$$\mathscr{E}_1 = \mathscr{E}_0 - \frac{RT}{2FZ}\ln C \tag{3.67}$$

式(3.67)表明，在电极处产生的电动势 $\mathscr{E}$ 由溶液的浓度 C 决定，C 越大，E 越小. 式(3.67)与实验符合得很好.

不同金属离子的逸出功不同. 例如，当铜板插入稀硫酸溶液时，铜离子脱离晶格进入真空的逸出功小于铜离子脱离晶格进入溶液的逸出功，因而铜的正离子聚积在铜板上，而电子逸入水中，形成铜板表面带正电、溶液带负电的偶电层. 设所形成的电势差为 $\mathscr{E}_2$，则图 3.12(a)所示的电源电动势为 $\mathscr{E} = \mathscr{E}_1 + \mathscr{E}_2$. 电键 S 闭合后的情况如前所述.

(3) 化学电源的充电过程

用一个电动势较大的化学电源给一个电动势较小的电源充电. 设供电电源电动势为 $\mathscr{E}'$，内电阻为 r'，充电电源电动势为 $\mathscr{E}$，内电阻为 r，$\mathscr{E}' > \mathscr{E}$. 电路如图 3.16 所示. 图中 $\mathscr{E}_1'$、$\mathscr{E}_2'$ 和 $\mathscr{E}_1$、$\mathscr{E}_2$ 分别表示两个电源的电极处电偶层所形成的电动势. 在供电电源的电场作用下，充电电源中将发生与放电相反的过程，电流将从铜板流入，从锌板流

出电源，锌板上电子增多，铜板上电子减少(积累的正电荷增多)，破坏了电极附近原来形成的偶电层内的动态平衡，化学作用将使铜离子 Cu^{2+} 从铜板上溶解进入溶液，使锌离子 Zn^{2+} 从溶液中沉积到锌板上，直到使偶电层重新达到动态平衡，电流将稳定地从正极经电源内部流到负极．这时电路可用图3.17(a)表示，电路中沿电流方向的电势变化情况可用图3.17(b)表示．由图中看出 $U_{AD}=(\mathscr{E}_1'+\mathscr{E}_2')-Ir'=\mathscr{E}'-Ir'$，$U_{AD}=(\mathscr{E}_1+\mathscr{E}_2)+Ir=\mathscr{E}+Ir$．这正是式(3.28)和式(3.29)所表示的．

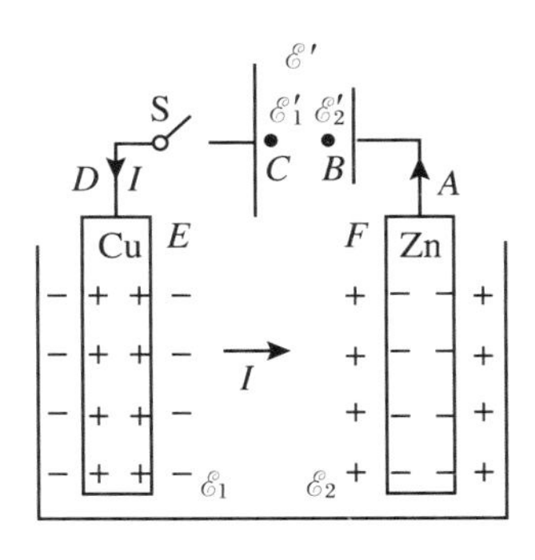

图3.16

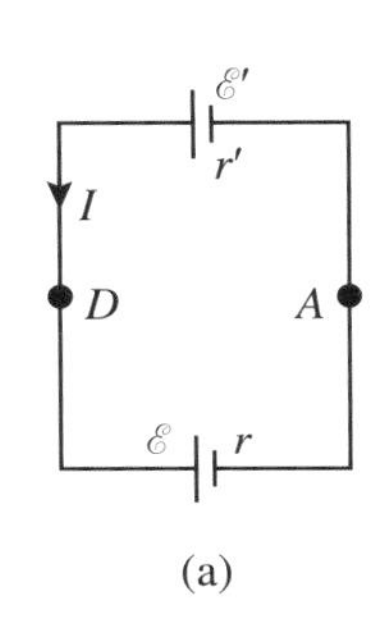

(a)

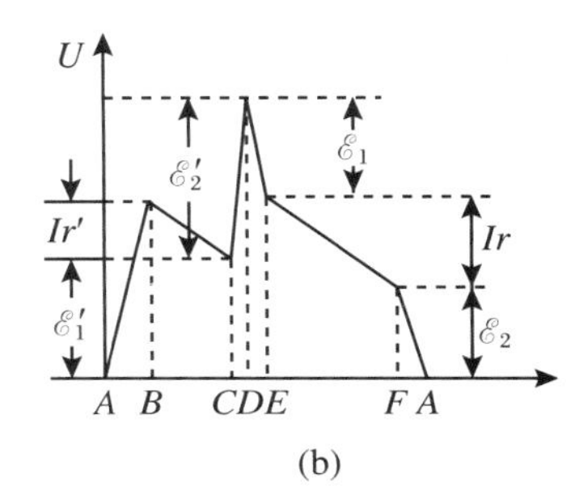

(b)

图3.17

7. 接触电势差　温差电动势

两种导体接触时，在接触面处会形成电势差，这种电势差叫接触电势差．化学电源的极板与溶液之间的电势差就是一种接触电势差，因此化学电动势又叫接触电动势．这里着重讨论金属导体接触时所形成的电势差．

在一块金属导体内部存在温度梯度，或两种以及两种以上的不同导体串接后构成回路，并使某两接触面处维持高低不同的温度，在导体内部也会出现电势差．这种现象叫温差电现象，这种情况下形成的电动势叫温差电动势．

(1) 金属的接触电势差现象及其实验观测

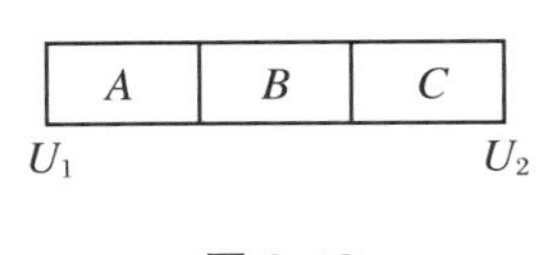

图3.18

伏打在1797年发现，两种不同金属接触时，在接触处会出现电势差．他还发现，几种不同金属 A、B、C 依次接在一起时(图3.18)，这一系列导体整体的接触电势差只与两端的导体 A 和 C 的种类有关，与中间导体 B 无关．

接触电势差的值由两接触导体的性质以及其他物理条件(如温度、接触面的清洁程度)决定，与两种导体的形状和大小无关．各种不同金属接触时，产生的接触电势差的值在零点几伏到几伏之间．同种金属的接触面处不会产生电势差．

虽然不同导体接触会在接触表面处形成电势差，但是，如果把不同金属导线连成闭合回路，如图3.19所示，在这种回路中不会出现不为零的电流．这是很容易由实验证实的．这表明，仅由不同金属构成的闭合回路，其各接触面处的接触电势差的代数和为零，即

$$U_{AB}+U_{BC}+U_{CA}=0 \tag{3.68}$$

下述实验能简单地显示接触电势差的存在．把一块金属 A 固定在静电计的棒上，如图3.20(a)所示，在 A 上放一层绝缘材料（如塑料薄膜），再把另一种金属 B 固定在绝缘柄上，放在绝缘材料上面．然后用一根任意种类的金属丝 D 把 A 和 B 连起来．这样在板 A、B 之间就会产生接触电势差，且这个电势差与连接 A、B 的金属丝 D 的种类无关．将静电计接地，并用绝缘物取走金属丝 D，则由 A、B 构成的平行板电容器处于带电状态，静电计指针张角的大小表示的 A、B 两极的电势差即是接触电势差．由于接触电势差较小，指针的张角不大．可以往上提起绝缘柄 C，以减小电容器的电容(图3.20(b))，从而增大 A、B 间的电势差，使指针张角增大至可以观察和量度的程度．根据指针的张角和电容器的结构参数及上移 B 板的距离，可以粗略估计接触电势差的大小．

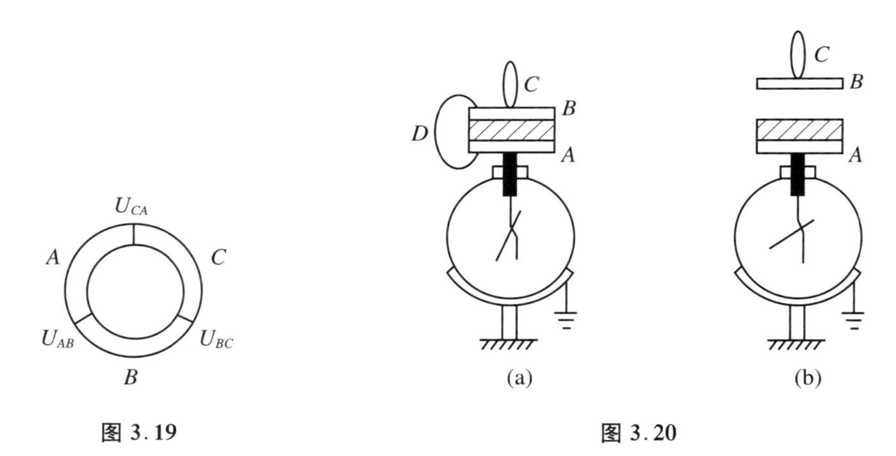

图3.19　　　　图3.20

(2) 温差电现象的三种效应及其实验观测

① 汤姆孙效应

汤姆孙最先在理论上预言，如在一块金属导体上存在温度梯度（通常是在导体两端维持高低不同的温度），则其内会形成电势差，这种温差电现象叫**汤姆孙现象**或**汤姆孙效应**．仅由温差在导体内形成的电动势叫汤姆孙电动势．

汤姆孙效应可以用图3.21所示的办法来观察．把两根完全相同的导体棒 AB 和 CD 用金属丝连接起来，使 A、C 端保持较高温度 T_1，B、D 端保持较低温度 T_2．按图示方向通以电流，经一段时间后将会发现，AB 棒中部 E 处变得比 CD 棒中部 F 处更热．这说明，在 AB 棒中，汤姆孙电动势的方向与电流方向相同（相当于电源放电）；在

CD 棒中,汤姆孙电动势的方向与电流方向相反(相当于电源充电).

但是,如果把两块同种材料组成的导体Ⅰ和Ⅱ连接成闭合回路,并使两接触面处维持高低不同的温度 T_a 和 T_b,如图3.22所示,则在回路中不会出现不为零的电流,这不难用实验证明.这表明,两块同种材料组成的导体中仅由温差引起的电动势在闭合回路中的代数和为零,即

$$\mathscr{E}_{\mathrm{I}}+\mathscr{E}_{\mathrm{II}}=0 \tag{3.69}$$

② 塞贝克现象

如果用两种或两种以上的不同金属导体构成闭合回路,并使某两个接触面处维持高低不同的温度 T_1 和 T_2,则回路中产生不为零的电流.如图3.23所示,A、B 为两种不同的导体,只要 T_1 与 T_2 不等,微安表就会有示数.这种温差电现象叫**塞贝克现象**,它表明,在不同金属导体构成的回路中,只要某些接触面处存在温差,在回路中就存在不为零的电动势.这种电动势叫做塞贝克电动势.这就是说,在闭合回路中,存在不为零的温差电动势必须有两个条件:回路必须由不同的金属构成;金属的各接触面处必须至少有两处保持温度差.

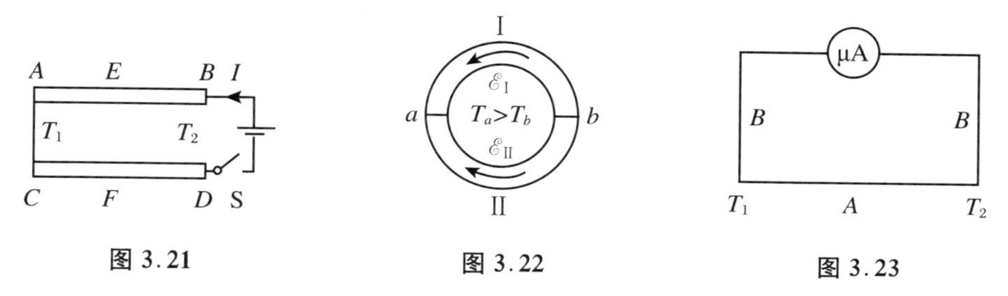

图3.21　　图3.22　　图3.23

③ 佩尔捷效应

把两种(或两种以上)的不同金属导体串接以后,再接在一个电源上,如图3.24所示.这时有稳恒电流通过导体 A 和 B,并且在两种金属接触面处出现放热或吸热现象.这是接触电势差存在所引起的效应,叫**佩尔捷效应**.当电流方向与接触电势升高的方向(接触电动势的方向)一致时,在两金属的接触面处呈现吸热现象.这与电池放电过程类似,接触电动势升高电路电势所需的能量从周围环境中吸热取得.当电流方向与接触电势升高的方向相反(与接触电动势方向相反)时,呈现放热现象,这与电池充电过程类似,接触电势差加速自由电子所放出的能量由外接电源提供.接触面处所吸收或放出的热量叫佩尔捷热,相应的电动势叫佩尔捷电动势.

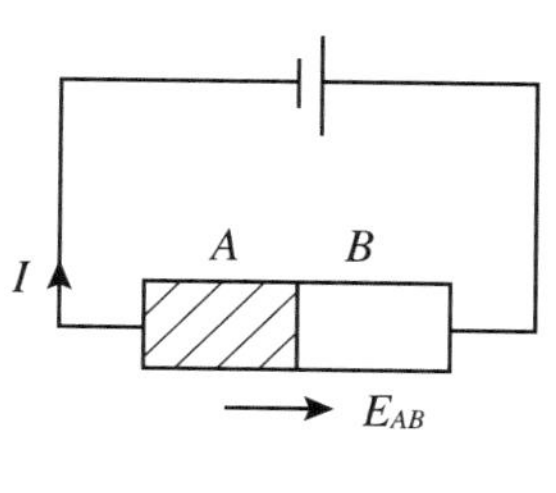

图3.24

佩尔捷热可以用实验测定.如图3.25所示,把一根金属丝 A 与另两根与 A 不同种的相同金属丝 B 连接起来,两接头分别置于两个盛有同初温、同质量的水的相同量热器中,并浸入相同的深度.当电流沿图示方向通过接头1和2时,如果接头1处放

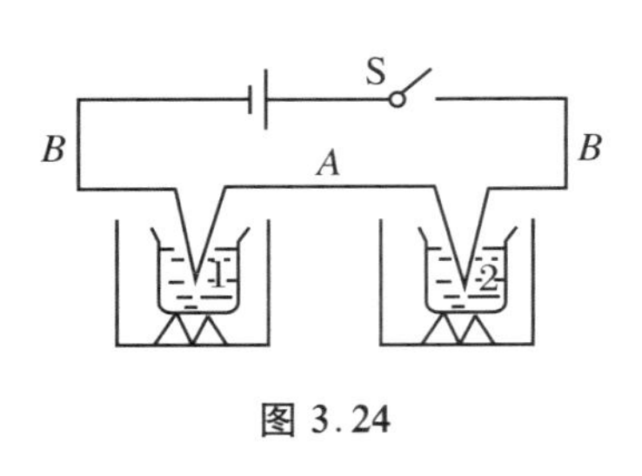

图 3.24

热，则接头 2 处就会吸热. 显然，在相同时间内，两量热器中导线所放的焦耳热 Q 应相等. 设这段时间内的佩尔捷热为 q，则左边量热器中电路放出的热量为 $Q_1 = Q + q$，右边量热器中电路放热 $Q_2 = Q - q$，所以 $q = (Q_1 - Q_2)/2$. 测出 Q_1 和 Q_2，即可求得佩尔捷热 q.

(3) 温差电动势的理论结论和实验测定

对于如图 3.23 所示的由两不同导体 A 和 B 组成的回路，如果接触面处温度不同，则由金属的经典电子论可推得回路中的温差电动势为（设 $T_1 > T_2$）

$$\mathscr{E} = \frac{k}{e}(T_1 - T_2)\ln\frac{n_{0A}}{n_{0B}} \tag{3.70}$$

式中，n_{0A} 和 n_{0B} 分别是导体 A 和 B 单位体积内的自由电子数，k 为玻尔兹曼常量，e 为基本电荷. 由式(3.70)看出，只有当 $n_{0A} \neq n_{0B}$（两个相接触的导体不同种）和 $T_1 \neq T_2$ 时，回路中才会有不为零的温差电动势.

定量测定温差电动势的一种方法是，把直流毫伏表或电势差计与 A、B 两种金属导线连成如图 3.26 所示的电路（通常称为温差电偶），两金属丝的接头一端置于冰水混合液中，使其温度始终保持 0 ℃，作为低温端，对浸入水中的另一端（高温端）加热，由直流毫伏表（或电势差计）就可以读出温差电动势. 在温差为 1 000 ℃以内，各种不同金属接触的温差电动势的数量级只有零到几毫伏. 金属与金属的合金接触时的温差电动势要大些. 例如，铜与康铜在低温端温度为 0 ℃，温差为 300 ℃时，温差电动势为 14.90 mV.

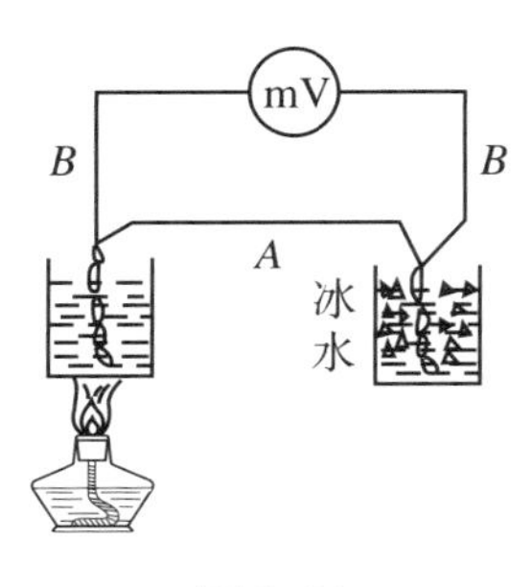

图 3.26

(4) 温差电现象的应用

温差电现象一个最广泛的用途是测温. 图 3.26 所示的温差电偶就可以用来测定温度：低温端仍插在冰水混合物中，以保持恒定的低温，而高温端则插入待测物体中. 温差电动势随温度变化的规律已事先精确测定，所以电路中所接直流毫伏表（或电势差计）的表板刻度可以直接刻成温度值.

但是用图 3.26 所示的温差电偶测量具有很高温度的物体时，测量仪表的一端要直接和高温物体相连，这给实际测定带来困难. 因此实际用于测温的温差电偶做成图 3.27 所示的结构. 其中 A、B 两种金属丝的焊接点置入待测温度的物体中，而 A 和 B 与第三种金属丝 C 相接的焊接点均置入冰水混合液中. 两根 C 金属丝与电势差计相接. 可以证明，两金属丝 C 间的电势差仅与 A、B 的材料种类和温差有关，而与 C 是什么金属无关.

由于温差电动势随温差的变化而变化很微小，所以实际的测温装置中有电压放大部分.另一种办法是把若干个温差电偶串联起来,做成图 3.28 所示的"温差电堆",以获得较大的温差电动势.

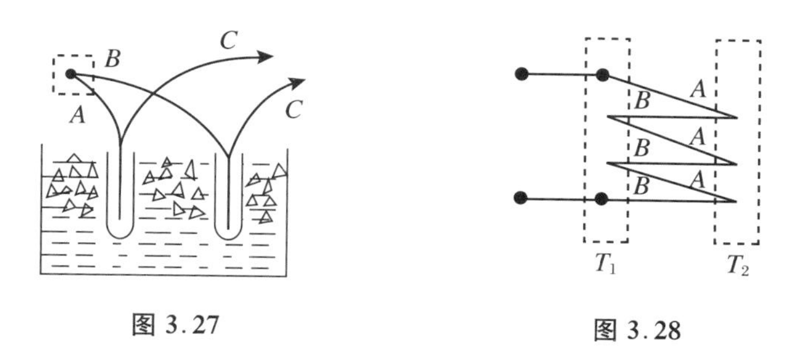

图 3.27　　图 3.28

用温差电偶测温具有测量范围大、灵敏度高、准确度高的优点,而且能测物体小范围内的温度,这是通常的液体温度计所达不到的.

"温差电堆"可以产生几伏的电压和几安的电流,可以作为"温差电池组"对外供电.但是由金属组成的温差电堆的效率不高,不会超过理想热机的效率 $\eta=(T-T_0)/T$.要得到较高的效率,高温端温度 T 应维持很高的温度,这在技术上和应用上都带来了困难.而且为了维持高温端温度会损耗很多能量,甚至得不偿失.但有些半导体的温差电效应较强,能量转化效率较高,这样的半导体温差电堆有时可被用作电源.

半导体温差电堆有较强的佩尔捷效应.如果接在电源上,使电流方向与电堆的电动势反向,则在低温触点处呈现吸热,高温触点处呈现放热,可以制成半导体制冷机.与机械压缩制冷相比,这种半导体制冷机无机械运动零件,直接利用电能实现热能转移,因而有结构简单、寿命长、反应快、易控制、工作可靠而无噪声、体积小等优点.

8. 关于电压的讨论

电压是稳恒电路中广泛使用的概念,它还被推广到似稳电路中,甚至在迅变交流电路中使用.人们对电压概念的意义进行了长期、广泛的讨论.

(1) 理解电压概念定义的三种观点

所有参与讨论者在定义电压时,都是用"场强"$\boldsymbol{E}$ 沿电流通过的路径的线积分来定义的.如图 3.29 所示,A、B 两点间的电压 U 的定义式为

$$U=\int_{L_{AB}}\boldsymbol{E}\cdot\mathrm{d}\boldsymbol{L}\tag{3.71}$$

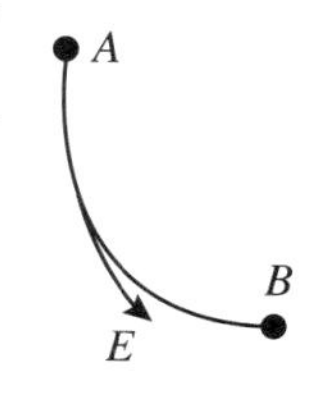

图 3.29

但对于式(3.71)中"$\boldsymbol{E}$"的意义理解不同,对电压概念的内涵、外延所得的结论就不同.主要有三种观点:

第一种观点认为式(3.71)中的场强 $\boldsymbol{E}$“可以是单一的静电场、恒定电场、涡旋电场或其他等值电场,也可以是两种或两种以上的电场的叠加”,认为“电压这一物理量较之电势差具有更广泛的意义”,“不管是静电力做功或是非静电力做功,凡是能引起自由电荷定向移动而形成电流的原因都应该称之为电压”;还认为“电势差只是电压的一种,还可以包括电动势这一特殊情形”.按这种观点,电路中 A、B 两点的电压与积分路径有关是很自然的.

第二种观点认为式(3.71)就是电势差的定义,其中的 $\boldsymbol{E}$ 是保守场(库仑场)的场强,因此认为“电压就是电势差”,“在交流电路中,只要满足似稳条件,计算电路问题仍应采用式(3.71)作为电压的定义式,其中 $\boldsymbol{E}$ 为似稳电场”.按这种观点,A、B 两点间的电压与积分路径无关.

第三种观点认为“电压就是电动势”,式(3.71)中的 $\boldsymbol{E}$ 仅指非静电力场强.由于这种观点与实际中使用的电压概念的意义相去甚远,未被多数人接受.

(2) 引起争论的典型实例

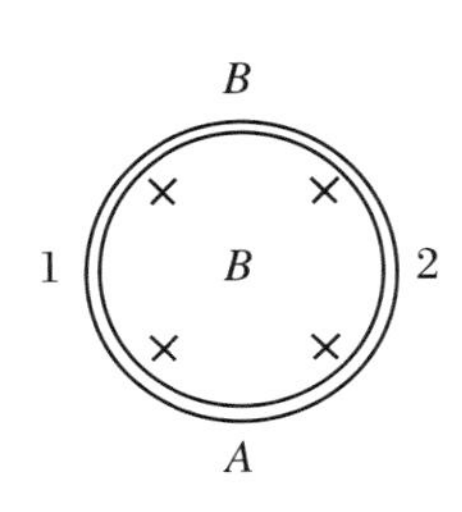

图 3.30

在稳恒电路中,按各种观点,各自还可以作出比较能自圆其说的解释.争论主要集中在似稳电路和电路中存在涡旋电场(即感应电场)的情形.最简单的典型实例是均匀单匝线圈处于均匀变化磁场中,产生持续的恒定电流的情形,如图 3.30 所示.设磁感应强度变化率 $\mathrm{d}B/\mathrm{d}t$ 恒定,由法拉第电磁感应定律和电动势定义,得

$$\mathscr{E} = \oint \boldsymbol{E}_{\mathrm{i}} \cdot \mathrm{d}\boldsymbol{L} = -\frac{\mathrm{d}\Phi}{\mathrm{d}t} \tag{3.72}$$

式(3.72)中 $\boldsymbol{E}_{\mathrm{i}}$ 为涡旋电场场强.因 $\mathrm{d}\Phi/\mathrm{d}t=$ 常量$\neq 0$,由欧姆定律微分形式 $\boldsymbol{j}=\sigma\boldsymbol{E}_{\mathrm{i}}$,有

$$\mathscr{E} = \oint \boldsymbol{E}_{\mathrm{i}} \cdot \mathrm{d}\boldsymbol{L} = \oint \frac{\boldsymbol{j}}{\sigma} \cdot \mathrm{d}\boldsymbol{L} = IR \tag{3.73}$$

式中,R 为线圈的电阻.

对此实例,持第一种观点的人是这样处理的:

“由于 $\mathrm{d}\Phi/\mathrm{d}t\neq 0$,所以 $\int_{L_{A2B}} \boldsymbol{E}_{\mathrm{i}} \cdot \mathrm{d}\boldsymbol{L} \neq \int_{L_{A1B}} \boldsymbol{E}_{i} \cdot \mathrm{d}\boldsymbol{L}$…… 导线 $A2B$ 两端电压为

$$U_{A2B} = \int_{L_{A2B}} \boldsymbol{E}_{\mathrm{i}} \cdot \mathrm{d}\boldsymbol{L} \tag{3.74}$$

根据微分形式的欧姆定律 $\boldsymbol{j}=\sigma\boldsymbol{E}_{\mathrm{i}}$,可得

$$\int_{L_{A2B}} \boldsymbol{E}_{\mathrm{i}} \cdot \mathrm{d}\boldsymbol{L} = \int_{L_{A2B}} \frac{\boldsymbol{j}}{\sigma} \cdot \mathrm{d}\boldsymbol{L} \tag{3.75}$$

上式左端是涡旋场在导线 $A2B$ 中的电动势,右端是 I 在导线 $A2B$ 上的电压.$E_{A2B} = IR_{A2B} = U_{A2B}$.” (3.76)

持第二种观点的人认为："这时导线中只有涡旋电场……在回路中根本无法定义电压，只能计算回路的电动势.""既然问题的性质决定了不可能也不需要引入它……处理这类问题以不引入电压概念为最好."

(3) 电压概念的引入与推广

为了正确理解电压概念，简单回顾一下电压的引入和应用中的推广.

1826 年，欧姆用温差电偶作电源，将挂在通电导线正上方的磁针做成磁力秤，由实验得出了如下关系[10]：

$$X = \frac{a}{b + x} \tag{3.77}$$

其中，a 由温差电偶决定，欧姆称之为"激活力"，x 表示实验导线长度，b 表示电路的一个常参数，X 为磁针偏角表示的电磁力.在这一阶段的实验中，他还没有把握电势和电势差的概念.在上述实验中只用了扭力秤，没有用静电计，因此他在得出式(3.77)时，尚未引入电动势、电流强度等概念.到 1827 年，欧姆才引入电势差概念，提出了关于电路的三条基本原理，把电流现象和热现象、水流现象对比，从理论上导出了式(3.77)，引入了电流强度(即式(3.77)中 X，后改为 I)、电动势(式(3.77)中 a)、电阻(式(3.77)中的 x 和 b)等概念[2].把试验导线(外电路)与水流现象对比，引入了电压.在欧姆引入电压时，电压与电势差就具有同样的内涵，只不过电势差是从静电场中推广而来的，电压则是类比引入的.这时欧姆已经使用验电器来测定电压.

后来磁电式电流计改装成的电压表被普遍用来测定稳恒电路中的电压，其原理是电压 $U = \int_L \frac{\boldsymbol{j}}{\sigma} \cdot \mathrm{d}\boldsymbol{L}$，其中 $\boldsymbol{j}$ 为流过电压表中的电流密度.由于表内导线均匀，在稳恒情况下，$U = IR_{\mathrm{V}}$，R_{V} 为电压表的内阻.IR_{V} 在数值上等于导体两端的电势差，把它称为导体上的电压，大家都习以为常.

随着科学的发展，电压概念被推广到似稳电路甚至迅变交流电路中.但这种推广首先是从测量的角度(或者说是从量度的意义上)推广的.例如，首先遇到量度交流电通过电阻的热效果，而引入了电压的有效值.从事无线电技术的物理学工作者非常清楚电压的这种推广已经失去了作为电势差的准确的同义词的意义，因此他们用"电平"这样一个词来代替"电压"，以表达这种区别.有的物理学工作者即使在稳恒电路中也一直回避使用"电压"这个词.[12]

(4) 对电压定义的几种观点的比较

从上面关于电压概念引入稳恒电路的历史中可以看出，"电压就是电势差"的观点的形成是很自然的，在稳恒电路中也是符合事实的.当将电压概念向交流电路推广应用时，只要满足似稳条件，就应有库仑场场强 $\boldsymbol{E}_{\mathrm{C}}$ 沿闭合回路的线积分：

$$\oint \boldsymbol{E}_{\mathrm{C}} \cdot \mathrm{d}\boldsymbol{L} = 0 \tag{3.78}$$

对于图3.31所示的电路，式(3.78)可写为

$$\int_a^b \boldsymbol{E}_\mathrm{C}\cdot \mathrm{d}\boldsymbol{L}+\int_b^c \boldsymbol{E}_\mathrm{C}\cdot \mathrm{d}\boldsymbol{L}+\int_c^d \boldsymbol{E}_\mathrm{C}\cdot \mathrm{d}\boldsymbol{L}+\int_d^a \boldsymbol{E}_\mathrm{C}\cdot \mathrm{d}\boldsymbol{L}=0 \tag{3.79}$$

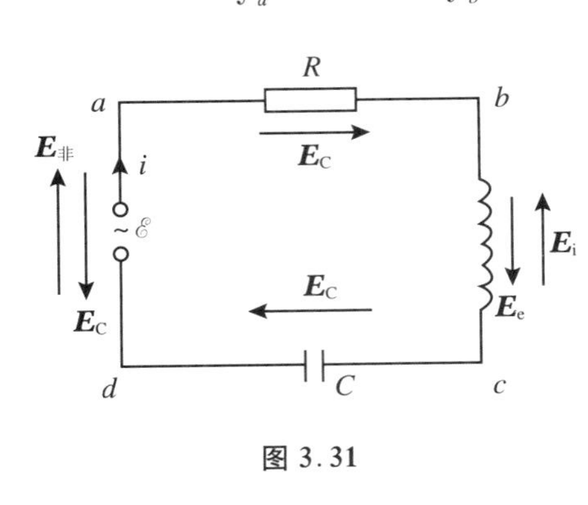

图 3.31

设电源内阻和线圈 L 内阻均为零，线圈外感应电场场强 $\boldsymbol{E}_\mathrm{i}$ 处处为零. 则在电感线圈内部，$\boldsymbol{E}_\mathrm{C}=-\boldsymbol{E}_\mathrm{i}$；在电源内部，$\boldsymbol{E}_\mathrm{C}=-\boldsymbol{E}_{非}$（$\boldsymbol{E}_{非}$为非静电力场强）. 于是 $\int_a^b \boldsymbol{E}_\mathrm{C}\cdot \mathrm{d}\boldsymbol{L}=iR$，由于设 L 的内阻为零，则电感电压 $U_\mathrm{i}=\int_b^c \boldsymbol{E}_\mathrm{C}\cdot \mathrm{d}\boldsymbol{L}=-\int_b^c \boldsymbol{E}_\mathrm{i}\cdot \mathrm{d}\boldsymbol{L}=L\dfrac{\mathrm{d}i}{\mathrm{d}t}$，$\int_c^d \boldsymbol{E}_\mathrm{C}\cdot \mathrm{d}\boldsymbol{L}=\dfrac{1}{C}\int i\mathrm{d}t$，$\int_d^a \boldsymbol{E}_\mathrm{C}\cdot \mathrm{d}\boldsymbol{L}=-\int_d^a \boldsymbol{E}_{非}\cdot \mathrm{d}\boldsymbol{L}=-\mathscr{E}$. 式(3.79)写为

$$\mathscr{E}=iR+\frac{1}{C}\int i\mathrm{d}t+L\frac{\mathrm{d}i}{\mathrm{d}t} \tag{3.80}$$

式(3.80)是在电磁学和电工学中通用的基尔霍夫定律的表达式. 如果考虑电源内阻和线圈内阻，则式(3.80)右端只不过多两项在这些内阻上的电压. 可见，定义库仑场的线积分为电压，在集中参量的交流电路中，若满足似稳条件，则理论上是协调的. 由于电压最大值为有效值的$\sqrt{2}$倍，而有效值是可测量的，因此，这样定义的电压在实验上是可量度的.

如果按照第一种观点，即把式(3.71)中的 $\boldsymbol{E}$ 理解为电路中各种电场（包括等值电场）的矢量和，那么，在电感线圈 L 上的“电压”应为 $U_{bc}=\int_c^b(\boldsymbol{E}_\mathrm{C}+\boldsymbol{E}_\mathrm{i})\cdot \mathrm{d}\boldsymbol{L}$. 不计线圈内阻时，$U_{bc}=0$；计线圈内阻 r 时，$U_{bc}=ir$，只是线圈内阻上的电压. 这样式(3.80)中 $L\dfrac{\mathrm{d}i}{\mathrm{d}t}$项不见了. 这种观点在理论上和测量上都是不协调的. 持这种观点的人甚至无法说清稳恒电路中的一个简单事实，即在含单一电源的闭合电路中，电动势等于内、外电压之和（$E=U_{内}+U_{外}$）. 他们说：“电压是针对部分电路讲的，而电动势是包括全电路的总电压.”电压既是一个比电动势、电势差更为普遍的概念，怎么会被不那么普遍的电动势所包括呢？既然电压是一个更普遍的概念，又怎么会是只“针对部分电路讲的”呢？

持第一种观点的人认为电压概念适用于像图3.30那样的含涡旋电场的电路. 但他们在作出解释时，却表现出概念上的混乱. 他们既然在式(3.74)中用 $\int_{L_{A2B}} \boldsymbol{E}_\mathrm{i}\cdot \mathrm{d}\boldsymbol{L}$ 定义了电压 U_{A2B}，可是在式(3.75)中，$\int_{L_{A2B}} \boldsymbol{E}_\mathrm{i}\cdot \mathrm{d}\boldsymbol{L}$ 又被说成是导线 $A2B$ 上的电动势，而把积分 $\int_{L_{A2B}} \dfrac{\boldsymbol{j}}{\sigma}\cdot \mathrm{d}\boldsymbol{L}$ 说成是“I 在导线 $A2B$ 上的电压降”. 这就出现了两个矛盾：究竟是

用 $\int_{L_{A2B}} \boldsymbol{E}_{\mathrm{i}} \cdot \mathrm{d}\boldsymbol{L}$ 定义电压，还是用 $\int_{L_{A2B}} \frac{\boldsymbol{j}}{\sigma} \cdot \mathrm{d}\boldsymbol{L}$ 定义电压？既然“这时电压就不是电势差”，那么“电压降”中的“降”指的是什么在降？产生这类混乱的根本原因是在概念上把本来没有从属关系的概念硬说成有从属关系，在理论上则源于把式(3.71)中的 $\boldsymbol{E}$ 看成总场的场强. 前述第三种观点同样存在类似的内在矛盾. 这里不再具体分析.

综上所述，关于电压概念的讨论，目前的情况如下：

① 用库仑场沿电路的线积分定义电压，使电压和电势差的定义统一，在稳恒电路和有集中参量的似稳电路中在理论上是协调的，与在这些场合中实际使用的电压概念也能协调一致，已为国内外许多物理学工作者所采用.[3,4]本书也采用了这种观点.

② 认为电压是比电势差和电动势更普遍的概念的观点在逻辑上存在内在矛盾. 用各种电场(包括等值电场)沿电路的线积分来定义电压在理论上与电磁理论不协调，与实际中使用的电压概念的意义也不一致.

③ 无论是前述的第二种观点(电压就是电势差)还是第三种观点(电压就是电动势)，都不能对电压这个电路的基本概念为什么只能是另一基本概念的同义语作出令人满意的解释. 科学主张简明确切. 如果两个概念说明同一对象或事实，其中一个可能会成为累赘而被淘汰. 如果始终未被淘汰，则两个概念的意义可能绝非全同. 认为电压就是电势差的观点仅在有集中参量的似稳电路和稳恒电路范围内才能达到理论协调. 主张“在迅变电磁场和分布参量的路内不宜引入电压，应该用场的分析来处理”，或“从场分析后再作路的等效”. 但是实际中使用的电压概念显然没有考虑这种限制.

④ 在电压概念的形成和发展中有两点值得重视：一是电压与电动势都是“路”的概念，离开了“路”，它们就成为多余的概念. 二是电压概念的发展始终与测量相联系. 虽然在稳恒电路中，电压表所量度的总是相应的电势差. 但在交流电路中，电压表所量度的电压有效值已经与电路中各元件电压的瞬时值没有确定的联系；电压表总是处于场集中区之外. 而且，电压的量度常是通过整流来实现的，与电流变化的频率(以及相应的电磁场变化的频率)无关，并总是与电路中的能量转化效果相联系. 这就说明，电压概念在应用中已经有了发展. 正像在科学发展中不断地重新认识“质量”这一基本概念一样，也许我们应该根据电压概念在推广发展中所已具有的新内涵，重新审视它、定义它. 这可能是最终解决争论的出路.

9. 非线性元件

(1) 导体的伏安特性曲线、线性元件和非线性元件

以电压 U 为横坐标、电流 I 为纵坐标画出导体上的电流随电压变化的曲线，叫该导体的伏安特性曲线. 严格服从欧姆定律的导体的伏安特性曲线是一条过坐标原点的直线，如图 3.32(a)，其斜率等于电阻 R 的倒数(等于电导 G)，是与导体上的电流、电压

无关的常量.具有这种性质的电学元件叫线性元件,其电阻叫线性电阻或欧姆电阻.

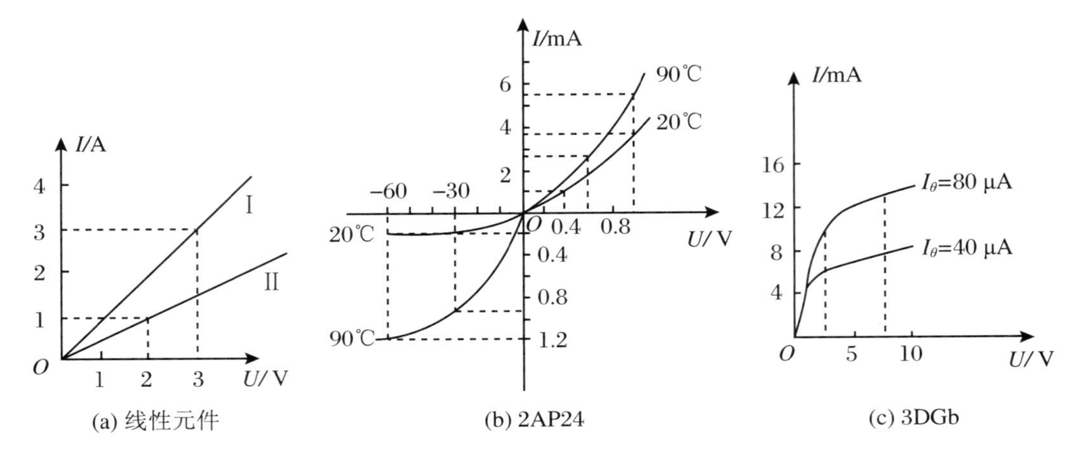

图 3.32 伏安特性

实际中大多数导体器件都不是线性元件,如气态导体(例如日光灯管中的汞蒸气)、电子管、晶体管等,其伏安特性曲线都不是直线,不服从欧姆定律,图 3.32(b)、(c)分别是晶体二极管和晶体三极管的伏安特性曲线.这类元件叫非线性元件.

对于非线性元件,虽然欧姆定律已不适用,但它的电阻仍可以定义为 $R=V/I$.只不过非线性元件的电阻不再是与元件上的电流和电压无关的常量,而是对应于不同的电压或电流有不同的电阻值.而且随工作条件不同,它们的电阻值可能不同.例如,在图 3.32(b)中,即使在相同电压下,环境或元件自身温度不同,晶体二极管的正向电流也不同,即其电阻也不同.

实际中,理想的线性元件几乎是不存在的.通常在温度变化范围不大时,我们把金属或合金近似认为是线性元件.实际上金属的电阻率要随温度的变化而变化.若用 ρ_0 表示金属或合金在 0 ℃时的电阻率,ρ 表示在温度 t 时的电阻率,实验测得,在温度变化范围不大时,满足

$$\rho=\rho_0(1+\alpha t) \tag{3.81}$$

式中,α 称为电阻温度系数.对大多数纯金属,$\alpha\approx4\times10^{-3}$/℃.不同金属,式(3.81)适用的温度范围不同.例如,对于铂,在 200~500 ℃范围内,$\alpha=3.9\times10^{-3}$/℃,而对于铜,在 −50~150 ℃范围内,$\alpha=4.3\times10^{-3}$/℃.温度过高或过低时,电阻率随温度的变化也不是线性的.合金的 α 值比纯金属小两个数量级,$\alpha\approx10^{-5}$/℃,而电阻率要大 1~2 个数量级,所以通常实验室的电阻器大多用合金制成.

金属的线胀系数约为 10^{-5}/℃,体胀系数约为线胀系数的 3 倍,均比其电阻温度系数约小 2 个数量级.因此在考虑金属导体的电阻随温度的变化时,它们的长度 L 和横截面积 S 随温度的变化可以忽略不计.在式(3.81)两端同乘以 L/S,可得

$$R=R_0(1+\alpha t) \tag{3.82}$$

式中，$R=\rho L/S$，$R_0=\rho_0 L/S$，分别表示金属导体在温度 t 和 0 ℃时的电阻.

值得注意的是，半导体、绝缘体的电阻率随温度变化的情况刚好相反. 由式(3.81)可知，金属导体的电阻率随温度升高而增大. 而半导体和绝缘体的电阻率却随温度增高而急剧减小. 因为温度升高时，半导体内由热运动引起的电子-空穴对数目将急剧增加，而绝缘体内的部分束缚电子将变为自由电子.

(2) 白炽灯电阻的非线性特征

白炽灯是最普及的照明光源. 在学习中学物理时，必然会涉及白炽灯问题. 为了简化，通常都要提出"钨丝的电阻值不变"的假定. 实际上，白炽灯没有工作时和工作时的温度差别很大，达 2000～2700 ℃，因而其电阻随温度升高而增大是很明显的，接通电源前后电阻相差 10 倍左右. 在灯泡刚通电时，电阻的这种巨大变化可以用实验观察：把小灯泡与一个电阻值远比它的工作电阻小的定值电阻器 R_0 串联起来，再和蓄电池或稳压电源相连，如图 3.33 所示. 在刚闭合 S 瞬间，可以在示波器上观察到脉冲电流比后来的稳定电流大好几倍.

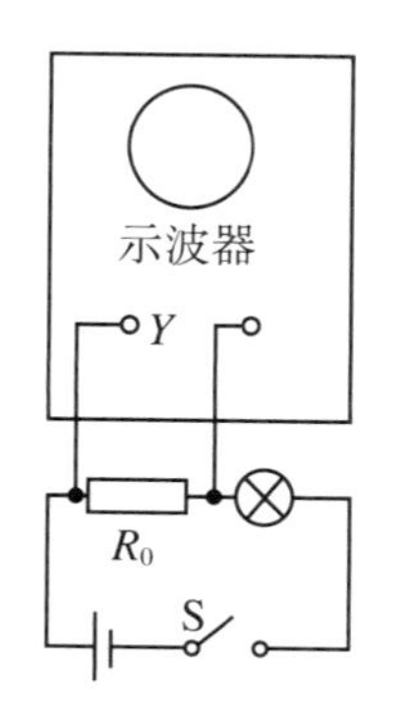

图 3.33

在什么样的条件下才可以近似认为灯丝的电阻不变呢? 图 3.34 为实验测定的一只标称"220 V，100 W"的白炽灯的 I-V、R-V 和 P-V 关系的图线[5]. 图中，I、R、P 为实测值，I'、R'、P' 为实测灯丝在 220 V 电压下的电流值后，假定灯丝为线性元件，由欧姆定律进行计算所得的值. 由图 3.34 可知，当实际电压与额定值相差 ±10%时，实线上的 I、R、P 值与虚线上对应的 I'、R'、P' 的值差别仅 3%～5%. 所以"灯丝的电阻不变"的假定仅在电源电压与电灯的额定电压相差 ±10%时才近似地符合实际.

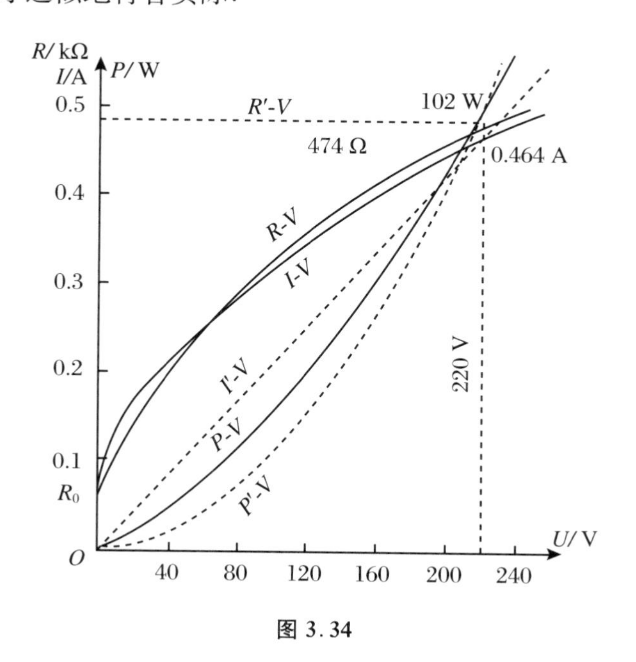

图 3.34

如果实际电压与额定电压差别过大，那么，按这种假定计算所得的结果差别很大．例如，把“220 V，100 W”和“220 V，40 W”的电灯并联到 110 V 的电源上，按灯丝电阻恒为额定电压下的电阻不变计算，功率分别应为25 W和 10 W，而实际测定值分别约为 35 W 和 15 W．若把它们串联于 220 V 的电源上，计算值为 8.2 W 和 20.4 W，而实测值分别约为 4.5 W 和 34 W．

(3) 确定串联、并联非线性元件实际参量值的方法

当非线性元件串联或并联时，要知道它们的实际电压、电流或功率，最基本的方法当然是直接测定．但是，如果我们已经知道了它们的伏安特性曲线，则可以由伏安特性曲线很方便地确定．例如，图 3.35 是额定电压均为 220 V，额定功率分别为 100 W、60 W、40 W 的三个白炽灯的伏安特性曲线．若标称功率分别为 60 W 和 100 W 的灯泡并联在 110 V 的电路里，要求出它们的实际电流、电阻和功率，则只需过横坐标 110 V 处作出图示虚线 MN 与纵轴平行，则 MN 与此两灯的伏安特性曲线的交点 L、K 的纵坐标就是它们的实际电流，由 $R=V/I$，$P=IV$，不难求出其实际功率．若是将这两灯串联在 220 V 的电路中，要求其电流、电压和实际功率，由于两灯的电流相同，则可作平行于横轴的直线 AD（参看图 3.35），并使 AD 与两灯伏安特性曲线的交点 B、C 满足 $AB+AC=AD=220$ V，则 B、C 两点的坐标就是两灯承受的实际电压和通过的实际电流，于是不难求得其实际电阻和实际功率．显然，当 $AB+BC=AD$ 时，应有 $AB=CD$．故 AD 直线可以这样作出：先作过横轴“220 V”点平行于纵轴的直线，然后用刻度尺平行于横轴移动，并注意刻度尺读数，当 AB 段等于CD 段时，就可画出直线 AD．作 AD 线的另一方法是作“100 W”灯的伏安特性曲线关于 MN 成对称的曲线（如图 3.35 中虚线所示），此曲线与“60 W”灯的伏安特性曲线交于 C 点，过 C 点作

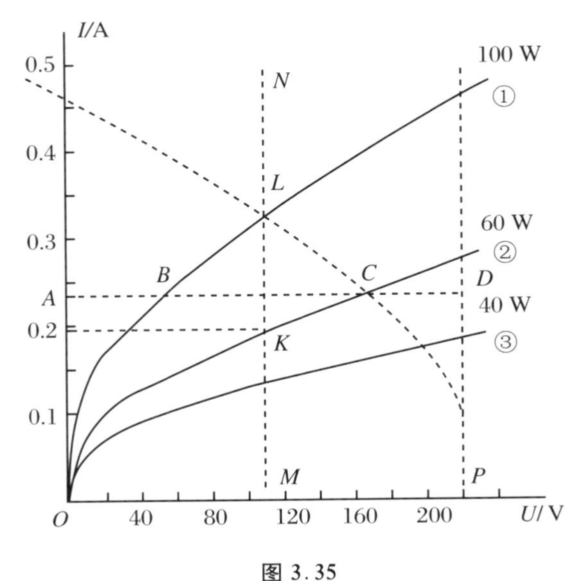

图 3.35

平行于横轴的直线，就是所求的 AD 线，请读者自证. 当然，也可以作与“60 W”灯的伏安特性曲线关于 MN 成对称的曲线，此曲线必与“100 W”灯的伏安特性曲线交于 B 点，从而作出 AD 线.

例 1 在图 3.36(a)所示的电路中，R_1 是阻值为 1.0 kΩ 且阻值不随温度改变的标准电阻. R_2 为变阻器. 电源电动势为 7.0 V，其内阻可不计. 图 3.36(b)中，实线是电阻 R 的伏安特性曲线. 电路周围的环境温度保持 $t_0 = 25$ ℃不变. 电阻 R 散热跟它与环境的温差的关系是每相差 1 ℃放热 6.0×10^{-4} J/(s·℃).

(1) 调节 R_2，使 R_1 与 R 消耗的电功率相等，这时 R 的温度是多少?

(2) 当 $R_2 = 0$ 时，求 R 上的电压和 R 的阻值.

解 (1) 因 R 与 R_1 串联，且功率相等，由 $P = I^2R$ 知，$R = R_1 = 1\,000$ Ω，而 $R = U_R/I_R$，查 R 的伏安特性曲线得，当 $I_R = 3\times10^{-3}$ A 时，$U_R = 3.0$ V，刚好 $R = 1\,000$ Ω. 则 R 每秒放热为

$$Q = I^2R = (3\times10^{-3})^2\times1\,000\ \text{J/s} = 9\times10^{-3}\ \text{J/s}$$

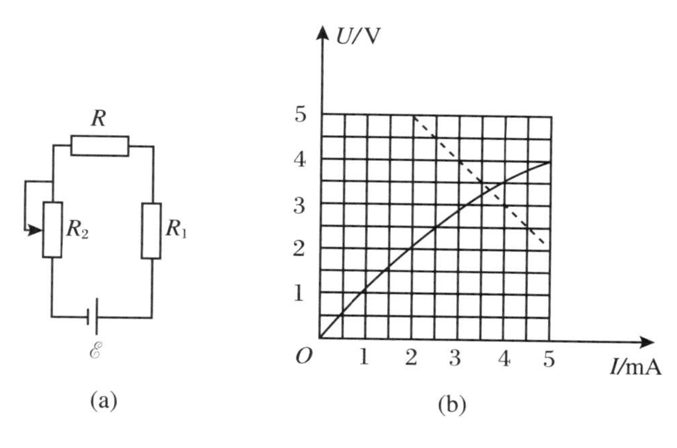

(a)　　(b)

图 3.36

设 R 的稳定温度为 t，R 与环境的稳定温差为

$$t - t_0 = \frac{9\times10^{-3}}{6.0\times10^{-4}}\ ℃ = 15\ ℃$$

$$t = 15\ ℃ + 25\ ℃ = 40\ ℃$$

(2) 设 $R_2 = 0$ 时电路中电流为 I，电阻 R 两端电压为

$$U_R = \mathscr{E} - U_{R1} = \mathscr{E} - IR_1 = 7.0 - 1\,000I \quad ①$$

R 上的电流和电压关系既要满足伏安特性曲线，又要满足线性方程①，故可在图 3.36(b)中作满足式①的 U_R-I 直线，即如图中虚线所示的斜线. 它与 R 的伏安特性曲线的交点 C 的坐标即是 R 的实际电流和电压. 由读图得 $I_R = 3.7\times10^{-3}$ A，$U_R = 3.3$ V，则 $R = U_R/I_R = 3.3/(3.7\times10^{-3})$ Ω$= 8.9\times10^{-2}$ Ω.

10. 超导电性和超导体

当外界温度小于一定的数值时，导电材料的电阻突然减小到几乎为零，物质的这种特性称为超导电性.处于超导状态的导体叫超导体.

自1911年发现超导性以来的100多年间，超导研究几经起伏，但一直延续不断.1986年高温超导体被发现，其巨大的科学价值和广泛的技术应用前景引起各国科学家狂热地投入高温超导研究，他们得到各国政府的大力支持.迄今已有12位物理学家因在超导研究中的卓越贡献而获得诺贝尔物理学奖.

(1) 超导电性的发现

1908年，荷兰低温物理学家昂尼斯在成功地实现了氦的液化、消除了最后一种“永久气体”后，他和他的学生对物质在低温下的性质进行了广泛的研究.当时，对纯金属的电阻率随温度下降的变化有两种看法：一种认为电阻随温度下降而一直减小，到绝对零度时，电阻也为零；另一种认为温度下降到一定程度时，金属的电阻反而会增大.昂尼斯想用实验来判断.他选用易于通过蒸馏提纯的水银来做实验.他和他的学生把水银冷却到－40 ℃以下，使其凝固成线状，给水银线通以电流，用电压表测定其电压.他们发现，当水银温度降低到4.2 K以下时，其电阻突然急剧下降.图3.37为当时的实验记录.当时人们用仪表能检测到的最小电阻率为10^{-27} Ω·m.水银的电阻率在4.2 K以下已降到当时不能检测的程度.为了进一步判断这时水银的电阻是否为零，他们用磁铁穿过水银环路，发现环路中的感应电流保持了好几天.他们还用锡和铅做实验.锡在3.72 K以下，铅在7.20 K以下，电阻也下降到难以检测的程度.1913年昂尼斯在其论文中首先把导体的这种性质命名为“超导电性”.由于昂尼斯对低温下物质性质的一系列研究成果和发现超导现象，开辟了物理学的新领域，他获得了1913年的诺贝尔物理学奖.

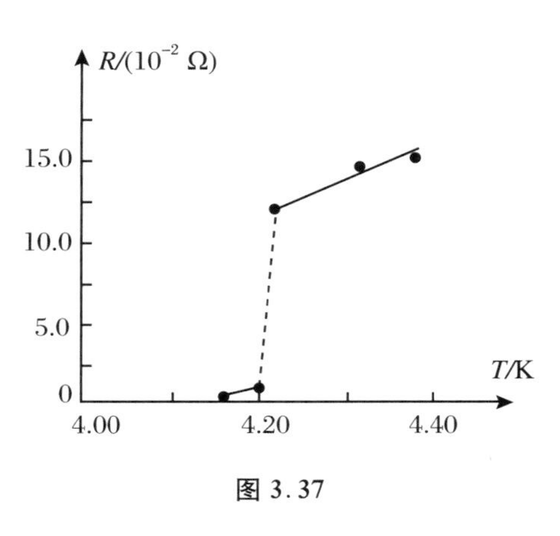

图3.37

为了判断在超导状态下金属的电阻是否为零，人们不懈地进行持续电流实验的研究.1954年3月16日，人们把金属铅做成环状，放入强磁场中，并使它冷却到－265.97 ℃，突然撤去磁场，在铅内产生很大的感生电流.然后封闭实验仪器，使之与外界隔绝.到1956年9月5日重新进行检测，发现经历两年半时间后，铅环内的电流丝毫没有减弱.在超导状态下电阻为零无可辩驳地用实验所证实.

导体从正常状态过渡到超导状态是一种相变过程，开始发生这种相变的温度叫

做超导体的临界温度或转变温度，通常用 T_c 表示. 从 20 世纪 60 年代开始，超导体已经进入了实际应用领域. 但是由于当时已经发现的超导体的临界温度都很低，只有用液氦制冷才能使它们处于超导状态. 而液态氦的制备技术复杂，成本很高，这严重地限制了超导技术的应用范围. 探索具有高临界温度的超导体成了各国科学家长期努力的目标. 在 1986 年之前，人们已找到数千种超导体. 最高的临界温度是 1973 年得到的铌三锗(Nb_3Ge)薄膜的临界温度，也只有 23.2 K. 1973 年到 1986 年的 13 年间，没有找到更高的临界温度的导体. 为了与 1986 年后发现的高 T_c 超导体相区别，这些超导体叫低温超导体.

(2) 低温超导体的主要特征[6—8]

100 多年来，人们对低临界温度的超导体的特性进行了详细的研究，发现它们的主要特性有：

① 无阻流动

温度在 T_c 之下的超导体内的电流无衰减地流动，电阻率 $\rho=0$. 由欧姆定律的微分形式 $\boldsymbol{E}=\rho\boldsymbol{j}$，知 $\boldsymbol{E}=\boldsymbol{0}$，即超导体内无电场，是等势体.

② 磁场对超导体的影响

磁场对超导体的影响与超导体的材料有关.

外加磁场强度超过一定值时，可以破坏超导电性. 破坏超导态所需的最小磁场叫临界磁场，其磁感应强度用 B_c 表示. 用 B_{c0} 表示绝对零度时的临界磁场，则大多金属超导体的临界磁场 B_c 与温度的近似关系是

$$B_c = B_{c0}\left(1-\frac{T^2}{T_c^2}\right)$$

迈斯纳效应. 把温度 $T<T_c$ 的超导体放入磁感应强度为 $B_0<B_c$ 的外磁场中，超导体内部的磁感应强度等于零；如果是在 $T>T_c$ 时加 $B_0<B_c$ 的外磁场，再降温到 T_c 以下，超导体内的磁感应强度 B 也变为零，即磁场被“排挤”出超导体，这表明超导体是“完全抗磁体”. 超导体的完全抗磁效应是迈斯纳和奥森费尔德在 1933 年发现的，现在称为迈斯纳效应.

磁致超导性. 1962 年，物理学家 V. Jacarino 和 M. Petar 预言，可能在某些物质中会发生与外磁场破坏超导性相反的情形，用磁场可诱发超导状态. 二十年后，日内瓦大学的 Fischer 和他的同事们用铕化合物制造了一系列磁致超导体，他们所得到的材料的性质与理论预言精确地符合.

③ 超导体比热在临界温度的不连续性

实验表明，超导体在临界温度 T_c 时，比热发生不连续的变化，超导态的比热大于正常态的比热. 但从正常相变为超导相时，没有吸收或放出潜热，这称为第二类相变.

④ 同位素效应

1950 年，麦克斯韦和雷诺等人用实验证明，临界温度 T_c 与样品的同位素质量 M

有关，M 越大，T_c 越低，其关系可以用近似公式 $M^{\frac{1}{2}}T_c=$ 常数来表示.这说明超导现象的形成与原子核的质量有关.

⑤ 约瑟夫森效应（超导隧道效应）

1962 年，英国剑桥大学的研究生约瑟夫森从理论上预言：当两块超导体（S）之间用很薄（$10^{-9}\sim3\times10^{-9}$ m）的氧化物绝缘层（I）隔开，形成 S-I-S 时结构，将出现量子隧道效应.这种结构称为隧道结.即使在结的两端电压为零时，也可以存在超导电流.这种超导隧道效应现在称为约瑟夫森效应.约瑟夫森从理论上证明超导隧道结的一些奇特性质.例如，当结两端的电压 U 不等于零时，会出现一个高频振荡的超导电流，它的频率满足关系式：

$$f=\frac{4\pi e}{h}U \tag{3.83}$$

其中，e 为基本电荷，h 为普朗克常量.这时隧道结好像一根能辐射电磁波的天线.反之，当频率为 f_1 的外界电磁波辐射到结上时，它的能量会被结吸收，从而在直流 I-U 曲线上引起一系列电流台阶，如图 3.38 所示.其中第 n 个台阶处的电压满足关系式：

$$U_n=\frac{nh}{4\pi e}f_1 \tag{3.84}$$

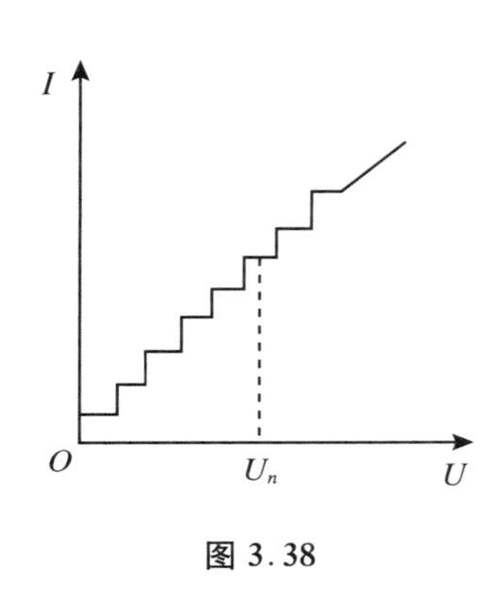

图 3.38

约瑟夫森的预言不久就被实验证实，这为一门新学科——超导电子学的发展奠定了基础.他因此获得 1973 年诺贝尔物理学奖.

(3) 对低温超导的理论解释

根据一直未发现碱金属等导电性能良好的物质具有超导电性的事实和金属的电子理论能够解释正常态金属的许多性质，但却不能解释超导现象，人们推测导致超导性的主要原因必然与建立金属电子论时忽略的一些相互作用有关.但被忽略的相互作用很多，到底哪种因素是导致超导性的主要原因一时很难判定，所以超导现象发现后近四十年里都未能建立起关于超导性质的微观理论.直到 1950 年，弗罗里希根据麦克斯韦和雷诺等人在该年发现的同位素效应所显示的超导临界温度与同位素质量的关系，提出了超导电性应直接与电子-晶格振动的相互作用有关.根据同位素效应公式 $M^{\frac{1}{2}}T_c=$ 常数，当 $M\to\infty$，$T_c\to0$，就没有超导电性；而如果 $M\to\infty$，晶格也就不振动，也就没有电子与晶格振动的相互作用.可见，在高温下形成电阻的晶格振动正是在低温下导致超导的原因.

1956 年美国物理学家、诺贝尔奖获得者约翰·巴丁组织了一个三人小组，决心解开超导之谜.他的两个助手，一个是擅长理论演绎的物理学博士库珀；另一个是刚毕业的大学生罗伯特·施里弗，他考取了巴丁的研究生，选中了巴丁提出的十个研究课题中的第十个课题——超导.巴丁见他基础扎实、才思敏捷，便吸收他参加三人小

组.他们三位老中青科学家结合,形成合理的智力结构,充分发挥了各自的特长和才华.经过一年多夜以继日的潜心探索,终于建立起完整的低温超导理论.后来,大家就用他们姓名的第一个字母,把他们创立的理论称为 BCS 理论.由于他们在超导理论方面的杰出贡献,三人共同获得 1972 年诺贝尔物理学奖.

BCS 理论的核心是形成超导电的机构——电子-声子(晶格振动)耦合形成电子库珀对.库珀指出,两个电子虽然由于静电作用而相互排斥,但是,如果考虑到电子和晶格振动的相互作用,在一定条件下,两电子间的净作用可以是相互吸引的.如图 3.39 所示,当电子 e_1 吸引其周围的正离子向它靠拢时,它周围的正电荷密度变大,从而对电子 e_2 有吸引作用.如果两个电子借助晶格振动而形成的吸引力超过它们之间的静电斥力,那么,两电子就会由于净吸引力而束缚成电子对,称为**"库珀对"**.理论指出,两电子相距 10^{-6} m 时,就可能由于上述相干作用而形成库珀对.而金属中电子间的平均距离约为 10^{-8} m,比相干长度小得多.在以相干长度为边长的立方体内大约有 10^6 个库珀对存在.如果一个库珀对由于同晶格的振动耦合而分散,立即会由于长程相干而重新结合成库珀对.

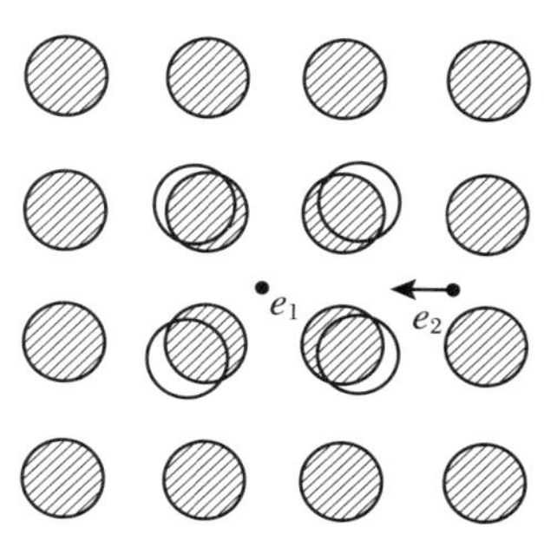

图 3.39

库珀对由于相互吸引,其作用能为束缚能,是负值.这表明一个库珀对的能量比两个正常态的电子的能量要低一个相互作用能 E,称为**能隙**.只有外界作用能 $W \geqslant E$ 时,才能拆散库珀对.

理论证明,一对总动量为零的电子具有形成库珀对的最佳机会.这样的电子形成的库珀对的质心是静止的.当无外电场作用于超导体时,库珀对的质心速度为零,无超导电流.但当超导体感生电流时,每个库珀对的总动量不再为零,且均具有同一动量,其质心具有同样的定向速度.由于各库珀对在相互作用时动量守恒,除非在外加作用下,库珀对被拆散,否则将永远维持.由于晶格的振动作用,使库珀对由这一对变为那一对,但其质心速度不变,即维持超导电流不衰减.这就是低温超导无阻电流的形成机理.

1968 年,麦克米兰推广 BCS 理论,提出超导临界温度 T_c 的最高限度为 40 K,称为麦克米兰极限.B. Matthia 一生发现了几百种超导体,都符合 BCS 理论,T_c 都远低于麦克米兰极限.

从 1911 年到 1986 年,75 年间 T_c 从 4.2 K(Hg)提高到 23.2 K(铌三锗).铌三锗能在液氢环境中实现超导,使当时的研究者们欢欣鼓舞.同时也有一些从事超导研究的科学家不受 BCS 理论和麦克米兰限的约束,努力从实验研究着手,力图突破麦克米兰极限,甚至能找到 T_c 高于液氮的沸点(77 K)的超导体.新的突破终于在 1986 年发生了.

(4) 高温超导体的发现[9—11]

1983年,美国国际商用机器公司(IBM)的托马斯教授提出,在绝缘体中掺入一些杂质,以松散其原子核对电子的束缚,这些绝缘体就有可能成为超导体.在该公司工作的瑞士物理学家缪勒(K. Alex Miiller)和德国物理学家柏诺兹(J. Georg Bednorz)当时正在进行对金属氧化物性能的研究,他们受到托马斯观点的启发,根据1985年法国科学家米歇尔发现含铜氧化物在室温以上具有金属性质(米歇尔没有想到超导问题,因而没有把实验做到更低的温度),对这类物质进行深入研究.终于在1986年1月,在镧钡铜氧系列陶瓷材料中发现了起始转变温度为35 K的超导体.他们鉴于在高温超导研究上多次出现假的高临界温度的事例,反复进行实验证实,直到1986年9月才发表他们的成果.他们的论文成为超导物理学中划时代的文献之一.沿着柏诺兹和缪勒所开辟的研究方向,全世界兴起超导研究热潮,并取得了极为迅速的进展.他们在1987年获得了诺贝尔物理学奖.柏诺兹和缪勒的成果发表以后,在相同领域从事研究的日本、美国和我国的学者迅速跟进,他们在铜氧化物上渗加不同元素,以求发现T_c更高的超导体.1987年2月美国华裔学者朱经武发现$T_c=92$ K的超导体,同期中科院赵忠贤的团队制成T_c达100 K的钇钡铜氧超导体.就此形成铜基(铜氧化物)系超导体的研究热潮.1988年发现铋锶钙铜氧超导体($T_c=110$ K),铊钡钙铜氧($T_c=125$ K),汞钡钙铜氧($T_c=135$ K).随后日本一小组发现铁基超导体,中国科学家陈仙辉的团队通过掺杂把铁基(FeSe)超导体的T_c提高到麦克米兰限以上.2012年清华大学薛其坤教授的团队制成生长在$SrTiO_3$表面的FeSe薄膜,T_c达到65～100 K.铜基和铁基超导体的研究成为自1986年后到现在超导体研究的主流,同时也开启了这一类超导体(因T_c高于麦克米兰限,称为高温超导体)的机理的理论研究,但至今仍没有成熟的理论.

为了能实际应用能在液氮温区下工作的导体,把铜基超导体制成可应用的线材、带材或超导电缆,也是一个重要的研究方向。在这方面,我国已制成T_c在90 K以上的钇系(钇钡铜氧)双面薄膜、带材、块材和高温超电缆,达国际一流水平,为高温超导的应用打开了广阔的前景.

近年来,科学家们又开始探索T_c达到常温的常温超导体.2015年超导领域出现了两件大事:一是德国科学家在钇钡铜氧中用激光诱导出百万分之几微秒的超导电性;另一个是在中国吉林大学崔田教授的理论预言指导下,几个德国人对硫化氢(H_2S)加150 GPa高压,获得200 K的超导电性。虽然百万分之几微秒和150 GPa的高压在实际中很难实现,但这样的结果对常温超导的探索仍是有意义的.

值得关注的是石墨烯超导研究的最新进展:中国科学技术大学少年班毕业生、出生于1996年的青年学者曹阳,在2018年3月5日的《自然》上以第一作者排名一共发表两篇关于石墨烯超导的论文.论文报道了双层石墨烯发生魔角(1.05°)扭曲下,发现新的电子态,可实现从绝缘体到超导体的转变.曹阳及其团队关于石墨烯超导的研究可能揭开新型常温超导体研究的序幕.

(5) 超导体的应用和展望

超导体的一系列独特性质已经在实际中得到重要的应用.约瑟夫森效应被用于精密测量,已经把基本物理常数 $2e/h$ 的测定提高了三个数量级,不确定度达到了 10^{-8}.目前,正用它来探测引力波、磁单极子等.利用约瑟夫森效应做成的电子器件为研制新一代超高速电子计算机——超导计算机奠定了基础.超导计算机的运算速度比半导体计算机快10倍,而功率损耗仅为半导体计算机的千分之一.利用超导体可载强大电流而无损失的特性,可以用其储存电磁能,制成强大的超导磁体,用来制造大功率的超导发电机和粒子加速器等,功率损耗可降低为万分之一.我国已成功将高温超导成果应用于磁悬浮列车以及受控热核反应的研究中,并达到国际先进水平.

高温超导材料的发现,使转变温度提高到液氮温区(液氮在1 atm下的沸点是77.4 K),而液氮制备的成本低,技术不复杂,这为超导技术的广泛应用打开了大门,带来十分广泛而深刻的技术革命.

参 考 文 献

[1] 谢德民.物理通报,1982(3):13.

[2] 宋德生,等.电磁学发展史[M].南宁:广西人民出版社,1987:180-190.

[3] 赵凯华,陈熙谋.电磁学[M].北京:高等教育出版社,1985:78.

[4] 珀塞尔.电磁学:伯克利物理学教程第二卷[M].北京:科学出版社,1979:144,330.

[5] 公冶常.物理教学,1982(4):7.

[6] 李佩琏,郭雅生.物理通报,1982(2):18-19.

[7] Sehechter B.物理通报,1986(5):3-5.

[8] 孟小凡.物理通报,1986(5):3-5.

[9] 刘兵.物理通报,1988(1):36-38.

[10] 庞小峰.物理通报,1987(9):35-38.

[11] 王文国,马本堃.物理通报,1989(12):3-5.

[12] 哈理德,瑞斯尼克.物理学:第二卷第一册[M].北京:科学出版社,1978:69;148;294.

第4章　直 流 电 路

基本内容概述

4.1　简单电路与复杂电路

4.1.1　什么是简单电路和复杂电路

电路即电流通过的路径.电路由电源、负载(包括测量和控制的仪表、元件)和连接导线组成.电源内部的电路叫内电路,由负载和连接导线组成的电路叫外电路.由内、外电路串联组成的电路叫闭合电路或全电路.如果闭合电路无分支,就是简单电路;如果电路虽有分支,但是由一个电源(包括电池组)供电,且外电路可以等效为具有串联或并联结构的电路,也是简单电路.求解简单电路只需用到欧姆定律和能量关系(常用功率关系表现)以及由它们导出的电阻关系、电压分配关系和功率分配关系等.

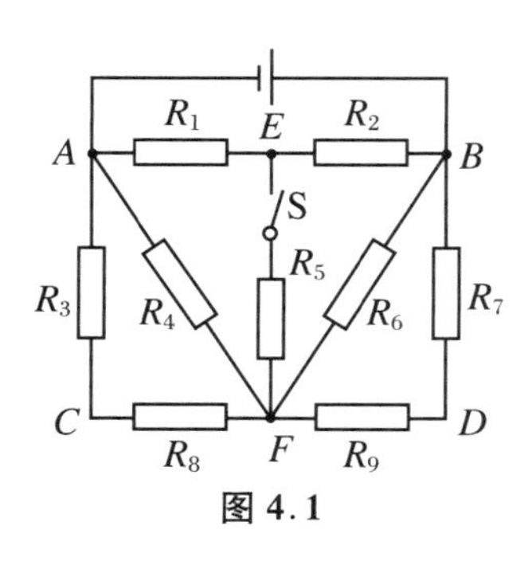

图 4.1

若电路是由多个电源和多个电阻组成的,且不能简化为简单电路,就称为复杂电路.它主要包括下列情形:(1) 电阻不能归结为简单的混联电路(即不能完全明确区分出其中的并联部分和串联部分),如图 4.1 中 S 闭合时;(2) 电路由多个电动势或内阻不全同的电源供电,这些电源不能简单地归结为简单电路中的混联电池组,如图4.2 所示;(3) 电源和电阻交织在一起,不能明确区分出电源部分和外电路部分,不能直接区分出电源是供电电源或是充电电源,如图 4.3 所示.解答复杂电路要用到基尔霍夫定律.

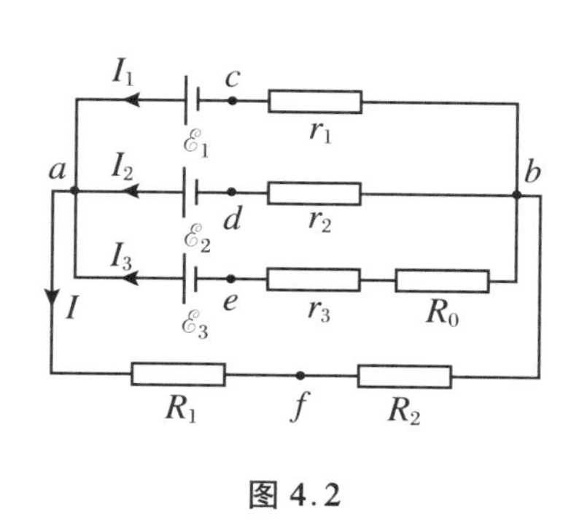

图 4.2

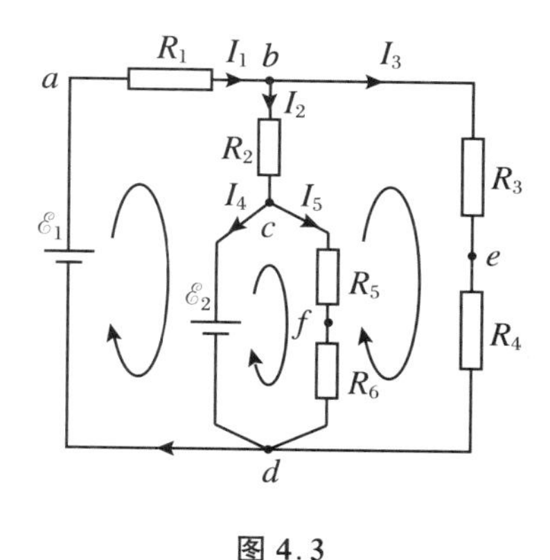

图 4.3

复杂电路在一定条件下可以转化为简单电路.例如电桥电路是复杂电路,但当电桥电路平衡时,就转化为简单电路;又如图 4.1 中,S 断开时,就变为简单电路.简单电路也可以在一定条件下转化为复杂电路.例如用并联电池组或混联电池组供电时,当其中有的电池的电动势或内阻与其他电池的电动势和内阻不同时,电路就转化为复杂电路.这些情况在中学物理中都可能遇到.

4.1.2 几个关于电路的基本概念

在讨论复杂电路的解法之前,先要正确理解有关电路的几个基本概念.

(1) 支路:电路中的每一个分支叫支路,如图 4.2 中 *acb*、*adb*、*aeb*、*afb* 都是支路.支路中有电源的叫有源支路或含源支路,如上述 *acb*、*adb* 和 *aef* 支路.支路中没有电源的叫无源支路,如上述 *afb* 支路.

(2) 节点:三个或三个以上支路的联结点叫节点或分支点.如图 4.1 中的 A、E、B、F,图 4.2 中的 a、b 等.图 4.1 中的 C、D,图 4.2 中的 c、d、e、f 不是节点.

(3) 回路:电路中任一闭合路径叫回路.如图 4.2 中的 *acbda*、*acbea*、*acbfa*、*ad-bea*、*adbfa*、*aebfa* 等都是回路.

(4) 平面电路:整个电路的节点和支路都可以画在同一平面上,而不存在支路互相跨越的电路,叫平面电路.图 4.1～图 4.3 和图 4.4(a)都是平面电路,而图 4.5(a)不是平面电路,因为无论怎样改画电路,都会出现支路互相跨越的情况.例如改画为图 4.5(b)时,第 10 号支路跨越在其他支路上.

(5) 网孔:平面电路可以看做一张“网格”.在其内部不含有支路的回路,就像网格的孔,称为“网孔”.图 4.2 的六个回路中,只有回路 *acbda*、*adbea*、*aebfa* 才是网孔.其余回路的内部都含有支路,不是网孔.网孔的概念只适用于平面电路.

(6) 树图:把整个电路的全部节点都用支路连接,但又不形成任何回路的树枝状的图形叫树图.如图 4.5(c)中用实线连接的支路所构成的图形就是树图,其中每一支路叫树枝.在树图基础上每连接一条新的支路,就会形成一个回路.这条新连的支路叫“连支”.图 4.5(c)中用虚线连接的支路都是连支.树图主要用于非平面电路,也可以用于平面电路.

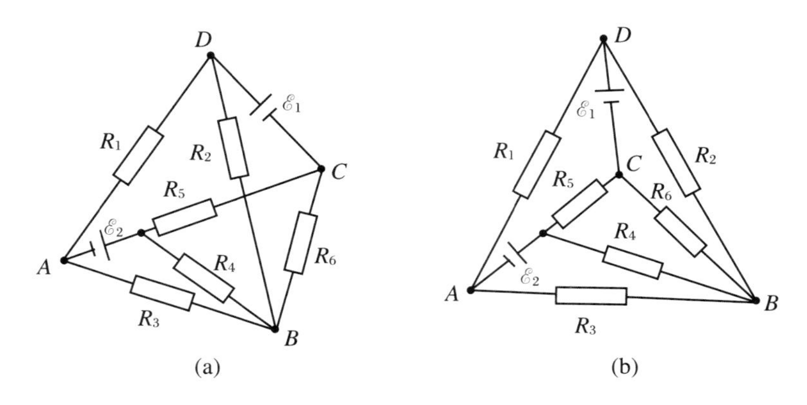

图 4.4

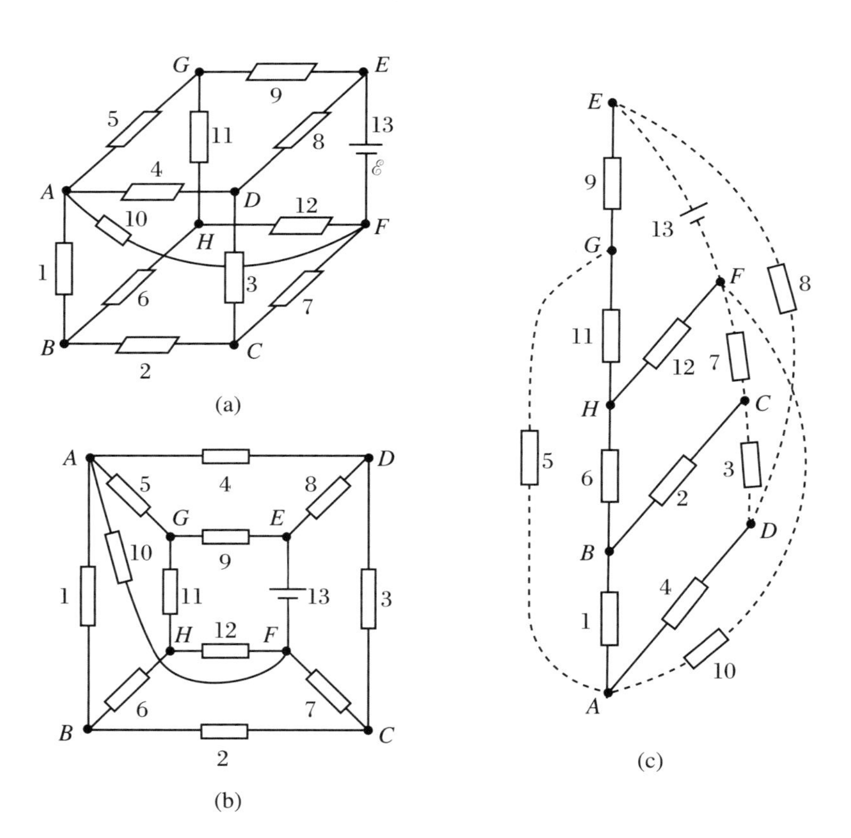

图 4.5

4.2 基尔霍夫定律

4.2.1 基尔霍夫第一定律

定律的内容是:在电路中汇于节点的各支路的电流强度的代数和为零;或表述为流入电路任一节点的电流必等于流出该节点的电流.定律的数学表达式为

$$\sum I = 0 \tag{4.1}$$

此定律的理论根据是稳恒电流的条件(见 3.1 节).

对于每一节点,可列出一个电流方程,在有 n 个节点的完整电路中,只有 $n-1$ 个独立的电流方程组成节点电流方程组.例如,图 4.3 中有三个节点,故只能建立两个独立的电流方程组.

应用此定律时,通常规定**流出**节点的电流为正,**流入**节点的电流为负.在列方程时,事先假定出电流的流向,称为参考方向,如图 4.2 中箭头所示.以参考方向离开节点的电流为正,指向节点的电流为负.若这样建立的方程解出的电流为正值,说明电流的实际方向与参考方向一致;若解出电流为负值,表示电流的实际流向与参考方向相反.

4.2.2 基尔霍夫第二定律

定律的内容是:在任一时刻,电路中任一回路各段电压的代数和为零.其数学表述式为

$$\sum_i U_i = 0 \tag{4.2}$$

此定律的理论根据是稳恒电场的环路定理(见 3.2 节).

实际中经常遇到的是含源回路,并且常是已知电动势和电阻,求解有关电流强度,而不是直接求解电压.因此在列方程时,常直接用 $\mathscr{E}$、I、R 来表示支路上的电压.根据式(4.2),任一回路上的电势跃升应等于电势下降之和,则定律可表述为

$$\sum_i \mathscr{E}_i = \sum_k I_k R_k \tag{4.3}$$

在用式(4.3)列方程前,要先针对具体回路选择一个回路的"绕行方向"(通常选顺时针方向,如图 4.3 中箭头所示).在列方程时,电动势方向与绕行方向相同为正,相反为负;电阻上的电势降落的正负这样决定:绕行方向与参考电流方向相同时为正,相反时为负.

独立的电压方程的数目与独立回路的数目一致.对于平面电路,网孔数就是独立回路数.例如,图4.3中有三个网孔,则只有三个独立的电压方程.若用树图表示电路,每连一条连支,就形成一个独立回路.因此,独立的电压方程的数目等于连支的数目.

4.2.3 基尔霍夫方程组的完备性

对于有 n 个节点、p 条支路的电路,典型问题是在电动势、R 为已知时,求出 p 个未知电流.由基尔霍夫第一定律,可列出 $n-1$ 个独立电流方程.用树图表示电路,n 个节点需 $n-1$ 条树枝,而连枝数目等于总支路数减树枝数:$p-(n-1)=p-n+1$,这就是用基尔霍夫第二定律列出的独立的电压方程的数目.于是独立方程的总数为 $(n-1)+p-n+1=p$,刚好等于未知电流的数目.所以,原则上说,用基尔霍夫方程组可解决任何形式的直流复杂电路问题.(有的问题是已知某些电流,求等数量的某些电阻或电动势,只是已知和未知的调换.)

4.3 线性复杂电路的几个等效定理

对于节点数或支路数较多的问题,直接用基尔霍夫定律求解,常常相当的繁琐.本节将不加证明地介绍几个基于等效观念得出的定理.它们各自能对某些类型电路进行简明有效的处理.为此首先介绍两种等效电源.

4.3.1 电压源和电流源

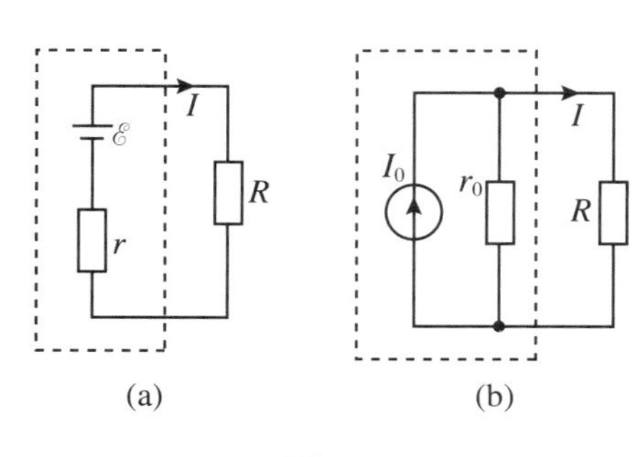

图 4.6

一个理想的内阻为零的电源对外电路提供的电压恒为 $\mathscr{E}$,叫**恒压源**.一个实际的电源可以看成是电动势为 $\mathscr{E}$、内阻为零的恒压源与其内阻 r 的串联,这样的电源叫电压源,如图4.6(a)所示.如果一个电源对外电路总是提供不变的电流 I_0,这种理想电源叫**恒流源**.一个电池串联很大的电阻,就近似为一个恒流源.实际的电源可以看做由一个恒流源与一定的内阻 r 并联组成,如图4.6(b)所示,这样的电源叫电流源.

同一个实际电源既可以看做一个电压源,也可以看做一个电流源,即电压源和电流源可以等效替换,对同一外电路产生的电压、电流相同.在图4.6(a)中,电压源提供

的电流为

$$I=\frac{\mathscr{E}}{R+r}=\frac{\mathscr{E}}{r}\cdot\frac{r}{R+r}$$

在图 4.6(b)中,电流源提供的电流为

$$I=I_0\frac{r_0}{R+r_0}$$

比较上面两式可知,电动势为 $\mathscr{E}$、内阻为 r 的电压源可以等效为

$$I_0=\frac{\mathscr{E}}{r} \quad 和 \quad r_0=r \tag{4.4}$$

的电流源.

利用电压源和电流源之间的等效替换,可以使由电动势和内阻不等的电压源并联组成的电路的计算大为简化.例如,在图 4.2 所示的电路中,已知 $\mathscr{E}_1=3\text{ V}$,$\mathscr{E}_2=3.5\text{ V}$,$\mathscr{E}_3=4.5\text{ V}$,$r_1=1\ \Omega$,$r_2=0.5\ \Omega$,$r_3=1\ \Omega$,$R_0=2\ \Omega$,$R_1=5\ \Omega$,$R_2=5\ \Omega$.要求解 R_1 上的电流,可以把三个电压源等效为电流分别为 I_{01}、I_{02} 和 I_{03},内阻分别为 r_{01}、r_{02} 和 r_{03} 的三个电流源并联.由式(4.4),有

$$I_{01}=\frac{\mathscr{E}_1}{r_1}=3\text{ A},\quad r_{01}=r_1=1\ \Omega$$

$$I_{02}=\frac{\mathscr{E}_2}{r_2}=7\text{ A},\quad r_{02}=r_2=0.5\ \Omega$$

$$I_{03}=\frac{\mathscr{E}_3}{r_3+R_0}=1.5\text{ A},\quad r_{03}=r_3+R_0=3\ \Omega$$

这三个电流源并联成的电流源的电流为

$$I_0=I_{01}+I_{02}+I_{03}=3\text{ A}+7\text{ A}+1.5\text{ A}=11.5\text{ A}$$

内阻 $r_0=1/\left(\frac{1}{r_{01}}+\frac{1}{r_{02}}+\frac{1}{r_{03}}\right)=0.3\ \Omega$.图 4.2 等效为图 4.6(b),其中 $R=R_1+R_2=5\ \Omega+5\ \Omega=10\ \Omega$.则 R_1 上的电流为

$$I=\frac{I_0r_0}{r_0+R}=\frac{0.3\times11.5}{0.3+10}\text{ A}=0.335\text{ A}$$

4.3.2 等效电压源定理(戴维南定律)

定理的内容是:任何线性两端有源网络可等效于一个电压源,其电动势等于网络开路端电压,内阻等于从网络两端看除源网络的电阻.

“网络”是电路或电路的一部分的泛称.网络中有电源,叫有源网络.网络仅有两个引出端与外电路连接,叫两端网络,或一端口网络.所谓“除源网络”,是指把有源网络内部所有电源电动势都变为零后的网络.“网络开路端电压”是指把外电路断开时两引出端的电压.

运用戴维南定理的实例可参看本章问题讨论 11 中的第(1)部分.读者也可以对图 4.2 用此定理解出 R_1 上的电流.

4.3.3 等效电流源定理(诺顿定理)

把用戴维南定理求得的等效电压源变换为一个电流源,从而得到等效电流源的定理,又叫诺顿定理.其内容是:任何一个线性两端有源网络可等效于一个电流源,电流源电流 I_0 等于网络两端短路时流经两端的电流,内阻等于从网络两端看除源网络的电阻.

等效电压源定理和等效电流源定理在实际中很有用.在只要求知道某支路的电流或电压时,运用等效电源定理就比较简便.在复杂电路设计中,需要知道某一支路接入不同电阻时的电流,只需对开路端电压和除源电路电阻作一次测量,或者对两端点的短路电流和除源电路电阻作一次测量,再用等效电压源定理或等效电流源定理就可以确定.

4.3.4 叠加原理

叠加原理的内容是:若电路中有多个电源,则通过电路的任一支路的电流等于各个电源电动势单独作用于该支路时产生的电流的代数和.

应用叠加原理时,那些暂不考虑的电压源的电动势应看做零,相应的恒压源处应短路.

叠加原理把多电源的电路简化为单电源电路,常常可应用简单的串、并联公式进行计算.在电路设计时,若要研究增添的电源对电路的影响,运用叠加原理是很有效的.应用实例参看本章问题讨论 6 的第(2)部分.

如果线性电路中有几个电流源同时作用,叠加原理仍然适用.此时,任一支路的电流都是各个电流源单独作用于支路时产生的电流的代数和.那些暂时不考虑的电流源的电流看做零,并在恒流源处断开.

读者可以把叠加原理用于图 4.3 所示的电路.若图中 $\mathscr{E}_1=125\ \mathrm{V}$,$\mathscr{E}_2=120\ \mathrm{V}$,$R_1=40\ \Omega$,$R_2=36\ \Omega$,$R_3=R_4=30\ \Omega$,$R_5=20\ \Omega$,$R_6=40\ \Omega$,则各支路的电流分别为 $I_1=\frac{4}{5}\ \mathrm{A}$,$I_2=\frac{-3}{4}\ \mathrm{A}$,$I_3=\frac{31}{20}\ \mathrm{A}$,$I_4=\frac{-11}{4}\ \mathrm{A}$,$I_5=2\ \mathrm{A}$.

要注意,叠加原理只适用于线性电路中的电动势、电流和电压的叠加,不适用于功率的叠加.叠加时,电路中所有电阻不能更动位置.求代数和时要分清电流或电压的正负.

4.3.5 节点电压法

对于两个节点的复杂电路(如图 4.2 所示的电路),跨连在这两个节点的所有支路的端电压都等于此两节点间的电压.因此,可以运用欧姆定律列方程,把复杂电路计算化为简单电路计算.例如对图 4.2,可列出下列方程组:

$$\begin{cases} U_{ab} = \mathscr{E}_1 - I_1 r_1 \\ U_{ab} = \mathscr{E}_2 - I_2 r_2 \\ U_{ab} = \mathscr{E}_3 - I_3(r_3 + R_0) \\ U_{ab} = I(R_1 + R_2) \\ I = I_1 + I_2 + I_3 \end{cases}$$

解此方程组得

$$U_{ab} = \frac{\dfrac{\mathscr{E}_1}{r_1} + \dfrac{\mathscr{E}_2}{r_2} + \dfrac{\mathscr{E}_3}{r_3}}{\dfrac{1}{R_1 + R_2} + \dfrac{1}{r_1} + \dfrac{1}{r_2} + \dfrac{1}{r_3}}$$

对于可化为并联于两节点间的 n 个含源支路,一般地可得到节点电压为

$$U = \frac{\sum_{i=1}^{n} \dfrac{\mathscr{E}_i}{r_i}}{\dfrac{1}{R} + \sum_{i=1}^{n} \dfrac{1}{r_i}} \tag{4.5}$$

如果引入电导 $G = 1/R, G_i = 1/r_i$,则式(4.5)变为

$$U = \frac{\sum_{i=1}^{n} \mathscr{E}_i G_i}{G + \sum_{i=1}^{n} G_i} \tag{4.6}$$

由式(4.5)或式(4.6)能迅速求得节点电压,从而迅速求出各支路的电流.

问题讨论

1. 电路规范化方法

进行电路的分析和计算的前提是识别电路的结构.对于简单电路,首先要弄清电路元件的串、并联关系和仪表的作用;对于复杂电路,首先要认清电路的网络结构.但对于电路元件较多的电路,常难于迅速识别电路的结构特点,需要正确、迅速

地将电路改画为结构清晰的规范化图形.在4.2节中提到的树图就是一种规范复杂电路的方法,这里着重讨论简单电路的规范化方法,其基本思想也适用于复杂电路.

规范电路的方法可分为两大类.一类以电路的实际连接为依据,以"提、拉、压、取法"为代表;另一类以电流的流向及分合的物理根据为基础,"定点填元法"为其代表.下面分别作简单介绍.

(1) 提、拉、压、取法(想象实验法)

在实验中进行电路连接时,所用导线可视为无阻导线,可长可短,其两端电势可以认为相等而不影响电路的实际效果.据此,可以把电路图中的连接导线视为理想的弹性线,任意将它"提起""拉伸""压缩""先取去再补上"等,从而使电路的结构规范化.

这种方法的具体步骤是:① 先把无阻导线"压缩"为一点.在图4.7(a)中,想象把节点 B 提起与节点 D 并为一点,变为图4.7(b).(若有几条无阻导线,要重复这种操作,把所有无阻导线全部"压缩".)② 在想象中把连接电源正、负极的两点(或电路的两端点)拿住拉伸,使整个电路串、并联关系显现出来.图4.7(c)就是拿住节点 A、$B(D)$ 点拉伸的结果.③ 将电路整形,得出美观、方正、连接关系清楚的图形,如图4.7(d)所示.

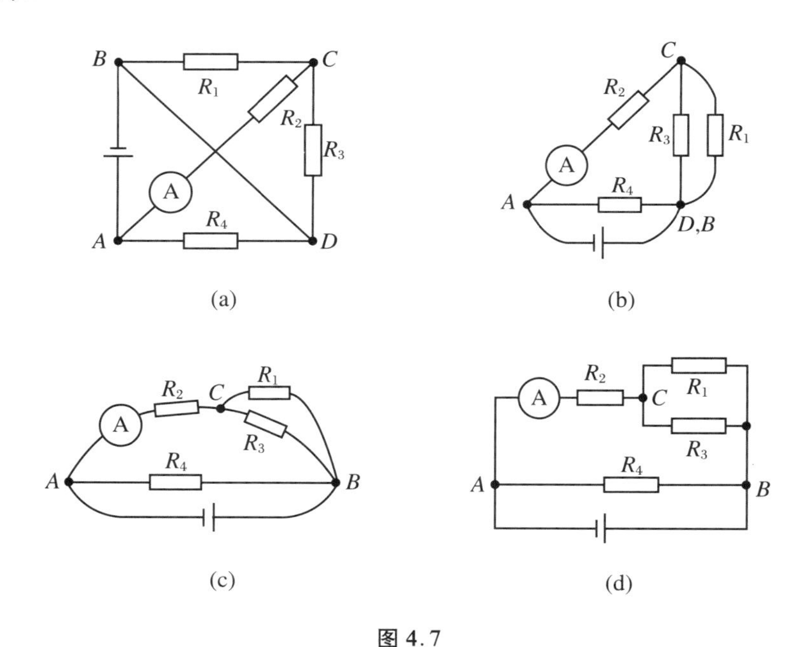

图 4.7

对于有些电路,先"取走"某一元件,把剩下的电路进行规范,然后再在相应位置补上取走的元件,常能迅速地规范电路.例如,在图4.8(a)中,先把 R_2 取走,余下电路如图4.8(b)所示,显然 R_1、R_3 属于并联,如图4.8(c)所示.再把 R_2 补在 B、C 之间，就得到图 4.8(d)所示的规范电路.

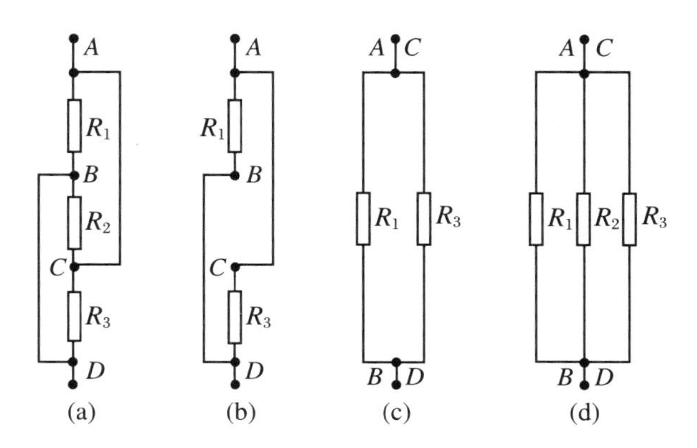

图 4.8

这种方法也能简易地规范许多复杂电路.例如，在图 4.4(a)中，想象把三角形电路 ABD“拉大”，把节点 C“压入”其中，即得图 4.4(b).图 4.5(b)也可由图 4.5(a)用类似操作得到，读者试自行验证.

(2) 定点填元法(节点分析法)

这种方法的基本根据是：① 在外电路中沿电流方向电势降低；电流总是从电源正极出发流回负极，或从电路的一端流入，另一端流出.② 无阻导线两端电势相等.

其具体步骤是：

① 在原电路图的节点上分别标以字母；电阻或仪表(包括电流表)两端标不同字母；无阻导线两端电势相等，可视为同一节点，标相同的字母.如图 4.9(a)和图 4.10(a)所示.

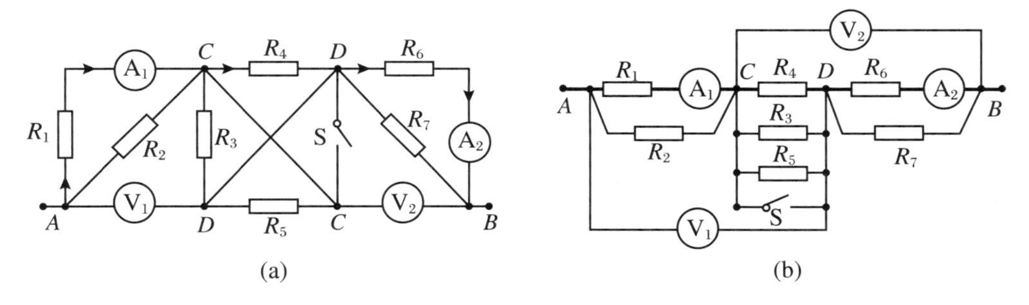

图 4.9

② 选出从电源正极到负极(或从电路的一端到另一端)的串联电流通路(可称为主支路).这种通路应满足下列条件：不重复经过同一元件；尽可能不经过无阻导线；不经过电压表(因为电压表总是并联在电路中)；在上述条件下包含尽可能多的元件.如图 4.9(a)中箭头所指的通路.若电路最终可等效为并联电路，则这种通路不止一条，如图 4.10(a)中的箭头所示.

③ 把②中选出的通路的节点的字母沿标定的电流方向(即电势的高低)排成一直线,并将通路上的元件填入对应的位置.如图4.9(b)和图4.10(b)中粗实线所连的元件.

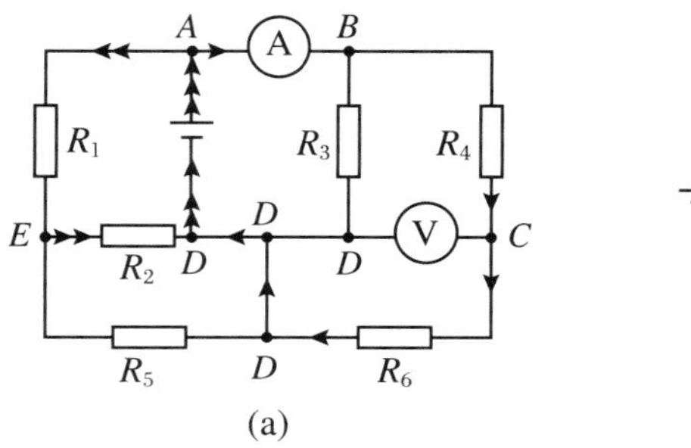

(a)

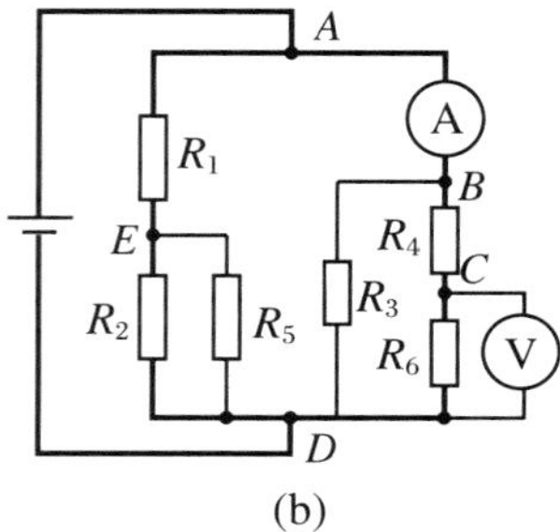

(b)

图 4.10

④ 把其余元件按其在原图中所连节点位置填入步骤③画出的直线电路旁,如图4.9(b)和图4.10(b)中用细实线所连的那些元件.

这样,电路中元件的串、并联关系和仪表的作用就一目了然.

上述两种方法都可以规范一切简单电路.应用时要根据具体电路特征选用不同的方法,使规范过程尽量缩短.例如,图4.11用“提、拉、压、取法”规范比用“定点填元法”来得迅速.

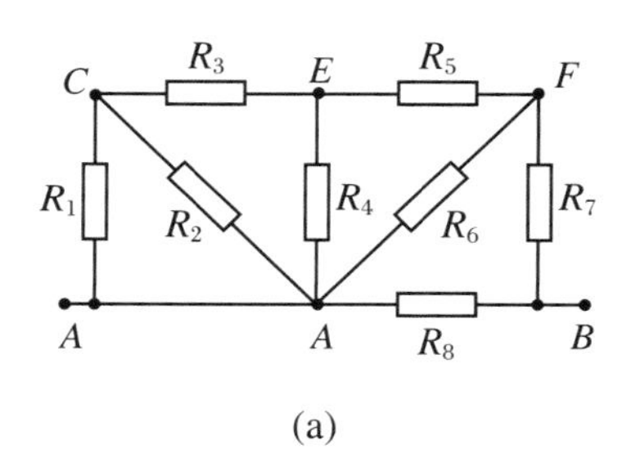

(a)

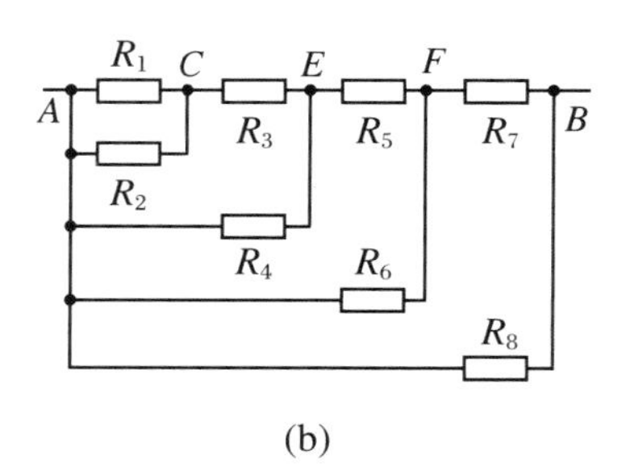

(b)

图 4.11

2. 电路结构或电阻变化所引起的参量变化

在直流电路中,由于电路的结构变化(如用电器的增减、电键的断通、仪表接入或取去)、电阻性元件的电阻变化(如变阻器的调节、光敏电阻受光、热敏电阻受热等)或电路某些部分发生故障(如用电器短路或断路、电容被击穿等),都将引起整个电路的等效电阻发生变化,从而使各部分电路和整个电路的电流、电压、功率等发生相应的变化.因此,只要电路电阻发生变化,所有电路的各个参量都应重新计算.但在实际问题中,有时并不要求确切了解参量变化的定量结果,而只需了解变化的趋势.因此迅速判断局部电路或元件的变化对整个电路的影响,以及根据电路中某些变化,迅速判断其产生原因或故障所在，是直流电路分析中的一个基本问题.在介绍迅速作出判断的方法前，先介绍混联电路的两条规律.

(1) 混联电路的电阻协变律

读者不难证明，串联电路或并联电路的等效电阻随其中任一元件的电阻的变化(变大或变小)而发生协同变化(相应地变大或变小).由于任何混联电路最终都可以等效为一个串联电路或并联电路(见4.1.3小节)，由此可以推知，当电阻性混联电路中任一电阻发生变化时，与此相关的电路及整个电路的等效电阻将协同地发生变化.反之，当混联电路的等效电阻变大(或变小)时，必是由于某一元件或某一局部电路和电阻变大(或变小)引起的.这就是混联电路的**电阻协变律**.

(2) 电流、电压、功率变化的"串反并同"律

在外电路为电阻性的串联电路的闭合电路中，当某电阻变大(或变小)时，与之串联的电阻上的电流、电压、功率必发生相反的变化，即变小(或变大)；在外电路为电阻性的并联电路的闭合电路中，当某一电阻变大(或变小)时，与之并联的电阻的电流、电压、功率必发生协同变化，即相应地变大(或变小).这些结论请读者自己证明.由于任何一个混联电路总可以等效为一个串联电路或并联电路，因此，在外电路为电阻性的混联电路的闭合电路中，当某一电阻变大(或变小)时，与之串联的电阻上的电流、电压、功率必发生相反的变化；与之并联的电阻上的电流、电压、功率必发生相同的变化.上述结论的逆向推理也成立.这就是混联电路的电流、电压、功率变化的**"串反并同"律**.

(3) 定性判断电路参量变化趋势的简易方法

运用电阻协变律和串反并同律，我们可以得到定性判断由于某个电阻的变化而引起混联电路中其他参量变化的趋势的简易方法.例如，如果要判断某一元件上电流、电压或电功率的变化，首先用电阻协变律对与该元件相连接的电路的等效电阻的变化情况作出判断.然后用串反并同律对此元件的电流、电压或功率的变化趋向作出判断.在进行判断时，电流表应视为与其他元件串联的电阻性元件，电压表应视为与其他元件并联的电阻性元件.

例1　在图4.12中，当R_2的滑动键P向a端移动时，试判断灯L_4、L_5的亮度及各仪表示数的变化情况.

解　我们首先判断电压表示数的变化情况.因P向a端移动时，R_2的阻值变大.由电阻协变律知，与电压表并联的电路的等效电阻$R_{DCB'}$也变大.根据串反并同律，电压表示数(即伏特表两端的电压)应变大.

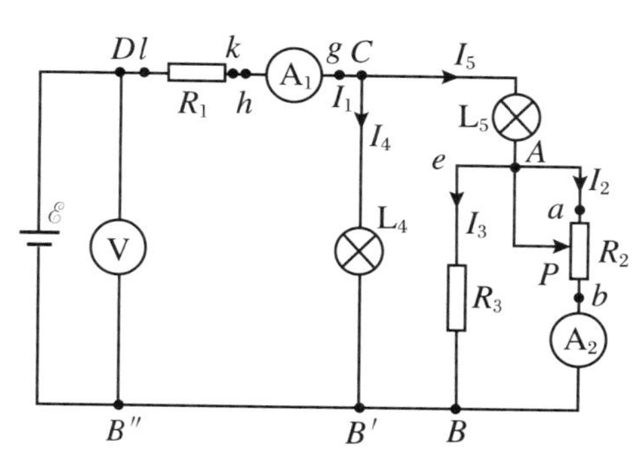

图4.12

再判断电流表 A_1 示数的变化. 由电阻协变律知，当 R_2 的电阻变大时，与表 A_1 串联的电路的等效电阻 $R_{CAB'}$ 也变大. 由串反并同律知，电流表 A_1 的示数将变小.

用这样的思路可以迅速判断出：灯 L_4 变亮，L_5 变暗，表 A_2 示数变小，其分析的过程请读者自己尝试.

上述规律和判断方法可以推广应用于交流电路中，只是与电阻对应的是阻抗，电流、电压应是有效值. 这种判断方法对于迅速预测某一元件的变化或增减元件对电路各部分的影响十分有用，在交流电路和电子线路的定性分析与设计中经常用到.

作为对比，我们用递推分析法对电流表 A_2 示数的变化进行逻辑分析. 分析思路和过程冗长，如下图所示.（图中未列出得出结论所用的规律.）

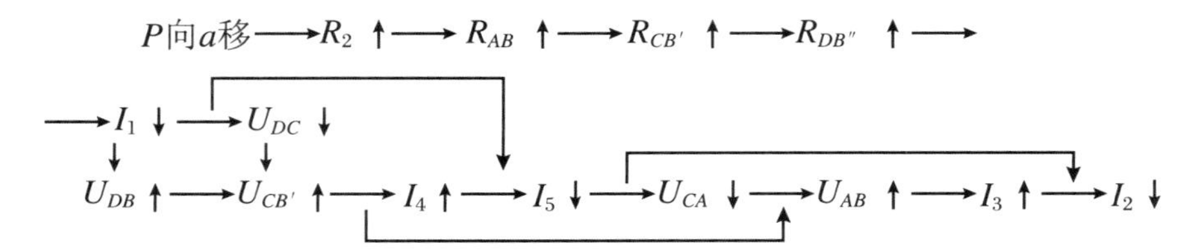

可见，如果我们用串反并同律，根据表 A_2 与 R_2 串联，立即可推知，因 R_2 增大，表 A_2 示数应减小.

3. 电路故障分析

电路故障分析是根据电路中某些参量的变化，进行逆向推理，追寻引起变化的原因或故障所在. 它是电路参量变化分析的逆问题. 由于逆向思维问题与学生大量接触的正向思维问题思路相反，且同一结果可能由多种原因引起，因而学生往往难于展开思路或不能迅速抓住问题的关键所在. 但若能正确思考，并使用恰当的方法，对发展思维和提高实验技能作用很大.

电路故障通常可分为两大类. 一类是整个外电路上的仪表无示数或干路电流表无示数. 这类故障的原因是外电路短路引起电源内部断路，或整个外电路断路，需借助于实验现象和仪器测试才能解决. 另一类是仪表示数反常变大或变小、元件发热、电灯反常变亮或变暗、仪表示数摇摆不定等. 这类故障的原因是外电路某支路短路、断路或接线柱松动，常可以借助电阻协变律和串反并同律直接进行推理判断，进而迅速解决，或减少怀疑的故障点. 下面分别介绍其检查或判断的方法.

(1) 外电路短路故障的检查与排除

短路故障是必须首先判定和排除的，其检查思路如表 4.1.

表 4.1

表现	可能原因	检查步骤
整个外电路上仪表无示数，或电源输出指示灯不亮	①外电路连接不当造成短路，使电源内部断路，无输出. ②电源输出接线柱松脱	1.观察输出端接线柱处是否碰线. 2.观察干路电流表是否接错. 3.观察干路高阻元件是否被短路. 4.把外电路与电源断开，将电压表或额定电压与电源电压相近的电灯接在电源输出端，看电源是否有输出.若无输出，则看电源保险是否已断.若未断，则拆开电源看内部输出引线是否已松脱，其他接线是否断脱.排除发现的故障. 5.电源有输出后，进行实验，若干路仍无电流，则外电路干路断路，应继续检查外电路 (检查法见下.)

(2) 干路断路故障点的检查法

在电源有输出的条件下，外电路干路无电流必是干路断路引起的.这是直流电实验中经常遇到的现象，常是由于连接的绝缘导线内部断线或接线柱未真正接通造成的.检查断路故障点的方法主要有四种：

① 电压表检查法

首先设定外电路在某处断路，把其他可能的断路点用导线连接(因为可能断路点不止一处).用电压表跨接所设定的断路处的两端，若电压表示数为零，则该处没有断路；若电压表有示数，则断路点在该处.若排除此断点后，外电路仍断路，应按照此方法继续检查其他可能的断点.

② 电灯检查法

首先设定外电路在某处断路，把其他可能的断路点用导线连接.用灯泡跨接在所设定的断路处的两端.若电灯发光，说明该处断路；若电灯不亮，则该处没有断路.要注意，用电灯检查法时，要估计一下电路的总电阻是否与电灯相近，若电灯电阻远小于电路总电阻，则此法不能确切判断出断路点.

③ 短路检查法

用绝缘导线连接设定的断路点，若电路恢复正常，则该处必有断路点，例如，在图4.12中，若各电流表示数为零，且各灯不亮，可以先假设断路点在 D、C 之间，然后将导线的一端接在靠近电源的 D 点，另一端分别先后与 l、k、h、g、C 等点接触，接触到哪一点，电路恢复正常，则断路点在该点与已测的相邻点之间(例如若测到 g 点电路恢复正常，断路点在 h、g 之间，即电流表 A_1 内部断路).若所测各点均不能使电路恢复正常，则 B'、B''之间必有断路点，将 $B'B''$断路排除后，若电路恢复正常，则电路已无断路点；若不能恢复正常，则 D、C 之间还有断路点.应重复在 D、C 之间的测试，找出 C、D 间的断路点的位置.此法优点是不需要仪表.但在将导线跨接于电阻元件两

端时,应先弄清是否会造成整个外电路短路(这是不允许的).导线跨接电阻元件(或电容)时,即使不会使整个外电路短路,也可能使电路某些部分电流、电压增大,因此所用导线两端不能同时接死,而应采取一端接牢、另一端瞬时接触的测试方法.

④ 欧姆表检查法

先断开电源,用欧姆表表笔接触所设定的有断路点的元件或电路的两端,若欧姆表示数不为∞,说明该元件或电路中没有断路点;若欧姆表示数为∞,则断路点在该处.用欧姆表检查电路时,应首先断开电源;所查处的电路不能有并联成分,否则应先断开并联部分.例如,在检查图4.12中C、A或B、B'之间是否有断路时,应把灯L_4以至电压表断开,否则不能作出正确判断.此外,应注意不能将欧姆表两表笔直接接在电源输出端,这样可能损坏欧姆表.

实验检查电路的故障时,要根据手边器材,灵活选用检查方法.例如手边有三用表,可以选用方法①和④.手边无仪表,可选方法②和③.以上检查方法也适用于检查电源内部连接线上的断路点.

(3) 支路断路或短路故障检查法

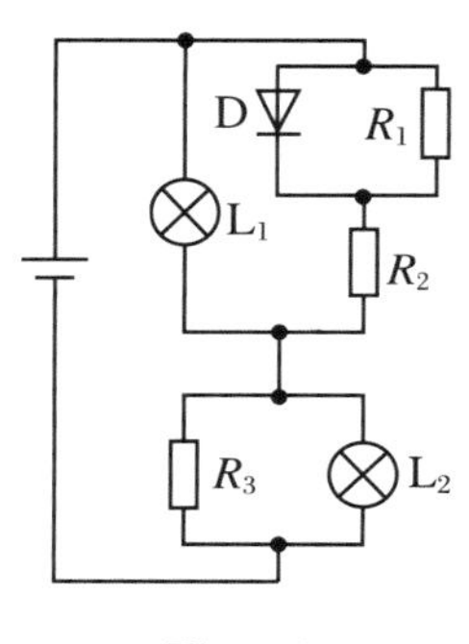

图4.13

这类故障常常可以无须借助仪表检查,直接通过逆向推理进行判断,或可以先进行推理判断,缩小故障怀疑点的范围,再用仪表检查.迅速正确作出推理判断的基本依据是电流、电压、功率变化的串反并同律.例如,在图4.12中,若发现灯L_4变亮而L_5变暗,根据串反并同律,只可能是R_2或R_3断路(电阻增大).若A_2有示数,则断路点必在连接R_3的线路上,若A_2无示数,则断路点在$AabB$支路上,可用第(2)部分所述的方法查出断路点的位置.又如,在图4.13中,若灯L_1、L_2原来正常发光,后来发现灯L_1变暗,L_2变亮.根据串反并同律,可能是R_3断路或R_1、R_2短路、二极管击穿,不可能是R_1、D、R_2断路或R_3短路.根据常识,对电阻R_1、R_2可以目测其连接线是否有短路现象.于是,需要用仪表测试的只有R_3的连接线是否有断路点和二极管D是否被击穿.两者中任一个被判断为正常,则故障必在剩下的一个.这就大大缩短了判断时间.

(4) 仪表读数摇摆不定故障的判断

这类故障通常是由于接线柱松动或绝缘导线内部若断若续引起的,实质上属于断路性质的故障.因此,应按断路故障进行检查.检查时,应首先用干路断路故障点检查法查清干路故障并排除,再用串反并同律逆向推理,分析支路可能的断路位置.例如,在图4.13中,若发现L_1、L_2均忽明忽暗,则可初步判定为电路故障不可能是短路引起的.若进一步观察发现灯L_1闪烁时比正常偏暗,L_2比正常偏亮,则可由串反并同律判断出必是连接R_3的导线若断若续.

综上所述,电路故障的分析与检查属于由果溯因的逆向思维,常常采用"假设→

推理(或测试)→结论”的思维程序.这类问题有很高的思维训练价值和实践价值,在学习中应给予充分重视.

4. 黑箱问题与电路设计

黑箱问题是由于受系统论和控制论的思想影响而设计出来的一类问题.它对于发展系统思维、求异思维有较好作用.这类题目在物理学的各部分都可以设计出来.它们立意新颖,构思奇巧.由于电路部分的黑箱问题具有“似难非难”“似易非易”的特点,思维训练价值很大,所以我们放在这里讨论.

(1) 黑箱系统与灰箱系统

内部结构或性能未知,有待于进行研究和控制的对象和系统,有如一个既不透明而又密封的箱子,故叫黑箱系统或黑色系统.“黑箱”概念是相对的.同一系统对于不同的人来说,由于他们的经验、知识和能力的高低不同,可能是黑箱,也可能不是.对于已了解这个系统、能定量作出描述的人,这个系统就是“白箱”.对于部分了解系统内部结构的人,这个系统就叫“灰箱系统”(或灰色系统).决定灰色系统的状态或结构的参数,有些是白色参数(已知),有些是黑色参数(未知),有些是灰色参数(知道得不确切,例如知道系统可能由哪些元件组成,知道某些参数的取值范围等).严格地说,客观系统都是灰色的.例如,给定一个电学黑箱,即使对其内部结构没有任何提示,也知道其必然由电源、电阻、电容等电学元件组成,并了解这些元件的电学特性.这就知道了一些(虽然不确定,但具有可能性的)因素.中学物理中涉及的“黑箱问题”,实际上对绝大多数学生都是灰箱问题,或本身就设计成灰箱问题.黑箱或灰箱问题的解答一般是不唯一的,但总存在一种或数种最优的解答.

研究黑箱(或灰箱)的方法有开箱(解剖)研究和不开箱研究两种.从学习的角度看,不开箱的研究方法更具有思维训练价值.我们下面讨论的是这种方法.

(2) 黑箱问题的结构和研究方法

一切黑箱都是由黑箱本体和外部条件两大部分构成的.外部条件包括三种.第一种是经黑箱的输入端输入的信息,这部分信息是可以由研究者选择或控制的,叫**控制条件**;第二种是经黑箱输出端输出的信息,这种信息由黑箱的结构或状态决定,是可以观察的,叫**观察条件**;第三种是对黑箱外部结构的限制,称为**约束条件**,如引出接线柱的数目和位置、黑箱的几何尺寸等.黑箱的结构示意图如图4.14所示.表4.2提供了黑箱问题的控制条件、观察条件和约束条件的说明.

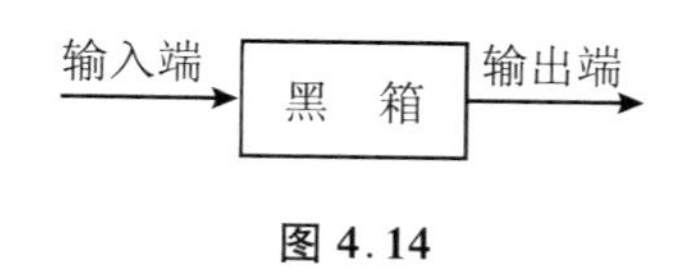

图 4.14

表 4.2　黑箱问题的外部条件

例　　题	控制条件	观察条件	约束条件
例 1　一直流黑箱有 a、b、c、d 四个接线柱. 在箱面上用电压表测任意两接线柱，示数均为零. 用欧姆表测试结果如下：$R_{ab}=80\ \Omega$，$R_{ac}=70\ \Omega$，$R_{ad}=30\ \Omega$，$R_{bd}=50\ \Omega$，$R_{cd}=40\ \Omega$. 测 b、c 接线柱时，指针最初偏至 0 Ω 附近，然后慢慢回到 90 Ω 处. 试判断此黑箱的结构，并根据提供的数据尽可能准确判断元件的特性.	直流电压表，欧姆表	电压表示数，欧姆表示数	四个引出接线柱
例 2　尺寸为 $6\times4\times2\ \text{cm}^3$ 的黑盒面上有 A、B、C、D 四个接线柱. 用直流电压表测得 $U_{AB}=3\ \text{V}$，$U_{AD}=3\ \text{V}$，$U_{AC}=0$，$U_{BD}=0$，$U_{CD}=3\ \text{V}$. 用导线连 C、D 后，用电压表测得 $U'_{AB}=3\ \text{V}$，$U'_{AC}=1.2\ \text{V}$，$U'_{BC}=1.8\ \text{V}$. 再在 A、C 间接 $R_0=20\ \Omega$ 的电阻器，用电压表测得 $U''_{AC}=0.75\ \text{V}$，$U''_{BC}=2.25\ \text{V}$，试确定此黑箱的结构和参数.	直流电压表，导线，20 Ω 电阻器	各次测得的电压表读数	四个引出接线柱，黑箱的尺寸

解答黑箱问题的方法基本是系统分析的方法. 即必须从研究外部条件出发，用整体的观点去研究它们之间的联系和制约关系，综合分析控制条件对黑箱的作用效果(输出)，以总体最优为目标，提出一种或几种解答方案(模型)，必要时还要提出数学模型，结合已有的知识和经验进行分析比较，去掉错误的方案，选出最佳的方案. 具体分析步骤如下：

① 明确目标：明确系统的性质和范围，分析控制条件和观察条件，对需要解决的问题的性质、范围、重点、关键等获得明确的认识.

② 提出试解方案(建立模型)：根据步骤的①分析所获得的认识，提出符合观察条件的一种或几种可能的结构方案(包括数学模型).

③ 筛选方案：联系有关物理概念、规律和理论，分析试解方案是否存在科学性的错误，去掉错误的方案或方案中错误的部分，保证解答的科学性.

④ 优化方案：对无科学性错误的方案进行对比分析，选出符合外界条件的最简、最优的方案.

我们以解答例 2 为例，来说明上述解题思路和步骤.

解　第一步，明确目标. 根据测试用的是直流电压表，可知黑箱内装的是直流元件；由电压表测试有读数，推知黑箱为有源结构；从 U_{AB}、U_{AC}、U_{AD}、U_{BD}、U_{CD} 的值，可判定电源可能接在 A、B 或 C、D 之间；从各次测试中，A、B 间电压恒为 3 V，且是所有电压表读数中最大的，可以初步判断 A、B 间接有电动势为 3 V、内阻可忽略的电源；从 U_{AB}、U_{BD}、U_{CD} 和 U'_{AC}、U'_{BC} 的值可以判断 C、D 间为断路，A、C 间和 B、D 间均连有具有电阻性的元件，且可判定：

$$R_{AC} : R_{BD} = U'_{AC} : U'_{BC} = 2 : 3 \qquad ①$$

第二步，提出试解方案.根据 U''_{AC} 和 U''_{BC} 的值可列出方程：

$$\frac{R_0 R_{AC}}{R_0 + R_{AC}} : R_{BD} = U''_{AC} : U''_{BC} = 1 : 3 \quad ②$$

联立式①和式②，解得 $R_{AC} = 20\ \Omega$，$R_{BD} = 30\ \Omega$.于是可以初步判定：A、B 间接有电池组；A、C 之间和 B、D 之间可能分别接有电阻为 $R_{AC} = 20\ \Omega$ 和 $R_{BD} = 30\ \Omega$ 的电阻器.图 4.15 为黑箱内部可能的结构示例.

第三步，筛选方案.由电压表测试数据知，A 点电势高于 B 点电势，故图 4.15(c) 应被否定.图 4.15(a)、(b)符合观察条件，无科学性错误.

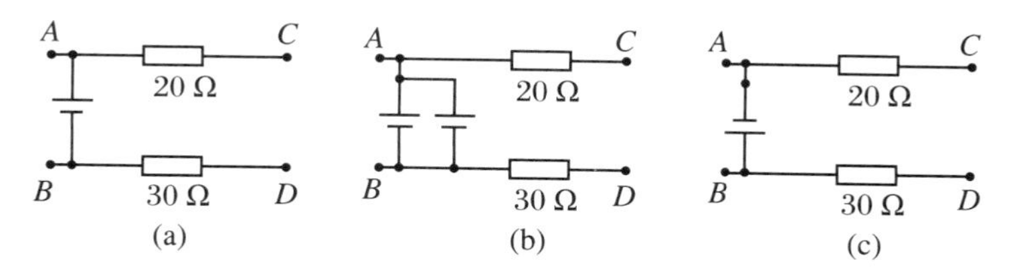

图 4.15

第四步，优化方案.根据黑盒结构应尽量简单的原则，与图 4.15(b)类似的由一些电阻串、并联组成等效电阻分别为 20 Ω、30 Ω 的电路都已舍去.根据黑盒体积尺寸的限制条件和电压表示数知，黑盒内电池不可能是蓄电池，也不可能是 1 号、2 号干电池，只可能是 5 号干电池、纽扣电池或其他体积较小的电池.若是 5 号干电池，则优选图4.15(a)；若是纽扣电池，则优选图 4.15(b).

从以上解答过程看出，解答黑箱问题，"明确目标"是基础.对黑箱的性质、范围、条件理解得越透彻，越能在复杂的条件下选择出恰当的解答方案.例如，如果一开始对题目提供的电压表示数的表达形式理解得透彻，就不会提出图 4.15(c).其次，从整体上全面分析问题的外部条件的意义和相互制约关系，才能抓住对问题起关键作用的条件，正确选择解决问题的突破口；先部分地确定黑箱特性或结构，才能为全部解决问题铺平道路.本题中抓住 A、B 间电压恒定的条件，确定了电源的位置，就起到这种作用.再次，试解方案满足观察条件，保证解答的科学性；结构最简原则和满足约束条件是选择最优解答的两个重要依据.

从解答结果还可看出黑箱问题的解答不仅可能存在多种优化解答，而且一种解答中还具有不确定性.例如，在本题的解答中，电源和电阻的规格都具有不确定性，20 Ω 和 30 Ω 的电阻也可能是由另外的电阻串联或并联组成的.实际上解答只是把黑箱变为了灰箱.但根据本题提供的条件，只能解决到这个程度.进一步的解答将有赖于提供新的控制条件和观察条件.

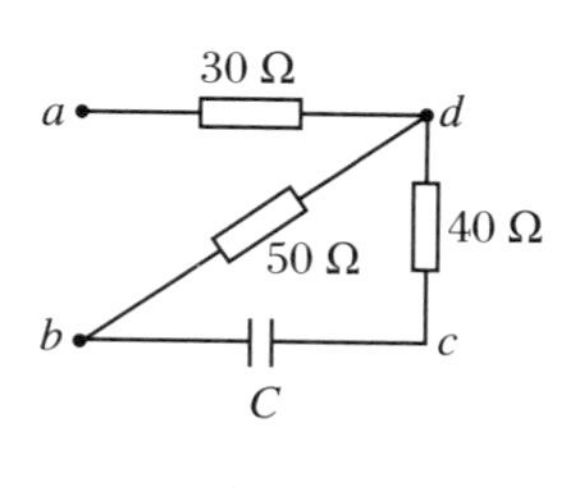

图 4.16

图 4.16 为例 1 的最优解答.读者可自行验证.

(3) 灰箱问题的结构和研究方法

中学物理中所涉及的“黑箱问题”绝大多数是灰箱问题.灰箱问题由灰箱本体、外部条件、关于灰箱内部结构和性能的“灰色条件”三部分组成.灰色条件是区别黑箱和灰箱的根本标志.表 4.3 对所列题目的外部条件和灰色条件作出了说明.

表 4.3　灰箱问题的外部条件和灰色条件

问　　题	外部条件			灰色条件（内部条件）
	控制条件	约束条件	观察条件	
例 3　一盒子内有由四节内阻为 $r=0.25\ \Omega$ 的干电池及四个阻值均为 $3\ \Omega$ 的定值电阻组成的电路.盒面有四个接线柱 a、b、c、d.用电压表测得 $U_{ab}=5\ \text{V}$，$U_{dc}=3\ \text{V}$，$U_{ad}=2\ \text{V}$，$U_{bc}=0$.试判断盒内电路的结构.	电压表	四个接线柱	电压表读数	四节内阻为 $r=0.25\ \Omega$ 的干电池，四个阻值均为30 Ω的定值电阻
例 4　盒内有五个定值电阻，盒外有六个接线柱 1、2、3、4、5、6.用电压表测得各接线柱间电压均为零，用欧姆表测得各接线柱间的阻值如下：$R_{13}=R_{24}=70\ \Omega$，$R_{14}=R_{23}=150\ \Omega$，$R_{12}=200\ \Omega$，$R_{34}=100\ \Omega$，$R_{56}=60\ \Omega$.试画出盒内的电路.	电压表、欧姆表	六个接线柱	电压表和欧姆表读数	五个定值电阻

解答灰箱问题的方法、步骤与解答黑箱问题是一致的.只是在分析时，要考虑灰色条件.

由于有灰色条件的限制，灰箱问题的解答比黑箱问题的解答具有更多的确定性，有时最优解是唯一的.图 4.17、图 4.18 分别是例 3 和例 4 的最优解答（具体分析从略）.但是灰箱问题不一定比黑箱问题简单.问题的简单和复杂取决于箱内结构的复杂程度.例如，下面的例 5 是黑箱问题，例 6 是灰箱问题，显然，例 6 比例 5 复杂多了.

例 5　如图 4.19 所示，用电压表测得 A、B 间的电压为零，用欧姆表测 A、B 间电阻时，指针先有较大幅度的偏转，最后停在“∞”处.试判断盒内的结构.（结论为盒内只有电容器.）

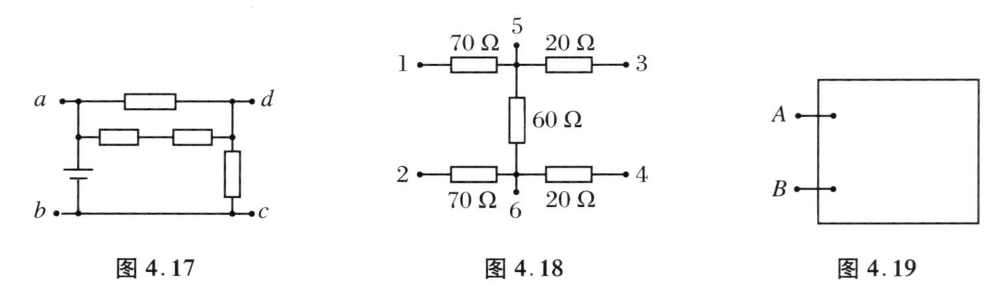

图 4.17　　图 4.18　　图 4.19

例 6 密封的黑匣外有四个接线柱 a、b、c、d，内部接有电感、电容、晶体二极管和电阻. 把电压相同的直流和交流电源分别与相同的小灯泡连接成如图 4.20(a)、(b)所示的电路. 用它们对黑箱进行测试，结果如表 4.4 所示. 试判断接线柱 a、b，b、c，c、d，d、a 之间分别连有哪些元件.（本题解答如图 4.20(c)所示.）

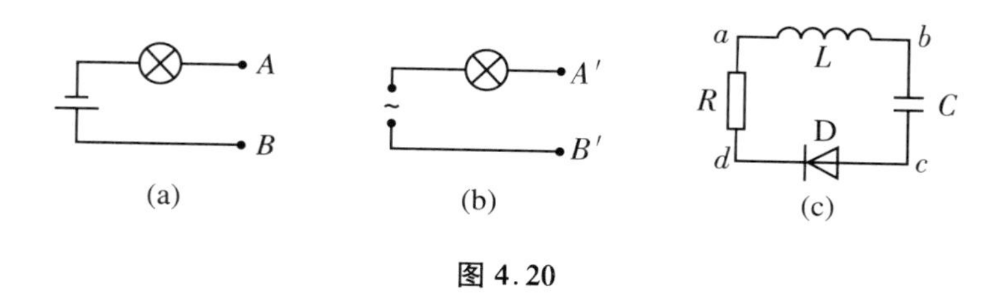

图 4.20

表 4.4

直流				交流			
A 与 d 连接		B 与 d 连接		A' 与 d 连接		B' 与 d 连接	
B 接 a	灯亮	A 接 a	灯亮	B' 接 a	灯亮	A' 接 a	灯亮
B 接 b	灯亮	A 接 b	灯亮	B' 接 b	灯稍暗	A' 接 b	灯稍暗
B 接 c	灯更亮	A 接 c	灯灭	B' 接 c	灯亮	A' 接 c	灯亮

(4) 灰箱实验

另一类灰箱问题是以实验题目的形式来表现的，如例 7 和例 8.

例 7 箱子的面板上有八个接线柱. 三个阻值不等的电阻分别与接线柱 1 和 2、3 和 4、5 和 6 相接. 由它们构成的电路两端分别与接线柱 7、8 相接. 试用实验判断箱内的电路结构和电阻的阻值.

例 8 一个没有放大作用的交流电路置于黑箱内部，箱上有 10 个接线柱，接线柱间连接情况如图 4.21 所示. 箱内接有电容器、二极管、电感、电阻等元件. 试用实验判断此交流电路的结构.

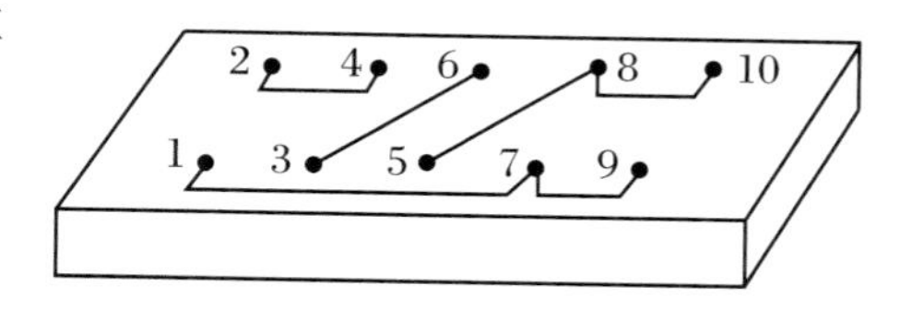

图 4.21

灰箱实验问题的结构特点在于题目没有给出控制条件和观察条件，需要实验者自己根据问题的目标，综合分析所涉及的对象的特性，选择好控制条件和测试方案，并按一定的程序，自己测试出观察条件. 例如，例 8 涉及的是交流电路，肯定要用交流电压表判断其是含源电路还是无源电路. 若是含源电路，要判断电源位置. 若是无源电路，则根据电阻、电感、电容、晶体二极管等各种元件的直流特性和交流特性，用交、直流电源和测试仪表判定各元件位置及其相互连接关系. 也就是说，“明确目标”这一步是通过实验者自己的测试和分析逐步达到的. 选择好测试方案是解决灰箱实验的

关键.一旦目标明确,以后的分析步骤与前述的是一致的.图 4.22 和图 4.23 分别是对例 7 和例 8 所设计的一种黑箱内部电路,以帮助读者选择测试方案和估计在测试时可能提供的观察信息.

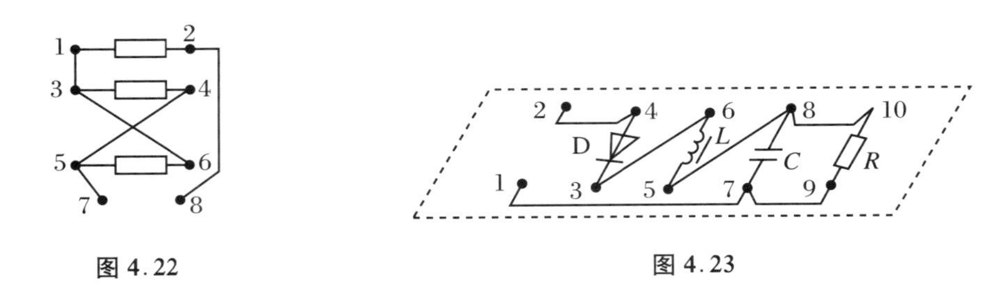

图 4.22　　　　图 4.23

(5) 电路设计问题

电路设计问题实质上属于灰箱问题.它一般都具有约束条件和灰色条件,有的也有控制条件,而且它的目标比前面涉及的灰箱问题更明确,灰色条件具有更多的确定性.所涉及的元件的规格特性大多是清楚的,未知的主要是电路的具体结构.因此,解答电路设计问题的步骤与解答灰箱问题是一致的,而且解答的重点是步骤中的第二步.

例 9　为了使一个"12 V、16 W"的电灯正常发光,现有电动势为 $\mathscr{E}=1.5$ V、内阻为 $r=0.1\ \Omega$、允许电流为 $I_0=0.3$ A 的干电池若干个.要用多少个电池组成怎样的电池组,才能满足要求?

解　此题中,"$I_0=0.3$ A""12 V、16 W"是约束条件,"$\mathscr{E}=1.5$ V、$r=0.1\ \Omega$ 的干电池若干个"为灰色条件,电灯正常发光是观察条件.

由"12 V、16 W"可求得外电路的电流应为 $I=16\ \text{W}/12\ \text{V}=4/3\ \text{A}>I_0$,故电池组应有并联成分.又因每个电池的电动势仅为 1.5 V,故电池组应有串联成分.因此应将电池组成混联电池组,这就是问题的目标.由此可以提出试解方案:n 个电池组成串联电池组,再用 m 个这样的串联电池组并联,组成混联电池组.根据约束条件得

$$I=\frac{n\mathscr{E}}{R_{灯}+\dfrac{nr}{m}} \tag{①}$$

$$I\leqslant mI_0 \tag{②}$$

其中,$I=4/3$ A,$R_{灯}=12^2/16\ \Omega=9\ \Omega$.由式②,得

$$m\geqslant I/I_0=4/3/0.3=40/9=4.4 \tag{③}$$

由式①,得

$$\frac{4}{3}=\frac{1.5n}{9+\dfrac{0.1n}{m}},\quad n=\frac{36m}{4.5m-0.4} \tag{④}$$

每取一个满足式③的 m 值,由式④就可得到一个 n 值,即得到一组试解.

考虑到电池个数为整数,故应有 $m\geqslant5$.又因所组成的电池组应最简,故取 $m=$

5. 由式④，得 $n=8.15\approx8$. 由于当通过电灯的实际电流与额定电流相差不大时，可以近似认为是正常工作. 故由 8 个电池组成串联电池组，再用 5 组这样的串联电池组并联组成的混联电池组为本题的最优解答. 所用电池个数为 $8\times5=40$ 个.

例 10 用两个 2.5 V 的小灯泡、两节 1.5 V 干电池、一个滑动变阻器、开关及导线组成一个调光电路，当调节变阻器滑片时，一个灯泡明显变亮，同时另一个灯泡明显变暗.

解 本题的控制条件是变阻器滑片，观察条件是“变亮”“变暗”，约束条件是“明显”，灰色条件是给出的电路元件.

本题的目标是两灯明暗变化相反. 根据本章问题讨论 2 中所述的“串反并同律”，可知变阻器应与一个灯是串联关系，与另一灯是并联关系. 故可提出图 4.24(a)、(b)、(c)三种无科学性错误的试解.

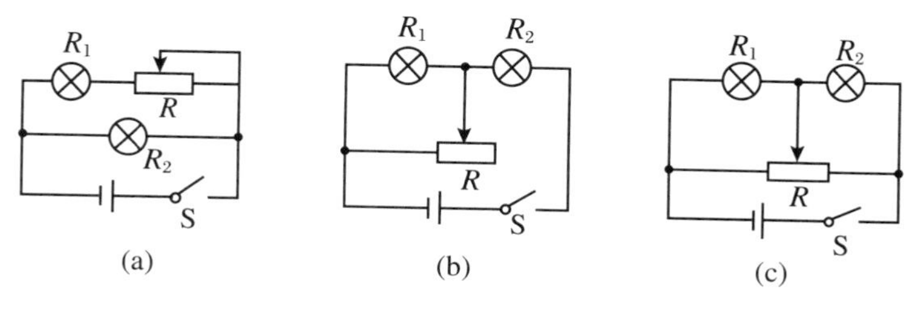

图 4.24

通过详细的数学讨论(这里从略)可知，在图 4.24(a)、(b)中，灯 R_1 和 R_2 的功率随 R 增大的变化分别如图 4.25(a)、(b)所示，即在图 4.24(a)、(b)中，灯 R_2 变明或变暗不明显，不符合约束条件. 而在图 4.24(c)中，电路对称，两灯明暗变化对称且明显. 故图 4.24(c)为本题的最佳解答.

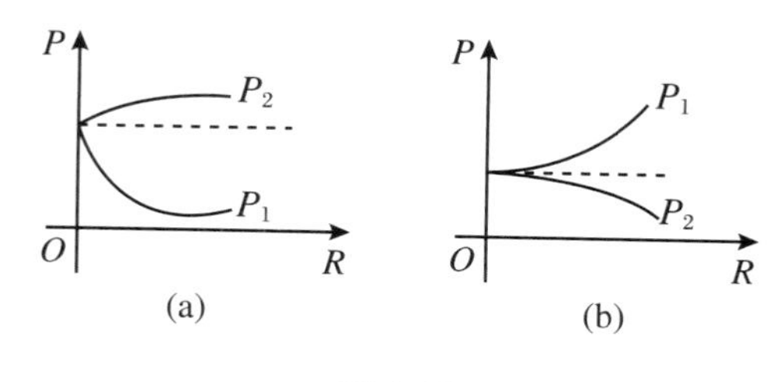

图 4.25

5. 电学实验误差与实验方法、仪表、元件的选择

由于大多数人对电学实验中如何正确选择实验方法(如理论根据和电路结构)以及仪表、元件等感到特别困惑，所以这里以电学实验为例，对上述问题进行讨论. 显然，下面所论述的基本内容和基本思想也适用于物理学其他部分的实验.

物理实验大多数是间接测定实验.间接测定实验的实验装置和实验方法的选择与系统误差知识有着密切联系.下面我们将扼要介绍中学物理学习中可能涉及的一些系统误差知识,并在此基础上用实例讨论实验装置与实验方法的选择.

(1) 决定系统误差的主要因素

① 决定直接测定量的误差的主要因素有:

(a) 仪表量具的零误差;

(b) 仪表精度等级所决定的"最大引用误差";

(c) 实测值远离量程时,读数的有效数字位数过少,引起较大的相对误差.

在中学物理实验所用的仪器中,不存在零点漂移问题,所以上述(a)项一般很容易用机械调零来减小.

仪表的测示值可能的最大绝对误差(Δx_{m})与仪表量程(x_{m})的百分比叫仪表的最大引用误差(γ_{m}),表达式为

$$\gamma_{\mathrm{m}} = \frac{|\Delta x_{\mathrm{m}}|}{x_{\mathrm{m}}} \times 100\% \tag{4.7}$$

通常用最大引用误差表示仪表的基本误差,并用它对仪表精度分级,例如,常用电表分为 0.1、0.2、0.5、1.0、1.5、2.5、5.0 等七级;电学实验中,常用的电阻箱分为 0.01、0.02、0.05、0.1、0.2 等五级.例如,0.1 级的仪表是指其 $\gamma_{\mathrm{m}} = 0.1\%$.

在已知仪表精度等级(K)和量程(x_{m})时,容易用下式求其可能的最大绝对误差:

$$\Delta x_{\mathrm{m}} = x_{\mathrm{m}} \cdot K\% \tag{4.8}$$

若测量值为 x,不考虑随机误差,则其真值的最概然范围是 $x \pm \Delta x_{\mathrm{m}}$.在实验要求的精度范围内,据此来选择仪表的精度等级.

② 直接测定量的系统误差在间接测定量中的传递规律

间接测定量是直接测定量的函数,函数形成由物理规律和测定方法决定.函数形式不同,各直接测定量的系统误差对间接测定量的贡献一般也不同.研究误差传递的规律的理论较多,中学物理中可能遇到的是"绝对值和法":若间接测定量与直接测定量的函数关系为 $y = f(x_1, \cdots, x_m)$,则间接测定量的绝对误差为

$$\Delta y = \sum_{i=1}^{m} \left| \frac{\partial f}{\partial x_i} \cdot \Delta x_i \right| \tag{4.9}$$

其中,$\partial f / \partial x_i$ 叫传递函数.这种方法比较保守,它估计的是可能的最大系统误差.表 4.5 列举了中学物理实验中经常遇到的间接测定量的基本函数形式及其系统误差的传递公式.要注意的是,这里说的直接测定量是指每一次直接测定的量.同一物理量经两次直接测定,应视为两个不同的直接测定量.表中各误差项均取正值.

表 4.5 基本的系统误差传递公式

编号	函数形式	绝对误差	相对误差
①	$y=A+B+C+\cdots$	$\pm(\Delta A+\Delta B+\Delta C+\cdots)$	$\pm\frac{\Delta A+\Delta B+\Delta C+\cdots}{A+B+C+\cdots}$
②	$y=A-B$	$\pm(\Delta A+\Delta B)$	$\pm\frac{\Delta A+\Delta B}{\lvert A-B\rvert}$
③	$y=A\cdot B$	$\pm(A\cdot\Delta B+B\cdot\Delta A)$	$\pm\left(\frac{\Delta A}{A}+\frac{\Delta B}{B}\right)$
④	$y=A\cdot B\cdot C$	$\pm(A\cdot B\cdot\Delta C+C\cdot A\cdot\Delta B+B\cdot C\cdot\Delta A)$	$\pm\left(\frac{\Delta A}{A}+\frac{\Delta B}{B}+\frac{\Delta C}{C}\right)$
⑤	$y=\frac{A}{B}$	$\pm\frac{B\cdot\Delta A+A\cdot\Delta B}{B^2}$	$\pm\left(\frac{\Delta A}{A}+\frac{\Delta B}{B}\right)$
⑥	$y=A^n$	$\pm nA^{n-1}\cdot\Delta A$	$\pm n\cdot\frac{\Delta A}{A}$
⑦	$y=\sin A$	$\pm\cos A\cdot\Delta A$	$\pm\frac{\Delta A}{\tan A}$
⑧	$y=\cos A$	$\pm\sin A\cdot\Delta A$	$\pm\tan A\cdot\Delta A$

从表 4.5 可以看出：

(a) 直接测定量的系统误差越大，间接测定量的系统误差也越大；

(b) 涉及的直接测定量越多，间接测定量的系统误差越大；

(c) 根据要求的测量精度和各直接测定量的误差贡献来选择仪表和测量工具的精度．按有效数字的运算规则，对于在函数中参与加减运算的直接测定量，其绝对误差的数量级应接近相同，对于在函数中参与其他运算的直接测定量，其测定值的有效数字位数应接近相同．

③ 方法误差

方法误差又叫理论误差．主要指两种情况造成的系统误差．

(a) 由于测量所根据的理论公式的近似性而引起的误差．例如，用单摆测重力加速度时，根据的公式为 $g=4\pi^2L/T^2$，要求摆角 θ 和摆球体积趋于零．实际上，摆球体积不为零，实测时 θ 也不可能趋于零．又如，测电流表的内阻所用的“半偏法”，要求电源内阻 r 趋于零，实际上不可能．因此必会产生误差．

(b) 在测量中起实际作用的因素在测量结果中得不到反映而造成的误差．例如，在验证机械能守恒定律的实验中，由摩擦作用而损耗的能量；电学实验中把电表作为理想表，其内阻的作用、接触电阻的作用等，在理论计算中都没有反映，这就造成了误差．伏安法测电阻时不考虑电表内阻造成的方法误差是大家所熟知的．

其他系统误差因素（如环境、人员等）和偶然误差与实验方法和器材的选择没有密切联系，这里就不介绍了．

(2) 设计实验时怎样选择实验方法和器材

在设计实验和选用电路时，实验方法的选择以及所选用的各仪器的精确度是否协调，对系统误差有巨大的影响．了解这种影响，对根据实验目的正确设计实验是很必要的．这里先以测定电流表的内阻的实验作为例子来具体讨论．这个实验可以有多种电路．图 4.26 是其中一些比较典型的电路，其中(a)和(b)是常用的“半偏法”采用的电路，(c)是替代法采用的电路．设所用的电池都是干电池，内阻都是 $r=0.5\ \Omega$，G 表的内阻约是 $r_g=100\ \Omega$，满偏电流为 $I_g=300\ \mu\text{A}$，精度为 $K=0.5$ 级，所用电阻箱的精度 $E=0.2$ 级[①]．在这样的条件下，我们来比较不同电路或不同方法所引起的系统误差．

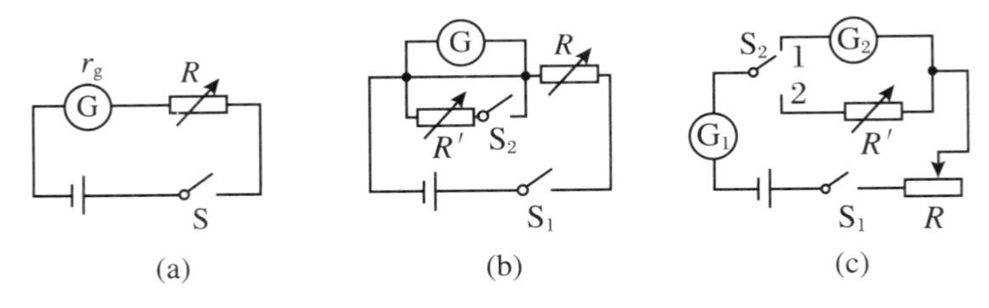

图 4.26

① 电路(a)，用“半偏法”

设 G 表满偏时测读值 $I_{满}$，电阻箱阻值为 R_1；G 表半偏时测读值为 $I_{半}$，电阻箱阻值为 R_2，则由 $I=\mathscr{E}/(R+r+r_g)$得

$$I_{满}=\frac{\mathscr{E}}{R_1+r+r_g},\quad I_{半}=\frac{\mathscr{E}}{R_2+r+r_g}$$

联立得

$$r_g=\frac{I_{半}(R_2+r)-I_{满}(R_1+r)}{I_{满}-I_{半}} \tag{4.10}$$

暂不考虑仪表精度引起的误差，$I_{满}=2I_{半}$，则

$$r_g=R_2-2R_1-r$$

实验中的计算忽略了 r，取 $r_g'=R_2-2R_1$，$|\Delta r_g|=|r_g'-r_g|=r$，由此而引起的方法误差为

$$\gamma_1=\frac{|\Delta r_g|}{r_g}=\frac{r}{r_g}=\frac{0.5}{100}=0.5\%$$

现在考虑由仪表精度引起的误差．因 $R\gg r$，式(4.10)近似为

$$r_g=\frac{I_{半}R_2-I_{满}R_1}{I_{满}-I_{半}} \tag{4.11}$$

将表 4.5 的⑤、②、③项结论用于式(4.11)，在此电路和实验方法中，由仪表精度引起的最大相对误差为

$$\gamma_2=\frac{|\Delta I_m|(R_1+R_2)+|\Delta R_2|I_{半}+|\Delta R_1|I_{满}}{I_{半}R_2-I_{满}R_1}+\frac{2|\Delta I_m|}{I_{满}-I_{半}} \tag{4.12}$$

---

① 中学配备的仪器 $K=2.5$，$E=1.5$．

将式(4.11)代入式(4.12)第一项分母中,注意式(4.8),并取 $I_{半}=\frac{1}{2}I_{满}$,得到

$$\gamma_2=\frac{R_1+R_2}{r_g}2K\%+\frac{R_2+2R_1}{r_g}E\%+4K\% \tag{4.13}$$

实验中 $R_1\approx5\ \text{k}\Omega$,$R_2\approx10\ \text{k}\Omega$,将各已知数据代入式(4.13),得

$$\gamma_2=192\%,\quad \gamma_{系统}=\gamma_1+\gamma_2=192.5\%$$

可见,在中学实验室条件下,采用图4.26(a)和“半偏法”做实验,有巨大的系统误差,可能使测量完全失去意义,是不可取的.

② 电路(b),用“半偏法”

当 S_1 闭合、S_2 断开、G表满偏时,$I_{满}=\mathscr{E}/(R+r+r_g)$;当 S_1、S_2 闭合,G表半偏时,$I_{半}=\dfrac{\mathscr{E}}{R+r+\dfrac{R'r_g}{R'+r_g}}+\dfrac{R'}{R'+r_g}$.联立得

$$r_g=\frac{(I_{满}-I_{半})(R+r)R'}{I_{半}(R'+R+r)-I_{满}R'} \tag{4.14}$$

暂不考虑G表的读数误差,由 $I_{满}=2I_{半}$,得

$$r_g=\frac{R+r}{R+r-R'}\cdot R'$$

实验时,取 $r_g'=R'$,故

$$\Delta r_g=|r_g-r_g'|=\frac{(R+r)R'}{R+r-R'}-R'=\frac{R'^2}{R+r-R'}$$

由此而产生的方法误差为

$$\gamma_1=\frac{|\Delta r_g|}{r_g}=\frac{R'}{R+r}\approx\frac{r_g}{R+r}$$

实验中,$R\approx5\ 000\ \Omega$,则 $\gamma_1\approx2\%$.(如果采用两节干电池串联,可取 $R\approx10\ 000\ \Omega$,γ_1 将减少为1%.)

在满足 $R\gg R'\gg r$ 的条件下,$I_{半}(R'+R+r)\approx I_{半}R\gg I_{满}R'$,式(4.14)近似为

$$r_g=\frac{I_{满}-I_{半}}{I_{半}}R' \tag{4.15}$$

将表4.5的⑤、②两项结论用于式(4.15),得到此方法中由仪表精度引起的可能最大相对误差为

$$\gamma_2=\frac{|\Delta r_g|}{r_g}=\frac{|\Delta I_m|}{I_{半}}+\frac{2|\Delta I_m|}{I_{满}-I_{半}}+\frac{|\Delta R_m'|}{R'} \tag{4.16}$$

取 $I_{半}=\frac{1}{2}I_{满}$,得

$$\gamma_2=6K\%+E\%=6\times0.5\%+0.2\%=3.2\%$$

此法中,由方法和仪表引起的可能最大相对误差之和为 $\gamma=\gamma_1+\gamma_2=5.2\%$.

③ 电路(c),用替代法

设 S_1 闭合，S_2 在“1”位时，G_1 的电流为 $I_{满}$；S_2 在“2”位时，G_1 的电流为 $I'_{满}$. 则

$$I_{满} r_{g_2} = I'_{满} R' \tag{4.17}$$

取 $I_{满} = I'_{满}$，$r_{g_2} = R'$. 故此法在理论上不存在由近似而引入的方法误差. 由仪表精度而引起的可能最大误差为

$$\begin{aligned}\gamma &= \frac{|\Delta I_m|}{I_{满}} + \frac{|\Delta I_m|}{I'_{满}} + \frac{|\Delta R|}{R'} = 2K\% + E\% \\ &= 2 \times 0.5\% + 0.2\% = 1.2\%\end{aligned}$$

可见，替代法比上述“半偏法”的系统误差小.

④ 电路(b)，用“满偏法”

在下面的讨论中我们将会看到，同样的电路、同样精度的仪器，只是实验方法不同，就会大大降低系统误差. 满偏法的操作是：先闭合 S_1（S_2 断开），调整 R 使电流满偏，设电阻箱和 G 表读数分别为 R_1 和 $I_{满}$，则

$$I_{满} = \frac{\mathscr{E}}{r + R_1 + r_g} \tag{4.18}$$

再闭合 S_2，调节 R，使其电阻值为原来的一半，设为 R_2；调节 R'，使 G 表满偏，设为 $I'_{满}$；设此时干路电流为 I'，则

$$I' = \frac{\mathscr{E}}{r + R_2 + \dfrac{R' r_g}{R' + r_g}} \tag{4.19}$$

$$I'_{满} r_g = (I' - I'_{满}) R' \quad \text{或} \quad I'_{满}(r_g + R') = I' R' \tag{4.20}$$

暂不考虑读数误差. $I_{满} = I'_{满}$，$R_1 = 2R_2 = R$，联立式(4.18)～式(4.20)得

$$r_g = \frac{RR'}{2r + R} \tag{4.21}$$

因 $R \gg r$，故 $r_g \approx R'$，与“半偏法”结论相同. 由结论的近似性而引起的方法误差为($R \approx 5\ 000\ \Omega$)

$$\begin{aligned}\gamma &= \frac{|\Delta r_g|}{r_g} = \frac{\left|\dfrac{RR'}{2r + R} - R'\right|}{\dfrac{RR'}{2r + R}} \\ &= \frac{2r}{R} = \frac{2 \times 0.5}{5\ 000} = 0.02\%\end{aligned}$$

即方法误差为半偏法的约 1/100.

为了讨论由仪表精度引起的误差. 由式(4.18)，式(4.19)和式(4.20)，得

$$I'_{满}(r_g + R') = \frac{I_{满}(r + R_1 + r_g) R'}{r + R_2 + \dfrac{R' r_g}{R' + r_g}}$$

因 R_1 和 R_2 远大于 R'、r_g、r，上式近似为

$$I'_{满}(r_g + R') = \frac{I_{满} R_1 R'}{R_2}$$

故

$$r_g \approx \frac{R'(I_{满} R_1 - I'_{满} R_2)}{I'_{满} R_2} \tag{4.22}$$

将表4.5的⑤、③、②项结论用于式(4.22)，得到由仪表精度引起的可能最大相对误差为

$$\gamma_2 = \frac{|\Delta I'_{满}|}{I'_{满}} + \frac{|\Delta R_2|}{R_2} + \frac{|\Delta R'|}{R'} + \frac{I_{满}|\Delta R_1| + R_1|\Delta I_{满}| + I'_{满}|\Delta R_2| + R_2|I'_{满}|}{I_{满}R_1 - I'_{满}R_2}$$

取 $R_1 = 2R_2, I'_{满} = I_{满}$，得 $I_{满} R_1 - I'_{满} R_2 = I_{满} R_1/2$，则

$$\begin{aligned}\gamma_2 &= \frac{|\Delta I_{满}|}{I_{满}} + \frac{|\Delta R_2|}{R_2} + \frac{|\Delta R'|}{R'} + \frac{|\Delta R_1|}{R_1} + \frac{2|\Delta I_{满}|}{I_{满}} + \frac{|\Delta R_2|}{R_2} + \frac{|\Delta I_{满}|}{I_{满}} \\ &= \frac{4|\Delta I_{满}|}{I_{满}} + \frac{2|\Delta R_2|}{R_2} + \frac{|\Delta R_1|}{R_1} + \frac{|\Delta R'|}{R'} \\ &= 4\times 0.5\% + 2\times 0.2\% + 0.2\% + 0.2\% \\ &= 2.8\%\end{aligned}$$

所以

$$\gamma = \gamma_1 + \gamma_2 = 0.02\% + 2.8\% = 2.82\%$$

这比半偏法的系统误差小近一半.考虑到满偏法的读数偶然误差约为半偏法的1/4(分析从略，可参看《物理教学》1985年第1期38页)，因此，对于电路(b)，满偏法远比半偏法优越.

由上面的实例分析可见，为了减小系统误差，在设计实验时应注意：

① 在选择实验方法时，要使确定间接测定量所需的直接测定的物理量尽可能少；而且因一个物理量经两次测定，在误差计算中，应看做两个直接测定量，所以，每个物理量的直接测定次数应尽可能少(即在可能条件下，不用解联立方程的方法确定间接测定量).

② 在设计实验操作时，使仪表指针在尽可能接近满偏的情况下读取数值.

③ 各仪表的精度要彼此协调：若间接测定量与直接测定量的函数关系为加减关系，所用各仪表的绝对误差的数量级应相同；若间接测定量与直接测定量的函数关系是加、减以外的其他关系，则各仪表读数的有效数字位数应接近相同；在满足实验对间接测定量的准确度要求的前提下，优先选用低精度仪表以降低实验所需经费.

④ 在设计实验装置时，要尽可能减小实验方法的理论中所没有反映出的那些因素而引起的误差.例如，力学实验中，实验理论中未涉及的摩擦或媒质阻力；电学实验中，实验理论中未考虑的电源内阻以及各接线点处的接触电阻等.

有关实验方法的其他问题以及仪表量程和元件规格的选择等请参看下面的讨论.

(3) 实验中怎样选择实验电器、仪表量程和元件规格

在这里，我们将在不涉及仪器、量具的精度等级引起的系统误差的条件下，讨论

实验电路、仪器量程和元件规格的选择，这是中学物理演示实验和学生实验中经常遇到的问题.最优选择的基本衡量标准是：① 方法误差尽可能小；② 间接测定值尽可能有较多的有效数字位数，直接测定值的测量误差尽可能小，且不超过仪表的量程；③ 实现较大范围的灵敏调节；④ 在大功率装置(电路)里尽可能节省能量；在小功率电路里，在不超过用电器额定值的前提下，适当提高电流值、电压值，以提高测试的准确度.

例 1 设有一金属丝，长度为 60～70 cm，直径在 0.5～1 mm 之间，电阻为 1～2 Ω.滑动变阻器阻值为 0～50 Ω.电流表有 0.6 A 和 3 A 两挡，内阻小于 1 Ω.其余仪表、元件充裕，可自选.试选择合适的电路和元件，组成测试精确度尽可能高一些的电路，来测量此金属丝的电阻率.

解 先用伏安法测出金属丝的电阻，再测出它的长度和直径.由公式 $R=\dfrac{V}{I}=\rho\dfrac{L}{S}=\rho\dfrac{L}{\dfrac{\pi D^2}{4}}$ 得 $\rho=\dfrac{\pi D^2 V}{4IL}$，进而可求得金属丝内的电阻率 ρ.

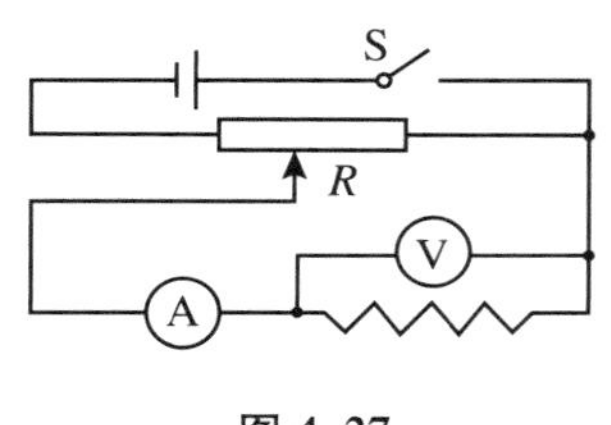

图 4.27

由于电流表内阻与金属丝电阻数量级接近，故应采用电流表外接电路，以减小由仪表内阻而引起的系统误差.由于变阻器总阻值比金属丝电阻大得多，变阻器每圈电阻丝的电阻与金属丝电阻相差不多，因此变阻器应采用分压电路，而不能用限流电路，否则电阻丝的电压可调范围小，且调节不灵敏.故电路图如图 4.27 所示.由于电流表 0.6 A 挡读数有效数字只有两位，故最好用 3 A 挡，且实验电流应在 1 A 以上，电流才可取得三位有效数字.电压表可选用 3 V 挡，电源电压应大于 2 V，可用两节干电池或蓄电池.由于金属丝直径在 0.5～1 mm 间，要使测得的直径具有三位有效数字，必须用螺旋测微器，而不能用游标卡尺.而金属丝的长度测量用最小刻度为 1 mm 的米尺就足够了.

例 2 一电阻额定功率为 1/100 W，阻值不详.用欧姆计粗测其阻值约为 40 kΩ.现有下列仪表元件，试设计适当的电路，选择合适的元件，较精确地测定其阻值.

① 电流表，量程 0～300 μA，内阻 150 Ω；

② 电流表，量程 0～1 000 μA，内阻 200 Ω；

③ 电压表，量程 0～3 V，内阻 6 kΩ；

④ 电压表，量程 0～15 V，内阻 25 kΩ；

⑤ 电压表，量程 0～50 V，内阻 200 kΩ；

⑥ 干电池两节，每节电动势为 1.5 V；

⑦ 直流稳压电源，输出电压 6 V，额定电流 3 A；

⑧ 直流电源，输出电压 24 V，额定电流 0.5 A；

⑨ 直流电源，输出电压 100 V，额定电流 0.1 A；

⑩ 滑动变阻器，0～50 Ω，3 W；

⑪ 滑动变阻器，0～2 Ω，1 W；

⑫ 电键一只，连接导线足量.

解　由于现有器材中有电流表和电压表，而无合适的定值电阻或电阻箱，故初步确定用伏安法测定此电阻的阻值.又因待测电阻为一高电阻，其估计阻值比现有电压表的内阻大或相近，故应该采用电流表内接法.由于现有滑动变阻器的最大阻值比待测电阻小得多，因此，若用滑动变阻器调节待测电阻的电流和电压，只能采用分压接法，如图 4.28 所示(否则变阻器不能实现灵敏调节).

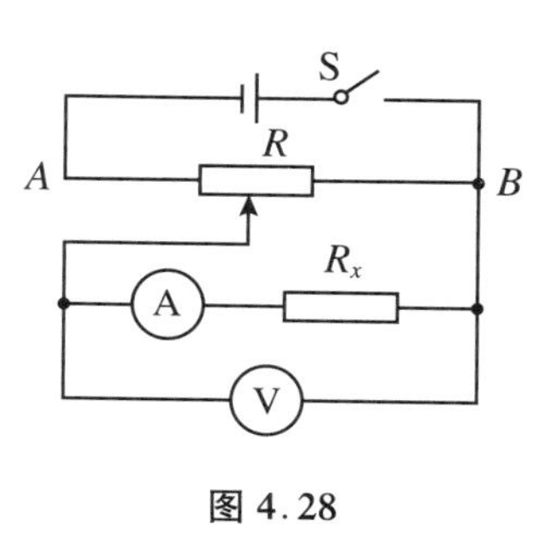

图 4.28

为了确定各仪表、元件的量程和规格，首先来估算待测电阻的额定电压和电流. $I_{xm}=\sqrt{P/R}=\sqrt{\dfrac{0.01}{40\,000}}\ \text{A}=5\times10^{-4}\ \text{A}=500\ \mu\text{A}$；$U_{xm}=\sqrt{PR}=\sqrt{0.01\times40\,000}\ \text{V}=20\ \text{V}$.由于实验中的电流和电压可以小于而不能超过待测电阻的额定电流和额定电压，现有两个电流表内阻相近，所以内阻所引起的系统误差相近，而量程为 0～1 000 μA 的电流表接入电路时，只能在指针半偏转以下读数，引起的偶然误差较大，故选用量程为 0～300 μA 的电流表.这样选用电流表后，待测电阻上的最大实际电压约为 $3\times10^{-4}\times40\times10^{3}$ V = 12 V，故应选用量程为 15 V 的电压表.由于在图 4.28 所示的电路中，为了实现变阻器在较大范围内的灵敏调节，电源电压应比待测电阻的最大实际电压高约一半左右，故应选输出电压为 24 V 的直流电源(其额定电流也远大于电路中的最大实际电流，故可用).

关于变阻器的选择.由于采用分压接法，全部电源电压需加在变阻器上.若是把 0～50 Ω 的变阻器接入电路，其上的最小电流(对应于待测电路断开)约为 24/50 A≈0.5 A，最小功率约为 $0.5^2\times50$ W = 12.5 W，远大于其额定功率；而若是把 0～2 kΩ 的变阻器接入电路，其最大电流(对应于滑动键靠近图 4.28 中变阻器 A 端)约为并联电路的总电流 0.013 6 A，小于其额定电流 0.022 4 A.故应选 0～2 kΩ 的变阻器.

从以上的实例分析中可以看出，在电学实验中，选择实验电路、仪表量程和元件规格的思路是：首先根据待测元件或者其他在实验中起关键作用的元件(如伏安法测电阻中的变阻器以及唯一给定的电源等)的特性，对实验中电流、电压以及电阻、功率的最大值或最小值进行估算(有时可估算中值).然后以实验目的和此估算结果为基本根据，参考其他给定的仪表、元件的特性，选择实验电路、仪表量程.最后选择其他元件.

在具体选择各仪表元件和实验电路时，主要注意：

① 选择电流表和电压表量程的基本根据是估算所得的可能的最大实测值.其量程应大于可能的最大实测值，但又不可过大，应保证在实测中仪器指针经常处于半偏

转以上.同时,还要注意仪表内阻对实验结果的影响.

② 若电源唯一给定,应以电动势的值为基本根据对电路的电流、电压进行估算,由此来决定仪表元件的选择;若需选择电源,则应在电路和元件选定之后,根据用电器需要的最大电流和电压来决定电源规格的选择或采取电源的串联、并联、混联措施.

③ 用伏安法测用电器的电阻或功率时,设 R_V、R_A、R_x 分别为电压表、电流表和用电器的电阻,则当 $R_x \ll R_V$ 时,用电流表外接法(图 4.27);当 $R_x \gg R_A$ 时,用电流表内接法(图 4.28).当 R_x/R_A 与 R_V/R_x 相差不大时,若 $R_x > \sqrt{R_A R_V}$,用"内接法"误差小;若 $R_x < \sqrt{R_A R_V}$,用"外接法"误差小;若 $R_x = \sqrt{R_A R_V}$,两种接法引起的误差相同.

④ 选择变阻器的原则是:(a) 变阻器上的实际电流不能超过其额定电流;(b) 需测读变阻器接入电路的电阻应选用电阻箱;(c) 要能实现变阻器对电路的灵敏调节.

⑤ 关于控制电路的选择:(a) 当用电器电阻 $R_x \gg R_0$(R_0 为变阻器总阻值)、用电器额定电压较小或要求电压有较大范围的调节时,通常选分压控制电路;(b) 当 R_x 与 R_0 差别不大、用电器额定电压低于电源电压时,通常选用限流控制电路;(c) 当 $R_x \ll R_0$ 时,无论采用哪种控制电路,调节都不灵敏(请读者自己分析),这时应重新选择滑动变阻器.

6. 有关电池组的几个问题

在中学教材中,电池的串联、并联、混联要求各电池的电动势和内阻都相同.如果不满足这种条件,将会有一些什么结果?这里从电池接入电路时必须向电路提供能量的角度来讨论这个问题.此外还将对电池组中每个电池的正极的电势是否一定比负极的电势高、电池组的最大输出电流是否一定是极值电流等易混淆问题进行讨论.

(1) 串联电池组能利用电池能量的条件

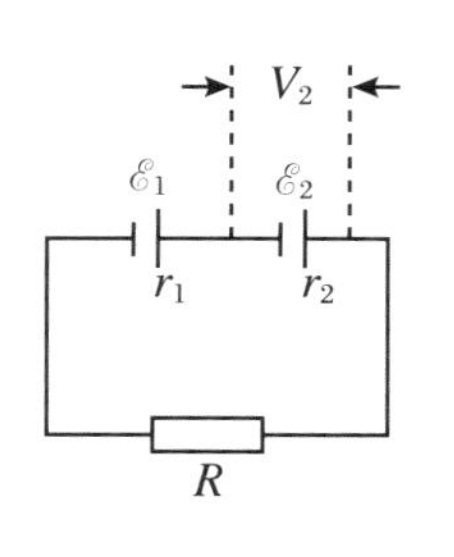

图 4.29

设电动势和内阻分别为 $\mathscr{E}_1$、$\mathscr{E}_2$ 和 r_1、r_2 的两个电源串联起来(图 4.29)对电阻 R 供电,每个电池的输出功率分别为 P_1 和 P_2.每个电池均能对外供电的条件是

$$\begin{cases} P_1 = I\mathscr{E}_1 - I^2 r_1 = I(\mathscr{E}_1 - Ir_1) > 0 \\ P_2 = I\mathscr{E}_2 - I^2 r_2 = I(\mathscr{E}_2 - Ir_2) > 0 \end{cases} \quad 或 \quad \begin{cases} V_1 = \mathscr{E}_1 - Ir_1 > 0 \\ V_2 = \mathscr{E}_2 - Ir_2 > 0 \end{cases} \tag{4.23}$$

而

$$I = \frac{\mathscr{E}_1 + \mathscr{E}_2}{r_1 + r_2 + R} \tag{4.24}$$

将式(4.24)代入式(4.23),得

$$\begin{cases} \mathscr{E}_1 - \dfrac{(\mathscr{E}_1 + \mathscr{E}_2)r_1}{r_1 + r_2 + R} = \dfrac{\mathscr{E}_1(R + r_2) - \mathscr{E}_2 r_1}{r_1 + r_2 + R} > 0 \\ \mathscr{E}_2 - \dfrac{(\mathscr{E}_1 + \mathscr{E}_2)r_2}{r_1 + r_2 + R} = \dfrac{\mathscr{E}_2(R + r_1) - \mathscr{E}_1 r_2}{r_1 + r_2 + R} > 0 \end{cases}$$

即

$$\frac{\mathscr{E}_1}{r_1} > \frac{\mathscr{E}_2}{R + r_2}, \quad \frac{\mathscr{E}_2}{r_2} > \frac{\mathscr{E}_1}{R + r_1} \tag{4.25}$$

式(4.25)中,$\mathscr{E}_1/r_1$、$\mathscr{E}_2/r_2$ 分别表示每个电池的短路电流,$\mathscr{E}_2/(R + r_2)$、$\mathscr{E}_1/(R + r_1)$ 分别表示每个电池单独对 R 供电的输出电流.所以,当每个电池的短路电流均大于另一电池单独对 R 供电的电流时,串联电池组的每一个电池才能都对外供电.

在实际中,若两个新干电池同时启用,将它们串联对外供电,则在使用中它们电动势的降低情况和内阻的增大情况是相似的.式(4.25)几乎总能被满足.当电动势降低和内阻增大到使它们组成的串联电池组的端压小于用电器所需的电压时,就不能继续使用了.但这时每一个电池储存的能量并没有耗尽.为了有效利用旧电池,常把一节新电池与一节旧电池串联使用.只要满足旧电池的短路电流大于新电池单独对 R 供电的电流,电池组的端压高于用电器正常工作所需的最低电压即可.手电筒、晶体管收音机等用电器允许电池电压有较大的变化幅度,可以把新旧电池串联使用,以提高旧电池电能的利用率.在使用前,可用安培表测量比较旧电池的短路电流是否大于新电池单独对负载供电的电流.设新电池电动势为 $\mathscr{E}_1$,旧电池电动势为 $\mathscr{E}_2$,由式(4.25)看出,负载电阻 R 越大,利用旧电池电能的可能性就越大.

(2) 并联电池组能利用电池能量的条件

通常,在断开外电路时,不能将电动势不同的两个电源并联起来.如图 4.30(a)所示,在电池组未对外供电时,回路 $A\mathscr{E}_1B\mathscr{E}_2A$ 中有电流.若 $\mathscr{E}_1 > \mathscr{E}_2$,则 $\mathscr{E}_2$ 在回路中是反电动势,电源 $\mathscr{E}_1$ 对 $\mathscr{E}_2$ 充电.但我们不能由此得出电动势不等的电池不能并联起来,使电动势小的电池对外供电的结论.

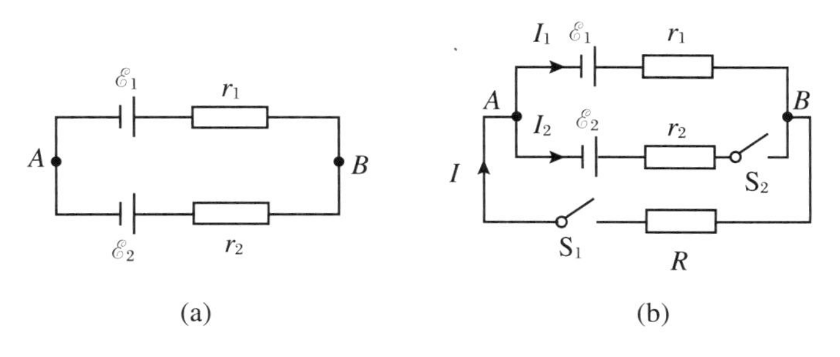

图 4.30

在图 4.30(b)中,若只闭合 S_2,情况与图 4.30(a)相同.但若先闭合 S_1,使 S_2 断开,则只由电池 $\mathscr{E}_1$ 对负载电阻 R 供电.设供电电流为 I',则 A、B 间的路端电压为

$U' = I'R = \mathscr{E}_1 R/(R + r_1)$. 电池 $\mathscr{E}_2$ 能对 R 供电的条件是 $\mathscr{E}_2 > U'$, 即 $\mathscr{E}_2 > \mathscr{E}_1 R/(R + r_1)$. 所以,当负载电阻 R 满足

$$R < \frac{\mathscr{E}_2 r_1}{\mathscr{E}_1 - \mathscr{E}_2} \quad (\mathscr{E}_1 > \mathscr{E}_2) \tag{4.26}$$

时,闭合 S_2,并联电池组中,低电动势源 $\mathscr{E}_2$ 就能对外供电.

通常,两个同类新旧电池中,旧电池的电动势 $\mathscr{E}_2$ 小于新电池的电动势 $\mathscr{E}_1$. 因此,负载电阻 R 必须满足式(4.26),旧电池才能对外供电.

还必须注意到,旧电池的内阻 r_2 大于新电池的内阻 r_1. 下面我们将证明,虽然负载电阻 R 满足式(4.26),但过小(或 r_2 过大),将有可能使流过新电池的电流超过其允许电流. 以损坏新电池为代价来利用旧电池电能,显然是不可取的.

如图 4.30(b)所示,设 S_1、S_2 均闭合. 我们用叠加原理(也可以用节点电压法)进行讨论. 设由 $\mathscr{E}_1$ 单独作用时,$A\mathscr{E}_1 B$ 支路电流为 I_1',此时等效电路如图 4.31(a)所示,则

$$I_1' = \frac{\mathscr{E}_1}{r_1 + \dfrac{r_2 R}{r_2 + R}} = \frac{\mathscr{E}_1(r_2 + R)}{r_1 r_2 + R(r_1 + r_2)}$$

设 $\mathscr{E}_2$ 单独作用时,$A\mathscr{E}_1 B$ 支路的电流为 I_1'',此时的等效电路如图 4.31(b)所示,则

$$I_1'' r_1 = (I_2' - I_1'')R, \quad I_2' = \frac{\mathscr{E}_2}{r_2 + \dfrac{r_1 R}{r_1 + R}}$$

$$I_1'' = \frac{\mathscr{E}_2 R}{r_1 r_2 + (r_1 + r_2)R}$$

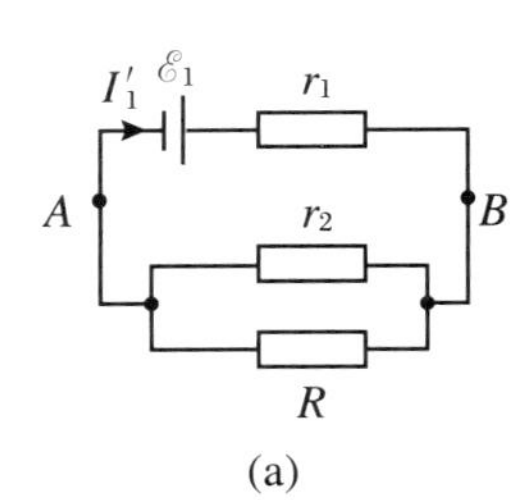

(a)

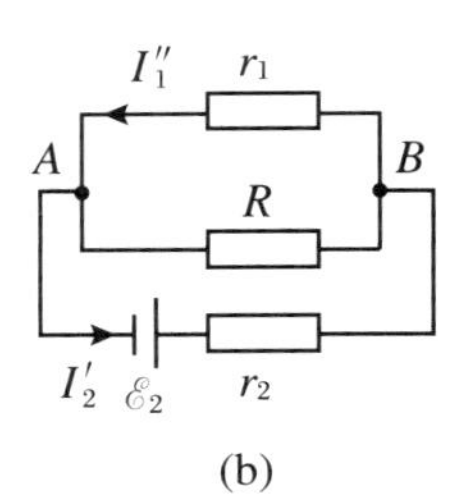

(b)

图 4.31

因 I_1'、I_1'' 流过 $A\mathscr{E}_1 B$ 支路的电流方向相反,所以

$$I_1 = I_1' - I_1'' = \frac{\mathscr{E}_1 r_2 + R(\mathscr{E}_1 - \mathscr{E}_2)}{r_1 r_2 + R(r_1 + r_2)} \tag{4.27}$$

同理

$$I_2 = \frac{\mathscr{E}_2 r_1 - R(\mathscr{E}_1 - \mathscr{E}_2)}{r_1 r_2 + R(r_1 + r_2)} \tag{4.28}$$

设电池正常工作允许的最大电流为 I_0,则要求

$$I_1 \leqslant I_0 \tag{4.29}$$

将式(4.27)代入此条件,得

$$R \geqslant \frac{r_2(\mathscr{E}_2 - r_1 I_0)}{(r_1 + r_2)I_0 - \mathscr{E}_1 - \mathscr{E}_2} \tag{4.30}$$

同时,为了能够利用旧电池,要求

$$I_2 > 0 \tag{4.31}$$

将式(4.28)代入此条件,得

$$R < \mathscr{E}_2 \frac{r_1}{\mathscr{E}_1 - \mathscr{E}_2} \tag{4.32}$$

与式(4.26)相同.

联系式(4.30)和式(4.32),电动势和内阻不等的新旧两电池并联时,每个电池都能对外供电,且通过电池的电流不超过电池允许电流的条件是负载电阻 R 满足($\mathscr{E}_1 > \mathscr{E}_2$)

$$\frac{\mathscr{E}_2 r_1}{\mathscr{E}_1 - \mathscr{E}_2} > R \geqslant \frac{r_2(\mathscr{E}_2 - r_1 I_0)}{(r_1 + r_2)I_0 - (\mathscr{E}_1 - \mathscr{E}_2)} \tag{4.33}$$

值得注意的是,在利用电动势不等的电池并联对负载供电时,一旦停止供电,必须同时切断各电源之间的联系,否则电动势不等的电源所构成的回路将有持续电流而白白浪费电能.

(3) 电源正极的电势总比负极的电势高吗?

对于充电电源,其电源正、负极间的电势差 U 由 $U = \mathscr{E}_{反} + Ir$ 决定,总有 $U>0$,即电源正极电势高于负极的电势.对于放电电源,其正、负极间电势差(路端电压)由 $U = \mathscr{E} - Ir$ 决定.当 $Ir \geqslant \mathscr{E}$ 时,$U \leqslant 0$,电源正极的电势将等于或低于负极的电势.

在电动势和内阻不等的串联电池组中,如图 4.29 所示,设 $\mathscr{E}_2 < \mathscr{E}_1$,$U_2 = \mathscr{E}_2 - Ir_2 = \dfrac{\mathscr{E}_2(r_1 + R) - \mathscr{E}_1 r_2}{r_1 + r_2 + R}$,当 $\mathscr{E}_2(r_1 + R) - \mathscr{E}_1 r_2 \leqslant 0$ 时,$U_2 \leqslant 0$,即当满足关系 $\mathscr{E}_1/\mathscr{E}_2 \geqslant (r_1 + R)/r_2$ 时,电源 2 的正极电势比负极电势低.这时电源 2 的电动势的方向与电流方向一致,是正值,仍是放电电源,但 $\mathscr{E}_2 \leqslant Ir_2$.从能的转化角度看,$I\mathscr{E}_2 \leqslant I^2 r_2$,即电源 2 提供的功率小于或等于其内阻上发热的功率,不足的部分由电源 1 提供.

在并联电池组中,如图 4.30(b)所示,S_1、S_2 闭合后,要能对 R 供电,必有 $U_A > U_B$.因此当 $\mathscr{E}_1 > \mathscr{E}_2$ 时,无论电源 2 是放电电源还是充电电源,它的正极的电势都一定高于负极的电势.

(4) 混联电池组正常供电的条件

① 电池混联与电阻混联的基本区别

只有当负载要求的电压和电流都超过每个电池的电动势和允许电流时,才需要组成混联电池组.其目的是既要满足负载的高电压、强电流的要求,又要保护电池,使通过它的电流不超过其允许电流.因此将电池混联时,不能像电阻混联那样,随意进行组合.例如,由四个电池组成混联电池组时,图 4.32(a)～(d)所示的组合都是不对的,只能采用图 4.32(e)、(f)所示的两种整齐的组合形式.在图 4.32(a)中,电池 1、4 所通过的电流会超过其允许电流(若通过它们的电流未超过其允许电流,则所并联的电池就失去意义).对于图 4.32(b)~(d)中的并联部分,设有串联结构的支路的等效电动势为 $\mathscr{E}_1$,等效内阻为 r_1,其余支路的等效电动势为 $\mathscr{E}_2$,等效内阻为 r_2,显然 $\mathscr{E}_1>\mathscr{E}_2$,且差值较大,实际中很难满足式(4.26)的要求.因此,通常仅等效电动势最大的串联支路对外供电,其余支路在充电,此串联支路的电流必超过每个电池的允许电流.

② 电池的 $\mathscr{E}$、r 不等时,混联电池组中每个电池能对外供电的条件

对于像图 4.32(e)那样的整齐的混联电池组,如果各电池的电动势和内阻不都相等(实际情形中常是这样),则我们可以把每一条支路的串联电池组等效为一个电源.设等效电动势最大的支路的电动势为 $\mathscr{E}_1$,则前面对于新旧电池并联对外正常供电的条件的讨论对于混联电池组也成立.

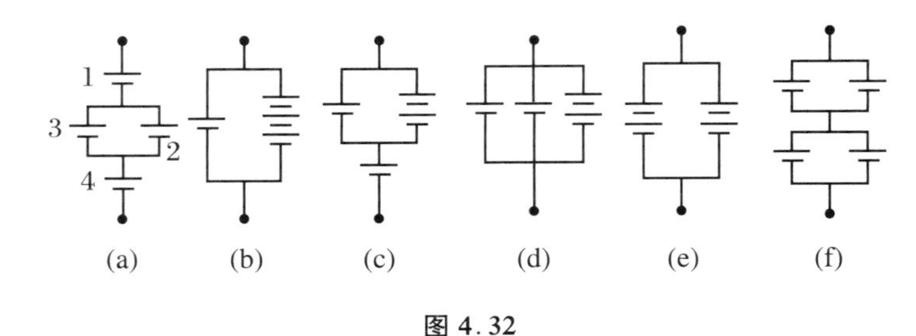

图 4.32

(5) 电池组的最大输出电流一定是极值电流吗?

通常在解电池组向定值负载电阻供电的最大输出电流问题,常常忽略组成电池组的目的:除为了保证负载需要外,还有必须保护电池这一前提,把实际允许的最大输出电流误认为是极值电流,用求极值方法求解.这是不妥的.

例 1 设有 p 个电动势均为 $\mathscr{E}$、内阻均为 r 的电池,对一固定负载 R 供电,应怎样组成电池组才能得到最大的输出电流?

解 用极值法是这样进行讨论的:设将 p 个电池组成有 m 条支路的混联电池组,每支路内有 n 个电池串联,则

$$p = mn \tag{①}$$

由闭合电路欧姆定律知,电源输出电流为

$$I = \frac{n\mathscr{E}}{R + \frac{nr}{m}} = \frac{mn\mathscr{E}}{mR + nr} = \frac{p\mathscr{E}}{mR + nr} \tag{②}$$

因为$(mR)(nr) = pRr =$常量,所以式②中,仅当

$$mR = nr, \quad 即 \quad R = \frac{nr}{m} = r_{总} \tag{③}$$

时,$mR + nr$ 才有极小值,因而 I 有极大值,由此得出结论:当负载电阻等于电池组的内阻 $r_{总}$ 时,电池组的输出电流最大.

实际上,满足条件③的混联电池组所提供的最大电流不一定是实际允许的最大输出电流.因为每个电池有其允许的最大电流 I_0,所以实际组合成的电池组,首先需要满足条件

$$I \leqslant mI_0 \quad ④$$

因此,这个问题的本身是有缺陷的,应该提出"电池的允许电流为 I_0"这个条件.

设所用的电池均为电动势 $\mathscr{E}=1.5\ \mathrm{V}$,内阻 $r=0.2\ \Omega$,允许电流为 $I_0=0.3\ \mathrm{A}$,$p=18$ 个,$R=0.4\ \Omega$.由式①和式③可得 $m=3$,$n=6$.将此 m、n 值代入式②,得 $I_{\max}=11.225\ \mathrm{A}$,即 $mI_0=3\times0.3\ \mathrm{A}=0.9\ \mathrm{A}\ll I_{\max}$,这是不允许的.

这类问题的正确讨论应是:由式②、式④,得 $I=\dfrac{p\mathscr{E}}{mR+pr/m}\leqslant mI_0$,首先解出

$$m \geqslant \sqrt{\frac{p(\mathscr{E}-rI_0)}{RI_0}} \quad ⑥$$

再由式①定 n 值,从而确定符合实际的电池组合形式.例如,由上面给的电池和负载的数据,可得 $m\geqslant6\sqrt{6}\approx14.7$,$n=p/m=18/6\sqrt{6}\approx1.225$.显然只能取整数 $n=1$,则 $m=18$.将此 m、n 值代入式②,得 $I_{\mathrm{m}}\approx3.65\ \mathrm{A}$,而 $mI_0=0.3\times18\ \mathrm{A}=5.4\ \mathrm{A}>I_{\mathrm{m}}$,这才是允许的.

由式⑥看出,电池的电动势、内阻、允许电流和负载电阻阻值都会影响电池组的组合形式和所能提供的最大输出电流.例如,若所给的电池是电动势为 2 V,允许电流为 5.6 A、内阻为 0.09 Ω 的蓄电池 18 个,负载电阻仍为 0.4 Ω,则满足式①和式③的电池组合的极值电流是实际允许的最大输出电流,请读者自己验证.

7. 补偿电路(电势差计)

以电路平衡原理为基础的一类电路称为补偿电路.利用这类电路进行实验测定时,可以避免由电源内阻和仪表内阻而引起的实验误差,能够相当精确地测定电源电动势、电路的电压、电流和电阻.

(1) 补偿法测电动势、电势差计

① 补偿法

如图 4.33 所示,电源 $\mathscr{E}_0$ 和 $\mathscr{E}_x$ 反串联于回路中.调节电动势 $\mathscr{E}_0$ 的大小,使灵敏电流计指针指示的电流为零(指针不偏转).这时两电源的电动势大小相等,即 $\mathscr{E}_x=\mathscr{E}_0$,两电动势**互相补偿**.这时电路的状态叫做达到平衡状态.以电源电动势之间(或电动势与已知电阻上的电压之间)相补偿的原理为基础的测定电源电动势的方法叫做**补偿法**,相应的电路叫做补偿电路.知道了平衡态下 $\mathscr{E}_0$ 的值,就可确定 $\mathscr{E}_x$ 的值.由于电路的电

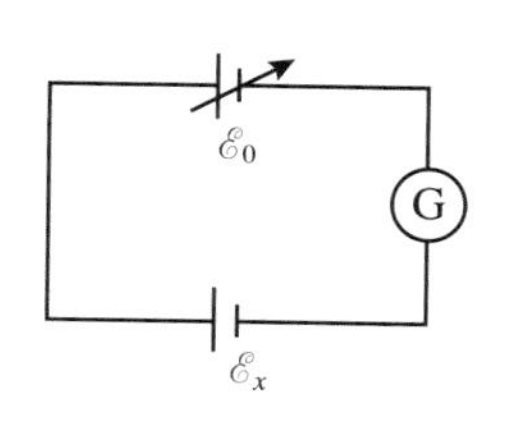

图 4.33

流为零，检流计的内阻和电源内阻对测量结果没有影响，测量的精确度将取决于检流计的灵敏度和已知电动势 $\mathscr{E}_0$ 的精确度.

② 电势差计

根据补偿原理做成的测量电动势或电路上的电压的仪器叫电势差计.图 4.34(a)是常用的滑线式电势差计的电路图.其中，虚线所围部分是仪器内部的电路.在仪器表面，有与滑线长度相对应的电压标度(图中未画出).测量前，先把滑动触头 P 调到与标准电动势 $\mathscr{E}_s$ 的值相对应的位置，S 合向 1 位，调节限流电阻 R，使检流计指针没有偏转.这时，仪器表板上所指的电压值与滑线 AB 上的实际电压一致.回路 $ABR\mathscr{E}A$ 叫辅助回路，实质上是一个分压器；固定 R，移动触头 P，就可以改变 A、P 间滑线电阻上的电压，滑线起着图 4.33 中可调电动势 $\mathscr{E}_0$ 的作用.含检流计的支路叫补偿回路.

测量电动势时，把开关 S 合向 2，移动触头 P，直到检流计示数为零，这时补偿回路达到平衡，$\mathscr{E}_x = U_{AP} = IR_{AP}$，与触头 P 位置相对应的电压值就是电动势 $\mathscr{E}_x$ 的值.

若要测量图 4.34(b)所示的电路中 a、b 之间的电压，可将 a 端与电势差计的滑线 A 端相接，b 端接在转换开关的 3 位上.把 S 合向 3.调节 P，使检流计指针指零，即可读出 a、b 间的电压.

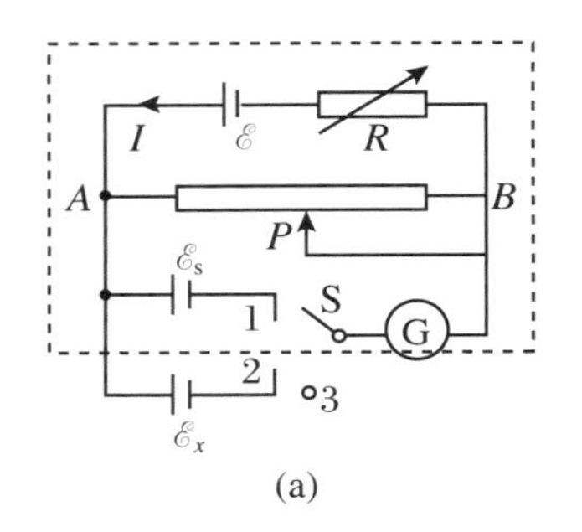

(a)

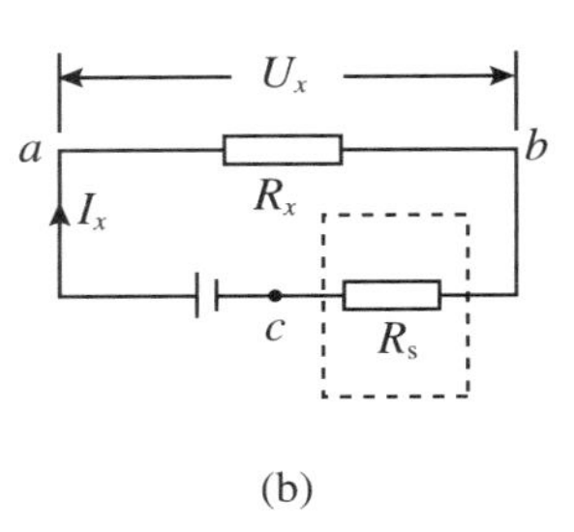

(b)

图 4.34

(2) 用电势差计测电阻和电流

若要精确测定图 4.34(b)中电阻 R_x 的值，可将一标准电阻(其电阻已精确知道)R_s 与待测电阻串联，用上段所述的方法分别测出 R_x、R_s 上的电压 U_x 和 U_s，则由 $R_x/R_s = U_x/U_s$，可精确求得 R_x 的值.

若要精确测定图 4.34(b)中电阻 R_x 上的电流，需先用上面的方法求出 R_x，撤去 R_s，然后重新测定 R_x 上的电压 U'_x，则电流 $I_x = U'_x/R_x$.

8. 利用等势点简化电路计算

在电路中，电势相同的节点叫等势点.电路中如果存在等势点，则利用等势点间的支路的特性对电路进行等效代换，可以简化复杂电路，从而使计算过程简化.

(1) 以等势点为端钮的两端网络的等效代换

在一个电流已经稳定的复杂电路中，电路中各节点间电势差值是恒定的. 如果与某两节点相连的一部分电路是以这两节点为端钮的两端网络，则根据戴维南定理或诺顿定理，可以把这部分电路等效代换为一个恒压源或一个恒流源，而不会改变电路其他部分的电学特性. 例如，在图 4.35 所示的电路中，A、B 间串有电流表的网络是以 A、B 为端钮的两端网络，可以用电动势为 $\mathscr{E}=U_{AB}$ 的恒压源或电流为 $I_0=\dfrac{\mathscr{E}_{AB}-U_{AB}}{R_{ACB}}$ 的恒流源代换，将图 4.35 所示的电路等效为图 4.36(a)或(b)所示的电路.

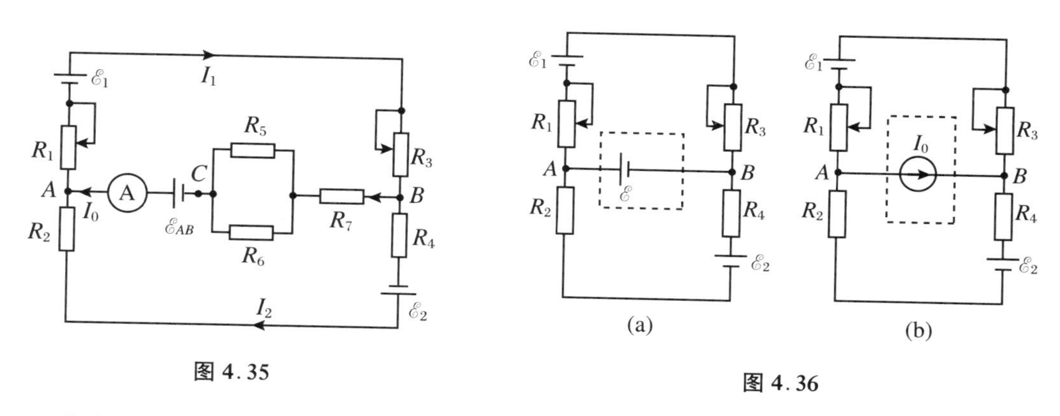

图 4.35

图 4.36

如果 A、B 两端电势相等，则图 4.36(a)中恒压源 $\mathscr{E}=0$，为零值恒压源；图 4.36(b)中恒流源的电流 $I_0=\mathscr{E}_{AB}/R_{ACB}$，是以 A、B 为端钮的网络 ACB 的短路电流. 这就是说，等势点间的两端网络(或支路)可以等效置换为一个恒流源或一个零值恒压源. 而恒流源和零值恒压源两端都可以视为短路(不能视为断路). 所以，两等势点间的网络为含源两端网络(或含源支路)时，可以用导线把两等势点短路而不会改变电路其他部分的电流、电压分配. 若所用导线的电阻不可忽略，上面的结论仍然正确.

如果两等势点间的两端网络(或支路)是无源网络，则图 4.36(b)中 $I_0=0$，即相当于一个零值恒流源. 而零值恒流源相当于断路. 所以，两等势点间的网络为无源两端网络(或无源支路)时，既可以把两等势点短路(并为一点)，也可以将两等势点间的网络(支路)断路，而不会改变电路其他部分的电流、电压分配. 由此还可得出结论：用任意无源支路(或无源网络)代替两等势点间的原来的无源网络，也不会改变电路其他部分的电流、电压分配.

综合上面两种情况的结论，可以得到：在等势点之间添加或拆去任意无源支路，不会改变电路的电流、电压分配；反过来，如果在电路的某两节点间添加或拆去某些无源支路，发现所得的电路中这两节点是等势点，则原电路中这两节点也一定是等势点. 这个结论的应用见例 1～例 3.

利用等势点间的两端网络的这种等效代换特性，可以把复杂电路大大地简化. 例如，在图 4.35 中，若 A、B 电势相等，将 A、B 短路后，电路变为两个独立的串联支路.

在已知电动势和各电阻时，电流 I_1、I_2 的计算变得相当简易.

(2) 若干特殊电路的等势点的判断法

要能用等势点间支路的等效特性简化电路计算，先决条件是能判明电路中哪些节点是等势点. 下面列举几种常见情况：

① 在电路结构对称的电路中，对称点的电势相等. 例如，图 4.37(a)中实线表示的电路是由粗细相同的同种导线接成的四个正方形. 如果把电源加在 A、C 之间，则由对称性容易证明 $U_{AE}=U_{AF}$，故对称点 E、F 为一组等势点. 同理，G、H 为另一组等势点. 因而可以把 EF、GH 摘除，则容易看出 B、K、D 也是一组等势点，可以把 BK、KD 线摘除，电路可以简化为图 4.37(b)实线所示的电路. 若电源加在 B、D 之间，则对称点 F、H 和 A、K、C 以及 E、G 分别为三组等势点. 除此之外，电源加在其他任意两节点上，电路不具有对称性，没有电势相等的节点. 读者可以自己证明，若图 4.38 的各边均由长短粗细相同的同种导线组成，当电源接在顶点 A 与底面 B、C、E、D 各点中任意一点之间时，电路节点有一对等势点；若电源接在底面两对角顶点上，则底面其余两对角顶点与 A 点组成一组等势点；若电源接底面任一边上的两节点上，则电路不具有对称性，无电势相等的节点.

② 在并联电路中，若各支路的电阻可以组合为成正比例的部分，则对应的比例分点是等势点. 如图 4.39 所示，$R_{AC}:R_{CE}=R_{AD}:R_{DE}$，则 C、D 两点电势相等，请读者自己证明.

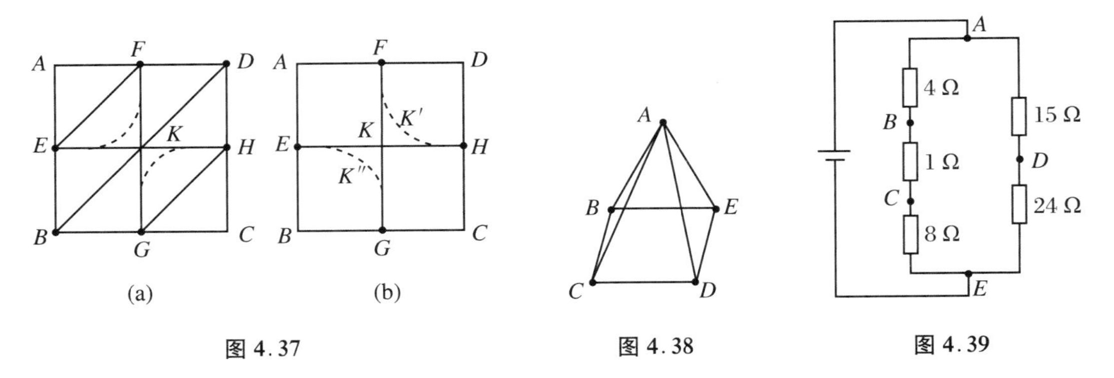

图 4.37　　图 4.38　　图 4.39

③ 若回路由若干具有相同结构的部分串联组成(我们称之为同构串联回路)，则所有两同构部分的连接点是等势点. 如图 4.40(a)所示，A、B、C 三点是等势点，证明如下：将图 4.40(a)等效为图 4.40(b)，其中 $R=r+R_1R_2/(R_1+R_2)$. 对整个回路使用闭合电路欧姆定律，得

$$I=\frac{3\mathscr{E}}{3R}=\frac{\mathscr{E}}{R}$$

对直接连接 A、B 两点的左边电路，有

$$U_{AB}=\mathscr{E}-IR=\mathscr{E}-\frac{\mathscr{E}}{R}\cdot R=0$$

故 $U_A=U_B$. 同理可证 $U_C=U_A$.

按同样的推理可证得 D、E、F 也是一组等势点.

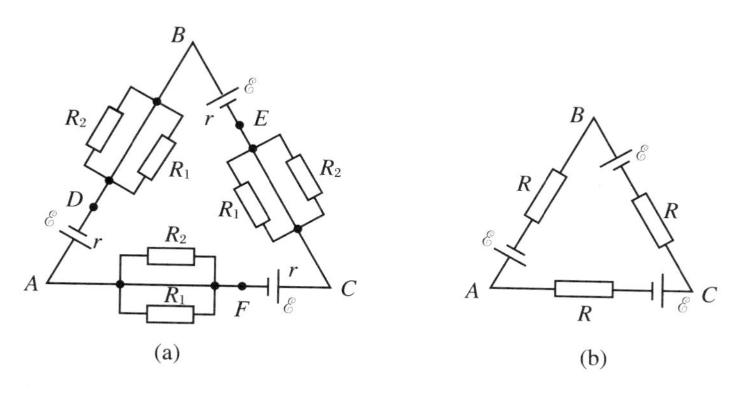

图 4.40

图 4.41 所示的单匝闭合矩形线圈线轴转动时,其电路是串联同构的,读者可以证明,a 与 c,b 与 d 分别是一对等势点.

④ 若电路由若干个具有相同结构的独立回路并联组成(称之为同构并联电路),则各对应的“同构点”是等势点.

例如,在图 4.42 所示的电路中,同构点 D、D'、D'' 电势相等,不难证明,A、A'、A'',B、B'、B'',C、C'、C''是三组等势点.(拆去接在节点“1”或“2”的导线,很容易证明,请读者自证.)

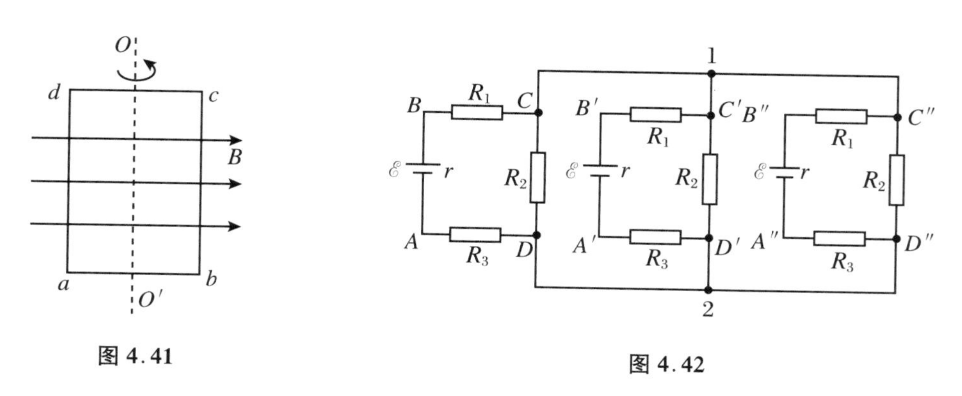

图 4.41

图 4.42

(3) 利用等势点简化电路计算的基本思路

要利用等势点简化电路计算,应首先对原电路的结构特点进行分析,用合并(连)、拆开(断)、加、减的方法,或者把复杂电路变为简单电路,或者把表面上难以判断其等势点的电路化为前述那些易于确定等势点的电路,以达到简化计算的目的.

对于等势点已能明确判定的电路,通常用拆开或合并的方法就能简化电路计算.例如,在图 4.40(a)中,只需用导线把等势的 A、B、C 三点连接起来,或者说把 A、B、C 三点合并为一点(注意,各节点间的电路为有源电路,不能用“断路”的办法!),则电路变为由两相邻节点间的电路组成的三个相同的独立回路.所以,只需计算其中一个回路,其余就已知了.又如,对于图4.37(a)所示的电路,如果要求 A、C 间的等效电阻与 AE 边电阻的关系,在将 EF、DK、BK、HG 之间的导线拆去,等效为图4.37(b)所示的电路后,再把 K 点"拆开"为 K'、K'',如图4.37(b)中虚线所示(读者可以证明,拆开后,B、K'、K''、D 为一组等势点,因此 K'、K''可合并为 K.从而证明了"拆开"操作的合理性.),则容易求得,$R_{AC}=1.5R_{AE}$.若要求 B、D 间的等效电阻与 AE 边电阻的关系,则只需把 K 点"拆开",如图4.37(a)中的虚线所示,即可求得 $R_{BD}=8(6-\sqrt{2})R_{AE}/7$.

下面我们着重讨论如何把难以判断等势点的电路化为易于判断其等势点的电路(如果电路中有等势点).

例1 如图4.43所示的电路,求 A、H 之间的等效电阻.

解 粗看起来,这是一个非常不对称的复杂电路,似乎无等势点,但仔细分析发现,若电源加在 A、H 之间,沿从高电势到低电势方向上有:$R_{AF}:R_{FE}=R_{AD}:R_{DE}=R_{BC}:R_{CH}=R_{BG}:R_{GH}$.而 $U_A=U_B$,$U_E=U_H$,故 F、G、D、C 为一组等势点,它们之间的电阻全部可以拆去(或短路),于是电路变为了简单电路,容易求得 $R_{AH}=180r/107$.

例2 如图4.44所示的电路,各电阻已知,电源相同,内阻不计.求安培表的示数.

解 因 AD 和 BC 间的电路是同构串联电路,若把 R_1、R_2 拆去,在 A、B 之间加一个电阻器 r,则所得电路变为同构串联电路.因此,A、B、$C(D)$是等势点,则可判断,原电路中 A、B、$C(D)$也是等势点.所以只需用一导线短接 A、B,立即可求出安培计示数为 $I=\mathscr{E}/R$.

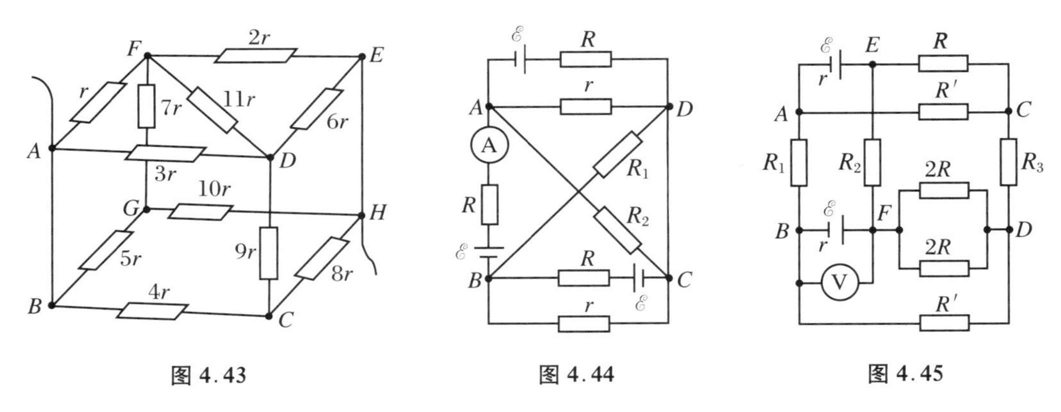

图4.43　　图4.44　　图4.45

例3 如图4.45所示,已知电动势 $\mathscr{E}$ 和各电阻的阻值,且 $R_1\neq R_2\neq R_3\neq R\neq R'$,电压表视为理想表.求电压表示数.

解 若把两个并联的 $2R$ 电阻等效为一个电阻 R,将 R_2 拆去,R_1、R_3 短路,不难发现,余下的电路是同构并联电路,A 和 B、E 和 F、C 和 D 为三组等势点.再把使 R_1、R_3 短路的导线拆去,R_2 接在 E、F 之间,不会改变 A、B、E、F、C、D 的电势.于

是，可把 R_1、R_2 拆去. 则 F、B 之间的电压值

$$U_{FB}=\frac{\mathscr{E}(R'+R)}{R'+R+r}$$

就是所求的电压表示数.

9. 利用 Y⇌△网络代换简化电路

无源网络的等效值的计算是解复杂电路的基础之一. 解复杂无源网络等效值的基本思路是先把复杂电路转化为简单电路，然后求解. 由纯电阻(或纯电容，在交流电路中还包括纯电感)组成的复杂电路的最基础的结构是星形(Y)连接和三角形(△)连接. 例如，在图 4.46(a)中，R_1、R_2、R_5 接成 Y 形，R_1、R_4、R_5 接成△形. 如果把△形网络等效代换成 Y 形网络，或作相反的等效代换，则有可能把复杂电路转化为简单电路，使计算变得简易. 例如，把图 4.46(a)中的 R_1、R_2、R_5 等效代换为一个接于 A、B、F 间的△网络，则原电路变为如图 4.46(b)所示的混联电路，此时计算就容易了. 有一些无源网络具有某种对称性或规律性，可以用一些特殊处理方法. 单纯具有对称性的电路的处理方法我们已在本章问题讨论 7 中研究过.

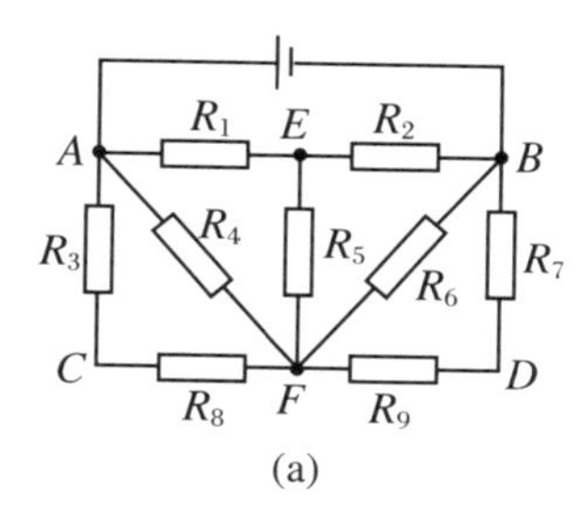

(a)

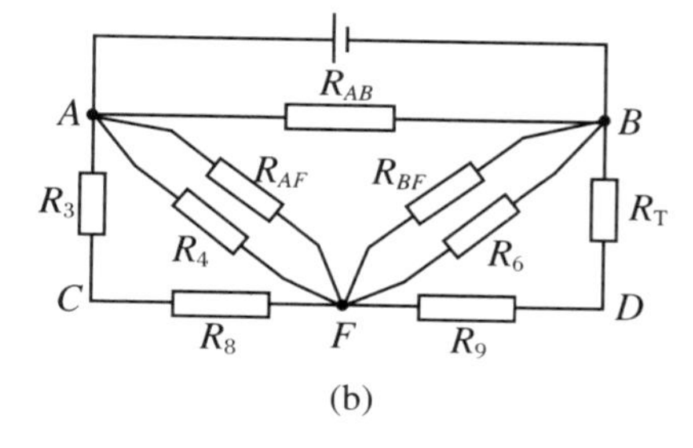

(b)

图 4.46

(1) 纯电阻网络的 Y⇌△等效代换

研究如图 4.47(a)、(b)所示的 Y 形和△形电阻网络的等效代换关系. 所谓“等效代换”，是指在对应的端钮间分别加上相同的电压，经网络变换后，流入对应端钮的电流必须分别相同(图中所标电流方向为参考方向). 设图 4.47(a)、(b)中电流 $I_1=0$，则因对应端钮 2、3 之间的电压 U_{23}应相同，2、3 之间应通过相同的电流，故两图中 2、3 之间的电阻应相等. 再设 $I_2=0$ 或 $I_3=0$，分别可得类似的结论，故得到下面三个关系：

$$\begin{cases}R_2+R_3=\dfrac{R_{23}(R_{12}+R_{31})}{R_{12}+R_{23}+R_{31}}\\[2ex]R_3+R_1=\dfrac{R_{31}(R_{12}+R_{23})}{R_{12}+R_{23}+R_{31}}\\[2ex]R_1+R_2=\dfrac{R_{12}(R_{23}+R_{31})}{R_{12}+R_{23}+R_{31}}\end{cases}\tag{4.34}$$

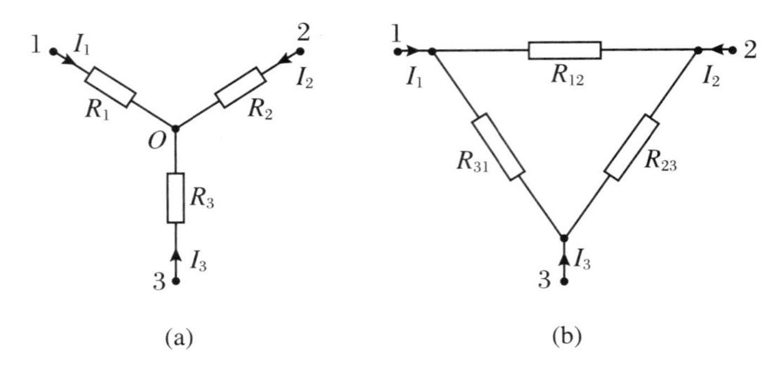

图 4.47

如果要把△形网络变换为 Y 形网络，R_{12}、R_{23}、R_{31} 为已知，R_1、R_2、R_3 为未知，解式(4.34)可得

$$\begin{cases} R_1 = \dfrac{R_{12}R_{31}}{R_{12}+R_{23}+R_{31}} \\ R_2 = \dfrac{R_{12}R_{23}}{R_{12}+R_{23}+R_{31}} \\ R_3 = \dfrac{R_{23}R_{31}}{R_{12}+R_{23}+R_{31}} \end{cases} \tag{4.35}$$

如果要把 Y 形网络等效变换为△形网络，R_1、R_2、R_3 是已知量，R_{12}、R_{23}、R_{31} 则是未知量，由式(4.34)可得

$$\begin{cases} R_{12} = \dfrac{R_1R_2+R_2R_3+R_3R_1}{R_3} = R_1+R_2+\dfrac{R_1R_2}{R_3} \\ R_{23} = \dfrac{R_1R_2+R_2R_3+R_3R_1}{R_1} = R_2+R_3+\dfrac{R_2R_3}{R_1} \\ R_{31} = \dfrac{R_1R_2+R_2R_3+R_3R_1}{R_2} = R_3+R_1+\dfrac{R_3R_1}{R_2} \end{cases} \tag{4.36}$$

由式(4.35)、式(4.36)可得到一个特殊结论：当△形连接的三个电阻均为 R 时，用以代换的 Y 形连接的电阻值 R' 也相等，且 $R'=\dfrac{R}{3}$. 反之，当 Y 形连接的电阻均为 R' 时，用以代换的△形连接的电阻也相等，且均为 $R=3R'$.

(2) 纯电容网络的 Y⇌△等效代换

要将图 4.48(a)、(b)所示的 Y 形和△形电容网络作等效代换，就是要保证代换前后，节点 1、2、3 的电势不变，与节点相连的电容器极板上的荷电量不变. 设在图 4.48(a)、(b)中，与节点 1 相连的极板上荷电量 $Q_1=0$，则等效代换后，要使 U_{23} 和 Q_2、Q_3 不变，必须使代换前后 2、3 间的总电容量相同；再设 $Q_2=0$ 或 $Q_3=0$，可分别得类似结论. 于是得到下面的关系：

$$\begin{cases}\dfrac{C_2C_3}{C_2+C_3}=C_{23}+\dfrac{C_{12}C_{31}}{C_{12}+C_{31}}\\ \dfrac{C_3C_1}{C_3+C_1}=C_{31}+\dfrac{C_{12}C_{23}}{C_{12}+C_{23}}\\ \dfrac{C_1C_2}{C_1+C_2}=C_{12}+\dfrac{C_{23}C_{31}}{C_{23}+C_{31}}\end{cases}\tag{4.37}$$

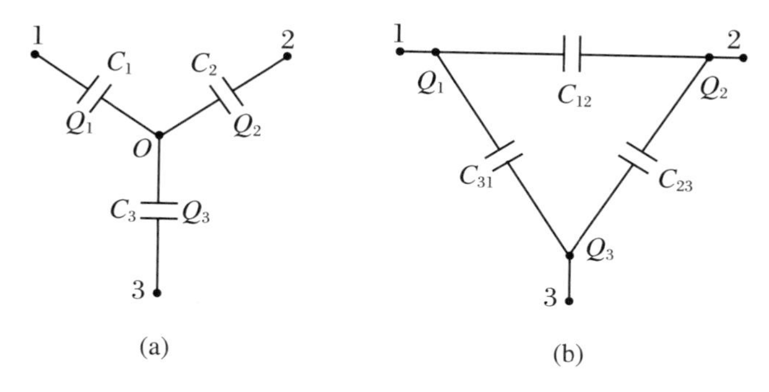

图 4.48

当把△形网络变为 Y 形网络时,由式(4.37)得

$$\begin{cases}C_1=\dfrac{C_{12}C_{23}+C_{23}C_{31}+C_{31}C_{12}}{C_{23}}=C_{12}+C_{31}+\dfrac{C_{31}C_{12}}{C_{23}}\\ C_2=\dfrac{C_{12}C_{23}+C_{23}C_{31}+C_{31}C_{12}}{C_{31}}=C_{23}+C_{12}+\dfrac{C_{12}C_{23}}{C_{31}}\\ C_3=\dfrac{C_{12}C_{23}+C_{23}C_{31}+C_{31}C_{12}}{C_{12}}=C_{31}+C_{23}+\dfrac{C_{23}C_{31}}{C_{12}}\end{cases}\tag{4.38}$$

当把 Y 形网络变为△形网络时,由式(4.37)得

$$\begin{cases}C_{12}=\dfrac{C_1C_2}{C_1+C_2+C_3}\\ C_{23}=\dfrac{C_2C_3}{C_1+C_2+C_3}\\ C_{31}=\dfrac{C_3C_1}{C_1+C_2+C_3}\end{cases}\tag{4.39}$$

由以上可得,若△形连接的三个电容同为 C,由式(4.38)知,用以代换的 Y 形网络各电容也相同,为 $C'=3C$;若原 Y 形网络各电容均为 C',则用以代换的△形网络的各电容也相同,为 $C=\dfrac{C'}{3}$.

10. "无限梯形网络"的等效值计算

如果无限网络的基础结构之间具有某种规律性的联系(如对称性、重复性等),则

有可能将一个无限网络等效为一个有限网络,简便地找到其等效值."无限梯形网络"就是一个典型例子.

(1) 无限梯形等值电阻网络的等效电阻

如图 4.49(a)所示,$n\to\infty$,若各电阻值均相同,为 R,欲求 A、B 间的等效电阻,可以有几种不同的思考方法.

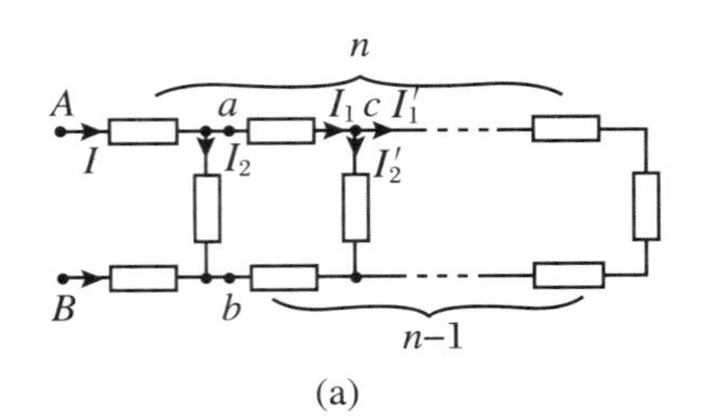

(a)

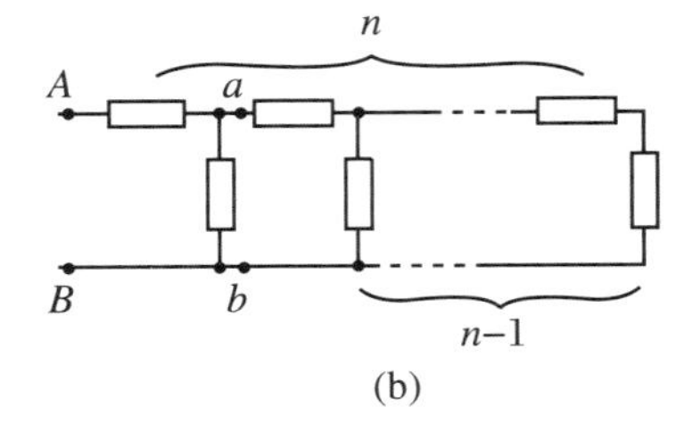

(b)

图 4.49

方法一 根据电路的物理规律求解.

设 A、B 间加有恒定电压时,电路的总电流为 I,电流在 a 点左边的节点分流时,流过 ac 间的电阻的电流为 $I_1=KI$,其中 K 为分流系数,显然 $K<1$. 流过 a 点左侧竖向电阻上的电流 $I_2=I-KI=I(1-K)$. 电流流经 c 点时,又分流为 I_1' 和 I_2'. 由于是等值电阻组成的无限网络,分流系数 K 不会变,因此 $I_1'=KI_1=K^2I$,$I_2'=I_1(1-K)=K(1-K)I$. 电流按此规律无限分下去. 根据并联电路间电压相等,应有下列关系:

$$I_2R=I_1\cdot 2R+I_2'R,\quad 即\quad (1-K)I=2KI+K(1-K)I$$

则

$$K^2-4K+1=0$$

解方程,因 $K<1$,得 $K=2-\sqrt{3}$.

设 A、B 间的总电阻为 R_{AB},根据串联电路的电压关系,得

$$IR_{AB}=I\cdot 2R+I_2\cdot R=I\cdot 2R+(1-K)I\cdot R$$

所以

$$R_{AB}=2R+(1-K)R=(1+\sqrt{3})R$$

方法二 根据无穷网络的意义求解.

设 A、B 之间的网络的等效电阻值为 R_n,a、b 之右的等效电阻值为 R_{n-1},则

$$R_n=R+\frac{RR_{n-1}}{R+R_{n-1}}+R \tag{4.40}$$

根据无限网络的意义,去掉一个基础结构后,原网络仍然是无限网络. 在图 4.49(a)中,把 a、b 左边第一个基础结构去掉,网络的阻值不会发生改变,即 $\lim\limits_{n\to\infty}R_n=\lim\limits_{n\to\infty}R_{n-1}$,取 $R_n=R_{n-1}$,代入式(4.40),得

$$R_n = R + \frac{R \cdot R_n}{R + R_n} + R$$

化简，得

$$R_n^2 - 2R \cdot R_n - 2R^2 = 0 \tag{4.41}$$

解方程(4.41)，舍去负根，得

$$R_{AB} = R_n = (1 + \sqrt{3})R$$

若图 4.49(b)中，各电阻均为 R，请读者自行证明：

$$R_{AB} = R_n = \frac{(\sqrt{5} + 1)R}{2} \tag{4.42}$$

若图 4.50(a)中，各电阻值均为 R，利用同样推理，得$\lim\limits_{n\to\infty} R_{AB} = \lim\limits_{n\to\infty} R_{ab}$和

$$R_{AB} = 2R + \frac{2R \cdot R_{ab}}{2R + R_{ab}} = 2R + \frac{2R \cdot R_{AB}}{2R + R_{AB}} \tag{4.43}$$

化简式(4.43)，得

$$R_{AB}^2 - 2R \cdot R_{AB} - 4R^2 = 0$$

舍去负根，得

$$R_{AB} = (1 + \sqrt{5})R \tag{4.44}$$

由于图 4.50(a)所示的电路是关于过 1、2、…、n 点的直线成对称的电路，所以不难证明 1、2、…、n 点是一组等势点. 因此，可以将 1、2、…、n 用导线短路连接，而不会改变 A、B 间的等效电阻(参看本章问题讨论 8). 图 4.50(a)的等效电阻应为图 4.49(b)的等效电阻的 2 倍，这正是式(4.42)与式(4.44)所表达的关系.

还可以在图 4.50(a)中 1、2 点之间，2、3 点之间……各连一个电阻 R，也不会改变电路的等效电阻. 而这就构成了图 4.50(b)所示的电路. 因此，图 4.50(b)所示电路的等效电阻也可由式(4.44)表达.

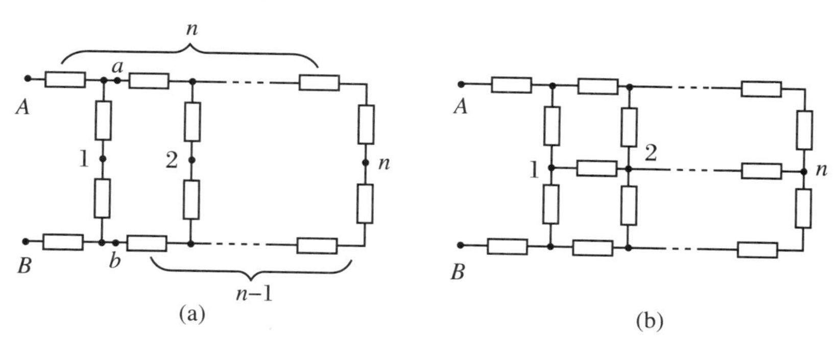

图 4.50

读者自己可以证明，如果在图 4.51(a)、(b)中，各电阻值均为 R，k 为有限值，$n\to\infty$，则此两电路的等效电阻值均为

$$R_{AB} = (1 + \sqrt{1 + 2k})R$$

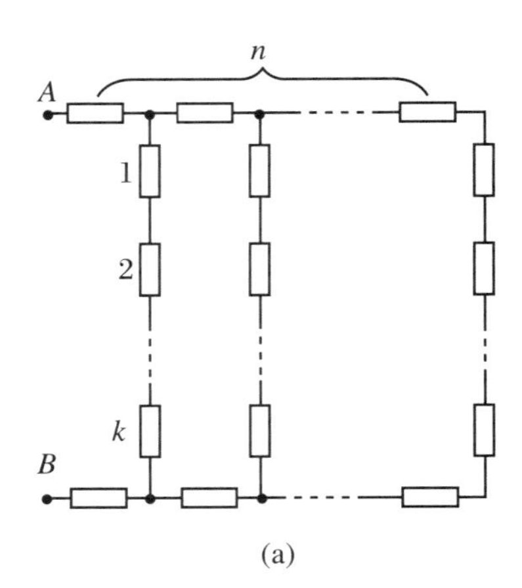

(a)

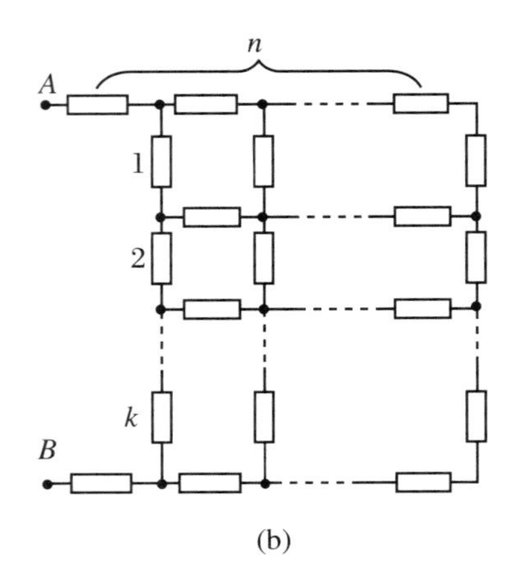

(b)

图 4.51

(2) 无限梯形等值电容网络的等效电容

把图 4.49(a)、(b)中的电阻换为电容均为 C 的电容器. 当 $n\to\infty$,有

$$\lim_{n\to\infty} C_{AB} = \lim_{n\to\infty} C_{ab} \tag{4.45}$$

对图 4.49(a),有

$$\frac{1}{C_{AB}} = \frac{1}{C} + \frac{1}{C + C_{ab}} + \frac{1}{C} \tag{4.46}$$

对图 4.49(b),有

$$\frac{1}{C_{AB}} = \frac{1}{C} + \frac{1}{C + C_{ab}} \tag{4.47}$$

由式(4.45)、式(4.46)可解得,对应于图 4.52(a)的等值电容(C)的无限网络,其等效电容值为

$$C_{AB} = \frac{(\sqrt{3} - 1)C}{2} \tag{4.48}$$

由式(4.45)、式(4.47)可解得,对应于图 4.49(b)的等值电容的无限网络,其等效电容为

$$C_{AB} = \frac{(\sqrt{5} - 1)C}{2} \tag{4.49}$$

如果图 4.50、图 4.51 中各电阻也用电容值均为 C 的电容替换,请读者自己证明,各图的等效值如下:

对图 4.50(a)、(b),有

$$C_{AB} = \frac{(\sqrt{5} - 1)C}{4} \tag{4.50}$$

对图 4.51(a)、(b),有

$$C_{AB}=\frac{(\sqrt{2k+1}-1)C}{2k}=\frac{C}{\sqrt{2k+1}+1}\tag{4.51}$$

例1　如图4.52(a)所示,已知电源电动势$\mathscr{E}=10\ \text{V}$,内阻$r=0.5\ \Omega$,每个电阻均为$R=5\ \Omega$.问:

(1) C、D间应接入多大的电阻R_x,才能使电源输出功率与网络的"阶数"无关?

(2) 要使输出功率最大,各电阻R的值应为多大?

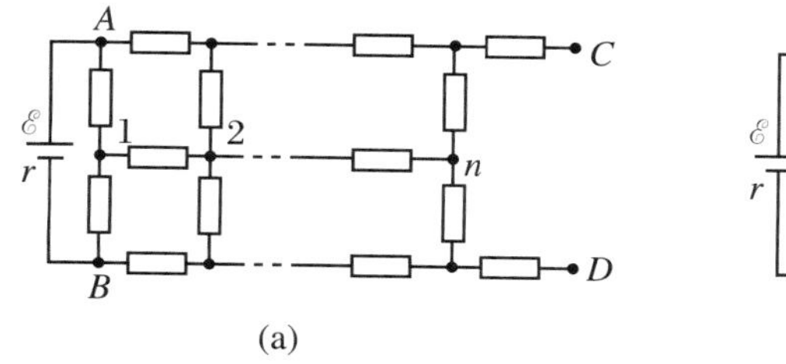

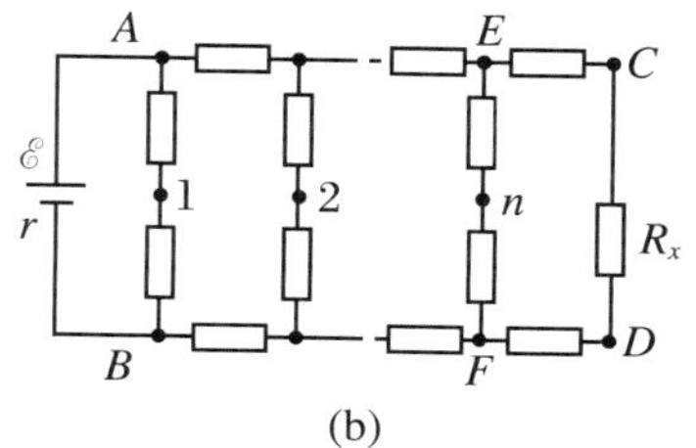

图4.52

解　(1) 运用本章问题讨论7的分析方法,可以证明,图4.52(a)中的1、2、…、n点为一组等势点.故可以把连接在1,2,2,3,…间的电阻拆去.电路化为图4.52(b)所示电路.在图4.52(b)所示电路中,C、D间接一电阻R_x,则E、F之右的电路的等效电阻为

$$R_{EF}=\frac{2R(2R+R_x)}{2R+(2R+R_x)}\tag{①}$$

如果

$$R_{EF}=R_x\tag{②}$$

则可以从E、F向左逐阶分析得

$$R_{AB}=R_x\tag{③}$$

即电路的负载电阻R_{AB}与网络阶数无关,故此电源的输出功率与网络阶数无关.由式①～式③,得

$$R_x=\frac{2R(2R+R_x)}{4R+R_x}$$

化简,得

$$R_x^2-2RR_x-4R^2=0\tag{④}$$

解式④,舍去负根,得

$$R_x=(\sqrt{5}-1)R\tag{⑤}$$

即$R_x=5(\sqrt{5}-1)\ \Omega$.

(2) 若要电源输出功率最大,则必须有(证明从略)

$$R_{AB}=r\tag{⑥}$$

由式③、式⑤、式⑥,得$r=(\sqrt{5}-1)R$,则

$$R = \frac{r}{\sqrt{5}-1} = \frac{(\sqrt{5}+1)\times 0.5}{5-1}\ \Omega = \frac{\sqrt{5}+1}{8}\ \Omega.$$

11. 惠斯通电桥实验中的几个问题

惠斯通电桥实验是中学物理中一个较精密的实验，通常采用滑线式电桥，如图4.53所示，下面主要讨论这种电桥. 电桥平衡和桥臂断路时，可视为简单电路；电桥不平衡时，是复杂电路. 这里只讨论几个基本问题.

(1) 桥上电流及电桥平衡条件

把电桥电路等效为图4.54所示的电压源，则其等效电动势 $\mathscr{E}'$ 为 BD 之右断路时 B、D 间的电压：

$$\mathscr{E}' = U_{BD} = U_{AD} - U_{AB} = \frac{\mathscr{E}\left[\dfrac{(R_3+R_x)R_1}{R_1+R_2+R_3+R_x} - \dfrac{(R_1+R_2)R_3}{R_1+R_2+R_3+R_x}\right]}{\dfrac{(R_1+R_2)(R_3+R_x)}{R_1+R_2+R_3+R_x} + R + r_0}$$

$$U_{BD} = \frac{\mathscr{E}(R_1R_x - R_2R_3)}{(R_1+R_2)(R_3+R_x)+(R+r_0)(R_1+R_2+R_3+R_x)} \tag{4.52}$$

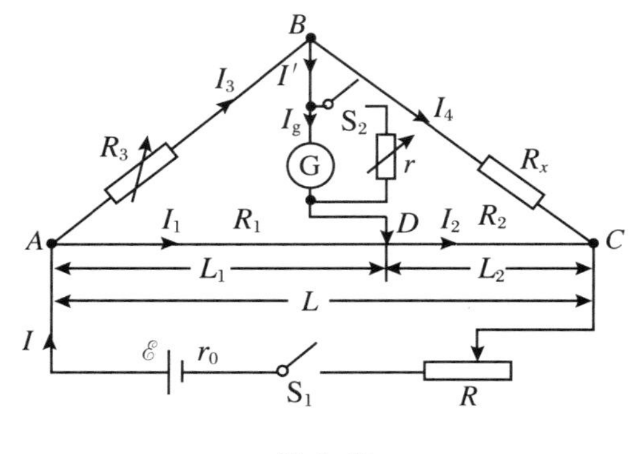

图 4.53

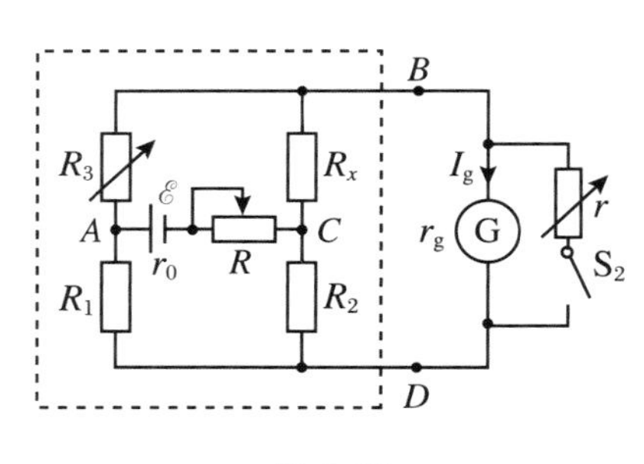

图 4.54

桥上电流大小为

$$I' = \frac{\mathscr{E}'}{R_{BD}},\quad R_{BD} = \frac{rr_g}{r+r_g} \tag{4.53}$$

将式4.52代入式4.53，整理后得

$$I' = \frac{\mathscr{E}(R_1R_x - R_2R_3)}{a\dfrac{r_g}{1+\dfrac{r_g}{r}} + b} \tag{4.54}$$

其中

$$a = (r_0 + R)(R_1 + R_2 + R_3 + R_x) + (R_1 + R_2)(R_3 + R_x)$$

$$b = (r_0 + R)(R_1 + R_3)(R_2 + R_x) + R_1R_2(R_3 + R_x) + R_3R_x(R_1 + R_2)$$

由式(4.52)知,当 $R_1R_x - R_2R_3 > 0$ 时,$U_B > U_D$,I' 由 B 流向 D;当 $R_1R_x - R_2R_3 < 0$ 时,$U_B < U_D$,I' 由 D 流向 B;当 $R_1R_x = R_2R_3$ 时,电桥平衡.故电桥平衡条件为

$$\frac{R_1}{R_2} = \frac{R_3}{R_x} \tag{4.55}$$

通常,只需讨论桥上电流的有无和方向,即 U_B 和 U_D 的电势高低关系.这时可以用简单的方法讨论.由图 4.53,有

$$\frac{U_{AD}}{U_{AD} + U_{DC}} = \frac{I_1R_1}{I_1R_1 + I_2R_2}, \quad \frac{U_{AB}}{U_{AB} + U_{BC}} = \frac{I_3R_3}{I_3R_3 + I_4R_x}$$

而 $U_{AD} + U_{DC} = U_{AB} + U_{BC} = U_{AC}$,故

$$\frac{U_{AD}}{U_{AB}} = \frac{I_1R_1 \cdot I_3R_3 + I_1R_1 \cdot I_4R_x}{I_1R_1 \cdot I_3R_3 + I_2R_2 \cdot I_3R_3} \tag{4.56}$$

当$\frac{U_{AD}}{U_{AB}} > 1$,即 $U_B > U_D$ 时,桥上电流 I' 由 B 流向 D.由式(4.56)知,此时$I_1R_1I_4R_x > I_2R_2I_3R_3$,且 $I_1 + I' = I_2$,$I_3 = I_4 + I'$,即 $I_1 < I_2$,$I_4 < I_3$.所以,$\frac{R_1}{R_2} > \frac{R_3}{R_x}$,与前面的结论相同.当$\frac{U_{AD}}{U_{AB}} \leqslant 1$ 时,同理可得上述结论.

(2) 电桥的灵敏度与变阻器 r、R 的作用

电桥的绝对灵敏度,指在已平衡的电桥里某一桥臂电阻 R_i 改变了 ΔR_i 时,电流表指针偏离零位的格数 $\Delta\theta$ 与 ΔR_i 之比,即

$$S_{\mathrm{L}} = \left(\frac{\Delta\theta}{\Delta R_i}\right)_0 \tag{4.57}$$

其中,下角标“0”指在电桥平衡位置附近调节.电桥的相对灵敏度 S 指

$$S = \frac{\Delta\theta}{\left(\dfrac{\Delta R_i}{R_i}\right)_0} = R_i\left(\frac{\Delta\theta}{\Delta R_i}\right)_0 \tag{4.58}$$

S 越大,电桥越灵敏,就越能准确判断电桥是否已平衡,从而越能提高测量的准确度.能够证明,S 的值与哪一桥臂的阻值发生改变无关.故 $S = R_i(\Delta\theta/\Delta R_i)_0 = R_2(\Delta\theta/\Delta R_2)_0 = R_2(\Delta\theta/\Delta I_{\mathrm{g}}) \cdot (\Delta I_{\mathrm{g}}/\Delta R_2)_0$,其中,$(\Delta\theta/\Delta I_{\mathrm{g}}) = S_{\mathrm{g}}$,反映的是电流表的灵敏度.设 S_2 断开,$I_{\mathrm{g}} = I'$,由式(4.54),得

$$\left(\frac{\Delta I_{\mathrm{g}}}{\Delta R_2}\right)_0 = \left|\frac{\mathrm{d}I_{\mathrm{g}}}{\mathrm{d}R_2}\right|_0 \approx \frac{\mathscr{E}R_3}{(a+b)_0}$$

式中,$(a+b)_0$ 是电桥平衡时 $a + b$ 的值.则

$$S = \frac{S_{\mathrm{g}} \cdot \mathscr{E}R_2 \cdot R_3}{(a+b)_0} \tag{4.59}$$

由式(4.59)可知,电桥的(相对)灵敏度跟电流表的灵敏度、电源电动势 $\mathscr{E}$、桥臂电

阻 R_i 均成正比;而且 $(a+b)_0$ 中含限流电阻 R,故电桥灵敏度还与 R 有关;又因 $I_g = U_{BD}/r_g$,所以 S_g 与 G 表的内阻 r_g 有关.直接由式(4.52)也可以看出,当电桥电路阻值固定时,若 $\mathscr{E}$ 值越大或 R 值越小,则 U_{BD} 值越大,从而 I_g 越大,即 G 表指针偏转的格数越多,电桥越灵敏.

为了说明变阻器 r 对电桥灵敏度的影响,可由式(4.53)和式(4.54)解得

$$U_{BD} = I'R_{BD} = \frac{\mathscr{E}(R_1R_x - R_2R_3)}{a + b\left(\dfrac{1}{r} + \dfrac{1}{r_g}\right)}$$

当只有 r 增大时,U_{BD} 将增大,从而 I_g 增大,即增大 r 可以提高电桥的灵敏度.

综上所述,r、R 的作用是提高或降低电桥的灵敏度.在粗调电桥时,电桥灵敏度应低一些,r 值应小,R 值应大,细调时则刚好相反.

有一种看法认为,变阻器 r 是 G 表的分流电阻,对 G 表有保护作用,这是不妥当的."分流"概念是对于路电流恒定而言的.在电桥电路中,桥上电流 I' 在 r 变化时不是恒流.而且,流过 G 表的电流大小仅由 U_{BD} 的大小决定,而影响 U_{BD} 大小的除了 r 之外,还有 $\mathscr{E}$ 和 R.实际上,对 G 表的保护作用是由通过增大变阻器的值来实现的.

(3) 减小滑线电桥误差的方法

① 使 R_3 接近待测电阻 R_x(使电桥接近对称)

由电桥平衡条件式(4.55),若电阻线 ADC 均匀,可得

$$\frac{R_x}{R_3} = \frac{L_2}{L_1},\quad R_x = \frac{L_2}{L - L_2}R_3$$

所以

$$\Delta R_x = \frac{L_2}{L - L_2}\Delta R_3 + \frac{R_3 L\Delta L_2}{(L - L_2)^2}$$

R_x 的相对误差为

$$\gamma = \frac{\Delta R_x}{R_x} = \frac{\Delta R_3}{R_3} + \frac{L\Delta L_2}{LL_2 - L_2^2}$$

上式中

$$\frac{L}{LL_2 - L_2^2} = \frac{L}{-\left(L_2 - \dfrac{L}{2}\right)^2 + \dfrac{L^2}{4}}$$

故当 $L_2 = L/2$ 时,γ 最小.所以在利用惠斯通电桥测电阻时,电阻箱 R_3 的阻值应接近待测电阻 R_x 的值,以减小系统误差.

② 减小滑线不均匀引起的误差

要减小由于滑线不均匀而引起的误差,可以用如下办法:把电桥滑动触头放在 AC 中点附近,R_3 放在 R_x 左边,调节 R_3,使电桥平衡.设 R_3 值为 $R_{左}$,则

$$\frac{R_x}{R_{左}} = \frac{L - L_1}{L_1} \tag{4.60}$$

再把 R_x 与 R_3 位置互换，不动触头 D，再调节 R_3，使电桥平衡，设此时 R_3 的值为 $R_{右}$，则

$$\frac{R_{右}}{R_x} = \frac{L - L_1}{L_1} \tag{4.61}$$

比较式(4.60)、式(4.61)，可得 $R_x = \sqrt{R_{左} R_{右}}$，因 $R_{左} \approx R_{右}$，故 $(R_{左} + R_{右})^2 = R_{左}^2 + 2R_{左} R_{右} + R_{右}^2 \approx R_{右} R_{左} + 2R_{左} R_{右} + R_{右} R_{左} = 4R_{左} R_{右}$，则

$$R_x = \sqrt{R_{左} R_{右}} \approx \frac{1}{2}(R_{左} + R_{右})$$

(4) 电桥的总电阻

为了使电桥电路的总电流不超过电源允许提供的最大电流，需要对电桥电路的总电阻作出估计. 当电桥平衡($U_B = U_D$)时，把桥上电路等效为短路($R_{BD} = 0$)或断路($R_{BD} \to \infty$)电路，对电桥的总电阻都不会产生影响. 电桥 A、C 间总电阻在短路时，$R_{短} = \frac{R_1 R_3}{R_1 + R_3} + \frac{R_2 R_x}{R_2 + R_x}$；在断路时，$R_{断} = \frac{(R_1 + R_2)(R_3 + R_x)}{(R_1 + R_2) + (R_3 + R_x)}$. 容易通过化简证明，$R_{断} - R_{短} = (R_1 R_x - R_2 R_3)^2$，在电桥不平衡时，$R_1 R_x \neq R_2 R_3$，$R_{断} > R_{短}$. 可见，在电桥平衡时，$R_{断} = R_{短}$. 因此，$R_{AC}$ 的值随桥上电阻取值的变化范围是 $R_{断} \geqslant R_{AC} \geqslant R_{短}$. 在 R_1、R_2、R_3、R_x 可估计时，$R_{断}$ 和 $R_{短}$ 也易估计. 例如，当各臂电阻和桥上电阻均为5 Ω时，5 Ω$\geqslant R_{AC} \geqslant$4.8 Ω.

若 R_1、R_2、R_3、R_x 和桥上电阻 R_{BD} 均已知时，要计算 R_{AC} 的准确值，可先将桥路的△形电路化为 Y 形电路. 这里从略.

(5) 电桥断路故障分析

如果电桥发生断路故障，桥式电路就变为简单电路，可以用本章问题讨论 3 的方法进行检查判断.

若移动连接 G 表的滑动键时，G 表的指针总指零，由图 4.55 可知，断路的可能位置是：① 连接电源的电路 AEC；② 桥上电路 BGD；③ 接 A 的两个臂同时断路，或接 C 的两个臂同时断路. 断路的确切位置可用电压表进行检查.

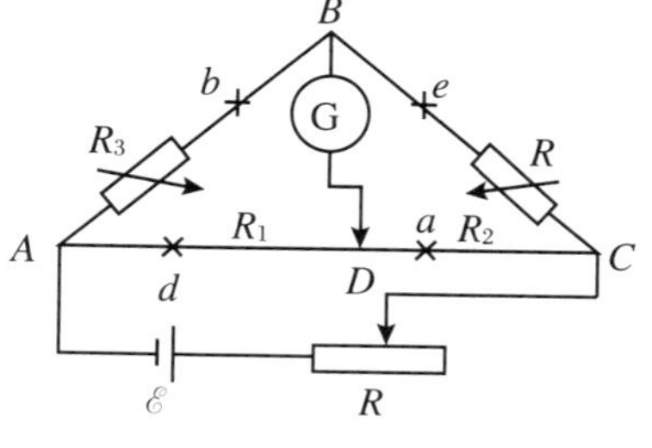

图 4.55

若移动滑动键时，电流表指针偏转一直变大或一直变小，或发生跳跃性变化，则可能是：① 电桥中某一臂断路；② 连接 R_1 和 R_x 的电路同时断路；③ 连接 R_2 和 R_3 的电路同时断路. 电流表指针发生跳跃性变化，必有断点在滑线 ADC 上. 如图 4.55 所示，当滑动键由 A 向 C 缓慢滑动时，如果仅在 a 处有断点，则根据串反并同律(参看本章问题讨论 2)，D 在越过 a 点之前，G 表与 R_1 串联，由于 R_1 增大，故 I_g 减小，且电流 I_g 由 D 流向 B；当 D 越过 a 后，G 表与 R_2 串联，随 D 向 C 滑动，R_2 减小，G 表中电流将增大，且电流由 B 流向 D. 所以 D

在越过断点 a 时指针将反向偏转，即使 a 很靠近 C，也是如此.

若仅是 b 断开，则在 D 由 A 向 C 缓慢滑动过程中，电流一直由 D 流向 B，且缓慢变小至零. 若是 a、b 同时断路，则电流由 D 流向 B，随着 D 向 a 移动，电流减小，当 D 越过 a 时，电路与电源断开，电流到某一值时，突然变为零. 同理可以区别是只有 d 点断开，还是只有 e 点断开，或是 d、e 均断路. 不过此时最好将滑动键由 C 向 A 移动. 讨论的结论如表 4.6 所示.

表 4.6　电桥断点位置的判定

滑动键移动方向	故障表现	故障位置
由 A 移向 C	电流由 D 流向 B，慢慢减小至某一值时，突然反向	D、C 间断路，断点在电压反向时滑动键所在的位置
	电流由 D 流向 B，慢慢减小至零	A、B 间断路
	电流由 D 流向 B，慢慢减小到某一值时，突然减为零	A、B 间和 D、C 间均断路
由 C 移向 A	电流由 B 流向 D，慢慢减小到某一值时，突然反向	A、D 间断路
	电流由 B 流向 D，缓慢减小至零	B、C 间断路
	电流由 B 流向 D，缓慢减小到某一值时，突然减为零	A、D 间和 B、C 间均断路

12. 含电容支路的简单电路

有关含电容支路的直流电路问题是许多同学感到困惑的问题. 例如，图 4.58 中，R_3 的作用是什么？S 闭合时，电路中最大电流是多少？S 断开时，R_3 上的电流最大值是多少？图 4.61 中，C_3 上所带电量是多少？“利用电容器放电测电容”实验所测得的 i_c-t 曲线能否从理论上导出？等等. 下面将具体地讨论这些问题.

(1) *RC* 电路的充放电规律

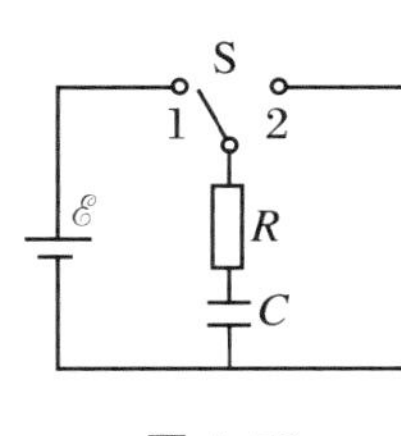

图 4.56

如图 4.56 所示，当 S 合向 1 时，电容器 C 充电. 设充电过程中某时刻 t 的电流为 i，电容器上电量为 q，电压为 u，电源内阻 $r=0$，则电阻上的电压为 $U=R\mathrm{d}q/\mathrm{d}t$，电容器的电压 $u=q/C$，由欧姆定律，$\mathscr{E}=R\mathrm{d}q/\mathrm{d}t+q/C$，整理后得

$$\frac{\mathrm{d}q}{\mathrm{d}t}+\frac{q}{RC}=\frac{\mathscr{E}}{R} \tag{4.62}$$

式(4.62)中 $\mathscr{E}$ 为常数，$t=0$ 时，$q=0$，$i=I_{\mathrm{m}}=\mathscr{E}/R$，解此微分方程，并将初始条件代入，得

$$q = C\mathscr{E}(1-\mathrm{e}^{-t/RC}) \tag{4.63}$$

充电电流为

$$i=\frac{\mathrm{d}q}{\mathrm{d}t}=\frac{\mathscr{E}}{R}\mathrm{e}^{-t/RC} \tag{4.64}$$

从式(4.63)、式(4.64)可知,q 随时间按指数规律增加,而 i 按指数规律减小.当时间足够长($t\to\infty$)时,q 趋于常数而 i 趋于零,如图 4.57(a)、(b)所示.实际上,只要 q 很接近最大值 $C\mathscr{E}$,就可以认为充电过程结束,$i=0$.这个过程通常很短.例如,若 $R=2\ 000\ \Omega$,$\mathscr{E}=100\ \mathrm{V}$,$C=100\ \mu\mathrm{F}$,则 $t\approx0.8\ \mathrm{s}$ 时,$q\approx C\mathscr{E}$.

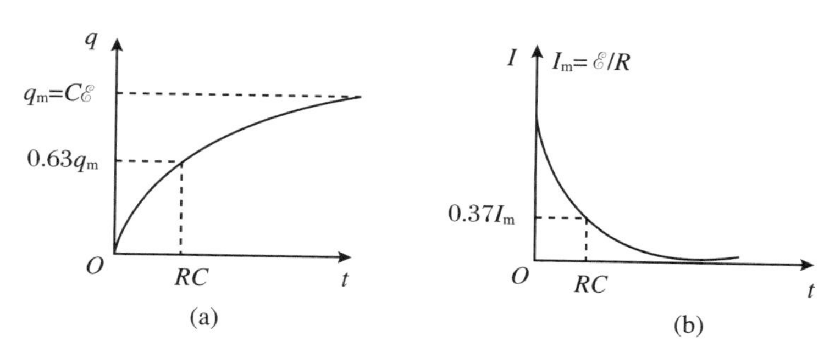

图 4.57

上述结论的物理过程分析如下:当刚开始充电时,电容器极板上电量 $q=0$,电压为零,相当于电容器两极板短路,电源电压全部加在 R 上,因而电路电流有最大值 $I_{\mathrm{m}}=\mathscr{E}/R$.随着充电过程中 q 增大,极板上电压 u 升高,R 上的电压随之减小,因而充电电流逐渐减弱.

式(4.63)、式(4.64)中,RC 具有时间量纲,叫做这个 RC 电路的时间常数.当 $t=RC$ 时,$q=C\mathscr{E}(1-\mathrm{e}^{-1})\approx0.63C\mathscr{E}$,$i=\mathscr{E}\mathrm{e}^{-1}/R\approx0.37\mathscr{E}/R$.对于电容值确定的电容器,$R$ 越大,图 4.57 中曲线接近终值的时间就越长.同时,充电电流的最大值也越小.因此,R 常称为限流电阻.

当 S 由 1 位合向 2 位时,电容器放电.由欧姆定律可知,对放电过程中任一时刻,有

$$u=\frac{q}{C}=iR \tag{4.65}$$

而 $i=-\mathrm{d}q/\mathrm{d}t$(因放电时 q 减小,$\mathrm{d}q<0$),故

$$\frac{\mathrm{d}q}{\mathrm{d}t}+\frac{q}{RC}=0 \tag{4.66}$$

解方程式(4.66),并代入初始条件 $t=0$,$q=q_{\mathrm{m}}=CV$(V 为开始放电时电容器的电压),得

$$q=CV\mathrm{e}^{-t/RC} \tag{4.67}$$

将式(4.67)代入式(4.65),得

$$i=\frac{V}{R}\mathrm{e}^{-t/RC} \tag{4.68}$$

由式(4.64)、式(4.67)、式(4.68)知，放电时极板上的电量随时间变化规律与放电电流的变化规律相同，且充电电流与放电电流的变化规律也相同，变化趋势均如图4.57(b)所示. 中学物理中的实验“利用电容器放电测电容”是用实验方法测定放电电流的 i_C-t 曲线.

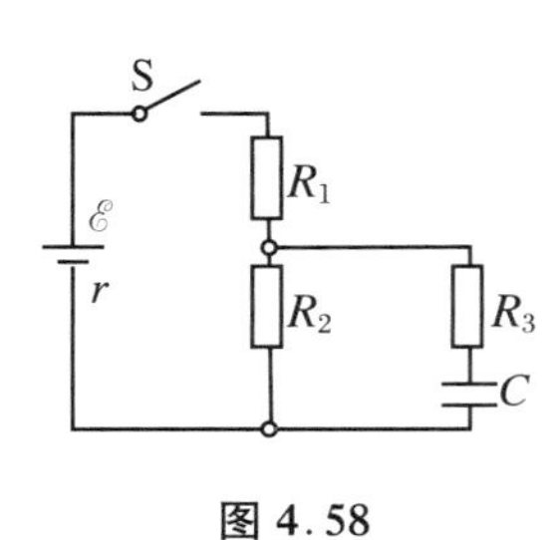

图 4.58

由上述电容器充放电特性，可以说明在图 4.58 中，当 S 闭合或断开时，R_3 的作用和 R_3 上的电流的变化特征. 当 S 刚闭合时，C 上的电量为零，R_3 上的电压与 R_2 相同，相当于 R_3 与 R_2 并联. 因此，不难求得电容器 C 的最大充电电流为

$$I_C = \frac{\mathscr{E}R_2}{(r + R_1)(R_2 + R_3) + R_2R_3}$$

当充电结束时，电荷分布稳定，R_3 上电流和电压均为零，相当于一根无阻导线，电容 C 的最大电压等于此时 R_2 上的电压 U_2，电容器相当于阻值无穷大的电阻，外电路由 R_1、R_2 串联构成. 因此，电容器的最大电量为

$$Q = CU_2 = \frac{C\mathscr{E}R_2}{r + R_1 + R_2}$$

当 S 断开时，在放电电路中，R_2 与 R_3 串联，由欧姆定律，刚放电时，最大放电电流为 $I_m = U_2/(R_2 + R_3) = \mathscr{E}R_2/(r + R_1 + R_2)(R_2 + R_3)$，此结果也可由式(4.68)得出.

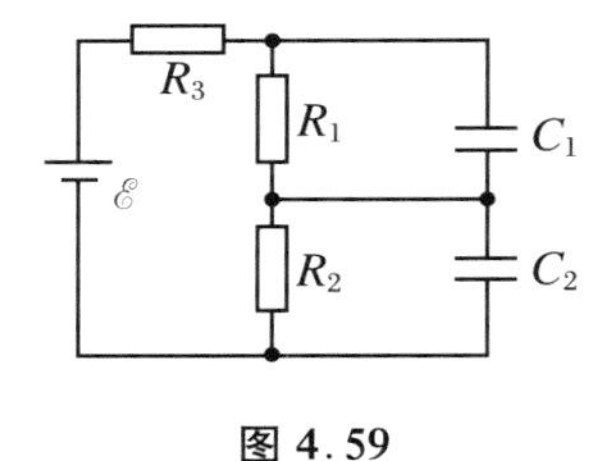

图 4.59

由上面分析可知，R_1 与 R_2 起着限制电容 C 的最大电压的作用，R_1 和 R_3 则起限流电阻作用. 对于图 4.59 所示的这类电路，C_1、C_2 的最大电压由 R_1、R_2 的电压决定. 因此 R_1、R_2 常被称为均压电阻. 这时，C_1、C_2 不再是通常意义下的串联关系，电容器的串联规律在此不适用.

(2) 电容器电容变化引起的充放电现象

前面讨论了直流电路中具有确定电容的电容器在通电或断电时的充放电现象. 实际上，接在恒压源上的电容器在电容量变化时也会发生充放电现象. 电容器电容量的变化由电容器的结构变化引起. 当电容器的极板间的距离、极板正对面积、极板间充入的介质发生变化时，都可能引起电容量的变化. 当已充有一定电荷量的电容器电容变化时，极板间的电压将随之改变，于是将引起充放电现象.

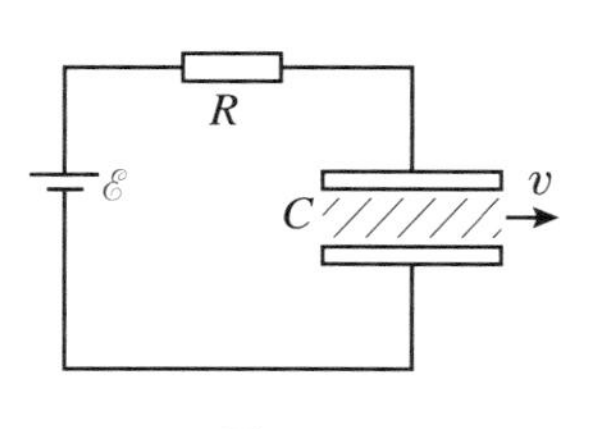

图 4.60

例如，在图 4.60 所示的电路中，设电容器内充有相对介电常数为 ε_r 的介质. 现以速度 v 将介质匀速抽出，则将因电容器电容减小而使极板间电压升高而放电. 设 t 时刻电容器极板电量为 q，电容为 $C(t)$，电压为 $u = q/C(t)$，放电电流为 $i = -\mathrm{d}q/\mathrm{d}t$. 由

欧姆定律得(不计电源内阻)

$$\frac{q}{C(t)} - \mathscr{E} = Ri = -R\frac{\mathrm{d}q}{\mathrm{d}t} \tag{4.69}$$

因电容 $C(t)$随时间变化,式(4.69)为一非线性微分方程,求解较繁杂.下面我们将在电容器为平行板电容器,且 $R=0$,并忽略连接导线电阻的条件下进行讨论.

设电容器极板长为 a、宽为 b、板间距离为 d;电源电动势为 $\mathscr{E}$;在时刻 t,已抽去介质部分的正对面积为 vtb,尚存有介质部分的正对面积为$(a-vt)b$.此刻电容器的电容为

$$C = \frac{(a-vt)b\varepsilon_r\varepsilon_0}{d} + \frac{vtb\varepsilon_0}{d} = \frac{ab\varepsilon_r\varepsilon_0 - \varepsilon_0(\varepsilon_r - 1)vbt}{d}$$

由式(4.69),$R=0$,得此时电容器带电量为

$$q = \mathscr{E}C = \frac{\mathscr{E}[ab\varepsilon_r\varepsilon_0 - \varepsilon_0(\varepsilon_r - 1)vbt]}{d}$$

放电电流 $i=-\mathrm{d}q/\mathrm{d}t=\varepsilon_0(\varepsilon_r-1)vb\mathscr{E}/d$.可见,在这种理想条件下,放电电流为常数.若是将介质以速度 v 匀速插入,电容器将充电,充电电流将与上述放电电流大小相等、方向相反,请读者自行证明.

(3) 含电容支路的简单直流电路的解法

求解含电容支路的简单直流电路,关键是具体分析电荷分布特点和正确应用电荷守恒定律.分析问题的基本依据有三:

① 电路结构变化(通常由实验操作引起)将有可能引起各电容器的电压变化和电荷重新分配.如果一项实验操作(例如接通或断开电键)会引起电容器极板间的电压变化,则必然产生电荷重新分配;反之,使电容器极板与电路中同它电势相等的点接通或断开,则不会引起电荷重新分布.

② 电荷平衡时,电容器的电压必等于与它并联的电阻或电容上的电压;与电容器串联的电阻上的电压必为零.

③ 相互连接(或通过串联的电阻连接)的电容器的极板,只要它们没有直接(或通过电阻)与电源相连,则在电荷重新分配前后,这些极板上的电荷总量不变.如果电荷重新分布后极板带的电的正、负情况无法定性判断,可事先假定一种分布,求解后得的结果的正、负若与假定相反,则否定了原假设,但同时也得出了正确的分布情况.脱离了电源的已充电的电容器相互连接(可包括一部分未充电的电容器)时,在由电荷守恒定律建立的 n 个方程中,只有 $n-1$ 个是独立的(参看例2式⑤~式⑦).

下面用两个实例来具体说明.

例1　在图4.61中,$\mathscr{E}$、R_1、R_2、C_1、C_2、C_3 均已知,电源内阻不计.求当S闭合后,C_3 所带的电量.

解　S闭合时,电容 C_1、C_2 上的电压和电量都将重新分配,F 点的电势将改变.因此应以S闭合后的稳定状态为研究对象,设 q_1、q_2、q_3 分别为 C_1、C_2、C_3 相连的极

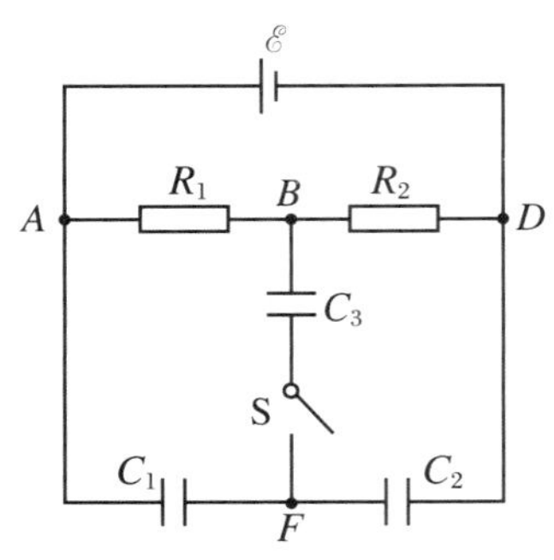

图 4.61

板上的电量，则有

$$\begin{cases} q_1 = -C_1 U_{AF} \\ q_2 = C_2 U_{FD} \\ q_3 = -C_3 U_{BF} \end{cases} \quad ①$$

由于 C_1、C_2、C_3 相连的极板始终没有与电源连接，其上电荷为感应电荷，故

$$q_1 + q_2 + q_3 = 0 \quad ②$$

由式①和式②可得

$$C_1 U_{AF} - C_2 U_{FD} + C_3 U_{BF} = 0 \quad ③$$

设 $U_D = 0$，则 $U_A = \mathscr{E}$，$U_B = \mathscr{E}R_2/(R_1 + R_2)$，由式②得

$$C_1(\mathscr{E} - U_F) - C_2 U_F + C_3\left(\frac{\mathscr{E}R_2}{R_1 + R_2} - U_F\right) = 0$$

$$U_F = \frac{\mathscr{E}[C_1(R_1 + R_2) + C_3 R_2]}{(C_1 + C_2 + C_3)(R_1 + R_2)}$$

则 $q_3 = -C_3 U_{BF} = -C_3(U_B - U_F) = -\dfrac{C_3\mathscr{E}(C_2 R_2 - C_1 R_1)}{(C_1 + C_2 + C_3)(R_1 + R_2)}$

此题常见的错误解答是：认为 B、F 之间的电压在 S 闭合前后不变. 先用电容器串联规律求出 S 闭合前 F、D 间的电压 $U_{FD} = \mathscr{E}C_1/(C_1 + C_2)$，再由欧姆定律求出 B、D 间的电压 $U_{BD} = \mathscr{E}R_2/(R_1 + R_2)$，然后根据 B、F 间电压在 S 闭合前后不变的错误假定，求得 S 闭合后 B、F 间的电压 $U_{BF} = U_{BD} - U_{FD}$，最后求出 C_3 的电量 $q_3 = U_{BF}C_3$……这个解答的前提“U_{BF} 在 S 闭合前后不变”是违背电荷守恒定律的. 因为若 S 闭合前后 U_{BF} 不变，则 C_1、C_2 上的电量 q_1、q_2 也不变，且 $q_1 + q_2 = 0$. 但在 S 闭合后，C_3 要充电，C_3 与 C_1、C_2 相连的极板必将带电量 q_3，于是有 $q_1 + q_2 + q_3 = q_3 \neq 0$. 然而，这些极板并未与电源相连，它们的总电量却发生了从 0 到 q_3 的改变，这就违背了电荷守恒定律，所以认为“U_{BF} 在 S 闭合前后不变”是错误的. 产生这种错误的原因是没有注意到电路结构的变化（S 闭合时，C_1、C_2 已不再是串联结构）将引起电荷和电压的重新分配.

例 2 如图 4.62 所示，$C_1 = 2\ \mu\text{F}$，$C_2 = 3\ \mu\text{F}$，$C_3 = 3\ \mu\text{F}$，$\mathscr{E}_1 = 25\ \text{V}$，$\mathscr{E}_2 = 10\ \text{V}$，$R_1 = 4\ \text{k}\Omega$，$R_2 = 1\ \text{k}\Omega$，$R_3 = 5\ \text{k}\Omega$，电源内阻不计. 在进行如下操作后，求各电容器上所带的电量：

(1) S_1、S_2 闭合后，断开 S_1，然后将 S_3 由 1 位闭合拨向 2 位闭合，再断开 S_2；

(2) S_1、S_2 闭合后又都断开，然后将 S_3 由 1 位闭合拨向 2 位闭合.

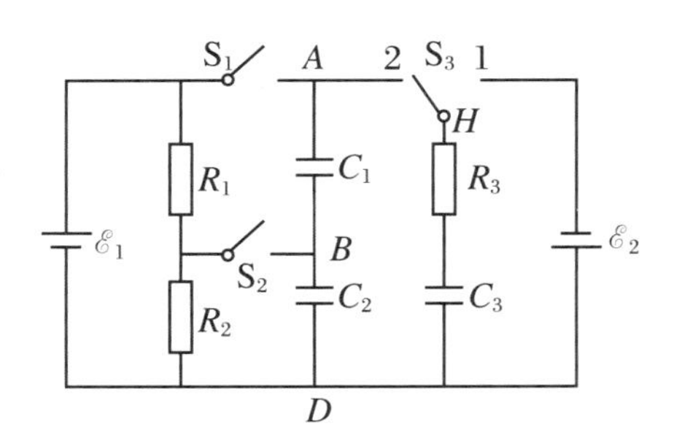

图 4.62

解 (1) 在断开 S_1 后，S_3 与 1 断开，但未合向 2 位前，C_1、C_2 上的电量与 S_1 接通时相同（因 R_2 上的电压不因 S_1 断开而发生

变化).设电荷平衡时,C_1、C_2、C_3 正极板荷电量分别为 Q_1、Q_2、Q_3,因 $U_{AD}=\mathscr{E}_1$,$U_{DH}=\mathscr{E}_2$,$U_{R_3}=0$,故

$$\begin{cases} Q_1 = \dfrac{\mathscr{E}_1 R_1 C_1}{R_1+R_2} = 40\ \mu\text{C} \\ Q_2 = \dfrac{\mathscr{E}_1 R_2 C_2}{R_1+R_2} = 15\ \mu\text{C} \\ Q_3 = \mathscr{E}_2 C_3 = 30\ \mu\text{C} \end{cases} \tag{①}$$

此时,各极板带电正、负情况如图 4.63(a)所示.

当 S_3 合向 2 位时,C_2 的电量仍由 R_2 的电压决定,不会改变;而电容 C_1、C_3 上的总电压在电荷重新平衡时,也应与 R_2 的电压相同,且 C_1 与 B 点相连的极板此时应带正电.设电荷重新平衡时,C_1、C_3 带电正、负情况如图 4.63(b)所示,所带电量分别为 Q_1' 和 Q_3'.则由电荷守恒定律,有

$$-Q_1'+Q_3' = Q_1 - Q_3 = 40\ \mu\text{C} - 30\ \mu\text{C} = 10\ \mu\text{C} \tag{②}$$

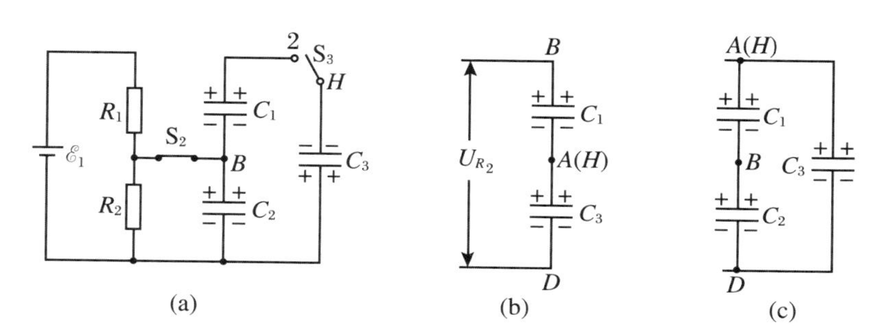

图 4.63

此时

$$U_{BA}+U_{AD} = \frac{Q_1'}{C_1}+\frac{Q_3'}{C_3} = U_{R_2} = \frac{\mathscr{E}_1 R_2}{R_1+R_2} = \frac{25\times 1\ 000}{4\ 000+1\ 000}\ \text{V} = 5\ \text{V}$$

将 C_1、C_3 值代入上式,整理得

$$3Q_1'+2Q_3' = 30\ \mu\text{C} \tag{③}$$

解式②、式③,得 $Q_1'=2\ \mu\text{C}$,$Q_3'=12\ \mu\text{C}$.

显然,此后再断开 S_2,各电容的电荷分布不会发生改变.由上面的结果可看出,在两个电容器已经带电后,再把它们串联起来(如本题中的 C_1 和 C_3),接入与电源相连的电路(或与其他已带电的电容并联),两电容器的带电量一般不相等.例如,在本题中,S_3 合向 2,S_2 未断开时,认为 $Q_1'=Q_3'$,得出

$$Q_1' = Q_3' = \frac{C_1C_3}{C_1+C_3}\cdot\frac{\mathscr{E}_1 R_2}{R_1+R_2} = 6\ \mu\text{C}$$

这是不对的.

(2) 对于"S_1、S_2 闭合后又都断开",可能有 S_1 先断开,S_1、S_2 同时断开和 S_2 先断开三种操作.参考下面的分析能证明,这三种操作对电荷重新分布的影响相同.我们

以第一种操作为例讨论.

设先断开 S_1.此时 C_1 上所带电荷不会发生改变;而 R_2 的电压不会因 S_1 的通断而变,因而 C_2 上的电量也不变.所以再断开 S_2 时,C_1、C_2 上的电量均与 S_1、S_2 接通时相同.故在 S_3 合向 2 位前,C_1、C_2、C_3 所带电量由式①表示.带电的正、负情况也如图 4.63(a)所示(此时 S_2 已断开).

在 S_3 合向 2 时,因 $U_A > U_H$,电荷将重新分配.电荷重新平衡时,设 C_1、C_2、C_3 带电正、负情况如图 4.63(c)所示,带电量分别为 $+Q_1''$、$+Q_2''$、$+Q_3''$,电压分别为 U_1''、U_2''、U_3''.则有

$$U_1''+U_2''=U_3'', \quad 即 \quad \frac{Q_1''}{C_1}+\frac{Q_2''}{C_2}=\frac{Q_3''}{C_3}$$

代入各电容值,整理后得

$$3Q_1''+2Q_2''=2Q_3'' \tag{④}$$

由电荷守恒定律,按图 4.63(c)所示分布,得

$$Q_1''+Q_3''=Q_1-Q_3=10\ \mu\text{C} \tag{⑤}$$

$$-Q_1''+Q_2''=-Q_1+Q_2=-25\ \mu\text{C} \tag{⑥}$$

$$-Q_2''-Q_3''=-Q_2+Q_3=15\ \mu\text{C} \tag{⑦}$$

由式⑤~式⑦可解得

$$Q_1''=10\ \mu\text{C}, \quad Q_2''=-15\ \mu\text{C}, \quad Q_3''=0$$

Q_2''为负值,表示电荷平衡时,C_2 的带电情况与图 4.63(c)所示的情况相反.容易证明,$U_1''+U_2''=U_{AD}''=0$,故 C_3 没有带电.

从此例的解答过程可以看出,对于涉及各电容器先后充、放电的问题,根据操作顺序具体分析电荷是否重新分布十分重要.此例(1)(2)两问的操作顺序不同,最后结果也不同.

13. 含电容支路的直流复杂电路

实际直流电容电路有时不能像图 4.62 所示那样归结为简单的串联、并联关系,而是构成复杂的电路.下面我们提供讨论含电容支路的复杂电路的一般方法.

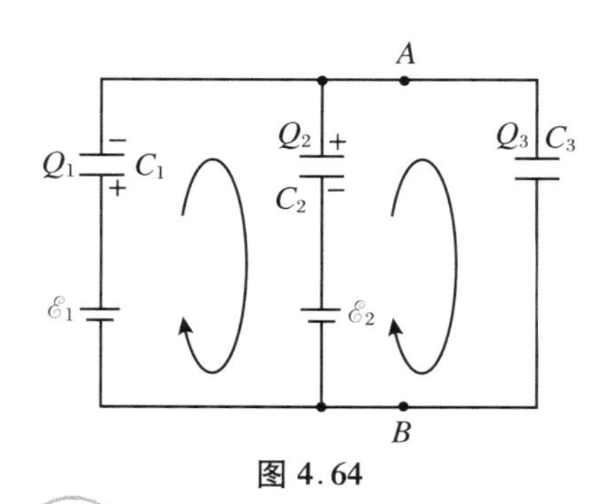

图 4.64

(1) 纯电容直流复杂电路的一些规律

像图 4.64 所示的一类电路中,只有电容,而且电源可视为恒压源(在电荷分布稳定时内电压为零),属于纯电容电路.

纯电容复杂直流电路具有与纯电阻复杂电路类似的规律.在这些规律中,电量 Q 对应于电流 I,电容的倒数$\dfrac{1}{C}$对应于电阻R.下面不加证明地

介绍几个规律：

① 直流电容电路的“基尔霍夫定律”

(a) 电量守恒定律：电路中仅由电容器接成的任一节点处，在充电后，连接节点的各极板上的电量的代数和为零，即

$$\sum Q = 0 \tag{4.70}$$

如果某些电容器在接入节点时已充电，则在电荷重新分布前后与节点相连的各极板的电量的代数和保持不变，即

$$\sum Q' = \sum Q \tag{4.71}$$

其中，Q'表示电荷重新分布后电容器上的电量.

(b) 回路电压方程组（定律）：任一回路中各支路电容上的电压的代数和等于各支路电动势的代数和，即

$$\sum \frac{Q}{C} = \sum \mathscr{E} \tag{4.72}$$

② 等效恒压源定理（与戴维南定理对应）

任何由直流电源和电容器组成的两端网络都可等效为一个恒压源与一个电容器的串联.恒压源的电动势等于网络开路端电压，串联的电容等于网络中所有电源被短接时网络两端的等效电容.

③ 等效恒电荷源定理（与诺顿定理对应）

任何由直流电源和电容器组成的两端网络都可以等效为一个恒电荷源（一对等量异号的电荷）与一个电容器的并联.恒电荷源正、负电荷的电量分别等于两端网络的端点短接时与两端点相连的电容器极板上的电量的代数和，并联的电容等于网络中所有电源短接时两端点间的等效电容.

④ 叠加原理

多个直流电源和电容构成的电路中，任一电容器上的电量等于各个电源电动势单独作用于该电容时所充的电量的代数和.（那些暂不考虑的电源认为被短接.）

⑤ 节点电压法

对于两个节点的直流电容电路，节点间的电压为

$$U = \frac{\sum\limits_i \mathscr{E}_i C_i}{\sum C_i} \tag{4.73}$$

$\mathscr{E}_i C_i$ 为含源支路的电动势和电容的乘积.若某支路 j 无电源，则 $\mathscr{E}_j = 0$，$\mathscr{E}_j C_j = 0$.

以上各规律的注意事项与4.2节和4.3节所述的类似.

例1 如图4.64所示.设 $\mathscr{E}_1 = 9\ \text{V}$，$\mathscr{E}_2 = 5\ \text{V}$，$C_1 = 3\ \mu\text{F}$，$C_2 = 1\ \mu\text{F}$，$C_3 = 4\ \mu\text{F}$，求 C_3 所带电量.

解 解法一 用“基尔霍夫定律”求解.设各电容的充电极性和回路绕向如图

4.64所示(图中上面的节点为 A,下面的节点为 B),则对节点 A 和回路 AC_2BC_1A 及 AC_3BC_2A 的方程组为

$$\begin{cases} Q_2 + Q_3 - Q_1 = 0 \\ \dfrac{Q_1}{C_1} + \dfrac{Q_2}{C_2} = \mathscr{E}_1 - \mathscr{E}_2 \\ \dfrac{Q_3}{C_3} - \dfrac{Q_2}{C_2} = \mathscr{E}_2 \end{cases} \quad ①$$

代入已知量,解得 $Q_3 = 16\ \mu C$.

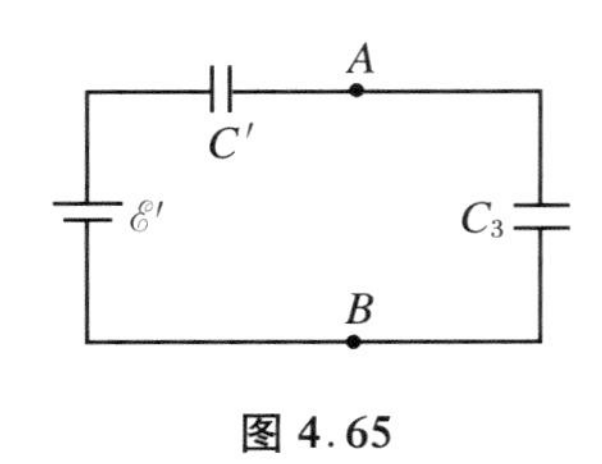

图 4.65

解法二 用等效恒压源定理求解.将图 4.64 中 A、B 的左边等效为恒压源 $\mathscr{E}'$ 和电容 C' 的串联,如图 4.65 所示.则在图 4.64 中,A、B 两端点开路时,A、B 间的电压为 $\mathscr{E}' = \dfrac{Q_2}{C_2} + \mathscr{E}_2$,由于 C_1、C_2 的电量 $Q_1 = Q_2 = (\mathscr{E}_1 - \mathscr{E}_2)\dfrac{C_1C_2}{C_1 + C_2} = 3\ \mu C$,故 $\mathscr{E}' = 8\ V$,而 $C' = C_1 + C_2 = 4\ \mu F$.由图 4.64 可得

$$Q_3 = \mathscr{E}'\frac{C'C_3}{C' + C_3} = 8 \times \frac{4 \times 4}{4 + 4}\ \mu C = 16\ \mu C$$

解法三 用等效恒电荷源定理求解.图 4.64 的等效电路如图 4.66(a)所示.在图 4.64 中将 A、B 短路,如图 4.66(b)所示,则与 A 点相连的电容器极板的总电量为 $Q_A = -(\mathscr{E}_1C_1 + \mathscr{E}_2C_2) = -32\ \mu C$,与 B 点(通过电源)相连的电容器极板的总电量为 $Q_B = \mathscr{E}_1C_1 + \mathscr{E}_2C_1 = 32\ \mu C$.$A$、$B$ 间的等效电容 $C' = C_1 + C_2 = 4\ \mu F$.由图 4.66(a),得

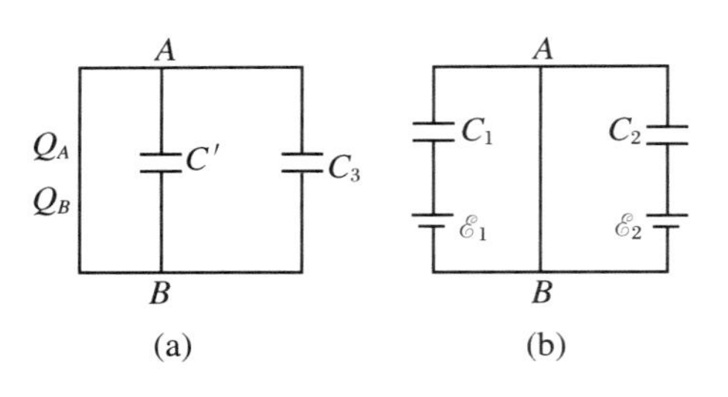

图 4.66

$$\frac{Q_A - Q_3}{C'} = \frac{Q_3}{C_3}$$

代入数据可解得

$$Q_3 = 16\ \mu C$$

解法四 用叠加原理求解.在图 4.64 中,设 $\mathscr{E}_1$ 单独作用使 C_3 所带电量为 Q_3',把 $\mathscr{E}_2$ 短接后,C_2、C_3 并联后与 C_1 串联,故 C_2、C_3 的总电量为

$$Q_{23} = \frac{C_1(C_2 + C_3)}{C_1 + C_2 + C_3} \cdot \mathscr{E}_1 = \frac{135}{8}\ \mu C$$

而

$$\frac{Q_3'}{C_3} = \frac{Q_{23} - Q_3'}{C_2}$$

可解得 $Q_3' = 13.5\ \mu C$.设 $\mathscr{E}_3$ 单独作用使 C_3 所带电量为 Q_3'',同理可得 $Q_3'' = 2.5\ \mu C$.则

$$Q_3 = Q_3' + Q_3'' = 13.5\ \mu\text{C} + 2.5\ \mu\text{C} = 16\ \mu\text{C}$$

解法五　用节点电压法求解.由式(4.73)得

$$U_{AB} = \frac{\mathscr{E}_1 C_1 + \mathscr{E}_3 C_2}{C_1 + C_2 + C_3} = 4\ \text{V}$$

所以

$$Q_3 = C_3 U_{AB} = 4 \times 4\ \mu\text{C} = 16\ \mu\text{C}$$

上面各种解法简繁差别很大,用节点电压法最简单.应用时须注意根据各规律能最简处理的情况,结合实际选用.例如,在例1中,若 C_1、C_2、C_3 已知,它们的带电情况(电量和极性)已知,要求解 $\mathscr{E}_1$、$\mathscr{E}_2$ 时,则用"基尔霍夫定律",由式①求解最为简便.

(2) 解 RC 直流电路的思路

电容和电阻混合连接的电路在电子线路中经常遇到,例如,图4.67是晶体管放大电路的一部分.实际中经常要单独研究这类电路的直流工作情况.

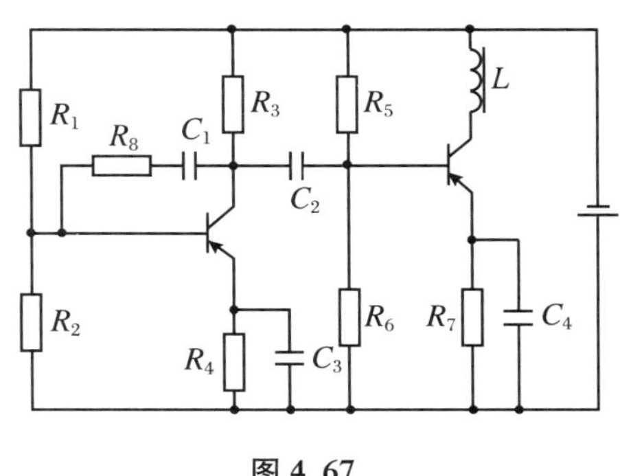

图4.67

我们在本章问题讨论10的第(1)部分中已经指出,电荷分布稳定时,电容器相当于阻值无穷大的电阻,与电容串联的电阻(如图4.67中的 R_8)只在电流变化时起限流作用.在电荷分布稳定时,它相当于一根无阻导线;与电容并联的电阻(如图4.67中的 R_4、R_7)在电荷稳定分布时起均压作用.对于求解电容器上带的电量来说,关键是确定其极板间的电压.因此,在研究图4.67这类直流复杂阻容电路时,可以先把电容"取走",只研究电阻电路,求得连有电容的各节点电压.例如,即使考虑晶体管发射结和集电结的电阻,图4.67也只是由两个与三极管相联系的并联支路组成的.图4.68(a)那样的电路取走电容后,甚至只是简单的串联电路.于是可用解纯电阻电路的方法解出与电容相连的各节点间的电压.这样一来,如图4.67所示的电路中,电容上的电量就迎刃而解了.对于图4.68(a)一类的电路,可把所解出的 A、B、C 间的电压等效为相应的恒压源,于是,电路化为一个纯电容电路,如图4.68(b)所示.然后按解纯电容电路的方法进行求解.

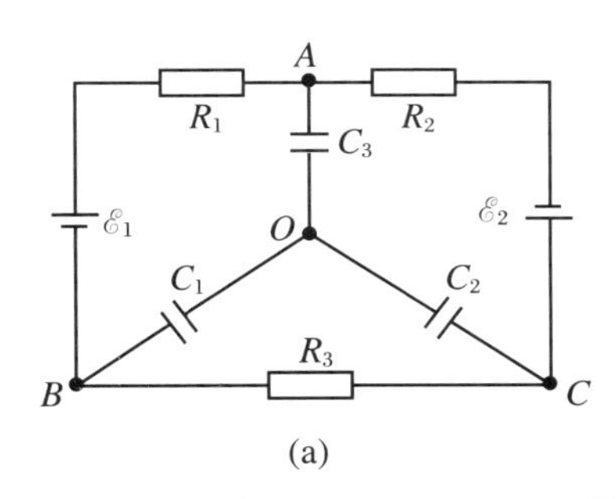

(a)

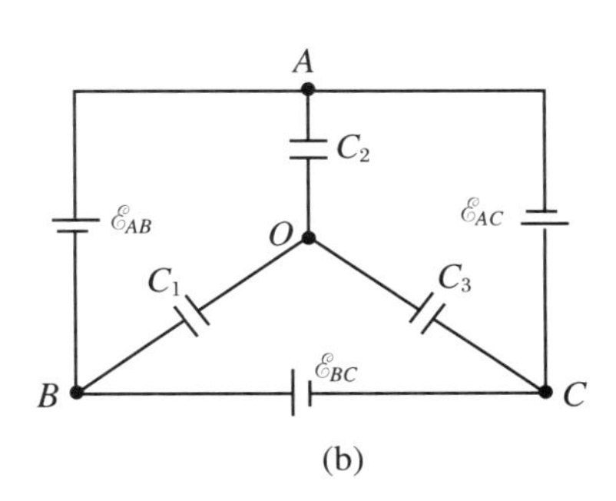

(b)

图4.68

第 5 章　稳 恒 磁 场

基本内容概述

5.1　磁场　磁感应强度

5.1.1　磁场和磁相互作用

实验发现,磁极与磁极之间、磁极与电流之间、电流与电流之间、运动电荷与电流之间都存在着相互作用.这些相互作用都称为磁相互作用.磁相互作用和电相互作用一样,也不是超距作用,而是通过场来传递的.传递磁相互作用的场称为磁场.磁场是由电流或运动电荷在其周围空间产生的(天然磁石的磁场是由磁石中的分子电流产生的).磁场的客观实在性表现为它对处于场内的电流(或运动电荷)施以力的作用.因此磁相互作用可以归结为

$$\text{电流(运动电荷)} \Longleftrightarrow \text{磁场} \Longleftrightarrow \text{电流(运动电荷)}$$

静止电荷只产生电场,运动电荷除产生电场外,还要产生磁场;静止电荷只受电场力作用,运动电荷既要受电场力作用,也要受磁场力作用.

5.1.2　磁感应强度 $\boldsymbol{B}$

与研究电场时引入电场强度 $\boldsymbol{E}$ 来描述电场中各点的性质类似,我们也引入磁感应强度 $\boldsymbol{B}$ 来描述磁场中各点的性质.定义 $\boldsymbol{B}$ 的方法有好几种,这里我们根据运动电荷在磁场中受力这一性质来定义 $\boldsymbol{B}$.

实验表明,运动电荷在磁场中要受磁场力的作用,运动电荷所受的磁场力 $\boldsymbol{f}$ 不但和电荷所在场点的位置有关,而且还和电荷所带的电量 q 以及它的运动速度 $\boldsymbol{v}$ 的大小和方向有关.然而,磁场中任一点 P 都存在着一个特殊的方向,当运动电荷沿此方

向通过该点时,它所受的磁场力总是零,与运动电荷电量的正负、电量的多少以及运动速率的大小均无关.而且磁极N在该点所受的磁力也沿此方向.这说明这一特殊方向是由磁场本身在该点的性质决定的.我们把这一特殊方向规定为磁场的方向,为了与历史上的习惯一致,把磁极N在该点受力的指向定义为该点的磁感应强度 $\boldsymbol{B}$ 的方向.

实验还表明,无论运动电荷以怎样的速度 $\boldsymbol{v}$ 通过场点 P,它所受的磁场力 $\boldsymbol{f}$ 总是垂直于上面规定的 $\boldsymbol{B}$ 的方向和 $\boldsymbol{v}$ 的方向所组成的平面,且 $\boldsymbol{f}$ 的指向总是使 $q\boldsymbol{v}$、$\boldsymbol{B}$ 和 $\boldsymbol{f}$ 构成右手螺旋关系.当 $\boldsymbol{v}$ 垂直于 $\boldsymbol{B}$ 的方向时,运动电荷所受的磁力 $f_{\perp}$ 最大,若改变运动电荷的电量 q_i(设 $q_i>0$),以不同的速度 $v_{\perp i}$ 垂直于磁场方向通过 P 点,运动电荷受到的最大磁力的大小 $f_{\perp i}$ 亦各不相同,但 $f_{\perp i}$ 与 $q_i v_{\perp i}$ 的比值却是不变的,即

$$\frac{f_{\perp 1}}{q_1 v_{\perp 1}} = \frac{f_{\perp 2}}{q_2 v_{\perp 2}} = \cdots = \frac{f_{\perp n}}{q_n v_{\perp n}} \tag{5.1}$$

可见,此比值是一个与运动电荷的电量无关的量.对场中不同的点,此比值一般不同,但对场中一确定点,它却是确定的.因而此比值反映了该点磁场的特性.因此,我们定义

$$B = \frac{f_{\perp}}{q v_{\perp}} \tag{5.2}$$

为场点的磁感应强度 $\boldsymbol{B}$ 的大小.显然,B 的值反映了各点磁场的强弱.式(5.2)表明:磁场中某点的磁感应强度 $\boldsymbol{B}$ 的大小,在数值上等于单位正电荷以单位速度沿垂直该点的磁场方向通过该点时所受的磁场力的大小.

5.1.3 磁感线

与借助于电场线来形象描述静电场的分布类似,我们也可以借助于磁感线来形象描述稳恒磁场的分布.磁感线上任一点的切线方向与该点的磁场方向(即 $\boldsymbol{B}$ 的方向)一致.如果我们规定通过磁场中某点处垂直于 $\boldsymbol{B}$ 的单位面积上的磁感线的条数等于该点 $\boldsymbol{B}$ 的大小,那么磁感线不仅能表示磁场的方向,而且还可以描述磁场的强弱.磁感线越密的地方,磁场越强,磁感线越稀的地方,磁场越弱.磁感线具有这样一些特性:磁感线是无首无尾的闭合曲线;两条磁感线不能相交,亦不能相切;磁感线总与电流互相套联.

5.2 毕奥-萨伐尔定律

毕奥-萨伐尔定律是毕奥和萨伐尔根据实验结果和理论上的推导而得出的.该定律给出了电流与它在空间任一点激发的磁场的磁感应强度之间的定量关系.

载流回路 L 产生的磁场可以看成是回路上各无限小线电流元产生的磁场的叠加.若 $I\mathrm{d}\boldsymbol{l}$ 是闭合稳恒电流回路上的任一线电流元,则在离电流元 r 处,该电流元产生的磁场的磁感应强度 $\mathrm{d}\boldsymbol{B}$ 为

$$\mathrm{d}\boldsymbol{B} = \frac{\mu_0}{4\pi}\frac{I\mathrm{d}\boldsymbol{l}\times\boldsymbol{r}}{r^3} = \frac{\mu_0}{4\pi}\frac{I\mathrm{d}\boldsymbol{l}\times\boldsymbol{r}_0}{r^2} \tag{5.3}$$

式中,$\boldsymbol{r} = r\boldsymbol{r}_0$ 是由电流元指向考察场点的矢径,$\boldsymbol{r}_0$ 为单位矢径.式(5.3)为毕奥-萨伐尔定律的数学表述.根据场的叠加原理,一载流回路的磁场中任一点的 $\boldsymbol{B}$ 为

$$\boldsymbol{B} = \frac{\mu_0}{4\pi}\int_L \frac{I\mathrm{d}\boldsymbol{l}\times\boldsymbol{r}}{r^3} \tag{5.4}$$

若导体截面大而不能看成线,即电流在截面上有一定的分布(体分布),则必须考虑电流密度的实际分布,须用 $\boldsymbol{j}\mathrm{d}V$ 代替线电流元 $I\mathrm{d}\boldsymbol{l}$,因而式(5.4)化为对载流导体的体积分:

$$\boldsymbol{B} = \frac{\mu_0}{4\pi}\int \frac{\boldsymbol{j}\times\boldsymbol{r}}{r^3}\mathrm{d}V \tag{5.5}$$

式(5.4)和式(5.5)给出了已知电流分布情况计算磁感应强度 $\boldsymbol{B}$ 的一种方法.

毕奥-萨伐尔定律是在稳恒电流的条件下总结出来的,它只适用于稳恒电流的情形,即电流密度不随时间变化的情形.当电流满足似稳条件时,它也近似成立.

电流的磁场原则上可由毕奥-萨伐尔定律求得,但此定律的重要意义远不止于此,更重要的是从它出发,可以导出磁场的高斯定理和环路定理,根据描述磁场性质的这两个定理,原则上可以解决有关稳恒磁场的所有问题.

5.3 磁场的高斯定理和环路定理

稳恒电流的磁场的基本方程是磁场的高斯定理和安培环路定理,它们的数学表达式分别为

$$\oint_S \boldsymbol{B}\cdot\mathrm{d}\boldsymbol{S} = 0 \quad 或 \quad \nabla\cdot\boldsymbol{B} = 0 \tag{5.6}$$

$$\oint_L \boldsymbol{B}\cdot\mathrm{d}\boldsymbol{l} = \mu_0\sum I \quad 或 \quad \nabla\times\boldsymbol{B} = \mu_0\boldsymbol{j} \tag{5.7}$$

式(5.6)告诉我们:磁感应强度对任意闭合曲面的通量为零或磁感应强度的散度为零,这称为磁场的高斯定理.它说明磁场是无源场、无散场,磁感线是无首无尾的闭合曲线.该式是自然界中不存在磁荷的数学表述.式(5.7)告诉我们:磁感应强度对任意闭合回路的环量等于此闭合回路所围的电流强度的代数和的 μ_0 倍,或磁感应强度的旋度等于电流密度的 μ_0 倍,这称为磁场的环路定理或安培环路定理.它说明磁场是

非保守场、涡旋场，电流以涡旋的方式激发磁场.

磁场的这两个方程各自从一个方面反映了稳恒电流磁场的性质，它们结合在一起就给出了稳恒电流磁场的全部特性.因而已知电流分布求磁场分布的问题就可以由这两个方程解决.但是，求磁场分布的问题并非都要同时使用式(5.6)和式(5.7).对磁场分布具有某些对称性的问题，只需用安培环路定理一个方程就可由电流分布求得磁场分布.很明显，安培环路定理并没有给出磁感应强度 $\boldsymbol{B}$ 与电流之间确定的对应关系.所以，一般情况下，不能只用它来求解已知电流分布求磁场分布的问题.但是，假如我们能根据电流分布分析出磁场分布的某些特征，譬如磁场分布的某些对称性，利用这些对称性就可由安培环路定理求得磁场分布.事实上，在对称性分析中就已经包含了磁场高斯定理的某些信息.这种情况与静电学中利用电荷分布的某些对称性，由静电场的高斯定理求电场分布非常类似.

5.4 磁感应强度 $\boldsymbol{B}$ 的计算

在普通物理学的范围内，计算磁感应强度 $\boldsymbol{B}$ 的方法有两种.一是用毕奥-萨伐尔定律和场的叠加原理求 $\boldsymbol{B}$；另一是用安培环路定理求 $\boldsymbol{B}$.

5.4.1 利用毕奥-萨伐尔定律和场的叠加原理求 $\boldsymbol{B}$

任意形状的电流都可以看成无限多个电流元的集合，电流产生的磁场就是各电流元产生的磁场的叠加.电流元 $I\mathrm{d}\boldsymbol{l}$ 所产生的磁场在考察点的磁感应强度 $\mathrm{d}\boldsymbol{B}$ 由毕奥-萨伐尔定律给出：

$$\mathrm{d}\boldsymbol{B} = \frac{\mu_0}{4\pi}\frac{I\mathrm{d}\boldsymbol{l}\times\boldsymbol{r}}{r^3}$$

根据场的叠加原理，整个载流电路 L 的磁场在考察点的磁感应强度 $\boldsymbol{B}$ 应为上式的矢量积分(矢量和)，即

$$\boldsymbol{B} = \frac{\mu_0}{4\pi}\int_{\Delta}\frac{I\mathrm{d}\boldsymbol{l}\times\boldsymbol{r}}{r^3} \tag{5.8}$$

因此，从原则上说，任意形状的电流的磁场分布都可以用式(5.8)求得.但是，对很多情况来说，计算繁杂，甚至会遇到数学上的极大困难.所以，这种方法常用于积分运算不太困难的问题.

5.4.2 利用安培环路定理求 B

安培环路定理不但给出了稳恒磁场的一个基本方程，而且在磁场分布具有某些对称性的情况下，只要选取适当的安培环路，就可以很方便地求得电流的磁场分布．利用安培环路定理求磁场分布的关键是对电流周围的磁场进行分析，看是否具有某些对称性，以判断是否能用此定理求 $\boldsymbol{B}$ 的分布．其次是选取适当的安培环路，要求安培环路必须通过考察的场点；组成回路的每一点的 $\boldsymbol{B}$ 的方向和大小应相同，或者在整个回路上各点 $\boldsymbol{B}$ 的大小相同，方向都沿回路的切向；环路的几何形状应简单，以便于积分．

5.4.3 几种典型电流的磁场

1．一段载流 I 的直导线的磁场

应用毕奥-萨伐尔定律求得

$$B = \frac{\mu_0 I}{4\pi r}(\cos\theta_1 - \cos\theta_2) \tag{5.9}$$

式中，r 是场点到直导线的距离，θ_1 及 θ_2 分别是导线的电流流入端和流出端的电流元与它们到场点的矢径之间的夹角．

若导线为无限长，则 $\theta_1 = 0, \theta_2 = \pi$，所以

$$B = \frac{\mu_0 I}{2\pi r} \tag{5.10}$$

2．载流圆线圈轴线上一点的磁场

应用毕奥-萨伐尔定律求得

$$B = \frac{\mu_0}{2} \cdot \frac{R^2 I}{(R^2 + x^2)^{3/2}} \tag{5.11}$$

式中，R 为圆线圈的半径，x 为轴线上的场点到线圈中心的距离．在圆心处（$x = 0$）有

$$B = \frac{\mu_0}{4\pi} \cdot \frac{2\pi I}{R} = \frac{\mu_0 I}{2R} \tag{5.12}$$

令 $m = \pi R^2 I$，称为该圆电流的磁矩，则由式(5.11)知，在轴线上远处（$x \gg R$）的磁场为

$$B = \frac{\mu_0}{4\pi}\frac{2m}{x^3} \tag{5.13}$$

式(5.13)在形式上与电偶极子在轴线上远处的电场强度 E 的表达式相似．

3．长直载流圆柱体的磁场

由于具有轴对称性，可用安培环路定理求得

$$\begin{cases} B = \dfrac{\mu_0 I}{2\pi r} & (\text{柱外}) \\ B = \dfrac{\mu_0 I}{2\pi R^2} r & (\text{柱内}) \end{cases} \tag{5.14}$$

式中，r 是场点到圆柱轴线的距离，R 是圆柱的半径.

4. 载流 I 的直螺线管轴上一点的磁场

$$B = \frac{\mu_0 nI}{2}(\cos\beta_1 - \cos\beta_2) \tag{5.15}$$

式中，n 是螺线管单位长度的线圈匝数，β_1 和 β_2 分别是螺线管的电流流入端和电流流出端到轴线上的场点的矢径与管壁的夹角.

若螺线管无限长，则

$$B = \mu_0 nI \tag{5.16}$$

5. 载流 I 的螺绕环内的磁场

设环很细，环的平均周长为 L，则应用安培环路定理可求得环内的磁感应强度为

$$B = \mu_0 \frac{N}{L} I = \mu_0 nI \tag{5.17}$$

式中，N 为螺绕环线圈的总匝数，n 为单位长度的线圈匝数.

5.5 安 培 力

经过对若干载流回路间相互作用力的分析和概括，人们得到载流回路 1 上任一线电流元 $I_1 \mathrm{d}\boldsymbol{l}_1$ 对另一载流回路 2 上任一线电流元 $I_2 \mathrm{d}\boldsymbol{l}_2$ 的作用力为

$$\mathrm{d}\boldsymbol{F}_{12} = k \frac{I_2 \mathrm{d}\boldsymbol{l}_2 \times (I_1 \mathrm{d}\boldsymbol{l}_1 \times \boldsymbol{r}_{12})}{r_{12}^3} \tag{5.18}$$

式中，k 为比例系数，在 SI 单位制中，$k = \dfrac{\mu_0}{4\pi}$，$\boldsymbol{r}_{12}$是电流元 $I_1 \mathrm{d}\boldsymbol{l}_1$ 指向电流元 $I_2 \mathrm{d}\boldsymbol{l}_2$ 的矢径. 式(5.18)即为安培定律的数学表述，也称为安培公式.

如果应用毕奥-萨伐尔定律计算载流回路 1 的磁场在 $I_2 \mathrm{d}\boldsymbol{l}_2$ 所在处的磁感应强度 $\boldsymbol{B}_1$，则

$$\boldsymbol{B}_1 = \frac{\mu_0}{4\pi} \oint \frac{I \mathrm{d}\boldsymbol{l} \times \boldsymbol{r}}{r^3}$$

于是，我们可以得到电流元 $I_2 \mathrm{d}\boldsymbol{l}_2$ 所受的载流回路 1 的磁场力为

$$\mathrm{d}\boldsymbol{F} = I_2 \mathrm{d}\boldsymbol{l}_2 \times \boldsymbol{B}_1$$

应用场的叠加原理，在若干载流回路产生的任意磁场中，电流元 $I\mathrm{d}\boldsymbol{l}$ 所受的磁场力为

$$\mathrm{d}\boldsymbol{F} = I\mathrm{d}\boldsymbol{l} \times \boldsymbol{B} \tag{5.19}$$

式中,$\boldsymbol{B}$ 是电流元 $I\mathrm{d}\boldsymbol{l}$ 所在处的磁感应强度.式(5.19)亦称为安培公式.

运用安培公式(5.19),可以求得平面载流回路在均匀磁场中所受的力矩:

$$\boldsymbol{\tau} = \boldsymbol{m} \times \boldsymbol{B} \tag{5.20}$$

式中,$\boldsymbol{m}$ 是回路的磁矩,$\boldsymbol{m} = I\boldsymbol{S}$,$\boldsymbol{S}$ 是回路的面积矢量,它的方向与电流流向构成右手螺旋关系.

由安培公式(5.19),易得两平行长直载流导线单位长度间的相互作用力为

$$f = \frac{\mu_0}{2\pi} \cdot \frac{I_1 I_2}{a} \tag{5.21}$$

式中,a 为两导线间的距离,两电流同向时相互吸引,反向时相互排斥.

5.6 洛伦兹力 洛伦兹公式

当电荷 q 以速度 $\boldsymbol{v}$ 在磁场 $\boldsymbol{B}$ 中运动时,它所受的磁场力为

$$\boldsymbol{f} = q\boldsymbol{v} \times \boldsymbol{B} \tag{5.22}$$

这称为洛伦兹力.由于 $\boldsymbol{f} \perp \boldsymbol{v}$,所以它不做功,它只能改变电荷速度的方向,而不能改变速度的大小.

若空间中除了存在磁场 $\boldsymbol{B}$ 外,还存在电场 $\boldsymbol{E}$,则运动电荷不仅受磁场力作用,还要受电场力作用.电场和磁场对运动电荷的作用力为

$$\boldsymbol{F} = q\boldsymbol{E} + q\boldsymbol{v} \times \boldsymbol{B} \tag{5.23}$$

式(5.23)称为洛伦兹公式或洛伦兹关系式.

问题讨论

1. 电流磁效应的发现和毕奥-萨伐尔定律的建立

(1) 电流磁效应的发现

自从吉尔伯特断言电与磁是两种截然不同的现象以来,这种观点束缚了一代又一代物理学家的思想.例如,库仑、安培、托马斯·杨等著名物理学家都相信电与磁完全不同,不可能相互转化.

奥斯特(1777～1851),丹麦人,出生在一个贫穷的药剂师家里.17 岁考入哥本哈

根大学，对化学、药物学、物理学、天文学、哲学和文学都很感兴趣.1797年他写了一篇有关康德哲学的论文，论述了康德哲学对自然科学的重要性，因此获哲学博士学位.1806年任哥本哈根大学教授.他信奉康德主义，深受康德关于自然力统一和相互转化思想的影响.他在1803年说过："我们的物理学将不再是关于运动、热、空气、光、电、磁以及我们所知道的任何其他现象的零散的罗列，我们将把整个宇宙容纳在一个体系中."

富兰克林关于莱顿瓶放电磁化钢针的发现，给奥斯特以很大启发.他认识到电向磁的转化不是可能不可能的问题，而是如何把这种可能性变为现实的问题.他在1812年出版的《关于化学力和电力统一的研究》一书中，根据通电导线直径较小时导线会发热的现象，推测若通电导线直径进一步缩小，那么导线就会发光.若直径变得更小，小到一定程度时，电流就会产生磁效应.在这种思想指导下，经过长期的实验研究，奥斯特未能发现电向磁转化的现象，但他并不灰心.

1819年冬，在开设有关电与磁方面讲座的备课中，他分析了沿着电流方向在同一水平面内放置磁针寻找磁效应均未成功的事实，想到了电流对磁针的作用力也许根本不是纵向的，而是一种像热和光那样向四周散射的横向力.1820年春，他做过这样的实验：把伏打电堆用一根细铂丝导线接成闭路，再把这导线横在磁针上，并和磁针垂直.结果还是失败了.

直到1820年4月的一个晚上，他在讲课中突然来了灵感，在讲课快结束时，他说："让我们把导线和磁针一上一下平行放置起来试试看!"结果发现通电导线下面附近的小磁针微微跳动了一下.由于通过细铂丝的电流太弱，磁针受扰动很不明显，加之听众对电流的磁效应又无探讨的思想准备，所以听众对这次实验无动于衷.而奥斯特却激动万分，因为这是他日夜盼望的一动.

在这之后的三个月中，他加大电流，连续而紧张地做了深入的实验研究，终于在1820年7月21日发表了划时代的论文《关于磁针上电流碰撞的实验》.这篇仅四页纸的实验报告没有任何数学公式，也没有图表，只以简洁的文字叙述了实验的过程和结果.文章虽短，却轰动了欧洲，特别是得到法国物理学界的高度评价.

历史上曾有人认为奥斯特的发现是一种偶然的幸运.但是，正如法国科学家巴斯德的一句名言："在观察的领域中，机遇只偏爱那些有准备的头脑."奥斯特的发现实际上是哲学思想和物理学共同的结晶.

奥斯特对"电流碰撞"总结出两个特点：① 电流碰撞存在于导线的周围；② 电流碰撞沿着螺纹方向垂直于导线的螺纹线传播.由此说明了电流磁作用的横向性.

奥斯特发现的重要意义在于：① 突破了长期以来根深蒂固的电与磁不相干的僵化观念，第一次揭示了电与磁之间的内在联系，开创了电磁学发展的新时期；② 突破了长期以来认为只存在(推拉性质的)中心力的观念，第一次发现了有横向旋转力的存在，这是对中心力观念的有力冲击；③ 指明了未来电力技术应用的可能性(如有线电报、电动机、电磁铁等).

(2) 毕奥-萨伐尔定律是怎样建立起来的?

奥斯特的发现在法国引起的反响特别大,掀起了对电学的研究热潮,毕奥-萨伐尔定律就是这次热潮中的产物之一.

电流对磁针的作用力是横向力.毕奥(1774～1862)和萨伐尔(1791～1841)把它视为自然界的基本力之一,并力图寻找这种力的普遍表达式.为此,他们做了一系列研究,并得到法国大数学家拉普拉斯(1749～1827)的帮助.

① 实验结果

1820 年 10 月 30 日,毕奥和萨伐尔在法国科学院会议上报告了题为"运动中的电传递给金属的磁化力"的论文,宣布了他们发现的直线电流对磁体的作用规律:直线电流对磁体的作用力正比于电流强度,反比于它们之间的距离,作用力的方向垂直于磁体与直导线构成的平面.

继而,他们把通电直导线弯成夹角为 2α 的折线,把磁体放在折线所在平面内的 P 点,如图 5.1 所示.实验发现,磁体所受的作用力的方向垂直于磁体与折线构成的平面,其大小与电流强度 I 成正比,与距离 r 成反比,且与 α 有关.可表示为

$$H_{折} = k_{折}\frac{I}{r}\tan\frac{\alpha}{2} \tag{5.24}$$

式中,H 为 P 点的磁场强度,即单位磁荷受的磁力.

显然,当 $\alpha = \dfrac{\pi}{2}$时,上式包含了通电直导线的实验结果.

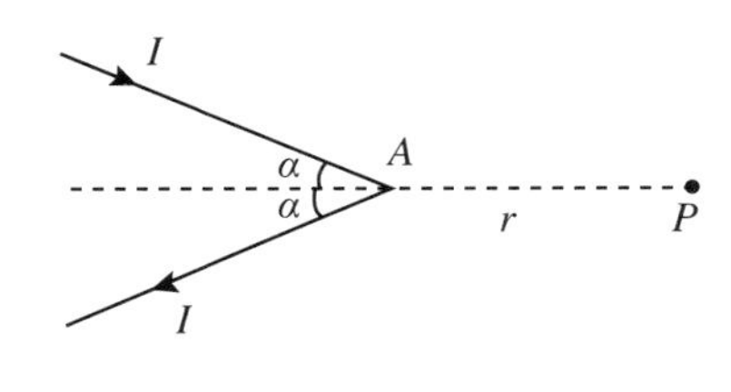

图 5.1

② 理论分析,导出定律

拉普拉斯对上述实验结果做了理论分析,认为电流的作用可以看做是它的所有电流元单独作用的总和.在这个理论新思维指导下,根据上述实验结果,推出了电流元对磁体作用力的数学表达式.

由于电流对磁体的力是横向力,所以可以认为电流元对磁体的力也具有横向性,并认为整个电流对磁体的作用力是构成它的各电流元对磁体横向力的叠加.

由于对称性,通电直导线折线的两支各自对磁体的作用力相同,每一支对 P 点单位磁荷作用的力应为

$$H = \frac{1}{2}H_{折} = k\frac{I}{r}\tan\frac{\alpha}{2} \tag{5.25}$$

式中,$k = \dfrac{1}{2}k_{折}$.式(5.25)表明,半无限长通电直导线对 P 点的单位磁荷的磁力(即磁场强度 H)是 r 和 α 的函数,记为

$$H = H(r, \alpha) \tag{5.26}$$

设通有电流 I 的无限长直导线，在上面任取一点 M 作为计算长度的原点. A 点是导线上任取的点，$MA=l$，它到空间 P 点的距离为 r，连线 PA 与直导线的夹角为 α. 显然，从 M 以远到 A 点为半无限长载流导线，它在 P 点产生的磁场强度由式(5.25)、式(5.26)表示. 现将此半无限长导线从 A 延伸到 A'，l 的增量为 $\mathrm{d}l$，相应的 r 和 α 的增量分别为 $\mathrm{d}r$ 和 $\mathrm{d}\alpha$(图 5.2). 至 A' 为止的半无限长载流导线在 P 点产生的磁场为

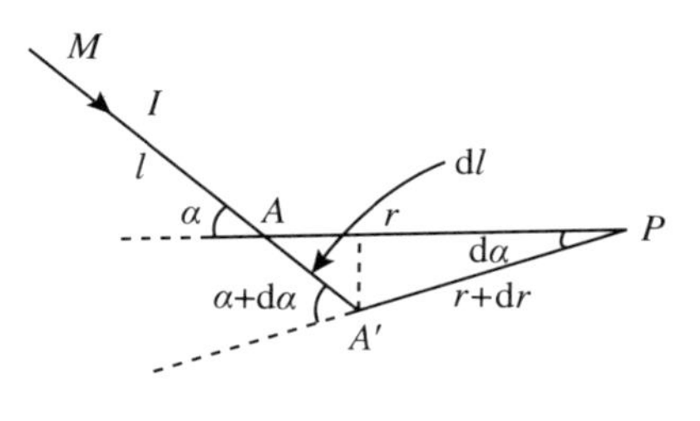

图 5.2

$$H'=H(\alpha+\mathrm{d}\alpha, r+\mathrm{d}r)$$

磁场的增量 $H'-H$ 即为从 A 到 A' 的电流元 $I\mathrm{d}l$ 在 P 点的磁场：

$$\mathrm{d}H=H(\alpha+\mathrm{d}\alpha, r+\mathrm{d}r)-H(\alpha, r)=\frac{\partial H}{\partial \alpha}\mathrm{d}\alpha+\frac{\partial H}{\partial r}\mathrm{d}r$$

当 P 点固定时，r 和 α 随 A 点的位置而变，α 和 r 都是 l 的函数. 故有 $H(\alpha, r)=H(\alpha(l), r(l))$. 根据复合函数微分的法则，可得

$$\mathrm{d}H=\left(\frac{\partial H}{\partial \alpha}\frac{\mathrm{d}\alpha}{\mathrm{d}l}+\frac{\partial H}{\partial r}\frac{\mathrm{d}r}{\mathrm{d}l}\right)\mathrm{d}l \tag{5.27}$$

由式(5.25)得

$$\frac{\partial H}{\partial \alpha}=k\frac{I}{2r\cos^2\frac{\alpha}{2}},\quad \frac{\partial H}{\partial r}=-k\frac{I}{r^2}\tan\frac{\alpha}{2} \tag{5.28}$$

由图 5.2 可知

$$\mathrm{d}l\sin\alpha=(r+\mathrm{d}r)\mathrm{d}\alpha,\quad \mathrm{d}l\cos\alpha=-\mathrm{d}r$$

忽略二级小量后，以上两式为

$$\frac{\mathrm{d}\alpha}{\mathrm{d}l}=\frac{\sin\alpha}{r} \tag{5.29}$$

$$\frac{\mathrm{d}r}{\mathrm{d}l}=-\cos\alpha \tag{5.30}$$

将式(5.28)～式(5.30)代入式(5.27)，得

$$\mathrm{d}H=k\frac{I}{r^2}\left(\frac{\sin\alpha}{2\cos^2\frac{\alpha}{2}}+\tan\frac{\alpha}{2}\cos\alpha\right)\mathrm{d}l=k\frac{I\mathrm{d}l}{r^2}\tan\frac{\alpha}{2}(1+\cos\alpha)$$

即

$$\mathrm{d}H=k\frac{I\mathrm{d}l}{r^2}\sin\alpha \tag{5.31}$$

写成矢量形式为

$$\mathrm{d}\boldsymbol{H}=k\frac{I\mathrm{d}\boldsymbol{l}\times\boldsymbol{r}}{r^3} \tag{5.32}$$

这就是毕奥-萨伐尔定律的表达式. 若采用国际制单位，并用 $\boldsymbol{B}$ 表示磁感应强度，则

毕奥-萨伐尔定律的表达式变为大家熟悉的形式：

$$\mathrm{d}\boldsymbol{B} = \frac{\mu_0}{4\pi}\frac{I\mathrm{d}\boldsymbol{l}\times\boldsymbol{r}}{r^3} \tag{5.33}$$

在上面讨论中，已令 A 点是载流导线上任一点，运用毕奥和萨伐尔的实验结果和叠加原理，导出电流元 $I\mathrm{d}\boldsymbol{l}$ 在空间任一点 P 的磁感应强度 $\mathrm{d}\boldsymbol{B}$. 可见，毕奥-萨伐尔定律是根据简明的实验结果，通过构思精巧的理论分析推导得出的，具有高度抽象性和普遍性的定律.

2. 安培定律是怎样建立的？

有关稳恒电流元之间相互作用力的规律是法国物理学家安培首先提出来的，称之为安培定律. 此定律的现代表达式为

$$\mathrm{d}\boldsymbol{F}_{12} = k\frac{I_1I_2\mathrm{d}\boldsymbol{l}_2\times(\mathrm{d}\boldsymbol{l}_1\times\boldsymbol{r}_{12})}{r_{12}^3} \tag{5.34}$$

式中，比例系数 k 的取值与式中各量的单位选择有关. $\boldsymbol{r}_{12}$是由电流元 $I_1\mathrm{d}\boldsymbol{l}_1$ 指向电流元 $I_2\mathrm{d}\boldsymbol{l}_2$ 的矢径，$\mathrm{d}\boldsymbol{F}_{12}$是电流元 $I_1\mathrm{d}\boldsymbol{l}_1$ 对电流元 $I_2\mathrm{d}\boldsymbol{l}_2$ 的作用力.

在静电学中，我们可以把库仑定律

$$\boldsymbol{F}_{12} = k\frac{q_1q_2}{r_{12}^3}\boldsymbol{r}_{12}$$

拆开成如下两部分：

$$\boldsymbol{F}_{12} = q_2\boldsymbol{E} \tag{5.35}$$

$$\boldsymbol{E} = k\frac{q_1}{r_{12}^3}\boldsymbol{r}_{12} \tag{5.36}$$

式(5.35)是电场强度 $\boldsymbol{E}$ 的定义式，式(5.36)是点电荷的场强公式，它是计算任意带电体系的场强分布的基础. 如果仿照静电学中的这种方法，把式(5.34)拆开成如下两部分：

$$\mathrm{d}\boldsymbol{F}_{12} = I_2\mathrm{d}\boldsymbol{l}_2\times\mathrm{d}\boldsymbol{B} \tag{5.37}$$

$$\mathrm{d}\boldsymbol{B} = k\frac{I_1\mathrm{d}\boldsymbol{l}_1\times\boldsymbol{r}_{12}}{r_{12}^3} \tag{5.38}$$

则式(5.37)可作为磁感应强度 $\boldsymbol{B}$ 的定义式，式(5.38)是电流元的磁感应强度公式，也就是毕奥-萨伐尔定律，它是计算任意载流导体 $\boldsymbol{B}$ 分布的基础. 可见，安培定律在给出了两稳恒电流元之间相互作用力的同时还包含了毕奥-萨伐尔定律.

由于稳恒电流的闭合性，孤立的稳恒电流元在实验上是无法实现的，这就使得安培定律不能获得直接的实验证明. 事实上，安培定律是在总结归纳若干间接实验结果的基础上，再作理论上的加工而得到的. 这样得到的结果往往不止一种数学表达式. 在历史上，安培最先发表的表达式就与式(5.34)不同. 除此之外，还可以有若干种其

他表达式.下面,我们说明安培定律是怎样建立起来的.

(1) 安培定律的实验基础

① 历史背景

1820 年是电磁学历史上一个不平凡的年头.这年的 7 月,丹麦物理学家奥斯特发表了他的有关电流的磁效应的著名实验,指出载流导线可以使它周围的磁针发生偏转.9 月 11 日,阿拉果在法国科学院介绍了奥斯特的发现,这启发了安培等人去研究电流对磁针以及电流对电流的作用规律.一个星期之后,即 9 月 18 日,安培就在法国科学院演示了两平行载流直导线间有相互作用力的实验,得出了同向电流彼此吸引,反向电流彼此排斥的结论.这证实了安培等人的猜测:两个载流回路间有相互作用力存在.10 月 30 日,法国科学家毕奥和萨伐尔发表了载流长直导线对磁极的作用力与电流强度成正比、与距离的一次方成反比的实验结果.不久,他们同毕奥的老师、数学家拉普拉斯共同努力,用数学方法得到了前述的公式(5.38),现此公式以他们的名字命名,称为毕奥-萨伐尔-拉普拉斯定律.12 月 4 日,安培发表了电流元之间相互作用力的公式.

② 安培的四个著名实验

安培发表的稳恒电流元之间的相互作用力公式的实验基础除了上述实验外,还有他精心设计的四个著名实验.这四个实验都采用了示零法.下面,我们分别介绍这四个实验.

(a) 实验一

安培用硬导线做成形状如图 5.3 所示的线圈.这线圈由两个形状和大小相同、电流绕行方向相反的平面回路固连而成,整个线圈有如一个刚体.线圈的端点 A、B 通过水银槽和固定支架相连.这样,线圈既可通入电流,又可以自由转动.这种装置称为无定向秤,它在均匀磁场中不受力和力矩作用,但在非均匀磁场中将会作出反应.

安培的第一个实验是把如图 5.4 所示的对折载流导线移近无定向秤的不同部位,在接通和切断电流瞬间,观察无定向秤的反应,用以检验它是否对无定向秤发生作用.实验表明,这种作用是不存在的.这个实验说明:当电流反向时,它产生的作用也反向,因而两个大小相等的反向电流的作用相互抵消.

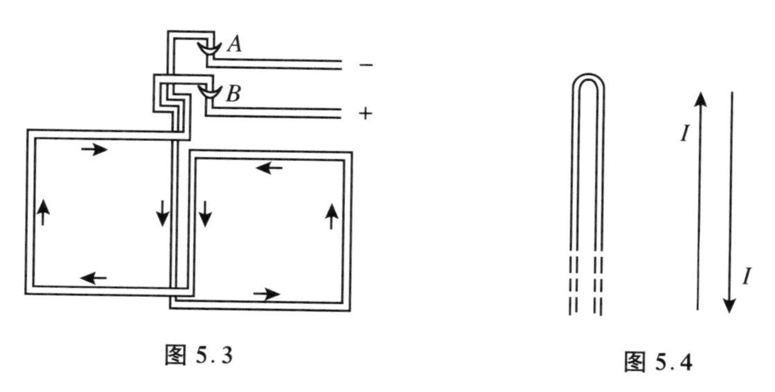

图 5.3　　　　图 5.4

(b) 实验二

把对折载流导线的一股绕在另一股上，呈螺旋线状，如图5.5所示.将它移近无定向秤的不同部位.实验表明，它对无定向秤也不产生作用.因为螺旋形导线可视为由一段段电流元组成，所以这个实验说明：电流元具有矢量性，即许多电流元的合作用是单个电流元作用的矢量和.

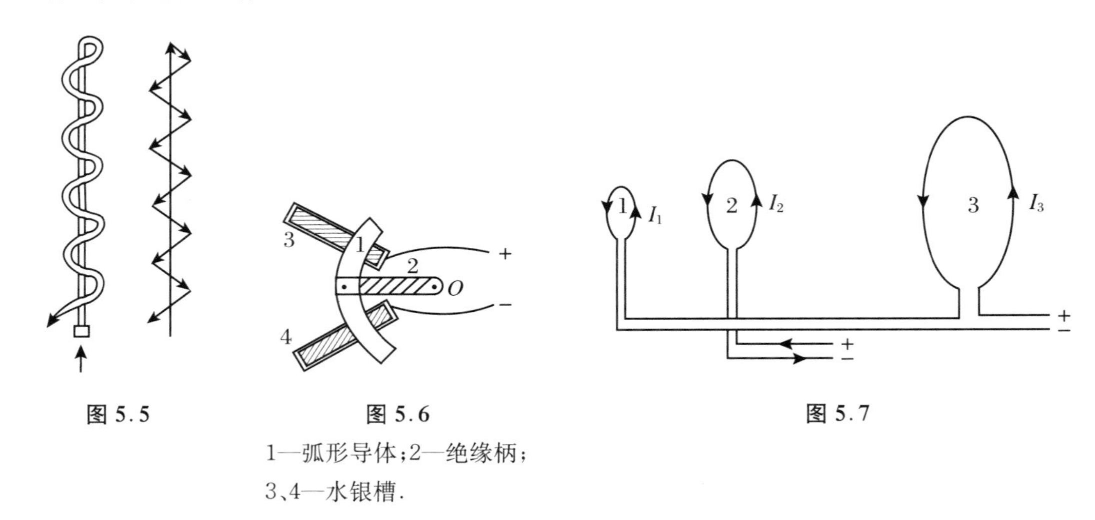

图5.5

图5.6

1—弧形导体；2—绝缘柄；
3、4—水银槽.

图5.7

(c) 实验三

如图5.6所示，将一圆弧形导体1放在两个水银槽3、4上.导体与一绝缘柄2的一端固连，绝缘柄的另一端连接在支点 O 上，使圆弧导体可绕支点自由转动，而不能做径向移动.给圆弧导体通电之后，可把它视为一电流元.安培用各种载流线圈对这一电流元施加作用，结果发现，都不能使它转动，因而实验说明：作用在电流元上的力是垂直于电流元的.

(d) 实验四

如图5.7所示，1、2、3是几何形状相似的线圈，它们的线度之比是 $\frac{1}{n}:1:n$，1与2和2与3之间的距离之比是 $1:n$.1和3两线圈固定，并串联在一起，通入电流 I_1；线圈2可以移动，通入电流 I_2.由于线圈1、3位于线圈2的两侧，它们对线圈2的作用力应是相反的.安培用这样的装置来检验1、3两线圈对线圈2的合力是否为零.实验表明，合力确实为零.这一结果说明：所有几何线度(线圈的长度、相互距离)增加同一倍数时，作用力不变.

(2) 安培定律的原始表达式

由于牛顿力学的成就，安培自然想到电流元之间的相互作用力应该在它们的连线上，并且等大反向，即满足牛顿第三定律.但是，这是不能由实验直接证明的，所以安培把它作为一个假设提出来.安培就是在以上几个实验和这个假设的基础上，导出

了电流元之间相互作用力的公式.安培最初发表的安培定律的公式是

$$\mathrm{d}\boldsymbol{F}_{12} = -kI_1I_2\boldsymbol{r}_{12}\left[\frac{2}{r_{12}^3}(\mathrm{d}\boldsymbol{l}_1\cdot\mathrm{d}\boldsymbol{l}_2)-\frac{3}{r_{12}^5}(\mathrm{d}\boldsymbol{l}_1\cdot\boldsymbol{r}_{12})(\mathrm{d}\boldsymbol{l}_2\cdot\boldsymbol{r}_{12})\right] \tag{5.39}$$

下面,介绍根据几个实验的结果导出安培定律这一原始表达式的过程.

为了简练,我们把矢量作为数学工具,这虽不是安培的原始推导,但实质是相同的.

如图5.8(a)所示,令 $\boldsymbol{r}_{12}$代表由电流元 $I_1\mathrm{d}\boldsymbol{l}_1$ 指向 $I_2\mathrm{d}\boldsymbol{l}_2$ 的矢径,$\mathrm{d}\boldsymbol{F}_{12}$代表电流元 $I_1\mathrm{d}\boldsymbol{l}_1$ 施于电流元 $I_2\mathrm{d}\boldsymbol{l}_2$ 的力.已有实验证明,$\mathrm{d}\boldsymbol{F}_{12}$与 I_1、I_2 成正比,并且与两电流元的取向有关.上述符号假设意味着电流元1处于源点的位置,电流元2处于场点的位置.下面的推导中场点的位置是不变的,而源点却沿闭合路径变化,所以用从场点指向场源电流元的矢量 $\boldsymbol{r}(=-\boldsymbol{r}_{12})$来代替 $\boldsymbol{r}_{12}$要方便些(图5.8(b)),这样,$\mathrm{d}\boldsymbol{l}_1=\mathrm{d}\boldsymbol{r}$,$I_1\mathrm{d}\boldsymbol{l}_1=I_1\mathrm{d}\boldsymbol{r}$.

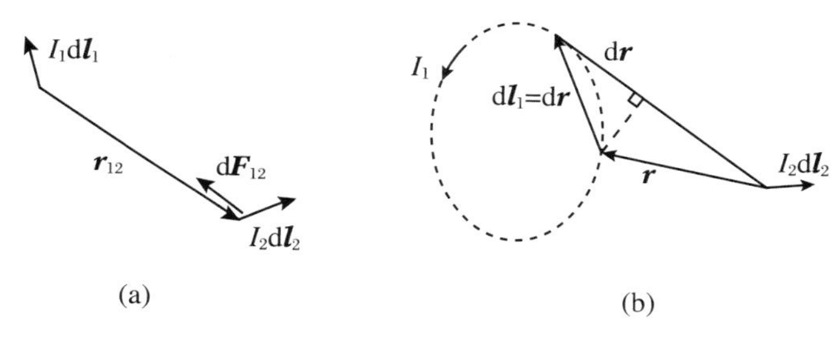

图 5.8

为满足前述实验一、二和安培的假设,$\mathrm{d}\boldsymbol{F}_{12}$的普遍表达式可写成

$$\mathrm{d}\boldsymbol{F}_{12} = I_1I_2\boldsymbol{r}[(\mathrm{d}\boldsymbol{r}\cdot\mathrm{d}\boldsymbol{l}_2)\phi(r)+(\mathrm{d}\boldsymbol{r}\cdot\boldsymbol{r})(\mathrm{d}\boldsymbol{l}_2\cdot\boldsymbol{r})\varphi(r)] \tag{5.40}$$

式中,$\phi(r)$和 $\varphi(r)$是 $\boldsymbol{r}$ 的绝对值的函数.从上式可以看出:当 $\mathrm{d}\boldsymbol{l}_1(=\mathrm{d}\boldsymbol{r})$或 $\mathrm{d}\boldsymbol{l}_2$ 之一反向时,$\mathrm{d}\boldsymbol{F}_{12}$反向;$\mathrm{d}\boldsymbol{F}_{12}$沿 $\boldsymbol{r}$ 的方向;当下标对调时,整个式子反号,即 $\mathrm{d}\boldsymbol{F}_{21}=-\mathrm{d}\boldsymbol{F}_{12}$,满足牛顿第三定律.

根据实验四及实验二和两平行长直电流间的相互作用力与距离成反比的实验结果,可知 $\mathrm{d}\boldsymbol{F}_{12}$应与两电流元的距离 r^2 成反比,所以 $\phi(r)$和 $\varphi(r)$应具有如下的形式:

$$\phi(r) = \frac{C_1}{r^3},\quad \varphi(r) = \frac{C_2}{r^5} \tag{5.41}$$

这里 C_1 及 C_2 是两个常数.因为只有这样,才能使式(5.40)中的 $\mathrm{d}\boldsymbol{l}_1(=\mathrm{d}\boldsymbol{r})$、$\mathrm{d}\boldsymbol{l}_2$ 和 $\boldsymbol{r}$ 增大同一倍数n 时,$\mathrm{d}\boldsymbol{F}_{12}$不变;也只有这样,才能使电流元 $I_2\mathrm{d}\boldsymbol{l}_2$ 所受的合力(沿 I_1 闭合回路的矢量积分)与 r 的一次方成反比,将式(5.41)代入式(5.40),得

$$\mathrm{d}\boldsymbol{F}_{12} = I_1I_2\boldsymbol{r}\left[\frac{C_1(\mathrm{d}\boldsymbol{r}\cdot\mathrm{d}\boldsymbol{l}_2)}{r^3}+\frac{C_2(\mathrm{d}\boldsymbol{r}\cdot\boldsymbol{r})(\mathrm{d}\boldsymbol{l}_2\cdot\boldsymbol{r})}{r^5}\right] \tag{5.42}$$

现在根据实验三来确定常数 C_1、C_2 之间的关系.实验三表明,式(5.42)对 $\mathrm{d}\boldsymbol{r}(=\mathrm{d}\boldsymbol{l}_1)$沿任意闭合回路 L_1 积分的结果应与 $\mathrm{d}\boldsymbol{l}_2$ 垂直,即

$$\left(\oint_{L_1}\mathrm{d}\boldsymbol{F}_{12}\right)\cdot\mathrm{d}\boldsymbol{l}_2 = \oint_{L_1}\mathrm{d}\boldsymbol{F}_{12}\cdot\mathrm{d}\boldsymbol{l}_2 = 0 \tag{5.43}$$

要使式(5.43)成立,必须使 $\mathrm{d}\boldsymbol{F}_{12}\cdot\mathrm{d}\boldsymbol{l}_2$ 成为一全微分.根据式(5.42),有

$$\begin{aligned}\mathrm{d}\boldsymbol{F}_{12}\cdot\mathrm{d}\boldsymbol{l}_2 &= I_1I_2(\boldsymbol{r}\cdot\mathrm{d}\boldsymbol{l}_2)\left[\frac{C_1(\mathrm{d}\boldsymbol{r}\cdot\mathrm{d}\boldsymbol{l}_2)}{r^3}+\frac{C_2(\mathrm{d}\boldsymbol{r}\cdot\boldsymbol{r})(\mathrm{d}\boldsymbol{l}_2\cdot\boldsymbol{r})}{r^5}\right]\\ &= I_1I_2\left\{\frac{C_1}{2}\mathrm{d}\left[\frac{(\boldsymbol{r}\cdot\mathrm{d}\boldsymbol{l}_2)^2}{r^3}\right]+\frac{3C_1}{2}\frac{\mathrm{d}r}{r^4}(\boldsymbol{r}\cdot\mathrm{d}\boldsymbol{l}_2)^2+\frac{C_2}{r^5}(\mathrm{d}\boldsymbol{r}\cdot\boldsymbol{r})(\mathrm{d}\boldsymbol{l}_2\cdot\boldsymbol{r})^2\right\}\end{aligned}$$

由图5.8(b)可以看出,$\mathrm{d}\boldsymbol{r}\cdot\boldsymbol{r}=r\mathrm{d}r$ 或 $\mathrm{d}r=\dfrac{\mathrm{d}\boldsymbol{r}\cdot\boldsymbol{r}}{r}$,利用此结果改写上式右端第二项之后,得

$$\mathrm{d}\boldsymbol{F}_{12}\cdot\mathrm{d}\boldsymbol{l}_2 = I_1I_2\left\{\frac{C_1}{2}\mathrm{d}\left[\frac{(\boldsymbol{r}\cdot\mathrm{d}\boldsymbol{l}_2)^2}{r^3}\right]+\left(\frac{3C_1}{2}+C_2\right)\left[\frac{(\mathrm{d}\boldsymbol{r}\cdot\boldsymbol{r})(\mathrm{d}\boldsymbol{l}_2\cdot\boldsymbol{r})^2}{r^5}\right]\right\} \tag{5.44}$$

要使式(5.44)成为全微分,其右端第二项的系数应为零,即

$$\frac{3}{2}C_1+C_2=0 \quad 或 \quad \frac{C_1}{2}=-\frac{C_2}{3}$$

于是,我们可以把 C_1、C_2 用一个常数 k 来表示,即 $k=\dfrac{C_1}{2}=-\dfrac{C_2}{3}$,或

$$C_1=2k,\quad C_2=-3k \tag{5.45}$$

将式(5.45)代入式(5.42),并将 $\boldsymbol{r}$ 还原成 $-\boldsymbol{r}_{12}$,$\mathrm{d}\boldsymbol{r}$ 还原成 $\mathrm{d}\boldsymbol{l}_1$,得

$$\mathrm{d}\boldsymbol{F}_{12}=-kI_1I_2\boldsymbol{r}_{12}\left[\frac{2}{r_{12}^3}(\mathrm{d}\boldsymbol{l}_1\cdot\mathrm{d}\boldsymbol{l}_2)-\frac{3}{r_{12}^5}(\mathrm{d}\boldsymbol{l}_1\cdot\boldsymbol{r}_{12})(\mathrm{d}\boldsymbol{l}_2\cdot\boldsymbol{r}_{12})\right] \tag{5.46}$$

此式便是安培最初发表的安培定律的公式(5.39).式中,比例系数 k 由式中各量的单位选择而定.用此公式计算闭合电流之间的相互作用力与实验结果一致.

(3) 安培定律表达式的其他可能形式

由于所依据的实验结果都是稳恒电流间的作用,而在稳恒电流的情况下,$\mathrm{d}\boldsymbol{l}_1$ 总是某个闭合载流回路中的一小段,$\mathrm{d}\boldsymbol{F}_{12}$是电流元 $I_1\mathrm{d}\boldsymbol{l}_1$ 对电流元 $I_2\mathrm{d}\boldsymbol{l}_2$ 的作用力.如要求出回路1对 $I_2\mathrm{d}\boldsymbol{l}_2$ 的作用力,应将 $\mathrm{d}\boldsymbol{F}_{12}$对 $\mathrm{d}\boldsymbol{l}_1$ 沿回路1积分;要求回路1对回路2的总作用力,还需将上述积分结果再对 $\mathrm{d}\boldsymbol{l}_2$ 沿回路2积分.所以,在式(5.46)中需加一项,只要这一相加项对 $\mathrm{d}\boldsymbol{l}_1$ 和 $\mathrm{d}\boldsymbol{l}_2$ 沿任意闭合回路积分都等于零,就不会影响把式(5.46)应用于实际回路所得的结果.由此可知,电流元相互作用的安培定律可以写成许多不同形式.下面我们寻求满足上述要求的相加项的形式.我们知道,要求对任一回路的积分为零的必要条件是:这一积分的被积式必须是某一函数的全微分.据此,可在式(5.46)中加入具有如下形式的项:

$$\mathrm{d}[(\boldsymbol{r}\cdot\mathrm{d}\boldsymbol{l}_2)\boldsymbol{r}\xi(r)+\eta(r)\mathrm{d}\boldsymbol{l}_2]$$

式中,$\xi(r)$和 $\eta(r)$是 r 的任意函数.把上式的微分运算求出,并把 $\boldsymbol{r}$ 及 $\mathrm{d}\boldsymbol{r}$ 还原成 $-\boldsymbol{r}_{12}$及$\mathrm{d}\boldsymbol{l}_1$,便得到安培定律表达式的普遍形式:

$$\mathrm{d}\boldsymbol{F}_{12}=-kI_1I_2\boldsymbol{r}_{12}\left[\frac{2}{r_{12}^3}(\mathrm{d}\boldsymbol{l}_1\cdot\mathrm{d}\boldsymbol{l}_2)-\frac{3}{r_{12}^5}(\mathrm{d}\boldsymbol{l}_1\cdot\boldsymbol{r}_{12})(\mathrm{d}\boldsymbol{l}_2\cdot\boldsymbol{r}_{12})\right]$$

$$- \boldsymbol{r}_{12}(\mathrm{d}\boldsymbol{l}_1 \cdot \mathrm{d}\boldsymbol{l}_2)\xi(r_{12}) - \boldsymbol{r}_{12}(\mathrm{d}\boldsymbol{l}_1 \cdot \boldsymbol{r}_{12})(\mathrm{d}\boldsymbol{l}_2 \cdot \boldsymbol{r}_{12})\frac{\xi'(r_{12})}{r_{12}}$$

$$- \mathrm{d}\boldsymbol{l}_1(\mathrm{d}\boldsymbol{l}_2 \cdot \boldsymbol{r}_{12})\xi(r_{12}) - \mathrm{d}\boldsymbol{l}_2(\mathrm{d}\boldsymbol{l}_1 \cdot \boldsymbol{r}_{12})\frac{\eta'(r_{12})}{r_{12}} \tag{5.47}$$

式中，ξ'及η'分别是ξ及η对r_{12}的导数.

下面讨论一个特例.

如果坚持$\mathrm{d}\boldsymbol{F}_{12} = -\mathrm{d}\boldsymbol{F}_{21}$，那就必须要求式(5.47)对下标1、2是反对称的，即1、2对调位置后所得的$\mathrm{d}\boldsymbol{F}_{21}$应与$\mathrm{d}\boldsymbol{F}_{12}$等值反号.由式(5.47)右端可知，除了最后两项外，其余各项都能满足这一要求.要使整个式子对下标具有反对称性，式(5.47)或右端最后两项也应具有这种性质，这就要求有下面的关系：

$$\xi(r_{12}) = \frac{\eta'(r_{12})}{r_{12}} \tag{5.48}$$

如果我们将$\xi(r_{12})$、$\eta(r_{12})$选定，就可以得到安培定律的一种表达式.下面，我们作最简单的选择：

$$\xi(r_{12}) = \frac{\eta'(r_{12})}{r_{12}} = -k\frac{I_1 I_2}{r_{12}^3} \tag{5.49}$$

$$\eta(r_{12}) = \frac{kI_1 I_2}{r_{12}} \tag{5.50}$$

将式(5.49)和式(5.50)代入式(5.47)，经化简后得

$$\mathrm{d}\boldsymbol{F}_{12} = \frac{kI_1 I_2}{r_{12}^3}[\mathrm{d}\boldsymbol{l}_1(\mathrm{d}\boldsymbol{l}_2 \cdot \boldsymbol{r}_{12}) - \boldsymbol{r}_{12}(\mathrm{d}\boldsymbol{l} \cdot \mathrm{d}\boldsymbol{l}_2) + \mathrm{d}\boldsymbol{l}_2(\mathrm{d}\boldsymbol{l}_1 \cdot \boldsymbol{r}_{12})] \tag{5.51}$$

式(5.51)对下标是反对称的，因此，必然有$\mathrm{d}\boldsymbol{F}_{12} = -\mathrm{d}\boldsymbol{F}_{21}$.

(4) 安培定律的现代表达式

由于磁偶极子间的相互作用力一般并不沿两者的连线，所以安培的假设两电流元间的相互作用力沿它们的连线并不是必要的.如果我们放弃这一假设对$\mathrm{d}\boldsymbol{F}_{12}$的限制，是否可以由式(5.47)得到安培定律的现代表达式(5.34)呢？我们知道式(5.34)一般并不满足$\mathrm{d}\boldsymbol{F}_{12} = -\mathrm{d}\boldsymbol{F}_{21}$，也就是说，我们由式(5.47)得到式(5.34)时，并不要求式(5.47)对下标具有反对称性.这时，为了从式(5.47)得到式(5.34)，只需

$$\xi(r_{21}) = -\frac{kI_1 I_2}{r_{12}^3}, \quad \eta'(r_{12}) = 0 \tag{5.52}$$

将它们代入式(5.47)，化简后得

$$\mathrm{d}\boldsymbol{F}_{12} = \frac{kI_1 I_2}{r_{12}^3}[\mathrm{d}\boldsymbol{l}_1(\mathrm{d}\boldsymbol{l}_2 \cdot \boldsymbol{r}_{12}) - \boldsymbol{r}_{12}(\mathrm{d}\boldsymbol{l}_1 \cdot \mathrm{d}\boldsymbol{l}_2)] \tag{5.53}$$

利用矢量代数公式：$\boldsymbol{a} \times (\boldsymbol{b} \times \boldsymbol{c}) = \boldsymbol{b}(\boldsymbol{a} \cdot \boldsymbol{c}) - \boldsymbol{c}(\boldsymbol{a} \cdot \boldsymbol{b})$，式(5.53)可化为

$$\mathrm{d}\boldsymbol{F}_{12} = \frac{kI_1 I_2 \mathrm{d}\boldsymbol{l}_2 \times (\mathrm{d}\boldsymbol{l}_1 \times \boldsymbol{r}_{12})}{r_{12}^3}$$

这就是式(5.34).很明显，对于上式，一般来说没有$\mathrm{d}\boldsymbol{F}_{12} = -\mathrm{d}\boldsymbol{F}_{21}$.

综上所述，安培定律是根据实验事实从理论上导出来的. 根据安培的实验，我们只能得到像式(5.47)那样的一个普遍表达式. 因为式中含有两个任意函数 $\xi(r_{12})$ 和 $\eta(r_{12})$，所以随着这两个函数的不同选择，安培定律的表达式将有多种不同形式. 如果选择 $\xi(r_{12})$ 和 $\eta'(r_{12})$ 为零，就得到安培定律的原始表达式(5.46)，这个公式给出的 $\mathrm{d}\boldsymbol{F}_{12}$ 与 $\mathrm{d}\boldsymbol{F}_{21}$ 不但沿两电流元连线，而且还满足牛顿第三定律；如果按照式(5.49)选择 ξ 和 η'，就得到安培定律表达式的另一种形式，即式(5.51)，按式(5.51)，$\mathrm{d}\boldsymbol{F}_{12}$ 与 $\mathrm{d}\boldsymbol{F}_{21}$ 可以不沿连线，但仍满足 $\mathrm{d}\boldsymbol{F}_{12} = -\mathrm{d}\boldsymbol{F}_{21}$；如果按照式(5.52)选择 ξ 和 η'，就得到安培定律的现代表达式，即式(5.34)，按照式(5.34)，一般地，$\mathrm{d}\boldsymbol{F}_{12}$ 与 $\mathrm{d}\boldsymbol{F}_{21}$ 不沿两电流元连线，也不满足 $\mathrm{d}\boldsymbol{F}_{12} = -\mathrm{d}\boldsymbol{F}_{21}$.

这些表达式在形式上不同，给出的 $\mathrm{d}\boldsymbol{F}_{12}$ 与 $\mathrm{d}\boldsymbol{F}_{21}$ 的关系也不相同，但是分别用它们计算给定的两稳恒的闭合电流的相互作用力时，会得到完全相同的结果. 也就是说，在稳恒条件下，它们之间的区别并不表现出来. 然而，为什么要采取安培定律的现代表达式(5.34)呢? 这是因为式(5.34)有如下的优点：

① 安培定律的现代表达式(5.34)比安培本人最初发表的公式(5.39)以及其他表达式简洁，使用起来较为方便.

② 按照毕奥-萨伐尔定律，电流元 $I_2\mathrm{d}\boldsymbol{l}_2$ 的磁场在电流元 $I_1\mathrm{d}\boldsymbol{l}_1$ 处的 $\mathrm{d}\boldsymbol{B}_2$ 是

$$\mathrm{d}\boldsymbol{B}_2 = \frac{\mu_0}{4\pi}\frac{I_2\mathrm{d}\boldsymbol{l}_2 \times \boldsymbol{r}_{12}}{r_{12}^3}$$

于是安培定律可表示为

$$\mathrm{d}\boldsymbol{F}_{21} = I_1\mathrm{d}\boldsymbol{l}_1 \times \mathrm{d}\boldsymbol{B}_2$$

由此很容易认识安培定律与毕奥-萨伐尔定律之间的内在联系，并由此得出电流元 $I\mathrm{d}\boldsymbol{l}$ 在任意磁场 $\boldsymbol{B}$ 中受力的安培公式：

$$\mathrm{d}\boldsymbol{F} = I\mathrm{d}\boldsymbol{l} \times \boldsymbol{B} \tag{5.54}$$

③ 在非稳恒的情况下可以存在孤立的电流元. 采用式(5.34)，很容易推广到非稳恒的电流元的情形. 如以速度 v 运动的电荷 q 就相当于一个孤立的电流元 $I\mathrm{d}\boldsymbol{l} = q\boldsymbol{v}$. 运动电荷在磁场中所受的力——洛伦兹力

$$\boldsymbol{F} = q\boldsymbol{v} \times \boldsymbol{B} \tag{5.55}$$

与等效电流元 $I\mathrm{d}\boldsymbol{l}$ 在磁场中受力的安培公式在形式上相同. 这表明采用式(5.34)可说明安培力与洛伦兹力的关系，而且还表明(5.34)式可以推广到非稳恒的情况. 这是安培定律的其他表达式所不具备的.

3. 电流之间的相互作用是否满足牛顿第三定律?

(1) 稳恒电流元之间的相互作用是否满足牛顿第三定律?

在不少电磁学教科书中都有这样一个例子：如图 5.9 所示，求两个相互正交的稳

恒电流元 $I_1\mathrm{d}\boldsymbol{l}_1$ 和 $I_2\mathrm{d}\boldsymbol{l}_2$ 之间的相互作用力.

按照安培定律，电流元 $I_1\mathrm{d}\boldsymbol{l}_1$ 所受到的电流元 $I_2\mathrm{d}\boldsymbol{l}_2$ 施加的力为

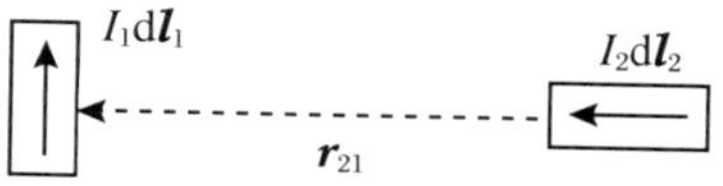

$$\mathrm{d}\boldsymbol{F}_{21}=\frac{\mu_0}{4\pi}\frac{I_1\mathrm{d}\boldsymbol{l}_1\times(I_2\mathrm{d}\boldsymbol{l}_2\times\boldsymbol{r}_{21})}{r_{21}^3}=\boldsymbol{0}$$

$I_1\mathrm{d}\boldsymbol{l}_1$　$I_2\mathrm{d}\boldsymbol{l}_2$　$\boldsymbol{r}_{21}$

图 5.9

电流元 $I_2\mathrm{d}\boldsymbol{l}_2$ 所受到的电流元 $I_1\mathrm{d}\boldsymbol{l}_1$ 施加的力为

$$\mathrm{d}\boldsymbol{F}_{12}=\frac{\mu_0}{4\pi}\frac{I_2\mathrm{d}\boldsymbol{l}_2\times(I_1\mathrm{d}\boldsymbol{l}_1\times\boldsymbol{r}_{12})}{r_{21}^3}\neq\boldsymbol{0}$$

由此可见，一般来说，两稳恒电流元之间的相互作用力并不一定等大反向，即两稳恒电流元之间的相互作用力并不一定满足牛顿第三定律.这一结论似乎是完全正确的.但是，我们知道，安培定律是从实验总结出来的，它的数学表达式却并不是唯一的(参看本章问题讨论 2).各种表达式在形式上不相同，在反映电流元的相互作用是否满足牛顿第三定律这一点上也可以得出不同的结论.但是将它们用于实际的稳恒电流之间的相互作用时，所得结果并无任何差别.这里很自然地会出现这样的问题：讨论两孤立稳恒电流元的相互作用是否满足牛顿第三定律有没有实际意义？

为了回答这个问题，让我们回忆一下稳恒电流的一个基本特性：稳恒电流的电流线只能是无首无尾的闭合曲线，这称为稳恒电流的闭合性，因而载有稳恒电流的电路必须是闭合电路.可见，孤立的稳恒电流元是不可能存在的，所以在稳恒电流的范围内讨论两个孤立的稳恒电流元的相互作用是否满足牛顿第三定律是没有实际意义的.(请注意，这并不是说关于电流元的安培公式没有实际意义.)

在前一个问题讨论中我们已指出，如果推广到非稳恒电流元的情形(如与运动电荷等效的非稳恒电流元)，安培定律就必须取现在通用的形式(式(5.35))，它表明电流元之间的相互作用不满足牛顿第三定律.这对于非稳恒电流元是可以用实验证实的.

(2) 闭合稳恒电流之间的相互作用满足牛顿第三定律

设有两个稳恒电流回路 L_1 及 L_2，它们所载电流分别为 I_1 及 I_2.在回路 L_1 上任取一电流元 $I_1\mathrm{d}\boldsymbol{l}_1$，它受回路 L_2 的作用力 $\mathrm{d}\boldsymbol{F}_{21}$ 就是 L_2 上各电流元的作用力的矢量和，由安培定律知，此力应表示为

$$\mathrm{d}\boldsymbol{F}_{21}=\frac{\mu_0}{4\pi}\oint_{L_2}\frac{I_1\mathrm{d}\boldsymbol{l}_1\times(I_2\mathrm{d}\boldsymbol{l}_2\times\boldsymbol{r}_{21})}{r_{21}^3}\tag{5.56}$$

L_1 上各电流元均要受到 L_2 的作用，因而 L_2 对 L_1 的作用力应为

$$\boldsymbol{F}_{21}=\oint_{L_2}\mathrm{d}\boldsymbol{F}_{21}=\frac{\mu_0}{4\pi}I_1I_2\oint_{L_1}\oint_{L_2}\frac{\mathrm{d}\boldsymbol{l}_1\times(\mathrm{d}\boldsymbol{l}_2\times\boldsymbol{r}_{21}^0)}{r_{21}^2}\tag{5.57}$$

式中，$\boldsymbol{r}_{21}^0=\dfrac{\boldsymbol{r}_{21}}{r_{21}}$是 $\boldsymbol{r}_{21}$的单位矢量.应用矢量代数及矢量分析的知识，可将上式化为

$$F_{21} = -\frac{\mu_0 I_1 I_2}{4\pi}\oint_{L_1}\oint_{L_2}\frac{\mathrm{d}\boldsymbol{l}_1 \cdot \mathrm{d}\boldsymbol{l}_2}{r_{21}^2}\boldsymbol{r}_{21}^0 \tag{5.58}$$

同理,可得回路 L_1 对回路 L_2 的作用力为

$$F_{12} = -\frac{\mu_0 I_1 I_2}{4\pi}\oint_{L_1}\oint_{L_2}\frac{\mathrm{d}\boldsymbol{l}_1 \cdot \mathrm{d}\boldsymbol{l}_2}{r_{12}^2}\boldsymbol{r}_{12}^0 \tag{5.59}$$

因为 $\boldsymbol{r}_{21}^0 = -\boldsymbol{r}_{12}^0$,故有

$$\boldsymbol{F}_{21} = -\boldsymbol{F}_{12} \tag{5.60}$$

由此可见,在稳恒电流的情况下,两闭合载流回路间的相互作用力总是满足牛顿第三定律,实验也证明了这个结论.那么,是否一切闭合电流间的相互作用都满足牛顿第三定律呢?或者说非稳恒载流回路之间的相互作用是否也满足牛顿第三定律?

(3) 非稳恒电流之间的相互作用不满足牛顿第三定律

我们已知道一个运动电荷相当于一个非稳恒电流元.为了回答上面的问题,先讨论两个运动电荷间的相互作用力.

一个运动电荷 q 在空间任一点的 $\boldsymbol{E}$ 和 $\boldsymbol{B}$ 都随着它的运动而发生变化,也就是说,运动电荷(非稳恒电流元)的电场和磁场是非稳恒的.

设两个点电荷 q_1 和 q_2 的运动速度分别为 $\boldsymbol{v}_1$ 和 $\boldsymbol{v}_2$,按照洛伦兹公式,它们所受到的力分别为

$$\boldsymbol{F}_1 = q_1(\boldsymbol{E}_2 + \boldsymbol{v}_1 \times \boldsymbol{B}_2) \tag{5.61}$$

$$\boldsymbol{F}_2 = q_2(\boldsymbol{E}_1 + \boldsymbol{v}_2 \times \boldsymbol{B}_1) \tag{5.62}$$

式中,$\boldsymbol{E}_2$ 和 $\boldsymbol{B}_2$ 分别是电荷 q_2 在电荷 q_1 所在处的电场和磁场,$\boldsymbol{E}_1$ 和 $\boldsymbol{B}_1$ 分别是电荷 q_1 在电荷 q_2 所在处的电场和磁场.可见,只有求得了两个点电荷各自产生的电场和磁场,才能求得 $\boldsymbol{F}_1$ 和 $\boldsymbol{F}_2$.由于运动电荷产生的电场和磁场是以有限的速度(光速 c)传播的,所以电荷于 t 时刻在空间某点产生的电磁场不由电荷在该时刻的位置、速度和加速度决定,而应由电荷在早些时刻的位置、速度和加速度决定.因此,求任意运动电荷的电磁场不是一件容易的事情.可以证明,只有在两电荷运动速度远小于光速,且它们的速度和加速度满足 $\boldsymbol{v}_1 = \pm\boldsymbol{v}_2$ 和 $a_1 = -a_2$ 时,它们所受的力才等大反向,即 $\boldsymbol{F}_1 = -\boldsymbol{F}_2$.

为什么两运动电荷的相互作用力一般不满足牛顿第三定律呢?在力学中,我们知道一个不受外力作用的两质点系统的动量一定是守恒的,两质点间的相互作用力也一定是等大反向的.这里所谓不受外力作用,也可以表述为没有与它们相互作用的第三者存在.但是,在前面讨论的两运动点电荷组成的系统中,除了两点电荷之外,还有它们激发的电磁场.我们知道,电磁场是一种物质,它也有动量,它的动量可以随时间变化,可以从场的这一部分迁移到场的另一部分,还可以和电荷系交换动量.电磁场的动量密度为

$$\boldsymbol{g} = \frac{1}{c^2}\boldsymbol{S} = \frac{1}{c^2}(\boldsymbol{E} \times \boldsymbol{H}) \tag{5.63}$$

式中,$\boldsymbol{S}$ 是电磁场的能流密度矢量.电磁场具有动量已为大量实验所证实.正因为电磁场具有动量,并且可以同电荷发生动量交换,所以上述两运动点电荷本身并不构成封闭系统,只有把它们所激发的电磁场也包含在内才构成一封闭系统.也就是说,两个运动电荷的总机械动量与它们的电磁场的动量之和才是守恒的.如果我们用 $\boldsymbol{G}_1$ 和 $\boldsymbol{G}_2$ 分别表示两运动电荷的机械动量,则动量守恒可表述为

$$\frac{\mathrm{d}}{\mathrm{d}t}(\boldsymbol{G}_1+\boldsymbol{G}_2)+\frac{\mathrm{d}}{\mathrm{d}t}\int \boldsymbol{g}\mathrm{d}V=\boldsymbol{0}$$

或

$$\frac{\mathrm{d}}{\mathrm{d}t}(\boldsymbol{G}_1+\boldsymbol{G}_2)+\frac{\mathrm{d}}{\mathrm{d}t}\int \frac{1}{c^2}(\boldsymbol{E}_1+\boldsymbol{E}_2)\times(\boldsymbol{H}_1+\boldsymbol{H}_2)\mathrm{d}V=\boldsymbol{0}$$

经整理后,上式可改写为

$$\frac{\mathrm{d}}{\mathrm{d}t}\left[\boldsymbol{G}_1+\frac{1}{c^2}\int(\boldsymbol{E}_1\times\boldsymbol{H}_1)\mathrm{d}V\right]+\frac{\mathrm{d}}{\mathrm{d}t}\left[\boldsymbol{G}_2+\frac{1}{c^2}\int(\boldsymbol{E}_2\times\boldsymbol{H}_2)\mathrm{d}V\right]$$
$$+\frac{\mathrm{d}}{\mathrm{d}t}\int\frac{1}{c^2}(\boldsymbol{E}_1\times\boldsymbol{H}_2+\boldsymbol{E}_2\times\boldsymbol{H}_1)\mathrm{d}V=\boldsymbol{0} \tag{5.64}$$

式中,左端第一项和第二项分别为运动电荷 q_1 和 q_2 的机械动量和电磁动量的时变率.按动量定理,它们应分别是 q_1 和 q_2 受到的力,即

$$\boldsymbol{F}_1=\frac{\mathrm{d}}{\mathrm{d}t}\left[\boldsymbol{G}_1+\frac{1}{c^2}\int(\boldsymbol{E}_1\times\boldsymbol{H}_1)\mathrm{d}V\right] \tag{5.65}$$

$$\boldsymbol{F}_2=\frac{\mathrm{d}}{\mathrm{d}t}\left[\boldsymbol{G}_2+\frac{1}{c^2}\int(\boldsymbol{E}_2\times\boldsymbol{H}_2)\mathrm{d}V\right] \tag{5.66}$$

将它们代入式(5.64),经整理后得到

$$\boldsymbol{F}_1+\boldsymbol{F}_2=-\frac{\mathrm{d}}{\mathrm{d}t}\int\frac{1}{c^2}(\boldsymbol{E}_1\times\boldsymbol{H}_2+\boldsymbol{E}_2\times\boldsymbol{H}_1)\mathrm{d}V \tag{5.67}$$

可见,两个运动电荷所受的力的矢量和并不为零,而是等于这两个电荷的电磁场动量的交叉项部分在单位时间内的减少量.也就是说,两运动电荷所受的力并不等大反向,因而不满足牛顿第三定律.

(4)两个非稳恒载流回路间的相互作用不满足牛顿第三定律

由前面的讨论我们知道,电荷受力之后,不但它的运动状态要发生变化,而且它所激发的场的 $\boldsymbol{E}$、$\boldsymbol{B}$ 也随之改变.所以力的作用是使电荷的动量和它的场的动量一起改变.对于两个非稳恒的载流回路而言,它们所激发的电磁场也是非稳恒的,在两非稳恒载流回路相互作用的过程中,电磁场的动量也在不断发生变化,因而两闭合电流所受的力必然没有等大反向的关系.

为什么两闭合的稳恒电流所受的力又有等大反向的关系呢?其关键在于稳恒电流的电场和磁场是稳恒的,稳恒场的动量是不随时间而变化的.但是,这并不是说电磁场不参与动量的交换.我们知道电荷或电流之间的作用是通过电磁场来实现的,稳恒电磁场是产生它的两闭合电流进行动量交换的媒介.然而稳恒场本身的动量并不发生变化,因而两闭合的稳恒电流的动量变化必然是等大反向的,其相互作用力也就满足牛顿第三定律.由此可见,两闭合电流的相互作用是否满足牛顿第三定律,不仅取决于电流是否闭合,而且还取决于电流是否稳恒.

4. 关于磁感应强度的定义

磁感应强度 $\boldsymbol{B}$ 是描写磁场各点性质的物理量.在目前较为通用的教材中,有关 $\boldsymbol{B}$ 的定义方法有三种.这三种方法看来各不相同,但是,它们的根据都是磁场对运动电荷(电流)有力作用这一实验事实,所不同的只是在不同的定义中用来探测磁场性质的探测元件不同,因而用以定义 $\boldsymbol{B}$ 的依据不同.例如,所用探测元件是电流元时,定义 $\boldsymbol{B}$ 的依据是安培力;所用探测元件是试探线圈时,定义 $\boldsymbol{B}$ 的依据是线圈在磁场中受的力矩;所用探测元件是运动电荷时,定义 $\boldsymbol{B}$ 的依据是洛伦兹力.

人们在认识到磁现象的本源是电荷运动以前,认为磁现象是一种叫"磁荷"的东西产生的.一块磁铁的N极和S极上分别带有正磁荷和负磁荷.人们约定磁场中某点磁场的方向是正磁荷(N极)在该点受的磁场力的方向.在下述定义 $\boldsymbol{B}$ 的三种方法中,都采用了历史上这一约定来规定磁感应强度 $\boldsymbol{B}$ 的方向.

(1) 根据电流元在磁场中所受的力定义 $\boldsymbol{B}$

若干实验分析表明,电流元 $I\mathrm{d}\boldsymbol{l}$ 在磁场中要受磁场力 $\mathrm{d}\boldsymbol{F}$ 的作用,$\mathrm{d}\boldsymbol{F}$ 的大小和方向不但与磁场的性质有关,还与电流元的大小和方向有关.但是磁场中每一点都存在一个特殊的方向,当电流元平行于它所在点的这一特殊方向时,它受的磁场力为零,与电流元的大小$|I\mathrm{d}\boldsymbol{l}|$无关.若把磁极N放在该点,则磁极N受的磁场力也沿此方向.这说明这一特殊方向反映了磁场本身在该点的性质.我们把磁极N在该点受力的指向定义为该点磁感应强度 $\boldsymbol{B}$ 的方向.

若改变电流元的方向,它受的磁场力 $\mathrm{d}\boldsymbol{F}$ 也要改变,但 $\mathrm{d}\boldsymbol{F}$ 的方向总是垂直于由电流元$I\mathrm{d}\boldsymbol{l}$ 的方向和磁感应强度$\boldsymbol{B}$ 的方向所组成的平面,并且 $I\mathrm{d}\boldsymbol{l}$、$\boldsymbol{B}$ 和 $\mathrm{d}\boldsymbol{F}$ 的方向构成右手螺旋关系.当 $I\mathrm{d}\boldsymbol{l}$ 的方向垂直于$\boldsymbol{B}$ 的方向时,电流元受到的磁场力最大,记为 $\mathrm{d}F_{\max}$.对磁场中一特定点而言,只要 $I\mathrm{d}\boldsymbol{l}$ 垂直于$\boldsymbol{B}$,无论 $I\mathrm{d}\boldsymbol{l}$ 的大小如何改变,$\mathrm{d}F_{\max}$与 $I\mathrm{d}l$ 的比值 $\mathrm{d}F_{\max}/I\mathrm{d}l$ 总是一个常量.可见,此比值反映了磁场本身的特性.因此,我们定义此比值为磁场在该点的磁感应强度 $\boldsymbol{B}$ 的大小,即

$$B=\frac{\mathrm{d}F_{\max}}{I\mathrm{d}l}\tag{5.68}$$

式(5.68)表明,磁场中某点的磁感应强度的大小在数值上等于单位电流元在该点受到的最大磁场力.

这种根据磁场对电流元的作用力(安培力 $\mathrm{d}\boldsymbol{F}=I\mathrm{d}\boldsymbol{l}\times\boldsymbol{B}$)引入磁感应强度 $\boldsymbol{B}$ 的方法存在着一个不可避免的困难,那就是作为探测磁场用的孤立稳恒电流元在实验上

是无法实现的.因而这种引入磁感应强度 $\boldsymbol{B}$ 的方法在原则上不可能提供一种测量磁感应强度 $\boldsymbol{B}$ 的方法.

(2) 根据载流线圈在磁场中所受的力矩定义 $\boldsymbol{B}$

在这种定义 $\boldsymbol{B}$ 的方法中,采用的探测磁场的元件是线度很小的平面载流线圈.为了探测空间中某点的磁场性质,线圈的线度必须足够小,使得线圈范围内各点的磁场的性质可以视为相同,同时线圈所载电流也必须足够小,以便可以忽略线圈电流的磁场对原有磁场的影响.这样的线圈称为试探线圈.

设线圈面积为 ΔS,所载电流强度为 I_0,则线圈的磁矩为

$$\boldsymbol{p}_{\mathrm{m}} = I_0 \Delta S \boldsymbol{n} \tag{5.69}$$

式中,$\boldsymbol{n}$ 为线圈平面的法向单位矢量,其正方向与电流的流向构成右手螺旋关系.

实验发现,将试探线圈放置在磁场中某点时,它要受到磁力矩的作用而发生转动.它所受的磁力矩 $\boldsymbol{M}$ 不仅与磁场在该点的性质有关,而且还与线圈磁矩 $\boldsymbol{p}_{\mathrm{m}}$ 的大小和方向有关.然而,无论试探线圈的磁矩大小如何,对磁场中任一点来说,都存在一个特殊的方向,当线圈磁矩沿此方向时,它受的磁力矩总是为零,而且磁极 N 在该点所受的磁力也沿此方向.这说明这一特殊方向反映了磁场本身在该点的性质.我们把磁极 N 在该点受力的指向定义为磁感应强度 $\boldsymbol{B}$ 的方向.

实验还发现,当线圈磁矩任意取向时,它受的磁力矩 $\boldsymbol{M}$ 总是垂直于由线圈磁矩 $\boldsymbol{p}_{\mathrm{m}}$ 的方向和线圈所在处的磁感应强度 $\boldsymbol{B}$ 的方向构成的平面,而且 $\boldsymbol{p}_{\mathrm{m}}$、$\boldsymbol{B}$ 和 $\boldsymbol{M}$ 的指向构成右手螺旋关系.当线圈磁矩的方向与 $\boldsymbol{B}$ 的方向垂直时,它受的磁力矩最大,记为 $M_{\max}$.对磁场中任一给定点而言,只要 $\boldsymbol{p}_{\mathrm{m}}$ 垂直于 $\boldsymbol{B}$,无论 $\boldsymbol{p}_{\mathrm{m}}$ 的大小如何,$M_{\max}$ 与 p_{m} 的比值 $M_{\max}/p_{\mathrm{m}}$ 总是一个常量.可见,此比值反映了磁场在该点的性质,我们定义此比值为该点磁感应强度 $\boldsymbol{B}$ 的大小,即

$$B = \frac{M_{\max}}{p_{\mathrm{m}}} \tag{5.70}$$

式(5.70)表明,磁场中某点的磁感应强度的大小等于具有单位磁矩的试探线圈在该点所受到的最大磁力矩.

实际上,这种定义 $\boldsymbol{B}$ 的方法是根据平面载流线圈在均匀磁场中受到的磁力矩 $\boldsymbol{M}=\boldsymbol{p}_{\mathrm{m}}\times\boldsymbol{B}$作用而提出的.对于任意的磁场来说,只要线圈满足试探线圈的要求,$\boldsymbol{M}=\boldsymbol{p}_{\mathrm{m}}\times\boldsymbol{B}$自然成立.这种定义 $\boldsymbol{B}$ 的方法在原则上为我们提供了一种测量 $\boldsymbol{B}$ 的方法.

(3) 根据运动电荷在磁场中所受的力定义 $\boldsymbol{B}$

在这种定义 $\boldsymbol{B}$ 的方法中,选用的探测磁场的元件是运动电荷,定义 $\boldsymbol{B}$ 的依据是洛伦兹力 $\boldsymbol{f}=q\boldsymbol{v}_{\mathrm{m}}\times\boldsymbol{B}$.

由于在基本内容概述中我们已用这种方法定义了 $\boldsymbol{B}$,这里就不再重述了.

在以上三种定义 $\boldsymbol{B}$ 的方法中,都特别注意了 $\boldsymbol{B}$ 是描写磁场本身特性的物理量,

无论是它的方向还是它的大小，都与探测元件无关，所以用三种方法中的任何一种来定义 $\boldsymbol{B}$ 都是可行的. 易于证明这三种定义是等价的. 就 $\boldsymbol{B}$ 的方向而论，三种方法中定义 $\boldsymbol{B}$ 的方向都与磁极 N 的受力方向一致，自然是统一的. 就 $\boldsymbol{B}$ 的大小而论，三种定义也是等价的. 因为电流元可与一个运动电荷等价，即 $I\mathrm{d}\boldsymbol{l}=q\boldsymbol{v}$. 而边长分别为 $\mathrm{d}l_1$、$\mathrm{d}l_2$ 的矩形线圈所受的力矩可写为 $M_{\max}=F_{\max}\mathrm{d}l_1$，线圈的磁矩可写为 $p_{\mathrm{m}}=I\mathrm{d}l_1\mathrm{d}l_2$，这样一来，必有

$$B=\frac{F_{\max}}{qv}=\frac{F_{\max}}{I\mathrm{d}l_2}=\frac{M_{\max}}{p_{\mathrm{m}}} \tag{5.71}$$

5. 安培力与洛伦兹力的关系

安培力是载流导体在外磁场中所受的磁场力. 处于磁场 $\boldsymbol{B}$ 中的一段线电流元 $I\mathrm{d}\boldsymbol{l}$ 所受的安培力为

$$\mathrm{d}\boldsymbol{F}_{\mathrm{A}}=I\mathrm{d}\boldsymbol{l}\times\boldsymbol{B} \tag{5.72}$$

洛伦兹力是在磁场中运动的电荷所受的磁场力. 若点电荷的电量为 q，运动速度为 $\boldsymbol{v}$，电荷所在处的磁感应强度为 $\boldsymbol{B}$，则该电荷所受的洛伦兹力为

$$\mathrm{d}\boldsymbol{F}_{\mathrm{L}}=q\boldsymbol{v}\times\boldsymbol{B} \tag{5.73}$$

就金属载流导体而言，电流是自由电子做定向漂移运动而形成的. 如果导体处于外磁场中，整个导体将受到安培力的作用，而导体中每一个做定向漂移的自由电子均将受到洛伦兹力的作用. 这两种力并不是互不相关的. 整个导体所受的安培力正是由导体中各个做定向运动的自由电子所受的洛伦兹力而引起的. 但是自由电子所受的洛伦兹力是怎样引起作用于载流导体的安培力的呢?

下面，我们将对这一问题作一些讨论.

(1) 安培力与洛伦兹力的互导

在下面进行的推导中，我们假设磁场相对于观察者是稳恒的，载流导线相对于观察者是静止的.

① 由安培公式导出洛伦兹公式

为了方便，我们以金属导体为例. 在金属导体中，载流子为自由电子，平均看来每个自由电子都以定向漂移速度 $\boldsymbol{v}$ 运动. 设长为 $\mathrm{d}l$ 的一段导线中自由电子总数为 N，则 $I\mathrm{d}\boldsymbol{l}=-Ne\boldsymbol{v}$. 由式(5.72)，得到这段导线所受的安培力为

$$\mathrm{d}\boldsymbol{F}_{\mathrm{A}}=I\mathrm{d}\boldsymbol{l}\times\boldsymbol{B}=-Ne\boldsymbol{v}\times\boldsymbol{B}$$

若认为此力是该段导线中每个自由电子所受的磁场力的总和，则每个自由电子所受到的磁场力为

$$\frac{\mathrm{d}\boldsymbol{F}_{\mathrm{A}}}{N}=-e\boldsymbol{v}\times\boldsymbol{B}=\mathrm{d}\boldsymbol{F}_{\mathrm{L}} \tag{5.74}$$

这正是一个自由电子受到的洛伦兹力.

② 由洛伦兹公式导出安培公式

由式(5.73),得 $\mathrm{d}l$ 段中的每个自由电子所受的洛伦兹力为

$$\mathrm{d}\boldsymbol{F}_{\mathrm{L}} = -e\boldsymbol{v}\times\boldsymbol{B}$$

设该段中共有 N 个自由电子,它们所受的洛伦兹力的总和为

$$\sum \mathrm{d}\boldsymbol{F}_{\mathrm{L}} = -Ne\boldsymbol{v}\times\boldsymbol{B} = I\mathrm{d}\boldsymbol{l}\times\boldsymbol{B} = \mathrm{d}\boldsymbol{F}_{\mathrm{A}} \tag{5.75}$$

这正是该段导线所受的安培力.

很明显,在上述推导中,至关重要的一点是认为安培力等于自由电子所受的洛伦兹力的矢量和.这种看法在导体静止的假定下是正确的.但是,以后我们将看到,当导体在磁场中运动时,这种看法就不正确了.

为了回答作用于单个电子的洛伦兹力怎样表现为安培力这个问题,有人提出了一种"碰撞"观点,认为做定向漂移运动的自由电子受洛伦兹力作用后,将产生侧向运动,在侧向运动中不断与金属导体的晶格(或原子实)相碰撞.在碰撞中,自由电子把由洛伦兹力获得的动量传递给晶格,晶格在单位时间内获得的冲量在宏观上就表现为安培力.因而安培力是自由电子与晶格碰撞产生的,它恒等于各个自由电子所受的洛伦兹力的合力.这是安培力与洛伦兹力之间的关系的简明解释,它似乎既有道理,又可以使安培公式与洛伦兹力互推.其实这种观点是不正确的.

(2) 碰撞观点的内在矛盾

① 碰撞是产生安培力的原因吗?

如果按照"碰撞观点",安培力是自由电子因受洛伦兹力而发生侧向运动,并与晶格发生碰撞的宏观效果,那么,当无外磁场时,自由电子因纵向漂移运动和晶格发生碰撞(这正是导体的电阻形成的原因),在宏观上也应表现为导体受到一纵向力.但是,在实验上从未发现这个力的存在.所以,认为碰撞是产生安培力的原因是值得怀疑的.

② 侧向碰撞存在吗?

在载流导体中,自由电子与晶格的碰撞产生电阻,同时产生焦耳热,这些都是毫无疑问的事实.如果自由电子因侧向运动还要和晶格不断发生附加碰撞,那么,在相同电流强度的情况下,有外磁场存在时导体的电阻和产生的焦耳热就应该比无外磁场时大.但是,实验上从没有测出过这种差异.因而,做侧向运动的电子是否与晶格发生碰撞也是值得怀疑的.

③ 自由电子真是不断做侧向运动的吗?

由霍尔效应我们知道,金属导体内的自由电子因受洛伦兹力作用,将在导体的上、下底面堆积负、正电荷,从而在导体内形成一方向向上的霍尔电场,如图 5.10 所示.自由电子所受的洛伦兹力 $\boldsymbol{F}_{\mathrm{L}}$ 与霍尔电场力 $\boldsymbol{F}_{\mathrm{H}}$ 反向,电流建立后的很短时间内 $\boldsymbol{F}_{\mathrm{L}}$ 与 $\boldsymbol{F}_{\mathrm{H}}$ 将达到平衡.此后,电子不再做侧向运动,仍以平均定向漂移速度沿与电流相反的方向运动.

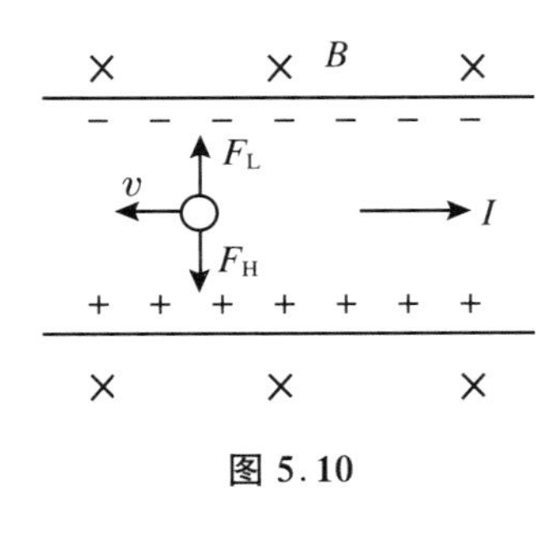

图 5.10

有一种意见认为，上述平衡是一种动态平衡，其理由是：形成霍尔电场的电子速度会变为零，因而不再受洛伦兹力作用，它们将在霍尔电场力和形成电流的稳恒电场力作用下向图 5.10 中的斜下方运动，从而使霍尔电场减弱，水平运动的电子的受力平衡被破坏，所以它们又会发生侧向偏转，去补充脱离上表面的形成霍尔电场的电子，使平衡又得以建立. 这种过程总在不断地重复进行着，因而电子与晶体的横向碰撞总在不断地发生. 这种看法笔者认为是不恰当的，因为没有理由认为形成霍尔电场的自由电子的速度会变为零. 这些电子仍然受到稳恒电场力作用，因而它们仍以平均定向漂移速度运动. 所以，在达到平衡后，所有自由电子，包括形成霍尔电场的电子都只有水平的定向漂移运动. 可见，电子不可能不断地做侧向运动，也就不可能与导体晶格发生不断的横向碰撞.

综上所述，"碰撞"观点是不成立的.

(3) 安培力的经典微观机制

为了了解安培力的经典微观机制，我们从具体问题入手，再归纳出一般性的结论.

① 载流导体相对于观察者静止

如图 5.11 所示，我们先分析一下平衡时自由电子和晶格离子的受力情况：(a) 自由电子受洛伦兹力 $\boldsymbol{F}_L$ 和霍尔电场力 $\boldsymbol{F}_H$ 的作用，两者平衡；(b) 自由电子反作用于形成霍尔电场的正、负电荷上的力 $\boldsymbol{F}_1$，此力方向向上，传递给导体；(c) 晶格离子受霍尔电场力 $\boldsymbol{F}$ 的作用，方向向上，遍布于整个导体的所有晶格离子上；(d) 晶格离子对形成霍尔电场的电荷的反作用力 $\boldsymbol{F}_2$，此力方向向下，传递给导体. 可以看出，$\boldsymbol{F}_1$ 和 $\boldsymbol{F}_2$ 等大反向，都作用在形成霍尔电场的电荷上，两者平衡相消. 现在，只剩下晶格离子所受的霍尔电场力 $\boldsymbol{F}$ 未被平衡，它表现为导体所受的安培力，这与安培力是彻体力相一致. 下面通过简单的计算说明.

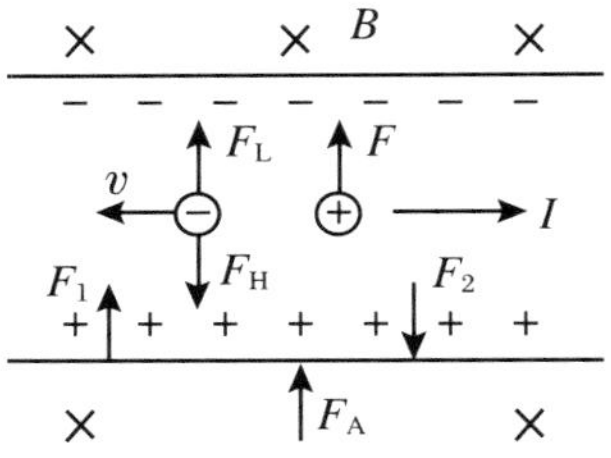

图 5.11

自由电子所受的洛伦兹力 $\boldsymbol{F}_L = -e\boldsymbol{v}\times\boldsymbol{B}$ 与它所受的霍尔电场力 $\boldsymbol{F}_H = -e\boldsymbol{E}_H$ 平衡，即

$$-e\boldsymbol{E}_H + (-e\boldsymbol{v}\times\boldsymbol{B}) = 0$$

由此可以得到霍尔电场的场强为

$$\boldsymbol{E}_H = -\boldsymbol{v}\times\boldsymbol{B} \tag{5.76}$$

设长为 $\mathrm{d}l$ 的一段导线中有 N 个晶格离子，它们所受的霍尔电场力为

$$\mathrm{d}\boldsymbol{F} = Ne\boldsymbol{E}_H \tag{5.77}$$

将式(5.76)代入式(5.77),得到

$$\mathrm{d}\boldsymbol{F} = -Ne\boldsymbol{v} \times \boldsymbol{B} \tag{5.78}$$

注意到电流密度 $\boldsymbol{j} = -en\boldsymbol{v}$ 和 $N = nS\mathrm{d}l$,式中,n 是导体内单位体积中的自由电子数,S 是导线的横截面积,则式(5.78)可改写为

$$\mathrm{d}\boldsymbol{F} = -neS\mathrm{d}l\boldsymbol{v} \times \boldsymbol{B} = (\boldsymbol{j}S \times \boldsymbol{B})\mathrm{d}l = I\mathrm{d}\boldsymbol{l} \times \boldsymbol{B} = \mathrm{d}\boldsymbol{F}_{\mathrm{A}}$$

这正是安培公式.

由此可见,在载流导体相对于观察者静止的情况下,它在外磁场中所受的安培力实质上是导体中带正电的晶格离子所受的霍尔电场力的合力.

② 载流导体相对于观察者以速度 $\boldsymbol{u}$ 平行于电流方向运动

如图 5.12 所示,设载流导体平行于电流方向向左运动,其他条件与①相同.这时自由电子相对于导体的速度仍为 $\boldsymbol{v}$,但相对于观察者的速度却为 $\boldsymbol{v}+\boldsymbol{u}$,因而电子所受的洛伦兹力为 $\boldsymbol{F}_{\mathrm{L}}' = -e(\boldsymbol{v}+\boldsymbol{u}) \times \boldsymbol{B}$,使电子向上偏转,形成霍尔电场.电子所受霍尔电场力为 $\boldsymbol{F}_{\mathrm{H}}' = -e\boldsymbol{E}_{\mathrm{H}}$.平衡时有

$$\boldsymbol{E}_{\mathrm{H}} = -(\boldsymbol{v}+\boldsymbol{u}) \times \boldsymbol{B} \tag{5.79}$$

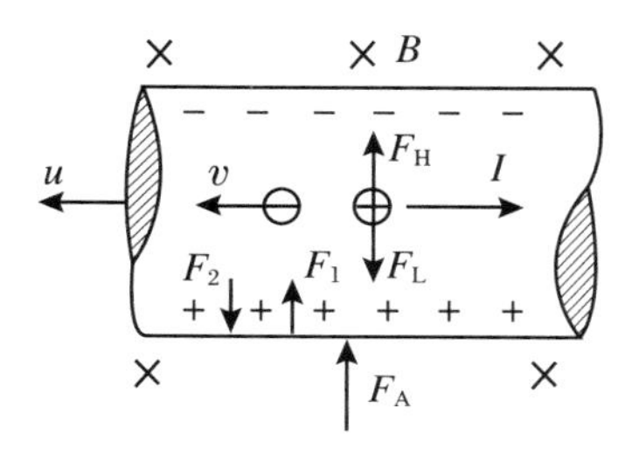

图 5.12

所以,$\mathrm{d}l$ 一段内 N 个晶格离子所受的霍尔电场力为

$$\mathrm{d}\boldsymbol{F}_{\mathrm{H}} = -Ne(\boldsymbol{v}+\boldsymbol{u}) \times \boldsymbol{B} \tag{5.80}$$

因为晶格离子伴随导体以速度 $\boldsymbol{u}$ 向右运动,它们亦将受到洛伦兹力的作用,此力为

$$\mathrm{d}\boldsymbol{F}_{\mathrm{L}} = Ne\boldsymbol{u} \times \boldsymbol{B} \tag{5.81}$$

作类似于①中的受力分析,容易看出,只有式(5.80)和式(5.81)中的力 $\mathrm{d}\boldsymbol{F}_{\mathrm{H}}$ 和 $\mathrm{d}\boldsymbol{F}_{\mathrm{L}}$ 未被平衡,它们都作用于导体上.此二力的合力就应该是导体所受的安培力.事实上

$$\begin{aligned}\mathrm{d}\boldsymbol{F}_{\mathrm{H}} + \mathrm{d}\boldsymbol{F}_{\mathrm{L}} &= -Ne(\boldsymbol{v}+\boldsymbol{u}) \times \boldsymbol{B} + Ne\boldsymbol{u} \times \boldsymbol{B} \\ &= -Ne\boldsymbol{v} \times \boldsymbol{B} = I\mathrm{d}\boldsymbol{l} \times \boldsymbol{B} = \mathrm{d}\boldsymbol{F}_{\mathrm{A}}\end{aligned}$$

正是所期望的结果.

由此可见,当载流导体沿与电流平行的方向在磁场中运动时,它所受的安培力是带正电的晶格离子所受的洛伦兹力和霍尔电场力的合力.但是,由于晶格离子伴随导体以速度 $\boldsymbol{u}$ 运动所受的洛伦兹力 $Ne\boldsymbol{u} \times \boldsymbol{B}$ 恰与增加的霍尔电场力 $-Ne\boldsymbol{u} \times \boldsymbol{B}$ 相抵消,所以,载流导体在磁场中所受的安培力只决定于自由电子相对于导体的定向漂移速度 $\boldsymbol{v}$ 所产生的霍尔电场对导体晶格离子的霍尔电场力.我们知道,导体中的电流强度 I 只决定于自由电子相对于导体的漂移速度 $\boldsymbol{v}$,而不是相对于观察者的速度 $\boldsymbol{v}+\boldsymbol{u}$.所以,上述结论和安培力与电流强度成比例的实验事实是一致的.

③ 载流导体以速度 $\boldsymbol{u}$ 垂直于自身电流方向运动

如图 5.13 所示,设载流导体以速度 $\boldsymbol{u}$ 垂直于电流方向向上运动,初始时自由电

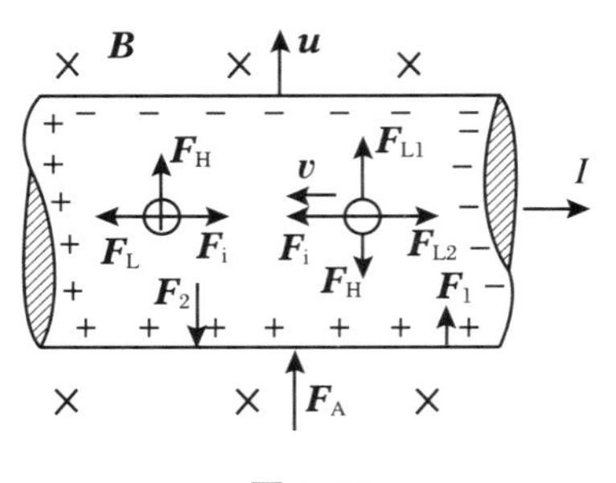

图 5.13

子以平均漂移速度 $\boldsymbol{v}_0$ 相对于导体向左运动.这样一来,电子就参与了两种运动,这两种运动都将使电子受到洛伦兹力的作用.先考虑自由电子伴随导体的运动,这一分运动使电子受到的洛伦兹力 $\boldsymbol{F}_{L2}$ 为

$$\boldsymbol{F}_{L2} = -e\boldsymbol{u} \times \boldsymbol{B} \tag{5.82}$$

$\boldsymbol{F}_{L2}$ 的作用效果是引起纵向霍尔电场(即感应电场)$\boldsymbol{E}_i$ 的建立.它与形成电流的稳恒电场相叠加,使导体中的电流发生变化.稳定之后,自由电子相对于导体的平均定向漂移速度不再是 $\boldsymbol{v}_0$,设变为 $\boldsymbol{v}$.再考虑电子以速度 $\boldsymbol{v}$ 相对于导体运动所受到的洛伦兹力,设为 $\boldsymbol{F}_{L1}$,则

$$\boldsymbol{F}_{L1} = -e\boldsymbol{v} \times \boldsymbol{B} \tag{5.83}$$

此力将使自由电子向上偏转,从而导致横向霍尔电场 $\boldsymbol{E}_H$ 的建立,直到霍尔电场力 $\boldsymbol{F}_H$ 与 $\boldsymbol{F}_{L1}$ 相平衡,所有电子恢复水平向左的运动.这时电子受到两对平衡力的作用.一是 $\boldsymbol{F}_{L2}$ 与纵向霍尔电场力 $\boldsymbol{F}_i$ 相平衡,二是 $\boldsymbol{F}_{L1}$ 与横向霍尔电场力相平衡,即 $-e\boldsymbol{E}_i - e\boldsymbol{u} \times \boldsymbol{B} = 0$ 和 $-e\boldsymbol{E}_H - e\boldsymbol{v} \times \boldsymbol{B} = 0$,由此得到

$$\boldsymbol{E}_i = -\boldsymbol{u} \times \boldsymbol{B} \tag{5.84}$$

$$\boldsymbol{E}_H = -\boldsymbol{v} \times \boldsymbol{B} \tag{5.85}$$

下面分析一下导体中的晶格离子的受力情况.每个晶格离子都伴随导体以速度 $\boldsymbol{u}$ 向上运动,同时又处于横向霍尔电场与纵向霍尔电场之中.所以它受到三个力的作用:一是洛伦兹力 $\boldsymbol{F}_L = e\boldsymbol{u} \times \boldsymbol{B}$,一是横向霍尔电场力 $\boldsymbol{F}_H = e\boldsymbol{E}_H = -e\boldsymbol{v} \times \boldsymbol{B}$,一是纵向霍尔电场力 $\boldsymbol{F}_i = e\boldsymbol{E}_i = -e\boldsymbol{u} \times \boldsymbol{B}$.$\boldsymbol{F}_L$ 与 $\boldsymbol{F}_i$ 等大反向,相互抵消,只剩下 $\boldsymbol{F}_H$ 一个力未被平衡,传递给导体,方向向上.至于水平运动的电子反作用于形成横向霍尔电场的电荷上并传递给导体的力 $\boldsymbol{F}_1$ 和晶格离子反作用于形成横向霍尔电场的电荷并传递给导体的力 $\boldsymbol{F}_2$,两者等大反向,都作用于导体,相互抵消.所以导体所受的净力只有晶格离子所受的横向霍尔电场力,其方向垂直于导体向上.$\mathrm{d}l$ 段导体的晶格离子所受的这种力的合力为

$$\mathrm{d}\boldsymbol{F}_H = -Ne\boldsymbol{v} \times \boldsymbol{B} = I\mathrm{d}\boldsymbol{l} \times \boldsymbol{B} = \mathrm{d}\boldsymbol{F}_A$$

可见,在载流导体沿垂直于电流方向在外磁场中运动时,所受的安培力仍为晶格离子所受的横向霍尔电场力,它只与自由电子相对于导体的平均漂移运动速度 $\boldsymbol{v}$ 有关,即只与导体中的电流强度有关.

归纳起来,在经典理论的范围内,处于外磁场中的载流导体所受的安培力总是等于导体中所有晶格离子所受的由自由电子定向漂移运动决定的霍尔电场力的合力.在任何情况下,安培力总是依赖于自由电子相对于导体的定向漂移速度,也就是依赖于导体中的电流强度,而与导体本身的运动状态无关.但是自由电子或晶格离子所受的洛伦兹力却与导体的运动状态有关.

6. 安培力做功的机理

从本章问题讨论5中我们知道，安培力是作用在导体晶格粒子上的霍尔电场力．按照功的定义，当晶格粒子随导体沿着与安培力不垂直的方向运动时，安培力就要做功．但是，霍尔电场起源于做定向漂移运动的自由电子在磁场中所受的洛伦兹力，安培力的更深层次的起源也是磁场对做定向漂移运动的自由电子作用的洛伦兹力，而洛伦兹力是不做功的．于是就会产生这样的问题：洛伦兹力不做功和安培力可以做功，这两者如何统一？安培力做功，能源是什么？这些问题的解决关系到安培力做功的微观机理．为了简明地说清这些问题，我们假定在载流导线运动的过程中，通过导线的电流强度 I 保持不变，并且磁场是均匀的、稳恒的．

设在均匀磁场中与磁感应强度 $\boldsymbol{B}$ 垂直的、长为 l 的导线 PQ 通有电流 I，且导线沿安培力的方向（与导体、磁场都垂直）以速度 $\boldsymbol{u}$ 运动，如图5.14(a)所示．导体中自由电子的定向漂移速度为 $\boldsymbol{v}$，霍尔电场的方向与 $\boldsymbol{u}$ 的方向相同，如图5.14(b)所示，此图是 PQ 导线上一小段的放大图．

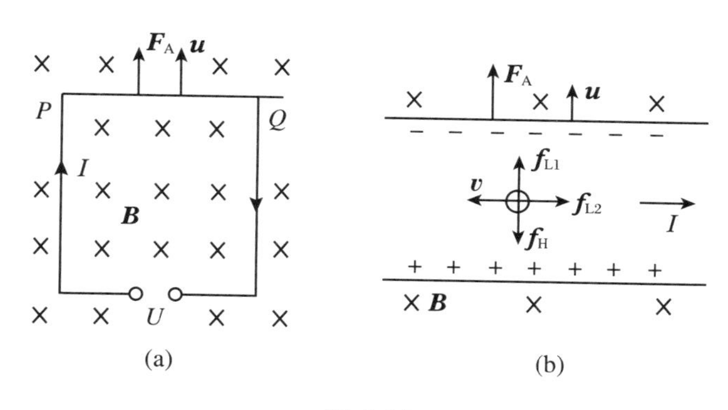

图 5.14

根据本章问题讨论5，载流导线段 PQ 所受的安培力就是该段导线中所有带正电的晶格粒子所受的霍尔电场（$\boldsymbol{E}_{\mathrm{H}}=-\boldsymbol{v}\times\boldsymbol{B}$）力的合力，即

$$\boldsymbol{F}_{\mathrm{A}}=I\overrightarrow{PQ}\times\boldsymbol{B}=Ne\boldsymbol{E}_{\mathrm{H}}=Ne(-\boldsymbol{v}\times\boldsymbol{B})\tag{5.86}$$

式中，e 为基本电荷，N 为 PQ 段导线中的所有晶格粒子的正电荷数．在导线移动元位移 $\boldsymbol{u}\mathrm{d}t$ 的过程中，安培力的元功就是霍尔电场对带正电的晶格粒子做的元功：

$$\mathrm{d}W_{\mathrm{A}}=\boldsymbol{F}_{\mathrm{A}}\cdot\boldsymbol{u}\mathrm{d}t=-eN(\boldsymbol{v}\times\boldsymbol{B})\cdot\boldsymbol{u}\mathrm{d}t=eNvuB\mathrm{d}t\tag{5.87}$$

在导体内，除晶格粒子外，还有以速度 $\boldsymbol{v}$ 做定向漂移运动的 N 个自由电子．这些自由电子除受霍尔电场力的作用外，还受洛伦兹力作用以及受驱动自由电子做定向漂移运动（从而形成电流）的导体内的稳恒电场 $\boldsymbol{E}$ 的作用．为了回答前面提出的问题，还应当弄清楚在载流导体以速度 $\boldsymbol{u}$ 运动时，作用于自由电子的这些力的做功情况．

(1) 霍尔电场力对自由电子做的功

当载流导体以速度 $\boldsymbol{u}$ 在磁场 $\boldsymbol{B}$ 中运动时，已建立的霍尔电场作用于一个电子上的力为 $-e\boldsymbol{E}_{\mathrm{H}}=-e(\boldsymbol{v}\times\boldsymbol{B})$，作用在 N 个电子上的霍尔电场力的合力为

$$\boldsymbol{F}_{\mathrm{H}}^{(e)}=-Ne(\boldsymbol{v}\times\boldsymbol{B})=eN\boldsymbol{v}\times\boldsymbol{B}\tag{5.88}$$

在 $\mathrm{d}t$ 时间内做的元功为

$$\mathrm{d}W_{\mathrm{H}}^{(e)}=eN\boldsymbol{v}\times\boldsymbol{B}\cdot\boldsymbol{u}\mathrm{d}t=-eNvuB\mathrm{d}t\tag{5.89}$$

与式(5.87)比较，可以看出，它与安培力的元功等大反号.如此，怎样理解安培力对导线做的功呢？从下面的讨论中，可逐渐明白其中的道理.

(2) 作用于漂移电子的洛伦兹力的两个分力所做的功

洛伦兹力总是与电子运动速度方向垂直，是不做功的.在这里，电子的合速度为 $\boldsymbol{v}+\boldsymbol{u}$，洛伦兹力为 $\boldsymbol{f}_{\mathrm{L}}=-e(\boldsymbol{v}+\boldsymbol{u})\times\boldsymbol{B}$.如果将洛伦兹力分解为两个分力：$\boldsymbol{f}_{\mathrm{L1}}=-e(\boldsymbol{v}\times\boldsymbol{B})$和$\boldsymbol{f}_{\mathrm{L2}}=-e(\boldsymbol{u}\times\boldsymbol{B})$，其方向见图 5.14(b)，则这两个分力是可以做功的，只要它们分别做的功总是等值异号，就不与洛伦兹力不做功相违背.现在，我们就采用这种观点，讨论定向运动电子受的洛伦兹力的两个分力的功，以试图解答前一段提出的疑问.

在 PQ 段导线中，所有 N 个定向运动的自由电子所受洛伦兹力沿与导线垂直方向的分力为

$$\boldsymbol{F}_{\mathrm{L1}}=N\boldsymbol{f}_{\mathrm{L1}}=-Ne\boldsymbol{v}\times\boldsymbol{B}\tag{5.90}$$

沿与导线平行方向的分力为

$$\boldsymbol{F}_{\mathrm{L2}}=N\boldsymbol{f}_{\mathrm{L2}}=-Ne\boldsymbol{u}\times\boldsymbol{B}\tag{5.91}$$

在 $\mathrm{d}t$ 时间内，这两个分力所做的元功各为

$$\mathrm{d}W_{\mathrm{L1}}=\boldsymbol{F}_{\mathrm{L1}}\cdot\boldsymbol{u}\mathrm{d}t=-Ne(\boldsymbol{v}\times\boldsymbol{B})\cdot\boldsymbol{u}\mathrm{d}t=eNvuB\mathrm{d}t\tag{5.92}$$

$$\mathrm{d}W_{\mathrm{L2}}=\boldsymbol{F}_{\mathrm{L2}}\cdot\boldsymbol{v}\mathrm{d}t=-Ne(\boldsymbol{u}\times\boldsymbol{B})\cdot\boldsymbol{v}\mathrm{d}t=-eNvuB\mathrm{d}t\tag{5.93}$$

由式(5.92)、式(5.93)可见，两分力的功等大反号，其和为零，这与洛伦兹力做功恒为零不矛盾.将式(5.89)与式(5.92)比较，可以看出，霍尔电场力与洛伦兹力垂直于导线的分力对电子做的元功等大反号，两者之和为零.这与电子受的霍尔电场力与由电子相对于导线的定向运动(速度为 $\boldsymbol{v}$)引起的洛伦兹力平衡的结果相一致.式(5.93)表明，自由电子随导线以速度 $\boldsymbol{u}$ 运动而受到的洛伦兹力$\boldsymbol{F}_{\mathrm{L2}}$对定向运动电子做负功($\mathrm{d}W_{\mathrm{L2}}<0$)，将其与式(5.87)比较，它又与安培力的功等值异号.这表明：在安培力做正功的同时，洛伦兹力沿导线 PQ 方向的分力 $\boldsymbol{F}_{\mathrm{L2}}$对电子做等量的负功.这一点所揭示的物理实质是什么？下面接着讨论.

(3) 维持稳恒电流的稳恒电场对电子做的功

洛伦兹力沿导线 PQ 方向的分力 $\boldsymbol{F}_{\mathrm{L2}}$对电子做负功，势必减小电子定向漂移的速度.按我们一开始讨论时的假设：要维持电流不变，即电子定向漂移速度 $\boldsymbol{v}$ 保持不变，

只有靠增加 PQ 导线两端的电压,即增大导线中的场强才能做到,而且场强的增加值 $\boldsymbol{E}'$必须满足 $-e\boldsymbol{E}'+\boldsymbol{f}_{L2}=\mathbf{0}$,即增加的对电子的电场力与洛伦兹力分力 f_{L2} 平衡,才能保持电子漂移速度 $\boldsymbol{v}$ 不变.下面作定量的讨论.

事实上,洛伦兹力沿导线的分力 f_{L2} 是作用于传导电子的非静电力,非静电场场强 $\boldsymbol{K}=\dfrac{\boldsymbol{f}_{L2}}{-e}=\boldsymbol{u}\times\boldsymbol{B}$,其方向沿导线由 Q 指向 P,$\boldsymbol{K}$ 沿导线从 Q 到 P 的积分就是导线的动生电动势(见第 7 章):

$$\mathscr{E}_i=\int_Q^P(\boldsymbol{u}\times\boldsymbol{B})\cdot\mathrm{d}\boldsymbol{l}=uBl \tag{5.94}$$

在这里,它的方向与电流方向相反,处于反电动势的地位.如果说在导线不动时,为维持电流 I 须在导线两端加的电压为$U_0=IR$,那么,当导线以速度 $\boldsymbol{u}$ 运动时,为了保持电流不变,PQ 两端的电压应升至

$$U=U_0+U'=IR+\mathscr{E}_i \tag{5.95}$$

即应增加的端电压为

$$U'=\mathscr{E}_i=uBl \tag{5.96}$$

在导线中维持电流的场强将由原来的 $E_0=\dfrac{U_0}{l}$增加为$E=E_0+E'$,其中

$$\boldsymbol{E}'=-\boldsymbol{K}=-\boldsymbol{u}\times\boldsymbol{B} \tag{5.97}$$

这个增加的电场($\boldsymbol{E}'$)将对电子做正功,用以抵消洛伦兹力沿导线的分力(即非静电力)对电子做的负功,使得电子的漂移速度 $\boldsymbol{v}$ 保持不变.

从能量转换的角度看,在磁场 $\boldsymbol{B}$ 中,当导线 PQ 以速度$\boldsymbol{u}$ 垂直于导线运动时,从电源输入导线 PQ 段的电功为

$$\mathrm{d}W_{总}=IU\mathrm{d}t=\frac{U-\mathscr{E}_i}{R}U\mathrm{d}t \tag{5.98}$$

导线 PQ 所产生的焦耳热为

$$\mathrm{d}Q=I^2R\mathrm{d}t=\left(\frac{U-\mathscr{E}_i}{R}\right)^2R\mathrm{d}t=\frac{U-\mathscr{E}_i}{R}(U-\mathscr{E}_i)\mathrm{d}t \tag{5.99}$$

由式(5.98)及式(5.99)可得

$$IU\mathrm{d}t=I^2R\mathrm{d}t+\frac{U-\mathscr{E}_i}{R}\mathscr{E}_i\mathrm{d}t=I^2R\mathrm{d}t+I\mathscr{E}_i\mathrm{d}t$$

或

$$\mathrm{d}W_{总}=\mathrm{d}Q+\mathrm{d}W'$$

其中

$$\mathrm{d}W'=I\mathscr{E}_i\mathrm{d}t \tag{5.100}$$

此即为克服非静电力(洛伦兹力)沿导线的分力做功而消耗的电功.将式(5.94)代入式(5.100),并注意到 $I=e\dfrac{N}{l}v$,得

$$dW' = eNvuBdt \tag{5.101}$$

可见，与导线不动相比较，导线在安培力作用下运动时，电源输入导线的电力除供给导线产生相同的焦耳热外，还须增加输入导线 PQ 一部分电功 dW'. 与式(5.87)比较，这部分增加输入的电功恰好等于安培力对导线所做的功.

现在，我们可以做出以下结论：安培力对运动载流导线做的功是从维持电流的电源中取得的能量. 它的具体机制是：在电源（恒流源）输入载流导线的电功中，除转化为焦耳热的部分外，另一部分用于克服作用于电子的沿导线的洛伦兹分力（非静电力）做功，以保持电子定向漂移速度 $\boldsymbol{v}$ 不变；由定向漂移速度 $\boldsymbol{v}$ 决定的垂直于导线的洛伦兹分力则克服霍尔电场力对电子做功，以维持霍尔电场；霍尔电场力驱动导体中带正电的晶格粒子运动，对导线做功，即安培力对导线做功. 作用于电子的洛伦兹力的两个分力做等值异号的功，它们在把电源输入的部分电功转化为安培力对导线做的功的机制中起着关键的作用.

如果导线运动（速度 $\boldsymbol{u}$）的方向与安培力方向相反，安培力做负功. 这时，或者导线克服安培力做功，以减少它的动能为代价；或者外力克服安培力对导体做功. 在这种情况下，功能转换的方向与前面所述情况相反，即通过安培力对导线做负功，将机械能或外界的机械功转化为电功. 这时，作用于定向漂移的电子的洛伦兹力沿导线的分力（非静电力）的方向与电子漂移速度 $\boldsymbol{v}$ 的方向相同. 导体克服安培力做功而减少的动能或外界克服安培力对导线所做的功就通过作为非静电力的洛伦兹分力对所有做定向漂移的电子做正功（总功率为 $I\mathscr{E}_i$）. 这一正功转换为输出的电功. 洛伦兹力垂直于导线的分力仍然起着维持霍尔电场的作用.

7. 磁场对载流导线和线圈的作用

(1) 安培公式及其应用

磁场对载流导线的作用力叫做安培力. 安培公式是电流元 $Id\boldsymbol{l}$ 在外磁场 $\boldsymbol{B}$ 中所受磁场力的数学表达式，即

$$d\boldsymbol{F} = Id\boldsymbol{l} \times \boldsymbol{B} \tag{5.102}$$

可见，$d\boldsymbol{F}$ 总是垂直于由 $Id\boldsymbol{l}$ 和 $\boldsymbol{B}$ 组成的平面，其指向由右手螺旋法则确定.

由于一段任意形状的载流导线中各电流元的方向可以各不相同，各电流元所在处的外磁场 $\boldsymbol{B}$ 的大小和方向一般也各不相同，因而该段导线中各电流元所受的安培力的大小和方向一般也各不相同. 所以，在求任一段有限长的载流导线所受的安培力时，必须对该段导线上各电流元所受的安培力取矢量和，即对式(5.102)求积分：

$$\boldsymbol{F} = \int d\boldsymbol{F} = \int_L Id\boldsymbol{l} \times \boldsymbol{B} \tag{5.103}$$

在处理具体问题时，通常建立适当的坐标系，将式(5.102)投影，分别求出 $d\boldsymbol{F}$ 沿

各坐标的分量 $\mathrm{d}F_x$ 和 $\mathrm{d}F_y$，然后由积分算出 F_x 和 F_y，最后确定 F 的大小和方向.下面，举两个例子来说明安培公式的应用.

例 1 如图 5.15 所示，一载有电流 I 的导线的 acb 部分被弯成半径为 R 的半圆形，导线处于与圆平面垂直的均匀磁场 $\boldsymbol{B}$ 中，求 acb 部分导线所受的安培力.

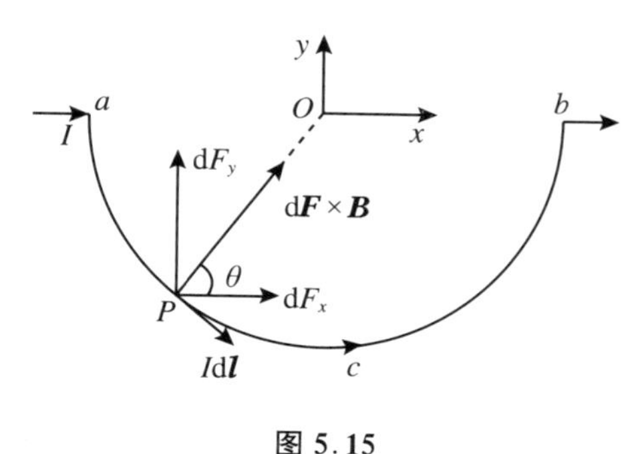

图 5.15

解 如图 5.15 所示，在 ac 段上的任一点 P 邻近取一电流元 $I\mathrm{d}\boldsymbol{l}$，由于 $I\mathrm{d}\boldsymbol{l}$ 与 $\boldsymbol{B}$ 垂直，按式(5.102)得该电流元所受安培力的大小为

$$\mathrm{d}F = IB\mathrm{d}l \quad ①$$

方向指向圆心 O.以圆心 O 为坐标原点，建立如图 5.15 所示的直角坐标系 xOy，设 $\mathrm{d}\boldsymbol{F}$ 与 x 轴方向夹角为 θ，则 $\mathrm{d}\boldsymbol{F}$ 的 x 分量和 y 分量分别为

$$\mathrm{d}F_x = IB\mathrm{d}l\cos\theta$$

$$\mathrm{d}F_y = IB\mathrm{d}l\sin\theta$$

将 $\mathrm{d}l = R\mathrm{d}\theta$ 代入上两式中，得

$$\mathrm{d}F_x = IBR\cos\theta\mathrm{d}\theta \quad ②$$

$$\mathrm{d}F_y = IBR\sin\theta\mathrm{d}\theta \quad ③$$

当电流元的位置沿 acb 由 a 变到 b 时，θ 角由 0 变到 π，于是，由式②和式③积分所得到的 acb 段导线所受的合力的 x 分量 F_x 及 y 分量 F_y 分别为

$$F_x = \int_0^{\pi} IBR\cos\theta\mathrm{d}\theta = 0 \quad ④$$

$$F_y = \int_0^{\pi} IBR\sin\theta\mathrm{d}\theta = 2RIB \quad ⑤$$

可见，acb 段导线所受的合力的 x 分量为零(其实，由对称性也很容易得到这一结果)，y 分量为 $2RIB$，也就是 acb 段所受的合力沿 y 轴正方向，大小为 $2RIB$.$2R$ 正好是 a、b 两点间的距离.若用长为 $2R$ 的直导线来代替 acb 半圆，设电流强度和流向不变，则这段直导线所受的安培力的大小恰好也是 $2RIB$.

可以证明，在前述条件下，若将 acb 段导线弯成任意形状的曲线，它所受的安培力的大小亦等于 $2RIB$，即一段任意形状的载流导线在均匀磁场中受的安培力等于连接其两端点的通以相同电流的直导线段所受的安培力.

例 2 横截面积 $S = 2.0\ \mathrm{mm}^2$ 的铜线弯成如图 5.16 所示的形状，其中 Oa 和 dO' 固定在水平方向不动，$abcd$ 是边长为 l 的正方形的三边，可以绕 OO' 无摩擦地转动.整个导线放在均匀磁场 $\boldsymbol{B}$ 中，$\boldsymbol{B}$ 的方向竖直向上.已知铜的密度 $\rho = 8.9\ \mathrm{g/cm^3}$，当铜线中的电流 $I = 10\ \mathrm{A}$ 时，在平衡情况下，ab 和 cd 段与竖直方向夹角为 $\alpha = 15^\circ$.求磁感应强度 $\boldsymbol{B}$ 的大小.

解　由安培公式知，载流导线在磁场中要受力的作用．ab 边和 cd 边受的力大小相等、方向相反，方向与 OO' 轴平行，对 OO' 轴的力矩为零．bc 边受力为 $f_{bc}=BIl$，方向水平，对 OO' 轴的力矩不为零．除此之外，ab、bc 和 cd 各边还要受重力作用．导线可转动部分的受力情况可由图 5.17 表示出，该图是侧视图．由图可见，安培力的力矩与重力的力矩方向相反，平衡时两力矩相等，即

$$f_{bc}l\cos\alpha = 2mg\cdot\frac{l}{2}\sin\alpha + mgl\sin\alpha$$

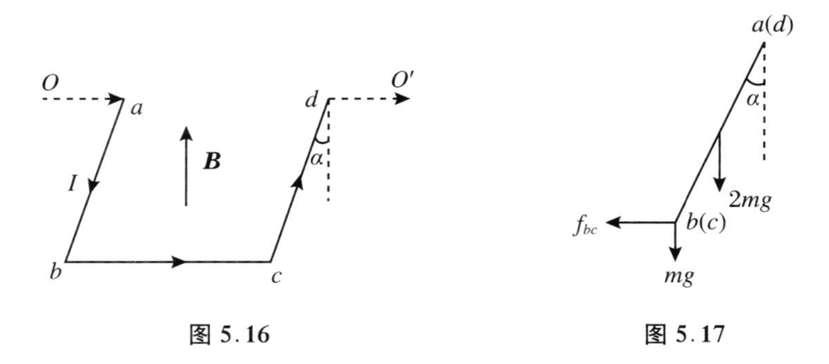

图 5.16　　　　图 5.17

代入 $f_{bc}=IBl$，$m=\rho Sl$，可解得

$$B=\frac{2S\rho g}{I}\tan\alpha = \frac{2\times2\times10^{-6}\times8.9\times10^{3}\times9.8}{10}\tan15^{\circ}\ \mathrm{T} = 9.4\times10^{-3}\ \mathrm{T}$$

（2）磁场对平面载流线圈的作用

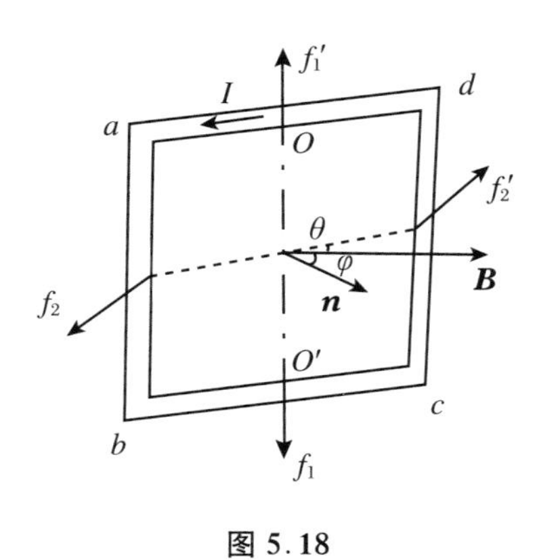

图 5.18

① 均匀磁场中的平面载流线圈

(a) 矩形载流线圈

如图 5.18 所示，在均匀磁场 $\boldsymbol{B}$ 中，有一刚性矩形载流线圈 $abcd$，边长 $bc=l_1$，$ab=l_2$，电流强度为 I，对边 ab、cd 与磁场 $\boldsymbol{B}$ 垂直．设线圈平面与 $\boldsymbol{B}$ 成 θ 角，线圈平面的法线与 $\boldsymbol{B}$ 成 φ 角．由安培公式可知，导线 bc 和 da 所受的力的大小分别为

$$f_1 = \int_0^{l_1} BI\mathrm{d}l\sin\theta = IBl_1\sin\theta$$

$$f_1' = \int_0^{l_1} IB\mathrm{d}l\sin(\pi-\theta) = IBl_1\sin\theta$$

这两个力等大反向，在同一直线上，其合力为零．导线 ab 和 cd 都与 $\boldsymbol{B}$ 垂直，它们所受的安培力 $\boldsymbol{f}_2$ 和 $\boldsymbol{f}_2'$ 大小相等、方向相反，其值为

$$f_2 = f_2' = \int_0^{l_2} IB\mathrm{d}l\sin90^{\circ} = IBl_2$$

但是它们的作用线之间相距 $l_1\cos\theta$，因此形成一力偶．这一力偶将使线圈法线 $\boldsymbol{n}$ 向 $\boldsymbol{B}$ 的方向旋转．力偶矩的大小为

$$M = f_2 l_1 \cos\theta = IBl_1 l_2 \cos\theta = IBS\cos\theta \tag{5.104}$$

式中，$S = l_1 l_2$ 为线圈的面积.

在电磁学中，通常用线圈平面的正法线方向来表示线圈的方位.平面载流线圈的正法向单位矢量 $\boldsymbol{n}$ 的指向规定为与电流流向构成右手螺旋关系.由于 $\theta + \varphi = \frac{\pi}{2}$，所以式(5.104)可改写为

$$M = IBS\sin\varphi \tag{5.105}$$

如果线圈有 N 匝，则式(5.105)写为

$$M = NIBS\sin\varphi \tag{5.106}$$

上式表明，若 B 和 $\sin\varphi$ 一定，改变 NS 和 I，但维持其乘积 NIS 不变，则线圈所受的力矩亦不变.NIS 由载流线圈自身性质决定.为了概括出在磁场中载流线圈所受力矩的普遍表达式，我们定义一个由线圈自身性质决定的叫做线圈磁矩的矢量：

$$\boldsymbol{p}_{\mathrm{m}} = NIS\boldsymbol{n} \tag{5.107}$$

这样一来，线圈所受力矩的大小和方向可用矢量式表示：

$$\boldsymbol{M} = \boldsymbol{p}_{\mathrm{m}} \times \boldsymbol{B} \tag{5.108}$$

(b) 任意平面载流线圈

我们将证明，任意平面载流线圈在均匀磁场中所受的力矩也满足式(5.108).

图 5.19 为一任意形状的平面线圈，其电流强度为 I，面积为 S，其法向 $\boldsymbol{n}$ 与 $\boldsymbol{B}$ 成 φ 角.将线圈看成许多细长载流矩形线圈之和，每个小矩形线圈均流有逆时针的电流 I，所以这种电流分布与原来的电流分布相同.又因为每一小矩形线圈的法向 $\boldsymbol{n}$ 都相同，所以，所有小矩形线圈所受的安培力矩之和应为每一个小线圈所受力代数和，即等于原载流线圈所受的安培力矩.

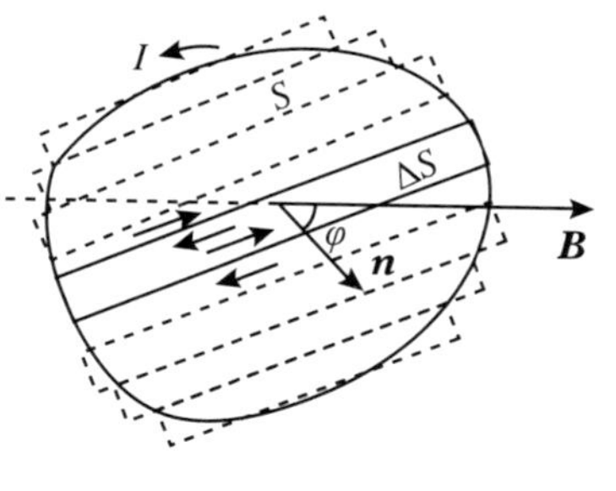

图 5.19

图中任一面积为 ΔS_i 的小矩形线圈所受的力矩为

$$\Delta M_i = I\Delta S_i B\sin\varphi$$

写成矢量式为

$$\Delta \boldsymbol{M}_i = I\Delta S_i \boldsymbol{n} \times \boldsymbol{B} = \boldsymbol{p}_{\mathrm{m}i} \times \boldsymbol{B}$$

总力矩为

$$\boldsymbol{M} = \sum \Delta \boldsymbol{M}_i = \sum I\Delta S_i \boldsymbol{n} \times \boldsymbol{B} = \left(\sum \Delta S_i\right) I\boldsymbol{n} \times \boldsymbol{B} = IS\boldsymbol{n} \times \boldsymbol{B} = \boldsymbol{p}_{\mathrm{m}} \times \boldsymbol{B} \tag{5.109}$$

综上所述，可以看出，任意形状的平面载流线圈作为一个整体时，在均匀磁场中所受的合力为零，但是一般要受到一个力矩作用，这个力矩总是力图使线圈的磁矩 $\boldsymbol{p}_{\mathrm{m}}$ 转向 $\boldsymbol{B}$ 的方向.当 $\boldsymbol{p}_{\mathrm{m}}$ 和 $\boldsymbol{B}$ 夹角 $\varphi = \frac{\pi}{2}$ 时，力矩的值最大；当 $\varphi = 0$ 或 π 时，$M = 0$，

但 $\varphi=0$ 时线圈处于稳定平衡状态，$\varphi=\pi$ 时线圈处于非稳定平衡状态.

② 非均匀磁场中的平面载流线圈

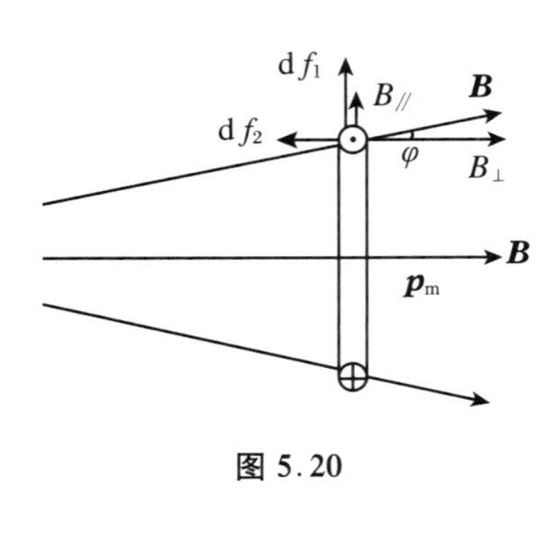

图 5.20

在非均匀磁场中，载流线圈受合力矩的作用而发生转动，就是线圈磁矩 $\boldsymbol{p}_m$ 的方向转到磁场 $\boldsymbol{B}$ 的方向以后，线圈所受的合力一般不为零，使其发生平动.

为了说明问题方便，我们研究如图 5.20 所示的非均匀磁场.该磁场的磁感线呈辐射对称发射形状.一圆形载流线圈位于该磁场中，线圈磁矩 $\boldsymbol{p}_m$ 与线圈中心所在处的 $\boldsymbol{B}$ 方向相同.由图可知，线圈上各电流元处的 $\boldsymbol{B}$ 的大小虽然相同，但方向却不一样.为了分析线圈的受力情况，在线圈上任取一电流元 $I\mathrm{d}\boldsymbol{l}$，设该处的 $\boldsymbol{B}$ 与线圈平面正法向夹角为 φ，并将 $\boldsymbol{B}$ 分解为平行于线圈平面的分量 $B_{/\!/}$ 和垂直于线圈平面的分量 $B_\perp$，$B_\perp=B\cos\varphi$，$B_{/\!/}=B\sin\varphi$，$B_\perp$ 作用于 $I\mathrm{d}\boldsymbol{l}$ 的安培力的大小为

$$\mathrm{d}f_1 = B_\perp I\mathrm{d}l\sin 90^\circ = BI\mathrm{d}l\cos\varphi$$

其方向平行于线圈平面沿径向向外.作用在整个线圈上各个电流元的这些力只能使线圈变形，而不能使它发生平动或转动. $B_{/\!/}$ 作用于电流元 $I\mathrm{d}\boldsymbol{l}$ 上的安培力的大小为

$$\mathrm{d}f_2 = B_{/\!/} I\mathrm{d}l\sin 90^\circ = BI\mathrm{d}l\sin\varphi$$

其方向垂直于线圈平面向左.作用于整个线圈上各电流元的这些力方向都相同，其合力将使线圈向磁场较强的方向移动.可以证明，合力的大小与线圈的磁矩和磁场 $\boldsymbol{B}$ 的梯度成正比.

如果线圈磁矩 $\boldsymbol{p}_m$ 的方向与线圈中心处的 $\boldsymbol{B}$ 反向，用同样的分析，可以看到线圈将向磁场较弱的方向移动.但是这种移动是不稳定的，只要有微小的扰动，线圈将受到力矩的作用而发生转动，直到 $\boldsymbol{p}_m$ 与 $\boldsymbol{B}$ 方向一致后，线圈又向磁场较强的方向移动.

(3) 安培力对载流导线和载流线圈所做的功

① 载流导线在均匀磁场中移动时安培力所做的功

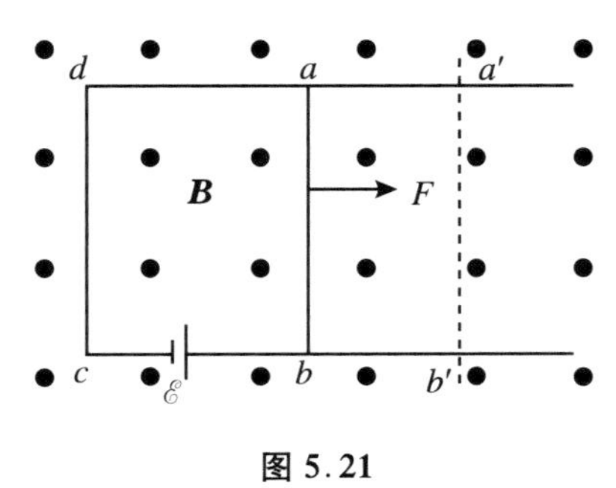

图 5.21

设均匀磁场 $\boldsymbol{B}$ 垂直纸面向外，场中有一平面闭合电路 $abcd$，电路平面垂直于 $\boldsymbol{B}$，如图 5.21 所示.设电路中电流强度保持不变，电路的 ab 边可沿 da 和 cb 边无摩擦地滑动，电路的其他部分固定，ab 边长为 l.按安培公式，载流导线 ab 所受的安培力的大小为

$$F = BIl \tag{5.110}$$

方向向左.在此力作用下 ab 将向右移动，当 ab 移到 $a'b'$ 位置时，安培力所做的功为

$$\Delta A = F\overline{aa'} = BIl\overline{aa'} \tag{5.111}$$

为了将式(5.111)改写成另一有用的形式，设穿过回路的磁通量的正向(沿垂直纸面向外)与电流的流向组成右手螺旋关系，我们考虑导线在初位置和末位置时通过回路的磁通量，它们分别为

$$\Phi_{m0} = Bl\overline{da}, \quad \Phi_{m0} = Bl\overline{da'}$$

所以磁通量的增量为

$$\Delta\Phi_m = \Phi_m - \Phi_{m0} = Bl\overline{aa'} \tag{5.112}$$

可见，式(5.111)可改写为

$$\Delta A = I\Delta\Phi_m \tag{5.113}$$

式(5.113)说明，当载流导线在磁场中运动时，安培力所做的元功等于电流强度与通过回路所包围的面积的磁通量的增量之积. 如果对磁感线的画法作如下规定：穿过某面的 **B** 线的条数等于该面的磁通量，那么式(5.113)就说明，安培力所做的功应等于电流强度与载流导线在移动中所切割的磁感线条数之积.

② 载流线圈在均匀磁场中转动时安培力的功

图 5.22 是一平面载流线圈在均匀磁场中转动的某一时刻的俯视图. 设线圈转动中电流 I 不变. 当线圈的法线 $\boldsymbol{n}$ 与 $\boldsymbol{B}$ 的夹角为 φ 时，由式(5.106)知，它所受的磁力矩为 $M = BIS\sin\varphi$，因而在线圈转过 $d\varphi$ 角的过程中，M 所做的功为

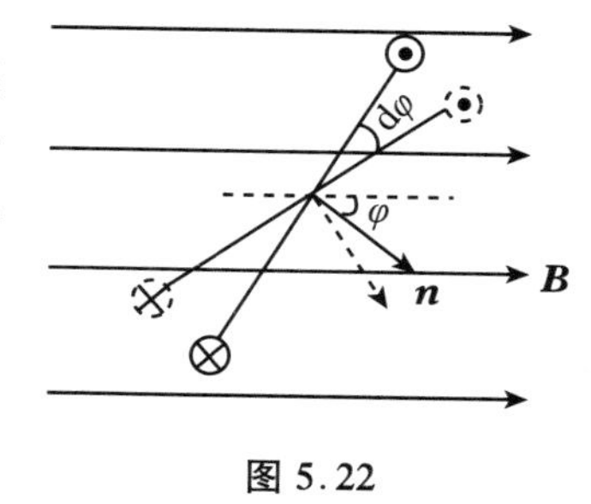

图 5.22

$$dA = -Md\varphi = -BISd\varphi\sin\varphi \tag{5.114}$$

式中，负号的引入是由于在图示情况下 M 做正功，而 φ 角的增量 $d\varphi$ 为负. 上式还可改写为

$$dA = BISd(\cos\varphi) = Id(BS\cos\varphi) \tag{5.115}$$

式(5.115)中 $BS\cos\varphi$ 恰为该时刻通过线圈的磁通量 Φ_m，因而有

$$dA = Id\Phi_m \tag{5.116}$$

线圈从 φ_1 转动到 φ_2 的过程中磁力矩所做的功为

$$A = \int_{\varphi_1}^{\varphi_2} Id\Phi_m = I(\Phi_{m2} - \Phi_{m1}) = I\Delta\Phi_m \tag{5.117}$$

式(5.117)中的 Φ_{m1} 和 Φ_{m2} 分别是线圈在 φ_1 和 φ_2 时通过线圈的磁通量. 式(5.116)与式(5.113)形式完全一样.

可以证明，一个任意的闭合载流电路在磁场中改变位置或改变形状时，磁力或磁力矩所做的功都可以按式(5.116)、式(5.117)计算，即磁力或磁力矩所做的功等于电流强度与通过回路的磁通的改变量之积. 在应用这个公式时要注意：规定通过回路的磁通量 Φ_m 的正方向与回路中的电流流向需构成右手螺旋关系. 如忽视这一规定，可能在计算功时会出现符号的差错.

8. 静磁场与静电场的比较

在第1章问题讨论中，讨论了静电场的性质.这里，我们通过与静电场性质的比较，认识静磁场的性质.我们的讨论只限于真空中的静电场和静磁场.

(1) 描述方法相似

静电场的客观存在表现在对场中电荷有作用力；静磁场的客观存在表现在对场中电流(运动电荷)有作用力.当电荷在电场中移动时，电场力将对电荷做功；当载流导体在磁场中移动时，磁场力也可以对载流导体做功.为了描述静电场中某一点的场的性质，可以根据它对试探电荷的作用，引入电场强度矢量 $\boldsymbol{E}$；为了描述磁场中某点的场的性质，可以根据它对运动电荷的作用，引入磁感应强度矢量 $\boldsymbol{B}$.为了形象地描述静电场的分布情况，可以按一定的规定画出电场线；为了形象地描述静磁场的分布情况，也可以按一定的规定画出磁感线.

虽然静磁场的描述方法与静电场的描述方法极其相似，但是由于静磁场与静电场是性质完全不同的矢量场，所以就是在描述方法上也能体现出两者的区别.首先，探测场的性质的试探元件不同.由于静电场只对场中电荷有力的作用，因而探测元件就只有试探电荷一种.然而，静磁场却对运动电荷、载流导体以及载流线圈都有力的作用，所以这三者之中的任何一种都可以选为探测元件.其次，静电场中单位正电荷所受的力直接反映了场的性质，因此可由它定义电场强度 $\boldsymbol{E}$.但是，静磁场中某点的性质一般来说却不能由运动单位正电荷在该点所受磁场力来反映.因为运动单位正电荷在磁场中某点所受的磁场力不但与场的性质有关，而且还与电荷运动速度的大小和方向有关.第三，用以形象描述静电场分布的电场线总是源自正电荷或无限远，终止于负电荷或无限远，它不能构成闭合曲线.而用以形象描述静磁场分布的磁感线却总是闭合曲线.

(2) 性质完全不同

静电场与静磁场虽然都是矢量场，但是它们的性质完全不同.要全面认识一个矢量场，必须从两方面着手：一方面研究场矢量对任一闭合曲面的通量；另一方面研究场矢量对任意闭合曲线的环流.这两者各自从一个方向反映了矢量场的性质，两者结合在一起才能给出矢量场的全部性质.所以我们认识静电场和静磁场这两个矢量场也应从这两方面着手.

① 静电场是有源无旋场，静磁场是无源有旋场

(a) 静电场是有源场，静磁场是无源场

我们知道，静电场的高斯定理

$$\oint_S \boldsymbol{E} \cdot \mathrm{d}\boldsymbol{S} = \frac{1}{\varepsilon_0}\sum q \tag{5.118}$$

或

$$\nabla \cdot \boldsymbol{E} = \frac{1}{\varepsilon_0}\rho \tag{5.119}$$

表明静电场是有源场，静电场的电场线是有头有尾的，正电荷是电场线的头，负电荷是电场线的尾；在电荷密度不为零的地方，静电场的散度不为零，有电场线从该处发出或汇聚. 正因为这样，我们常说电荷以发散的方式激发电场，静电场是有散场.

但是，磁场的情况完全不同. 磁场的高斯定理是

$$\oint_S \boldsymbol{B} \cdot \mathrm{d}\boldsymbol{S} = 0 \tag{5.120}$$

此定理表明，磁感应强度 $\boldsymbol{B}$ 对任意闭合曲面的通量（磁通量）恒等于零. 由此定理，我们可以得到与实际结果相同的结论：磁感线不可能在任何地方中断，即无论在磁场中哪一点，磁感线既不能从该点发出，也不能在该点终止. 因为如果磁感线在磁场中某点发出（或终止），我们就可以作一很小的封闭曲面包围该点，那么通过该封闭曲面的磁通量必大于零（或小于零），这就直接与高斯定理相矛盾. 所以说磁场的高斯定理式(5.120)正是磁感线是无源无汇的闭合曲线的数学表述，也是自然界中不存在自由磁荷或自由磁极的数学表述. 因此，静磁场与静电场不相同，它是无源场.

利用矢量分析的知识，可以将磁场的高斯定理表述为如下的微分形式：

$$\nabla \cdot \boldsymbol{B} = 0 \tag{5.121}$$

式(5.121)表明，磁感应强度的散度总是为零，也就是说电流不是以发散的方式激发磁场的，因此磁场是无散场.

(b) 静电场是无旋场，静磁场是有旋场

我们已经知道，静电场的环路定理为

$$\oint_C \boldsymbol{E} \cdot \mathrm{d}\boldsymbol{l} = 0 \tag{5.122}$$

它表明静电场的环流为零，其物理意义是：在静电场中，沿任意闭合路径移动单位正电荷一周，电场力所做的总功为零. 由电场线的性质可知，静电场力沿任意闭合路径做功为零，就必然导致静电场的电场线是非闭合曲线的结论.

但是，静磁场的情况却完全不同. 静磁场的环路定理或安培环路定理是

$$\oint_C \boldsymbol{B} \cdot \mathrm{d}\boldsymbol{l} = \mu_0 I = \mu_0 \int_S \boldsymbol{j} \cdot \mathrm{d}\boldsymbol{S} \tag{5.123}$$

式中，I 是通过以闭合路径 C 为周界的曲面 S 的电流强度，$\boldsymbol{j}$ 是通过该曲面各点的电流密度，一般它是空间坐标的函数，在静磁场的情况下，它不是时间的函数. 式(5.123)说明，只有被闭合路径 C 所圈围的电流才对磁场的环流有贡献，未被 C 圈围的电流对环流没有贡献，但那些未被 C 圈围的电流对空间各点的磁场 $\boldsymbol{B}$ 是有贡献的，空间各点的磁场 $\boldsymbol{B}$（当然包括闭合路径 C 上各点的 $\boldsymbol{B}$）是由所有电流共同产生的. 安培环路定理表明，静磁场的性质与静电场的不同，静电场的环流为零，而一般来说静磁场的环流不为零. 如果借用流体力学中的涡旋场这一概念，我们可以看到静磁场是涡旋场. 虽然静磁场中并不存在像流水那样的东西在打旋，但磁场的磁感线都是闭

合曲线，这些闭合的磁感线都围绕着电流.因此电流犹如旋涡的中心，闭合的磁感线犹如打旋的流水.所以，我们称磁场是涡旋场.如果说静电场的高斯定理反映了电荷以发散的方式激发电场，凡是有电荷存在的地方，必有电场线发出或汇聚，那么安培环路定理则反映了电流以涡旋的方式激发磁场，凡是有电流的地方，其周围必有围绕着电流的闭合的磁感线.

式(5.124)是静磁场的环路定理的积分形式.为了得到其微分形式，我们把式(5.124)应用于一个很小的闭合路径 C，此闭合路径所圈围的面积为 ΔS，ΔS 的法线单位矢量为 $\boldsymbol{n}$，$\boldsymbol{n}$ 的正向与路径 C 的环绕方向构成右手螺旋关系.计算 $\boldsymbol{B}$ 对 C 的环流，并求此环流与 ΔS 的比值在 ΔS 趋于零时的极限.显然，此极限不仅与 $\boldsymbol{B}$ 有关，还与 $\boldsymbol{n}$ 有关.在矢量分析中，把这一比值极限称为矢量 $\boldsymbol{B}$ 的旋度在 ΔS 法线方向的分量.把矢量 $\boldsymbol{B}$ 的旋度记为$\nabla\times\boldsymbol{B}$，于是有

$$(\nabla\times\boldsymbol{B})\cdot\boldsymbol{n}=\lim_{\Delta S\to 0}\frac{\oint\boldsymbol{B}\cdot\mathrm{d}\boldsymbol{l}}{\Delta S}\tag{5.124}$$

式(5.124)表明，矢量 $\boldsymbol{B}$ 的旋度在某方向的分量，在数值上等于矢量 $\boldsymbol{B}$ 绕法线沿该方向的单位面积的周界的环流.应用环路定理和电流(或电流密度)的关系，式(5.124)右端可以改写成

$$\lim_{\Delta S\to 0}\frac{\oint\boldsymbol{B}\cdot\mathrm{d}\boldsymbol{l}}{\Delta S}=\lim_{\Delta S\to 0}\mu_0\frac{\Delta I}{\Delta S}=\lim_{\Delta S\to 0}\mu_0\frac{\boldsymbol{j}\cdot\Delta\boldsymbol{S}}{\Delta S}=\mu_0\boldsymbol{j}\cdot\boldsymbol{n}$$

因而，由式(5.124)可得

$$\nabla\times\boldsymbol{B}=\mu_0\boldsymbol{j}\tag{5.125}$$

式(5.125)表明，磁场中某点 $\boldsymbol{B}$ 的旋度等于该点的电流密度的μ_0 倍.这就是安培环路定理的微分形式.因为磁场的旋度不为零，所以磁场是有旋场.

对于静电场，$\boldsymbol{E}$ 对任意闭合路径的环流都等于零，所以有

$$\nabla\times\boldsymbol{E}=\boldsymbol{0}\tag{5.126}$$

可见，静电场的旋度为零，静电场是无旋场.式(5.126)就是静电场环路定理的微分形式.

② 静电场是保守场，静磁场是非保守场

(a) 静电场是保守场　电势

由静电场的环路定理可得

$$\oint_C q\boldsymbol{E}\cdot\mathrm{d}\boldsymbol{l}=0\tag{5.127}$$

这表明将电荷 q 沿任意闭合路径 C 移动一周，静电场力 $q\boldsymbol{E}$ 做的功为零，因而静电场力是保守力，静电场是保守场.所以对静电场可以引入电势的概念.由式(1.67)，电势 U 与场强 $\boldsymbol{E}$ 的关系为

$$\boldsymbol{E}=-\nabla U\tag{5.128}$$

由高斯定理的微分形式，可得到电势 U 所满足的泊松方程：

$$\nabla^2 U = -\frac{1}{\varepsilon_0}\rho \tag{5.129}$$

在无电荷分布的区域，U 满足拉普拉斯方程：

$$\nabla^2 U = 0 \tag{5.130}$$

因而静电学问题归结为在一定边界条件下求解泊松方程或拉普拉斯方程的问题. 可以证明，当电荷分布在有限区域，且规定 $U_\infty = 0$ 时，泊松方程的特解为

$$U = \frac{1}{4\pi\varepsilon_0}\int \frac{\rho \mathrm{d}V}{r} \tag{5.131}$$

因而当电荷分布已知时，可由式(5.131)求得电势 U 的分布，再由式(5.128)即可求得场强 $\boldsymbol{E}$ 的分布.

(b) 静磁场是非保守场　矢势

静磁场是有旋无散场，磁场力做功与路径有关，因而磁场力是非保守力，磁场是非保守场. 所以对磁场不能引入与电场的电势相类似的磁势的概念，也就是说，不能用一个标量函数来描写磁场. 但是可以用一个称为磁场的矢势的矢量点函数来描写磁场.

根据矢量分析，一个矢量函数 $\boldsymbol{F}$ 的旋度仍为一个矢量，这个矢量的散度恒为零，即

$$\nabla\cdot(\nabla\times \boldsymbol{F}) = 0 \tag{5.132}$$

既然磁感应强度 $\boldsymbol{B}$ 的散度为零，即$\nabla\cdot\boldsymbol{B}=0$，我们就可以设法找到一个矢量函数 $\boldsymbol{A}$，使其旋度等于 $\boldsymbol{B}$，即

$$\boldsymbol{B} = \nabla\times \boldsymbol{A} \tag{5.133}$$

从而保证 $\boldsymbol{B}$ 满足高斯定理. 这个矢量函数 $\boldsymbol{A}$ 称为磁场的矢势.

由式(5.133)可以看出，对矢势 $\boldsymbol{A}$ 求导就可以得到磁感应强度 $\boldsymbol{B}$. 自然，在矢势上加上一个恒定的矢量对由 $\boldsymbol{A}$ 求 $\boldsymbol{B}$ 并无任何影响. 不仅如此，即使在 $\boldsymbol{A}$ 后面加一矢量函数，只要这个矢量函数是任一标量函数 $\psi(x,y,z)$ 的梯度，即$\nabla\psi$，在物理上也不会有任何影响，因为梯度的旋度恒为零. 这就是说，若 $\boldsymbol{A}$ 是某一磁场 $\boldsymbol{B}$ 的矢势，则

$$\boldsymbol{A}' = \boldsymbol{A} + \nabla\psi(x,y,z) \tag{5.134}$$

也是这一磁场的矢势. 因为 $\psi(x,y,z)$ 是任意的标量函数，所以给定磁场的矢势不是唯一的. 式(5.134)是矢势的规范变换.

为了在数学上尽可能简单，我们对矢势的选择加上一些限制条件，利用规范变换，我们总可以找到散度为零的矢势，即

$$\nabla\cdot \boldsymbol{A} = 0 \tag{5.135}$$

这就是我们规定的稳恒电流磁场的矢势必须满足的条件. 把满足这一条件的矢势 $\boldsymbol{A}$ 代入磁场的基本方程式(5.125)，并注意到式(5.135)，就可以把矢势与电流密度 $\boldsymbol{j}$ 联系起来：

$$\nabla\times \boldsymbol{B} = \nabla\times(\nabla\times \boldsymbol{A}) = \nabla(\nabla\cdot \boldsymbol{A}) - \nabla^2 \boldsymbol{A} = -\nabla^2 \boldsymbol{A} = \mu_0 \boldsymbol{j}$$

故矢势满足的微分方程为

$$\nabla^2 \boldsymbol{A} = -\mu_0 \boldsymbol{j} \tag{5.136}$$

将式(5.136)与式(5.129)比较，可以看出，稳恒电流磁场的矢势所满足的方程与静电场的电势所满足的方程的形式完全相似.因此，当电流分布在空间的有限区域，且电流分布 $\boldsymbol{j}(x,y,z)$已知时，式(5.136)的解应为

$$\boldsymbol{A} = \frac{\mu_0}{4\pi}\int \frac{\boldsymbol{j}\mathrm{d}V}{r} \tag{5.137}$$

式中，r 为电流元$\boldsymbol{j}\mathrm{d}V$ 到考察场点的距离.对于线电流而言，由于 $\boldsymbol{j}\mathrm{d}V \to I\mathrm{d}\boldsymbol{l}$，故线电流磁场满足条件式(5.135)的矢势为

$$\boldsymbol{A} = \frac{\mu_0 I}{4\pi}\int \frac{\mathrm{d}\boldsymbol{l}}{r} \tag{5.138}$$

在静电场的情况下，我们曾得到当电荷分布 $\rho(x,y,z)$已知时，求 $\boldsymbol{E}$ 的直接程序：按照式(5.131)求 U，再由式(5.128)用求导的方法就可以得到 $\boldsymbol{E}$.现在，我们通过式(5.137)或式(5.138)把稳恒电流磁场的矢势 $\boldsymbol{A}$ 同电流分布 $\boldsymbol{j}(x,y,z)$联系起来，即当电流分布 $\boldsymbol{j}(x,y,z)$已知时，求 $\boldsymbol{B}$ 的直接程序：按照式(5.137)或式(5.138)求 $\boldsymbol{A}$，再由式(5.133)用求导的方法即可求得 $\boldsymbol{B}$.这是引入矢势的重要意义之一.

以上讨论表明，静电场和静磁场是两种性质完全不同的矢量场.但是，对这两种矢量场的描述及研究方法却是极其相似的，这由图 5.23 可以清楚地看出.

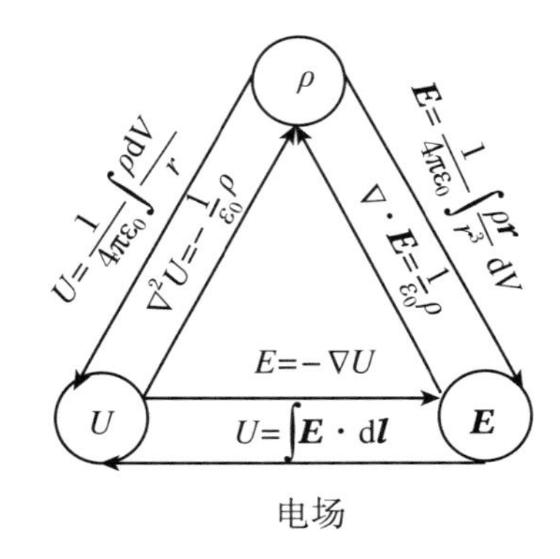

电场

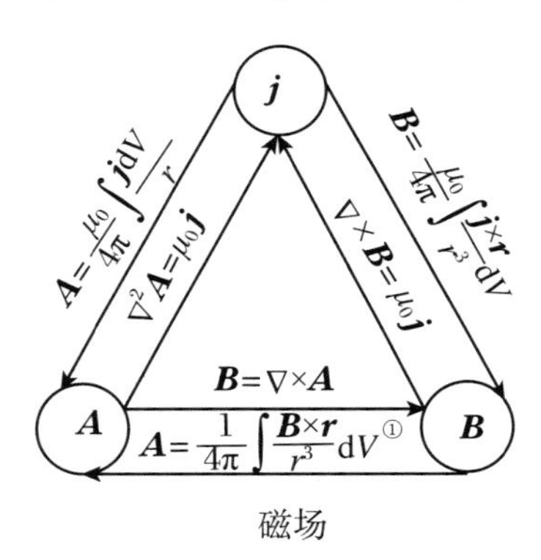

磁场

图 5.23

9. 电场和磁场的变换

一个物理问题从不同的参考系来研究，一般可以得出不同的结论.例如，对于一个在相对于电荷静止的参考系中的观察者，他只观测到静电场，但是在另一个相对于电荷运动的参考系中的观察者来说，电荷是运动的，因而他既观测到电场，也观测到磁场.那么，哪一个参考系是合适的呢？事实上，一切惯性参考系都是合适的.按照狭

---

① 由 $\boldsymbol{B}$ 求 $\boldsymbol{A}$ 的该式并非唯一.

义相对性原理,电磁运动规律和力学规律一样,应当对于一切惯性参考系来说都保持相同的形式.但是,这并不是说描述电场和磁场的物理量(如 $\boldsymbol{E}$ 和 $\boldsymbol{B}$)对一切惯性参考系都是相同的.因而,搞清楚电场和磁场随着参考系的变换而变换的法则是很有意义的.

(1) 电场的变换

这里所说的电场的变换是指场强 $\boldsymbol{E}$ 的变换.要回答这样的问题:如果在某一惯性系 s 中的观测者测得某一给定时空点的 $\boldsymbol{E}$ 为若干伏/米,那么,在另一惯性系 s' 中的观测者测得同一时空点的 $\boldsymbol{E}'$ 将是多少伏/米?下面,我们以平行板电容器为例来说明这一问题.

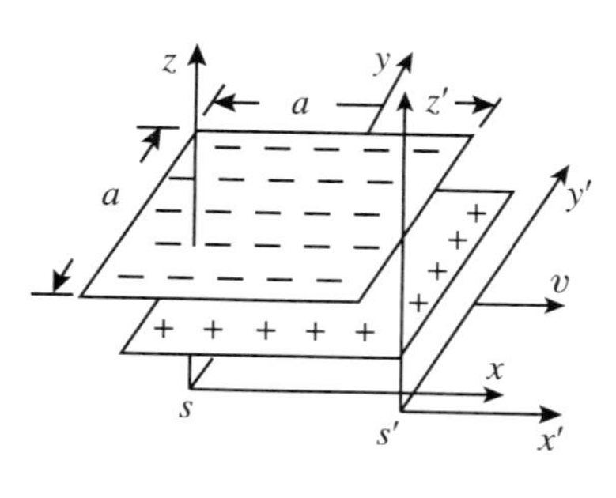

图 5.24

在参考系 s 中有一静止的平行板电容器,板面平行于 xy 平面,两板都是边长为 a 的正方形,它们均匀带电,其电荷面密度分别为 $\pm\sigma$.两板间的距离和边长相比很小,可忽略边缘效应,板间的电场可以看成是均匀的.对于 s 系中的观测者来说,板间的场强为 $\boldsymbol{E}_z=\dfrac{\sigma}{\varepsilon_0}$.现在,我们考虑另一参考系 s',它相对于 s 系以速率 v 沿 x 轴正向运动,如图 5.24 所示.对于 s' 系中的观测者来说,平行板电容器以速率 v 沿 x' 轴的负方向运动.由于相对论效应,电容器极板沿 x' 轴的边长将缩短为 $a\sqrt{1-\beta^2}$,其中 $\beta=\dfrac{v}{c}$.由于电荷的相对论不变性,在 s' 系中测得的电荷面密度将为

$$\sigma'=\frac{a^2\sigma}{a^2\sqrt{1-\beta^2}}=\frac{\sigma}{\sqrt{1-\beta^2}} \tag{5.139}$$

由于两板间距很小,与之相较,板可视为无限大.无限大均匀带电板的场应该和板的距离无关,因而 s' 系上的观测者看到两板之外的场强为零,两板之间的电场仍是均匀的.应用高斯定理可求得板间的场强 $\boldsymbol{E}'$,它亦只有 z' 分量:

$$E_z'=\frac{\sigma'}{\varepsilon_0}=\frac{\sigma}{\varepsilon_0\sqrt{1-\beta^2}}=\gamma E_z \tag{5.140}$$

式中,$\gamma=(1-\beta^2)^{-1/2}$.很明显,这里 E_z 和 E_z' 都是垂直于两参考系相对运动方向的分量.

下面,我们考虑另一种情况.电容器极板垂直于 s 系的 x 轴及 s' 系的 x' 轴,截面图如图 5.25 所示.在 s 系中测出的场强为

$$E_x=\frac{\sigma}{\varepsilon_0}$$

在 s' 系中测得的场强为

$$E_x'=\frac{\sigma'}{\varepsilon_0}$$

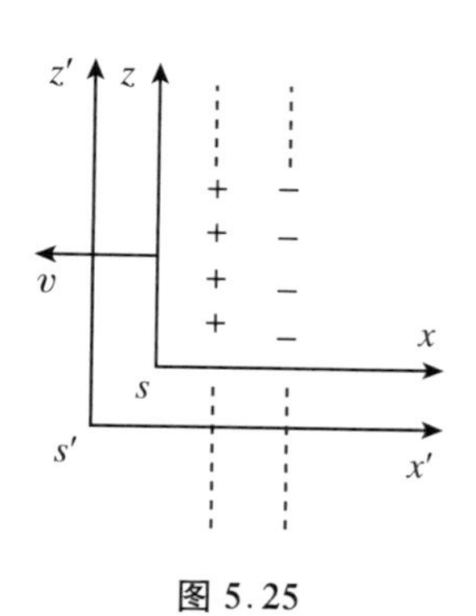

图 5.25

由于在这种情况下,只有电容器极板间的距离收缩,电容器极板的面积并不发生变化,因而有 $\sigma' = \sigma$,所以

$$E'_x = E_x \tag{5.141}$$

很明显,这里 E'_x 和 E_x 都与运动方向平行.

上面对两个均匀带电平行平面间的电场进行了讨论,所得结论式(5.140)和式(5.141)虽然是从这一特例得出的,但它们的适用范围却大大超出了这一特例.

对于一个任意分布的电荷系来说,如果此电荷系相对于惯性系 s 静止,而 s' 系相对于 s 系以速率 v 沿 x 轴正方向运动,并且两坐标系对应的坐标轴平行,则两坐标系中的观测者所观测到的同一时空点的场强的 x 分量(平行于运动方向的分量)之间的关系应为 $E'_x = E_x$,而垂直于运动方向的场强分量 E'_z、E'_y 和 E_z、E_y 的关系应为 $E'_z = \gamma E_z$,$E'_y = \gamma E_y$,或者说

$$E'_{/\!/} = E_{/\!/} \tag{5.142}$$

$$E'_{\perp} = \gamma E_{\perp} \tag{5.143}$$

这一结果只对相对于 s 系静止的电荷产生的场 $\boldsymbol{E}$ 才是正确的.如果电荷相对于 s 系运动,s' 系又相对于 s 系运动,情况又将怎样呢?下面,我们将看到,对 s 系而言,将涉及两个场,即电场和磁场.但是上面得出的式(5.142)和式(5.143)仍是很有用的.因为只要我们能够找到一个惯性系,各电荷在此系中都是静止的,并且求得此系中的场强 $\boldsymbol{E}$,则其他相对于此静系运动的参考系中的场 $\boldsymbol{E}$ 也就找到了.

(2) 电场和磁场的变换

下面仍以两个均匀带有等量异号电荷的平行平面为例,讨论相对运动着的两个不同惯性系 s 及 s' 中的观测者所观测到的电场和磁场分量之间的关系,也就是电场和磁场从一个参考系变换到另一个参考系的变换关系.

① 面电流密度

设一个厚度为 d 的无限大均匀导体平板上沿与板面平行的方向通有电流,各处的电流密度 $\boldsymbol{j}'$ 相同.通过与电流垂直的截面并与 d 垂直的单位长度的电流,称为面电流密度,其大小为 jd,用 J 表示.这一概念在讨论有关电流层的问题时很有用,这时将不考虑电流层内部的情况.

② 在惯性系 s 中观测到的电场和磁场

设有两个无限大的平行均匀带电的平面电荷层,它们平行于 s 系的 xz 平面,并相对于 s 系以同一速率 v_0 沿 x 轴正向运动,如图 5.26 所示.在 s 系中的观测者观测到两个面的电荷面密度分别为 $+\sigma$ 和 $-\sigma$.应用高斯定理使 s 系中的观测者确信两面外的电场强度为零,两面间的电场强度 $\boldsymbol{E}$ 指向 y 轴正向,其大小为

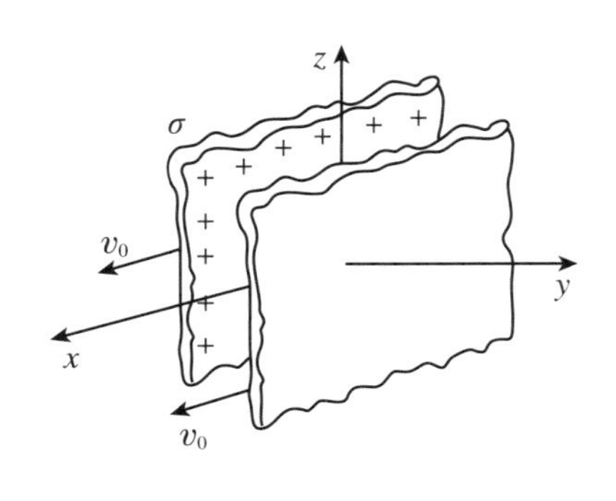

图 5.26

$$E_y = \frac{\sigma}{\varepsilon_0} \tag{5.144}$$

由于电荷层相对于 s 系运动，因而对 s 系来说，它们形成一对电流层. s 系中的观测者观测到带正电板上的面电流密度 J 是 σv_0，沿 x 方向；另一面上的面电流密度是 $-\sigma v_0$，负号表示沿 x 轴的反方向. 由对称性知，两带电面间的磁感应强度 $\boldsymbol{B}$ 沿 z 轴正向，而两面之外的 $\boldsymbol{B}'$ 为零，用安培环路定理可以求得两电流层间的磁感应强度为

$$B_z = \mu_0 J = \mu_0 \sigma v_0 \tag{5.145}$$

式(5.144)、式(5.145)中的 σ 是已经考虑了洛伦兹收缩后，在 s 系中的面电荷密度. 如果将它换算成相对于带电层静止的参考系中的面电荷密度 σ_0，则参照式(5.139)，有

$$\sigma = \frac{\sigma_0}{(1 - \beta_0^2)^{1/2}}$$

或

$$\sigma_0 = \sigma(1 - \beta_0^2)^{1/2} \tag{5.146}$$

式中，$\beta_0 = v_0/c$.

③ 在惯性系 s' 中观测到的电场和磁场

设惯性系 s' 相对于 s 系以速率 v 沿 x 轴正向运动，取 s' 系的 x'、y'、z' 三坐标轴分别与 s 系的三坐标轴平行. 为了得到 s' 系中带电层的面电荷密度，应先找到带电层相对于 s' 系的速度 v_0'. 按照相对论的速度合成公式，此速度沿 x' 轴，其大小为

$$v_0' = \frac{v_0 - v}{1 - \dfrac{v_0 v}{c^2}} \tag{5.147}$$

根据式(5.139)，在 s' 系中带电层的面电荷密度为

$$\sigma' = \frac{\sigma_0}{(1 - \beta_0'^2)^{1/2}} \tag{5.148}$$

式中，$\beta_0' = v_0'/c$. 将式(5.146)代入上式，得到

$$\sigma' = \sigma \frac{(1 - \beta_0^2)^{1/2}}{(1 - \beta_0'^2)^{1/2}}$$

再将式(5.147)代入上式，消去 v_0'，得在 s' 系和 s 系中观测带电层的面电荷密度的关系为

$$\sigma' = \sigma \frac{1 - \beta_0 \beta}{(1 - \beta^2)^{1/2}} \tag{5.149}$$

式中，$\beta = v/c$. 在 s' 系中，由带电层的运动而产生的电流面密度为

$$J' = \sigma' v_0'$$

将式(5.149)代入上式，再利用式(5.147)消去 v_0'，化简后得到

$$J' = \sigma \frac{v_0 - v}{\sqrt{1 - \beta^2}} \tag{5.150}$$

按照相对论的相对性原理,物理规律在一切惯性参考系中具有相同的形式,因而电荷面密度与电场的关系以及面电流密度与磁场的关系也应不变,故有

$$E'_y=\frac{\sigma'}{\varepsilon_0}=\frac{\sigma(1-\beta_0\beta)}{\varepsilon_0(1-\beta^2)^{1/2}}=\frac{1}{\sqrt{1-\beta^2}}\left(\frac{\sigma}{\varepsilon_0}-\frac{\sigma v_0}{\varepsilon_0 c}\cdot\frac{v}{c}\right)$$

$$B'_z=\mu_0 J'=\mu_0\sigma\frac{v_0-v}{\sqrt{1-\beta^2}}=\frac{1}{\sqrt{1-\beta^2}}(\mu_0\sigma v_0-\mu_0\sigma v)$$

注意到光在真空中的速度 $c=\frac{1}{\sqrt{\varepsilon_0\mu_0}}$,故 $\mu_0=\frac{1}{\varepsilon_0 c^2}$,于是

$$E'_y=\frac{1}{\sqrt{1-\beta^2}}\left(\frac{\sigma}{\varepsilon_0}-\mu_0\sigma v_0 v\right)\tag{5.151}$$

$$B'_z=\frac{1}{\sqrt{1-\beta^2}}\left(\mu_0\sigma v_0-\frac{v}{c^2}\cdot\frac{\sigma}{\varepsilon_0}\right)\tag{5.152}$$

利用式(5.144)和式(5.145),式(5.151)及式(5.152)可改写成

$$E'_y=\frac{1}{\sqrt{1-\beta^2}}(E_y-vB_z)\tag{5.153}$$

$$B'_z=\frac{1}{\sqrt{1-\beta^2}}\left(B_z-\frac{v}{c^2}E_y\right)\tag{5.154}$$

如果使电流层平行于 xy 平面,我们就可以得到 E'_z 与 E_z、B_y 之间以及 B'_y 与 B_y、E_z 之间的关系.这时,电场沿 z 轴方向,磁场沿 y 轴负方向,且在 s 系中

$$E_z=\frac{\sigma}{\varepsilon_0},\quad B_y=\mu_0\sigma v_0\tag{5.155}$$

在 s' 系中,应用与上面类似的推导,可得

$$E'_z=\frac{\sigma'}{\varepsilon_0}=\frac{1}{\sqrt{1-\beta^2}}(E_z+vB_y)\tag{5.156}$$

$$B'_y=-\mu_0\sigma v'_0=\frac{1}{\sqrt{1-\beta^2}}\left(B_y+\frac{v}{c^2}E_z\right)\tag{5.157}$$

现在,我们讨论与参考系运动方向平行的 x 轴方向的电场和磁场分量的变换关系.在前面的讨论中,我们已经得到在 s 及 s' 系中 $\boldsymbol{E}$ 与两参考系相对运动方向平行的分量大小相等.下面,我们将以螺线管为例,说明磁场 $\boldsymbol{B}$ 的平行分量也应相等.

设在 s 系中,$\boldsymbol{B}$ 与两参考系相对运动方向平行的分量是由一个固定在 s 系中以 x 轴为轴的载流长直螺线管产生的.我们知道,管内的 $\boldsymbol{B}$ 只由导线内的电流强度 I 及管的单位长度上线圈的匝数 n 决定($B=\mu_0 nI$).若 s' 系相对于 s 系以速率 v 沿 x 轴正向运动,则对于 s' 系上的观测者来说,螺线管以速率 v 沿 x 轴负方向运动,因此管将发生洛伦兹收缩,使单位长度的匝数 n 增加.同时,对于参考系 s' 中的观测者来说,s 系中的钟走得慢些.他测得一定电量通过导体截面的时间要比 s 系中观测者测得的时间长些,因此,电流要小些.时间的变长正好抵消长度缩短的影响,于是使乘积 nI

成为洛伦兹变换的不变量，因而有 $B'_x=B_x$. 综合以上讨论，我们得到电磁场变换的全部关系式如下：

$$\begin{cases} E'_x = E_x, & B'_x = B_x \\ E'_y = \dfrac{1}{\sqrt{1-\beta^2}}(E_y - vB_z), & B'_y = \dfrac{1}{\sqrt{1-\beta^2}}\left(B_y + \dfrac{v}{c^2}E_z\right) \\ E'_z = \dfrac{1}{\sqrt{1-\beta^2}}(E_z + vB_y), & B'_z = \dfrac{1}{\sqrt{1-\beta^2}}\left(B_z - \dfrac{v}{c^2}E_y\right) \end{cases} \tag{5.158}$$

虽然式(5.158)是我们从极简单的例子导出的，但是，它们却是电场和磁场各个分量之间由一个惯性系变换到另一个惯性系的一般变换规律. 这里务必注意，参考系 s' 相对于 s 系以速率 v 沿 x 轴正向运动，且式中不带撇号的量是 s 系中的测量结果.

由这一组变换关系式，我们可以看出：在一参考系中，某一时空点的 $\boldsymbol{E}$ 和 $\boldsymbol{B}$ 唯一地决定了其他参考系中同一时空点的 $\boldsymbol{E}'$ 和 $\boldsymbol{B}'$. 这一组关系式表明，电和磁并不是相互独立的东西，它们永远作为一个完整的电磁场而结合在一起.

容易证明，对于任意两个不同的惯性系来说，电场强度 $\boldsymbol{E}$ 和磁感应强度 $\boldsymbol{B}$ 之间总满足下述关系：

$$B^2 - \frac{E^2}{c^2} = B'^2 - \frac{E'^2}{c^2}, \quad \boldsymbol{E}\cdot\boldsymbol{B} = \boldsymbol{E}'\cdot\boldsymbol{B}' \tag{5.159}$$

这表明 $B^2-\dfrac{E^2}{c^2}$ 和 $\boldsymbol{E}\cdot\boldsymbol{B}$ 都是对洛伦兹变换的不变量.

(3) 几种特殊情况下的变换关系式

① 所有电荷相对于 s 系静止

在这种情况下，处处都有 $B_x=B_y=B_z=0$，因而在 s' 系中观测到的电场和磁场是

$$\begin{cases} E'_x = E_x, & B'_x = 0 \\ E'_y = \dfrac{E_y}{\sqrt{1-\beta^2}}, & B'_y = \dfrac{1}{\sqrt{1-\beta^2}}\cdot\dfrac{v}{c^2}E_z \\ E'_z = \dfrac{E_z}{\sqrt{1-\beta^2}}, & B'_z = -\dfrac{1}{\sqrt{1-\beta^2}}\cdot\dfrac{v}{c^2}E_y \end{cases} \tag{5.160}$$

这意味着在 $v\ll c$ 的情形中，s' 系中各处的电场和磁场之间有如下的关系：

$$B'_x = 0, \quad B'_y = \frac{v}{c^2}E'_z, \quad B'_z = -\frac{v}{c^2}E'_y \tag{5.161}$$

应记住 s' 系相对于 s 系的速度 $\boldsymbol{v}$ 是沿 x 轴正向的. 反过来，若用 $\boldsymbol{v}'$ 表示 s 系相对于 s' 系的速度，则 $\boldsymbol{v}'$ 沿 x' 轴的负方向. 用速度矢量 $\boldsymbol{v}'$ 可将式(5.161)简洁地表示成如下的矢量式：

$$\boldsymbol{B}' = \frac{1}{c^2}\boldsymbol{v}'\times\boldsymbol{E}' \tag{5.162}$$

例如，一个以恒速 v 相对于实验室参考系 s' 运动的点电荷，在随同电荷一起运动的参考系 s 中只有电场而无磁场. 根据式(5.160)，在实验室参考系 s' 中，电场将不再是以点电荷为中心的球对称场；根据式(5.162)，在 s' 系中还有与电场和电荷运动方向垂直的磁场.

② 在 s 系中，$\boldsymbol{E}$ 处处为零，$\boldsymbol{B}\neq\boldsymbol{0}$

在这种情况下，s' 系中的电场和磁场满足

$$\begin{cases} E'_x = 0, & B'_x = B_x \\ E'_y = -\dfrac{vB_z}{\sqrt{1-\beta^2}}, & B'_y = \dfrac{B_y}{\sqrt{1-\beta^2}} \\ E'_z = \dfrac{vB_y}{\sqrt{1-\beta^2}}, & B'_z = \dfrac{B_z}{\sqrt{1-\beta^2}} \end{cases} \tag{5.163}$$

这就意味着在 $v\ll c$ 的情形中，s' 系中电场和磁场之间有如下关系：

$$\boldsymbol{E}' = -\boldsymbol{v}'\times\boldsymbol{B} \tag{5.164}$$

上式中的 $\boldsymbol{v}'$ 是 s 系相对于 s' 系的速度，其方向指向 x' 轴的负方向.

③ s' 系相对于 s 系的速度 v 远小于光速 c

在这种情况下，式(5.158)中的 $\sqrt{1-\beta^2}\approx1$，于是变换关系近似为

$$\begin{cases} E'_x = E_x, & B'_x = B_x \\ E'_y = E_y - vB_z, & B'_y = B_y + \dfrac{v}{c^2}E_z \\ E'_z = E_z + vB_y, & B'_z = B_z - \dfrac{v}{c^2}E_y \end{cases} \tag{5.165}$$

或者用矢量式表示为

$$\begin{cases} \boldsymbol{E}' = \boldsymbol{E} + \boldsymbol{v}\times\boldsymbol{B} \\ \boldsymbol{B}' = \boldsymbol{B} - \dfrac{1}{c^2}\boldsymbol{v}\times\boldsymbol{E} \end{cases} \tag{5.166}$$

在以上的讨论中，我们始终使用相对论和电荷不变原理，可见，磁场的存在和它与电场的关系是这些普遍原理的必然结果.

10. 电场力、洛伦兹力与参考系的关系

速度为 $\boldsymbol{v}$ 的电荷在电场、磁场中受电场力 $\boldsymbol{F}_{\mathrm{e}} = q\boldsymbol{E}$ 和磁场力 $\boldsymbol{F}_{\mathrm{m}} = q\boldsymbol{v}\times\boldsymbol{B}$. 电力、磁力的总和为

$$\boldsymbol{F} = q\boldsymbol{E} + q\boldsymbol{v}\times\boldsymbol{B} \tag{5.167}$$

此式被称作洛伦兹关系式(洛伦兹公式).

按物理学的一般原则，观测物理现象应首先确定参考系，应用式(5.167)计算电荷受的电力、磁力，也应确定在其中进行观测的参考系(应为惯性系)，式中的 $\boldsymbol{v}$ 是电

荷相对于该参考系的速度，$\boldsymbol{E}$ 和 $\boldsymbol{B}$ 是在该参考系中电荷所在位置的电场强度和磁感应强度.当参考系变换时，这些量都要按一定规律变换.唯独电量 q 具有相对论不变性，在任何参考系中带电粒子的电量相同.这些观点似乎是不言而喻的.然而在一些具体问题中出现的矛盾或疑难，归结起来却又常常是由于对这些观点的理解模糊所造成的.下面我们先分析一个例子中可能出现的问题.

图5.27所示的均匀磁场由静止的电磁铁产生，在两磁极之间的空隙区域，有一带电粒子 q 以速度 v（$v \ll c$）在与磁场正交的平面上运动.在静止参考系 s 中，磁感应强度为 B，方向沿 y 轴负向（图上未画出 y 轴，其指向垂直纸面向外）.电荷速度 $\boldsymbol{v}$ 沿 x 轴正方向.电荷所受的洛伦兹力为

$$\boldsymbol{F} = q\boldsymbol{v} \times \boldsymbol{B} \tag{5.168}$$

方向沿 z 轴.由于无电场，运动电荷只受洛伦兹力作用.

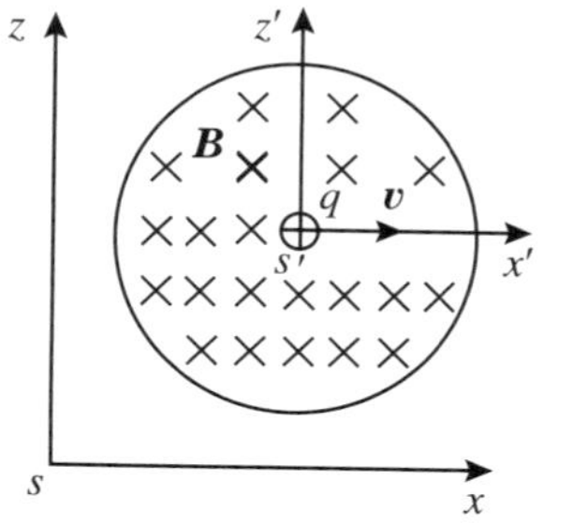

图5.27

在随电荷一起以速度 $\boldsymbol{v}$ 相对于静止参考系 s 运动的参考系 $s'(o'x'y'z')$ 中，如何分析电荷所受的电力和磁力？可能会有以下几种看法.

看法一：由于在 s' 系中电荷静止，不受洛伦兹力，又因为无电场，也不受电场力，所以 $\boldsymbol{F}_1' = 0$.

看法二：虽然电荷相对于参考系 s' 静止，但相对于磁场在运动（或相对于产生磁场的磁铁在运动）.洛伦兹力中的速度是指“电荷相对于磁场的速度”，所以在 s' 中电荷仍受洛伦兹力作用：

$$\boldsymbol{F}_2' = q\boldsymbol{v} \times \boldsymbol{B}$$

与在 s 系中的洛伦兹力相等.

看法三：赞成看法二中对洛伦兹力的分析，但认为在 s' 系中还可能出现电场，应当根据电场、磁场的变换关系求出在 s' 系中的 $\boldsymbol{E}'$ 和 $\boldsymbol{B}'$，再求作用于电荷的电场力和磁场力.在 $v \ll c$ 情形下，不计相对论效应，电场、磁场变换式为

$$\boldsymbol{E}' = \boldsymbol{E} + \boldsymbol{v} \times \boldsymbol{B} \tag{5.169}$$

$$\boldsymbol{B}' = \boldsymbol{B} - \frac{1}{c^2}\boldsymbol{v} \times \boldsymbol{E} \tag{5.170}$$

由于在 s 系中无电场（$E = 0$），故得 s' 中的电场和磁场分别为

$$\boldsymbol{E}' = \boldsymbol{v} \times \boldsymbol{B}, \quad \boldsymbol{B}' = \boldsymbol{B} \tag{5.171}$$

所以，在 s' 系中，电荷 q 受电场力 $\boldsymbol{F}_e' = q\boldsymbol{E}' = q\boldsymbol{v} \times \boldsymbol{B}$ 和洛伦兹力 $\boldsymbol{F}_m' = q\boldsymbol{v} \times \boldsymbol{B}' = q\boldsymbol{v} \times \boldsymbol{B}$.电荷所受的合力为

$$\boldsymbol{F}_3' = \boldsymbol{F}_e' + \boldsymbol{F}_m' = 2q\boldsymbol{v} \times \boldsymbol{B} \tag{5.172}$$

看法四：根据电场、磁场的变换关系，在 s' 系中不仅有磁场还有电场（感应电场），如式（5.169）～式（5.171）所示.但电荷在 s' 系中是静止的，$\boldsymbol{v}' = \boldsymbol{0}$，因此不受洛伦兹力，只受电场力：

$$F_4' = F_e' = qE' = qv \times B \tag{5.173}$$

显然，这种看法不同意看法二、三认为洛伦兹力中的 v 是电荷相对于磁场的运动速度的主张.

现在我们对上述四种看法作一比较和分析. 看法一坚持电荷的运动速度应当以参考系为标准. 由于电荷在 s'系中静止，故不受洛伦兹力作用. 但忘记了电场和磁场量同样应以所选定的参考系为标准，认为 s'系中的电场、磁场与 s 系中相同，只有磁场 $\boldsymbol{B}$，而无电场，从而得出电荷不受力的结果，显然是不正确的. 看法二实际上是把在 s 系中的一切观测结果($\boldsymbol{v}$、$\boldsymbol{B}$ 等)硬搬到 s'系上去，并未在 s'系上考虑问题. 在概念上有两处错误：一是把洛伦兹力中的 $\boldsymbol{v}$ 理解成"电荷相对于磁场的速度"；二是在电场和磁场与参考系的关系上犯了与看法一相同的错误. 看法三明确了电场、磁场的变换关系，正确地采用在 s'系中的 $\boldsymbol{E}'$和 $\boldsymbol{B}'$，计算在 s'中电荷受的电场力和磁场力. 但是在电荷运动的速度这个问题上，却放弃了"以参考系为标准"的原则，采用了与看法二相同的主张. 结果使电荷受力比在 s 系中观察到的大了一倍(在 $v \ll c$ 的非相对论情形下，不同惯性系中力的大小是不变的). 造成力加倍的原因正是多算了一个并不存在的洛伦兹力. 看法四坚持了在所选定的参考系 s'中，根据电荷相对于此参考系的速度($v'=0$)以及在此参考系中的 $\boldsymbol{E}'$和 $\boldsymbol{B}'$，计算电场力和磁场力. 这完全合乎物理学的一般原则，是正确的. 算出的结果也是对的.

从对上述问题的分析可见，要正确认识和处理电场力、洛伦兹力以及它们与参考系的关系，应当明确以下原则：

(1) $\boldsymbol{v}$、$\boldsymbol{E}$、$\boldsymbol{B}$ 都是相对于选定的惯性参考系而确定的

洛伦兹关系式中的 $\boldsymbol{E}$ 和 $\boldsymbol{B}$ 是在所选定参考系中，在电荷所在位置处的电场强度和磁感应强度. 当参考系变换时，$\boldsymbol{E}$ 和 $\boldsymbol{B}$ 遵守确定的变换法则(见本章问题讨论 9). $\boldsymbol{v}$ 是电荷在所选定的(观测 $\boldsymbol{E}$、$\boldsymbol{B}$ 的)同一个参考系中的速度. 对不同的参考系，$\boldsymbol{v}$、$\boldsymbol{E}$、$\boldsymbol{B}$ 都是不同的.

有一种误解，认为"$\boldsymbol{v}$ 是电荷相对于磁场的速度". 由于磁场这类非实物物质不能够充当参考系，"相对于磁场的速度"是没有意义的. 即便是把"相对于磁场的运动"解释成"相对于激励磁场的实物，如相对于磁铁的运动"，也是不妥当的. 只有当磁铁或励磁线圈在所选定的参考系中静止时，相对于磁铁的运动等同于相对于参考系的运动，这种看法才不会导致错误. 但是在一般情形下，若无视参考系的选取，把洛伦兹力中的 $\boldsymbol{v}$ 一概理解成电荷相对于磁铁的速度，如前述问题中的看法二、三，是不正确的.

(2) 电场力和磁场力要随参考系的变换而变化，并可相互转化

如前面的例子，在 s 系中作用于电荷的力是洛伦兹力，无电场力；而在 s'系中电荷静止，作用于电荷的力是电场力而无洛伦兹力，在不计相对论效应的情形下($v \ll c$)，在 s 系中的洛伦兹力可完全转化为在 s'系中的感应电场力.

一般而论，单独的电场力和单独的洛伦兹力的公式为

$$\boldsymbol{F}_{\mathrm{e}} = q\boldsymbol{E} \quad \text{和} \quad \boldsymbol{F}_{\mathrm{m}} = q\boldsymbol{v} \times \boldsymbol{B} \tag{5.174}$$

当参考系变换时,它们不能保持形式不变,即不具备洛伦兹协变性.下面仅对 $v \ll c$ 的情况(忽略相对论效应)作一简单的论证.

设 s'系相对于 s 系以速度 $\boldsymbol{u}(u \ll c)$运动.在 s'系中的 $\boldsymbol{E}'$、$\boldsymbol{B}'$和电荷速度 $\boldsymbol{v}'$与 s 系中的$\boldsymbol{E}$、$\boldsymbol{B}$ 和$\boldsymbol{v}$ 的关系为

$$\begin{cases} \boldsymbol{E} = \boldsymbol{E}' - \boldsymbol{u} \times \boldsymbol{B} \\ \boldsymbol{B} = \boldsymbol{B}' + \dfrac{1}{c^2}\boldsymbol{u} \times \boldsymbol{E}' \\ \boldsymbol{v} = \boldsymbol{v}' + \boldsymbol{u} \end{cases} \tag{5.175}$$

将此变换式应用于式(5.174),得到的是

$$q\boldsymbol{E} \longrightarrow q\boldsymbol{E}' - q\boldsymbol{u} \times \boldsymbol{B}'$$

$$q\boldsymbol{v} \times \boldsymbol{B} \longrightarrow q(\boldsymbol{v}' + \boldsymbol{u}) \times \left(\boldsymbol{B}' + \frac{1}{c^2}\boldsymbol{u} \times \boldsymbol{E}'\right)$$

显然,只由 $\boldsymbol{F}_{\mathrm{e}}$ 变换不出 $\boldsymbol{F}_{\mathrm{e}}' = q\boldsymbol{E}'$的形式,由 $\boldsymbol{F}_{\mathrm{m}}$ 变换不出 $\boldsymbol{F}_{\mathrm{m}}' = q\boldsymbol{v}' \times \boldsymbol{B}'$这样的形式.这表明,当参考系变换时,单独的电场力和磁场力公式都不能保持形式不变.电场和磁场可互变,一个参考系中的电场力在另一个参考系中可能变换成磁场力(洛伦兹力),反之亦然.

(3) 洛伦兹关系具有协变性

电荷受的电磁作用力的总和的表达式,即洛伦兹关系式

$$\boldsymbol{F} = q\boldsymbol{E} + q\boldsymbol{v} \times \boldsymbol{B} \tag{5.176}$$

当参考系从 s 系变换为s'系时(洛伦兹变换),$\boldsymbol{F}$、$\boldsymbol{E}$、$\boldsymbol{B}$、$\boldsymbol{v}$ 变换为$\boldsymbol{F}'$、$\boldsymbol{E}'$、$\boldsymbol{B}'$、$\boldsymbol{v}'$,在 s'系中,电荷受的电磁作用的总和为

$$\boldsymbol{F}' = q\boldsymbol{E}' + q\boldsymbol{v}' \times \boldsymbol{B}' \tag{5.177}$$

即洛伦兹关系式的形式保持不变.这种性质称为对洛伦兹变换具有协变性.

下面对 $u \ll c$、$v \ll c$ 的情况使用洛伦兹变换的低速近似说明上述结论.

力的相对论变换在 $u \ll c$ 的情况近似于经典的结果,即 $\boldsymbol{F}' = \boldsymbol{F}$,再将式(5.175)应用于式(5.176)中,可得

$$\begin{aligned} \boldsymbol{F}' &= q(\boldsymbol{E}' - \boldsymbol{u} \times \boldsymbol{B}') + q(\boldsymbol{v}' + \boldsymbol{u}) \times \left(\boldsymbol{B}' + \frac{1}{c^2}\boldsymbol{u} \times \boldsymbol{E}'\right) \\ &= q\boldsymbol{E}' + q\boldsymbol{v}' \times \boldsymbol{B}' + \frac{q}{c^2}(\boldsymbol{v}' + \boldsymbol{u}) \times \boldsymbol{u} \times \boldsymbol{E}' \end{aligned}$$

在低速近似下,上式右端第三项远小于前两项,可略去,略去第三项便得到式(5.177).

需要注意的是,这是在低速近似下的简便说明.对于一般情况,应当应用力、速度以及电场强度和磁感应强度之间的各分量的洛伦兹变换式证明洛伦兹关系的协变性,由于过程比较烦,这里就不进行了.

洛伦兹关系的协变性表明电场和磁场可组成统一的电磁场,电力和磁力的作用

属于统一的电磁作用.单纯的电场、磁场、电场力和磁场力都随参考系的变换而变化.但是,统一的电磁作用力的规律(由洛伦兹关系表示)是不变的.

11. 霍尔效应

处于均匀磁场中的载流导体板,当电流方向垂直于磁场时,在与磁场和电流方向垂直的导体板的两端面间会出现电势差.这一现象称为**霍尔效应**.它是霍尔在1879年首先发现的.当时,人们还不了解金属的导电机理,甚至还不知道电子.

(1) 霍尔效应

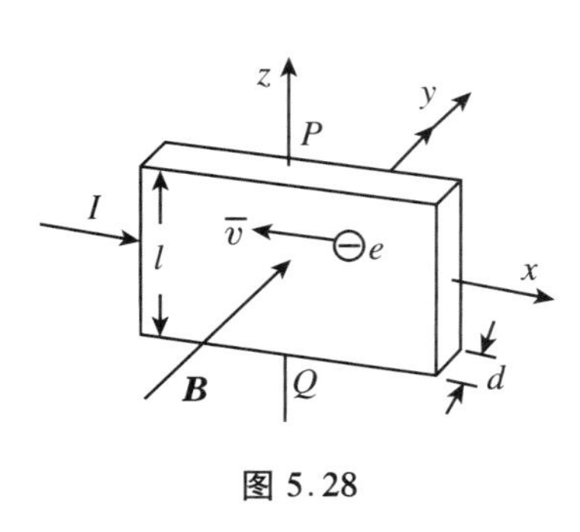

图 5.28

如图5.28所示,有一厚度为 d、宽度为 l 的导电薄片,沿 x 轴正向有电流强度为 I 的电流在导电片中流动.设载流子为电子,电子在外加电场的作用下以平均速率 $\overline{v}$ 向 x 轴负向漂移.现在沿 y 轴正方向加一均匀磁场 $\boldsymbol{B}$,电子将受到洛伦兹力 $-e\boldsymbol{v}\times\boldsymbol{B}$ 的作用,向 z 轴正方向偏移.但是,因为它们不能逸出薄片的表面,所以会在薄片的上底面处堆积起来,使上底面处出现过剩的电子,而下底面处出现多余的正离子,从而形成一沿 z 轴的正向电场 $\boldsymbol{E}_t$.此电场将使电子受到指向 z 轴负方向(指向下底面)的电场力 $e\boldsymbol{E}_t$.电子在上底面堆积的过程一直进行到向下的横向电场力 $e\boldsymbol{E}_t$ 与向上的洛伦兹力 $-e\boldsymbol{v}\times\boldsymbol{B}$ 相平衡时为止,这一状态称为稳定状态.这时,在固定于金属晶格的坐标系中观测,自由电子的漂移运动又是沿 x 轴负向了.金属内部出现的横向电场 $\boldsymbol{E}_t$ 称为**霍尔电场**.由于霍尔电场的存在,导体片上、下底面间将产生一电势差,此电势差称为**霍尔电势差**.

霍尔电势差可用电学方法来显示.在图5.28中的导体片上、下底面上精心选择 P、Q 两点,使得当 $\boldsymbol{B}=0$ 时,此两点的电势相同,即 $U_P=U_Q$,再用导线将检流计与 P、Q 两点相连接.在加上磁场 $\boldsymbol{B}$ 之后,便可看到有电流流过检流计.这就说明 P、Q 两点间有了电势差 U_{PQ}.

① 霍尔电势差的实验规律

通过实验,可以测出霍尔电势差与电流强度 I 和外加磁场的磁感应强度 B 以及导体薄片的厚度 d 的关系.在外磁场不太强的情况下,霍尔电势差 U_{PQ} 与 I 和 B 成正比,与导体片厚度 d 成反比,即

$$U_{PQ}=K\frac{IB}{d} \tag{5.178}$$

式中的比例系数 K 称为霍尔系数,它与导体材料的性质有关.

② 霍尔电势差的理论公式

由前面的分析可以看出，达到稳定状态时（实际上很快就能达到稳定），载流子 q 所受到的霍尔电场力与洛伦兹力等大反向，即

$$qE_{\mathrm{t}} = q\bar{v}B \tag{5.179}$$

由此可得霍尔电场的场强为

$$E_{\mathrm{t}} = \bar{v}B \tag{5.180}$$

再由场强积分可得霍尔电势差为

$$U_{PQ} = \int_P^Q E_{\mathrm{t}}\mathrm{d}l = \int_0^l \bar{v}B\mathrm{d}l = \bar{v}Bl \tag{5.181}$$

根据电流强度的定义，有

$$I = nq\bar{v}ld \tag{5.182}$$

式中，n 是单位体积内的载流子数，也称为载流子浓度. 由式(5.182)解得载流子平均漂移速率 $\bar{v}$，再代入式(5.181)，得

$$U_{PQ} = \frac{1}{nq} \cdot \frac{IB}{d} \tag{5.183}$$

将式(5.183)与式(5.178)比较，即可得霍尔系数的表达式：

$$K = \frac{1}{nq} \tag{5.184}$$

由式(5.184)可知霍尔系数确实与导体材料的物理性质有关. 当载流子荷正电时，即 $q>0$ 时，$K>0$，从而 $U_{PQ}>0$；当载流子荷负电时，即 $q<0$ 时，$K<0$，从而 $U_{PQ}<0$.

由于 U_{PQ}、I、B 和 d 都是可测定的量，所以可由式(5.178)测得材料的霍尔系数，从而可由式(5.184)确定该材料的载流子浓度 n，以及载流子的电性能（$q>0$ 或 $q<0$）.

这里，我们必须说明，$K=\frac{1}{nq}$的形式只对单原子价的金属才成立. 对于双原子价的金属和半导体材料，霍尔系数不能写成这种形式，这时必须使用量子理论才能得到正确的结果. 但是，半导体材料的霍尔系数 K 与其载流子浓度 n 成反比的关系仍然成立.

(2) 霍尔效应的应用

霍尔效应的应用很广泛，下面简单介绍几种.

① 研究半导体材料

半导体材料的导电性能比金属差，其载流子浓度 n 比金属小. 由于霍尔系数 K 与 n 成反比，所以半导体材料的霍尔效应比金属显著. 对于一种半导体材料，可以用测定 U_{PQ}、I、B 和 d 的办法来确定霍尔系数，从而计算出载流子浓度 n. 用这种办法可以测定半导体材料在不同温度、光照和掺杂条件下的载流子浓度，用以研究这些因素对半导体材料导电性能的影响.

我们知道，半导体材料分为两种类型. 一类半导体材料的载流子主要是电子，这类材料称为电子型半导体，也称为 n 型半导体；另一类半导体材料的载流子主要是

“带正电”的空穴，称为空穴型半导体，也称为 p 型半导体. 根据式(5.178)和式(5.184)知，n 型半导体的载流子带负电，因而 $K<0$，$U_{PQ}<0$；而 p 型半导体的载流子带正电，因而 $K>0$，$U_{PQ}>0$. 所以，可用测定 U_{PQ} 的正负来确定半导体材料的类型.

② 测定磁感应强度 B

用霍尔元件测量磁感应强度 B 是很方便的. 所谓霍尔元件就是一个如图 5.29 所示的、有四个接头的金属或半导体薄片. 接头 a、b 接电源，接头 c、d 接电子毫伏表. 霍尔元件的一个重要优点是它可以做得很小，在某些应用中甚至可以加在集成电路内.

图 5.30 是使用霍尔元件测量 B 的示意图. 在作为探针的玻璃管中封着霍尔元件. 在与磁场垂直的方向通有电流时(电流沿霍尔元件的长度方向)，在与电流和磁场都垂直的方向(图中霍尔元件的两长边间)将产生霍尔电势差，用引线将霍尔电势差接入电子毫伏表，即可测得电势差的值. 由于霍尔元件的霍尔系数、几何尺寸以及电流都已知，代入式(5.178)，即可计算出磁感应强度 B. 在实际使用中，电子毫伏表的表盘读数事先已按 B 的大小标出，所以可从表盘上直接读出 B 的值. 由于霍尔元件对温度变化较为敏感，所以对测出的结果应做温度校正.

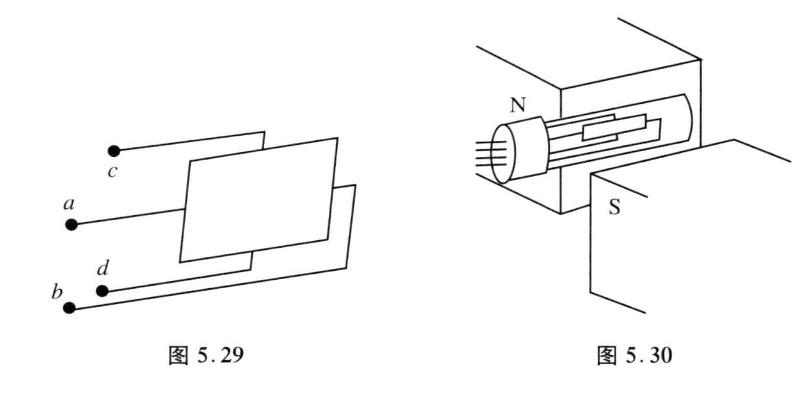

图 5.29　　图 5.30

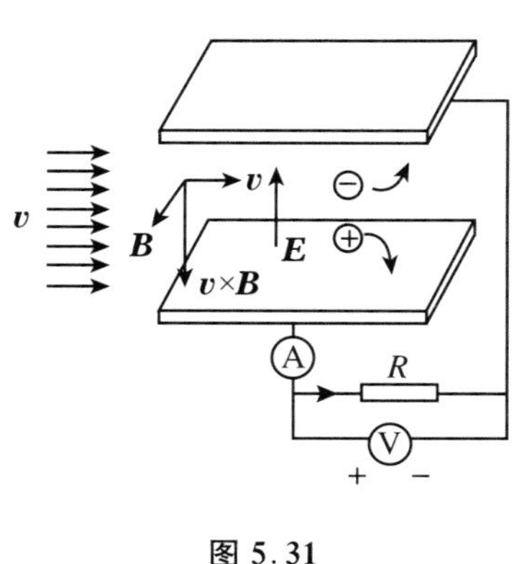

图 5.31

③ 磁流体动力发电机

磁流体动力发电机是把炽热气体的动能直接转换成电能的设备. 图 5.31 就是磁流体动力发电机的工作原理图. 高温气体以很高的速度 v 从左边射入，加入一种盐，例如 K_2CO_3，使气体易于在高温下电离，形成正离子和自由电子，从而使气体导电. 这样，在 3 000 K 左右的温度下，可以获得 100 S/m 的电导率(铜的电导率是 5.8×10^7 S/m). 当然，气体流速 v 仍远小于光速 c.

正离子和自由电子在磁场中要发生偏移，在图 5.31 所示磁场下，正离子向下偏移，自由电子向上偏移，并在两极板上堆积，因而在两板间建立一电场 $\boldsymbol{E}$，并使两板具有一定的电势差. 若将上、下两板用导线连在负载

电阻 R 上，将有电流通过 R. 曾有人设计了一台输出功率达 500 MW 的磁流体动力发电机. 它需要在长 20 m、直径 3 m 的区域内建立几特的磁场.

下面，我们粗略地分析一下气体动能是怎样转换成电能的. 对于正离子和自由电子而言，除了随气流运动的速度之外，由于受到磁场的偏转，它们还有垂直于流速方向的速度分量. 这一垂直的速度分量将引起指向流速反方向的洛伦兹力，这种制动力减慢了带电粒子的水平流动. 正是通过这种减速使气体的部分初动能转换成了电能.

磁流体发电具有热效率高（可达 50%～60%，火力发电的热效率一般只有 30%～40%）、污染少、启动迅速等优点，但还存在某些技术上的问题有待解决. 目前正在积极研究，使其具有实用价值.

除了以上例子，霍尔效应还有很多其他应用. 例如，测量直流或交流电路中的电流强度和功率；把直流电流转换成交流电流；放大直流电流或交流信号等，这里就不一一介绍了.

12. 带电粒子在磁场中的运动

当空间中只存在磁场时，在其中运动的带电粒子只受洛伦兹力

$$\boldsymbol{f} = q\boldsymbol{v} \times \boldsymbol{B} \tag{5.185}$$

的作用. 下面，我们只讨论带电粒子在均匀磁场中的运动，式(5.185)就是我们讨论粒子运动规律的出发点.

(1) 带电粒子的圆周运动

当带电粒子的运动速度 $\boldsymbol{v}$ 与均匀磁场的磁感应强度 $\boldsymbol{B}$ 互相垂直时，粒子将在恒与速度垂直的洛伦兹力作用下，在与磁场垂直的平面内做匀速圆周运动. 圆周运动有一个绕向问题. 在磁场 $\boldsymbol{B}$ 和粒子速度 $\boldsymbol{v}$ 给定的情况下，粒子是沿顺时针绕行或沿逆时针绕行，取决于粒子所带电荷的正负. 在图 5.32 所示情况下，假定粒子带正电，则粒子做逆时针方向的匀速圆周运动.

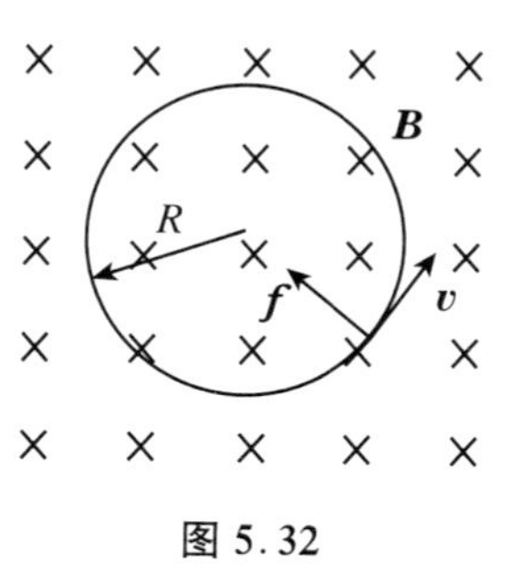

图 5.32

带电粒子做圆周运动的轨道半径 R 称为回旋半径. 由牛顿第二定律列出粒子运动方程：

$$F_{\mathrm{n}} = qvB = m\frac{v^2}{R}$$

可解得回旋半径为

$$R = \frac{mv}{qB} \tag{5.186}$$

带电粒子沿轨道绕行一周所需的时间 T 称为粒子的回旋周期：

$$T = \frac{2\pi R}{v} = \frac{2\pi m}{qB} \tag{5.187}$$

可见,T 与 R、v 无关,其只决定于粒子的荷质比$\frac{q}{m}$和磁场的磁感应强度B.这表明,以不同速率在同一均匀磁场中运动的荷质比相同的带电粒子,虽然它们的回旋半径不相同,但它们的回旋周期是相同的.

回旋周期的倒数称为回旋频率,即

$$\nu = \frac{1}{T} = \frac{qB}{2\pi m} \tag{5.188}$$

ν 也与 R、v 无关.

(2) 带电粒子的螺旋运动

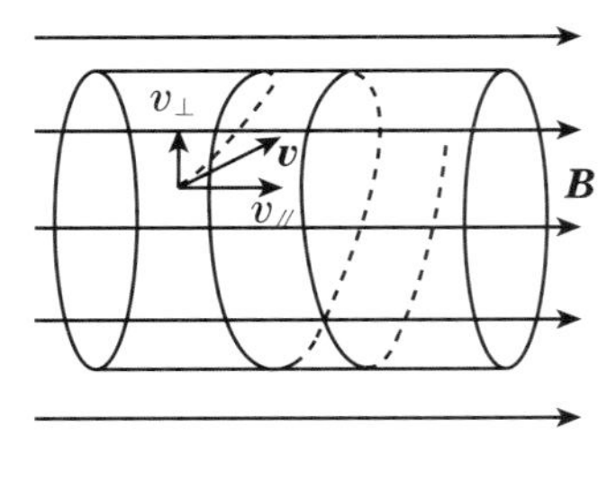

图 5.33

若带电粒子的运动速度 $\boldsymbol{v}$ 与均匀磁场的磁感应强度 $\boldsymbol{B}$ 成 θ 角,我们可将粒子的速度 $\boldsymbol{v}$ 分解成垂直于 $\boldsymbol{B}$ 的速度分量 $v_\perp = v\sin\theta$ 和平行于 $\boldsymbol{B}$ 的速度分量 $v_{/\!/} = v\cos\theta$.由于平行于 $\boldsymbol{B}$ 的分运动不受磁场力的影响,$v_{/\!/}$ 的大小不会改变,而垂直于磁场方向的分运动将受磁场力(洛伦兹力)的作用,使 $v_\perp$ 不断改变方向,但它的大小仍不变.显然,在这种情况下,带电粒子一方面沿 $\boldsymbol{B}$ 的方向做匀速直线运动,另一方面又在垂直于 $\boldsymbol{B}$ 的平面内做匀速圆周运动,其合成运动的轨迹是一条螺旋线,如图 5.33 所示.

由式(5.186)可得螺旋线的半径为

$$R = \frac{mv_\perp}{qB} = \frac{mv\sin\theta}{qB} \tag{5.189}$$

由式(5.187)可得带电粒子的回旋周期为

$$T = \frac{2\pi R}{v_\perp} = \frac{2\pi m}{qB} \tag{5.190}$$

由式(5.190)可得螺旋线的螺距为

$$h = v_{/\!/} T = \frac{2\pi m}{qB} v\cos\theta \tag{5.191}$$

可见,h 只与速度的平行分量有关,而与速度的垂直分量无关.

(3) 磁聚焦

带电粒子在磁场中的螺旋运动已被广泛应用于磁聚焦、磁约束等技术中.图 5.34(a)为电子射线磁聚焦装置的示意图,它的主要部分是一个电子枪及产生均匀磁场的螺线管.其中,K 为发射电子的阴极,G 为控制板,A 为加速阳极,它们组成电子枪.为了提高聚焦质量,在阳极圆洞内装有较小圆孔的共轴限制膜片.在控制极和阳极间的电压作用下,由阴极 K 发射出来的电子将汇聚于 P 点.P 点相当于光学成像系统中的物点.

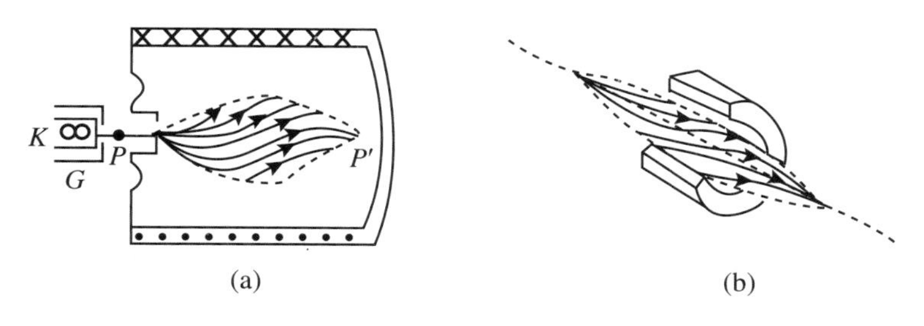

图 5.34

电子以速度 $\boldsymbol{v}$(由阳极电压决定)与 $\boldsymbol{B}$ 成 θ 角进入磁场中.由于限制膜片的作用,$\boldsymbol{v}$ 与 $\boldsymbol{B}$ 所成的夹角 θ 很小,因而有

$$v_{/\!/} = v\cos\theta \approx v$$

$$v_{\perp} = v\sin\theta \approx v\theta$$

由于电子速度的垂直分量各不相同,在洛伦兹力作用下,电子将沿不同半径的螺旋线前进,但回转周期 $T = \dfrac{2\pi m}{qB}$ 相同.又由于水平速度近似相等,因而所有电子从 P 点出发,经过一个相等的螺距

$$h = \frac{2\pi m}{qB} v_{/\!/} \approx \frac{2\pi m v}{qB}$$

之后,又重新汇聚于同一点 P'.P'点成为 P 点的像.这与透镜将光束聚焦成像的作用很相似,所以叫做"磁聚焦".

上面介绍的是均匀磁场聚焦的基本原理,均匀磁场是靠长螺线管来实现的.但是,在实际中用得更多的是短线圈产生的非均匀场的聚焦作用,如图 5.34(b)所示.这些短线圈的磁场对运动电荷的作用类似于光学中透镜对光线的作用,所以称为磁透镜.磁聚焦被广泛地应用在电真空系统(例如电子显微镜)中.

(4) 等离子体的磁约束①

所谓等离子体,就是高度电离状态的气体,其正离子和负离子形成的空间电荷密度基本相等,从宏观上看整个气体呈现中性.等离子体广泛存在于自然界中,如火焰、雷电、核武器爆炸以及辉光放电、弧光放电的阳极柱里都会形成等离子体.地球上空的电离层也是等离子体.在地球之外的宇宙中,等离子体更是物质存在的主要形式.太阳就是一个巨大等离子体球.由于等离子体有一系列独特的性质,它不同于普通的气体,所以人们常将它与物质的固态、液态、气态并列起来,称为物质的第四态.

等离子体的重要特性之一是它可以受强磁场的作用,脱离容器壁而被约束成一团.这就是所谓等离子体的磁约束.特别是在各国研究受控热核反应的各种装置中,

① 此部分引自赵凯华、陈熙谋的《电磁学》.

都采用强磁场来作为约束等离子体的容器.这是因为这类核聚变需要很高的温度(10^7～10^9 K乃至更高)才能进行.在这样高的温度下,任何固体材料做成的容器早已被熔毁了.下面,我们简单介绍一下等离子体磁约束的原理.

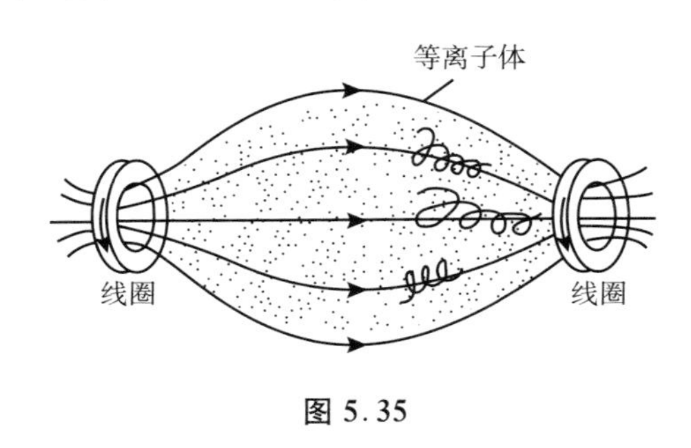

图 5.35

前面已介绍过带电粒子在磁场中沿螺旋线运动.式(5.189)表明,回旋半径 R 与磁感应强度 B 成反比,磁场越强,半径越小.因而在很强的磁场中,每个带电粒子的运动就被约束在一根磁感线附近很小的范围内,如图 5.35 所示.也就是说,带电离子回旋轨道的中心只能沿磁感线做纵向移动,而不能横越它.只有当粒子间发生碰撞时,它的轨道中心才能由一根磁感线跳到另一根磁感线上.因而强磁场可以使等离子体中的带电粒子的横向输运过程(如热扩散和热传导)受到很大限制.

在受控热核反应(或其他实际问题)中,不仅要求带电粒子的运动受到横向约束,而且也要求它受到纵向约束.

当一个带电粒子做圆周运动时,它等效于一个小圆形电流.设粒子带电 q,回旋频率为 ν,回旋半径为 R,那么,等效圆形电流的电流强度 $I=q\nu$,面积 $S=\pi R^2$,因而它的磁矩 $M=IS=\pi q\nu R^2$.由式(5.188)及式(5.189)可知,粒子的磁矩为

$$M=\frac{1}{B}\cdot\frac{1}{2}mv_{\perp}^2=\frac{\text{横向动能}}{B}\tag{5.192}$$

理论上可以证明,在 B 的梯度不太大的非均匀磁场中,带电粒子的磁矩是一个不变量,亦即当粒子由较弱的磁场区进入较强的磁场区时,它的横向动能将随 B 的增大而按比例增大.然而洛伦兹力是不做功的,带电粒子的总动能 $\frac{1}{2}mv^2=\frac{1}{2}mv_{\perp}^2+\frac{1}{2}mv_{/\!/}^2$ 应不变.因而粒子的纵向动能 $\frac{1}{2}mv_{/\!/}^2$ 和纵向速度 $v_{/\!/}$ 就应减小.若某处磁场足够强,$v_{/\!/}$ 就可能变为零,这时粒子沿磁感线的纵向运动被抑止,而反过来沿反方向运动.带电粒子的这种运动方式就像光线遇到镜面发生反射一样.所以通常把这样一种由弱到强的磁场分布叫做磁镜.图 5.35 所示的装置便是一种磁镜装置,它是由两个电流方向相同的线圈产生一个中央弱、两端强的磁场分布.对于其中的带电粒子来说,相当于两端各有一面磁镜.因此,在等离子体中,那些纵向速度不太大的带电粒子将被来回反射,不能逃脱,就像牢笼一样,把等离子体或带电粒子约束在其中,这就叫做"磁约束".

磁镜装置的缺点在于总有一部分纵向速度较大的粒子从两端逃掉.为了克服这一缺点,目前在主要的受控热核装置(如托卡马克、仿星器)中,常采用螺绕环式的环形磁约束结构.

为了实现可控热核聚变，1954年苏联建成了世界上首个实现磁约束的托卡马克装置，到1970年才在多次改进的托卡马克装置上第一次获得了实际的能量输出，尽管能量增益因子——Q值微乎其微(约10亿分之一)，但让人们看到了希望．于是欧、美、日纷纷跟进，建设自己的托卡马克．我国从20世纪80年代也开始了这方面的工作．1985年，西南物理研究所设计建造了“中国环流一号”，该装置在2.3 T的磁场中获得了13.5×10^4 A的稳定放电．稳定时间为1 s．20世纪八九十年代的欧、美、日和我国都投入力量建造大型托卡马克装置，取得了一些进展．但由于都是用常导电流产生磁约束必需的磁场，励磁电流和磁场的强度均受到限制．直到高温超导体的发现与高温超导线材和带材的研制成功，超导托卡马克装置投入使用，使可控热核聚变研究进入一个新阶段．

我国合肥中科院等离子体研究所于2006年开始研建“东方超环”(EAST)，即大型非圆截面全超导托卡马克装置．实现10^5Gs的磁约束．于2012年创造了两项世界纪录：一是实现400 s、2×10^7 K的等离子体；另一是获得重复度超30 s的高约束等离子体放电．2017年7月3日，稳态高约束等离子体放电时间达到101.2 s．在“东方超环”的基础上，中科院等离子所正计划研建“中国聚变工程试验堆”(CFETR)．我国核聚变的研究已处于国际先进行列．2005年，位于法国的“国际热核聚变实验堆”(ITER)正式立项．我国也参与其中．

实现持续核聚变(氘-氚聚变)的最低目标是10^8 K，持续时间1000 s．我国的EAST和国际合作的ITER都为实现可控热核聚变，最终建成商用的热核聚变反应堆，为人类开发无尽的新能源而努力前行．

例1　在显像管里，电子沿水平方向从南向北运动，动能是1.2×10^4 eV．该处地磁场的磁感应强度$\boldsymbol{B}$在竖直方向的分量$B_\perp=0.55\times10^{-4}$ T，方向向下．问：

(1) 电子受地磁场的影响往哪个方向偏转？

(2) 电子的加速度有多大？

(3) 电子在显像管内走过20 cm时，偏转有多大？

(4) 地磁场对看电视有无影响？

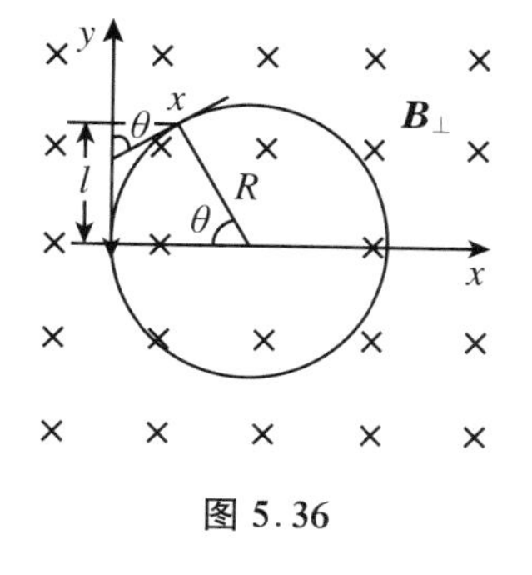

图5.36

解　(1) 如图5.36所示，按洛伦兹公式$\boldsymbol{F}=q\boldsymbol{v}\times\boldsymbol{B}$可知，电子将向东偏转．

(2) 由$E_k=\dfrac{1}{2}mv^2$可得

$$v=\sqrt{\frac{2E_k}{m}}=\sqrt{\frac{2\times1.2\times10^4\times1.6\times10^{-19}}{9.1\times10^{-31}}}\ \text{m/s}$$
$$=6.5\times10^7\ \text{m/s}$$

电子在均匀磁场中沿圆周运动的向心力即为洛伦兹力，因而有

$$evB=ma$$

$$a = \frac{evB}{m} = 6.3 \times 10^{14}\ \mathrm{m/s^2}$$

(3) 如图 5.36 所示,令电子沿 y 方向运动 l 时,在 x 方向偏转 x. 由图可知

$$x = R - R\cos\theta = R - \sqrt{R^2 - l^2}$$

由 $a = \frac{v^2}{R}$,可得

$$R = \frac{v^2}{a} = \frac{(6.5 \times 10^7)^2}{6.3 \times 10^{14}}\ \mathrm{m} = 6.7\ \mathrm{m}$$

将 R 及 $l = 0.2$ m 代入前式,可得

$$x = 6.7\ \mathrm{m} - \sqrt{6.7^2 - (0.2)^2}\ \mathrm{m} = 0.003\ \mathrm{m}$$

(4) 由于在固定阳极电压下加速,所有电子都获得相同的动能,即电子在射向荧光屏的过程中所经历的时间相同,因而在地磁场影响下,各电子发生的偏转也相同. 结果电视图像将整个向东发生微小的平移,但对收看电视图像没有影响.

13. 回旋加速器原理

天然放射性物质释放出来的 α、β 射线虽然有不少应用,但射线强度太小,能量范围很有限,又不能调节,所以人们很早就想建造一种能人工加速带电粒子束到高能量的设备,这就是加速器.

加速器的种类很多,回旋加速器只是其中的一种. 第一台回旋加速器建成于 20 世纪 30 年代. 这种设备虽然庞大而复杂,但它的物理原理却较简单. 下面我们简要介绍回旋加速器的基本原理.

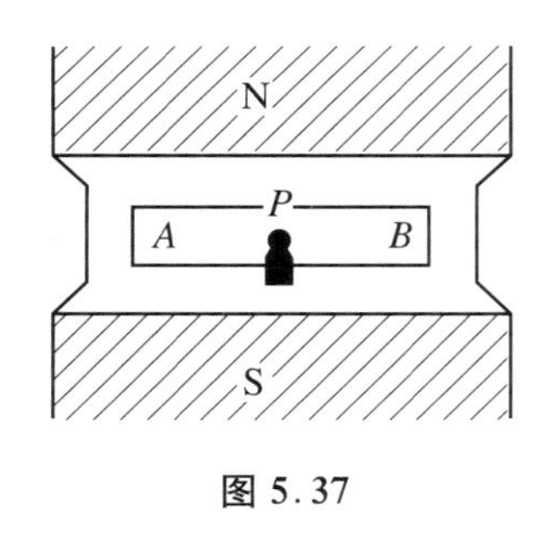

图 5.37

图 5.37 是回旋加速器的结构示意图. 图中的 A 和 B 是放在真空室中的两半圆形铜盒,称为 D 形盒或 D 形电极. 两 D 形盒之间留有缝隙,缝隙中心附近放置离子源 P. 两个 D 形盒分别接在交流电源的两极上,使缝隙里形成一个交变电场. 由于屏蔽作用,两 D 形盒内部的电场很弱,可以不考虑. 交流电的频率的数量级为 10^6 Hz. D 形盒装在一个大的真空容器中,整个装置放在巨大的电磁铁两极之间的强磁场中,使磁场的磁感应强度 $\boldsymbol{B}$ 垂直于 D 形盒的底面.

下面,我们分析离子在加速器中的运动情况. 如图 5.38 所示,设离子源发出荷质比是 $\frac{q}{m}$ 的正离子,且当一个离子从 P 发出时,D 形盒 A 的电势正好为负,于是这个离子在缝隙中被加速,以速率 v_1 进入 D 形盒 A 内部的无电场区域. 在 A 中,离子在洛

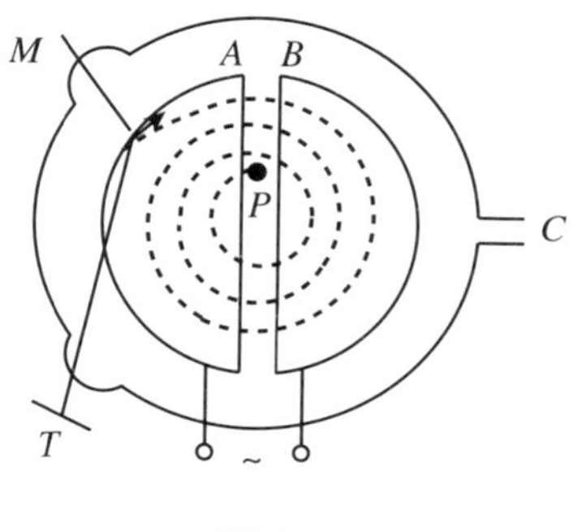

图 5.38

伦兹力的作用下以半径 $R_1=\dfrac{mv}{qB}$ 绕行半个圆周，回到缝隙处.如果这时两D形盒间电势差正好改变了符号，即缝隙中的电场正好改变了方向，则离子进入缝隙时将再次被加速，并以速率 $v_2(>v_1)$ 进入D形盒 B 中的无电场区，在其中以半径 $R_2=\dfrac{mv_2}{qB}$ 绕行半个圆周，又回到缝隙处.显然 $R_2>R_1$，但是由于离子在磁场中的回旋周期与离子运动的速率无关，所以每绕行半个圆周所用的时间均为 $\dfrac{T}{2}=\dfrac{\pi m}{qB}$.因而，只要缝隙中的交变电场以恒定的频率 $\nu=\dfrac{1}{T}=\dfrac{qB}{2\pi m}$（即离子在磁场中做圆周运动的回旋频率）往复变化，就可以保证离子每经过缝隙时均因受到电场力的作用而被加速.这样，不断被加速的离子将沿逐次增大的圆轨道运动而趋于D形盒的边缘，在达到预期的速率后，用带负电的致偏电极 M 引出，以便进行实验工作.

如果D形盒的半径为 R（约等于离子被引出前最后半圈的回旋半径），那么，离子在回旋加速器中能获得的最大速率为

$$v_{\mathrm{m}}=\frac{q}{m}BR$$

离子的最大功能为

$$\frac{1}{2}mv_{\mathrm{m}}^2=\frac{q^2}{2m}B^2R^2$$

可见，离子被加速后所获得的能量受到磁感应强度 B 和D形盒的半径 R 的限制.要使离子获得更高的能量，就要加大 B 或 R，但这将大大提高建造成本.10 MeV以上的回旋加速器中 B 的数量级为1 T，D形盒的直径在1 m以上.

在回旋加速器中，对粒子能量的另一个限制来自物理上的相对论效应.当粒子的速率接近光速时，其质量不能再当做常量，而应考虑质量随速度的变化，回旋周期 T 也就不再是常量.由于粒子的质量随其速率的增加而增大，使得粒子的回旋周期逐渐增大.如果所加交变电场的频率不随之改变，粒子每次就会“迟到”一点，而不能保证经过缝隙时总被加速，上述基本原理就不适用了.对于同样的动能，质量越小的粒子速率越大，相对论效应也越显著.例如，动能为2 MeV的电子的质量约为其静止质量的5倍，而2 MeV的氘核的质量只比其静止质量大0.01%.因此，回旋加速器更适合加速较重的粒子.用回旋加速器可获得质子的最大能量约为30 MeV，氦核的最大能量约为100 MeV.由于相对论效应的影响，较重粒子能获得的能量也不能无限制提高.要获得能量更高的粒子，需要选择其他类型的加速器.如同步回旋加速器、同步加速器、直线加速器等.这些加速器都考虑了相对论效应.近年来，已可将质子的能量提

高到 10^{12} eV.

例 1 回旋加速器 D 形盒半径为 R，两盒间缝隙的宽度为 d，所加磁场的磁感应强度为 B. 设两 D 形盒间的电压恒为 U，被加速的粒子质量为 m、电量为 q. 粒子从 D 形盒间隙正中由静止开始受电场加速，经过若干次加速后，粒子从 D 形盒边缘引出. 求：

(1) 粒子被引出时的动能 E_k；

(2) 粒子在一个 D 形盒中的回旋半径与紧接着进入另一 D 形盒后的回旋半径之比；

(3) 粒子被电场加速的次数；

(4) 粒子在回旋加速器中运动的时间.

解 (1) 设粒子引出时的速度为 v，此时粒子的轨道半径为 R，它所受的洛伦兹力 $f_L = qvB$ 为其做圆周运动的向心力，由牛顿第二定律得

$$qvB = \frac{mv^2}{R}$$

解得

$$v = \frac{qBR}{m} \tag{①}$$

所以粒子引出时的动能为

$$E_k = \frac{1}{2}mv^2 = \frac{q^2B^2R^2}{2m} \tag{②}$$

(2) 粒子被加速一次所获得的能量为 qU，因而粒子被 i 次和 $i+1$ 次加速后的动能分别为

$$E_{ki} = \frac{1}{2}mv_i^2 = \frac{q^2B^2R_i^2}{2m} = iqU \tag{③}$$

$$E_{k(i+1)} = \frac{1}{2}mv_{i+1}^2 = \frac{q^2B^2R_{i+1}^2}{2m} = (i+1)qU \tag{④}$$

将式④比式③，得

$$\frac{R_{i+1}^2}{R_i^2} = \frac{i+1}{i} = 1 + \frac{1}{i} \tag{⑤}$$

所以

$$\frac{R_{i+1}}{R_i} = \sqrt{1 + \frac{1}{i}} \tag{⑥}$$

由此可见，随粒子被加速次数的增加，相邻两轨道半径之比将减小，即粒子轨道螺线的分布随 R 的增大而变密.

(3) 设粒子被电场加速的次数为 n，则

$$E_k = nqU = \frac{q^2B^2R^2}{2m}$$

所以

$$n=\frac{qB^2R^2}{2mU} \quad ⑦$$

（4）粒子在加速器运动的时间可看成两部分时间之和：在D形盒内旋转$\frac{n}{2}$圈的时间t_1和通过D形盒间隙n次所需的时间t_2. 明显有

$$t_1=\frac{n}{2}T \quad ⑧$$

式中，T为粒子的回旋周期，将$T=\frac{2\pi m}{qB}$及式⑦代入式⑧，得

$$t_1=\frac{1}{2}\cdot\frac{qB^2R^2}{2mU}\cdot\frac{2\pi m}{qB}=\frac{\pi BR^2}{2U} \quad ⑨$$

由题设条件知，两D形盒间缝隙宽度为d，粒子通过缝隙n次，其路径为nd. 粒子在缝隙中受的电场力为$\frac{qU}{d}$，因而由牛顿第二定律及运动学公式，可得

$$\frac{qU}{d}=ma \quad ⑩$$

$$nd=\frac{1}{2}at_2^2 \quad ⑪$$

由式⑩及式⑪消去a，再将式⑦代入，解得

$$t_2=\frac{BRd}{U} \quad ⑫$$

所以粒子在回旋加速器中运动的时间为

$$t=t_1+t_2=\frac{BR}{U}\left(\frac{\pi R}{2}+d\right)$$

若设$R=60$ cm，$d=0.01$ m，则上式右端括号内第一项的值约为0.942 m，而第二项只有0.01 m，所以t_1比t_2大将近两个数量级.

14. 质谱仪

在自然界中，同一种元素的原子核内的质子数是相同的，核电荷数也就相同，但是中子数可以不同，因而原子的质量数也可以不同. 这些具有相同核电荷数，而具有不同质量数的原子在元素周期表中占有同一位置，所以称为同位素. 例如，氧元素有原子量分别为16、17和18的三种同位素. 同一种元素的各种同位素的化学性质是一样的. 因此，不能用化学方法来识别它们. 但是，由于它们有不同的质量，所以可以用物理方法来识别它们. 质谱仪就是一种用来分析同位素的仪器.

质谱仪既然能识别同一元素的各种同位素，当然更能识别不同的元素和化合物. 因此，质谱仪也是一种重要的成分分析仪器，可以用来确定各种物质所包含的成分，

以及每种成分的相对含量.

下面介绍一种常用的磁偏转式质谱仪的原理.

磁偏转式质谱仪的核心部分由离子源、质量分析器和离子接收器三个部件组成,如图 5.39 所示.

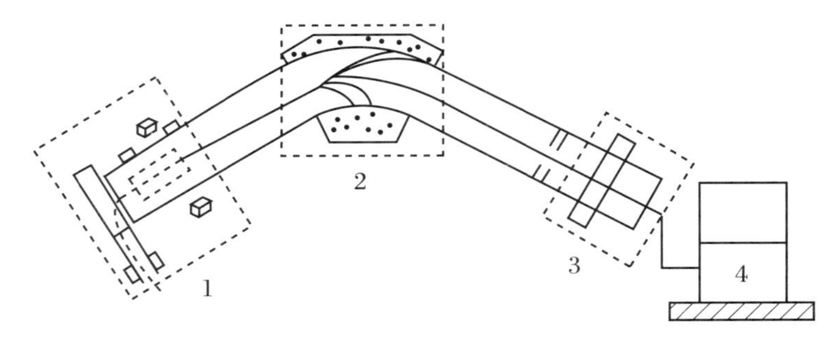

图 5.39

(1) 离子源

质谱仪可以分析气态、液态和固态物质.气态物质的样品直接通过进气管引入离子源,液态和固态物质的样品需先经过加热变成蒸气再进入离子源.在离子源中,先用阴极发射的电子轰击样品的原子(或分子),使其失去电子变成正离子,再利用加速电极和滤速器,使它们成为具有相同速率并沿同一方向运动的离子束,然后引入质量分析器.

(2) 质量分析器

它主要是一段弯成一定弧度的扁平金属管,此管放在电磁铁的两极之间,电磁铁的磁极呈扇形,磁场方向垂直纸面向外.

正离子被引入质量分析器后,在磁场中受到洛伦兹力的作用而做匀速圆周运动.设离子的质量为 m,速度为 v,轨道半径为 R,磁场的磁感应强度为 B,则有

$$qvB = \frac{mv^2}{R} \longrightarrow R = \frac{mv}{qB}$$

由于通过滤速器的正离子的速率 v 相同,它们所带电量 q 一般都是一个基本电荷 e 的电量,所以,当磁感应强度 B 一定时,轨道半径 R 只与离子的质量 m 有关.质量大的半径大,质量小的半径小.于是,同一束离子就按照质量的大小被分成几束.这样,不同的同位素(或不同质量的原子、分子)就被分开了.

(3) 离子接收器

离子接收器前装有矩形狭缝,只有轨道集中在一定空间范围内的离子才能通过狭缝并进入接收器.离子经过前面的分析器后,轨道已按质量分散成几条,所以,轨道相同而能进入接收器的离子其质量必然是相同的,即属于同一种同位素.离子进入接收器后形成电流,电流强度的大小与离子数目成正比.因此,可以确定这一种同位素

的含量.

如果连续调节通过电磁铁线圈的励磁电流，也就连续改变了磁极间磁感应强度 B 的大小，这可以使被分散开的离子束产生整体的横向移动，使它们依次通过狭缝后进入接收器，形成强度不同的电流.这些电流经过放大，可以用电子记录仪记录下来，在记录纸上得到一连串的峰谷波形，这就是质谱仪中“谱”字的含义.由于这些波形是按照质量的大小排列的，所以称为质谱.

质谱仪作为同位素和物质成分的分析仪器，目前已被广泛地应用于科学技术的各个领域.在核物理和原子能技术领域中，可用这种仪器分析核反应堆或原子武器的核燃料中的微量杂质，测定核反应堆中 ^{235}U 的含量.在半导体物理和工业中，可用它来分析各种半导体材料中的微量杂质.在空间科学研究中，可以把它放在人造卫星上，测定高空气体成分.在地质科学领域中，可以用它测定岩石和矿物中某些放射性能稳定的同位素含量的比例，从而分析岩石的生成年代和成因条件.此外，质谱仪在化学、生物学、医学、冶金和石油等领域都有广泛的应用.

15. 带电粒子在正交电场和磁场中的运动

质量为 m，带电量为 q 的粒子在电场($\boldsymbol{E}$)和磁场($\boldsymbol{B}$)中运动时，将受电场力和磁场力的作用，其运动微分方程为

$$q\boldsymbol{E} + q\boldsymbol{v} \times \boldsymbol{B} = m\frac{\mathrm{d}\boldsymbol{v}}{\mathrm{d}t} \tag{5.193}$$

此方程并不复杂，但当 $\boldsymbol{E}$ 与 $\boldsymbol{B}$ 是空间坐标和时间的函数时，在很多情况下，要得到此方程的解析解会遇到不可克服的困难.即使在稳恒的非均匀场的情况下($\boldsymbol{E}$ 和 $\boldsymbol{B}$ 仍是空间坐标的函数)，要得到式(5.193)的解也是不容易的.所以，我们在这里只讨论电场和磁场都是恒稳的均匀场这一特殊情况.

乍一看来，这似乎是简单的运动叠加问题.在单纯的均匀电场中，带电粒子受恒定的电场力作用，一般做抛物线运动，在初速与电场平行时做匀变速直线运动；在单纯的均匀磁场中，一般做等螺距的圆柱螺旋线运动，当初速与磁场垂直时做等速率圆周运动；在电场、磁场同时存在时，带电粒子的运动似乎是上述两种运动的叠加.其实不然，运动叠加原理在这里要谨慎使用.其原因是洛伦兹力与速度有关，而带电粒子的速度因电场的作用而时刻改变着，因此“磁场作用下的运动”与“电场作用下的运动”不再是彼此独立的分运动了.

在 $\boldsymbol{E}$ 和 $\boldsymbol{B}$ 平行的特殊情形下，带电粒子在与 $\boldsymbol{B}$ 垂直方向的分速度 $v_{\perp}$ 在磁场作用下做圆周运动，它不因电场力的作用而改变.而平行于磁场(和电场)的分运动 $v_{/\!/}$ 不受磁场的作用.因此磁场作用下的由 $v_{\perp}$ 决定的圆周运动与电场力作用下沿电场方向的匀变速运动仍是两独立的分运动，叠加即得到带电粒子的合运动——螺距变化的螺旋线运动.

在 $\boldsymbol{E}$ 和 $\boldsymbol{B}$ 不平行的一般情形下，决定磁场力的粒子速度分量同时也会因电场的作用而变化，因而磁场力也随之改变．磁场作用的运动与电场作用下的运动彼此相关联，因而不能简单地认为粒子的运动为两彼此独立的分运动的叠加．在这种情形下，应在给定的初始条件下，通过求解方程(5.193)，才能得到带电粒子的运动规律和轨道方程．尽管如此，在 $\boldsymbol{E}$ 与 $\boldsymbol{B}$ 成任意角时，解方程(5.193)也是很烦的．下面，我们仅限于讨论 $\boldsymbol{E}\perp\boldsymbol{B}$ 的情形，即讨论带电粒子在正交电场和磁场中的运动．

(1) 速度选择器

在一些实验设备中，例如，在质谱仪中，要求构成离子束的所有离子具有相同的速率，而离子源发射出来的离子群的速率并不一致．这就需要借助一种装置对离子速率进行选择，选出我们所需要的速率的离子．这种装置称为速度选择器，也称为滤速器．它是靠运动的带电粒子在电场和磁场中的偏转来选择所需速度的粒子的．

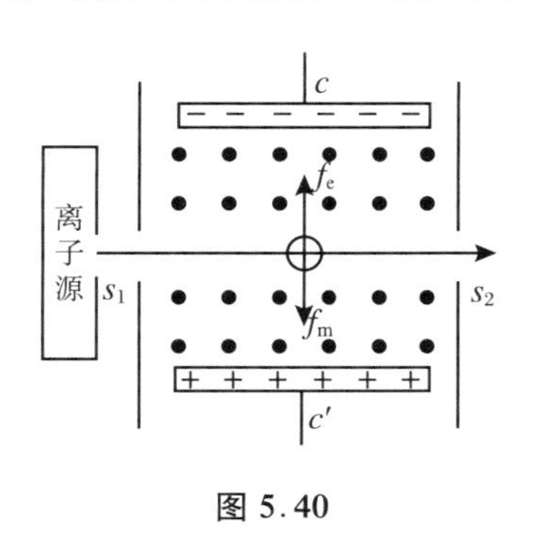

图 5.40

图 5.40 是速度选择器的原理图．离子源发射出的离子经过小孔 s_1 后被限制成很窄的离子束，这一束离子的速率有大有小．为了使通过第二小孔 s_2 的离子具有某一确定的速率，而具有其他速率的离子不能通过小孔 s_2，在 s_1 和 s_2 之间安放一对平行的金属板，给两板加上电压，在两极间建立一竖直向上的电场 $\boldsymbol{E}$．同时，在此均匀电场区域加上一垂直纸面向外的均匀磁场 $\boldsymbol{B}(\boldsymbol{B}\perp\boldsymbol{E})$．设离子带电 $q(q>0)$，则进入电场区的离子将受到方向向上的电场力作用，其大小为

$$f_e = qE \tag{5.194}$$

可见，f_e 的大小与离子的速率无关，无论离子束中离子的速率如何，它们都受到相同电场力 f_e 的作用，使其向上偏转．由于离子同时又在垂直于纸面向外的均匀磁场中运动，所以刚进入磁场区域的离子还受到方向向下的洛伦兹力作用，其大小为

$$f_m = qvB \tag{5.195}$$

f_m 的大小与离子的速率有关，f_m 将使离子向下偏转．

进入场区的离子都要受到电场力和磁场力的作用，其合力为

$$\boldsymbol{F} = q\boldsymbol{E} + q\boldsymbol{v}\times\boldsymbol{B} \tag{5.196}$$

各离子的速度不同，所受合力亦不相同．其中，具有一定速度的离子所受合力为零．它们在场区中将不发生偏转，即做匀速直线运动，穿过第二小孔 s_2．因此，穿过小孔 s_2 的离子束中各离子具有相同的速率 v．那些速率大于 v 的离子受到的洛伦兹力大于静电力，因而一开始要向下偏转；那些速率小于 v 的离子受到的静电力大于洛伦兹力，因而一开始要向上偏转．这些离子都不能穿过第二小孔 s_2，这就实现了对离子速率的选择．通过改变电场强度或磁感应强度，就可以在 s_2 右侧获得以相应速度运动的离子束．

由速率为 v 的离子所受合力为零,即 $qE-qvB=0$,可知只有那些速率满足

$$v=\frac{E}{B} \tag{5.197}$$

的离子才能无偏转地穿过小孔 s_2.这就是被速度选择器选出的离子的速度.

(2) 带电粒子在正交均匀电场和磁场中运动的规律

带电粒子在均匀的正交电场和磁场中的运动规律可以通过求解运动微分方程式(5.193)的办法得到.这里,我们应用在前面已经得到的一些结果,更简明地说明带电粒子在正交电场和磁场中的运动规律.

① 从运动的合成角度讨论带电粒子的运动

设均匀电场 $\boldsymbol{E}$ 沿 y 轴正向,均匀磁场 $\boldsymbol{B}$ 沿 z 轴正向,带电粒子在 xy 平面内以速度 $\boldsymbol{v}$ 射入正交的电磁场中,如图 5.41 所示.

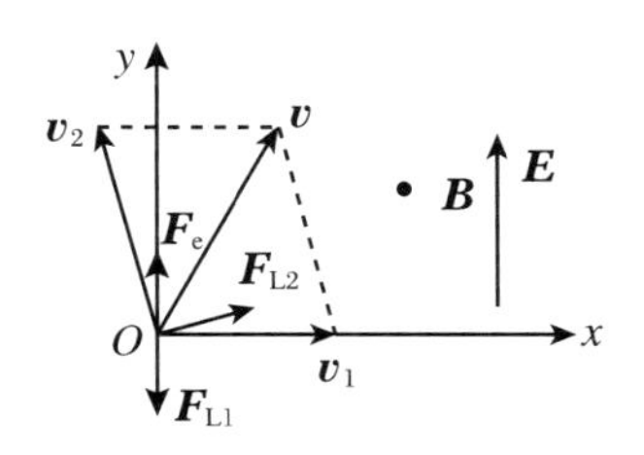

图 5.41

受上一部分中的速度选择器的启示,我们这样来分解速度 $\boldsymbol{v}$,使其一个分量 $\boldsymbol{v}_1$ 指向 x 轴正向,大小等于$\dfrac{E}{B}$,另一分速度 $\boldsymbol{v}_2$ 则由 $\boldsymbol{v}$ 和 $\boldsymbol{v}_1$ 按平行四边形法则确定.作用于带电粒子的洛伦兹力$\boldsymbol{F}_2=q\boldsymbol{v}\times\boldsymbol{B}$也相应地分解为$\boldsymbol{F}_{L1}=q\boldsymbol{v}_1\times\boldsymbol{B}$ 和 $\boldsymbol{F}_{L2}=q\boldsymbol{v}_2\times\boldsymbol{B}$.根据上一部分的讨论,作用在粒子上的电场力 $\boldsymbol{F}_e=q\boldsymbol{E}$ 恰与沿 x 轴的分运动 $\boldsymbol{v}_1$ 相应的洛伦兹力 $\boldsymbol{F}_{L1}$ 平衡.剩下的只有洛伦兹力的另一分力,即与分运动速度 $\boldsymbol{v}_2$ 相应的洛伦兹力 $\boldsymbol{F}_{L2}$,它保持与 $\boldsymbol{v}_2$ 垂直,且只改变第二个分运动的方向.

由以上分析可见,带电粒子沿 x 轴方向的分运动将保持不变的速率 $v_1=\dfrac{E}{B}$,而另一分运动将在相应的洛伦兹力 $\boldsymbol{F}_{L2}$的作用下,以速率 v_2 做匀速圆周运动,半径为 $R=\dfrac{mv_2}{qB}$,角速度为 $\omega=\dfrac{q}{m}B$,回转周期为 $T=\dfrac{2\pi m}{qB}$.带电粒子在正交电磁场中的运动即为沿 x 轴方向的匀速运动和在 xy 平面上的匀速圆周运动的合成.为了具体讨论带电粒子的运动并确定其轨迹,设 $t=0$ 时粒子位于坐标原点,速度为 v_0,其两分速度为 $v_1\left(=\dfrac{E}{B}\text{,方向沿 } x \text{ 轴正向}\right)$和 v_{02},设 v_{02} 与 y 轴的夹角为θ.则 v_{02}在磁场力作用下的圆周运动半径为 R,角速度为 ω,令 $r=\dfrac{mv_1}{qB}$.

如图 5.42 所示,从 O 点作 v_{02}的垂线并在此垂线上取点 C,使 $OC=R$,则如前所述,带电粒子的运动为以 C 为圆心、R 为半径、沿顺时针方向、角速度为 $\omega=\dfrac{qB}{m}$的圆周运动和圆心 C 以速度 v_1 沿 x 轴的匀速运动的合成.由于 $v_1=\dfrac{qB}{m}r=\omega r$,我们以 C 为圆心作半径为 r 的圆,并且作与 x 轴平行且与圆的下边缘相切的直线 MM'.当圆沿

MM'做无滑滚动，角速度为 $\omega=\dfrac{qB}{m}$时，圆心 C 的速度为 v_1. 于是我们得到以下的运动模型：当圆沿 MM'向 x 轴正向做无滑滚动时$\left(\text{圆心 } C \text{ 的速度 } v_1=\dfrac{E}{B}\right)$，与此圆刚连的、半径为 R 的“辐条”的端点 P 的运动就代表上述带电粒子的运动. 其轨迹为长辐摆线，MM'为基线. 由图 5.42 不难得到粒子的运动方程：

$$x=\omega rt-R[\cos(\omega t-\theta)-\cos\theta]$$
$$y=R\sin\theta+R\sin(\omega t-\theta)$$

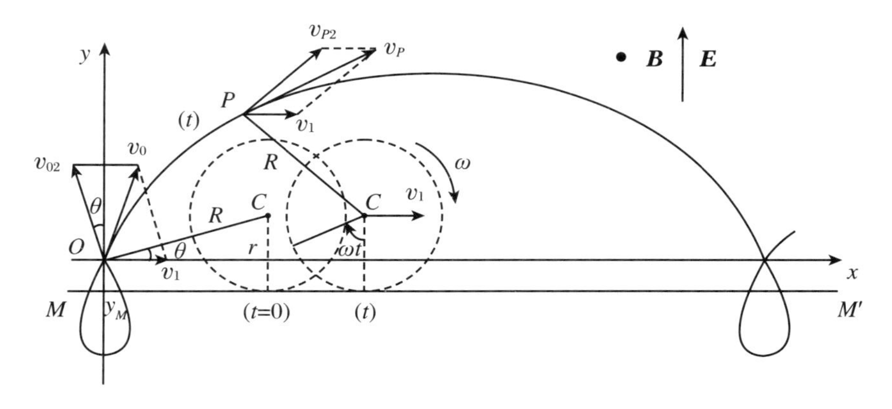

图 5.42

如果 $R<r$（即 $v_{02}<v_1$），则轨迹为短辐摆线，如同圆沿基线做无滑滚动时，圆的辐条上距圆心 $R<r$ 的点P 的轨迹；如果 $R=r$，即 v_0 的两分量大小相等，$v_{02}=v_1=\dfrac{E}{B}$，则其轨迹为普通摆线，如圆边缘的点 $P(R=r)$在圆沿基线MM'做无滑滚时的轨迹.

基线MM'的位置由上面引入的R 和r 的大小以及 v_0 的分量 v_{02}与 y 轴的夹角θ确定. 设MM'与 y 轴交点的坐标为y_M，则有 $y_M=R\sin\theta-r$. 如 $R\sin\theta<r$，则 $y_M<0$，如图 5.42 所示；如 $R\sin\theta>r$，则 $y_M>0$；如果 $R\sin\theta=r$，则 $y_M=0$，基线与 x 轴重合. 以上结果适合在图 5.41 所示的正交电场、磁场中带正电粒子的运动情形. 如果是带负电的粒子$(-q)$，其初速 v_0 的分量 v_{02}在磁场中的圆周运动是逆时针的$\left(\omega=\dfrac{qB}{m},v_1=\dfrac{E}{B}\text{不变}\right)$. 在这种情形下，基线 MM'将与圆 C 的上缘相切，且 $y_M=R\sin\theta+r$.

② 用电场和磁场的变换关系讨论带电粒子的运动

如图 5.43 所示，设 $Oxyz$ 为实验室坐标系，$O'x'y'z'$为运动坐标系，两坐标系对应的坐标轴相互平行，$O'x'y'z'$坐标系相对于 $Oxyz$ 坐标系以速率$u=\dfrac{E}{B}$沿x 轴正向运动. 假设均匀电场 $\boldsymbol{E}$ 沿 y 轴正向，均匀磁场 $\boldsymbol{B}$ 沿 z 轴正向，带电粒子初速度在 xy 平面内.

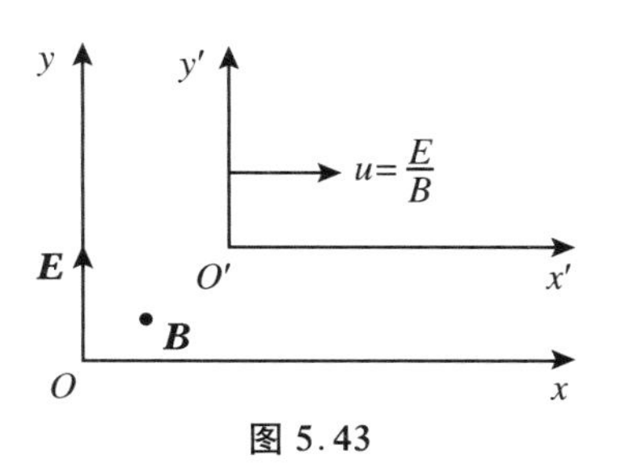

图 5.43

以下讨论只限于动系速率 $u=\dfrac{E}{B}$ 远小于光速 c 的情况,即

$$\frac{u}{c}\ll 1,\quad \frac{1}{\sqrt{1-\left(\frac{u}{c}\right)^2}}\approx 1.$$

在这种情况下,电磁场变换关系为

$$\begin{cases} E'_x = E_x, & B'_x = B_x \\ E'_y = E_y - uB_z, & B'_y = B_y + \dfrac{u}{c^2}E_z \\ E'_z = E_z - uB_y, & B'_z = B_z + \dfrac{u}{c^2}E_y \end{cases} \tag{5.198}$$

很明显,对实验室坐标系而言,电场 $\boldsymbol{E}$ 和磁场 $\boldsymbol{B}$ 的各坐标分量为

$$\begin{cases} E_x = 0, \quad E_y = E, \quad E_z = 0 \\ B_x = 0, \quad B_y = 0, \quad B_z = B \end{cases} \tag{5.199}$$

将式(5.199)代入式(5.200),即得到 $O'x'y'z'$ 坐标系观察到的电场 $\boldsymbol{E}'$ 和磁场 $\boldsymbol{B}'$ 的各坐标分量:

$$E'_x = 0, \quad E'_z = 0$$

$$E'_y = E - uB = E - \frac{E}{B}B = 0$$

$$B'_x = 0, \quad B'_y = 0$$

$$B'_z = B - \frac{u}{c^2}E \tag{5.200}$$

由于 $\dfrac{u}{c}\ll 1$,所以式(5.200)化为

$$B'_z = B \tag{5.201}$$

由此可见,对 $O'x'y'z'$ 坐标系而言,电场 $\boldsymbol{E}'$ 各分量均为零,磁场 $\boldsymbol{B}'$ 只有 z' 分量,且 $B'_z = B$.这就是说,在运动坐标系 $O'x'y'z'$ 上的观察者将观测不到电场,只观测到沿 z' 轴正方向的磁场 $\boldsymbol{B}'=\boldsymbol{B}$.

再考虑带电粒子相对于 $O'x'y'z'$ 坐标系的运动.由于在这个参考系中只有磁场 $\boldsymbol{B}'=\boldsymbol{B}$,故带电粒子只受洛伦兹力作用,因为我们已假设在实验室坐标系 $Oxyz$ 中,带电粒子在 xy 平面内运动,即粒子的初速度只有 x 分量 v_x 和 y 分量 v_y.按照非相对论速度变换关系,我们可以得到带电粒子相对于运动坐标系 $O'x'y'z'$ 的初速度的各分量为

$$v'_x = v_x - u, \quad v'_y = v_y, \quad v'_z = 0 \tag{5.202}$$

可见,对运动坐标系而言,带电粒子总是在 $x'y'$ 平面内做匀速圆周运动.圆周半径为 $R=\dfrac{mv'}{qB'}$,周期为 $T=\dfrac{2\pi m'}{qB'}$,其中 $B'=B$,$v'=\sqrt{(v_x-u)^2+v_y^2}$.

根据以上的讨论,我们可以得出这样的结论:对实验室坐标系而言,在与磁场垂直的平面内射入正交的均匀稳恒电场和磁场中的带电粒子,其运动可以视为两种运动的叠加:一是沿 x 轴的匀速直线运动,速率为 $u=E/B$;一是在 xy 平面内的匀速圆周运动$\left(速率为 v',半径为 R=\dfrac{mv'}{qB}\right)$.这两种运动叠加的结果使粒子的运动轨迹为一摆线.这和前一段的结论是一致的.

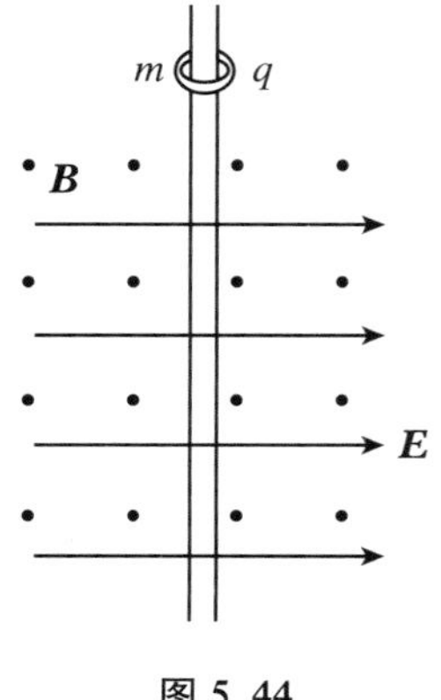

图 5.44

例 1 如图 5.44 所示,一水平均匀磁场垂直于纸面向外,磁感应强度为 B.一水平均匀电场与磁场正交,方向平行于纸面向右,电场强度为 E.一绝缘细直杆竖直地固定在此正交电磁场中,杆上套一质量为 m、带电量为 q 的小环,环的直径比杆的稍大一点.设环以速度 v_0 沿杆下滑进入场区,当环受侧向力作用而紧靠细杆时,将有摩擦力出现.已知环与杆间的摩擦系数为 μ,杆和场区下方足够长.试讨论小环的运动情况,并求出小环下滑的极限速度.

解 小环进入场区后,除受竖直向下的重力 mg 作用外,还受向右的电场力 qE 和向左的洛伦兹力 qvB.如果 qE 和 qvB 不相等,环还将受到杆的压力 $N=qE-qvB$,从而使环受到竖直向上的摩擦力 $\mu(qE-qvB)$的作用.由于环受竖直杆的约束,它的运动状态的变化将直接由摩擦力和重力决定.这可分成以下三种情况:

① 当环进入场区时,$\mu(qE-qv_0B)>mg$,环将做减速运动,因而速度越来越小,洛伦兹力也越来越小,摩擦力将越来越大,最终环将停止运动.

② 当环进入场区时,$\mu(qE-qv_0B)=mg$,环将做匀速运动.

③ 当环进入场区时,$\mu(qE-qv_0B)<mg$,环将向下做加速运动,因而速度越来越大,洛伦兹力也越来越大,从而使摩擦力越来越小.当某一时刻,$qE=qvB$ 时,摩擦力变为零,此时环的加速度为 g,速度继续加大.随着速度的增加,杆对环的压力反向,摩擦力亦向上.此后,摩擦力的大小将为 $\mu(qvB-qE)$.明显,随着速度的增大,摩擦力增大.到某一时刻,若

$$\mu(qvB-qE)=mg$$

则速度不再增大,也不会减小,环的速度达到极限.由上式可解得此极限速度为

$$v=\frac{1}{qB}\left(\frac{mg}{\mu}+qE\right)$$

16. 测量磁感应强度 B 的方法

磁场测量是一门历史悠久并不断发展的技术学科.早在两千多年前,我国就发明了指南针.指南针是利用磁铁在地磁场中的南北指极性而制成的一种指向仪器,它在

航海、旅行、探险和测量地磁分布中起过重大的作用.

为适应生产和科学技术发展的迫切需求，人们创立了各种测量磁场的方法，并使磁场测量技术进入了现代科学技术的各个领域.磁场测量技术所涉及的范围很广，从被测磁场强度范围看，它可以测 $10^{-15}\sim10^{3}$ T 的磁场；从其频率看，它包括直流、中频、高频及各种脉冲；从测量技术所应用的原理看，它涉及电磁效应、光磁效应、压磁效应、热磁效应等各种效应.原则上说，凡是与磁场有关的现象都可以用来测量磁场.磁场测量方法是在电磁理论、电子技术和物理学的基础上建立起来的.目前，磁场测量方法有不下几十种.在这里，我们只介绍几类测量方法，而且主要是介绍方法的原理.

(1) 磁共振法测 B

利用原子磁矩在外磁场中引起的能级分裂可以产生磁共振效应.原子中的电子轨道运动和自旋都有角动量，也都有磁矩.若用 $\boldsymbol{L}$ 表示它的总角动量，用 $\boldsymbol{\mu}$ 表示总磁矩，它们之间的关系可表示为

$$\boldsymbol{\mu} = \gamma\boldsymbol{L} \tag{5.203}$$

式中，γ 为磁矩与角动量的比率，称为旋磁比.一般将 γ 写为 $g\left(\dfrac{e}{2m_{\mathrm{e}}}\right)$，$m_{\mathrm{e}}$ 是电子质量，e 是电子电量的绝对值，g 称为朗德因子，它是一个介于 1 和 2 之间的数，各种原子的 g 值不同.原子在沿 z 轴的磁感应强度 $\boldsymbol{B}$ 的恒定磁场中，将产生附加能量 $\Delta E = -\boldsymbol{\mu}\cdot\boldsymbol{B} = -\gamma BL_z$.设 M 为 L_z 的量子数，则 $L_z = M\hbar$，于是

$$\Delta E = -M(\gamma B\hbar). \tag{5.204}$$

这些分裂能级的间隔为 $\gamma B\hbar$，原子在它们之间跃迁就可能吸收以 $\gamma B\hbar$ 为能量子的外场能量.

若我们在与 $\boldsymbol{B}$ 垂直的一个方向再加上一个磁感应强度为 $B_1 = B_0\cos\omega t$ 的较小的交变磁场，并改变它的频率，则当 ω 满足条件

$$\omega = \gamma B \quad 或 \quad B = \frac{\omega}{\gamma} = \frac{2\pi\nu}{\gamma} \tag{5.205}$$

时，$h\nu = h\dfrac{\omega}{2\pi} = \gamma B\hbar$ 恰好就等于式(5.204)所示的能级间隔，原子就可以从这个交变磁场吸收能量而实现上述跃迁.这时交变磁场能量的吸收曲线上就会出现共振峰，这就是磁共振现象.

当原子的轨道角动量为零时，原子只有自旋磁矩，这时的磁共振称为电子自旋共振.原子除了有电子引起的磁矩外，原子核也有磁矩，核磁矩引起的共振称为核磁共振.电子的荷质比 $\dfrac{e}{m_e} = 1.76\times10^{11}$ C/kg，一般实验室采用的 $\boldsymbol{B}$ 大小为 1 T 左右，这时共振吸收频率为 $\nu = \dfrac{\omega_1}{2\pi} = 10^{9}$ Hz，属于微波范围.原子核的荷质比 $\dfrac{q}{m}$ 的值比电子的小得多，

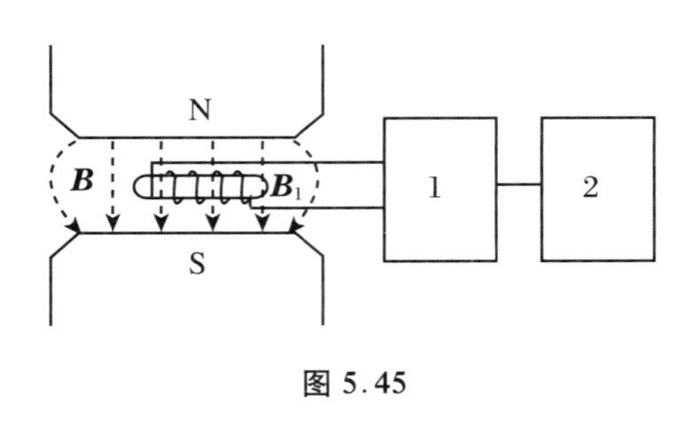

图 5.45

氢核(质子)的荷质比$\frac{e}{m_p}$仅为电子的 1/1836，所以核磁共振的吸收频率一般在兆赫左右.图 5.45 是一个用磁共振法测磁场的简化示意图.将磁矩已精确测定的物质作为样品，放入磁铁两极间的待测磁场 $\boldsymbol{B}$ 中，装样品的玻璃管外绕有一个与振荡器 1 相连的线圈，它可以在样品周围产生一个与待测磁场正交的较弱的交变磁场 $\boldsymbol{B}_1$，它的频率 ω 可由振荡器调节.振荡器再与一个探测共振的示波器 2 相连.当调节 ω，使它们达到共振时，示波器上将出现共振峰.这样就可以根据式(5.205)求得待测磁场的 $\boldsymbol{B}$.

磁共振法提供了一种非常有用且精确的测量 $\boldsymbol{B}$ 的方法，它已得到很广泛的应用.目前，国内外销售的商业产品可测的磁场为 $10^{-2}\sim2$ T，频率为 1～100 MHz 乃至更高，其精度可达 10^{-5}以上.但这种方法仅适用于均匀磁场的测量，对于非均匀磁场的测量，应逐点进行，磁共振方法受到限制.

(2) 电磁感应法测 B

电磁感应法是一种基于法拉第电磁感应定律的经典而又简单的测磁方法.根据法拉第电磁感应定律，在磁场中，当线圈的磁通链 Φ 发生变化时，线圈中将产生感应电动势：

$$\mathscr{E}=-\frac{\mathrm{d}\Phi}{\mathrm{d}t}=-N\frac{\mathrm{d}\varphi}{\mathrm{d}t}\tag{5.206}$$

式中，N 为线圈匝数.若用磁感应强度 B 表示，则式(5.206)可改写成

$$\mathscr{E}=-NS\frac{\mathrm{d}B}{\mathrm{d}t}\tag{5.207}$$

式中，S 为线圈的面积.

当测定稳恒磁场时，根据作为“探头”的探测线圈的运动方式，电磁感应测磁法可以分为平移线圈法、翻转线圈法、旋转线圈法和摆动线圈法.在被测磁场中平移或翻转线圈，线圈中产生的感应电动势将为脉冲式的；而匀速转动线圈或摆动线圈时，线圈中产生的感应电动势将为正弦式的.

当测定随时间变化的磁场时，探测线圈可静止放在磁场中.

对单个脉冲的感应电动势，必须进行积分才能求得被测磁场：

$$B-B_0=-\frac{1}{NS}\int_0^t\mathscr{E}\mathrm{d}t\tag{5.208}$$

下面，我们以冲击电流计法为例，进一步说明测量 $\boldsymbol{B}$ 的原理.利用冲击电流计测量磁场所用的探头就是一个探测线圈.通常是将探测线圈在待测磁场中翻 180°，或切断电磁铁线圈中产生磁场的励磁电流.

在磁场中将探测线圈的轴线和磁场方向平行放置.测量时将其翻转 180°,转动的轴线和线圈的轴线垂直.如果原来通过探测线圈的磁感应强度为 $-B$,则转动 180°后的磁感应强度变成 $+B$.由式(5.208)可得

$$2B = -\frac{1}{NS}\int_0^t \mathscr{E}\mathrm{d}t \tag{5.209}$$

若能确定积分 $\int_0^t \mathscr{E}\mathrm{d}t$,则 B 就确定了.

测量时将冲击电流计与探测线圈连接,如图 5.46(a)所示(图 5.46(b)为其等效电路).当探测线圈中的磁通量发生变化时,由于线圈中有感应电动势产生,就有一定的感应电量通过冲击电流计,且使其指针偏转.感应电动势 E 与电路自感电动势 $E' = -L\frac{\mathrm{d}i}{\mathrm{d}t}$之和应与电路电阻上的电压相等,即

$$\mathscr{E} = iR + L\frac{\mathrm{d}i}{\mathrm{d}t} \tag{5.210}$$

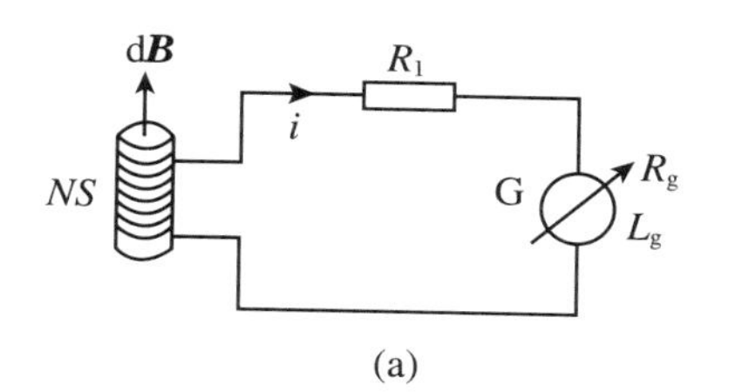

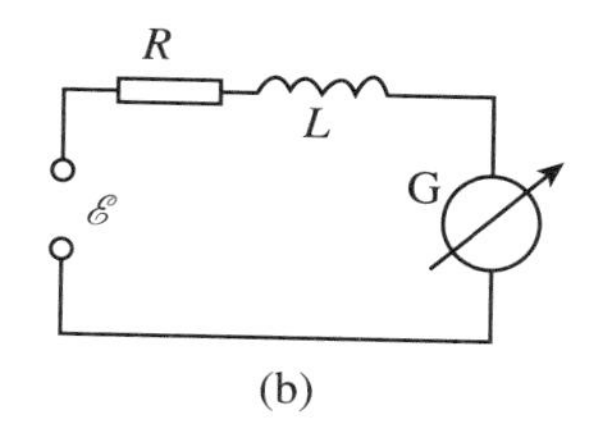

图 5.46

式中,$R = R_i + R_1 + R_g$,为电路总电阻,$L = L_i + L_g$,为电路总电感.

将式(5.210)从 $t=0$ 到 $t=\tau$ 积分(τ 为冲击电流作用时间),则有

$$\int_0^\tau \mathscr{E}\mathrm{d}t = R\int_0^\tau i\mathrm{d}t + L\int_0^\tau \mathrm{d}i \tag{5.211}$$

由于在 $t=0$ 和 $t=\tau$ 时,探测线圈静止不动,电路中的电流 i 等于零,因此式(5.211)右端第二项为零,于是

$$\int_0^\tau \mathscr{E}\mathrm{d}t = R\int_0^\tau i\mathrm{d}t = RQ \tag{5.212}$$

将式(5.212)代入式(5.209),得

$$B = \frac{RQ}{2NS} \tag{5.213}$$

这样,只要测出通过电流计的电量,就可以得到线圈范围内的 B 的平均值.

此外,用电子磁通计可以测得变化磁场的 B 的瞬时值.

(3) 磁光效应法测 B

磁光效应磁强计的工作原理是法拉第旋光效应.法拉第旋光效应是磁场与光相互作用所产生的一种效应.当线偏振光透过处于磁场中、内部磁化平行于光路的透明

介质时，由于磁场与光相互作用，偏振面发生旋转，偏振面旋转的角度 α 与磁感应强度 B 和穿过介质的长度 L 成正比，即

$$\alpha = VLB \tag{5.214}$$

式中，V 为透明介质的磁光旋转率，称为维尔德常数，单位是°/(cm・kGs)；穿过介质的长度 L（假定光线与磁场方向平行），单位是 cm；B 是待测磁场的磁感应强度，单位是 kGs.

由式(5.214)可知，通过磁光效应，将磁场的测量转换成了光的偏振面旋转角度的测量. 可以用多种光学装置来实现法拉第旋光效应，如透射法、反射法、干涉法以及其他方法. 下面，我们以透射法为例进一步说明测磁感应强度 B 的方法.

透射法装置的原理图如图 5.47 所示. 从光源 S 发出的光传到起偏器 P，经起偏后变为线偏振光. 线偏振光进入法拉第探头 G，G 处于待测磁场中，因而偏振光与磁场相互作用，使出射光偏振面旋转一角度. 在这之后，光线进入检偏器 A，接着光线进入滤光器 F，再进入光电倍增器 O，最后由光电倍增器转变成脉冲，并在示波器上显示并记录下来. R 是光电倍增器的输出电阻.

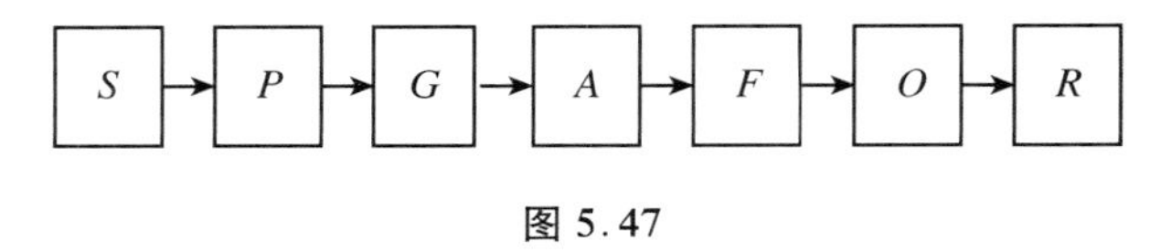

图 5.47

无外加磁场时，若起偏器 P 与检偏器 A 的光轴夹角为 β，则由马吕斯定律，得出射光强为

$$I = I_0\cos^2\beta = \frac{I_0}{2}(1 + \cos 2\beta) \tag{5.215}$$

式中，I_0 为起偏器 P 的出射光强.

当探头处于磁场中时，由于法拉第旋光效应，偏振面被旋转了 α 角，这时可把式(5.215)写成

$$I = \frac{I_0}{2}[1 + \cos 2(\beta + \alpha)] \tag{5.216}$$

若将起偏器 P 与检偏器 A 的光轴间夹角调为 $\beta = -\frac{\pi}{4}$，则式(5.215)变为

$$I = \frac{I_0}{2}\left[1 + \cos\left(-2\times\frac{\pi}{4}\right)\right] = \frac{I_0}{2}$$

这时系统的灵敏度最高. 在 $\beta = -\frac{\pi}{4}$，且 α 又很小的情况下，式(5.216)可改写成

$$I = \frac{I_0}{2}\left[1 + \cos 2\left(-\frac{\pi}{4} + \alpha\right)\right] = \frac{I_0}{2}(1 + \sin 2\alpha) \approx \frac{I_0}{2} + I_0\alpha \tag{5.217}$$

从式(5.217)可以看出，右端第一项是未加磁场时的光强；第二项则代表加了待测磁场后所造成的光强变化. 因此，待测磁场完全由第二项 $I_0\alpha$ 来确定. 这时，光探测器输

出电阻 R 上的、相应于光强变化的电压 e 为

$$e = I_0 \alpha R = VBLI_0 R \tag{5.218}$$

或

$$B = \frac{e}{VLI_0 R} \tag{5.219}$$

这里，I_0 为光探测器上的电流，单位为 A. 由于 V、L、R 已知，只要测得 I_0、e，即可确定待测磁场的磁感应强度 B 的值.

由于法拉第旋光效应对环境温度变化不灵敏，所以磁光效应磁强计适用的温度范围很宽. 同时，磁光效应是瞬间发生的，惯性小，又没有与探头相连的导线，使用方便，安全可靠，测量精度也较高，所以它被广泛应用于热核磁场的研究、高能核反应、固体物理、强磁场分析、低温超导磁体等领域. 它也常用来测量脉冲强磁场、交变强磁场、恒定强磁场以及低温超导磁场，并成为测量强磁场的一种主要方法.

(4) 霍尔效应法测 *B*

这种方法我们已在本章问题讨论 10“霍尔效应”中做了介绍，这里就不再重述了.

参 考 文 献

[1] 陈熙谋，陈秉乾. 毕奥-萨伐尔-拉普拉斯定律是怎样建立起来的[J]. 物理通报，1988(4).

[2] 劳兰，考森. 电磁学原理与应用[M]. 合肥：安徽教育出版社，1984.

[3] 珀塞尔. 电磁学[M]. 北京：科学出版社，1979.

[4] 封小超. 关于安培力的微观机制[J]. 大学物理，1987(4)：21-24.

[5] 王虎珠. 在磁场中载流导线受力的起因[J]. 大学物理，1987(4)：24-25.

[6] 封小超. 洛伦兹力公式中的 V 究竟是什么[J]. 大学物理，1984(7)：10-12.

第 6 章　磁介质中的稳恒磁场

基本内容概述

6.1　磁化强度、磁化电流和介质中的磁场

6.1.1　磁化强度

磁介质分子都有一个分子磁矩 $\boldsymbol{m}$，此磁矩可以是分子固有的，也可以是因受外磁场作用而诱发的．磁介质的磁化程度取决于介质中每个分子磁矩的大小和它们的有序排列程度．**磁化强度矢量 $\boldsymbol{M}$** 就是描述介质磁化程度的物理量，它定义为介质单位体积内各分子磁矩的矢量和，即

$$\boldsymbol{M} = \frac{\sum \boldsymbol{m}}{\Delta V} \tag{6.1}$$

$\boldsymbol{M}$ 是一个宏观量，它反映介质的磁效应．顺磁质的 $\boldsymbol{M}$ 与磁场方向相同，抗磁质的 $\boldsymbol{M}$ 则与磁场方向相反，真空的 $\boldsymbol{M}$ 为零．

6.1.2　磁化电流

磁化电流也是一个反映介质磁化程度的物理量，它与磁化强度密切相关．设想在已磁化的介质中作任一开曲面 S，S 的周界为 L，S 的法向与 L 的绕向构成右手螺旋关系，则计算表明，通过 S 面的磁化电流 I' 与磁化强度 $\boldsymbol{M}$ 的关系为

$$I' = \oint_L \boldsymbol{M} \cdot \mathrm{d}\boldsymbol{l} \tag{6.2}$$

式中，$\mathrm{d}\boldsymbol{l}$ 为 L 上的线元．

可以证明，在两种介质的分界面上的磁化电流面密度为

$$\boldsymbol{i}' = (\boldsymbol{M}_1 - \boldsymbol{M}_2) \times \boldsymbol{n} \tag{6.3}$$

式中，$\boldsymbol{n}$ 为分界面的法向单位矢量，方向由介质 1 指向介质 2.若第二个介质为真空，则有

$$\boldsymbol{i}' = \boldsymbol{M} \times \boldsymbol{n} \tag{6.4}$$

可见，在介质表面上任一点的磁化电流面密度必垂直于磁化强度和表面法线组成的平面，其大小等于 $\boldsymbol{M}$ 沿表面切向的分量.因而在与 $\boldsymbol{M}$ 垂直的介质表面无磁化电流.

各向同性的均匀介质在外场中磁化后，磁化电流只分布在介质表面上，内部无磁化电流.

6.1.3　介质中的 $\boldsymbol{B}$ 及其与 $\boldsymbol{M}$ 的关系

设传导电流产生的磁场为 $\boldsymbol{B}_0$，磁化电流产生的磁场为 $\boldsymbol{B}'$，那么，在有介质存在的空间内，任一点的磁感应强度 $\boldsymbol{B}$ 就应该是在该点的 $\boldsymbol{B}_0$ 及 $\boldsymbol{B}'$ 的矢量和，即

$$\boldsymbol{B} = \boldsymbol{B}_0 + \boldsymbol{B}' \tag{6.5}$$

对于线性非铁磁质，$\boldsymbol{M}$ 与 $\boldsymbol{B}$ 成正比，即 $\boldsymbol{M} \propto \boldsymbol{B}$，与介质的极化相比较，其比例系数应称为磁化率，但是，由于历史原因，曾认为 $\boldsymbol{B}$ 是与 $\boldsymbol{D}$ 相当的辅助量，而把磁场强度 $\boldsymbol{H}$ 当做基本量，因而认为 $\boldsymbol{M}$ 与 $\boldsymbol{H}$ 成正比，即 $\boldsymbol{M} = \chi_m \boldsymbol{H}$，$\chi_m$ 称为磁化率.所以 $\boldsymbol{M}$ 与 $\boldsymbol{B}$ 的关系表示为

$$\boldsymbol{M} = \frac{1}{\mu_0} \cdot \frac{\chi_m}{1 + \chi_m} \boldsymbol{B} \tag{6.6}$$

6.2　磁场强度　介质中稳恒磁场的基本方程

6.2.1　磁场强度　介质中磁场的安培环路定理

由于有介质存在时，传导电流和磁化电流都要产生磁场，所以，$\boldsymbol{B}$ 对任意闭合路径 L 的环流应由 L 所圈围的传导电流 $\sum I$ 和磁化电流 $\sum I'$ 共同决定，即

$$\oint_L \boldsymbol{B} \cdot \mathrm{d}\boldsymbol{l} = \mu_0 \left(\sum I + \sum I' \right) \tag{6.7}$$

考虑到式(6.2)，式(6.7)可改写成

$$\oint_L \left(\frac{1}{\mu_0} \boldsymbol{B} - \boldsymbol{M} \right) \cdot \mathrm{d}\boldsymbol{l} = \sum I \tag{6.8}$$

引入磁场强度矢量 $\boldsymbol{H}$，并令

$$H = \frac{1}{\mu_0}B - M \tag{6.9}$$

则式(6.8)可改写成

$$\oint_L H \cdot dl = \sum I \tag{6.10}$$

即H对任意闭合路径L的环流等于L所圈围的传导电流的代数和.这就是介质中稳恒磁场的**安培环路定理**.

由磁场强度的定义式(6.9)可知,H是由物理意义完全不同的物理量B和M组成的,它并不代表一个基本的物理量,而是为了便于研究介质中的磁场而引入的一个辅助量.

对各向同性的线性磁介质,H与B有如下关系:

$$H = \frac{1}{\mu_0\mu_r}B = \frac{1}{\mu}B \tag{6.11}$$

式中,$\mu_r = 1 + \chi_m$称为介质的相对磁导率,$\mu = \mu_0\mu_r$称为介质的(绝对)磁导率.

6.2.2 介质中稳恒磁场的基本方程

由于传导电流和磁化电流的磁场线都是闭合的,因而B的高斯定理仍然成立.这样,加上式(6.10),有介质时稳恒磁场的基本方程即为

$$\begin{cases} \oiint_S B \cdot dS = 0 \\ \oint_L H \cdot dl = \sum I \end{cases} \tag{6.12}$$

第一式反映了磁场是无源场,第二式反映了磁场是涡旋场.式(6.12)加上式(6.9)或式(6.11)就构成了一完备方程组.

6.2.3 磁场的边界条件

利用式(6.12)可以求出磁场矢量在两种介质交界面上的规律,这就是边界条件.它们是:

在界面上无传导电流时,磁感应强度B的法向分量是连续的,即

$$B_{1n} = B_{2n} \tag{6.13}$$

磁场强度H的切向分量是连续的,即

$$H_{1t} = H_{2t} \tag{6.14}$$

问题讨论

1. 对磁性本质认识的历史过程

古代磁学主要是描述性和实用性的，从理论上对磁力和磁的本质的探索甚少.

我国东汉时期的王充认为磁石吸铁是“气性”相同、互相感动的结果.宋代的陈显微和俞璞则认为是阴阳相感、神与气和的结果.很显然，他们都是想用我国古代的“元气”说法加以解释.

受13世纪英国人马里古特关于天穹有两个磁极的观点的影响，许多人相信地磁力来自北极星.

1600年，英国人吉尔伯特根据他的有名的“小地球”实验，认为地球本身就是一个巨大的磁石，从而明确了使磁针转动的力来自地球，而不是像先前想象的那样是从天空发来的.同时，吉尔伯特还确定了磁极不是磁性力的集中点，而只是磁性作用最大的点，并发现利用分割磁铁的方法不能获得单独的磁极.

在相当长的一段时期内，不少学者认为电与磁是平行无关的.有电荷，也有磁荷；有电量，也有磁量.磁荷观点颇为流行，而且人们认为磁荷间的相互作用也是一种超距作用.

1787年，库仑确立了两个点磁极之间作用力的平方反比定律.他知道不能获得单独的磁极(但认为磁荷是存在的)，便利用两根细长磁铁，当某两极移近时，让另两极相距甚远，从而使它们的作用可以忽略不计.他利用扭秤做了定量研究，得到如下的结论：两个点磁极间的作用力与每一极的磁量成正比，与它们间的距离平方成反比.

$$F = k\frac{m_1 m_2}{r^2}$$

其中 m 表示磁量，这就是磁的库仑定律.

1644年，法国自然哲学家笛卡儿(R. Descartes，1596～1650)在他的《哲学原理》一书里提出了磁流体涡旋运动假说，认为磁是物质的一种闭合的涡旋运动形式.他假设宇宙由涡旋构成，太阳系是一个以太阳为中心的大涡旋.这种涡旋由一种极稀薄、运动极快的物质构成，它的运动带动行星绕太阳旋转.这种物质到达地球后会从赤道进入地球，然后再从两极出来.根据这个思想，他提出了宏观磁性的第一个微观模型.笛卡儿假设磁体和铁中有许多连通的管道，磁性微粒存在于这些管道之中，并不断地从管道的两口分两路发射出来，到达另一个磁体，进入它的管道，再穿出来，又返回原先那个磁体的管道中，磁性微粒这样周而复始的运动，便形成了一条封闭的磁路.他

认为磁性微粒的这种运动正是宏观磁性或磁作用的根本原因.

笛卡儿的磁涡旋假说的可取之处在于它指出了磁性微粒只能在一个封闭的"管"中运动,后来产生的磁感线概念和磁场观念都可以从他的假说中找到最原始的"胚芽".

1820年,丹麦的奥斯特(H. C. Oersted, 1777～1851)发现了电流的磁效应,人类才第一次揭示了电与磁之间的内在联系.同年,法国的毕奥(J. B. Biot,1774～1862)和萨伐尔(F. Savart,1791～1841)发现了电流对磁体作用的定量规律.这些发现说明磁作用可以来自电流(电荷的运动).

现代对磁性本质的认识来自安培(A. M. Ampere,1775～1836).1821年1月,安培提出了著名的分子电流假说.他通过数学方法证明了通电螺线管的磁性分布与条形磁铁的磁性分布是一样的,于是启发他把磁铁的磁性看成是由电流引起的.安培认为,磁性的本质应归结为电流,即一切磁现象都起源于电流或电荷的运动.任何物质分子都具有分子电流,相当于一个元磁体,分子电流杂乱无章排列时,整个物体不显磁性,分子电流规则排列时,才使物质显示磁性.现代物理学证实了安培的这个假说,即原子和分子的磁性起源于电子的轨道运动和自旋运动.

关于磁作用的现代认识是在法拉第(M. Faraday,1791～1867)提出场的观念后才确立起来的,磁力是通过磁场发生作用的.

按照现代量子场论思想,电磁作用是通过交换光子来实现的,每个带电粒子周围都有一层由它自己不断发射又不断回收的虚光子云,一直延伸到无限远.当其中某个虚光子被其他粒子吸收时,就实现了这两个粒子之间的电磁相互作用.

1931年,英国物理学家狄拉克(P. A. M. Dirac,1902～1984)从科学美学观点出发,认为麦克斯韦电磁场方程还不够完美.为追求更高程度的电磁对称美,他提出了磁单极假说.此后,不少物理学家采用各种实验方法去俘获磁单极.1982年2月14日,美国斯坦福大学的凯布雷拉(B. Cabrera)用超导线圈观察到一个可能是磁单极的事例,曾引起物理学界的关注,但仅此一例无法作出肯定的结论.如果磁单极的存在得到实验证实,那么,这不仅是物理学上的一件大事,也是科学美学上的一件大事.

2. 顺磁质和抗磁质的磁化机制

在外磁场中要受到磁场的作用,并且对磁场有影响的物质称为**磁介质**.几乎所有实物,不论它们内部结构如何,对磁场都能产生影响,这表明所有实物都有磁性.但大多数物质的磁性都非常弱,只有少数物质,如铁、镍、钴和某些合金的磁性才较强.物质的磁性起源于分子、原子的磁性.这些微观粒子的磁性只有借助于量子力学才能较正确地描述,用经典理论描述处于热平衡态的物质系统的磁性不能得到正确的结果.然而在量子力学建立之前,人们已从经典理论出发,对物质磁性做了某些说明,尽管

这些说明并不严格，但对人们认识物质磁性仍是有益的．下面，我们从经典理论出发，借用一些量子力学的结论，定性地讨论介质的磁化机制．

(1) 磁介质的分类

图 6.1 是一对强电磁铁，它的 N 极呈平面形，S 极为夹角形，因而 S 极尖端附近的磁场比 N 极附近强得多．用一根细长的线把磁介质样品 P 悬挂在两极之间．实验发现，各种样品都要受到磁场力的作用，从而发生位移．我们可以根据样品位移的大小和方向来判断它受的磁场力的大小和方向．实验发现，一类物质样品，如铁、镍、钴和某些合金，受到尖端磁极的强烈吸引，我们称这类物质为铁磁性物质；第二类物质样品，如铅、钨、钠、钾、锰等，只受尖端的微弱吸引，我们称这类物质为顺磁性物质；第三类物质样品，如铋、铜、金、银、氯化钠等，却受尖端的微弱排斥，我们称这类物质为抗磁性物质．

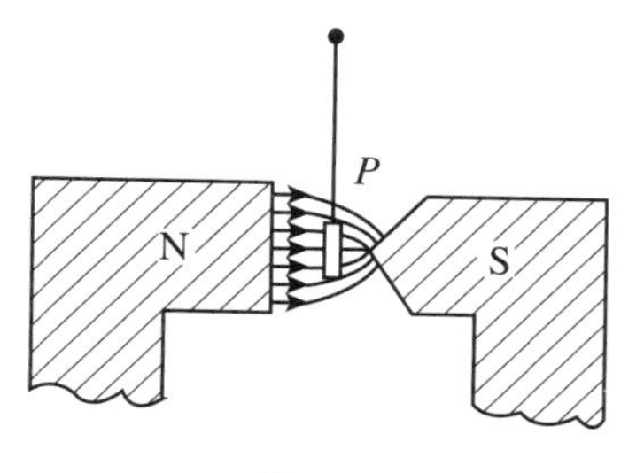

图 6.1

以上分类是根据磁场对介质的作用来划分的，从介质对磁场的影响来说，也可以将介质分为以上三类．介质受外磁场 $\boldsymbol{B}_0$ 作用而磁化，产生磁化电流，此电流又激发一附加磁场 $\boldsymbol{B}'$，因而空间任一点的 $\boldsymbol{B}$ 应为

$$\boldsymbol{B} = \boldsymbol{B}_0 + \boldsymbol{B}' \tag{6.15}$$

$\boldsymbol{B}'$与 $\boldsymbol{B}_0$ 的关系对于不同的介质是不相同的．当各向同性介质充满场空间时，$\mu_r = \dfrac{B}{B_0}$ 称为介质的相对磁导率．μ_r 的大小反映了附加磁场 $\boldsymbol{B}'$对外磁场 $\boldsymbol{B}_0$ 的影响程度．根据 $\boldsymbol{B}'$的不同，磁介质可分为三类：第一类为**顺磁质**，$\boldsymbol{B}'$与 $\boldsymbol{B}_0$ 同向，$B > B_0$，$\mu_r > 1$．第二类为**抗磁质**，$\boldsymbol{B}'$与 $\boldsymbol{B}_0$ 反向，$B < B_0$，$\mu_r < 1$．对于这两类介质来说，$B' \ll B_0$，B'约为 B_0 的十万分之几，而 μ_r 与 1 相差很小，$|\mu_r - 1|$约为 10^{-5}数量级，故这两类介质统称为弱磁质．第三类为**铁磁质**，$\boldsymbol{B}'$与 $\boldsymbol{B}_0$ 同向，$B \gg B_0$，$\mu_r \gg 1$，其值可达 10^4 数量级以上，因而铁磁质又称为强磁质．

(2) 分子磁矩

因为磁场只对运动电荷或电流才有作用力，所以磁介质在磁场中受磁力作用这一事实就表明磁介质内存在着运动电荷．事实上，介质分子内有电子绕原子核的轨道运动，因而有轨道磁矩；电子还有自旋运动，因而有自旋磁矩；组成原子核的核子也有自旋运动，因而有核磁矩．分子中所有这些磁矩的矢量和就构成了分子磁矩．

计算表明，电子的轨道磁矩和自旋磁矩为同一数量级．例如，氢原子中电子的轨道磁矩 $m_l = 9.1 \times 10^{-24}\ \mathrm{A \cdot m^2}$．每个电子的自旋磁矩 $m_s = 9.3 \times 10^{-24}\ \mathrm{A \cdot m^2}$．质子的磁矩 $m_p = 1.43 \times 10^{-26}\ \mathrm{A \cdot m^2}$．可见，质子磁矩比电子轨道磁矩或自旋磁矩差不多小三个数量级．由于核磁矩比电子磁矩小得多，因而它对外的磁效应也小得多．同时由于核磁矩很小，所以它在外磁场中的有序排列极易受热运动的破坏．由于这两方面

的原因,使得电子与核的对外磁效应之比的数量级为它们磁矩之比的数量级的平方.因此,在研究介质的磁化问题时,核磁矩的影响可以不考虑,可以认为分子的磁矩主要由电子磁矩组成.

我们认为一个分子的磁矩 $\boldsymbol{m}_{\mathrm{m}}$ 是它内部所有电子磁矩 $\boldsymbol{m}_{\mathrm{e}}$ 的矢量和,即 $\boldsymbol{m}_{\mathrm{m}}=\sum \boldsymbol{m}_{\mathrm{e}}$. 大多数物质的分子内各电子磁矩的矢量和为零,所以这类分子没有固有分子磁矩.也有一些物质的分子内各电子磁矩的矢量和不为零,因此这类分子具有固有分子磁矩.

(3) 顺磁质的磁化机制

顺磁性物质是由具有固有分子磁矩的分子组成的.虽然如此,但是由于分子的热运动,分子固有磁矩在空间取任何方向都有相等的概率,所以就大量分子组成的介质而言,平均来说各分子磁矩的磁效应相互抵消,故在宏观上介质并不显示磁性.然而,当介质处于外磁场中时,磁场对分子磁矩有力矩作用,使分子磁矩有转向外磁场方向的趋势.但是由于分子还有角动量,一个分子即使受到磁力矩作用,也不会完全使固有分子磁矩转向外磁场方向.尽管如此,外磁场使空间出现了一个特殊的方向,分子磁矩取磁场方向的概率大于取其他方向的概率(这一方向也是能量最低的方向).虽然介质内分子的热运动和频繁的碰撞会使分子磁矩不断改变自己的取向,但平均来说,在热平衡状态下,磁矩取外磁场方向排列的分子占优势,各分子的磁效应不再完全抵消.介质内部磁化强度 $\boldsymbol{M}$ 不再为零,产生了附加磁场 $\boldsymbol{B}'$,于是介质呈现宏观磁性.这就是顺磁质的磁化机制.

(4) 抗磁质的磁化机制

组成抗磁质的分子没有固有分子磁矩,因而这类介质的磁化不能用分子磁矩在外磁场作用下的有序排列来解释.定性地说,抗磁质的磁化机制是这样的:从没有外磁场到加一个恒定的外磁场,总要经历一个磁场从无到有的过程.在此过程中,磁场是变化的,这个变化磁场将产生一感应的涡旋电场.介质中绕核运动的电子在此涡旋电场力的作用下被加速,直到磁场稳恒,感应电场消失为止.随着绕核运动速率的增加,电子的轨道角动量亦增大,这将产生一个附加磁矩 $\Delta\boldsymbol{m}$,其方向总是与外磁场方向相反,起着抵消外磁场的作用.这就是抗磁性的起源.下面,我们作一简略的定量讨论.

① 外磁场引起的附加磁矩 $\Delta\boldsymbol{m}$

(a) 外磁场从无到有的过程中产生的感应电场

为简单起见,设抗磁质的原子有两个电子在同一轨道上以相同的速率沿相反的方向绕核做圆周运动,以保证在无外磁场时两个电子的磁矩的矢量和为零,如图 6.2 所示.在建立外磁场 $\boldsymbol{B}$ 的过程中,将产生感应电场 $\boldsymbol{E}_{\mathrm{i}}$.设 $\boldsymbol{B}$ 垂直于电子轨道平面.在电子轨道这一宏观无限小范围内,任一瞬时外磁场都可视为均匀的.因此,感应电场为(见第 7 章)

$$E_i = -\frac{r}{2}\frac{\mathrm{d}B}{\mathrm{d}t} \tag{6.16}$$

由图 6.2 可知,$\boldsymbol{E}_i$ 使电子 e_1 加速运动,使电子 e_2 减速运动.

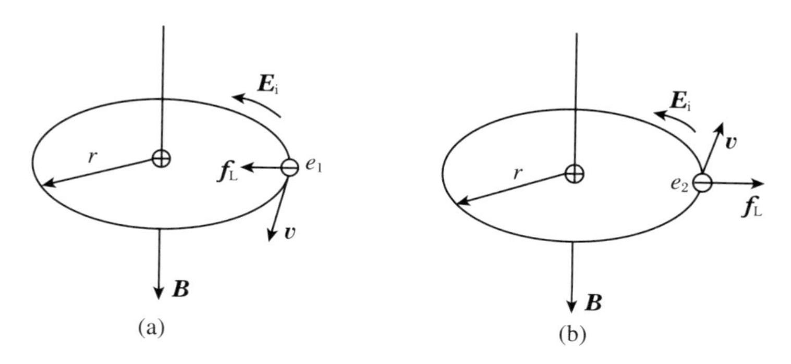

图 6.2

(b) 电子的速率增量 Δv 及角速度增量 $\Delta\omega$

先讨论电子 e_1 的运动.由于电子轨道半径保持不变(后面将证明这一结论),E_i 仅使电子获得切向加速度,按牛顿第二定律有

$$e_1 \mid E_i \mid = m_e \frac{\mathrm{d}v_1}{\mathrm{d}t} \tag{6.17}$$

将式(6.16)代入式(6.17),整理后得

$$\mathrm{d}v_1 = \frac{er}{2m_e}\mathrm{d}B \tag{6.18}$$

因而,在建立 B 的过程中,电子 e_1 的速率增量为

$$\Delta v_1 = \int_{v_0}^{v_0+\Delta v_1}\mathrm{d}v = \frac{er}{2m_e}\int_0^B \mathrm{d}B = \frac{er}{2m_e}B \tag{6.19}$$

式中,v_0 为无外磁场时电子绕核运动的速率,B 为外磁场的最后稳定值.由式(6.19)可得 e_1 的角速度增量为

$$\Delta\omega_1 = \frac{\Delta v_1}{r} = \frac{e}{2m_e}B \tag{6.20}$$

同理,可得 e_2 的速率增量及角速度增量分别为

$$\Delta v_2 = -\frac{er}{2m_e}B, \quad \Delta\omega_2 = -\frac{e}{2m_e}B \tag{6.21}$$

式中,负号表示速率及角速度在减小.

(c) 电子磁矩的增量 Δm

电子绕核运动速率的变化必然引起电子轨道磁矩的变化,其增量为

$$\Delta m = S\Delta I = \pi r^2 e\frac{\Delta\omega}{2\pi} = \frac{e^2 r^2}{4m_e}B \tag{6.22}$$

可见,在外磁场作用下,无论 e_1 或 e_2 都会产生一附加磁矩,而且附加磁矩的方向总是与外磁场方向相反,如图 6.3 所示.这个与外磁场反向的磁矩起到抵消外磁场的作

用.这就是抗磁性的起源.

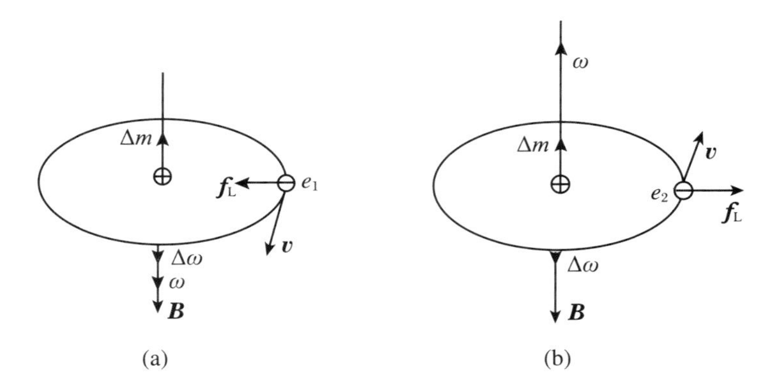

图 6.3

物质的抗磁性由分子内各电子磁矩与外磁场的相互作用引起.对于顺磁性物质的分子来说,在外磁场作用下,分子内的电子也会产生与外磁场反向的附加磁矩,结果使分子也具有一定的与外磁场反向的附加磁矩,从而出现抗磁性.可见,抗磁性是所有磁介质的共同特性.只不过顺磁性分子的固有磁矩沿外磁场方向的取向作用所显示的顺磁效应大于各分子的附加磁矩所显示的抗磁效应,才使得物质呈现顺磁性.

② 在外磁场作用下电子轨道半径不变的证明

先讨论电子 e_1 的情况.由于外磁场的建立,e_1 绕核运动速率要增大,如果作用于 e_1 的向心力仍为核对它的库仑力,则电子将偏离原轨道.若要保持 e_1 的轨道半径不变,就必须增大向心力.明显,增大的向心力应为

$$\Delta f_e = \frac{m_e(v_0+\Delta v_1)^2}{r} - \frac{m_e v_0^2}{r} = \frac{m_e}{r}[2v_0\Delta v_1 + (\Delta v_1^2)]$$

在 $\Delta v_1 \ll v_0$ 的条件下,上式化为

$$\Delta f_e = \frac{2m_e v_0 \Delta v_1}{r} \tag{6.23}$$

事实上,随着外磁场的建立,e_1 除受库仑力作用外,还要受洛伦兹力作用.对电子 e_1 来说,此力恰好指向圆轨道中心(图 6.3(a)),而且此力随着电子速率的增大而增大.下面证明 e_1 受的洛伦兹力恰与式(6.23)相等.

由式(6.19)解得 $B=\dfrac{2m_e\Delta v_1}{er}$,将其代入

$$f_L = e(v_0+\Delta v_1)B$$

并略去$(\Delta v_1)^2$ 项,得

$$f_L = \frac{2m_e v_0 \Delta v_1}{r} = \Delta f_e \tag{6.24}$$

可见,外磁场的存在并不改变电子 e_1 的轨道半径.

对 e_2 而言,在外磁场建立的过程中,产生的涡旋电场将使其减速,若要保持轨道

半径不变，它所受的向心力必须减小.从图 6.3(b)可以看出，这时电子 e_2 所受的洛伦兹力恰好背离轨道中心，起着减小 e_2 所受向心力的作用.用类似方法可以证明，此洛伦兹力恰好等于由于 e_2 速率减小而需要减小的向心力.所以 e_2 的轨道半径亦保持不变.

以上结论是从经典理论得到的，但是电子轨道半径不变却符合量子理论的定态概念.

3. 磁场的磁荷观点和电流观点

在宏观电磁理论中，磁感应强度 $\boldsymbol{B}$ 和磁场强度 $\boldsymbol{H}$ 是描写磁场的两个重要物理量.人们对物质磁性起源的认识先后存在两种观点——磁荷观点和电流观点，致使对 $\boldsymbol{B}$ 和 $\boldsymbol{H}$ 有两种不同的理解，加之在两种理论中对 $\boldsymbol{B}$ 和 $\boldsymbol{H}$ 的称呼都相同，这就容易引起概念上的混淆及造成应用上的错误.下面，我们对两种观点中的基本量和辅助量以及两种观点中三个磁矢量的关系作一简单介绍.

(1) 何谓磁荷观点和电流观点?

把磁荷作为激发磁场和物质磁性起源的基础而建立起来的一整套有关磁场的理论，就是磁场的磁荷观点.

把电流或运动电荷作为激发磁场和物质磁性起源的基础而建立起来的一整套磁场的理论，就是磁场的电流观点.

(2) 两种观点中的基本物理量和辅助物理量

① 磁荷观点中的基本物理量和辅助物理量

在引入场的概念之后，按照磁荷观点，一磁荷对另一磁荷的作用应看成是一磁荷激发的磁场对另一磁荷的作用.仿照引入电场强度 $\boldsymbol{E}$ 来描述静电场的方法，可以引入磁场强度 $\boldsymbol{H}$ 来描述磁场.磁场中某点的磁场强度 $\boldsymbol{H}$ 定义为单位点磁荷在该点受到的磁场力，即

$$\boldsymbol{H} = \frac{\boldsymbol{F}}{q_{\mathrm{m}}} \tag{6.25}$$

因此，由磁荷的库仑定律 $\boldsymbol{F} = \frac{1}{4\pi\mu_0}\frac{q_{\mathrm{m1}}q_{\mathrm{m2}}}{r^3}\boldsymbol{r}$，可以得到点磁荷的磁场强度为

$$\boldsymbol{H} = \frac{1}{4\pi\mu_0}\frac{q_{\mathrm{m}}}{r^3}\boldsymbol{r} \tag{6.26}$$

由此可见，在磁荷观点中，磁场强度 $\boldsymbol{H}$ 是有直观物理意义的基本物理量，它与电场强度 $\boldsymbol{E}$ 相对应，“磁场强度”一词也正是由此而来的.

按照磁荷观点，组成磁介质的分子是一个个具有正负磁荷的磁偶极子.所谓磁介质的磁极化，就是这些磁偶极子在外磁场的作用下，发生一定程度的有序排列，使介质显出磁性.为了描述介质中磁偶极子的有序排列程度，引入磁极化强度矢量，它定

义为

$$\boldsymbol{J} = \lim_{\Delta V \to 0} \frac{\sum \boldsymbol{p}_{\mathrm{m}}}{\Delta V} \tag{6.27}$$

在磁荷观点中，磁感应强度 $\boldsymbol{B}$ 定义为

$$\boldsymbol{B} = \mu_0 \boldsymbol{H} + \boldsymbol{J} \tag{6.28}$$

可见，$\boldsymbol{B}$ 是由表征磁荷磁场特性的磁场强度 $\boldsymbol{H}$ 和表征磁化状态的磁极化强度 $\boldsymbol{J}$ 组合而成的，它并没有明确的、直观的物理意义，也就是说，在磁荷观点看来，$\boldsymbol{B}$ 不是表征磁场强弱的基本物理量，它只是一个辅助物理量.

② 电流观点中的基本物理量和辅助物理量

在磁场的电流观点中，磁场的强弱和方向是用磁感应强度 $\boldsymbol{B}$ 来表征的. $\boldsymbol{B}$ 是用电流或运动电荷在磁场中受的力来定义的(见第 5 章问题讨论 4). 也就是说，在磁场的电流观点中，$\boldsymbol{B}$ 是用来描述磁场并具有直观物理意义的基本物理量.

按照磁场的电流观点，磁介质的每一个分子都有一等效的分子圆形电流 i，此电流具有一定的磁矩，称为分子磁矩. 磁介质的磁化强度取决于组成介质的每个分子磁矩的大小和它们的有序排列程度，用磁化强度 $\boldsymbol{M}$ 来表征. 磁化强度 $\boldsymbol{M}$ 定义为单位体积内各分子磁矩的矢量和. 即

$$\boldsymbol{M} = \frac{\sum \boldsymbol{m}}{\Delta V} \tag{6.29}$$

在磁场的电流观点中，磁场强度定义为

$$\boldsymbol{H} = \frac{\boldsymbol{B}}{\mu_0} - \boldsymbol{M} \tag{6.30}$$

可见，$\boldsymbol{H}$ 是由物理意义完全不同的两个物理量组合而成的，它并没有明确的、直观的物理意义. 也就是说，在磁场的电流观点中，$\boldsymbol{H}$ 不是表征磁场强弱的基本物理量，它只是一个辅助物理量.

(3) 两种观点中三个磁矢量的关系是等价的

按照磁荷观点，在真空中一个磁偶极矩为 $\boldsymbol{p}_{\mathrm{m}}$ 的磁偶极子在轴线上远处的磁场强度为

$$\boldsymbol{H} = \frac{1}{2\pi\mu_0} \frac{\boldsymbol{p}_{\mathrm{m}}}{r^3} \tag{6.31}$$

按照电流观点，在真空中一个磁矩为 $\boldsymbol{m}$ 的环形电流在轴线上远处的磁感应强度为

$$\boldsymbol{B} = \frac{\mu_0 \boldsymbol{m}}{2\pi r^3} \tag{6.32}$$

比较式(6.31)、式(6.32)，除常系数不同之外，在远处 $\boldsymbol{H}$ 和 $\boldsymbol{B}$ 都与 r^3 成反比，即在轴线上远处 $\boldsymbol{H}$ 和 $\boldsymbol{B}$ 随 r 的变化规律是相同的. 可以证明，就是在整个远处空间，$\boldsymbol{H}$ 和 $\boldsymbol{B}$ 的分布亦是相同的，如图 6.4 所示.

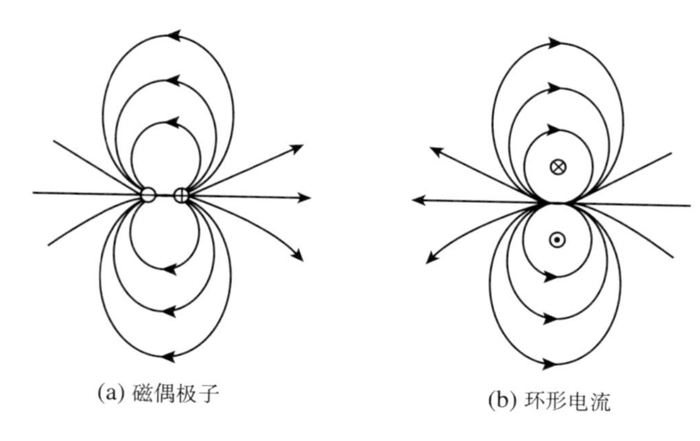

图 6.4

事实上，如果我们令

$$\boldsymbol{p}_{\mathrm{m}} = \mu_0 \boldsymbol{m} \quad 或 \quad \boldsymbol{m} = \frac{\boldsymbol{p}_{\mathrm{m}}}{\mu_0} \tag{6.33}$$

$$\boldsymbol{B} = \mu_0 \boldsymbol{H} \tag{6.34}$$

则式(6.31)与式(6.32)等价.这说明，就远处的磁场而言，一个磁偶极矩为 $\boldsymbol{p}_{\mathrm{m}}$ 的磁偶极子可以看成是一个磁矩为 $\boldsymbol{m} = \dfrac{\boldsymbol{p}_{\mathrm{m}}}{\mu_0}$ 的环形电流.

根据式(6.33)，磁荷观点中的磁极化强度 $\boldsymbol{J} = \dfrac{\sum \boldsymbol{p}_{\mathrm{m}}}{\Delta V}$ 和分子电流观点中的磁化强度 $\boldsymbol{M} = \dfrac{\sum \boldsymbol{m}}{\Delta V}$ 之间应有以下关系：

$$\boldsymbol{J} = \mu_0 \boldsymbol{M} \quad 或 \quad \boldsymbol{M} = \frac{\boldsymbol{J}}{\mu_0} \tag{6.35}$$

将式(6.35)代入式(6.28)，得

$$\boldsymbol{B} = \mu_0 \boldsymbol{H} + \boldsymbol{J} = \mu_0 \boldsymbol{H} + \mu_0 \boldsymbol{M}$$

或

$$\boldsymbol{H} = \frac{\boldsymbol{B}}{\mu_0} - \boldsymbol{M} \tag{6.36}$$

这就是式(6.30).可见，两种观点中三个磁矢量之间的关系式是等价的.

4. 铁磁质的磁化规律及其磁性起因

铁磁性物质简称铁磁质.铁、镍、钴及其合金以及某些非金属化合物如铁氧体等都是重要的铁磁性材料.铁磁质的磁性非常特异，其 $\boldsymbol{B}$ 与 $\boldsymbol{H}$ 之间的关系非常复杂，甚至不可能用一个解析函数来表达，而且这种关系还与它们磁化的历史情况有关.

(1) 磁化规律

研究铁磁质的磁化规律,也就是研究铁磁质内部的 $\boldsymbol{B}$ 和 $\boldsymbol{H}$ 以及 $\boldsymbol{M}$ 和 $\boldsymbol{H}$ 之间的关系.这些关系只能用实验曲线来表示.

① 起始磁化曲线

由于铁磁质的磁化同它的历史情况有关,所以为了比较各种铁磁材料的磁性,应该研究样品的起始磁化过程,即要求样品在研究前处于未被磁化的状态.

通过实验研究可以得到一条铁磁材料的起始磁化曲线,其形状如图 6.5 所示.由图可见,当 H 较小时,B 随 H 的增加而缓慢增加;当 H 较大时,B 随 H 的增大而迅速增加,B 与 H 不成线性关系;当 H 大到某一值 H_s 后,B 随 H 的增加而线性增加,而且增加得缓慢,这时我们称该铁磁质的磁化达到了饱和.

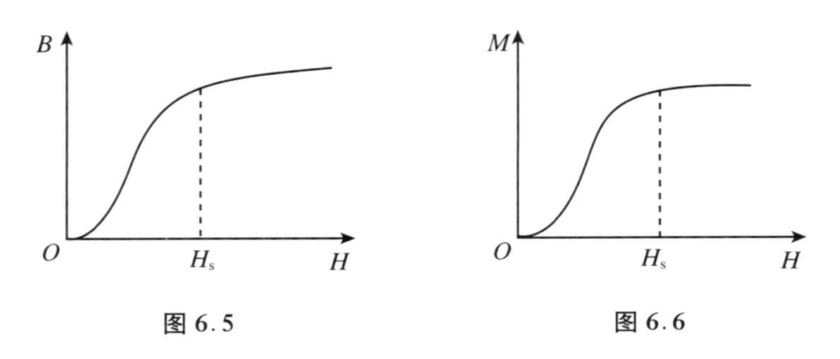

图 6.5　　图 6.6

根据 $\boldsymbol{M}=\dfrac{\boldsymbol{B}}{\mu_0}-\boldsymbol{H}$,可由上述的 B-H 曲线得出 M-H 曲线,如图 6.6 所示.它给出了磁化强度 M 随磁场强度 H 的变化关系.曲线表明,当 H 不很大时,M 随 H 的变化是非线性的;当 H 增大到某一值 H_s 时,M 不再随 H 的增大而增大,这说明介质的磁化达到了饱和,这一状态的磁化强度称为饱和磁化强度,其值用 M_s 表示.对于大部分铁磁材料,H_s 都比较大.

因为 $\boldsymbol{B}=\mu_0(\boldsymbol{H}+\boldsymbol{M})$,而 $\boldsymbol{M}$ 又是 $\boldsymbol{H}$ 的函数,所以 B 随 H 的增加而增加有两方面的原因:一方面随着 H 的增加而增加;另一方面由于 H 的增加要引起 M 的增加,从而又引起 B 的增加.在 H 达到 H_s 之前,前一方面的原因使 B 与 H 呈线性关系,后一方面的原因使 B 与 H 呈非线性关系(因为 M 与 H 的关系是非线性的),所以在图 6.5 中 B 与 H 成非线性关系.当 H 达到 H_s 之后,M 饱和,前一方面的原因成了使 B 增加的唯一因素,因此 B 与 H 成线性关系.这就是图 6.5 中 H_s 之后是一条直线的原因.

铁磁质的起始磁化曲线与非铁磁质的磁化曲线的区别不仅是非线性与线性的区别,而且还在于铁磁质的起始磁化曲线的平均斜率比非铁磁质磁化曲线的斜率大得多(可达几千、几万倍).正是这一特点使铁磁质得到了广泛的应用.

② 磁滞回线

由前面的讨论知道,起始磁化曲线只给出了原来未磁化的铁磁质在磁场作用下 B 随 H 变化的关系.对于已经磁化并达到饱和的铁磁质样品,当 H 减小时,B 亦减

小，但 B 的减小过程并不沿着起始磁化曲线进行，而是沿着较高的曲线即所谓退磁化曲线进行，如图6.7中的 ab 曲线所示．当 H 减小到零时，B 并不变为零．这表明磁化后的铁磁质即使在撤除磁化场之后，其磁化强度也并不为零，这种现象称为**剩磁**现象．$H=0$ 所对应的磁化强度 M_r 和磁感应强度 B_r 分别称为剩余磁化强度和剩余磁感应强度．

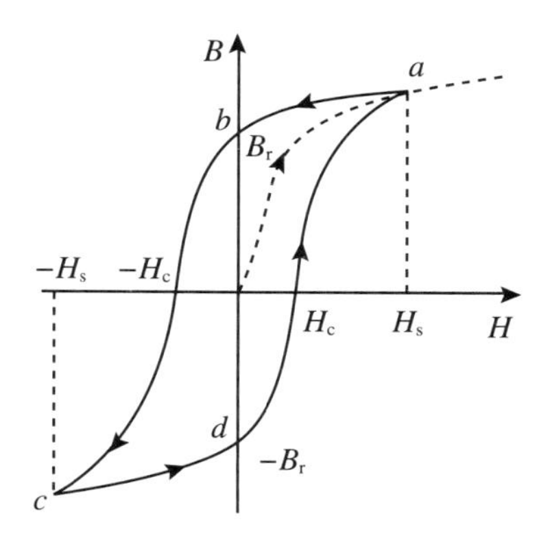

图6.7

要使具有剩磁的铁磁质的 B 减小到零，必须加上反方向的磁场．只有当反向磁场的 H 达到某一值 H_c 时，才能使铁磁质完全退磁．H_c 称为该铁磁质的**矫顽力**．当磁场强度 H 继续反向增大时，铁磁质又被反向磁化，最后亦会达到饱和．若再使反向磁场减小到零，B 也不会变为零，而具有一 B_r 值．要使铁磁质完全退磁，就必须再在正方向增大 H，一直达到正向矫顽力 H_c．当 H 在 H_s 和 $-H_s$ 之间交替变化时，B 将沿图6.7中的 $abcda$ 曲线来回变化．这一现象表明铁磁质中 B 的变化总是滞后于 H 的变化，所以称之为**磁滞现象**，闭合曲线 $abcda$ 称为**磁滞回线**．

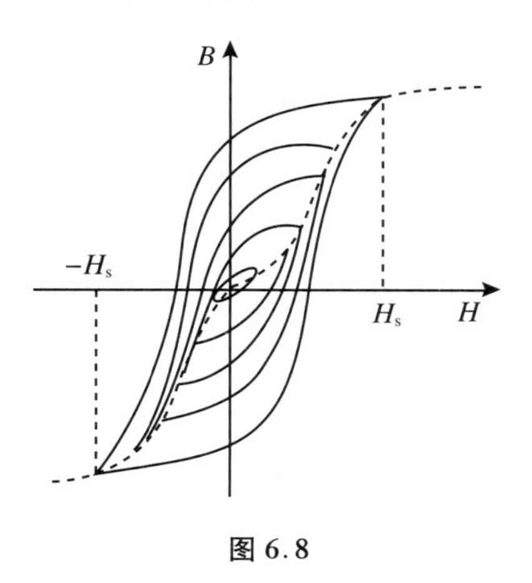

图6.8

实际上，铁磁质的磁化规律远比上述的更复杂．上述磁滞回线只是磁化场 H 在 $\pm H_s$ 之间变化形成的，是最大的一条磁滞回线，称为**饱和磁滞回线**．事实上，从起始磁化曲线上任一点出发，只要该点的 H 小于 H_s，并使磁化场的磁场强度在 $\pm H$ 之间变化，都可以得到一条磁滞回线．因此，对于同一铁磁质，存在着一个套一个的无数个磁滞回线，如图6.8所示．可见，一个 H 值可以与无数个 B 值相对应．这就是说，给定一个 H 值，不能唯一确定 B 和 M 的值，B 和 M 的值到底等于多少，与铁磁质经历怎样的磁化过程达到这一状态有关，或者说 B 和 M 的值除了与 H 有关之外，还与铁磁质的磁化历史有关．

不同铁磁材料的磁滞回线的形状不相同．通常讲的某铁磁材料的磁滞回线都是指它的饱和磁滞回线．饱和磁滞回线所对应的 B_r 和 H_c 是标志铁磁材料特征的重要参量．在实际应用中，根据矫顽力 H_c 的大小将铁磁材料分为两大类．矫顽力很小的一类称为**软磁**材料，矫顽力很大的一类称为**硬磁**材料．软铁、硅钢、高磁导合金等都是软磁材料，多用于电机、变压器和继电器等的制造．钴钢、铝镍钴合金和磁钢等都是硬磁材料，多用于制造永久磁铁．

(2) 铁磁性起因简介

铁磁性物质的磁化强度比顺磁性物质的大得多.按照现代量子理论,其磁性来源于电子的自旋,与电子的轨道运动无关.一般磁介质的原子内的电子所处的状态是大多数电子的自旋磁矩成对反向,磁性相互抵消.但是铁磁质却不相同,在铁原子内,几乎所有电子的自旋磁矩取同向排列,因而使原子呈现磁性.在小区域内,原子间有一种特有的相互作用,使各原子的磁矩完全整齐地排列,因而在这样的小区域内磁化已自发地达到了饱和状态.铁磁质中有许多这样的小区域,这些小区域称为**磁畴**.磁畴的体积约为 $10^{-12}\ m^3$,其中含有 10^{12}～10^{15} 个原子.在不同的铁磁质中,磁畴的大小很不相同,其形状和排列情况也各不一样.磁畴的存在已被实验所证实.

在未经磁化的铁磁质中,各磁畴的自发磁化方向在空间的排列是杂乱无章的,因此在任一宏观无限小体积内,各磁畴的磁矩的矢量和为零,所以在宏观上不显示磁性,如图 6.9(a)所示.

在加上外磁场(磁化场)之后,在磁化场的作用下,磁畴发生变化.当磁化场较弱时,所有磁矩方向与磁化场方向相同或相近的磁畴将扩张自己的边界,把邻近的那些磁矩方向与磁化场方向偏离较大的磁畴的领地并吞过来一些,即磁畴壁向外移动,如图 6.9(b)、(c)所示.当磁化场较强时,每个磁畴的磁矩方向都程度不同地转向磁化场方向,如图 6.9(d)所示.磁化场越强,转向也越强.上述磁畴的变化导致单位体积内磁矩的矢量和,即磁化强度 M 从零逐渐增大.当磁化场加强到使所有磁畴的磁矩都转到磁化场方向之后,如果再增加磁化场强度,M 也不可能再增大,磁化达到了饱和,如图 6.9(e)所示.由此可见,饱和磁化强度 M_s 就等于每个磁畴的磁化强度.由于在每个磁畴中原子磁矩都已沿同一方向排列,它的磁化强度自然很大.这就是铁磁性物质的磁性比顺磁性物质强得多的原因.

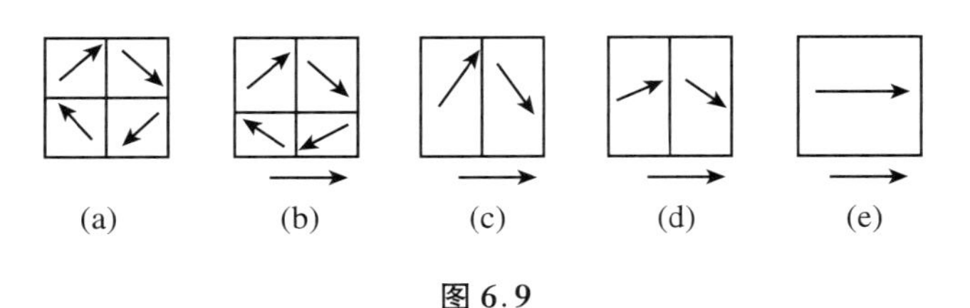

图 6.9

当磁化场不很弱时,由于掺杂和内应力等原因,磁畴壁的扩张和磁畴磁矩的转向成为不可逆的.也就是说,当磁化场减弱或消失时,磁畴不会按原来变化的规律退回到原状.这就是出现磁滞现象的原因.

铁磁性和磁畴的存在是分不开的.当铁磁体受到强烈震动时,或在高温下,原子的剧烈热运动都会使磁畴瓦解.这时铁磁性完全消失,铁磁质就变成了普通的顺磁质.居里发现,每种铁磁质都存在一个特定的温度,当铁磁质的温度高于这一特定温度时,铁磁性就完全消失.这个温度称为**居里点**.

5. 磁感线

(1) 有关画磁感线的规定及磁感线方程

和电场的情形一样，为了形象地描述磁场的分布，也应用了磁感线这一辅助工具. 由于磁场内每一点 $\boldsymbol{B}$ 都有确定的方向，我们可以在磁场内人为地画一些曲线，使曲线上每一点的切线方向与该点的 $\boldsymbol{B}$ 的方向一致，这种曲线就称为磁感线. 显然，通过磁场中 $\boldsymbol{B}\neq\boldsymbol{0}$ 的每一点只能画一条磁感线. 也就是说，任两条磁感线既不可能相交，也不可能相切.

当然，不可能在图上画出所有的磁感线，也不可能使它们通过场中的每一点，并充满场所占据的全部空间. 为了使磁感线既能描述磁场方向的分布，又能描述强弱的分布，总是规定在磁场的任何区域，穿过垂直于磁感线的单位面积的磁感线条数与这一面积上的 $\boldsymbol{B}$ 的数值相等. 这样，磁感线的疏密程度就能形象地表示出磁场强弱的分布情况. 显然，穿过任意面元 $\mathrm{d}S$ 的磁感线条数将等于 B 和 $\mathrm{d}S$ 在垂直于 $\boldsymbol{B}$ 的平面上的投影之积，即 $B\mathrm{d}S\cos\theta$，θ 是 $\boldsymbol{B}$ 与 $\mathrm{d}S$ 法线正向的夹角. 这一乘积就是 $\boldsymbol{B}$ 对 $\mathrm{d}\boldsymbol{S}$ 的磁通.

由于磁感线的任一线元 $\mathrm{d}\boldsymbol{l}$ 和该处的 $\boldsymbol{B}$ 平行，所以 $\mathrm{d}\boldsymbol{l}$ 的坐标分量 $\mathrm{d}x$、$\mathrm{d}y$、$\mathrm{d}z$ 和 $\boldsymbol{B}$ 的三个分量 B_x、B_y、B_z 成正比，即

$$\frac{\mathrm{d}x}{B_x}=\frac{\mathrm{d}y}{B_y}=\frac{\mathrm{d}z}{B_z} \tag{6.37}$$

这就是磁感线应满足的微分方程. 实际上式(6.37)相当于两个联立方程，如 $\dfrac{\mathrm{d}x}{B_x}=\dfrac{\mathrm{d}y}{B_y}$ 和 $\dfrac{\mathrm{d}y}{B_y}=\dfrac{\mathrm{d}z}{B_z}$，其积分有如下形式：

$$f_1(x,y,z)=C_1,\quad f_2(x,y,z)=C_2 \tag{6.38}$$

式(6.38)的两个方程合在一起就是力线方程.

(2) 磁感线的基本特性

① 磁感线是无首无尾的闭合曲线

由 $\boldsymbol{B}$ 的高斯定理 $\oint_S \boldsymbol{B}\cdot\mathrm{d}\boldsymbol{l}=0$ 可以看出，通过任意闭合曲面的 $\boldsymbol{B}$ 的通量总是为零. 这和静电场中 $\boldsymbol{E}$ 对闭合曲面的通量是不相同的. 这个定理是不存在自由磁荷的数学表述. 用磁感线的语言来说，对任意大小和形状的闭合曲面，穿入和穿出的磁感线条数必须相等. 由于闭合曲面可以作得任意小，因此可以说在磁场中任一点，磁感线既不可能发出，也不可能收尾，磁感线应该是闭合曲线，或者从无限远来到无限远去. 确实，这两种情况都是可能的. 例如，在长直电流的磁场中，磁感线就是一些中心在电流轴上且垂直于电流的圆形曲线；在圆环形电流的磁场中，圆环轴线上各点的 $\boldsymbol{B}$ 和轴线平行，因而圆形电流的轴线和从无限远来到无限远去的磁感线重合.

② 磁感线总是与电流相互关联的

按照磁场的环路定理$\oint_L \boldsymbol{B}\cdot \mathrm{d}\boldsymbol{l} = \mu_0 \sum I$，$\boldsymbol{B}$沿不和电流套联的闭合环路$L$的环流应等于零，而沿和电流套联的闭合环路$L$的环流等于通过$L$所圈围的面积的诸电流的代数和的$\mu_0$倍.由于闭合环路可以任意选取，所以我们可选取任一闭合磁感线为环路L.因为磁感线线元$\mathrm{d}\boldsymbol{l}$和该点的$\boldsymbol{B}$平行，若取$\mathrm{d}\boldsymbol{l}$的方向与$\boldsymbol{B}$一致，则$\boldsymbol{B}\cdot \mathrm{d}\boldsymbol{l} = B\mathrm{d}l$必大于零，沿磁感线的每一小段都有这一结果，所以$\boldsymbol{B}$沿磁感线的环流不可能等于零.因此，每一条闭合的磁感线至少应和一个电流套联，也就是说，闭合磁感线总是和电流相套联的.

③ 一个磁感线不闭合的特例

这种情况往往被忽视了：磁感线既没有始点，也没有终点，既不闭合，又不从无限远来到无限远去，而是稠密地挤塞在某些曲面上.例如，一个圆形电流I_1和一个沿圆形电流轴线的无限长直电流I_2的总磁场的磁感线就是这种情况(图6.10(a)).如果只有电流I_1，则磁感线将是包围I_1的曲线，且沿子午面分布，如图6.10(a)中虚线$\boldsymbol{B}_1$所示.所有和它类似的磁感线合在一起，形成一个圆环面S，如图6.10(b)所示.如果只有电流I_2，则其磁感线将是包围I_2的一系列圆圈，如图6.10(a)中虚线$\boldsymbol{B}_2$所示.就圆环面S上各点来说，不管$\boldsymbol{B}_1$或$\boldsymbol{B}_2$都和S面相切，所以合磁场$\boldsymbol{B}=\boldsymbol{B}_1+\boldsymbol{B}_2$也和$S$面相切.这就是说，过$S$面上任一点的磁感线都应该始终在$S$面上.显然，$S$面上任一条磁感线将是圆环面$S$上的螺旋线，如图6.10(b)所示.这个环状螺旋线的螺距将由I_1和I_2之比以及S面的位置和形状来决定.可以证明(请参阅伊·耶·塔姆的《电学原理》上册)，只有在适当地选择这些条件时，S面上的环旋线才是闭合的.一般来说，当磁感线无限延长时，它可以任意地接近它曾通过的任一点，但不能重回到该点.也就是说，一条磁感线是到处稠密地挤塞在圆环面S上的，但却不是闭合的.在这种情况下，就不能借助于磁感线来精确描述磁场了.因为同一条不闭合的磁感线穿过任一个和圆环正交的截面的次数可以是无限多的，因而通过垂直于磁感线的单位面积的磁感线数在数值上就不能和这个面上的B成正比.可见，磁感线概念的使用是近似的.但借助于磁感线来描述矢量场，还是能取得形象直观的效果的.

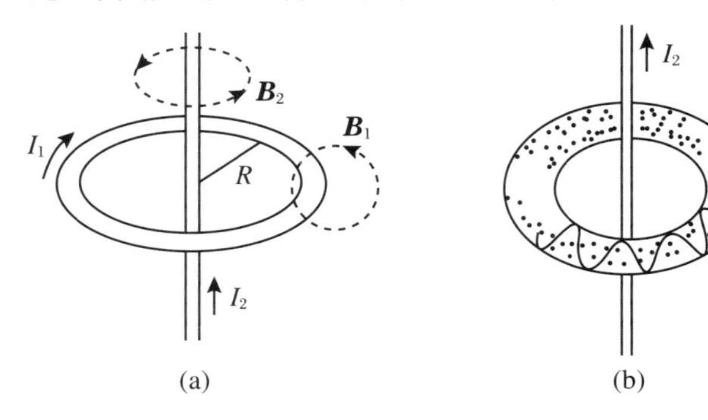

图6.10

6. 铁粉为何沿磁场方向排列成线状?

一种演示磁感线的简单方法是在有磁场的空间里水平放置一块玻璃板,在玻璃上均匀撒上一些针状铁粉,轻轻敲动玻璃板,铁粉就会沿磁感线排列起来.这种现象的出现是由于磁场使铁粉磁化,磁化后每一粒针状铁粉都变成一个小磁针,磁针在磁场中自然转向磁场方向,沿磁感线排列起来.但是,如果铁粉不是针状,而是圆球形的颗粒状,那么铁粉沿磁感线排列的现象就观察不到了.即使铁粉是针状的,如果磁化不是沿针状铁粉的纵向发生,而是沿横向发生,我们也不会观察到铁粉沿磁感线排列的现象.然而,事实上,针状铁粉总是沿纵向磁化,从而使其沿磁感线排列成线状.其原因是什么呢?

从铁粉受力分析的角度看,针状铁粉在磁场中磁化后,受到磁力矩的作用而发生转动,随着转动的发生,铁粉的磁化情况将发生变化,从而所受磁力矩也发生变化,这是一个较复杂的问题.但是,从能量的角度来分析,就可使问题大为简化.针状铁粉沿磁感线排列的状态是一个稳定平衡状态.我们知道,一个系统处于稳定平衡状态时,其势能必然取极小值.下面,我们将按这一思路来说明前面提出的问题.

从宏观上看来,一个针状铁粉是很小的,因而在它的线度范围内可将外磁场视为均匀磁场.设磁化后一个针状铁粉的磁矩为 $\boldsymbol{m}$,则它在外场中受到的力矩为

$$\boldsymbol{\tau} = \boldsymbol{m} \times \boldsymbol{B} \tag{6.39}$$

在铁粉转动的过程中,此力矩将要做功.由此可定义,当铁粉磁矩 $\boldsymbol{m}$ 与外磁场磁感应强度 $\boldsymbol{B}$ 成 θ 角时,它具有如下的势能:

$$W = -\boldsymbol{m} \cdot \boldsymbol{B} = -mB\cos\theta \tag{6.40}$$

由此可见,当 $\boldsymbol{m}$ 平行于 $\boldsymbol{B}$ 时,具有最小的势能.铁粉在磁场中被磁化后,它的磁矩方向大致与外磁场方向相同.因此,在外磁场一定的情况下,它的势能的大小只取决于磁矩 $\boldsymbol{m}$ 的大小.磁矩越大,势能就越小,所处状态就越稳定.

在均匀磁化的情况下,铁粉的磁矩应等于磁化强度与铁粉体积的乘积$\left(因\ \boldsymbol{M} = \dfrac{\boldsymbol{m}}{\Delta V}\right)$.因此,磁化强度越大,磁矩就越大,势能也就越低.根据磁化规律,磁化强度由铁粉内的磁场强度 $\boldsymbol{H}$ 决定,即

$$\boldsymbol{M} = \chi_{\mathrm{m}} \boldsymbol{H} \tag{6.41}$$

式中,χ_{m} 是铁粉的磁化率.这样一来,只要说明针状铁粉沿磁场纵向磁化时,内部磁场强度 H 较大,而横向磁化时 H 较小,也就回答了前面提出的问题.

设外磁场的磁场强度和磁感应强度分别用 H_0 和 B_0 表示.当针状铁粉的纵向与外磁场方向平行时,其侧面与外磁场的 H_0 和 B_0 平行.根据磁场的边界条件,边界两侧的磁场强度的切向分量是连续的.因而,铁粉内部的磁场强度 H 应与外磁场的磁场强度 H_0 相等,即

$$H = H_0 = \frac{B_0}{\mu_0} \tag{6.42}$$

当针状铁粉的纵向垂直于外磁场时(即铁粉横向磁化),由边界条件知,磁感应强度的法向分量是连续的.因而,铁粉内部的磁感应强度 B'应与外磁场的磁感应强度 B_0 相等,即 $B' = B_0$.这时铁粉内部的磁场强度为

$$H' = \frac{B'}{\mu} = \frac{B_0}{\mu_0 \mu_r} \tag{6.43}$$

由式(6.42)和式(6.43),可得

$$H' = \frac{H}{\mu_r} \tag{6.44}$$

我们知道,铁粉的 $\mu_r \gg 1$,所以 $H \gg H'$,这说明针状铁粉纵向磁化时的磁化强度远大于横向磁化时的磁化强度.沿其他方向磁化的情况介乎于这两者之间.可见,针状铁粉沿纵向磁化时,内部磁化强度最大,因而磁矩最大,势能也就最低.这就是针状铁粉纵向磁化并沿外磁场排列成线状的原因.

7. 地磁场简介

如果在地面上或其上空,将一根能绕着重心自由转动的磁针悬挂起来,我们会发现,当磁针静止时,它总是指向一定的方向;如果将磁针在地面附近不太大的区域内移动,则磁针的指向几乎没有什么变化;如果移动的范围足够大,则磁针的指向在各处又各不相同.这些简单的实验事实说明:地球周围空间有磁场存在,称之为地磁场;在不太大的区域内地磁场可视为均匀的;对整个地球周围空间来说,地磁场又是不均匀的.

地磁场的分布与位于地球中心附近的柱状磁铁的磁场分布很相似,只是这个柱状磁铁的中心从地心向太平洋方面移动了大约 400 km,其轴线与地球自转轴的夹角约为 11.5°.地磁场的磁感线从位于南半球的北磁极发出,环绕着地球,向位于北半球的南磁极集中,在近地空间伸展几万千米以上.

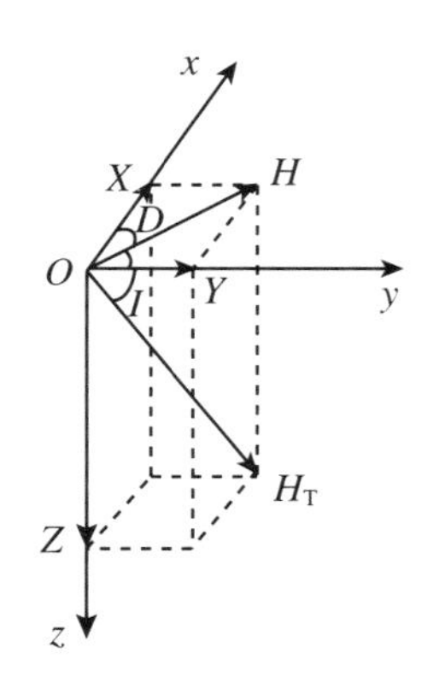

图 6.11

(1) 地磁要素

与描述其他磁场特征一样,我们用磁场强度及其坐标分量来描述地磁场的特征.按照习惯,地磁场强度用 $\boldsymbol{H}_T$ 表示.通常采用直角坐标系 $Oxyz$ 来分解 $\boldsymbol{H}_T$,取地磁场强度的观测点为坐标原点 O,x 轴沿地理子午线指向北方,y 轴沿地理纬线指向东方,z 轴向下指向地心,如图 6.11 所示.$\boldsymbol{H}_T$ 在 x 轴上的投影称为北方强度,用 X 表示;在 y 轴上的投影称为东方强度,用 Y 表示;在 z 轴上的投影称为垂直强度,用 Z 表示;在 xy 平面上的投影,即在水平面上的投影称为水平强度,用 H 表示.H_T 所在的竖直平面称为**磁子午面**.H 与 x 轴的夹角称为**磁偏角**,用

D 表示. H 与 H_T 的夹角称为**磁倾角**,用 I 表示. 磁偏角 D 从地理正北沿顺时针方向计算,从 0°到 360°. 磁倾角 I 向下为正,向上为负.

H_T、I、D、H、X、Y 和 Z 这七个量统称为**地磁要素**. 它们可分成三组: X、Y、Z; H、Z、D; H_T、I、D. 它们分别表示 H_T 末端在直角坐标系、柱面坐标系、球极坐标系中的坐标. 只要测得一种坐标系中的三个要素,就能求出其他要素. 它们之间有下列关系:

$$H = H_T\cos I, \quad Z = H_T\sin I, \quad \tan I = \frac{Z}{H}$$

$$X = H\cos D, \quad Y = H\sin D, \quad \tan D = \frac{Y}{X}$$

$$H_T^2 = H^2 + Z^2 = X^2 + Y^2 + Z^2$$

由于各处地磁场含有大量异常因素,所以要准确地描绘地磁场的磁感线分布是极其困难的. 但在准确度为 25%的情况下,地磁场可视为一均匀磁化球体的磁场,其磁感线分布如图 6.12 所示. 地磁场强度的值比较小,在地磁两极处为 47.8～55.7 A/m,在赤道上约为 31.8 A/m,磁感应强度约为4×10^{-5} T.

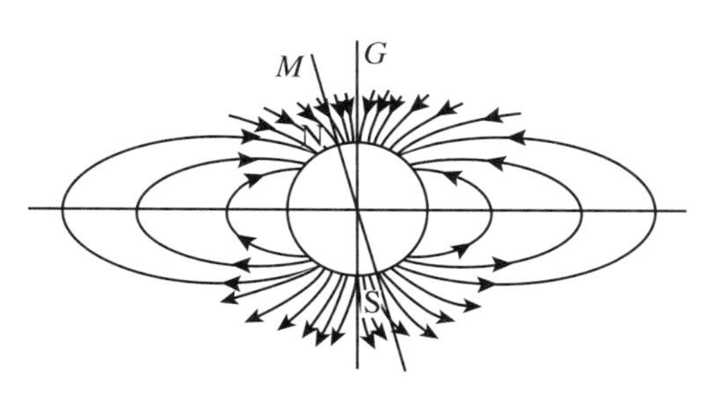

图 6.12

在磁赤道附近,磁倾角 I 等于零,地磁场只有水平强度 $H = H_T$,垂直强度 Z 为零. 在磁赤道以北,H_T 指向地平线之下,即磁针下倾,磁倾角 I 为正,倾角 $I = 90°$的地方称为磁北极;在磁赤道以南,H_T 指向地平线之上,即磁针上仰,磁倾角为负,倾角 $I = -90°$的地方称为磁南极. 地磁极与地理极不一致. 目前,地磁北极位于北纬 78.2°,西经 68.8°;地磁南极位于南纬 78.2°,东经 111.2°. 由于地磁场长期变化的结果,地磁极的位置也发生缓慢的移动. 例如,1975 年磁北极位于北纬 76°6′,西经 100°;磁南极位于南纬 65°48′,东经 139°24′.

(2) 地磁场的变化

地磁场的强度和方向不仅因地而异,而且随时间而变化. 这里所说的地磁场的变化是指后者而不是前者. 地磁场随时间的变化可分为两大类:长期变化和短期变化. 下面分别作一简要介绍.

① 地磁场的长期变化

地磁场要素的年平均值的变化称为长期变化. 在多数情况下,地磁场的长期变化很缓慢,需要几十年甚至几百年才能明显表现出来. 地磁测量表明,长期变化具有周期性,即某一地磁要素的变化达到最大值以后,便开始下降,直到一定的最小值.

为了描述长期变化在全球的分布情况,常将某地磁要素的相同年变率的点连接起来,作成等年变线图. 这些等年变线表明,在地面上总存在着若干个中心,这些中心地区的地磁变化特别迅速，达到每年 0.12 A/m. 而且等年变线的中心并不是固定不变的，而是以每年 0.2°的平均角速度向西移动，即西移的速度大约是每年 30 km. 以这个速度围绕地球一圈大约要两千年.

地磁场的长期变化不仅限于各地磁要素的变化，从近一百多年的测量资料来看，整个地球的磁矩也逐年有轻微的变化. 把 19 世纪初根据测量资料计算的磁矩与 1965 年计算的磁矩相比较，130 年来磁矩减小了约 6%. 按照这一速率线性外推，地磁场将在两千年后消失. 当然，这种外推是否合理还是一个问题.

地磁场长期变化的原因至今还不很清楚，但是可以认为这种变化与地球内部的某些运动过程密切相关，特别是与地壳个别地段的运动有关. 有些地方地壳运动很明显，例如，黑海和里海沿岸以及荷兰地区已观察到明显的垂直运动；斯堪的那维亚半岛正在缓慢上升；喜马拉雅山和印度恒河之间的广大地带也以每年 2 cm 的速度上升；在美国加利福尼亚地区，地壳移动的速度竟达每年 5 cm，这使得那里的水管和输油管不得不多次铺设. 地质学家发现，地壳运动具有周期性，例如，圣彼得堡地区的变化周期为 2 000～3 000 年，里海地区约为 800 年，此外还有更长时间的周期. 人们把地壳运动称为“造陆运动”. 地磁学家认为，地磁场的长期变化的原因即使不是普遍地，也是密切地与“造陆运动”相关的. 这一结论已为其他事实所确认. 已经发现，地磁场特别剧烈和迅速的长期变化都发生在地壳不稳定、形成断裂和皱褶的地区，以及经常发生地震和火山爆发的地区.

② 地磁场的短期变化

地磁场的短期变化起源于地球外部，变化周期以日量度，不引起地磁场的持久性改变.

(a) 太阳日变化

如果你整天注意观察一灵敏磁针，一定会发现它并不是静止地指向南北方，而是不停地做微小的周期性摆动. 早晨磁针指北的一端向东偏转，到八点左右偏转达到极大，以后又转回来. 白天磁针向西偏转，达到最大幅度之后，又返回原位. 这种摆动每天都在进行，并且以一个太阳日为周期. 这就是地磁场的太阳日变化.

我们知道，由于太阳发出的紫外线的作用，在地球周围 80 km 以上的高空形成一电离层，电离层的导电性取决于带电粒子的数量，带电粒子的数量又受太阳紫外辐射的影响. 由于地球的自转，就电离层的同一地点而言，太阳的紫外辐射作用发生周期性的变化，因而使电离层的导电性也做周期性的变化. 又由于受海潮和太阳热能的影响，电离层会处于不停地运动状态，因而在电离层中产生了电流. 此电流的磁场必对地磁场产生影响. 显然，这种影响也是周期性的，并以一个太阳日为周期. 这就是地磁场发生日变化的机理.

因为地理纬度不同，受太阳紫外线作用的强弱不同，所以日变化与地理纬度有关. 在地球上一定地点，夏天和冬天地磁场的日变也不一样，冬天的变化值只有夏天

的四分之一.

(b) 磁扰

地磁场的太阳日变化值是比较小的,其最大值只有百分之几安/米.但是,有时会观测到几甚至几十安/米的地磁变化.从观测到的地磁变化减去太阳日变化,得到一种无固定周期的变化.这种变化似乎是任意的,有时大,有时小,有时持续时间长,有时又很快消失.这种地磁变化称为磁扰,强度很大时称为磁暴.

磁暴的主要危害是对无线电通信和有线电通信产生强烈的干扰.例如,1958 年 2 月 11 日那次波及全球的强磁暴,使世界各地的无线电通信全部中断,瑞典的电力和通信线路遭到破坏,铁路信号无法使用.1959 年 7 月中旬持续两天的强磁暴,使欧美之间的电信中断,远东方向的电报联系受到强烈干扰.

现已知道,在太阳出现黑子的时期,它将抛射出大量带电粒子.到达地球附近的粒子被地磁场捕获,在地球周围形成一半径为 $20\times10^4\sim25\times10^4$ km 的巨大环形电流,同时在地球的导电层里产生感应电流,这两种电流的磁场就造成了波及全球的磁暴.这时,大气层电离作用加强,导电性增加,引起电离层高度和长度发生变化,从而引起对无线电波反射情况的变化.这就是磁暴时使无线电通信发生障碍甚至中断的原因.

一年里,世界性磁暴的次数并不多,在“宁静”太阳年里只有几次,而在太阳剧烈活动的年份可达几十次.至于一般的磁扰则经常发生,尤其在两极地区,很少有地磁平静的日子.在磁暴时,南北极地带可见瑰丽的极光.

(3) 关于地磁起源的假说

虽然已测得地磁要素在地球表面分布的大量数据,而且人们根据这些数据做了大量的理论研究,但是至今地磁场的起源问题仍是未曾解决的一大难题.

为了探索地磁起源,人们提出了各种假说.这些假说的内容各不相同,然而它们都以两个客观事实为依据:磁场可由天然磁铁或人造磁铁激发,也可由电流激发.现在的假说虽然都能解释一些地磁现象,但是都存在着一些不足.下面,我们选出两种假说作一简要介绍.

① 永磁体假说

这种假说认为地球含有大量的铁磁性物质,它们在行星冷却时期在宇宙中任一微弱的磁场里被磁化,因而地球是块大磁铁.这种假说很快就被否定了.因为地球内部有很高的温度,而铁磁质在居里点以上就失去了铁磁性.地壳的温度梯度约为 30 ℃/km,因此在 25 km 以下,所有铁磁质都将失去磁性 .如果地球磁性集中在从地面到地面下 25 km 这一壳层内,则根据已知的地球磁矩 8.0×10^{25} Gs・m^3,可求得地壳岩石的磁化强度为 5 Gs.实际上,地壳岩石的磁化强度比这个数值小得多.强磁性的玄武岩为 $10^{-3}\sim10^{-2}$ Gs,而沉积岩、花岗岩的磁化强度很少超过 10^{-4} Gs.此外,永磁体假说还不能解释地磁场的许多其他特点,例如,地磁极与地理极很接近以及地磁场的长期变化等.

② 自激发电机假说

自从电流的磁效应发现之后,地磁学家提出了不少用地球内部循环的电流作用来解释地磁起源的假说,自激发电机假说就是其中的一种.

根据目前获得的地质资料推测,地球内部半径 3 500 km 内的地核是由铁、镍组成的,它们是电的良导体,地磁场很可能就是地核中的电流形成的.但是铁、镍也有电阻,这就会导致初始电流逐渐衰减.根据理论计算,这种电流在几万年内就会消失.可是,古地磁测量表明,地磁场存在于整个地质时期,其强度至今没有很大变化,基本上是稳定的.因此,如果说地磁场是地核中的电流激发的,地核的电流定能自己补偿,也就是说,地核能自己发电,是一架自激发电机.

据推测,地核分为内核及外核,内核是一个半径约 1 300 km 的坚硬固体,外核由铁、镍成分的熔融状金属组成,黏滞系数很小,能够迅速运动.由于液态外核内部温度的不均匀性,液核中就存在着对流运动,并形成封闭的涡流.只要有小的初始磁场存在,就会在液核中产生感应电流,这个感应电流将激发磁场.只要对流运动的形态适宜,次生磁场就会加强原生磁场,这又使液核中感应电流增加,磁场进一步增强,并达到实际所观测到的数值.这就是液核自激发电的原理.

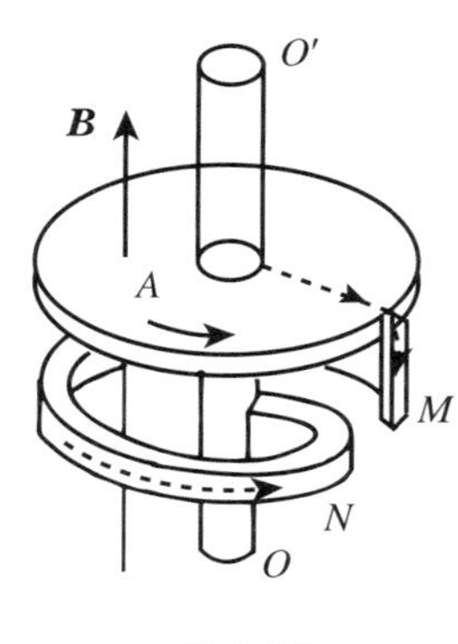

图 6.13

自激发电机的工作原理可用图 6.13 所示的圆盘发电机来说明.一个金属圆盘 A 在弱的轴向磁场 $\boldsymbol{B}$ 中绕金属轴 OO' 转动,根据法拉第电磁感应定律,盘轴与盘边之间将产生径向感应电动势.用一根螺旋形导线 MN 在圆盘下方连接盘边与盘轴,MN 中就有感应电流产生.该电流产生的磁场亦沿 $\boldsymbol{B}$ 的方向,起到增强初始磁场的作用,于是感应电流进一步增大,磁场进一步增强……一直到由于电阻的作用,使电流达到稳定值,磁场亦达到稳定.很明显,自激发电机要求有初始磁场.那么,地核自激发电机的初始磁场是怎样来的呢?可能是宇宙中到处存在的非常微弱的磁场,也可能是由于地核中各部分温度差异和物质差异而造成的微弱电流的磁场.当然,地核产生电流的实际过程要比上述圆盘发电机复杂得多.现在已提出了更复杂的说明来解释地磁起源的自激发电机模式.

自激发电机假说可以解释许多地磁现象.例如,地磁场的长期变化的速率从地质时间尺度来看是很迅速的,这么快速的变化只能在液态地核中发生,因为大规模的变化在液核内发生比在固核内要快得多.此外,地幔和地核不能组成一个刚体,两者的自转速度不同,地幔快,地核慢,所以出现了地磁场的向西漂移.

自激发电机假说也有它的不足之处.例如,初始磁场的性质还不得而知;地核导电性被想象得很强,实际是否如此还不清楚;地核发电机应当是一个孤立系统,那么它

自己是怎样克服产生电流时必然会出现的阻力，也还没法说明；占地球体积80%的地壳和地幔被排除在此假说研究范围之外，也不太合理.尽管如此，自激发电机假说仍是目前研究最充分和流传最广的地磁起源假说，看来也是最有前途的地磁起源假说.

8. 磁单极子

在历史上，人们最初认为磁现象是正负磁荷产生的.但是，长期以来，从没有人发现过单独的磁北极或磁南极.因此，传统上认为磁是一种固有的双极现象，即将任何一块磁体无论怎样细分，最后每一小块磁体总是显示出两个相反磁性区——磁北极和磁南极，这就是两磁极的不可分性.在安培提出分子电流是物质磁性的基本来源之后，这种不可分性得到了完美的解释.从此之后，人们断言单独的磁荷或磁荷的基本单元磁单极子是不存在的.这一论断构成了宏观电磁理论的基础，例如，磁场的高斯定理就是自然界不存在磁单极子的数学表述.然而探索微观领域中是否存在磁单极子，却一直是物理学家很感兴趣的一个课题.自1931年狄拉克在理论上预言存在磁单极子以来，企图证实磁单极子存在的实验研究工作一直都在进行.

(1) 磁单极子可能存在的依据

① 汤姆孙的猜想

自1897年发现电子以后，特别是1909年密立根证实了电子电量是电荷的基本单元之后，汤姆孙等人从电与磁之间存在着某些对称性考虑，猜测可能有磁单极子存在.既然有带正、负基元电荷的质子和电子存在，为什么不可能有带相反极性的基元磁荷——磁单极子存在呢？这是物质运动规律在很多方面表现出的高度对称性所要求的.反映电磁运动基本规律的麦克斯韦方程组就揭示了电与磁的某些对称性：变化的电场要激发磁场，变化的磁场也要激发电场.但是，它揭示出的电与磁的对称性却是不完全的，因为它说了电荷激发电场，却没有说明磁荷激发磁场；说了运动电荷(电流)激发磁场，却没有说明运动磁荷(磁流)激发电场.假若有磁单极子存在，则可将麦克斯韦方程组写成如下形式：

$$\nabla\cdot\boldsymbol{D}=\rho_{\mathrm{e}},\quad \nabla\cdot\boldsymbol{B}=\rho_{\mathrm{m}}$$
$$\nabla\times\boldsymbol{E}=-\frac{\partial\boldsymbol{B}}{\partial t}-\boldsymbol{j}_{\mathrm{m}},\quad \nabla\times\boldsymbol{H}=\frac{\partial\boldsymbol{D}}{\partial t}+\boldsymbol{j}_{\mathrm{e}}\tag{6.45}$$

式中，ρ_{e} 和 $\boldsymbol{j}_{\mathrm{e}}$ 分别为电荷密度和电流密度，ρ_{m} 和 $\boldsymbol{j}_{\mathrm{m}}$ 分别为磁荷密度和磁流密度.那么麦克斯韦方程组所反映的电与磁的对称性就完全了：电场可由电荷、变化磁场和运动磁荷激发；磁场可由磁荷、变化电场和运动电荷激发.所以，从电磁理论对称性考虑，可能有磁单极子存在.

② 狄拉克的预言

存在磁单极子的另一个有说服力的预言是狄拉克在1931年提出来的.他根据量

子力学考虑在一个磁单极子的场中的单个电子，发现角动量量子化要求基本电荷 e 和基本磁荷 g 之间有如下关系：

$$eg = \frac{1}{2}\hbar \tag{6.46}$$

式中，$\hbar$ 是普朗克常量 h 除以 2π. 这样，磁单极子的存在就能用来解释电荷的量子化. 除此之外，这个狄拉克条件还预言：从一个磁单极子发出的磁通量是

$$\frac{g}{r^2}(4\pi r^2) = 4\pi g = \frac{h}{e} = 2\phi_0 \tag{6.47}$$

这正好精确地等于超导性的磁通量子 ϕ_0 的两倍. 这个结果并不奇怪，因为两者的量子化条件都和角动量量子化有关.

③ 大统一理论的支持

1974 年特胡夫特和波利雅科夫分别证明，在带有自发破缺的规范理论中，存在磁单极子是必然的. 这一结论立刻被引进大统一理论——企图将电磁相互作用、弱相互作用和强相互作用统一起来的理论. 因为在大统一理论中也有所谓真空自发破缺机制，所以也应当有磁单极子存在. 而且对称自发破缺之后，可能存在许多不同的真空态，从而空间分割成很多区域，这些区域交界处的场可能就是磁单极子的场. 这里，磁单极子的磁荷也遵从狄拉克量子化条件，其质量约为质子的 10^{16} 倍.

具有如此巨大质量的磁单极子只可能在温度极高的宇宙大爆炸初期成对产生. 至于它在宇宙早期和现在可能具有的密度，各家看法很不一致. 有的认为，在宇宙早期，磁单极子数与质子数差不多，而宇宙膨胀至今，大约一万个重子对应着一个磁单极子. 这比地球上金元素的含量还高. 另一些人认为，磁单极子在宇宙早期就很少，至今几乎没有了.

(2) 探测磁单极子的意义

如果上述猜想和预言能够得到证实，能在实验发现或者俘获磁单极子，无论对于理论研究还是实际应用都具有极其重大的意义.

① 在理论研究上的重大意义

第一，如果确实探测到了磁单极子，那么带相反极性的北单极子和南单极子就恰好与带正负电荷的质子和电子相对应. 这样，麦克斯韦方程组将改写成式(6.45)的形式，这不仅将进一步完善电磁理论的对称性，而且必将使我们对电磁现象的本质获得更深刻的理解.

第二，量子电动力学是目前解释和预测电磁现象较成熟的理论. 但是，至今认为两磁极是不可分的，因此量子电动力学理论就规定磁粒子流的强度恒等于零. 如果磁单极子确实存在，这样的规定就不能成立，这就必然会导致对量子电动力学理论作较大的修正.

第三，我们知道，物质世界中存在电荷的最小单元，其意义是相当深刻的. 如果证

实了磁单极子存在，狄拉克条件就为电荷量子化的事实提供了很好的解释.由于狄拉克条件所给出的磁单极子的磁荷 g 是以基元电荷 e 为依据的，如果探测到的磁单极子的磁荷恰好是 g，这就可能说明宇宙中不存在分数电荷，或者狄拉克理论必须修正.

第四，大统一理论认为，如果宇宙按通常认为的速度膨胀，早期应产生大量的磁单极子，而正负磁单极子的湮灭率是有限的，现在仍应有足够多的磁单极子.但是，大量实验都没有发现磁单极子.这说明磁单极子即使有也不可能太多.这表明，或者大统一理论有缺陷，或者宇宙膨胀速度应加快，或者某些重要因素没有考虑到.可见，探测磁单极子对宇宙起源理论和大统一理论都有重大的意义.

② 在实际应用上的重大意义

如果磁单极子确实存在，并能俘获和控制，它在实际上会有什么用途，目前还没有作出充分的估计.但是目前已有人认为，由于磁单极子的磁性很强，可以用来建造比当前能量高得多的粒子加速器.据估计一个约 2 m 长的磁单极加速器，其性能可以超过圆周长为 900 m 的传统圆形加速器.此外，还可以利用磁单极子制造超小型、高效率的电动机和发电机，治疗癌症以及研究新能源.还有人大胆设想，把一些磁单极子放在船上，有可能利用地磁场使船行驶.

(3) 探测磁单极子实验的进展状况

由于探测磁单极子有重要意义，所以国外不少研究人员都在想方设法寻找它.各种探测方法都是根据目前在理论上预言的磁单极子的性质而提出的.它的性质有：磁性强，容易被外磁场加速；电离能力比宇宙射线强得多；质量很大；正负磁单极子相遇而产生湮灭时，会产生许多光子等.

最初，不少人企图用强磁场抽吸的办法，从岩石中寻找残存的磁单极子.岩样包括海底岩石、月球上的岩石和各种陨石，但都没有获得成功.也有人用大型粒子加速器、对宇宙射线进行大量观察的方法，企图观察到磁单极子留下的径迹.例如，1973 年美国利用气球在约 39 km 的高空探测宇宙射线，气球上放置一台由三十三层塑料薄片、一层照相乳胶和一层照相底片组成的探测器，也没有发现磁单极子的径迹.美国研究人员还在人造卫星上装置探测器，同样也未获什么结果.这使很多物理学家对狄拉克的预言持怀疑态度，甚至狄拉克本人也说："至今我属于那些不相信磁单极子存在者之列."但还是有不少物理学家对探测磁单极子极感兴趣.

1975 年，一个由美国加利福尼亚大学和休斯敦大学组成的联合小组在高空气球上安装了一个探测宇宙射线的装置，记录各种宇宙粒子的径迹.他们在对各种径迹进行显微分析后宣布，所观察到的径迹中有一条电离性很强的粒子留下的径迹是磁单极子引起的.这个粒子的质量比质子约大 200 倍.这一事件曾在物理学界引起极大的轰动.但是，随后有不少人对他们的发现提出了不同的看法，认为他们探测到的不是磁单极子，而是像铂这样的重原子核，或很重的反粒子.甚至还有一位参与该试验的研究人员也出来证实,上述试验报告的部分论据引用了错误的实验数据.从而使这次事件引起的轰动烟消云散.

1982年,美国斯坦福大学的一个研究小组宣布,他们观察到了一起“候补磁单极子”事件.他们的探测器是用直径0.005 cm的铌导线绕制成的一个环形线圈,线圈直径为5 cm,共4匝,把它用作灵敏磁强计的传感探头.磁强计和线圈都放在一个直径20 cm、长1 m的圆筒形超导铅屏蔽之内.然后将它们装在阿姆科铁筒内.这种组合在超导情况下可以屏蔽外界磁场的干扰.如果有一个磁单极子穿过铌线圈,必然引起线圈磁通的显著变化,从而激发起超导电流.这台探测器共运行了382天.在1982年2月14日记录到了一次磁通的突然改变,其改变量恰好与满足狄拉克条件的磁单极子穿过铌线圈时所引起的改变相同.为了慎重起见,他们并没有宣称发现了磁单极子,而是宣布他们观察到了一起“候补磁单极子”事件.此后,他们又启用了一个更先进的新探测器,但是至今没有听到他们重复观测到磁单极子事件的报道.虽然如此,由于那次事件得到的结果与理论预言相符,又不能用磁单极子以外的别的事件作出较好的解释,因而仍然受到各国科学家的重视.这一事件增强了人们发现磁单极子的信心,所以有关磁单极子的理论研究和实验探索还在不断地进行着.最终是否能真正探测到磁单极子,仍然是一个谜.

参考文献

[1] 梁昆淼,等.大学物理专题选讲:电磁学[M].南昌:江西教育出版社,1988.
[2] 杨诺夫斯基.地磁学:上册[M].北京:地质出版社,1959.
[3] 徐世浙.古地磁学概论[M].北京:地震出版社,1982.
[4] 刘文星.地球是一块大磁铁[M].北京:科学普及出版社,1984.
[5] Felch S B.寻找磁单极子和分数电荷:下[J].大学物理,1987(2):12-15.

第7章　电磁感应

基本内容概述

7.1　电磁感应定律

7.1.1　电磁感应现象

法拉第于1831年通过精心安排的实验发现了电磁感应现象.这就是:对于导体回路,如果回路周围的磁场变化,或导体回路做切割磁感线的运动,(或二者兼而有之)从而使穿过回路的磁通量发生变化,导体回路上将产生感应电流.

产生感应电流的条件是穿过导体回路的磁通量发生变化.它可以由导体回路全部或某一段做切割磁感线运动,或由回路所在空间的磁场变化这两种方法实现.把握这个条件和构成这个条件的两种方法,容易用实验来演示电磁感应现象.

7.1.2　楞次定律

1834年楞次以"电动机-发电机原理"的形式提出判断感应电流方向的定律.楞次定律的现代表述为:

闭合回路中感应电流的方向总是使得由它所产生的磁场穿过该回路的磁通量阻碍(或补偿)引起感应电流的原磁通量的变化.

楞次定律还可表述为:感应电流的效果总是反抗引起感应电流的原因.这里所说的电流的"效果",既可理解为感应电流所激发的磁场穿过回路的磁通量,也可理解为因感应电流出现而引起的机械作用;这里所说的"原因",既可指磁通量的变化,也可指导线做切割磁感线的运动或回路的形变.

判断感应电流方向的楞次定律是能量守恒和转换定律的必然结果.

7.1.3 电磁感应定律

当闭合回路中有感应电流产生时，回路中就一定存在着电动势，称为**感应电动势**.由于感应电流的大小还与回路的电阻有关，故产生感应电动势在电磁感应现象中是更基本的.法拉第电磁感应定律正是定量地描述当穿过回路的磁通量发生变化时回路中产生感应电动势的规律.其表述为：

导体回路中感应电动势 $\mathscr{E}$ 的大小与穿过回路的磁通量的变化率$\dfrac{\mathrm{d}\Phi}{\mathrm{d}t}$成正比.

采用国际单位制(电动势的单位为 V，磁通量的单位为 Wb，1 Wb = 1 T · m^2)时，法拉第电磁感应定律的数学表达式为

$$\mathscr{E}=-\frac{\mathrm{d}\Phi}{\mathrm{d}t} \tag{7.1}$$

这里规定回路的绕行方向和以此回路为边界的曲面的正法线方向 $\boldsymbol{n}$ 构成右手螺旋关系.与回路绕行方向相同的感应电动势取正值，反之取负值；回路所围成的曲面的正法线方向 $\boldsymbol{n}$ 与磁感应强度 $\boldsymbol{B}$ 成锐角时，通过该曲面的磁通量取正值，$\boldsymbol{n}$ 与 $\boldsymbol{B}$ 成钝角时，磁通量取负值.按上述规定，式(7.1)中的负号表示感应电动势 $\mathscr{E}$ 的正负总是与磁通量的变化率$\dfrac{\mathrm{d}\Phi}{\mathrm{d}t}$的正负相反，它概括了楞次定律关于感应电流方向的规律.图 7.1 中分别画出了穿过以导体回路为边界的曲面的磁通变化与在导体回路上产生的感应电动势的方向.图中规定面法线 $\boldsymbol{n}$ 向上，回路的绕行正方向为逆时针方向，图 7.1(a) 中，Φ 为正，并随时间增大，即$\dfrac{\mathrm{d}\Phi}{\mathrm{d}t}>0$，故 $\mathscr{E}<0$，与回路绕行方向相反；图 7.1(b) 中，Φ 从上向下穿过回路，并随时间增大，即 $\Phi<0$，$\dfrac{\mathrm{d}|\Phi|}{\mathrm{d}t}>0$ 而$\dfrac{\mathrm{d}\Phi}{\mathrm{d}t}<0$，故 $\mathscr{E}>0$，与回路绕行方向相同；图 7.1(c) 中，Φ 为正，但大小随时间而减小，即$\dfrac{\mathrm{d}\Phi}{\mathrm{d}t}<0$，故 $\mathscr{E}>0$，与回路绕行方向相同；图 7.1(d) 中，Φ 为负，但大小随时间而减小，$\dfrac{\mathrm{d}|\Phi|}{\mathrm{d}t}<0$，$\dfrac{\mathrm{d}\Phi}{\mathrm{d}t}>0$，故 $\mathscr{E}<0$，与回路绕行方向相反.

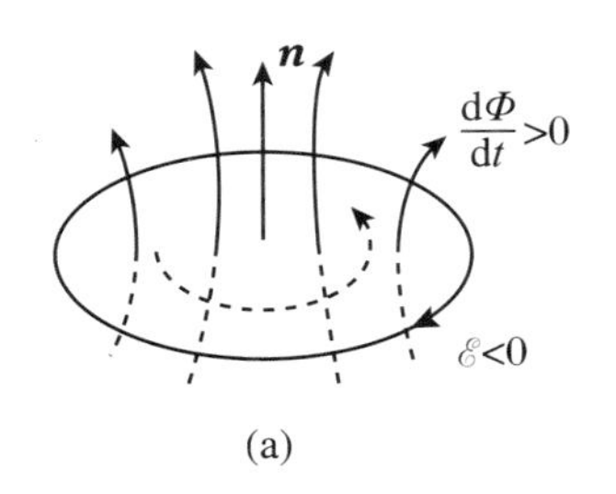

(a)

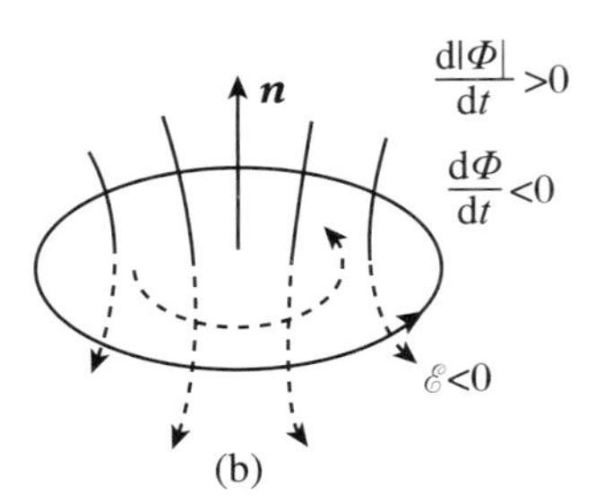

(b)

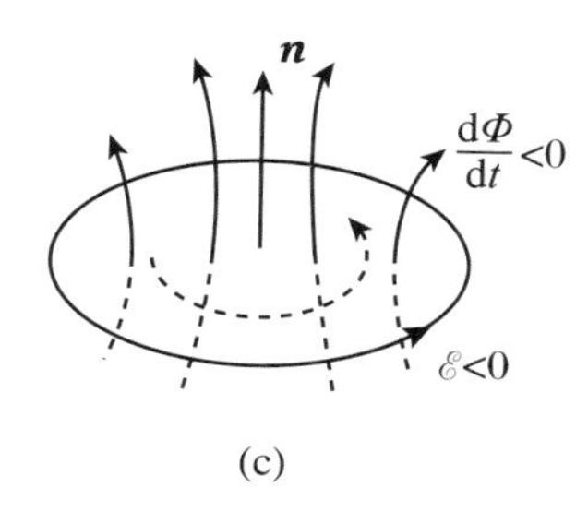

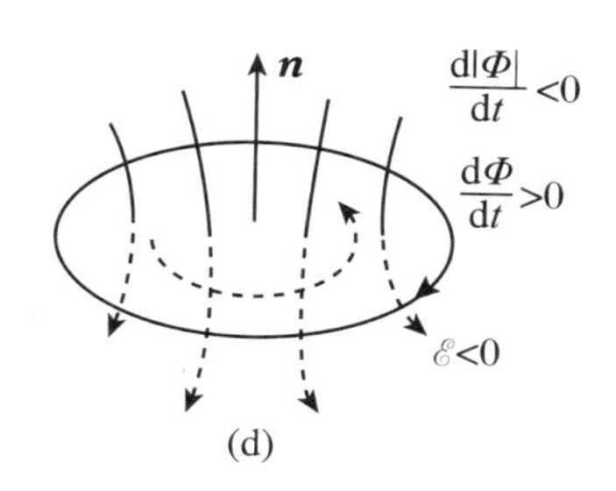

图 7.1

7.2　动生电动势和感生电动势

引起穿过导体回路的磁通量变化的基本途径有两种：一种是导体做切割磁感线的运动（假定磁场不变）；另一种是导体回路所在空间的磁场发生变化（假定导体不动）.单纯由导体运动产生的感应电动势称为**动生电动势**，单纯由磁场变化产生的感应电动势称为**感生电动势**.一般情况下，这两种电动势同时存在，感应电动势等于动生电动势 $\mathscr{E}_{动}$ 和感生电动势 $\mathscr{E}_{感}$ 的代数和，即

$$\mathscr{E} = \mathscr{E}_{动} + \mathscr{E}_{感} \tag{7.2}$$

7.2.1　动生电动势

产生动生电动势的非静电力是洛伦兹力.当导体线元 $\mathrm{d}\boldsymbol{l}$ 以速度 $\boldsymbol{v}$ 在磁场中运动时，该导体线元内的自由电子受洛伦兹力（图 7.2）：

$$\boldsymbol{f} = -e(\boldsymbol{v} \times \boldsymbol{B}) \tag{7.3}$$

这是一种非静电力.作用在单位正电荷上的洛伦兹力即为这种非静电力的场强：

$$\boldsymbol{K} = \frac{\boldsymbol{f}}{-e} = \boldsymbol{v} \times \boldsymbol{B} \tag{7.4}$$

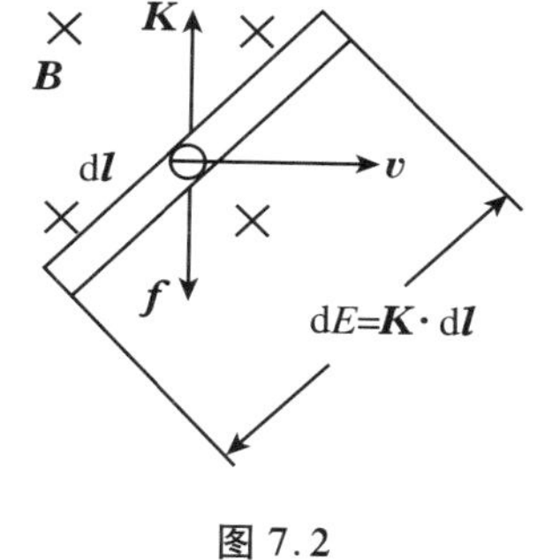

图 7.2

按第 3 章关于电动势的定义，导体线元 $\mathrm{d}\boldsymbol{l}$ 上由非静电力 $\boldsymbol{K}$ 引起的动生电动势为

$$\mathrm{d}\mathscr{E}_{动} = \boldsymbol{K} \cdot \mathrm{d}\boldsymbol{l} = (\boldsymbol{v} \times \boldsymbol{B}) \cdot \mathrm{d}\boldsymbol{l} \tag{7.5}$$

在整个导体回路（L）中，动生电动势为 $\boldsymbol{K}$ 沿回路的线积分（即在单位正电荷绕回路一周的过程中非静电力所做的功）为

$$\mathscr{E}_{动} = \oint_L (\boldsymbol{v} \times \boldsymbol{B}) \cdot \mathrm{d}\boldsymbol{l} \tag{7.6}$$

其中，$\boldsymbol{v}$ 为导体线元 $\mathrm{d}\boldsymbol{l}$ 的速度，$\boldsymbol{B}$ 为 $\mathrm{d}\boldsymbol{l}$ 处的磁感应强度.

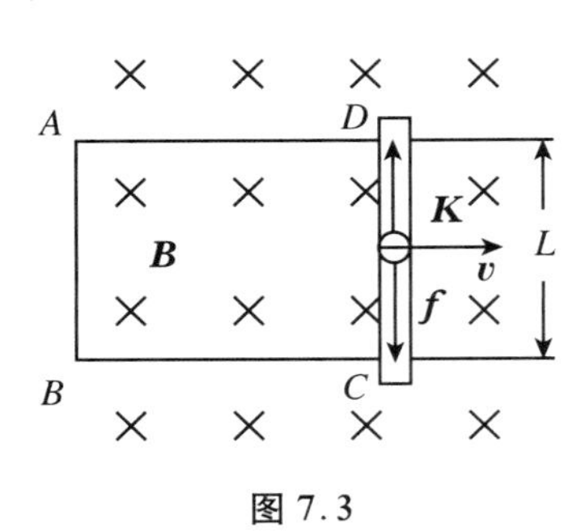

图 7.3

对于图 7.3 所示的情形，在导体回路 $ABCD$ 中，只有 CD 段以速度 $\boldsymbol{v}$ 运动. 图中标出了自由电子受的洛伦兹力 $\boldsymbol{f}$ 以及非静电力场强 $\boldsymbol{K}$ 的方向. 这时，动生电动势只在运动导体段 CD 中产生，CD 段相当于电源，C 为负极，D 为正极，动生电动势为

$$\mathscr{E}_{\text{动}} = \int_{-}^{+} \boldsymbol{K} \cdot \mathrm{d}\boldsymbol{l} = \int_{C}^{D} (\boldsymbol{v} \times \boldsymbol{B}) \cdot \mathrm{d}\boldsymbol{l} \qquad (7.7)$$

在图 7.3 所示的情形下，磁场是均匀的，CD 段中每一线元的速度 $\boldsymbol{v}$ 相同，且 $\boldsymbol{v}$、$\boldsymbol{B}$、$\mathrm{d}\boldsymbol{l}$ 三者相互垂直，故动生电动势为

$$\mathscr{E}_{\text{动}} = \int_{C}^{D} vB\mathrm{d}l = vBL \qquad (7.8)$$

这就是高中课本中所用的动生电动势公式.

7.2.2 感生电动势

假定导体回路不动，由于回路附近磁场 B 的变化而在导体回路上产生感生电动势. 由式(7.1)有

$$\mathscr{E}_{\text{感}} = -\frac{\mathrm{d}\Phi}{\mathrm{d}t} = -\frac{\mathrm{d}}{\mathrm{d}t}\iint_{S} \boldsymbol{B} \cdot \mathrm{d}\boldsymbol{S}$$

式中，S 为以回路 L 为周界的曲面，其法线方向与回路的绕行方向构成右手螺旋关系.

由于回路不动，故 S 也不随时间变化. 于是，上式中对时间的求导运算符号可移进积分号内，并更准确地表示为对时间求偏导数，得

$$\mathscr{E}_{\text{感}} = -\iint_{S} \frac{\partial \boldsymbol{B}}{\partial t} \cdot \mathrm{d}\boldsymbol{S} \qquad (7.9)$$

这就是导体回路中感生电动势的计算公式.

7.2.3 感应电场

引起感生电动势的非静电力(非静电场强)是什么?

麦克斯韦根据感生电动势现象敏锐地提出变化的磁场将在其周围(不论是否有导体存在)激发一种电场，称为感应电场(或涡旋电场). 这种电场对电荷有作用力，它正是引起感生电动势的非静电力. 沿导体回路的感生电动势，正是感应电场的场强 $\boldsymbol{E}_{\mathrm{i}}$ 沿回路的线积分(单位正电荷绕回路一周的过程中感应电场力做的功)，即

$$\mathscr{E}_{\text{感}} = \oint_{L} \boldsymbol{E}_{\mathrm{i}} \cdot \mathrm{d}\boldsymbol{l} \qquad (7.10)$$

由式(7.9)和式(7.10),可得感应电场与激发它的变化磁场之间的关系的基本方程式为

$$\oint_L \boldsymbol{E}_i \cdot \mathrm{d}\boldsymbol{l} = -\iint_S \frac{\partial \boldsymbol{B}}{\partial t} \cdot \mathrm{d}\boldsymbol{S} \tag{7.11}$$

式中,回路 L 为面S 的边界,L 的绕行方向与S 的法线方向 $\boldsymbol{n}$ 组成右手螺旋关系.

除都能对电荷施加作用力以外,感应电场 $\boldsymbol{E}_i$ 与静电场 $\boldsymbol{E}_s$ 的性质完全不同.感应电场由变化的磁场激发,而不是由电荷激发;感应电场的环量不等于零($\oint_L \boldsymbol{E}_i \cdot \mathrm{d}\boldsymbol{l} \neq 0$,见式(7.11));感应电场的电场线是闭合的,它不是保守场,因而不能(像静电场那样)引入"电势".

对于磁场变化率$\frac{\partial \boldsymbol{B}}{\partial t}$的空间分布具有一定对称性的情况,可以应用式(7.11)计算感应电场 $\boldsymbol{E}_i$.如图7.4 所示,设均匀磁场分布在半径为 R 的圆形区域内,方向垂直于纸面向里.在该区域中,磁感应强度的变化率为一常数$\frac{\partial B}{\partial t} = K(>0)$.根据对称性,选取如图中同心圆形虚线所示的回路,可分别求出磁场区域内的任一点 $P(r<R)$和磁场区域外的任一点 $Q(r>R)$的感应电场强度,分别为

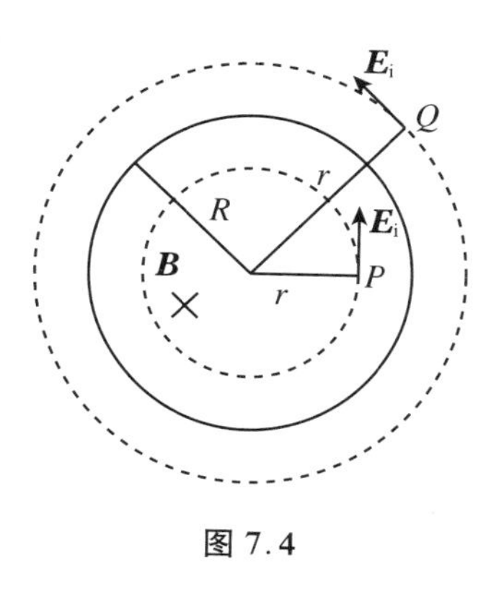

图 7.4

$$E_i = \frac{1}{2} rK \quad (r \leqslant R) \tag{7.12}$$

$$E_i = \frac{R^2}{2r} K \quad (r > R) \tag{7.13}$$

7.3　自感和互感

7.3.1　自感

由于电路中电流的变化,而在该电路中产生感应电动势的现象称为自感现象.相应的感应电动势叫做**自感电动势**.图 7.5 是演示自感现象的典型电路.图 7.5(a)演示通电时的自感现象.当电键 S 接通时,电流增大,分路 2 中电感线圈 L 上产生明显的自感电动势,反抗电流增大,而分路 1 中的电阻 R 上几乎无自感,或自感电动势很微小,所以可明显地观察到灯泡 1 比灯泡 2 先亮.图 7.5(b)演示断电时的自感现象.当

电键S断路时,电流减小,分路2上的电感线圈产生与电流同方向的自感电动势,它在分路1、2组成的回路中产生感应电流,从而使分路1中灯泡的亮度在电键断开后的短时间内更亮地一闪.

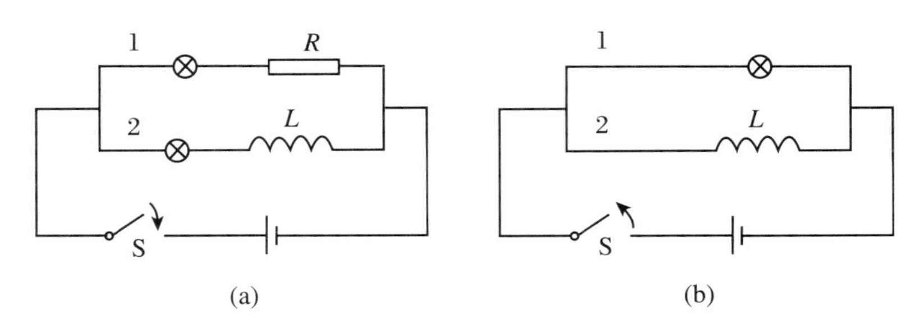

(a) (b)

图7.5

实验表明,自感电动势与电流的变化率成正比,表示为

$$\mathscr{E}_{自} = -L\frac{\mathrm{d}I}{\mathrm{d}t} \tag{7.14}$$

式中,负号表示 $\mathscr{E}_{自}$ 的方向.如果电流增大,$\frac{\mathrm{d}I}{\mathrm{d}t}>0$,则 $\mathscr{E}_{自}<0$,$\mathscr{E}_{自}$ 与原电流的方向相反;如果电流减小,$\frac{\mathrm{d}I}{\mathrm{d}t}<0$,则 $\mathscr{E}_{自}>0$,$\mathscr{E}_{自}$ 与原电流的方向相同.

式(7.14)中的比例系数 L 称为**自感系数**,简称**自感**,表示电路自身的自感特性.它决定于电路本身的几何形状(包括线圈的匝数、大小和疏密程度等)和介质的充填情况.由式(7.14)知,自感系数为

$$L = \left|\mathscr{E}_{自} \Big/ \frac{\mathrm{d}I}{\mathrm{d}t}\right| \tag{7.15}$$

即电路的自感等于在电路上电流每秒变化1 A时在电路上产生的自感电动势.根据式(7.15),可通过实验测量任意给定电路的自感系数.

对于细导线绕成的线圈,自感系数也可定义为单位电流激发的磁场通过线圈的磁通匝链数(或全磁通),即

$$L = \frac{\Psi}{I} \tag{7.16}$$

自感系数的单位为亨利(简称亨,国际符号为H),1 H=1 V·s/A=1 Wb/A.

对形状规则的线圈或回路,可根据式(7.16)计算线圈的自感系数.例如:

不填充介质的细长螺线管的自感为

$$L = \mu_0 n^2 V \tag{7.17}$$

式中,n 为单位长度中的线圈匝数,V 为螺线管的体积,μ_0 为真空磁导率.

内、外径分别为 R_1 和 R_2 的同轴电缆,单位长度的自感为

$$L = \frac{\mu_0}{2\pi}\ln\frac{R_2}{R_1} \tag{7.18}$$

7.3.2　互感

一个电路中的电流变化在另一个电路中引起感应电动势的现象称为互感现象.相应的感应电动势叫做**互感电动势**.

实验表明,由电路2的电流变化在电路1中产生的互感电动势$\mathscr{E}_{12}$与电路2的电流I_2的变化率成正比,表示为

$$\mathscr{E}_{12} = -M_{12}\frac{\mathrm{d}I_2}{\mathrm{d}t} = -M\frac{\mathrm{d}I_2}{\mathrm{d}t} \tag{7.19}$$

由电路1的电流变化在电路2中产生的互感电动势E_{21}与I_1的变化率成正比,表示为

$$\mathscr{E}_{21} = -M_{21}\frac{\mathrm{d}I_1}{\mathrm{d}t} = -M\frac{\mathrm{d}I_1}{\mathrm{d}t} \tag{7.20}$$

上两式中的$M_{12}=M_{21}=M$,称为两电路间的**互感系数**.它决定于两电路的大小、形状、相对位置以及介质的充填情况,它表明两电路之间的互感特性,其单位为亨.

上两式中的负号表示互感电动势的方向,和式(7.1)中的负号一样,是楞次定律的数学表述.实际上,直接用楞次定律来判断互感电动势的方向是很方便的.

如果两电路都是由细导线绕制成的线圈,如图7.6所示,Ψ_{12}为线圈2的电流I_2的磁场在线圈1中的磁通匝链数,Ψ_{21}是线圈1的电流I_1的磁场在线圈2中的磁通匝链数,那么,两线圈的互感系数为

$$M = \frac{\Psi_{21}}{I_1} = \frac{\Psi_{12}}{I_2} \tag{7.21}$$

此式在计算两线圈的互感时是很有用的公式.

应用式(7.21)不难算出,两个密绕在一起的同轴、等截面(截面积为S)的螺线管之间的互感系数为

$$M = \frac{\mu_0 N_1 N_2 S}{l} \tag{7.22}$$

其中,N_1、N_2分别为两线圈的匝数,l为螺线管的长度.

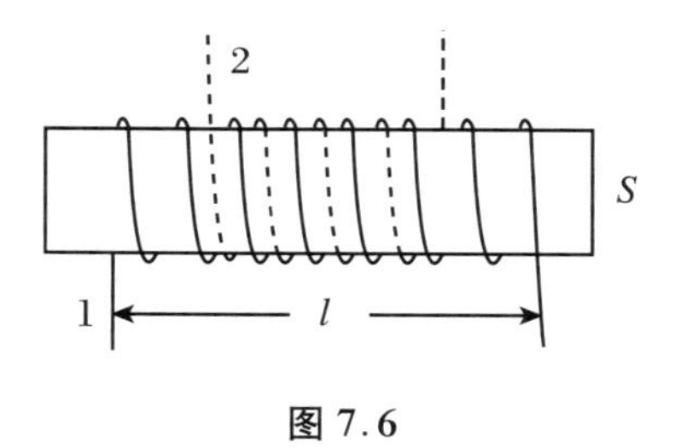

图7.6

任意两个自感分别为L_1和L_2的线圈之间的互感系数与它们各自的自感之间的关系为

$$M = K\sqrt{L_1 L_2} \tag{7.23}$$

式中,K为两线圈之间的**耦合系数**.$K=1$时,两线圈完全耦合,即一个线圈的电流产生的磁场的磁通全部穿过另一个线圈,称作无漏磁.$K=0$表示两线圈完全不耦合,一个线圈的电流产生的磁场对穿过另一个线圈的磁通毫无贡献.一般情况下,$0<K<1$,其大小决定于漏磁的程度.

7.4 磁　　能

在电路从未通电流到通以一定的电流的过程中，电路周围空间会建立磁场，电源要反抗感应电动势做功，把电源的能量转换为载流电路的能量，称这种能量为**电流的磁能**.

7.4.1 自感磁能

自感为 L 的电路(如电感线圈)通电时，在电流从零增加为 I 的过程中，自感电动势与电流方向相反，阻碍其增加.因此在电路中建立电流的过程中，电源必须克服自感电动势做功，转化为载流电路的**自感磁能**.

设任意时刻 t，电流为 i，在时间 $\mathrm{d}t$ 内，电流克服自感电动势做的元功为

$$\mathrm{d}A = -i\mathscr{E}_{自}\mathrm{d}t = iL\frac{\mathrm{d}i}{\mathrm{d}t}\mathrm{d}t = Li\mathrm{d}i$$

在电流从零增到 I 的过程中，电源做的功，即电路的自感磁能为

$$W_{自} = \int_0^I \mathrm{d}A = \frac{1}{2}LI^2 \tag{7.24}$$

可见，载流电路的自感磁能与电路的自感 L 和电流 I 的平方之积成正比，它是恒正的.

孤立的载流回路的磁能就是自感磁能.

7.4.2 互感磁能

如果电路不是孤立的，比如有两个载流电路，载流分别为 I_1 和 I_2.那么每个电路在建立电流的过程中，电源除克服自感电动势做功以外，还要克服另一电路在建立电流过程中在此电路上产生的互感电动势做的功.载流电路具有的、与电源克服互感电动势做功相应的磁能称为**互感磁能**.

设电路 1 已载流 I_1，再接通电路 2，在电路 2 的电流 i_2 从零增到 I_2 的过程中，在电路 1 中产生互感电动势$\left(\mathscr{E}_{12} = -M\dfrac{\mathrm{d}i_2}{\mathrm{d}t}\right)$，为维持 I_1 不变，电源 1 必须克服互感电动势做的功，并转化为互感磁能：

$$W_{互} = -\int_{i_2=0}^{i_2=I_2} I_1\mathscr{E}_{12}\mathrm{d}t = \int_0^{I_2} MI_1\mathrm{d}i_2 = MI_1I_2 \tag{7.25}$$

互感磁能是可正可负的：当 I_1 的方向与 $\mathscr{E}_{12}$ 的方向相反时，互感电动势 $\mathscr{E}_{12}$ 对电流 I_1 做负功，电源 1 为克服 $\mathscr{E}_{12}$ 要做正功，互感磁能为正值，如图 7.7(a)所示；当 I_1 的方

向与 $\mathscr{E}_{12}$ 的方向相同时，$\mathscr{E}_{12}$ 对 I_1 做正功，为保持 I_1 不变，电源 1 做负功，这时互感磁能为负值，如图 7.7(b)所示.

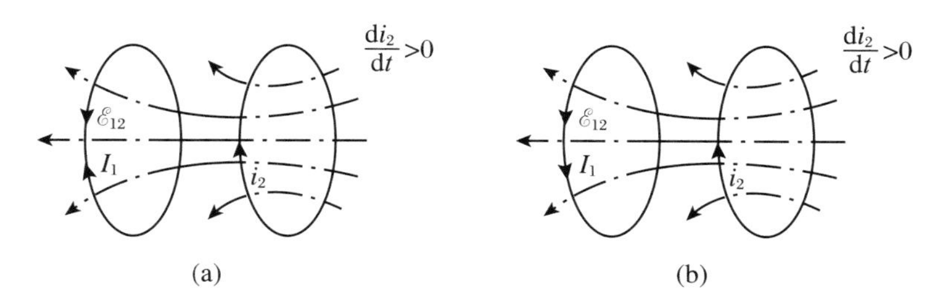

图 7.7

对于两个载流电路组成的电路系，总磁能包括各载流电路的自感磁能与互感磁能的代数和，即

$$W_m = \frac{1}{2}L_1 I_1^2 + \frac{1}{2}L_2 I_2^2 + MI_1 I_2 \tag{7.26}$$

虽然 $W_{互} = MI_1 I_2$ 可能为负，但其绝对值一定小于两电路的自感磁能的和，故总磁能仍然是恒正的.

7.5 暂 态 过 程

在含有自感或电容器的电路中，当两端的外加电压发生突变(如通电或断电)时，由于自感和电容的作用，电路中的电流不会同时发生突变，而要经历一变化过程，才趋于稳定值. 这种当电压突变时，通过电路的电流从开始变化到趋于稳定值的过程叫做**暂态过程**.

7.5.1 *RL* 电路的暂态过程

RL 电路如图 7.8 所示.

1. 接通电源时的暂态过程

当开关 S_2 断开、S_1 接通时，*RL* 电路与恒压源 $\mathscr{E}$ 接通，自感线圈上产生反抗电流 i 增加的自感电动势：

$$\mathscr{E}_L = -L\frac{di}{dt}$$

根据欧姆定律得

$$\mathscr{E} - L\frac{di}{dt} = iR$$

或

$$L\frac{\mathrm{d}i}{\mathrm{d}t}+Ri=\mathscr{E} \tag{7.27}$$

此即暂态电流满足的微分方程，其解为

$$i=I_0(1-\mathrm{e}^{-Rt/L})=I_0(1-\mathrm{e}^{-t/\tau}) \tag{7.28}$$

式中，$I_0=\dfrac{\mathscr{E}}{R}$，为稳态电流；$\tau=\dfrac{L}{R}$，单位为秒，称为时间常数.

式(7.28)即为 RL 电路接通恒压源 $\mathscr{E}$ 后暂态电流的变化规律，如图 7.9 所示. 图中画出了时间常数 τ 不同的两个 RL 电路通电时的暂态电流变化曲线.

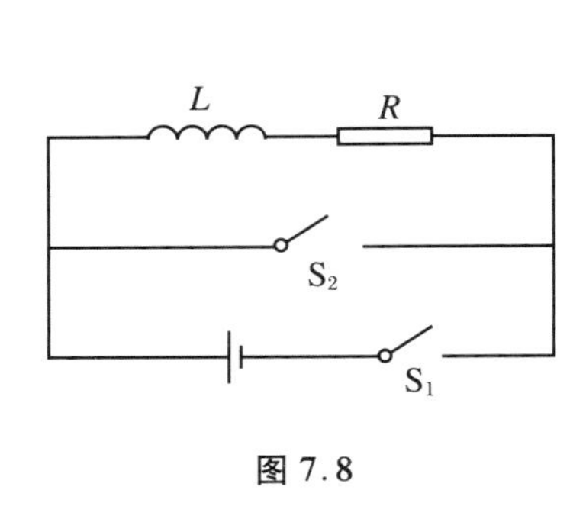

图 7.8

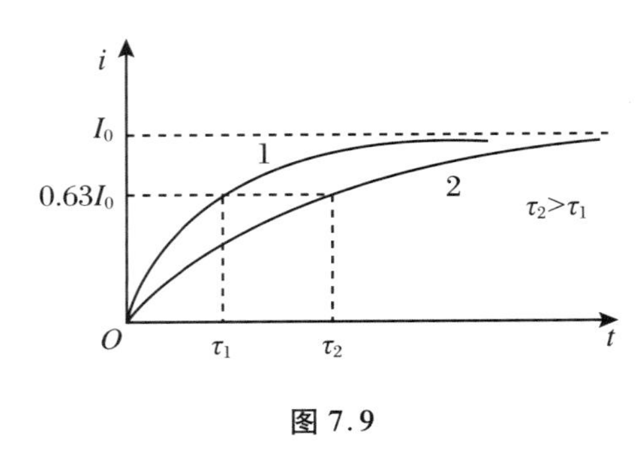

图 7.9

2. 短路时的暂态过程

如图 7.8 所示，当 S_1 接通，电流已趋于稳定$\left(I_0=\dfrac{\mathscr{E}}{R}\right)$时，再接通 S_2，同时(或随即)断开 S_1，RL 电路短接(外加电压 $\mathscr{E}$ 变为零)，电流 i'减小. 这时电路中只有自感电动势 $\mathscr{E}_L=-L\dfrac{\mathrm{d}i}{\mathrm{d}t}$，由欧姆定律得

$$L\frac{\mathrm{d}i'}{\mathrm{d}t}+Ri'=0 \tag{7.29}$$

此即已通电 I_0 的 LR 电路短接后，暂态电流的微分方程式，其解(即暂态电流的变化规律)为

$$i'=I_0\mathrm{e}^{-t/\tau} \tag{7.30}$$

如图 7.10 所示. 这里的时间常数仍为 $\tau=\dfrac{L}{R}$.

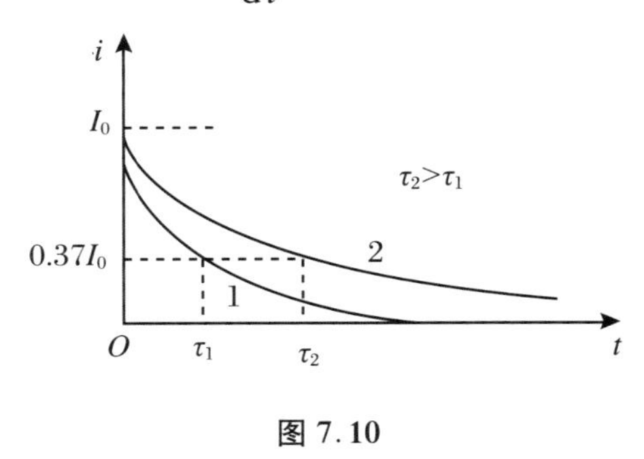

图 7.10

3. 时间常数

由以上讨论可见，当 RL 电路在通电时，电流 i 随时间经过一指数增长过程而达到稳定值 I_0；当通电的 RL 电路短接时(端电压由 $\mathscr{E}$ 突变为零)，电流 i 随时间经一指数减小的过程而减至零. 不论何种情况，从开始变化到达到稳定值(I_0 或零)，这一过程进行的快慢程度决定于自感 L 与电阻的比值，即时间常数

$$\tau = \frac{L}{R} \tag{7.31}$$

由式(7.28)知,当 $t=\tau$ 时,通电暂态电流 $i=I_0\left(1-\frac{1}{\mathrm{e}}\right)\approx 0.63I_0$,故 τ 表示暂态电流完成总变化量(从零到 I_0,总变化量为 I_0)的 $1-\frac{1}{\mathrm{e}}$(即63%)所需的时间;由式(7.30)知,当 $t=\tau$ 时,短路暂态电流 $i'=I_0/\mathrm{e}\approx 0.37I_0$,电流从原稳定值 I_0 减少到 $\frac{I_0}{\mathrm{e}}$,仍然完成总变化量 I_0 的 $1-\frac{1}{\mathrm{e}}\approx 63\%$. 可见,不论在何种情况下,$\tau$ 表示的总是电流完成总变化量(电流从 I_0 到零或从零变化到 I_0,总变化量为 I_0)的 $1-\frac{1}{\mathrm{e}}\approx 63\%$ 所需要的时间. 不难算出,当 $t=4\tau$ 时,通电暂态电流 $i=0.98I_0$,即已完成总变化量的98%,这以后暂态过程可认为基本结束. 由此可见,时间常数 τ 是表示暂态过程持续时间长短的一个特征量.

7.5.2　RC 电路的暂态过程

RC 电路如图7.11所示. 当开关S与接头1接触时,*RC* 电路两端加上恒压源 $\mathscr{E}$,电容器 C 充电(即暂态过程),充电电流 i 随时间而指数地增加,直到电容器两极板的电压等于外加电压为止;当开关S从接头1转接到2时,开始电容器放电的暂态过程,放电电流 i' 随时间而指数地减小. 第4章问题讨论12中已讨论了 *RC* 电路充、放电暂态过程的规律. 充电过程中,电容器的电量随时间变化规律为

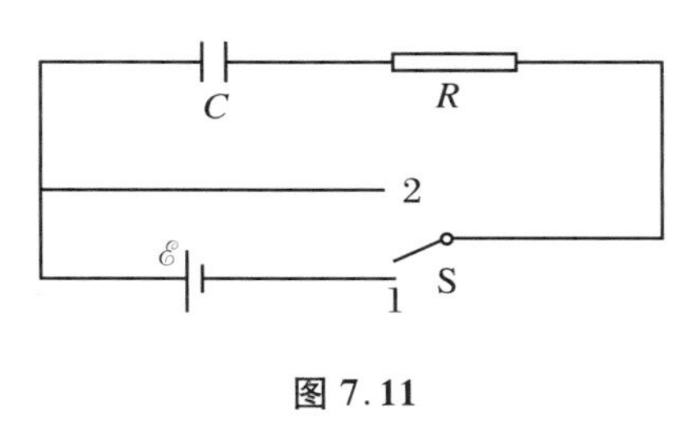

图7.11

$$q = C\mathscr{E}(1-\mathrm{e}^{-t/\tau}) \tag{7.32}$$

充电电流为

$$i = \frac{\mathscr{E}}{R}\mathrm{e}^{-t/\tau} \tag{7.33}$$

在电容充电(电压为 $\mathscr{E}$)以后,开关S接2,*RC* 电路放电. 放电过程中,电容板极电荷 q' 和放电电流 i' 随时间变化的规律为

$$q' = C\mathscr{E}\mathrm{e}^{-t/\tau} \tag{7.34}$$

$$i' = \frac{\mathscr{E}}{R}\mathrm{e}^{-t/\tau} \tag{7.35}$$

以上各式中,

$$\tau = RC \tag{7.36}$$

为 *RC* 电路的时间常数,τ 的大小反映充、放电过程的快慢. 当 $t=\tau$ 时,充、放电过程

中,电量或电流的变化已完成总变化量的 $1-\frac{1}{e}$(即 63%).

问题讨论

1. 电磁感应现象的发现

法拉第(M. Faraday,1791～1867)出生于英国一个贫寒的铁匠家庭,小学未毕业就当上了书报装订工.他酷爱科学,靠勤奋自学成为 19 世纪电磁学领域中最伟大的实验物理学家.

(1) 历史过程

奥斯特的发现清楚地表明了电能产生磁.这使法拉第想到,既然电能生磁,那么反过来,能不能磁生电? 他在 1821 年的日记中写下了"磁转化为电"的字样.

1821 年 4 月,英国科学家沃拉斯顿指出,当磁极靠近一个可以绕自己轴线转动的载流导线时,导线将绕轴自转.在戴维和法拉第的协助下,他多次实验均未成功.

后来,法拉第意识到失败的原因在于载流导线不是自转,而是绕磁极公转.1821 年 9 月 3 日,经过巧妙设计,实验获得成功,这实际上是世界上第一个电动机.

遗憾的是,这一成功反给法拉第带来了麻烦,发生了一场所谓"法拉第剽窃沃拉斯顿研究成果"的风波.由于人格受到无端污辱,法拉第陷入了极大的痛苦之中.后来在沃拉斯顿本人的帮助下,风波得以平息.但心灵的创伤使他退出了前辈科学家的研究园地,以免遭受"侵犯他人地盘"的指责,而回过头来研究化学问题,直到戴维和沃拉斯顿两位权威相继过世.

在这令人惋惜的十年中,法拉第也曾四次短暂地研究过电磁学,希望把磁转化为电.1825 年,法拉第为此做了三个实验.他根据电生磁、磁生电的推测,产生了电生电,即电流感应电流的构想.

第一个实验:把两根导线扭在一起,让其中一根导线的两端接在电池的两极上,将电流计接在另一根导线的两端上.根据电流感生电流的推测,电流计指针应该偏转.然而指针未动.

第二个实验:将一空心螺线管两端与电池连接,再把另一根导线引进螺线管中并使它与电流计相连.结果电流计指针也没有动.

第三个实验:在第二个实验中,把导线放在螺线管外面,其余条件不变.结果仍未观察到电流计指针的偏转.

现在看来,这三个实验失败的原因是先把电池接于导线或螺线管两端,然后才用

另一根导线接通电流计.若把操作顺序反过来,就会出现他希望的电流感生电流的现象.这表明法拉第当时思考问题是从静的角度而不是从动的角度出发.

1828年,他再次进行实验,结果仍然失败了.

戴维和沃拉斯顿逝世后,法拉第集中精力研究电磁感应,在总结自己和别人失败的教训后,很快取得了成功.

1831年8月29日,法拉第用一只软铁环绕上两组线圈 A 和 B,线圈 B 与一只电流计相连.当线圈 A 与电池组连接时,突然电流计指针偏转,然后又回到原来的位置;当线圈 A 与电池组断开时,指针又偏转一下,然后还是回到原来的位置.于是,他开始意识到这是一种暂态效应,与电流磁效应是一种稳定效应不同.

同年9月24日,法拉第将两根条形磁铁支成三角形,一根的N极与另一根的S极拼在一起构成三角形的顶点,下端S极与N极分开,其间安放绕在铁质圆柱体上的螺旋线圈,使线圈与电流计相连.他观察到,每当铁质圆柱体跟N极与S极接触或脱离时,电流计指针就偏转一下.联想到8月份的类似实验,他领悟到这种暂态效应就是"磁生电"现象.

同年10月1日,他再次实验,加大电流,增加线圈套圈数,以使效应更加明显.法拉第还观察到,接通与断开开关时,电流计指针偏转方向相反,但最后都回到原来的指零位置.至此,他对"磁生电"已确信无疑.之后他还做过几十个类似的实验.

1831年11月24日,法拉第向英国皇家学会报告了电磁感应第一篇具有划时代意义的论文.文中概括了能产生感生电流的几种情况:① 变化着的电流;② 变化着的磁场;③ 运动的稳恒电流;④ 运动的磁铁;⑤ 在磁场中运动的导体.他还明确地指出,感生电流不是与原电流本身有关,而是与原电流的变化有关.并把上述现象命名为"电磁感应".

法拉第认识到,为了获得持续不断的电流,必须保持磁场的变化或保持导体在磁场中的运动.按照这个思路,他于1831年10月28日制成了圆盘发电机(原理见图7.13).这实际上是世界上第一台发电机.他在当天的日记中写道:"圆铜片的轴和边缘用一只电流计连接起来,圆铜片旋转时电流计的指针发生偏转,效果非常清楚、恒定."

从电磁传动到电磁感应,从世界上第一台电动机到第一台发电机,法拉第大大发展了电磁学,发展了生产力,加快了人类历史的进程.

1832年,法拉第发现,在相同条件下,不同金属导线中产生的感生电流与导体的导电能力成正比(欧姆定律已于1826年得出).他由此意识到感生电流是由与导体性质无关的感生电动势产生的,这正是在各种情况下产生感生电流的关键.他还相信即使不形成闭合回路,也会有感生电动势存在.

电磁感应的发现和电磁感应定律的建立是电磁学中最重大的成就之一.在理论上,它深刻地揭示了电与磁之间相互联系和转化的规律,为建立统一的电磁学理论又

铺上了一块不朽的基石;在实用上,为现代发电机的设计与制造指明了方向,为人类社会走向电气化开辟了航道.

(2) 戴维与法拉第

戴维(H. Davy,1778~1829)是英国著名化学家和物理学家,曾任英国皇家学会会长.

1812 年 12 月 24 日,戴维收到了法拉第希望到皇家学院做任何工作、为科学服务的恳切的信件,读后他很受感动.出于爱才重才,戴维帮助法拉第于 1813 年 3 月离开订书店到皇家学院实验室工作,担任自己的助手,并带他考察欧洲达一年半之久.这使法拉第开阔了眼界,增长了不少见识.这对法拉第后来在科学上的迅速成长无疑是至关重要的.

1821 年法拉第发现电磁传动以后,他的论文立即为欧洲大陆上的科学杂志翻译刊登,并得到人们的赞扬.人们赞扬的实验是戴维和沃拉斯顿曾经失败的实验,人们赞扬的学者是戴维的助手.学生超过老师,年轻人超过老年人,本是件好事,是科学和社会的进步,但戴维不这样想,反而起了嫉妒之心,在那场所谓的"剽窃"风波中,在法拉第最需要支持的时候,他故意保持了可怕的沉默.

1823 年,法拉第研究液化氯气获得成功.这时,法拉第在欧洲已很有名气了,法国科学院已选他为通讯院士.但在英国,他仍是一名实验室助手.于是,29 位皇家学会会员联名提议法拉第为皇家学会会员候选人,第一个签名的是沃拉斯顿.作为会长的戴维知道后勃然大怒,命令法拉第自己撤销候选人资格,但遭到拒绝.1824 年 1 月 8 日,法拉第当选为英国皇家学会会员.但有一张反对票,是会长戴维投的.当年的恩师成了现在的压制者.

法拉第与戴维决裂后,继续在皇家学会埋头苦干,研究成果一个接一个.戴维看在眼里,慢慢地认识到自己的错误,暗自忏悔.1825 年 2 月,他推荐法拉第担任皇家学会实验室主任.

据说在戴维去世之前有人问他一生中最大的发现是什么,他回答说:"我最大的发现就是法拉第."两年之后,当法拉第取得发现电磁感应这一划时代成就时,戴维这句名言也更加光彩夺目.

戴维从重才到嫉才再到举才所经历的过程,是十分发人深省的.

2. 楞次定律的表述及其实质

掌握楞次定律,准确判断感应电流的方向,是掌握电磁感应定律的重要环节.

(1) 楞次定律的表述及其特点

楞次定律的表述可归结为:"感应电流的效果总是反抗引起它的原因."

如果回路上的感应电流是由穿过该回路的磁通量的变化引起的,那么楞次定律

可具体表述为:“感应电流在回路中产生的磁通量总是反抗(或阻碍)原磁通量的变化.”我们称这个表述为通量表述.这里感应电流的“效果”是在回路中产生了磁通量;而产生感应电流的原因则是“原磁通量的变化”.

如果感应电流是由组成回路的导体做切割磁感线运动而产生的,那么楞次定律可具体表述为:“运动导体上的感生电流受的磁场力(安培力)总是反抗(或阻碍)导体的运动.”我们不妨称这个表述为力表述.这里感生电流的“效果”是受到磁场力;而产生感生电流的“原因”是导体做切割磁感线的运动.

从楞次定律的上述表述可见,楞次定律并没有直接指出感应电流的方向,它只是概括了确定感应电流方向的原则,给出了确定感应电流的程序.要真正掌握它,必须对表述的含义有正确的理解,并熟练掌握电流的磁场及电流在磁场中受力的规律.

以“通量表述”为例,要点是感应电流的磁通反抗引起感应电流的原磁通的变化,而不是反抗原磁通.如果原磁通是增加的,那么感应电流的磁通要反抗原磁通的增加,方向就一定与原磁通的方向相反;如果原磁通减少,那么感应电流的磁通要反抗原磁通的减少,方向就一定与原磁通的方向相同.在正确领会定律的上述含义以后,就可按以下程序应用楞次定律判断感应电流的方向:① 明确穿过回路的原磁通的方向,以及它是增加的还是减少的;② 根据楞次定律表述的上述含义确定回路中感应电流在该回路中产生的磁通的方向;③ 根据回路电流在回路内部产生磁场的方向的规律(右手螺旋法则),由感应电流的磁通的方向确定感应电流的方向.

以力表述为例,其要点是感应电流在磁场中受的安培力的方向总是与导体运动的方向成钝角,从而阻碍导体的运动.因此应用它来确定感应电流的程序是:① 明确磁场 $\boldsymbol{B}$ 的方向和导体运动的方向;② 根据楞次定律的上述含义明确感应电流受安培力的方向;③ 根据安培力的规律确定感应电流的方向.

可见,正确掌握楞次定律并能应用,不仅要求准确理解其含义,还必须掌握好电流的磁场和电流在磁场中受力(安培力)的规律.

楞次于1834年发表楞次定律时尚无磁通量这一概念(磁通量概念是法拉第于1846年才提出来的),因此定律不可能具有现代的表述形式.楞次是在综合法拉第电磁感应原理(发电机原理)和安培力原理的基础上以“电动机-发电机原理”的形式提出这个定律的[1].其基本思想是:用电动机原理代替发电机原理来确定感应电流的方向,即导线回路在磁场中运动时,产生的感应电流(发电机的电流)的方向与通电导体回路在磁场力作用下做相同运动时应通过的电流(电动机的电流)的方向相反.以两个端面互相平行的线圈为例,使 A 线圈固定,B 线圈可移动.若令 A 线圈通以电流,让 B 线圈向 A 运动,则 B 线圈上将产生感应电流.用“电动机-发电机原理”判断此感应电流的方向的程序如下:假定 B 作为电动机线圈,通电后受 A 线圈中的电流的磁场的作用力而向着 A 运动(电动机),根据安培力规律(或电动机原理),要求 B 线圈的电流应与 A 线圈的电流有相同的绕行方向.于是,根据楞次的“电动机-发电机原

理”,要求 B 线圈上的感应电流的绕行方向与 A 线圈上电流的绕行方向相反.

楞次本人对定律的叙述似乎直接涉及感应电流的方向.但要作出判断,仍然必须通过对“做相同运动的电动机的电流”方向作出判断之后,才能确定由于导线在磁场中的运动而产生的感应电流的方向,故实际上仍然只是给出了确定感应电流方向的原则.总之,必须在对电动机原理有充分掌握的基础上,按一定的程序确定感应电流的方向.

(2) 楞次定律的实质

楞次定律可以有不同的表述方式,但各种表述的实质相同.楞次定律的实质是:产生感应电流的过程必须遵守能量守恒定律.如果感应电流的方向违背楞次定律规定的原则,那么永动机就是可以制成的.下面分别就三种情况进行说明:

① 如果感应电流在回路中产生的通量加强引起感应电流的原磁通变化,那么,一经出现感应电流,引起感应电流的磁通变化将得到加强,于是感应电流进一步增加,磁通变化也进一步加强……感应电流在如此循环过程中不断增加直到无限大.这样,便可从最初磁通微小的变化中(并在这种变化停止以后)得到无限大的感应电流.这显然是违反能量守恒定律的.楞次定律指出这是不可能的,感应电流的磁通量必须反抗引起它的磁通变化.感应电流具有的以及消耗的能量必须从引起磁通变化的外界获取.要在回路中维持一定的感应电流,外界必须消耗一定的能量.如果磁通的变化是由外磁场的变化引起的,那么,要抵消从无到有建立感应电流的过程中感应电流在回路中的磁通,需保持回路中有一定的磁通变化率,因此产生外磁场的励磁电流就必须不断增加与之相应的能量,此能量只能从外界不断地补充.

② 如果由组成回路的导体做切割磁感线运动而产生的感应电流在磁场中受的力(安培力)的方向与运动方向相同,那么,感应电流受的安培力就会加快导体切割磁感线的运动,从而又增大感应电流.如此循环,导体将不断加速,动能不断增大,电流的能量和在电路中损耗的焦耳热都不断增大,却不需要外界做功,这显然是违背能量守恒定律的.楞次定律指出这是不可能的,感应电流受的安培力必须阻碍导体的运动,因此要维持导体以一定速度做切割磁感线运动,在回路中产生一定的感应电流,外界必须反抗作用于感应电流的安培力做功.

③ 如果发电机转子绕组上的感应电流的方向与做同样转动的电动机转子绕组上的电流方向相同,那么,发电机转子绕组一经转动,产生的感应电流立即成了电动机电流,绕组将加速转动,结果感应电流进一步加强,转动进一步加速.如此循环,这个机器既是发电机,可输出越来越大的电能,又是电动机,可以对外做功,而不花任何代价(除使转子最初的一动之外).这显然是破坏能量守恒定律的永动机.楞次定律指出这是不可能的.发电机转子上的感应电流的方向应与转子做同样运动的电动机电流的方向相反.

综上所述,楞次定律的任何表述都是与能量守恒定律相一致的.概括各种表述

"感应电流的效果总是反抗产生感应电流的原因"，其实质就是产生感应电流的过程必须遵守能量转化和守恒定律.

3. 由能量守恒定律导出电磁感应定律

电磁感应定律是一个实验定律，不是根据已有的定律进行演绎而推导出来的结果.它的正确性由实验结果来证实，这是一切基本实验定律的共同点.实验表明，电磁感应现象和定律与其他自然现象一样遵守普遍的能量守恒和转化定律.这里，我们就简化的特殊情况，根据能量守恒定律，由电磁感应现象导出电磁感应定律[3].

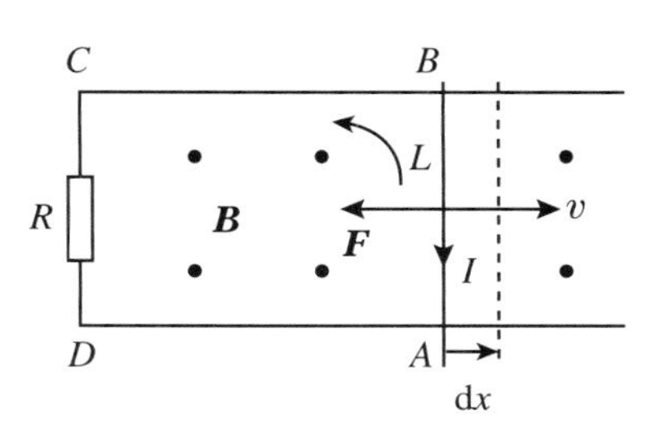

图 7.12

如图 7.12 所示，回路 $ABCD$ 置于与之垂直的均匀磁场中，磁感应强度为 B，方向垂直于纸面向外.设回路中长为 L 的活动边 AB 在外界作用下向右做切割磁感线运动.根据电磁感应现象，在回路上将出现感应电流 I.出现感应电流后，AB 边将受到与运动方向相反的安培力 $F = BIL$ 的作用.于是，在 $\mathrm{d}t$ 时间内 AB 向右的元位移为 $\mathrm{d}x$ 时，外界反抗安培力对系统做的功为

$$\mathrm{d}A = BIL\mathrm{d}x = IB\mathrm{d}S \tag{7.37}$$

其中，$\mathrm{d}S = L\mathrm{d}x$ 为 AB 边扫过的面积元，也就是回路 $ABCD$ 所围面积的增量，$B\mathrm{d}S = \mathrm{d}\Phi$ 即为穿过回路的磁通的增量.如果我们规定穿过回路的磁通的方向与回路的绕行方向构成右手螺旋关系，并规定与回路绕行方向相同的电流取正值，反之取负值.那么，按此规定，图 7.12 中的感应电流与回路绕行方向相反，应取负值.所以，在移动 AB 边时，外界对系统做的元功可表示为

$$\mathrm{d}A = -I\mathrm{d}\Phi \tag{7.38}$$

这是载流回路在磁场中移动时，外界反抗电磁力做功的一般表达式.（电磁力对载流回路做功的一般表达式为 $\mathrm{d}A_{\mathrm{m}} = I\mathrm{d}\Phi$.）

在上述过程中，感应电流通过回路电阻将产生焦耳热：

$$\mathrm{d}Q = RI^2\mathrm{d}t \tag{7.39}$$

假设外磁场由永磁铁提供，磁场的维持不需要消耗能量，并假定忽略电流本身的能量变化，即忽略回路自感的变化.那么，根据能量守恒定律，外界反抗电磁力对载流回路做的功应等于电路中放出的焦耳热.于是有

$$-I\mathrm{d}\Phi = RI^2\mathrm{d}t$$

$$I = -\frac{1}{R}\frac{\mathrm{d}\Phi}{\mathrm{d}t} \tag{7.40}$$

可见，当回路做切割磁感线运动时，回路中产生的感应电动势为

$$\mathscr{E} = -\frac{d\Phi}{dt} \tag{7.41}$$

此式正确表示了感应电动势的大小和方向. 在图 7.12 中, 磁通的方向和回路的绕行方向已经规定. 因此, 当 AB 向右运动时, $d\Phi$ 为正, I 和 $\mathscr{E}$ 为负, 负号表示感应电流 I 和感应电动势 $\mathscr{E}$ 的方向与回路的绕行方向相反, 即从 B 指向 A; 反之, 当 AB 向左运动时, $d\Phi$ 为负, 根据式(7.40)、式(7.41), I 与 $\mathscr{E}$ 为正, 表示感应电流和感应电动势与回路绕行方向一致, 即从 A 指向 B. 很明显, 依据能量守恒的上述推导自然地给出了楞次定律, 即感应电流在回路所围成的面积的磁通总是力图补偿引起感应电流的磁通变化.

从另一方面看, 感应电流受到的电磁力(安培力)对载流回路做的功为

$$dA_m = I d\Phi$$

代入式(7.40), 得

$$dA_m = -\frac{1}{R}\frac{d\Phi}{dt}d\Phi = -\frac{1}{R}\left(\frac{d\Phi}{dt}\right)^2 dt \tag{7.42}$$

可见, 不论 $d\Phi$ 为正还是为负, AB 边向左还是向右移动, 感应电流受到的电磁力恒做负功, 它总是反抗回路的移动, 这是楞次定律的另一种表述. 因此要产生感应电流, 必须有外界对系统做正功, 或以消耗运动导体的动能为代价.

严格地说, 能量转化还应当包括自感磁能的消长. 当 AB 运动时, 回路的自感随之变化, 电流 I 的自感磁能也将发生变化. 而自感磁能的变化规律又必须依赖于电磁感应定律的确立. 所以, 若考虑到载流电路本身自感磁能的变化, 要从能量守恒导出电磁感应定律是不可能的. 我们上面的推导是在假定回路的自感不因 AB 边的移动而变化或因 AB 边的运动而发生的变化很小、可以忽略不计的情况下进行的.

4. 电磁感应定律的两种表述的比较

法拉第于 1831 年发现电磁感应现象, 电磁感应定律以他的名字命名是举世公认的. 但是, 通常采用的这个定律的数学表达式

$$\mathscr{E} = -\frac{d\Phi}{dt} = -\frac{d}{dt}\iint_S \boldsymbol{B}\cdot d\boldsymbol{S} \tag{7.43}$$

却并非法拉第本人给出的, 而是在 1845 年由纽曼得出的. 因此, 把式(7.43)直称为法拉第定律并非必须, 费曼称式(7.43)为"通量法则", 它是电磁感应定律的一种表述形式, 在本问题讨论中采用这个称呼.

电磁感应定律的另一种表述是: 感应电动势等于动生电动势和感生电动势的代数和, 用式表示为

$$\mathscr{E} = \oint_L (\boldsymbol{v}\times\boldsymbol{B})\cdot d\boldsymbol{l} - \iint_S \frac{\partial \boldsymbol{B}}{\partial t}\cdot d\boldsymbol{S} \tag{7.44}$$

本文称式(7.44)为表述二.

(1) 两种表述特点

① "通量法则"形式简单,抓住了感生电动势和动生电动势的共同特点,对电磁感应的规律做了统一的表述.无论是感生电动势还是动生电动势,或两者同时存在,用它都能直接求出总的感应电动势,而不用去区分它们.因为它简单,易于掌握,一般科研人员乐于采用.如果把微商$\frac{\mathrm{d}\Phi}{\mathrm{d}t}$换成有限的增量比$\frac{\Delta\Phi}{\Delta t}$,即得有限时间内的平均感应电动势$\bar{\mathscr{E}}$,故初等物理中主要采用这种表述形式.

表述二区分了动生和感生两种不同的感应电动势,并深刻地指出了两种感应电动势相应的非静电力:动生电动势的非静电力是作用于单位正电荷的洛伦兹力 $\boldsymbol{v}\times\boldsymbol{B}$,感生电动势的非静电力是感应电场场强 $\boldsymbol{E}_{\mathrm{i}}\left(\oint_L \boldsymbol{E}_{\mathrm{i}}\cdot\mathrm{d}\boldsymbol{l} = -\iint_S \frac{\partial \boldsymbol{B}}{\partial t}\cdot\mathrm{d}\boldsymbol{S}\right)$.因此,表述二揭示了电磁感应现象的实质,正因为此,表述二较为复杂,所借助的数学工具也要高深一些.

② 两种表述都是针对一个导体回路 L 计算回路中的感应电动势.但是,在回路的大小形状有变化的情况下,"通量法则"关心的不仅是 t 时刻回路的位形(位置和形状),而且还关心 $t+\mathrm{d}t$ 时刻的位形,只有这样才能求出 $\mathrm{d}t$ 时间内的磁通量变化 $\mathrm{d}\Phi$;然而表述二则只关心回路 L 在所要求解的那一时刻 t 的位形和运动状态,对该时刻的回路进行式(7.44)中的两项积分即可求出该时刻在回路上的感应电动势.

例如,对于图 7.13 所示的情形,半径为 R 的金属圆盘在与均匀的稳恒磁场 B 垂直的平面内以角速度 ω 转动,可滑动的弹簧触头 a 和连接转轴的外接导线组成回路 $OabcO$.欲求回路上的感应电动势.

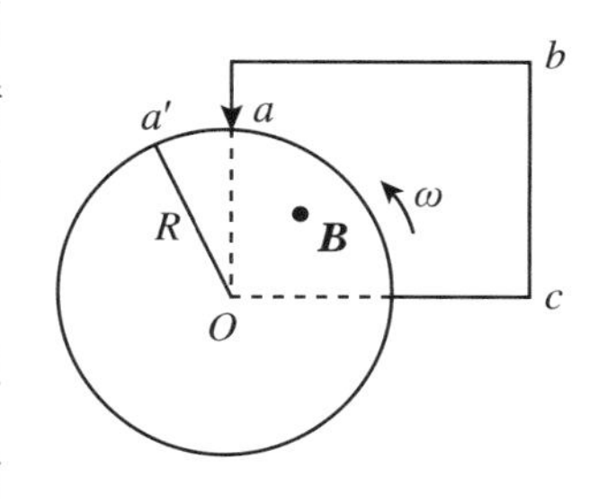

图 7.13

如用表述二,由于磁场稳恒,$\frac{\partial B}{\partial t}=0$,回路上的感生电动势为零.另一方面,由于回路只有 Oa 段在运动,故有动生电动势(即感应电动势):

$$\mathscr{E}=\oint_L(\boldsymbol{v}\times\boldsymbol{B})\cdot\mathrm{d}\boldsymbol{l}=\int_O^a(\boldsymbol{v}\times\boldsymbol{B})\cdot\mathrm{d}\boldsymbol{l}=\int_0^R r\omega B\mathrm{d}r=\frac{1}{2}\omega BR^2$$

方向沿$\overrightarrow{Oa}$方向.这里是沿可动回路(沿 Oa 连线的金属细条)的瞬时位置 Oa 进行积分.它不考虑由于转动下一时刻这根径向的金属细条转到什么位置.

如果采用"通量法则"求解,为求出 $\mathrm{d}\Phi$,就必须明确经时间 $\mathrm{d}t$ 后回路的位置,也就是必须知道 $t+\mathrm{d}t$ 时刻的回路形状,显然,如果认为 $t+\mathrm{d}t$ 时刻回路仍为 $OabcO$,则得出 $\mathrm{d}\Phi=0$,$\mathscr{E}=0$(这就构成转动圆盘佯谬),显然是不对的.正确的选择是,t 时刻沿 Oa 径向的金属细条在 $t+\mathrm{d}t$ 时刻转到了 Oa'位置,如图 7.13 所示,因此,$t+\mathrm{d}t$ 时

刻的回路为 $Oa'abcO$. 回路所围的面积增加了 $\frac{1}{2}R^2\omega\mathrm{d}t$(窄扇形 $Oa'a$ 的面积),故穿过回路的磁通量的变化为 $\mathrm{d}\Phi=\frac{1}{2}R^2\omega B\mathrm{d}t$,方向垂直纸面向外. 应用通量法则,感应电动势的大小为

$$\mathscr{E}=\frac{\mathrm{d}\Phi}{\mathrm{d}t}=\frac{1}{2}R^2\omega B$$

方向沿 $\overrightarrow{Oa}$ 方向. 与表述二计算的结果相同.

应用通量法则计算回路在 t 时刻的感应电动势时,不仅应明确 t 时刻的回路构成,还要明确 $t+\mathrm{d}t$ 时刻回路的构成形状. 如果 $t+\mathrm{d}t$ 时刻回路的构成不当,就会导致错误. 一些"证明"通量法则失效的电磁感应的佯谬(问题讨论 5 中将作出讨论)就是由于对 $t+\mathrm{d}t$ 时刻的回路构成发生争议而产生的. 但是,表述二只需明确 t 时刻的回路位形,这是十分明确的,不会出现争议,故能可靠地得出正确的结果.

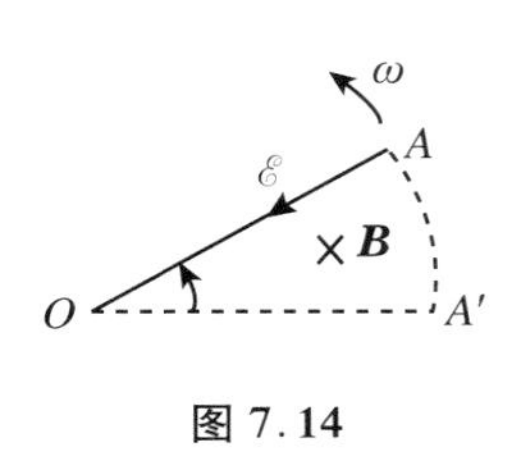

图 7.14

③ 通量法则只适用于闭合的回路. 对于在稳恒磁场中运动的不闭合导线段,也可以适当做出一些静止的辅助线段,与导线段构成闭合回路后,应用通量法则求出回路的感应电动势. 由于辅助线静止,磁场又是稳恒的,在这些辅助线段上不会出现感应电动势,于是所求回路的感应电动势就是运动导线段上的感应电动势. 在如图 7.14 所示的情形中,长 L 的金属杆 OA 在垂直于稳恒的均匀磁场 B 的平面内以角速度 ω 转动. 为求 $\mathscr{E}_{AO}$,作辅助线 OA' 和 $\widehat{A'A}$,构成闭合回路 $OA'AO$. 应用通量法则不难求出 $\mathscr{E}_{AO}=\mathscr{E}_{AOA'A}=\frac{1}{2}\omega L^2B$.

但是,如果磁场是不稳定的,$\frac{\partial B}{\partial t}\neq 0$,那么,一般不可能靠作静止的辅助线与运动的金属线段组成回路,应用通量法则求金属线段上的感应电动势. 因为用通量法则求出的是全回路上的感应电动势,要由此进一步求出运动金属线段上的感应电动势,除非能确定辅助线上的感应电动势为零或求出辅助线段上的感应电动势,而这就必须应用感应电场的概念以及有关的计算,显然这已超出了"通量法则"的范围,实际上应用到了表述二.

电磁感应定律的表述二则可不受限制地应用于求不闭合的导线段 AB 上的感应电动势. 只需将式(7.44)的积分改为对导线段的积分,并用感应电场积分的形式代替感生电动势,即

$$\mathscr{E}_{AB}=\int_A^B(\boldsymbol{v}\times\boldsymbol{B})\cdot\mathrm{d}\boldsymbol{l}+\int_A^B\boldsymbol{E}_{\mathrm{i}}\cdot\mathrm{d}\boldsymbol{l}\tag{7.45}$$

当然,应当知道导线段 AB 上的感应电场分布,在场 $\boldsymbol{B}$ 和 $\frac{\partial\boldsymbol{B}}{\partial t}$ 的空间分布具有一定对称性的情形下,可根据感应电场的基本方程式

$$\oint_L \boldsymbol{E}_{\mathrm{i}} \cdot \mathrm{d}\boldsymbol{l} = -\iint_S \frac{\partial \boldsymbol{B}}{\partial t} \cdot \mathrm{d}\boldsymbol{S} \tag{7.46}$$

求出，见式(7.12)、式(7.13).

(2) 两种表述的等价性

电磁感应定律的两种表述可以互相推导，它们是等价的.这里介绍由通量法则导出表述二的方法[4]，从中可以明确有关回路的一些问题.

当回路和磁场都变化时，穿过回路的磁通量变化由假定磁场不变、单纯由导体回路做切割磁感线运动而引起的磁通变化 $\mathrm{d}\Phi|_v$ 和假定回路不动、单纯由磁场的变化而引起的磁通变化 $\mathrm{d}\Phi|_B$ 两部分组成：$\mathrm{d}\Phi = \mathrm{d}\Phi|_v + \mathrm{d}\Phi|_B$.由通量法则有

$$\mathscr{E} = -\frac{\mathrm{d}\Phi}{\mathrm{d}t} = -\frac{\mathrm{d}\Phi}{\mathrm{d}t}\bigg|_v - \frac{\mathrm{d}\Phi}{\mathrm{d}t}\bigg|_B \tag{7.47}$$

式中，右端第一项即为动生电动势，第二项为感生电动势.

先看第二项：

$$\mathscr{E}_{感} = -\frac{\mathrm{d}\Phi}{\mathrm{d}t}\bigg|_B = -\frac{\mathrm{d}}{\mathrm{d}t}\iint_S \boldsymbol{B} \cdot \mathrm{d}\boldsymbol{S}$$

由于假定回路不变，故曲面 $\boldsymbol{S}$ 不变，上式中对时间求导运算可只对 $\boldsymbol{B}$ 进行，得

$$\mathscr{E}_{感} = -\iint_S \frac{\partial \boldsymbol{B}}{\partial t} \cdot \mathrm{d}\boldsymbol{S} \tag{7.48}$$

此即表述二中的第二项.

现在假定磁场不变而导体回路变化，由通量法则中的 $\mathscr{E}_{动} = -\frac{\mathrm{d}\Phi}{\mathrm{d}t}\Big|_v$ 导出表述二的第一项.令 t 时刻导体回路为 L，以它为边界的曲面为 S，由于回路运动，$t+\mathrm{d}t$ 时刻的回路为 L'，以它为边界的曲面为 S'.在时间 $\mathrm{d}t$ 内，回路扫过的曲面为 ΔS，在图 7.15 中由阴影部分表示.显然 S、S' 和 ΔS 组成一闭合曲面.根据磁场的高斯定理 $\oiint \boldsymbol{B} \cdot \mathrm{d}\boldsymbol{l} = 0$，并注意回路 L 和 L' 的绕行方向相同，规定如图 7.15 所示，那么，对由 S、S' 和 ΔS 组成的闭合曲面来说，曲面 S 上任一面元 $\mathrm{d}\boldsymbol{S}$ 的法线的正方向恰与该闭合曲面的外法线方向相反，曲面 S' 上任一面元 $\mathrm{d}\boldsymbol{S}'$ 的法线方向与该闭曲面的外法线方向相同.于是，高斯定理 $\left(\oiint \boldsymbol{B} \cdot \mathrm{d}\boldsymbol{S} = 0\right)$ 可写为

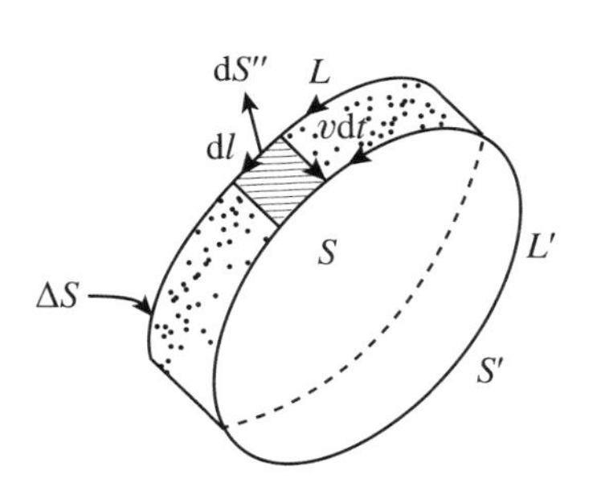

图 7.15

$$-\iint_S \boldsymbol{B} \cdot \mathrm{d}\boldsymbol{S} + \iint_{S'} \boldsymbol{B} \cdot \mathrm{d}\boldsymbol{S}' + \iint_{\Delta S} \boldsymbol{B} \cdot \mathrm{d}\boldsymbol{S}'' = 0$$

因此，穿过 S' 和 S 两曲面的磁通量之差，即 $\mathrm{d}t$ 时间内穿过回路 L 的磁通量的增量为

$$\mathrm{d}\Phi\Big|_v=\iint_{S'}\boldsymbol{B}\cdot\mathrm{d}\boldsymbol{S}'-\iint_{S}\boldsymbol{B}\cdot\mathrm{d}\boldsymbol{S}=-\iint_{\Delta S}\boldsymbol{B}\cdot\mathrm{d}\boldsymbol{S}'' \tag{7.49}$$

等于穿过 L 在 $\mathrm{d}t$ 时间内扫过的曲面 ΔS 的磁通量.现在我们来计算穿过曲面 ΔS 的磁通.曲面 ΔS 中的面元 $\mathrm{d}\boldsymbol{S}''$如图中画斜线的部分,以回路 L 的线元 $\mathrm{d}\boldsymbol{l}$ 和 $\boldsymbol{v}\mathrm{d}t$ 为邻边组成,$\boldsymbol{v}$ 为导线元 $\mathrm{d}\boldsymbol{l}$ 的速度.以外法线为面元的正方向,则有

$$\mathrm{d}\boldsymbol{S}''=\mathrm{d}\boldsymbol{l}\times\boldsymbol{v}\mathrm{d}t=-\boldsymbol{v}\mathrm{d}t\times\mathrm{d}\boldsymbol{l}$$

将此式代入式(7.49),得

$$\mathrm{d}\Phi\Big|_v=-\iint_{\Delta S}\boldsymbol{B}\cdot\mathrm{d}\boldsymbol{S}''=\oint_L\boldsymbol{B}\cdot(\boldsymbol{v}\mathrm{d}t\times\mathrm{d}\boldsymbol{l}) \tag{7.50}$$

应用矢量代数公式

$$\boldsymbol{a}\cdot(\boldsymbol{b}\times\boldsymbol{c})=(\boldsymbol{a}\times\boldsymbol{b})\cdot\boldsymbol{c}=-(\boldsymbol{b}\times\boldsymbol{a})\cdot\boldsymbol{c}$$

并注意式(7.50)中 $\mathrm{d}t$ 是各线元($\mathrm{d}\boldsymbol{l}$)运动的共同时间,可将其提出到积分号外,故式(7.50)可写成

$$\mathrm{d}\Phi\Big|_v=-\mathrm{d}t\oint_L(\boldsymbol{v}\times\boldsymbol{B})\cdot\mathrm{d}\boldsymbol{l} \tag{7.51}$$

所以,回路中的动生电动势为

$$\mathscr{E}_{动}=-\frac{\mathrm{d}\Phi}{\mathrm{d}t}\Big|_v=\oint_L(\boldsymbol{v}\times\boldsymbol{B})\cdot\mathrm{d}\boldsymbol{l} \tag{7.52}$$

这就是表述二中的第二项.将式(7.48)、式(7.52)合起来即得电磁感应定律的表述二:

$$\mathscr{E}=\oint_L(\boldsymbol{v}\times\boldsymbol{B})\cdot\mathrm{d}\boldsymbol{l}-\iint_S\frac{\partial\boldsymbol{B}}{\partial t}\cdot\mathrm{d}\boldsymbol{S}$$

由上可见,电磁感应定律的两种表述是等价的.从上面的推导中还可看出这种等价性要求:① 通量法则中计算磁通的回路一定是十分明确的线形回路.在有大块导体存在的情形下(如图 7.13 中的金属圆盘),必须在大块导体中选定由导体质元组成的线段(如图 7.13 中的 Oa 线)作为回路的组成部分.② 回路 L 的变化必须是同一个线形回路的位置在空间的连续变化.不能由一个回路突然变成另一个回路.因为如果发生不连续的突变,由这一个回路突然变换为另一个回路,上面推导中的 ΔS 和 $\mathrm{d}\boldsymbol{S}''$将失去意义,式(7.49)不成立.

5. 从电磁感应的“佯谬”谈“通量法则”中的回路构成

对于由导线围成的线形回路,如各种闭合的导线线圈,应用通量法则计算回路中的感应电动势毫无困难,并与应用表述二计算的结果吻合.但是,如果回路中有大块导体,导线与导体的接触点有滑动,或接触点处发生断裂等,要应用通量法则计算感应电动势,回路不是显而易见的,应首先构成回路.然而,如果回路的构成不当,就可

能与表述二相矛盾，同时与实验结果不符，从而造成“佯谬”.费曼在他的物理学讲义中提出了几个“佯谬”，并由此认为“通量法则”存在反例而不普遍成立.对此，国内大学物理教学界进行了热烈的讨论，其中有代表性的论文已收入由《大学物理》杂志编辑部出版的《电磁学专辑》.这里拟对此问题作扼要的介绍[5].

(1) 电磁感应中的几个佯谬

佯谬一：图7.16是由导线组成的回路. $\boldsymbol{B}$ 为与纸面垂直的长圆柱磁体的磁场，它局限在面积为 S 的圆形区域内，G为灵敏电流计.开始时 S_1 接通、S_2 断开.然后同时断开 S_1、接通 S_2，并假设开关动作都在竖直方向进行，保证不会切割磁感线.

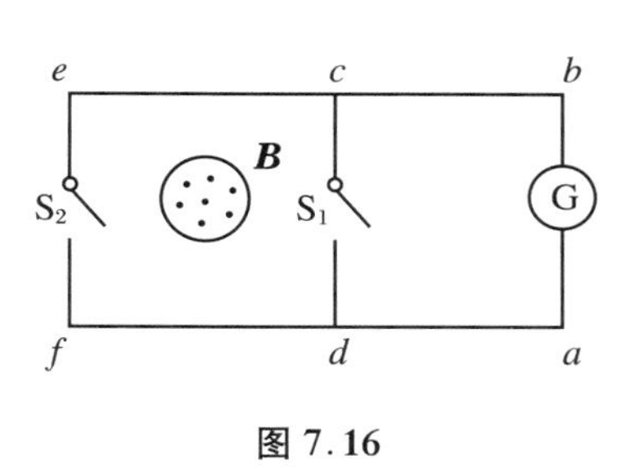

图 7.16

根据电磁感应定律的表述二，由于磁场不变，$\dfrac{\partial B}{\partial t}=0$，各部分导体均无切割磁感线的运动，故回路中不产生感应电动势，$\mathscr{E}=0$.

应用“通量法则”，开始时导线回路 $abcS_1da$ 中磁通为零，$\Phi=0$，后来导线回路 $abeS_2fa$ 中磁通量不为零，而是 $\Phi=BS$（S 为圆形磁场区域的截面积）.因此回路中有磁通变化.根据“通量法则”，回路中感应电动势不为零，当换接开关时，应当在G中观察到脉冲式感应电流.

于是出现了矛盾，称之为佯谬.

实验结果是 $\mathscr{E}=0$.

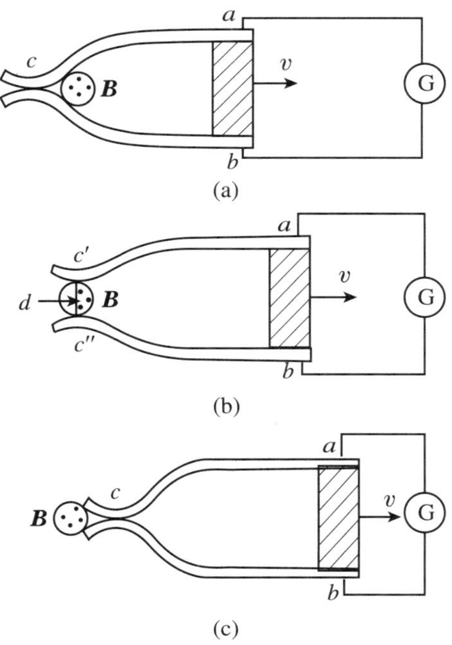

图 7.17

佯谬二：如图7.17所示，弹性金属夹 acb 的两臂 ac、bc 与冲击电流计G接通.画斜线部分为绝缘体，用以固定两金属臂.现放一永磁铁在夹内，使磁场与纸面垂直，如图7.17(a)所示.然后固定磁铁，用力将夹子沿水平方向向右拉，经过图7.17(b)所示状态，使磁铁拉出夹外，如图7.17(c)所示.问：在此过程中，有无感应电动势产生?

应用表述二，由于磁场不随时间而变化，$\dfrac{\partial B}{\partial t}=0$，磁铁静止，磁铁上任选的一段导体线段（如图7.17(b)中的 $c'dc''$）的速度 $v=0$，无切割磁感线运动，故感生和动生电动势均等于零.所以根据表述二，感应电动势为零，在电流计上应观察不到感生电流.

应用“通量法则”，从开始（图7.17(a)）到

最后(图 7.17(c)),回路 $acbGa$ 中磁通发生了变化(变化量为磁铁磁场在圆形区域内的磁通).故根据"通量法则",回路中应当有感应电动势,应当在 G 上观察到脉冲式感应电流.

于是出现了矛盾,称之为佯谬.

实验结果是没有感应电流.

(2)"通量法则"中的回路

从上面介绍的两例佯谬看,"通量法则"的普遍适用性似乎受到挑战.但是,"通量法则"是应用于一个回路的,佯谬的出现是因为"通量法则"本身不普遍成立,还是由于回路的选择不当?这是应当认真讨论解决的问题.

从"通量法则"的表述

$$\mathscr{E} = -\frac{\mathrm{d}\Phi}{\mathrm{d}t}$$

看,穿过以回路 L 为边界的曲面的磁通量 Φ 应当是在时间上连续的一阶可导函数.这就要求:① 当回路不变时,磁感应强度 B 是在时间上连续的一阶可导函数;② 当 B 不变时,回路 L 的位置的变化必须是连续、一阶可导的;③ 磁场和回路都变化时,两者都应是在时间上连续的一阶可导函数.

纵观电磁感应的佯谬,问题似乎都出在当回路变化时,回路构成不当.

从回路的初位形 L_1 到回路的终位形 L_2,中间必定有一个变化过程.按上述要求,在这个过程中回路的变化必须是连续的.因此,应当明确从初始到最终的变化过程中任一时刻 t 的回路位形,不仅要明确 t 时刻的回路位形,还应当明确 $t+\mathrm{d}t$ 时刻回路的位形.在微元时间 $\mathrm{d}t$ 前后,两个回路包围的面积之差应是一个微量.

在佯谬一(图 7.16)中,从回路 $abc\mathrm{S}_1da$ 变到 $abe\mathrm{S}_2fa$ 是不连续的突变,不可能找出中间过程中的任一个回路.实际上是从前一个回路突变成另一个回路,对这样两个回路应用通量法则,显然是错误的.

在佯谬二中,从图 7.17(a)的回路 $acbGa$ 开始,中间过程(图 7.17(b))c 点断裂开,分为 c'、c''两点,最后 c'、c''又合成 c 点(图 7.17(c)).如果割裂中间过程而不顾,只是草率地认定初始和最终的两个回路相同而去应用通量法则,这就与回路发生不连续突变(从回路 L_1 突变成回路 L_2)的情形相同,是注定会出差错的.于是,这里提出一个问题:根据回路应连续变化的原则,在从图 7.17(a)变到图 7.17(c)的过程中,接触点 c 处断开成c'和 c''并各自运动,在此期间应如何构成回路?随着过程的进行,这个回路如何变化才适合"通量法则"的要求?

设初始时刻为 t_0,c 点即将断开,回路为 $acbGa$.由于夹子向右移动,于时刻 $t_0+\mathrm{d}t$,夹子两臂原在 c 点接触的两质点分别处于c'和 c''位置,如图 7.18(a)所示,其中虚线分别表示 c'和 c''的轨迹.如果把$\overset{\frown}{cc'}$和$\overset{\frown}{cc''}$与夹子组成的回路 $ac'cc''bGa$ 作为 $t_0+\mathrm{d}t$ 时刻的回路,显然这样构成的回路满足连续变化这一要求.以后每一时刻的回路都按上述方法构成，那么在任一时刻 t 和 $t+\mathrm{d}t$ 时刻，回路都包围着磁铁，穿过回路的磁通量相同，即$\frac{\mathrm{d}\Phi}{\mathrm{d}t}=0$，因此无感应电动势，一直到 $c'c''$又重新重合于 c_1 点.按上述过程的符合逻辑的结果，这时的回路应为 ac_1dcec_1bGa，如图 7.18(b)所示，它仍然包围着磁铁，穿过此回路的磁通量和初始时刻 t_0 相同.所以，按照上述回路构成和回路连续变化的约定，即使比较最初和最终（磁铁被拉出去时）的回路，也可应用“通量法则”得到与实验相符的结果：$\mathscr{E}=0$.

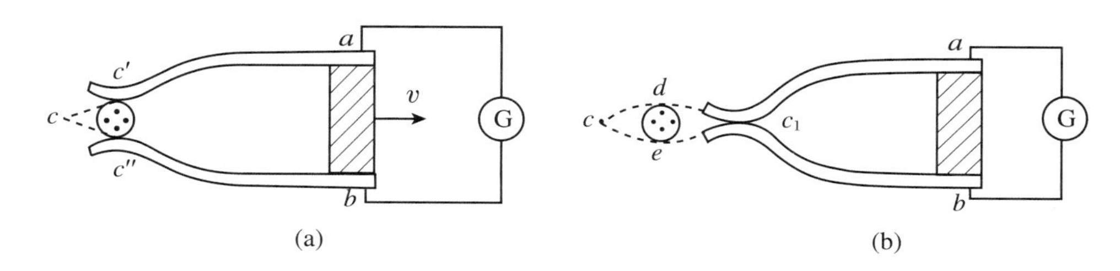

图 7.18

由此可见，只要按照电磁感应定律的通量法则中对回路的要求选取回路，是不会出现“通量法则”的反例的，也就不会出现佯谬.

对于闭合的线形导体回路，“通量法则”无疑可以应用.对于出现大块导体和回路中的导线发生断裂（如图 7.17 中的 c 点断开）的情形，回路构成的原则可归纳为[6]：

① 如果出现大块导体，应在导体上选择由导体粒子组成的曲线作为回路的组成线条，这根真实曲线随着导体的运动而运动，但不改变它在导体上的相对位置.例如，图 7.13 中转动圆盘上由导体粒子组成的线段 Oa 为回路的组成部分，随圆盘的转动，经 $\mathrm{d}t$ 时间，转到了 Oa'.

② 如果回路中导线的某点 c 在 t 时刻发生断裂（成为分开的两断口 c'和 c''），则 $t+\mathrm{d}t$ 时刻的回路应在断口 c'和 c''之间补上两断口质点 c'和 c''在空间运动的轨迹，如图 7.18 所示.又如图 7.13 中，在 t 时刻回路为 $OabcO$，由于圆盘转动，导线与导体线段 Oa 的接触点 a 断裂，$t+\mathrm{d}t$ 时刻 Oa 转到位置 Oa'，因此 $t+\mathrm{d}t$ 时间的回路应补上 a 点的轨迹，即弧$\overset{\frown}{aa'}$，这时回路为 $Oa'abcO$.

只要按上述原则构成回路，应用“通量法则”时就可以避免佯谬，作出符合实验的解释.

6. 动生电动势公式中的 v 是相对于什么的速度？

一段导体 ab 两端的动生电动势一般表示为

$$\mathscr{E}_{ab}=\int_a^b(\boldsymbol{v}\times\boldsymbol{B})\cdot\mathrm{d}\boldsymbol{l}\tag{7.53}$$

当长 l 的导体杆在与均匀磁场 $\boldsymbol{B}$ 垂直的平面上以速度 v 沿着与 $\boldsymbol{B}$ 垂直的方向平动

时,导体杆两端出现的动生电动势大小为

$$\mathscr{E}_{动} = vBl \tag{7.54}$$

按经典物理学的一般原则,这里的 $\boldsymbol{v}$ 和 $\boldsymbol{B}$ 都是相对于所选定的惯性参考系而确定的.但是关于 $\boldsymbol{v}$ 存在这样几种说法:"$\boldsymbol{v}$ 是导体杆(或导体线元)相对于激发磁场的磁铁或通电线圈的速度","$\boldsymbol{v}$ 是导体相对于磁场的速度","$\boldsymbol{v}$ 是导体杆切割磁感线的速度".下面对这几种看法进行分析和评论.

我们知道,所谓参考系是由当做静止的实物物体或彼此相对静止的一群实物物体组成的.磁铁或通电线圈无疑可以充当参考系.如果确实以磁铁作为参考系(惯性系),或磁铁在我们已确认的惯性参考系中静止,那么上面列出的第一种说法是可以成立的.在中学物理中,一般约定以地面或实验室为惯性参考系.如果激发磁场的磁铁或通电线圈是静止的,动生电动势公式中的 $\boldsymbol{v}$ 也就是导体杆相对于磁铁的运动速度.如果磁铁(或通电线圈)在运动着,仍把动生电动势公式中的 $\boldsymbol{v}$ 理解成"相对于磁铁的运动速度"会出现什么问题呢?

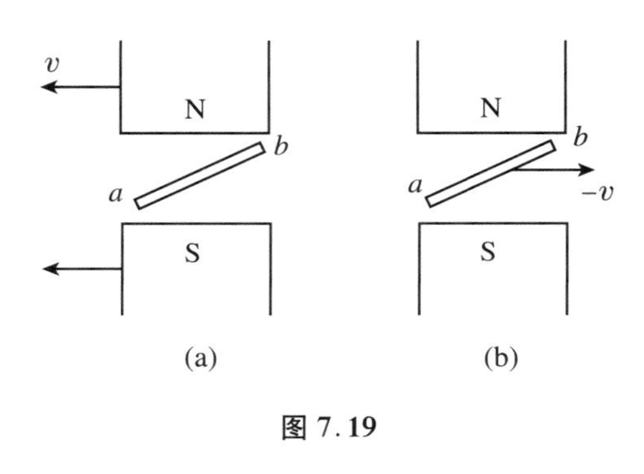

图 7.19

先分析一个简单的例子,我们假定放在磁铁的两极间的导体棒 ab 在实验室中静止,而磁铁以速度 v 运动着.如果以实验室作为参考系,导体棒的速度为零,如图 7.19(a)所示.在导体棒两端不出现动生电动势.如果以磁铁作为参考系,那么导体棒以速度 $-\boldsymbol{v}$ 运动着,如图 7.19(b)所示.根据式(7.53),在这个参考系中,导体棒两端应当出现动生电动势.看来,就动生电动势而言,采用不同的参考系得出了截然不同的结果.然而,在导体棒两端是否出现电动势或电动势的大小是可以用实验测定的.电动势测量的结果是否可以验证或否定上面的某一解释呢?不能.因为实验测量的电动势是包括动生和感生两种电动势的总和——感应电动势.只就动生电动势而言,在上面两个不同参考系中得出的截然不同的结论都是正确的.要对实测结果作出圆满的解释,还必须同时考虑在两个不同参考系中的感生电动势.实际上,当取实验室为参考系时,导体不动,其两端虽无动生电动势,但由于励磁磁铁的运动,磁场的空间分布将随时间而发生变化,从而激发感生电场,在导体棒两端将出现感生电动势.实验测出的就是这个感生电动势.在以磁铁为参考系的情况下,磁场不随时间而变化,导体棒的区域内没有感生电场,因而不出现感生电动势,测出的电动势就是由于棒在磁场中运动而出现的动生电动势.

由此看来,问题并不那么简单,它涉及两种感应电动势与参考系的关系(见下一个问题讨论).在上述的例子中,就总的感应电动势而言,导体棒和磁铁之间的相对运动是决定性的因素.但如果要明确在给定的物理过程中出现的动生电动势(或感生电

动势),就不能只停留于磁铁与导体棒之间的相对运动,而必须先明确所选定的参考系,用导体棒在该参考系中的运动速度来计算导体棒两端出现的动生电动势.实际上,不仅速度,磁感应强度、电场强度(包括感应电场)也都是与参考系有关的.当参考系变换时,它们各自按一定规律变换.我们应当在所选定的参考系中,根据在该参考系中的 $\boldsymbol{v}$、$\boldsymbol{B}$、$\boldsymbol{E}_{\mathrm{i}}$ 等量来计算在该参考系中出现的动生电动势和感生电动势,这样才能对实验结果作出圆满的解释.

既然参考系问题如此重要,我们就应坚持动生电动势公式中的 $\boldsymbol{v}$ 是相对于所选定的惯性参考系的速度.如前分析,如果把 $\boldsymbol{v}$ 理解成是“相对于磁铁或励磁线圈的速度”,会造成混乱.在图 7.19(a)所示的情形中,导体棒范围内的感应电场、感生电动势是客观存在着的.如果再以“棒相对于磁铁有运动”为由,并计算出动生电动势,那么把这两种电动势合起来就会得出错误的结果.

至于前面列举的后两种说法是不妥的.如第 5 章问题讨论 10 中已指出过的,电场、磁场这类非实物物质是不能充当参考系的,所以说“$\boldsymbol{v}$ 是导体棒相对于磁场的运动速度”是不妥当的.磁感线只不过是对磁场的形象描述,并非实在之物,同样也不能当做参考系.因此说“$\boldsymbol{v}$ 是导体棒垂直切割磁感线的速度”也不对.有时这样讲,其意或许是把磁场和磁感线当做与磁铁或励磁线圈相对不动的东西,因而实际上是指“相对于磁铁的速度”.如果这样,按前面的分析,一般来说也是不可取的.

7. 动生、感生电动势与参考系的选取有关

动生电动势与导体线元的速度和导体所在处的磁感应强度有关;感生电动势与导体所在处的磁感应强度的变化率有关或与感应电场 $\boldsymbol{E}_{\mathrm{i}}$ 有关,即

$$\mathscr{E}_{动} = \oint_L (\boldsymbol{v} \times \boldsymbol{B}) \cdot \mathrm{d}\boldsymbol{l}$$

$$\mathscr{E}_{感} = \oint_L \boldsymbol{E}_{\mathrm{i}} \cdot \mathrm{d}\boldsymbol{l} = -\iint_S \frac{\partial \boldsymbol{B}}{\partial t} \cdot \mathrm{d}\boldsymbol{S}$$

速度 $\boldsymbol{v}$、磁感应强度 $\boldsymbol{B}$、感应电场强度 $\boldsymbol{E}_{\mathrm{i}}$ 都是相对于参考系而确定的.对于不同的参考系,$\boldsymbol{v}$、$\boldsymbol{B}$ 和 $\boldsymbol{E}_{\mathrm{i}}$ 的值不同,导体回路中出现的动生电动势和感生电动势都是不同的.要了解动生、感生电动势各自随参考系不同而改变的情形,除了解速度变换规律以外,还应熟悉电场强度和磁感应强度随参考系变换的规律.这里,我们限于 $v \ll c$ 的情形,不计相对论效应,通过具体例子,了解动生电动势和感生电动势相对于参考系变换而改变的情形.

例 1 如图 7.20 所示,相距为 l 的两平行的静止导轨,它们所成的平面与均匀磁场 $\boldsymbol{B}$ 垂直.现有一金属杆,两端与导轨接触,并保持与导轨垂直,以速度 $\boldsymbol{v}$ 在导轨上滑动.讨论在不同的参考系中,在金属杆两端出现的感应电动势的类别.

解 ① 以静止的导轨为参考系(S 系).题目中给出的 B 就是在这个参考系中的

磁感应强度.若在 S 系上建立坐标系 $Oxyz$,如图 7.20 所示,则在这个静坐标系中,金属杆的速度分量为

$$v_x = v, \quad v_y = 0, \quad v_z = 0$$

磁感应强度的分量为

$$B_x = 0, \quad B_y = 0, \quad B_z = -B$$

在该参考系中,没有感应电场,即

$$E_x = E_y = E_z = 0$$

所以,相对于静系 S 而言,运动金属棒两端无感生电动势,只有动生电动势,其大小为

$$\mathscr{E}_{ab} = \mathscr{E}_{动} = vBl \qquad ①$$

② 对于运动参考系 S',它相对于导轨以速度 $u(u \ll c)$沿与导轨平行的方向运动(图 7.20).在此参考系中,导轨和金属棒的速度如图7.21 所示.根据非相对论情形($u \ll c$)下电场和磁场的变换式 $\boldsymbol{E}' = \boldsymbol{E} + \boldsymbol{u} \times \boldsymbol{B}$,$\boldsymbol{B}' = \boldsymbol{B} - \frac{1}{c^2}\boldsymbol{u} \times \boldsymbol{E}$,可得在 S'系中的感应电场和磁场强度的分量:

$$E'_x = E_x = 0, \quad E'_y = E_y - uB_z = uB$$

$$E'_z = E_z + uB_y = 0$$

$$B'_z = B_x = 0, \quad B'_y = B_y + \frac{u}{c^2}E_z = 0$$

$$B'_z = B_z - \frac{u}{c^2}E_z = B_z = -B$$

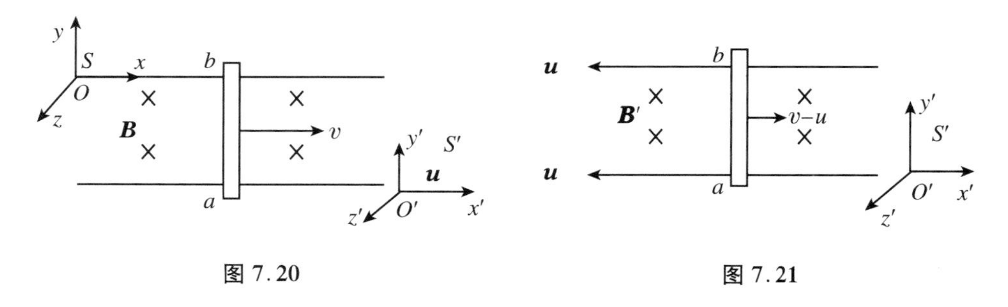

图 7.20　　　　图 7.21

可见,在 S'系中有沿 y'轴(即与金属棒平行,从 a 指向 b 端)的感应电场,大小为 $E'_{\mathrm{i}} = uB$.所以在金属棒两端的感生电动势大小为

$$\mathscr{E}'_{感} = \int_a^b E_{\mathrm{i}} \mathrm{d}l = uBl \qquad ②$$

此外,在 S'系中磁感应强度沿 z'轴的负方向,即垂直纸面向里(如图 7.21 所示),其大小为 $B' = B$.而金属杆运动的速度为 $v' = v - u$,方向与磁场垂直,所以在金属棒两端有动生电动势,方向由 b 到 a,其大小为

$$\mathscr{E}_{动} = v'B'l = (v - u)Bl \qquad ③$$

在 S' 系中金属棒两端的感应电动势为

$$\mathscr{E}'_{ab} = \mathscr{E}'_{感} + \mathscr{E}'_{动} = vBl \quad ④$$

不难看出，在 S' 系中既有动生电动势又有感生电动势，但它们的总和——感应电动势的大小与在静止参考系中的感应电动势相等.

如果 $u = v$，即参考系 S' 与金属棒保持相对静止，也就是取金属棒为参考系. 这时，金属棒两端不出现动生电动势，金属棒两端的感应电动势全是感生电动势，其大小为 $\mathscr{E}'_{感} = vBl$. 因此，在静系 S 中的动生电动势（$\mathscr{E}_{动} = vBl$）在以速度 $u = v$ 运动的动参考系 S' 中完全表现为（或转换为）感生电动势. 而在以速度 $u \neq v$ 运动的参考系 S' 中，这种转换是部分的.

一般来说，就产生电动势的非静电力而言，动生电动势与感生电动势有不同的形成机理. 前者是靠随导体运动的单位正电荷受磁场的洛伦兹力，后者是由磁场变化所激发的感应（涡旋）电场力. 但它们又都是与参考系的选取有关的. 只有明确选定了参考系，在给定导体回路上产生的动生电动势和感生电动势的区分才是确定的. 当参考系变化时，动生电动势和感生电动势可以此消彼长互相转化. 从这个意义上讲，把感生电动势分为动生电动势和感生电动势两种，在一定程度上只有相对意义.

是否都绝对（即在一切情况下）可以通过参考系的变换，使动生电动势完全变为感生电动势或者作相反的变换呢？也不是[7]. 对此我们不作一般的论证，仍然用实例来说明.

例如：对于均匀分布的长直圆柱面上的圆筒形电流，圆柱面电流的方向垂直于圆柱轴线. 磁场集中在柱面内（半径为 R），柱面外无磁场. 当面电流随时间变化时，柱面内的磁场随时间而变化，即 $\dfrac{\partial B}{\partial t} \neq 0$. 于是，在圆柱面外（$r > R$）有感应电场 E_i. 在半径为 $r(r > R)$、与圆柱同轴的静止导体圆形回路 L 上将出现感生电动势：

$$\mathscr{E}_{感} = \oint_L E_i \cdot dl = -\iint_S \frac{\partial B}{\partial t} \cdot dS = -\pi R^2 \frac{\partial B}{\partial t}$$

由于在静止参考系中，在 $r > R$ 的区域中只有感应电场 $\left(E_i = \dfrac{-R^2}{2r}\dfrac{\partial B}{\partial t}\right)$，而无磁场（$B = 0$）. 根据电场、磁场的变换关系 $\boldsymbol{E}' = \boldsymbol{E} + \boldsymbol{u} \times \boldsymbol{B} = \boldsymbol{E}$，在任何参考系（$u$ 为任何值）中，圆柱面外都保持着相同的感应电场. 因此 $r > R$ 的导体回路上的感生电动势不会因参考系的变换而消除，而是将保持不变. 而且由于 $\boldsymbol{B}' \approx \boldsymbol{B} - \dfrac{\boldsymbol{u}}{c^2} \times \boldsymbol{E} = -\dfrac{\boldsymbol{u}}{c^2} \times \boldsymbol{E}$，在 $u \ll c$ 的非相对论情形下，在任何参考系中，圆柱面外的磁场都微小得可略而不计，因此，在导体回路中几乎不可能因参考系的变换而出现动生电动势. 所以在这个例子中，感生和动生两种电动势由于参考系的变换而相互变换几乎是不可能的. 即便是考虑到相对论情形（u 接近光速），且感应电场 E_i 很强的情况，也不可能通过坐标系的变换将感生电动势全部消除而完全归结为动生电动势.

最后要问的是，既然动生和感生电动势都由于参考系的变换而变换，那么它们的和感应电动势的大小是否也随参考系的变换而不同呢？原则上讲，是的，感应电动势的大小与参考系的选取有关.但是如果不计相对论效应（低速情形），感应电动势随参考系的变化很微小，可略而不计，近似地认为感应电动势与参考系无关.在高速情形下，必须考虑相对论效应，这种变化就不能再被忽略.

8. 金属细杆沿导轨在磁场中运动的规律

作为动生电动势、欧姆定律和安培力等知识的综合练习，常会出现金属杆沿导轨在磁场中做切割磁感线的运动的问题.从力学观点看，这是变力作用下的运动，要完整地求解，必然涉及解运动微分方程.然而在一些被限定的要求下，可不必求解微分方程，在中学物理的范围内就可解决.这里讨论一般的情形，一方面可以展示这类运动的一般规律，另一方面也可更清晰地表明中学物理中可能出现的一些被限定要求的来龙去脉.

（1）沿水平导轨切割磁感线

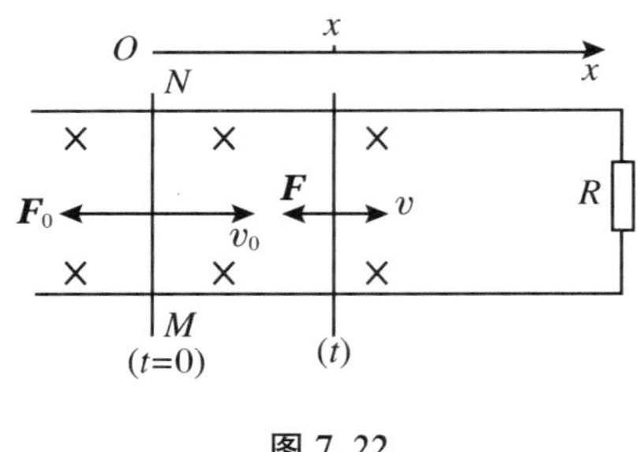

图 7.22

金属杆放在相距为 L 的两水平光滑长直导轨上，导轨的一端用电阻为 R 的电阻丝导通.均匀磁场沿竖直方向，磁感应强度为 B.让金属杆保持与导轨垂直，并以与杆平行的初速度 v_0 开始运动，如图 7.22 所示.不计导轨与金属杆之间的摩擦，不计导轨和金属杆的电阻，并设金属杆的质量为 m.讨论金属杆的运动规律.

① 金属杆的受力分析与运动微分方程

设在任一时刻 t，金属杆的速度为 v.根据电磁感应定律，在杆两端将出现动生电动势：

$$\mathscr{E}_{动} = BLv \tag{7.55}$$

方向由 M 端指向 N 端.由于杆与导轨组成闭合电路，电阻为 R，故杆上通过的电流为

$$I = \frac{\mathscr{E}_{动}}{R} = \frac{BL}{R}v \tag{7.56}$$

方向由 M 端指向 N 端.此载流金属杆将受到的磁场力（安培力）为

$$F = BIL = \frac{B^2L^2}{R}v \tag{7.57}$$

其方向与杆的运动方向相反，可见，安培力在这里充当着与速度成正比的阻力的角色.

由于不计摩擦，在运动方向无其他力作用，故杆沿导轨运动的微分方程为

$$m\frac{\mathrm{d}v}{\mathrm{d}t} = -\frac{B^2L^2}{R}v \tag{7.58}$$

设开始以初速度运动时刻作为计时起点，并以初始位置为位置原点，水平向右建立坐标系 Ox，则金属杆运动的初值为

$$t = 0,\quad x = 0,\quad v = v_0 \tag{7.59}$$

解方程(7.58)并代入初值，即可解出金属杆的运动规律.

② 金属杆的运动规律

用积分法解金属杆的运动微分方程(7.58)并代入初值(7.59)，得金属杆的速度随时间变化的规律：

$$v = v_0 e^{-\frac{B^2L^2}{mR}t} \tag{7.60}$$

其函数图像如图 7.23 所示. 可见，金属杆的速度随时间而负指数地减小，经过足够长的时间后，金属杆的速度趋近于零.

当 $t\to\infty$ 时 $v\to 0$ 的结果是可以通过分析和逻辑推断而得到的. 但定量的变化规律式(7.60)则必须应用理论力学的方法才能得到.

再进一步积分式(7.60)，可得到金属杆的坐标随时间变化的规律：

$$x = \frac{mR}{B^2L^2}v_0\left(1 - e^{-\frac{B^2L^2}{mR}t}\right) \tag{7.61}$$

其函数图像如图 7.24 所示. 可见，金属杆按式(7.61)的规律而逼近一个最终位置，或以初速度 v_0 运动的金属杆在电磁阻力作用下运动的最大(或极限)位移为

$$x_m = \frac{mR}{B^2L^2}v_0 \tag{7.62}$$

从式(7.60)和式(7.61)中消去时间 t，可得速度和位移的关系：

$$v = v_0 - \frac{B^2L^2}{mR}x \tag{7.63}$$

其函数图像如图 7.25 所示.

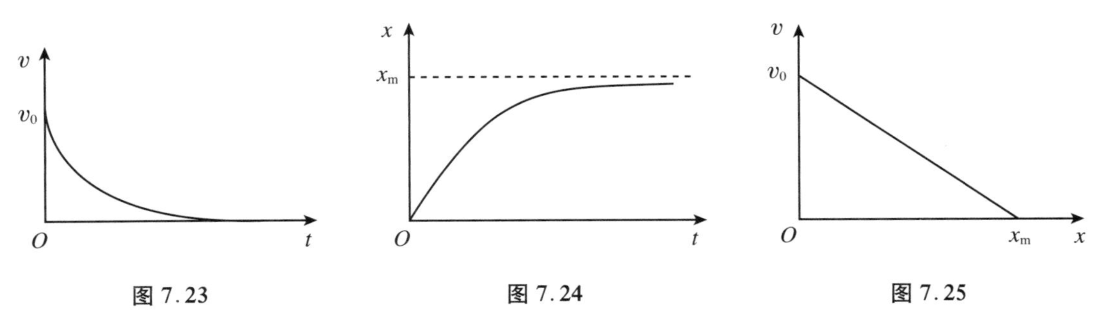

图 7.23　　图 7.24　　图 7.25

根据式(7.60)～式(7.63)，可对金属杆的运动作出定量的估计. 例如，设均匀磁场的磁感应强度为 $B = 10^{-1}$ T，如果杆的质量、导轨间距以及电阻的量级分别为 $m = 10^{-2}$ kg、$L = 10^{-1}$ m、$R = 10^{-1}$ Ω，杆的初始速度的量级为 $v_0 = 1$ m/s，则杆在导轨上运动的最大位移的量级为

$$x_m = \frac{mR}{B^2L^2}v_0 = \frac{10^{-2}\times 10^{-1}}{10^{-2}\times 10^{-2}}v_0 = 10v_0 = 10\ \text{m}$$

速度减小为初速度的百分之一(即 1 cm/s)所需的时间为

$$t = \frac{mR}{B^2L^2}\ln\frac{v_0}{v} = 10\ln 100\ \text{s} = 46\ \text{s}$$

可见，在磁场不强(0.1 T)的情形下，仅靠感生电流受到的安培力(电磁阻力)，金属杆运动的衰减是十分缓慢的，甚至比空气阻力造成的衰减还缓慢，因而不计空气阻力的前提条件已不成立. 如果要使由电磁阻力造成的衰减明显，根据式(7.60)～式(7.63)，应尽量增大$\frac{B^2L^2}{mR}$的数值. 由此看来，加强磁场 B 和增长金属杆的长度 L 似乎最有效. 但增长 L，就要求增加均匀强磁场分布的范围，这在实验上是有困难的. 如果保持 $L=0.1$ m、$m=0.01$ kg、$R=0.1\ \Omega$，将磁场增强十倍，即 $B=1$ T，则金属杆的最大位移减小为 $x_m=0.1$ m，速度减为初速度的百分之一所需的时间为 0.46 s. 如果这样，金属杆上的感应电流受的安培力造成的运动衰减就相当明显了. 但要得到 $B=1$ T的强磁场，在一般实验室中又是难于实现的。

(2) 沿倾斜导轨切割磁感线

有相距为 L 的两平行的光滑导轨组成的平面，其倾斜角为 θ，两导轨在其一端由电阻为 R 的金属丝导通. 均匀磁场垂直于导轨平面，磁感应强度为 B. 现有一质量为 m 的金属杆保持与导轨垂直，从静止开始沿导轨滑下，如图 7.26 所示. 不计一切摩擦阻力，不计导轨和金属杆的电阻，讨论金属杆的运动规律.

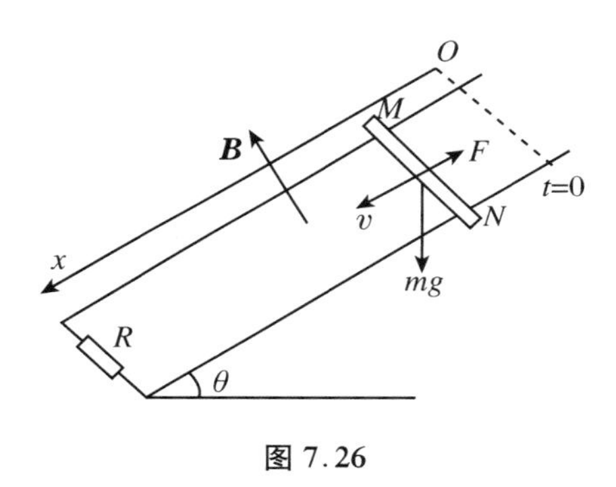

图 7.26

在中学物理中，对这个问题只能求金属杆最后的下滑速度. 分析如下：开始时，金属杆在重力沿导轨的分力作用下运动，随即在金属杆两端出现动生电动势 $\mathscr{E}_{动}=BLv$，因而有感应电流 $I=\frac{\mathscr{E}_{动}}{R}=\frac{BL}{R}v$ 通过金属杆，载流金属杆在磁场中受到与速度方向相反的安培力 $F=BLI=\frac{B^2L^2}{R}v$，此力与速度成正比. 当下滑力大于安培力时，金属杆做加速运动. 随着速度的增大，作为阻力的安培力随之增大，而下滑力是恒定的. 直到安培力增大到等于下滑力时，金属杆的速度达最大值 v_m，此后杆保持此速度匀速下滑. 因此由

$$mg\sin\theta = \frac{B^2L^2}{R}v_m$$

解出终极的速度为

$$v_m = \frac{mRg}{B^2L^2}\sin\theta \tag{7.64}$$

从开始到达到终极速度这一过程，金属杆做变加速运动，其规律应求解运动微分

方程.金属杆的运动微分方程为

$$m\frac{\mathrm{d}v}{\mathrm{d}t}=m\sin\theta-\frac{B^2L^2}{R}v$$

$$\frac{\mathrm{d}v}{\mathrm{d}t}=g\sin\theta-\frac{B^2L^2}{mR}v \tag{7.65}$$

解此方程,并代入初值 $t=0$, $v=0$,得金属杆的速度变化规律为

$$v=\frac{mgR\sin\theta}{B^2L^2}\left(1-\mathrm{e}^{-\frac{B^2L^2}{mR}t}\right)=v_\mathrm{m}\left(1-\mathrm{e}^{-\frac{B^2L^2}{mR}t}\right) \tag{7.66}$$

v-t 图线如图 7.27 所示.可见,随着时间的增加,金属杆按式(7.66)表明的规律趋于终极速度 v_m,其值如式(7.64)所示.

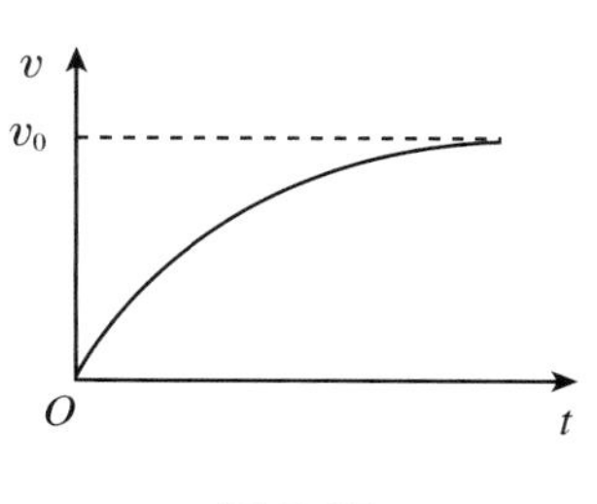

图 7.27

进一步积分式(7.66),并设初值为 $t=0$, $x=0$,以杆的初始位置为原点(沿导轨向下为 x 轴),得金属杆的坐标 x 随时间变化的规律为

$$x=v_\mathrm{m}\left[t-\frac{mR}{B^2L^2}\left(1-\mathrm{e}^{-\frac{B^2L^2}{mR}t}\right)\right] \tag{7.67}$$

其中,v_m 即杆的终极速度(式(7.64)).从上式可见金属杆的运动可看成两分运动的叠加:

$$x=x_1+x_2$$

其中

$$x_1=v_\mathrm{m}t \tag{7.68}$$

为沿 x 轴正方向的匀速直线运动,速度为终极速度 v_m.

$$x_2=-\frac{mR}{B^2L^2}v_\mathrm{m}\left(1-\mathrm{e}^{-\frac{B^2L^2}{mR}t}\right) \tag{7.69}$$

为沿 x 轴负方向的变速运动.与式(7.61)比较,可见,这一分运动就是初速度为 $-v_\mathrm{m}$ 的导体杆在电磁阻力作用下的运动.

下面对金属杆的运动作出定量的估计.

设 $B=0.1$ T, $m=0.01$ kg, $L=0.1$ m, $R=0.1$ Ω, $\theta=30^\circ$.则由式(7.64)求出终极速度为

$$v_\mathrm{m}=\frac{mgR\sin\theta}{B^2L^2}=\frac{10^{-2}\times10\times10^{-1}\times0.5}{10^{-2}\times10^{-2}}\ \mathrm{m/s}=50\ \mathrm{m/s}$$

这甚至超过了杆在空气阻力作用下沿 30°倾角的光滑斜面运动可达到的终极速度.因此,在此种情况下,空气阻力和导轨的摩擦与电磁阻力相比已是不可忽略的因素,不计空气阻力这一前提条件已不成立.

要使金属杆上的感应电流受的电磁阻力成为主要的阻力(空气阻力因而可略去),应加强磁场.设在保持其他条件不变的情形下,将磁场增强十倍,即 $B=1$ T,则杆的终极速度为

$$v_m = 0.5 \text{ m/s}$$

这远比由空气阻力造成的终极速度小，因此电磁阻力视作主要的阻碍因素的假设合理. 再由式(7.66)可求出杆的速度达到终极速度的99%所需时间为

$$t = \frac{mR}{B^2L^2}\ln\left(1-\frac{v}{v_m}\right)^{-1} = \frac{10^{-2}\times 10^{-1}}{1^2\times 10^{-2}}\ln\left(1-\frac{99}{100}\right)^{-1} \text{ s} = 0.46 \text{ s}$$

应用式(7.67)可算出在这段时间内金属杆沿倾斜导轨滑动的距离为

$$x = 0.5\times[0.46 - 0.1(1-e^{-4.6})] \text{ m} = 0.18 \text{ m}$$

可见，只要造成面积大于 $0.1\times 0.18 \text{ m}^2$ 的 $B=1$ T 的均匀磁场区，就可能观察到金属杆沿倾斜导轨运动，并逐渐接近终极速度的过程.

综上所述，在这类题目中，磁感应强度的数量级应达到 1 T 才是合理的. 如果 B 的数量级只是 0.1 T 或者更小就不合理了. 这不仅因为电磁阻力造成的衰减很慢，不易观察，更主要的是在这种情形下，空气、导轨等引起的摩擦阻力与电磁阻力相比已上升为不可忽略的重要因素.

9. 电磁阻尼及其应用

在上一问题讨论中，讨论的是沿导轨做切割磁感线运动的一根金属细杆，由于只有一根通电导线，在通常条件下电磁阻力是较小的. 但是，对于在磁场中运动的大块导体，或磁电式电流计中在永磁极之间转动的多匝线圈，受到的电磁阻力却成为不可忽略的重要因素，并有许多实际应用. 下面分别介绍.

(1) 在磁场中运动的大块导体受到的电磁阻尼

在大块导体中，可任意构成许许多多闭合的导体回路. 当大块导体在磁场中运动时所有这些小的导体回路都做切割磁感线运动，因而在回路中形成许多闭合的感应电流，称为涡电流. 根据楞次定律，所有这些涡电流受磁场作用的电磁力将阻碍大块导体在磁场中的运动，也就是说，涡电流受到的电磁力是阻力，称为**电磁阻尼**. 由于导体电阻率很小，即使感应电动势不大，也可能产生明显的涡电流，使它们受到的电磁阻力明显可见.

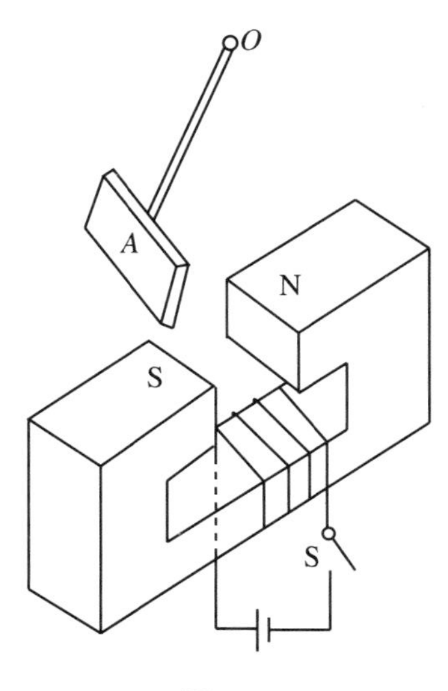

图 7.28

如图 7.28 所示，A 是由金属平板组成的摆，其摆平面通过电磁铁的两极之间. 当绕在电磁铁上的励磁线圈未通电时，两极间无磁场，摆动的衰减只由轴的摩擦和空气阻力引起，其衰减缓慢. 当接通励磁电源，在两极间建立磁场后，摆动的衰减便大为加快. 这个现象明显地表明磁场对在其中运动的大块导体的电磁阻尼

作用.

电磁阻尼有相当广泛的应用,如在电学测量仪表中的阻尼器(图 7.28).磁电式仪表中的线圈通电后受磁力矩而偏转,同时因游丝的变形或悬丝的扭转而受到与转向相反的弹性力矩.当两力矩平衡时,指针应指向一定的方位.但由于弹性力矩的出现,指针会在平衡位置附近摆动而不便于测量.装上图 7.29 所示的阻尼器,让与指针同轴的铝片 a 处于永磁体 b 的两极之间.这样,在指针转动的同时,铝片在磁场中运动,从而受到电磁阻尼,它将阻止指针的摆动而使其稳定在平衡位置.由于电磁阻尼同介质的阻尼类似,是与速度成比例的阻力,所以它只能稍微延迟指针转向平衡位置的时间,并阻止在平衡位置附近摆动,不会改变由通电线圈受的电磁力矩和弹性力矩决定的平衡位置的方位.在一般的磁电式电流计中,线圈常绕在一个封闭的铝框上,测量时这个铝框随线圈在磁场中转动,这个铝框就起到阻尼器的作用.

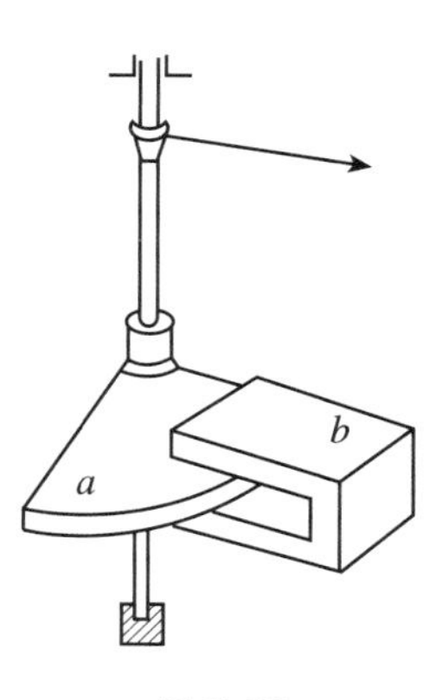

图 7.29

电气机车中的电磁制动器也是应用电磁阻尼的实例.

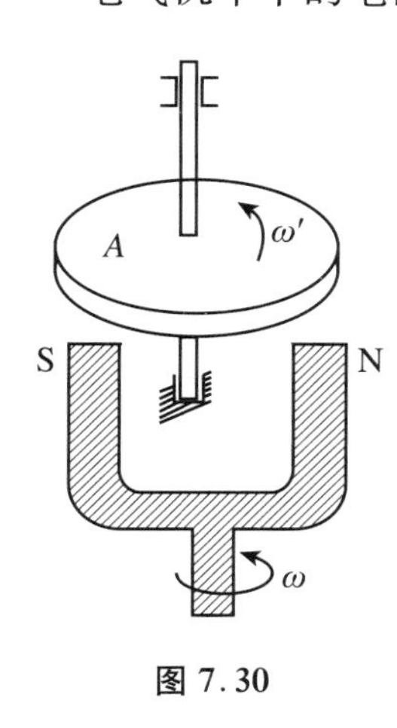

图 7.30

由于磁体的磁场作用,在大块金属上的电磁阻力实际上阻止了大块金属与励磁的磁体之间的相对运动,因此也可以沿相反的途径把这种效应用作电磁驱动.如图 7.30 所示,A 为可绕轴转动的金属圆盘,在其下面放永磁体.当永磁体以角速度 ω 转动时,金属圆盘处于变化的磁场中,感应电场同样使金属圆盘上出现涡电流.涡电流受磁场的磁力将阻止磁铁与圆盘的相对运动,因而使圆盘绕着与磁体相同的转向转动起来.如果在转盘轴上安装弹性回复装置,圆盘的转动将引起反向的弹性恢复力矩,当它与磁体磁场作用于涡电流上的电磁力矩等大反向时,圆盘达到平衡位置.于是,圆盘的转角便可反映电磁驱动力矩的大小,而这又与磁体的转速 ω 有关.所以,利用这个效应可以制成磁动式转速表,用来测量转速.

(2) 灵敏电流计中线圈的电磁阻尼

灵敏电流计是高灵敏度的磁电式电流计,可用来测量 $10^{-11}\sim10^{-7}$ A 的微小电流.

如图 7.31(a)所示,灵敏电流计中的矩形线圈 1 绕在圆柱形软铁芯 2 上,置于永久磁铁的两板间.磁极的形状可使在磁极与圆柱形软铁芯之间形成径向的磁场(见图 7.31(b)),并保证线圈不论转到什么方位,与圆柱轴平行的部分都处于相同大小的磁场中,而且保证在转动时总是垂直切割磁感线.为了提高灵敏度,线圈绕线较细,圈数较多,而且线圈不是靠轴承支撑的,而是用一根细金属丝 3 悬挂,线圈能以金属丝为轴转动.悬丝下端装上一个小镜4,将一细光束投射到镜上,当小镜随线圈转动时,从小镜反射光的偏向即可反映线圈的转角.这里通过小镜反射的光束相当于一个无惯性的指针.

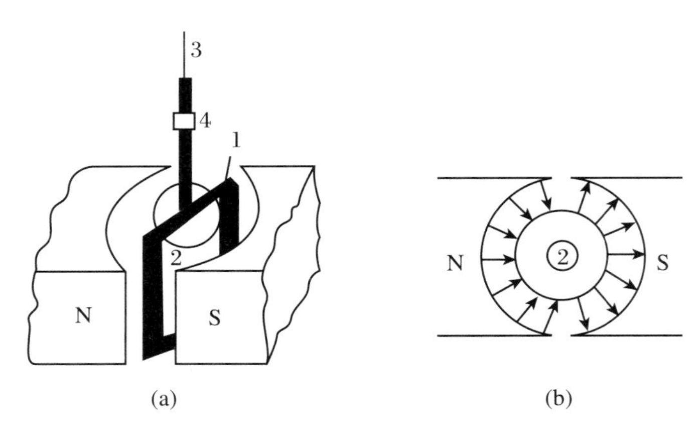

图 7.31

当线圈通以待测电流 I 时,线圈受到的安培力对轴线的力矩的大小为

$$M_{磁} = 2NILBr = NISB \tag{7.70}$$

其中,N 为线圈匝数,B 为磁感应强度,L 为矩形线圈竖直边长,r 为其半径,$S=2Lr$ 为线圈的面积.$M_{磁}$ 使线圈转动,悬丝发生扭转.当偏转角为 φ 时,悬丝的弹性恢复力矩为

$$M_{磁} = -D\varphi \tag{7.71}$$

式中,D 为回复系数(由悬丝材料的切变模量、悬丝的长度和直径等因素决定).

当安培力矩与弹性回复力矩大小相等时,两力矩平衡,这时线圈的偏转角为

$$\varphi_0 = \frac{NISB}{D} \tag{7.72}$$

但由于在线圈从开始转动到平衡位置的过程中,当安培力矩大于回复力矩时,转动动能增大,在平衡位置处已有一定的转速,因此不可能在平衡位置 $\varphi=\varphi_0$ 处静止,而是以平衡位置为中心摆动.

为了阻止摆动,按一般的磁电式仪表加阻尼器的方法有碍于提高灵敏度,为灵敏电流计所不取.在这里采取利用转动线圈上出现的感应电流受到的电磁阻尼来阻止摆动.当线圈在磁场中以角速度 ω 转动时,线圈两边竖直的导线切割磁感线,产生动生电动势,其大小为

$$\mathscr{E} = 2NBLv = 2NBLr\omega = NBS\omega \tag{7.73}$$

设线圈的电阻为 R_i,与之串联形成闭合回路的外电路电阻为 R_e,总电阻 $R=R_i+R_e$,则线圈通过的感生电流为

$$i = \frac{\mathscr{E}}{R} = \frac{NBS}{R}\omega \tag{7.74}$$

此感应电流在磁场中同样受到安培力矩，只是这个力矩与线圈转动方向相反，为阻力矩，其大小为

$$|M_{阻}| = NiSB = \frac{(NSB)^2}{R}\omega \tag{7.75}$$

由于它总是阻碍线圈的转动（楞次定律），方向与角速度 $\omega = \frac{d\varphi}{dt}$ 的方向相反，故可表示为

$$M_{阻} = -P\frac{d\varphi}{dt} \tag{7.76}$$

其中

$$P = \frac{(NSB)^2}{R} \tag{7.77}$$

称为阻力矩系数.

由上可见，线圈在 $M_{磁}$、$M_{弹}$ 和 $M_{阻}$ 三个力矩作用下转动.由于待测电流 I 是很小的电流，比较式(7.70)和式(7.75)，$M_{阻}$ 与 $M_{磁}$ 相比已不是可忽略的因素.实际上，通过适当调整 R_e（即调整 R）而调整阻力矩系数 P，可使 $M_{阻}$ 在线圈的转动中起到明显的阻尼作用.

根据转动定律，电流计线圈的运动方程为

$$J\frac{d^2\varphi}{dt^2} = M_{磁} + M_{弹} + M_{阻}$$

J 为线圈对轴的转动惯量.将式(7.70)、式(7.71)、式(7.77)代入整理后，得

$$\frac{d^2\varphi}{dt^2} + 2\beta\frac{d\varphi}{dt} + \omega_0^2\varphi = \frac{N}{J}BIS \tag{7.78}$$

式中

$$\beta = \frac{P}{2J} = \frac{(NSB)^2}{2JR} \tag{7.79}$$

称为阻尼因数.

$$\omega_0 = \sqrt{\frac{D}{J}} \tag{7.80}$$

称为线圈绕悬丝的固有振动角频率.

根据微分方程理论，式(7.78)的解分为三种情况，分别对应于线圈的三种可能的运动规律.

① 当 $\beta < \omega_0$，即电磁阻尼与悬丝的弹性相比为次要因素时，线圈将在平衡位置 φ_0 附近做衰减振动，其规律为

$$\varphi = \varphi_0 - \varphi' e^{-\beta t}\cos(\omega t + \alpha) \tag{7.81}$$

其中，$\omega = \sqrt{\omega_0^2 - \beta^2}$，$\varphi'$ 和 α 是由线圈运动的初始状态决定的常数.设初始时，$t = 0$，$\varphi = 0$，$\frac{d\varphi}{dt} = \omega_0 = 0$，则有

$$\varphi' = \sqrt{1+\left(\frac{\beta}{\omega}\right)^2}\varphi_0$$

$$\alpha = \arctan\left(-\frac{\beta}{\omega}\right)$$

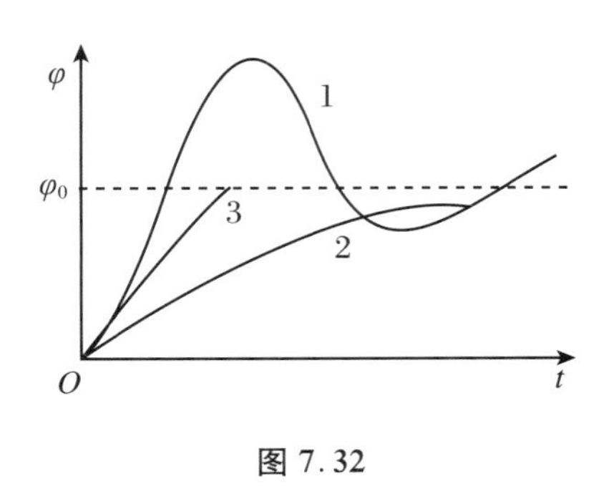

图 7.32

偏转角 φ 在平衡位置 φ_0 附近振动的情况如图 7.32 中的图线 1 所示.可见,线圈将经过一个衰减振动的过程,慢慢地稳定在平衡位置 φ_0.

② 当 $\beta > \omega_0$,即线圈中感应电流的电磁阻尼与悬丝的弹性相比成为突出的重要因素时,线圈将十分缓慢地转向平衡位置,不会发生在平衡位置附近的摆动,偏转角随时间而趋近于 φ_0 的规律为

$$\varphi = \varphi_0 - e^{-\beta t}\left(Ae^{\sqrt{\beta^2-\omega_0^2}\,t} + Be^{-\sqrt{\beta^2-\omega_0^2}\,t}\right) \tag{7.82}$$

在前述的初始条件下,两积分常数 A、B 分别为

$$A = \frac{1}{2}\varphi_0\left(1+\frac{\beta}{\omega}\right),\quad B = \frac{1}{2}\varphi_0\left(1-\frac{\beta}{\omega}\right)$$

偏转角 φ 趋近平衡值 φ_0 的情况如图 7.32 中的图线 2 所示. φ 十分缓慢地趋于 φ_0.这是电磁阻尼过大的表现,故称此种情况为过阻尼.

③ 当 $\beta = \omega_0$ 时,为上面两种情况之间的临界情形,线圈既不在 φ_0 附近做衰减振动,又能较快地达到平衡位置 φ_0,并稳定下来.这种情况称为临界阻尼.在前述初始条件下,φ 的变化规律,即式(7.78)的解为

$$\varphi = \varphi_0 - (1+\beta t)\varphi_0 e^{-\beta t} \tag{7.83}$$

图 7.32 中的图线 3 表示临界阻尼下 φ 趋向平衡值 φ_0 的过程.

根据对灵敏电流计的线圈在通以待测电流 I 后的运动情况的上述分析可见,为了测量的方便,应避免衰减振动和过阻尼,而利用临界阻尼.为此就需调整电流计线圈的有关参数,以满足 $\beta = \omega_0$,即满足

$$\frac{(NSB)^2}{2JR} = \sqrt{\frac{D}{J}} \quad 或 \quad \frac{(NSB)^2}{2R\sqrt{JD}} = 1 \tag{7.84}$$

其中,$R = R_i + R_e$ 为线圈内阻与外电路的电阻之和.在线圈的内参数已确定的情况下,可以调节外电路的电阻 R_e,使条件(式(7.84))满足.

在使用灵敏电流计时,还会发生这种情形,即当电流计已显示待测电流引起的线圈偏转,然后将电路断开时,线圈不构成回路.已经偏转的线圈受弹性回复力作用而在零点附近来回振动.这是实验中不希望发生的事.为了解决这个问题,在电流计的两端并联一个阻尼开关,它在测量时是断开的.为了在测量终止时使线圈的摆动停下来,在线圈摆动到零点位置时,迅速将阻尼开关合上,这相当于接上一个 $R_e = 0$ 的外

电阻，此时，转动的线圈产生较大的感应电流，从而受到较大的阻力，使线圈迅速停止下来.

10. 由安培力的冲量引起的运动中动生电动势的影响

为了使同学们熟悉安培力的作用，有一类题目设计了一段处于外磁场的可动杆，在短暂的通电时间内，安培力的冲量引起了杆的运动，要求讨论这种杆的运动规律.由于杆一开始运动就要切割磁感线，因而这本是一个既有安培力，又有动生电动势的作用的问题.分析这些题目及其解法，发现常常把"动生电动势"这一点疏漏了.这里，我们以两种供电情况为例，讨论这方面的问题.

(1) 稳恒电源供电时安培力的冲量引起的运动

这里以一个题目为例，展开我们的讨论.

例1 如图7.33所示，质量为 m、长为 l 的均匀铜杆水平放在铜质支座 a、b 上.均匀磁场 $\boldsymbol{B}$ 沿水平方向，与铜杆垂直向里.线路总电阻为 R，电源电动势为 $\mathscr{E}$，不计线路的自感.当闭合S接通电路后，经时间 τ，铜杆向上滑离支座.假定在滑离前，铜杆保持与两支座良好接触，并不计摩擦，铜杆滑离支座后做平动而无转动.求铜杆跳离支座的高度 h.

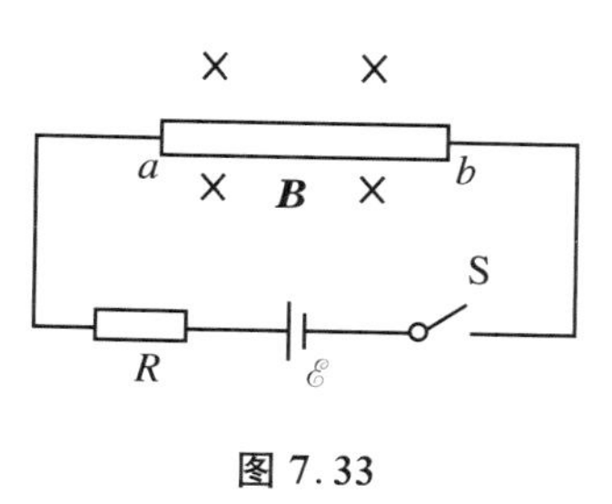

图7.33

解 由于不计自感，通电后立即在线路中建立从 a 流向 b 的电流：

$$I=\frac{\mathscr{E}}{R} \quad ①$$

由于在铜杆滑离支座前，电路保持畅通，又不计摩擦，故铜杆受向上的安培力 BlI 和向下的重力.合力为

$$F=BlI-mg=\frac{Bl\mathscr{E}}{R}-mg \quad ②$$

设经时间 τ，铜杆以速度 v 跳离支座.由动量定理有

$$F\tau=mv \quad ③$$

将式②代入式③，解得

$$v=\left(\frac{Bl\mathscr{E}}{mR}-g\right)\tau \quad ④$$

显然，只有当安培力大于重力，即 $Bl\mathscr{E}/R>mg$ 时，$v>0$，铜杆才能向上跳离支座.当铜杆跳离后，线路切断，无电流通过铜杆，铜杆只受重力作用，应用机械能守恒定律，得

$$mgh=\frac{1}{2}mv^2$$

$$h = \frac{v^2}{2g} = \frac{\tau^2}{2g}\left(\frac{Bl\mathscr{E}}{mR} - g\right)^2 \tag{⑤}$$

此即铜杆跳离支座的高度.

讨论 以上解法忽视了一个因素,即铜杆从静止开始向上运动,便会因切割磁感线而在 b、a 两端之间产生动生电动势 $\mathscr{E}_{动} = Blv$(这里速度 v 是变化的).在铜杆离开支座前,$\mathscr{E}_{动}$ 对电流有影响,因而要影响安培力的大小.考虑这个因素后,式①、式②应改为

$$I = \frac{\mathscr{E} - Blv}{R} \tag{①$'$}$$

$$F = \frac{Bl}{R}(\mathscr{E} - Blv) - mg \tag{②$'$}$$

这里,v 是一变量,故 F 为变力.严格求解经时间 τ 后的速度应解运动微分方程式.

但是,如果电源电动势远大于动生电动势,即

$$\mathscr{E} \gg Blv \tag{③$'$}$$

可不计动生电动势的影响,式①、式②近似成立,上述解法可行.尽管如此,在分析问题时,应当注意到这一点,对解的近似性及其条件有所考虑.

一般而论,按式②$'$,铜杆在离开支座以前的动力学方程(微分方程)式为

$$\frac{\mathrm{d}v}{\mathrm{d}t} = \frac{Bl}{mR}(\mathscr{E} - Blv) - g \tag{④$'$}$$

积分此方程,解出经时间 τ 跳离支座时的速度应为

$$v = \frac{Bl\mathscr{E} - mgR}{B^2 l^2}\left(1 - \mathrm{e}^{-\frac{B^2 l^2}{mR}\tau}\right) \tag{⑤$'$}$$

如果满足条件

$$\frac{B^2 l^2 \tau}{mR} \ll 1 \tag{⑥$'$}$$

应用展开式 $\mathrm{e}^x = 1 + x + \frac{x^2}{2} + \cdots$,略去二级以上的小量($\mathrm{e}^x \approx 1 + x$),可得

$$v = \left(\frac{Bl\mathscr{E}}{mR} - g\right)\tau$$

与前面解出的结果(式④)相同.这说明在一定条件下,前面的近似解法是可行的.

最后,说明前面近似解法中要求的条件式③$'$与严格求解后得出与近似解法相同结果所要求的条件式⑥$'$是相容的.取速度的最大值,即式④中的 v,则有(最大动生电动势)

$$Blv = Bl\left(\frac{Bl\mathscr{E}}{mR} - g\right)\tau = \frac{B^2 l^2 \tau}{mR}\left(\mathscr{E} - \frac{mR}{Bl}g\right)$$

显然,当条件⑥$'$成立时($B^2 l^2 \tau / mR \ll 1$),必有

$$Blv \ll \mathscr{E} - \frac{mR}{Bl}g, \quad Blv \ll \mathscr{E}$$

这就是式③′.

(2) 电容器放电电流受安培力引起的运动

例2　如图7.34所示，电容 C 充电至电压 U，O_1 和 O_2 为两铜柱，O_1a 和 O_2b 是接在两铜柱上的两根轻柔的导线，下端接在一根水平悬吊着的、长为 l、质量为 m 的铜杆 ab 两端. 铜杆处于竖直向上的均匀磁场中. 线路的电阻和自感都很小，可忽略. 当开关S闭合时，电容器放电. 求铜杆摆动的最大高度.

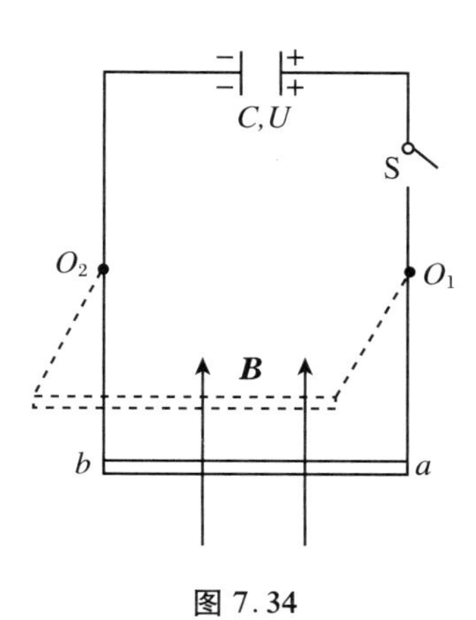

图7.34

解　解法一　电容器放电，铜杆上的电流 i 从 a 端流向 b 端，铜杆将受磁场作用的安培力，其方向水平指向纸里. 设从开始接通S到放电完毕的时间 τ 内，平均放电电流为 $\bar{i}$，平均安培力为 $\bar{F}$，则有

$$\bar{i} = \frac{Q}{\tau} = \frac{CU}{\tau} \quad ①$$

$$\bar{F} = Bl\bar{i} = \frac{CUBl}{\tau} \quad ②$$

设放电完毕时，铜杆的速度为 v，根据动量定理，有

$$\bar{F}\tau = mv \quad ③$$

将式②代入式③，解得

$$v = \frac{CUBl}{m} \quad ④$$

设铜杆摆动的高度为 h，由机械能守恒得

$$mgh = \frac{1}{2}mv^2 \quad ⑤$$

解出

$$h = \frac{C^2U^2B^2l^2}{2m^2g} \quad ⑥$$

解法二　充电电容器的静电能为

$$W = \frac{1}{2}CU^2 \quad ⑦$$

由于不计电阻和自感，也不计辐射，故放电过程中无能量耗损. 根据能量守恒定律，当电容器放电完毕时，电容器上无电荷，线路中无电流，静电能全部转换成铜杆的机械能的增量. 设铜杆摆动的最大高度为 h_{m}，则有

$$W = mgh_{\mathrm{m}} \quad ⑧$$

由式⑦、式⑧解出

$$h_{\mathrm{m}} = \frac{CU^2}{2mg} \quad ⑨$$

讨论 上面两种解法所得结果不同，分析讨论如下：

(1) 哪种解法正确？

分析解法一的结果式⑥，当电容 C 和充电电压 U 以及杆的质量确定时，摆动的高度与 B^2 和 l^2 成正比，即杆越长，磁场越强，摆得越高. 从能量守恒角度看，这显然是不合理的. 故解法一必有问题.

解法二根据的是能量转换和守恒定律. 电容器放电引起铜杆摆动. 由于不计电阻，能量只能在静电能与机械能之间转换. 式⑧表示初态（全是静电能）与末态（能量全是机械能）的能量相等，是完全正确的. 所以，式⑨为所求的正确答案.

(2) 解法一的错误出在哪里？

① 解法一与例 1 的解完全相似，但两例是有差异的. 在例 1 中，铜杆跳离后，电流随即消失，因此在向上运动中只受重力，列出机械能守恒式是正确的.

本例中，已摆动的铜杆仍在磁场中运动. 由于铜杆两端接电容器，因而动生电动势要形成对电容器的充电电流，此电流要受安培力作用. 因此，认为铜杆在上摆过程中只有动能与重力势能的转换，机械能守恒，就不合理了. 实际上，在铜杆向上摆动过程中，电容器的充放电过程因动生电动势始终存在（直到摆到最高点为止）而变得十分复杂，在上摆过程中，始终有静电能参加转换.

解法二考虑到这一复杂情况，而对全过程应用包括静电能在内的普遍能量守恒定律. 它避开复杂的具体过程，把最初的能量和最后（即达到最高点，速度为零，电流为零（放电完毕）时）的能量联系起来，从而一举求出正确的结果.

② 电容器的放电电流在电阻很小的情形下从很大的初值迅速衰减为零. 当电容器的电压因放电而迅速减小时，已经运动起来的铜杆切割磁感线产生的动生电动势与电容器在该时刻的电压相比是不可忽略的，必须考虑. 解法一正好忽视了这一点.

即使为避免①中已指出的问题，假定在电容器放电完毕的极短时间内，铜杆具有速度 v 以后就离开了磁场区域. 这时，解法一中的机械能守恒式虽可以应用，但在铜杆离开磁场区以前仍必须考虑动生电动势的影响.

(3) 如何解决提出的问题？

下面我们讨论计入动生电动势后，会有什么结果.

① 设电容器放电过程中任一时刻 t，铜杆的速度为 v，电容器上的电荷为 q，电路上的电流为 i（方向从杆的 a 端流向 b 端）. 电路在此时刻的电压方程为

$$\frac{q}{C} - Blv = Ri \tag{⑩}$$

其中，Blv 即为动生电动势的值，R 很小（题目中的条件是 R 很小，可以不计，这里暂时计入）.

为了使静止的杆摆动起来，铜杆受的安培力不应改变方向，为此应保证电流方向不变——从 a 流向 b，即 $i \geqslant 0$. 考虑到 R 很小这一条件，用不等式代替式⑩：

$$\frac{q}{C} \geqslant Blv \tag{11}$$

两边对时间求导，并注意$\frac{\mathrm{d}q}{\mathrm{d}t}=i$，得

$$i \geqslant CBl\frac{\mathrm{d}v}{\mathrm{d}t} \tag{12}$$

在放电的短暂时间内，铜杆可看做水平运动.水平方向只受安培力 iBl.根据动力学规律，有

$$\frac{\mathrm{d}v}{\mathrm{d}t} = \frac{iBl}{m} \tag{13}$$

将式⑬代入式⑫，并注意到 $i>0$，可得到条件：

$$\frac{CB^2l^2}{m} \leqslant 1 \tag{14}$$

这便是保证任何时候动生电动势的出现不改变电流的方向，从而保证安培力沿一定方向作用于铜杆的条件.

请比较解法一解出的 h（式⑥）和解法二解出的 h_m（式⑨），CB^2l^2/m 正是 h 比 h_m 多出的一个因子.将式⑭代入式⑥，可得

$$h \leqslant \frac{CU^2}{2mg} \quad 或 \quad h \leqslant h_m \tag{15}$$

可见，如果考虑到条件⑭，并采用“铜杆开始摆动以后即离开了磁场区域”这个假定，就可以克服解法一中存在的问题，并使它与解法二的正确结果联系起来.

式⑮中的“$\leqslant$”符号可作如下理解：等号适用于 $R=0$，且铜杆摆到最高处时，不仅速度为零而且电流为零，电容器极板上的电荷也等于零的情形；不等号适用于 R 不严格为零，或当铜杆摆到最高点处时，电容器上还有电荷，因而线路上还有电流的情形，这时，电容器上的静电能还未释放完毕.可见，假定 $R=0$，应用能量守恒的解法二解出的 h_m 是铜杆可能到达的最大高度.

② 仔细分析又会出现这样的问题：从电压方程式⑩或式⑪看，似乎当电容器上的电荷 q 为零时，铜杆的速度 v 也应为零，铜杆速度为零，就不会再向上摆动了，这应作如何理解？

实际上，式⑪是保证电流一直从 a 流向 b 的条件.应该说这是铜杆沿一个方向摆到最高点的过程中都应满足的条件.假定杆一直处于外磁场中，杆的上摆是靠安培力克服重力将杆“抬”上去的，直到杆的速度为零，电容器放电完毕，杆才到达最高点.在这个过程中，电容器一直放电，铜杆上的动生电动势相当于 LC 电路中自感上的感应电动势，起着反电动势的作用，延缓电容器的放电过程，使之不会在一瞬间完成.

按此分析，把杆摆动中能量转换的情况看成是“首先电容很快放电，静电能转换为动能，然后动能转换成势能”，这样的模型是不符合实际的.只是因为它尚不违反普遍的能量守恒定律，在加上条件⑭后，尚可得到可接受的结果（式⑮）.

如果采用“铜杆开始摆动，具有一定速度后就离开了磁场区域”这样的假定，那么，在铜杆离开磁场时，电容器上一定还有电荷.之后，没有外磁场作为静电能向机械能转换的媒介，静电能只能通过线路必然会有的电阻和自感（尽管很小）逐渐损耗，同时与电流的磁能相互转换.在这种情形下，铜杆上摆的高度必小于 h_m.

11. 电子感应加速器原理

电子感应加速器是利用由变化磁场激发的涡旋电场（感生电场）来加速电子的设备.我们先从一个例题开始，介绍电子感应加速器的原理.

（1）从一个例题谈起

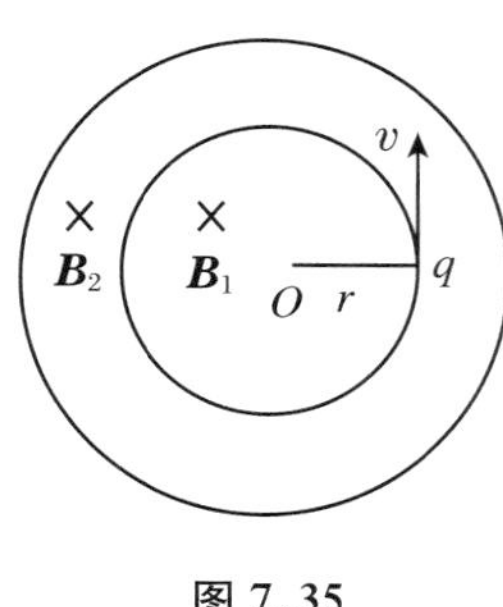

图 7.35

例 1 有两个同心圆柱区，内圆柱面的半径为 r，其内有均匀磁场 B_1，方向平行于圆柱母线，指向纸内.在两柱面之间有均匀磁场 B_2（图 7.35），B_2 的值恰可使质量为 m、电量为 $+q$ 的粒子在两柱面之间贴近内圆柱面处做逆时针的圆周运动（圆心为 O 点，半径为 r）.现在令 B_1 随时间均匀地变化，即 $\frac{\Delta B_1}{\Delta t}=k$（常数）.为了使该带电粒子保持在同一圆周上运动，$B_2$ 应以多大的变化率 $\frac{\Delta B_2}{\Delta t}$ 变化？

解 由于带电粒子的圆轨道在磁场 B_2 的区域内，故带电粒子做圆周运动所需的向心力是磁场 B_2 作用于运动电荷上的洛伦兹力 $F_L=qvB_2$，有

$$qvB_2=\frac{mv^2}{r} \quad ①$$

解出

$$B_2=\frac{mv}{rq} \quad ②$$

可见，只要磁场 B_2 与带电粒子的动量（mv）成比例地增加，带电粒子即可保持在相同的圆轨道上运动.下面讨论 B_1 的变化对带电粒子运动的影响.

以带电粒子运动的圆轨道（半径为 r）为回路，已知在此回路包围的范围内，磁场 B_1 随时间增强，其变化率为 $\frac{\Delta B_1}{\Delta t}=k$.因此，穿过回路所围面积的磁通量的变化率为

$$\frac{\Delta\Phi}{\Delta t}=\pi r^2\frac{\Delta B_1}{\Delta t}=\pi r^2 k \quad ③$$

根据电磁感应定律，在回路上产生与带电粒子运动的方向（逆时针方向）相同的感应电动势，其大小为

$$\mathscr{E}=\frac{\Delta\Phi}{\Delta t}=\pi r^2 k \quad ④$$

根据电动势的定义，回路上的电动势等于沿回路移动单位正电荷一周的过程中非静电场力所做的功. 由磁场变化而产生感应电动势的非静电场是感应电场 E_i. 考虑到柱对称性，圆周回路上各点的这种非静电场力的大小相等，故有

$$\mathscr{E} = \oint_{\text{圆周}} \boldsymbol{E}_i \cdot \mathrm{d}\boldsymbol{l} = 2\pi r E_i \tag{⑤}$$

由式④、式⑤，可见在半径为 r 的圆轨道上，E_i 的方向为逆时针方向（与粒子运动方向相同）. 大小为

$$E_i = \frac{r}{2}\frac{\Delta B_1}{\Delta t} = \frac{r}{2}k \tag{⑥}$$

带电粒子受到由变化磁场 B_1 激发的感应电场力的作用，此力沿运动轨道的切向，大小为

$$F_i = qE_i = \frac{1}{2}rqk \tag{⑦}$$

根据运动定律，带电粒子的动量的变化率为

$$\frac{\Delta(mv)}{\Delta t} = F_i = \frac{1}{2}rqk \tag{⑧}$$

可见，B_1 的均匀变化使粒子的动量均匀增大. 为了保证动量不断增大的粒子在半径 r 不变的圆周上运动，提供向心力的洛伦兹力也要相应地增大，轨道所在区域中的磁感应强度也应按一定规律变化. 由式②知，在 r 不变的条件下，有

$$\frac{\Delta B_2}{\Delta t} = \frac{1}{rq}\frac{\Delta(mv)}{\Delta t} \tag{⑨}$$

将式⑧代入，即求得 B_2 的时变率：

$$\frac{\Delta B_2}{\Delta t} = \frac{1}{2}k = \frac{1}{2}\frac{\Delta B_1}{\Delta t} \tag{⑩}$$

即环形轨道区域内的磁感应强度的变化率应等于内柱面区域内的磁感应强度的变化率的一半. 这是带电粒子沿半径 r 不变的圆轨道运动，并被不断加速的必备条件.

（2）电子感应加速器原理

从上面这个例题中可看出，由磁场变化激发的感应电场可以用于加速带电粒子，只要恰当地安排磁感应强度的分布（由式⑩表示），便可使被加速的带电粒子保持在不变的圆轨道上运动. 但另一方向，要保证沿一定转向的带电粒子始终被感应电场加速，圆轨道范围内的磁场变化的方向也必须是确定不变的. 在图 7.35 的情形下，必须保证垂直向下的磁感应强度随时间不断增加，才能使带电粒子沿逆时针转向不断加速. 这一点限制了用感应电场加速带电粒子的实际应用范围，因为人们不可能做到产生沿一确定方向并保持一定变化率始终不断增强的磁场. 激励变化磁场的电流总是周期性变化的. 交变电流激励的变化磁场只能在一个周期的四分之一时间里保证 B 和 $\frac{\Delta B}{\Delta t}$ 既能提供沿一定方向做圆周运动的带电粒子的向心力，又能使之被加速（见

后).而在其余四分之三周期里达不到上述要求,这就注定进入圆轨道的被加速的带电粒子只能是一束一束地被加速,而且每一束带电粒子只能在交变励磁电流的四分之一周期内被加速.对于重粒子(如质子、α粒子等),在这样短的时间内,加速的效果不明显.唯独电子,因其质量极小,由感应电场产生的加速度很大,即使在交变电流的四分之一周期的时间内,也可能被加速到很高的速度,获得很大的能量.所以,电子感应加速器成为应用感应电场加速电子的现代设备.

电子感应加速器中激励变化磁场的圆柱形电磁铁的两极形状如图7.36(a)所示.磁极的形状是为了使半径小于r的平均磁感应强度$\overline{B}_1$和周围环状区域半径为r处的磁感应强度B_2之间始终满足

$$B_2 = \frac{1}{2}\overline{B}_1 \qquad (7.85)$$

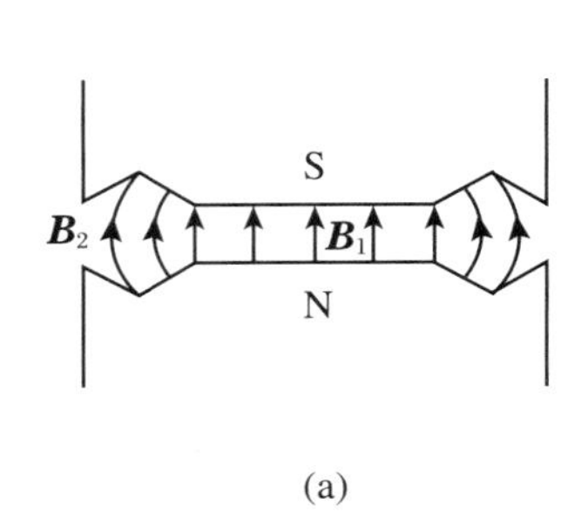

(a)

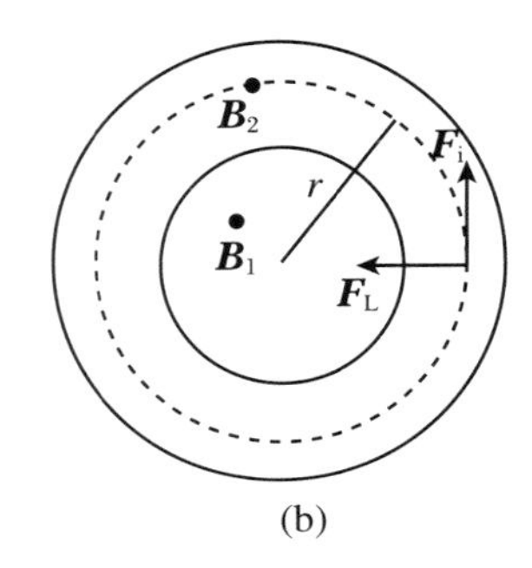

(b)

图7.36

因而当励磁电流变化时,两区域的磁感应强度的变化始终满足例1中的式⑩,即

$$\frac{\Delta B_2}{\Delta t} = \frac{1}{2}\frac{\Delta \overline{B}_1}{\Delta t}$$

如例1中的讨论,这是带电粒子(这里是电子)沿不变的圆轨道运动并被加速的必备条件.

在两极之间,磁场为$\boldsymbol{B}_2$的环形区域中,放入环形真空室(图7.36(b)),其中包括电子枪和引出高能电子的装置.被加速的电子从电子枪射出后,将在真空室内沿着半径为r的圆形轨道运动并被感应电场加速.

在图7.36(b)所示的情况下,磁感应强度B_1和B_2的方向垂直纸面向外,并随时间增大,轨道处产生顺时针方向的感应电场.带负电($q=-e$)的电子受感应电场的作用力F_i沿逆时针方向,故电子沿逆时针方向被加速.同时,B_2作用于电子的洛伦兹力F_L恰好指向中心,作为电子做圆轨道运动的向心力.

激励磁场的电流通常是正弦交变电流,在磁极间产生正弦变化磁场.图7.37上半部表示磁场变化图线,与7.36(b)配合,B的正方向为垂直于纸面向外.图7.37的下半部分别表示磁场变化的一周期内电子轨道上感应电场E_i的方向、沿逆时针方向运动的电子被加速或减速的情况以及电子受磁场B_2作用的洛伦兹力F_L的指向.从图可见，只有在磁场变化的第一个四分之一周期内，沿逆时针方向运动的电子被加速且洛伦兹力能提供向心力，这两个要求才能同时得到满足．在其余的四分之三周期中，上述两个条件不能同时满足，因而不能用来加速电子．（第三个四分之一周期可用来加速绕圆周顺时针方向运动的电子．）

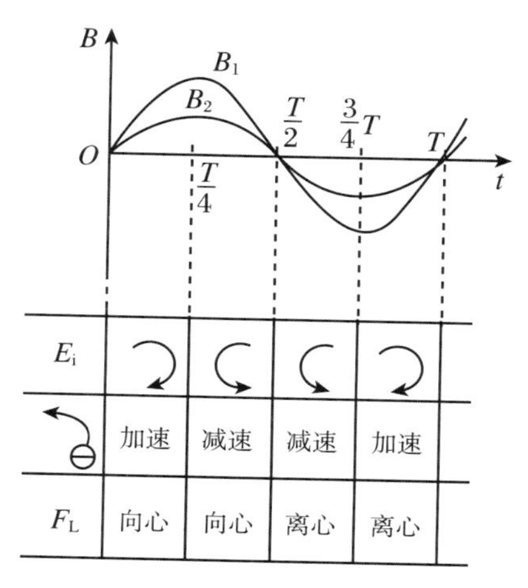

图 7.37

虽然只在励磁电流变化周期的四分之一时间内，从电子枪射入轨道的电子才能沿一定的方向加速，但由于电子的静止质量很小，即使在这样短的时间内，电子的速度仍可加速到接近光速．例如，在 100 MeV 的电子感应加速器中，被加速后的电子速度与光速之差不到万分之一．加速过程中，电子经过的路程的量级为 10^3 km，可绕直径约1.5 m 的轨道转几十万圈．

由于在上面的讨论中（式②、式⑧、式⑨），一直以动量 mv 来描述带电粒子（这里是电子）的动力学状态，而且电磁作用的规律（涡旋电场力、洛伦兹力）在相对论情况下也是适用的，因此电子感应加速器的上述原理不受相对论效应的限制．在高能电子加速器中，电子即使被加速到十分接近光速，仍能沿相同的圆轨道运动．但是，做高速圆周运动的电子将不断辐射能量，转速越大，辐射损耗的能量越大，这是对电子感应加速器进一步提高能量的限制．

电子感应加速器主要用于核物理研究，被加速的高能电子即为人工的高能 β 射线．用它来轰击靶时，可产生穿透力很强的 γ 射线．从能量不大的电子感应加速器中引出的电子束，可用来产生硬 X 射线，在工业和医学上都有相应的应用，如工业探伤和治疗癌症等．

电子感应加速器原理也被用来解释宇宙射线的起源．由于星际云的碰撞或超新星的爆发会引起宇宙云的强烈压缩，从而使空间的磁场迅速增强，形成强大的感应电场．感应电场加速带电粒子，产生辐射，形成低能的宇宙射线．

12．线圈上的感应电动势与电势差

如果线圈处于变化磁场中或在磁场中转动，则会出现感应电动势．感应电动势是由于感应电场或洛伦兹力这类非静电力作用的结果．电势差是联系静电场的概念．静电场是由电荷激发的，导线上任意两点间若有电势差，在导线中必出现净电荷分布．尽管电动势和电势差都能驱动导线中的自由电子，产生电流，但在概念上是不同的，应当注意区分它们．下面我们将通过几个实例来说明这些问题．

(1) 发电机绕组的电动势和端电压

当发电机绕组作为转子在定子磁场中转动时，绕组两端有动生电动势；如果绕组作为定子，当做为转子的磁铁转动时，绕组处于变化的磁场中，绕组两端出现感生电动势.不论是哪种情况，绕组两端的感应电动势 $\mathscr{E}$ 决定于磁场 $\boldsymbol{B}$、转速 ω 和绕组线圈的匝数 N 以及几何形状，与外电路是否接通无关.

由于作用于单位正电荷的洛伦兹力 $\boldsymbol{v}\times\boldsymbol{B}$ 或感应电场 $\boldsymbol{E}_{\mathrm{i}}$ 这类非静电力推动导线中的电子沿着与 $\boldsymbol{v}\times\boldsymbol{B}$ 或 $\boldsymbol{E}_{\mathrm{i}}$ 相反的方向运动，导线中出现净电荷的分布.在正极附近为净余正电荷，在负极附近为净余负电荷(交流电机的正负极是随时间交替变化的).净余电荷激发静电场，在空间包括绕组导线内形成一定的电势分布，因而两极间有一定的电势差(即端电压 $U_{端}$).在未接通外电路时，端电压与电动势 $\mathscr{E}$ 相等.一旦接通外电路，即形成电流 I.设外电路为纯电阻电路，电阻为 R，绕组的内阻为 R_{i}，则电流和端电压分别为

$$I=\frac{\mathscr{E}}{R+R_{\mathrm{i}}}$$

$$U_{端}=IR=\mathscr{E}-IR_{\mathrm{i}}$$

若内阻 R_{i} 很小可略而不计，则有 $U_{端}=\mathscr{E}$.

(2) 在感应电场中的闭合线圈

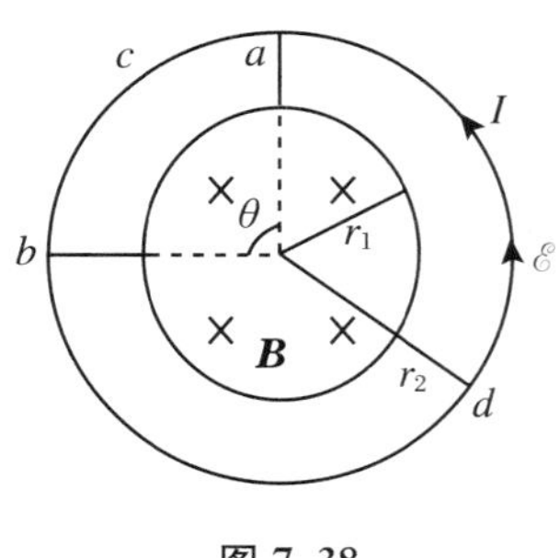

图 7.38

① 在柱对称分布的感应电场中的圆形均匀导线线圈

如图 7.38 所示，半径为 r_1 的圆形区域内有垂直于纸面向里的均匀增强的变化磁场，即$\dfrac{\mathrm{d}B}{\mathrm{d}t}=k$(常数).半径为 $r_2(r_2>r_1)$的与磁场区同心的均匀导线线圈上产生的感生电动势沿逆时针方向，其大小为

$$\mathscr{E}=\pi r_1^2\frac{\mathrm{d}B}{\mathrm{d}t}=\pi r_1^2 k \tag{7.86}$$

设均匀导线线圈的电阻为 R，则感应电流为

$$I=\frac{\mathscr{E}}{R} \tag{7.87}$$

由圆形区域内的变化磁场激发的感应电场是柱对称分布的，在半径为 r_2 的线圈上各点，感应电场 $\boldsymbol{E}_{\mathrm{i}}$ 均沿线圈的切线，指向逆时针方向.在线圈上各点 $\boldsymbol{E}_{\mathrm{i}}$ 的大小相等，为

$$E_{\mathrm{i}}=\frac{r_1^2}{2r_2}\frac{\mathrm{d}B}{\mathrm{d}t}=\frac{r_1^2}{2r_2}k \tag{7.88}$$

现在我们计算线圈上任意两点 a、b 之间的电压，设$\overset{\frown}{acb}$所对的圆心角为 θ，把$\overset{\frown}{acb}$段当做电源的内电路，其电动势为

$$\mathscr{E}_{acb} = \int_{acb} \boldsymbol{E}_{\mathrm{i}} \cdot \mathrm{d}\boldsymbol{l} = E_{\mathrm{i}} r_2 \theta = \frac{1}{2} r_1^2 \theta k = \frac{\theta}{2\pi}\mathscr{E} \tag{7.89}$$

设均匀线圈的总电阻为 R，则$\overset{\frown}{acb}$段的内阻为

$$R_1 = \frac{\theta}{2\pi}R \tag{7.90}$$

根据欧姆定律，b、a 间的电势差为

$$U_{ba} = \mathscr{E}_{acb} - IR_1 = \frac{\theta}{2\pi}\mathscr{E} - \frac{\mathscr{E}}{R} \cdot \frac{\theta}{2\pi}R = 0 \tag{7.91}$$

可见，在柱对称分布的感应电场中，均匀的圆形线圈上任两点的电势差为零.这表明无静电场存在，线圈中没有净电荷分布.在线圈的任何一段中，电流全靠电动势推动.

② 柱对称分布的感应电场中的非均匀线圈

现假定图 7.38 中的线圈由两种不同材料的导线组成，acb 部分的电阻为 R_1，adb 部分的电阻为 R_2（$R_1/R_2 \neq \theta/(2\pi-\theta)$）.由不同材料组成线圈，并不改变线圈上各处的感应电场，也不改变感生电动势的大小，但通过线圈的总电流变为

$$I' = \frac{\mathscr{E}}{R_1 + R_2} \tag{7.92}$$

b 点与 a 点间的电势差为

$$\begin{aligned} U'_{ba} &= \mathscr{E}_{acb} - I'R_1 = \frac{\theta}{2\pi}\mathscr{E} - \frac{\mathscr{E}}{R_1 + R_2}R_1 \\ &= \frac{R_2\theta - R_1(2\pi - \theta)}{2\pi(R_1 + R_2)}\mathscr{E} \neq 0 \end{aligned} \tag{7.93}$$

可见，尽管在柱对称分布的感应电场中，非均匀线圈上也会出现电势差，这是由于线圈各部分中单位长度的电阻不同.相同大小的感应电场驱动电子运动，在不同材料的导线部分受的阻碍不同，因而在不同导线的连接处会出现净余的电荷，产生静电场.从式(7.93)知，如果 $R_1 < \frac{\theta}{2\pi - \theta}R_2$，则 $U_{ba} > 0$，b 点将出现净余的正电荷，而 a 点出现净余的负电荷；如果 $R_1 > \frac{\theta}{2\pi - \theta}R_2$，则 $U_{ba} < 0$，b 点将出现净余的负电荷，a 点出现净余的正电荷.

同样不难知道，即使线圈由同一种材料制成的均匀导线组成，但只要线圈的形状不具有与感应电场相同的柱对称性，如图 7.39 所示（磁场区域的半径为 r_1），也会在线圈上两点间形成电势差.在图 7.39 的情形下，不难知道线圈 $abcda$ 中的感应电动势为 $\mathscr{E} = \pi r^2 \frac{\mathrm{d}B}{\mathrm{d}t} = \pi r^2 k$，电流 $I = \frac{\mathscr{E}}{R}$（$R$ 为线圈的总电阻），沿逆时针方向.注意线圈中沿径向的两段 ab 和 cd，它们与感应电场垂直，感应电场沿这两段导线的分量为零，故在这两段导线上没有感应电动势.设这两段导线的电阻相等，均为 R'，则这两段导线的端电压为

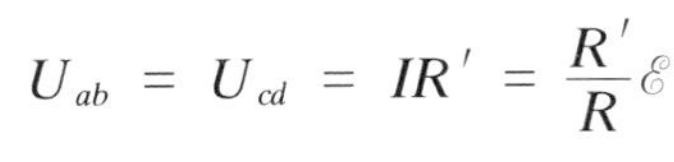

$$U_{ab} = U_{cd} = IR' = \frac{R'}{R}\mathscr{E}$$

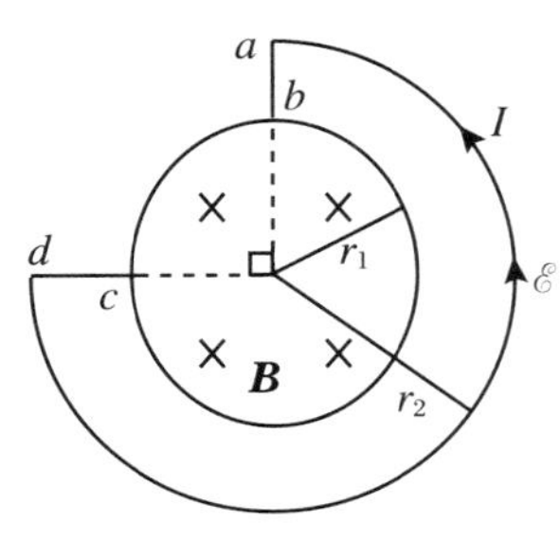

图 7.39

这是由于沿线圈各段的感应电场场强沿导线的切线分量不等(不妨称之为非静电力不均匀),致使在各段非静电力搬运电荷的效率不同,造成在一些部位出现净余电荷,产生了静电场.在图 7.39 所示的情形下,a 点和 c 点出现净余正电荷,b 点和 d 点出现净余负电荷.这些净余电荷激发静电场,致使线圈上不同点的电势不相等.

(3) 在磁场中转动的线圈

设半径为 r 的圆形线圈以角速度 ω 绕通过该线圈一根直径的轴转动.均匀的稳恒磁场 $\boldsymbol{B}$ 与轴垂直,如图 7.40 所示,t_0 时刻线圈平面与磁场平行,这时线圈上的动生电动势沿顺时针方向,大小为

$$\mathscr{E} = \pi r^2 \omega B \tag{7.94}$$

设均匀线圈的总电阻为 R,则感应电流为 $I = \dfrac{\mathscr{E}}{R}$.

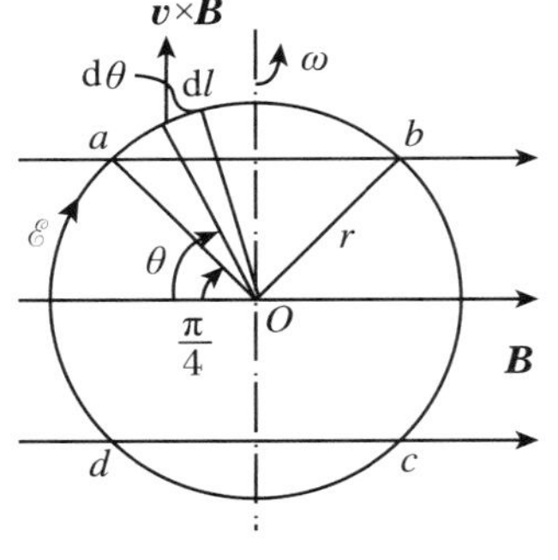

图 7.40

产生动生电动势的非静电力的场强为 $\boldsymbol{v}\times\boldsymbol{B}$,其中 $\boldsymbol{v}$ 是线元 $\mathrm{d}\boldsymbol{l}$ 的速度.在线圈处于图 7.40 的方位时,$\boldsymbol{v}\times\boldsymbol{B}$ 的方向与轴平行,在左半圈中方向向上,在右半圈中方向向下.在任一线元 $\mathrm{d}\boldsymbol{l}$(方向沿顺时针方向)上,产生的动生电动势为

$$\mathrm{d}\mathscr{E} = (\boldsymbol{v}\times\boldsymbol{B})\cdot\mathrm{d}\boldsymbol{l} = vB\mathrm{d}l\cos\theta = \omega B r^2\cos^2\theta\mathrm{d}\theta \tag{7.95}$$

其中,θ 为 $\mathrm{d}\boldsymbol{l}$ 与 $\boldsymbol{v}\times\boldsymbol{B}$ 之间的夹角,它等于线元 $\mathrm{d}\boldsymbol{l}$ 处的半径与线圈的水平直径的夹角,由它可表示线元的位置.$\mathrm{d}\theta$ 为 $\mathrm{d}\boldsymbol{l}$ 所对的圆心角.上式中最后一个等式用到 $\mathrm{d}l = r\mathrm{d}\theta$,$v = \omega r\cos\theta$.

由式(7.95)可见,每一线元上产生的元动生电动势 $\mathrm{d}\mathscr{E}$ 与线元的位置有关,在线圈上各处是不均匀的.应用式(7.95),通过积分运算可以求出线圈上任意一段的动生电动势.同时,根据 $\mathrm{d}\mathscr{E}$ 或非静电力 $\boldsymbol{v}\times\boldsymbol{B}$ 沿线元的分量在线圈上的非均匀性,可以估计线圈中可能出现净电荷分布从而产生静电场,线圈的任一段中可能出现电势差.

为了进行具体的计算,我们在线圈上取以转轴为对称轴的四点 a、b、c、d 将圆线圈四等分,这四点的位置由 θ 角表示分别为 $\theta = \dfrac{\pi}{4}, \dfrac{3}{4}\pi, \dfrac{5}{4}\pi, \dfrac{7}{4}\pi$.应用式(7.95)可算出 $\overset{\frown}{ab}$ 段的动生电动势为

$$\mathscr{E}_{ab} = \int_a^b \mathrm{d}\mathscr{E} = \int_{\frac{\pi}{4}}^{\frac{3}{4}\pi} \omega r^2 B\cos^2\theta\mathrm{d}\theta = \frac{1}{4}\omega r^2 B(\sin 2\theta + 2\theta)\Big|_{\frac{\pi}{4}}^{\frac{3}{4}\pi} = \frac{\pi - 2}{4\pi}\mathscr{E} \tag{7.96}$$

其中,$\mathscr{E} = \pi\omega r^2 B$ 为整个线圈的动生电动势.$\overset{\frown}{da}$ 段的动生电动势为

$$\mathscr{E}_{da} = \int_{\frac{7}{4}\pi}^{\frac{1}{4}\pi} \omega r^2 B\cos^2\theta \mathrm{d}\theta = \frac{\pi + 2}{4\pi}\mathscr{E} \tag{7.97}$$

根据欧姆定律可求出这两段的电势差分别为

$$U_{ab} = I\frac{R}{4} - \mathscr{E}_{ab} = \frac{\mathscr{E}}{R}\frac{R}{4} - \frac{\pi - 2}{4\pi}\mathscr{E} = \frac{\mathscr{E}}{2\pi} \tag{7.98}$$

$$U_{da} = I\frac{R}{4} - \mathscr{E}_{da} = \frac{\mathscr{E}}{R}\frac{R}{4} - \frac{\pi + 2}{4\pi}\mathscr{E} = -\frac{\mathscr{E}}{2\pi} \tag{7.99}$$

可见，a 点的电势比 b 点和 d 点的电势都高出 $\frac{\mathscr{E}}{2\pi}$. b、d 两点电势相等. 同理可判定 c 点与 a 点等电势. 进一步还可证圆线圈上任一直径的两端点的电势相等. 由于非静电力沿线圈的非均匀性，致使在线圈上出现净电荷分布，产生静电场. 在如图 7.40 所示情况下，在 a、c 两点附近分布有净余的正电荷而在 b、d 两点附近分布有净余的负电荷，它们在空间激发静电场，造成一定的电势分布.

(4) 有感应电场存在时，如何用电压表测量电势差?

在稳恒电流情形下，用电压表测得的某段电路两端 a、b 的电势差 U_{ab} 是确定的，与连接电压表的接线的布列形状无关. 电势差 U_{ab} 等于从 a 到 b 方向通过电压表的电流 I_g 和电压表的电阻 r_g 的乘积. 由于稳恒电场的性质与静电场相同，是保守场，在静电场中移动电荷，场力做功与路径无关，因此稳恒电场推动电荷从 a 到 b 沿电压表支路所做的功 $(I_g U_{ab}\Delta t)$，也与支路的布列形状无关. 所测出的电势差，等于稳恒电场场强 E_s 从 a 到 b 的积分：

$$U_{ab} = \int_a^b \boldsymbol{E}_s \cdot \mathrm{d}\boldsymbol{l} = I_g r_g \tag{7.100}$$

但是，在有感应电场(或涡旋电场)存在的情形下，感应电场 $\boldsymbol{E}_i$ 与静电场 $\boldsymbol{E}_s$ 对电荷都有作用力，移动电荷时，它们都要做功. 差别在于感应电场力做功与路径有关. 在一段电路两端 a、b 并联电压表后，从 a 到 b 通过电压表支路 L 的电流 I_g 与 $\boldsymbol{E}_i$ 和 $\boldsymbol{E}_s$ 都有关(电流密度 $\boldsymbol{j} = \sigma(\boldsymbol{E}_i + \boldsymbol{E}_s)$). 这时有

$$I_g r_g = \int_{\text{沿}L\,a}^{b} (\boldsymbol{E}_i + \boldsymbol{E}_s) \cdot \mathrm{d}\boldsymbol{l} = \int_{\text{沿}L\,a}^{b} \boldsymbol{E}_i \cdot \mathrm{d}\boldsymbol{l} + \int_a^b \boldsymbol{E}_s \cdot \mathrm{d}\boldsymbol{l} \tag{7.101}$$

其中，右端第一项即为从 a 到 b 沿支路 L 的感生电动势 $\mathscr{E}_{ab}$，它与支路 L 的布列形状有关；第二项即为 a、b 间的电势差 U_{ab}，它与 L 的布列形状无关. 将上式改写为

$$U_{ab} = I_g r_g - \mathscr{E}_{ab} \tag{7.102}$$

这实际上就是一般含源电路的欧姆定律. 由此可见，当有感应电场存在时，电压表读数(由 I_g 表征)与连接电压表的支路形状有关，一般不能反映 a、b 两点的电势差. 电压表上的读数(或 $I_g r_g$)量度的是 a、b 两点的电势差 U_{ab} 与沿电压表支路 L 的感应电动势 $\mathscr{E}_{ab}$ 之和.

因此，在本问题讨论第(2)部分中讨论的感应电场中，线圈上两点的电势差应如

何测量的问题就值得认真考虑了.

下面以图 7.38 所示情况为例讨论这一问题.前面已算出线圈上任意两点 a、b 的电势差为零,如何以具体测量来证实?

根据上面讨论,要让电压表的读数 $I_g r_g$ 恰能反映电势差 U_{ab},必须按一定形式布列连接电压表的导线支路 L,使沿此支路的感应电动势等于零.在图 7.38 所示的磁场为柱对称分布,并随时间而变化的情形下,可以这样连接电压表支路 L:分别从 a、b 接线,沿半径布线直到圆柱中心,再沿中心轴将导线并行牵出磁场区域,然后接上电压表,如图 7.41 所示.这样,由磁场变化而激发的感生电场 $\boldsymbol{E}_i$ 与连接导线垂直,因而不会沿支路 L 产生感应电动势,即 $\mathscr{E}_L=0$.于是,只要 a、b 间的电势差为零,也就不会有电流通过电压表,电压表的读数也就为零.可作如下计算来证明.设流经电压表支路的电流为 I_g,acb 支路的电流为 I_1,bda 支路的电流为 I_2,则有

$$I_1+I_g=I_2$$

对 aLb、acb 和 bda 各支路分别应用含源电路的欧姆定律,并应用第(2)部分①中的有关条件,有

$$U_{ab}=I_g r_g-\mathscr{E}_L=I_g r_g$$

$$U_{ab}=I_1 R_1-\mathscr{E}_{acb}=I_1\frac{\theta}{2\pi}R-\frac{\theta}{2\pi}\mathscr{E}$$

$$U_{ab}=\mathscr{E}_{bda}-I_2 R_2=\frac{2\pi-\theta}{2\pi}\mathscr{E}-I_2\frac{2\pi-\theta}{2\pi}R$$

式中 $\mathscr{E}=\pi r_1^2\frac{\mathrm{d}B}{\mathrm{d}t}$.由以上三式不难求出

$$I_g=0,\quad U_{ab}=0$$

可见,如此连接电压表,不会改变接入电压表前 $U_{ab}=0$ 的状态,从电压表读数为零也反映出这一相同的结果.

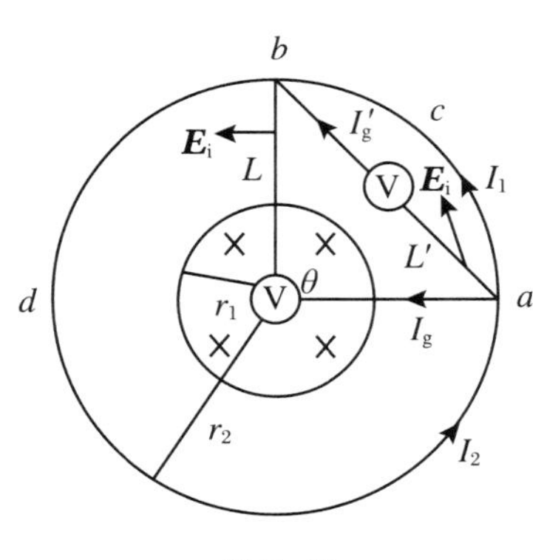

图 7.41

但是,如果任意连接电压表支路,如图 7.41 中从 a 到 b 的弦连成的支路 L',将会得出完全不同的结果.这时,感生电场不与支路 L' 线元垂直,$\boldsymbol{E}_i$ 沿 L' 有分量,故沿支路 L' 有从 a 指向 b 的感应电动势.当 θ 角不大,L' 与中心的距离大于磁场区半径 r_1 时,感应电动势的大小为

$$\mathscr{E}_{L'}=\frac{\theta}{2\pi}\pi r_1^2\frac{\mathrm{d}B}{\mathrm{d}t}=\frac{\theta}{2\pi}\mathscr{E}$$

设通过支路 L' 的电流为 I_g',则有

$$I_1+I_g'=I_2$$

对 $aL'b$、acb 和 bda 支路应用含源电路的欧姆定律,有

$$U_{ab}=I_g' r_g-\mathscr{E}_{L'}=I_g' r_g-\frac{\theta}{2\pi}\mathscr{E}$$

$$U_{ab}=I_1R_1-\mathscr{E}_{acb}=\frac{\theta}{2\pi}I_1R-\frac{\theta}{2\pi}\mathscr{E}$$

$$U_{ab}=\mathscr{E}_{bda}-I_2R_2=\frac{2\pi-\theta}{2\pi}\mathscr{E}-\frac{2\pi-\theta}{2\pi}I_2R$$

由以上四式可解得流经电压表支路 L'的电流为

$$I_g'=\frac{2\pi\theta}{4\pi^2 rg+\theta(2\pi-\theta)R}\mathscr{E}$$

故电压表读数显示的“电压”为

$$U_V'=I_g'r_g=\frac{2\pi r_g\theta}{4\pi^2 r_g+\theta(2\pi-\theta)R}\mathscr{E}$$

由于电压表内阻很大，$r_g\gg R$，所以有 $I_g'\approx\frac{\theta}{2\pi r_g}\mathscr{E}$，

$$U_V'\approx\frac{\theta}{2\pi}\mathscr{E}=\mathscr{E}_L,$$

可见在这种情形下，电压表测出的 U_V' 正是电压表支路的感应电动势，与 a、b 之间的电势差 U_{ab}无共同之处.

13. 演示自感现象应注意的问题

采用合理的电路，用灯泡来演示自感现象简易可行且效果显著.为了取得预期的效果，在安排电路时应当注意一些问题.

(1) 通路自感现象的演示

通路自感演示的线路如图 7.42 所示.当接通开关 S 时，无自感的支路 1 中的灯泡先亮，有铁芯线圈的支路 2 中的灯泡后亮.下面做定量分析.图 7.42 中的 R_1 和 R_2 分别表示灯支路的总电阻(包括灯泡和自感线圈的电阻).两支路的稳态电流分别是

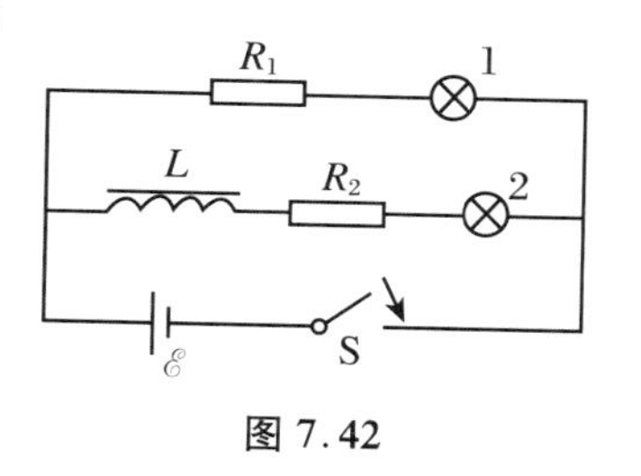

图 7.42

$$I_1=\frac{\mathscr{E}}{R_1},\quad I_2=\frac{\mathscr{E}}{R_2}\qquad(7.103)$$

支路 1 中无自感(实际是自感很小)，因此接通开关时立即建立电流 I_1，灯泡 1 即刻达到稳定的亮度.

根据式(7.28)，支路 2 的电流增长规律为

$$i_2=I_2(1-e^{-\frac{R_2}{L}t})\qquad(7.104)$$

时间常数为 $\tau=\frac{L}{R_2}$.

为了便于比较，最好使两灯泡在稳定时有相同的足够的亮度，为此可选用两个相同的灯泡，同时使两支路的电阻相等($R_1=R_2$)并尽可能小.这样 $I_1=I_2$，且足够大，

保证稳定时两灯泡有足够的相同的亮度.

为了使通路自感现象显著,应尽量延迟灯泡 2 达到正常亮度的时间.为此应增大支路 2(RL 电路)的时间常数.在 R_2 已确定(比如灯泡的电阻)的情形下,应尽量增大线圈的自感 L.采用加铁芯的自感线圈可达到这一目的.

(2) 断路自感现象的演示

简便易行地演示断路自感现象的线路如图 7.43 所示.演示时先接通电源,让电流达到稳定值,灯泡 2 有一定的亮度.然后打开开关 S,切断电源.支路 1 中线圈在电流消失时产生自感电动势,在支路 1、2 组成的闭合回路上形成感应电流.只要适当选择电路参数,可使通过灯泡的感应电流大于稳态电流,因而在打开开关切断电源后,灯泡有更亮的一闪.由此便生动地演示了断路的自感现象.

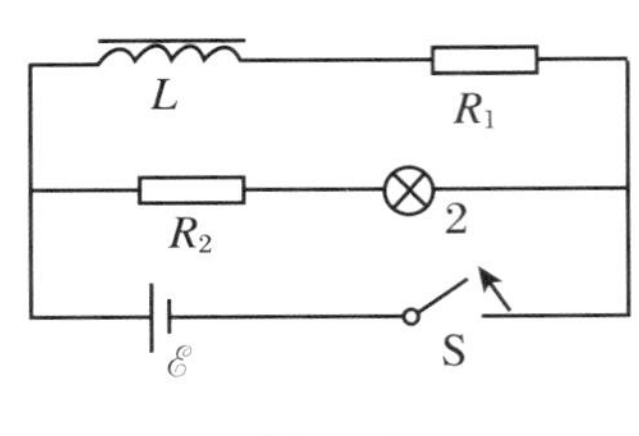

图 7.43

为使演示效果明显,灯泡在断路时有明显的更亮的一闪,需要适当选择电路参数.现定量地分析如下:

稳态时,通过灯泡 2 的电流为

$$I_2 = \frac{\mathscr{E}}{R_2} \tag{7.105}$$

通过支路 1(线圈 L)的电流为

$$I_1 = \frac{\mathscr{E}}{R_1} \tag{7.106}$$

上面的 R_1、R_2 分别为两支路的总电阻.

在切断电源后,原来通过支路 2 的电流 I_2 马上消失,但由于在 L 上产生的自感电动势,使通过 L(支路 1)的电流将在由两支路组成的回路中沿顺时针方向流动,并按指数规律衰减.此感应电流的变化规律为

$$i = I_1 e^{-\frac{R_1+R_2}{L}t} \tag{7.107}$$

即以 I_1 为起始值开始衰减,并在切断电源后立即通过灯泡 2.故在断电的瞬间($t=0$),通过灯泡 2 的电流由原来的 I_2 变为 I_1,并随之按式(7.107)衰减.可见,要使断电时灯泡 2 有更亮的一闪,应要求 $I_1>I_2$,如 $I_1\gg I_2$ 则效果更明显.比较式(7.105)、式(7.106),就应要求 $R_2>R_1$,若 $R_2\gg R_1$ 则效果更明显.

为了延缓感应电流的衰减,使灯泡在断电后更亮地一闪并较缓慢地变暗至熄灭,应尽量增大 RL 电路的时间常数 $\tau=\dfrac{L}{R_1+R_2}$.为此应增大 L,采用加铁芯的线圈可达到此目的.

从能量角度也可以定性地理解灯泡 2 在断电时有更亮的一闪的上述条件.当电路通电时,自感线圈内储存有电流的磁能(自感磁能).根据式(7.24),线圈 L 的自感

磁能为$\frac{1}{2}LI_1^2$. 这些能量在断电后将沿着由支路1、2组成的闭合电路释放，转变为焦耳热. 显然，自感L越大，稳定时通过线圈的电流I_1越大，自感磁能也就越大，在回路中才能以较大的电流(以I_1为起始值)转换为更多的焦耳热，从而使灯泡2在开关S断电以后，还能更亮地闪现一段足供观察的时间.

综上所述，要使断路自感现象演示成功，应尽量减小R_1，增大线圈自感L. 通常R_1就是线圈本身的电阻. 所以应采用电阻小、自感大的自感器(线圈). 为此，可采用由粗导线绕制的加闭合铁芯的线圈.

应注意的是，图7.44(a)所示的线路是不能演示断路自感现象的. 采用这种线路是基于如下的思考：先将单刀双掷开关接通电源，灯泡达到稳定亮度，然后将开关掷向2，断开电源，随即接通RL电路. 于是通过灯泡的电流按

$$i = \frac{\mathscr{E}}{R}e^{-\frac{R}{L}t}$$

的规律衰减. 只要$\frac{L}{R}$足够大，就能看到灯泡在断开电源后继续亮着并缓慢地变暗.

但是上述想法是脱离实际的. 按该方法去做看不到预期现象. 其原因是单刀双掷开关从1掷到2的时间尽管可以很短，但总是需要一定时间的. 在这段时间内，开关掷刀与接头2之间是空气隙，这个空气隙相当于在电路中串进了一个很大的电阻r和一个很小的电容C，如图7.44(b)所示. 由于r很大，电路的时间常数$\tau = \frac{L}{r+R}$很小，暂态电流迅速衰减为零，还不等开关合到2上，暂态电流已衰减为零；另一方面，由于并联的电容C很小，暂态电流对C充电，在极短的时间内就可使它的电压达到空气的击穿电压，发生放电，使回路中的电流迅速消失. 上述的两种因素在所述的实验中都是不可避免的，因此，不可能用图7.44(a)所示的办法来演示断路自感现象.

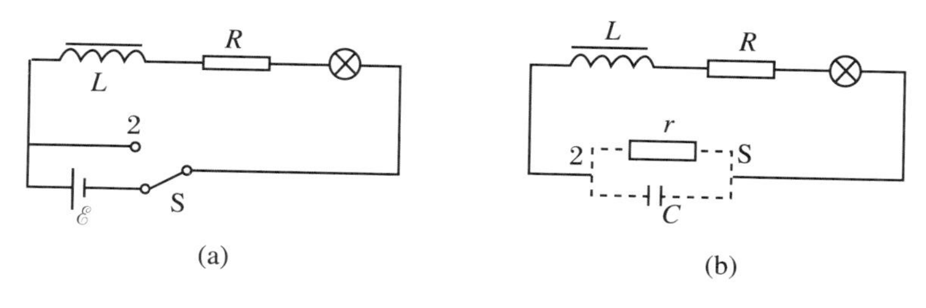

(a)　　(b)

图7.44

在本章基本内容概述中图7.11所示的电容充放电的实验线路也采用了单刀双掷开关，并有效地演示了RC电路的暂态过程. 这是由于RC电路的时间常数$\tau = RC$，与电阻成正比. 在掷动开关时形成的气隙大电阻只能增大时间常数，不会使电容器极板上的电量在掷动开关的过程中发生变化. 所以，当掷刀与2接触后，电容器才按式(7.35)表示的规律放电.

参 考 文 献

[1] 王忠亮，封小超．电磁学讨论[M]．成都：四川教育出版社，1988：468-480.

[2] 徐在新，等．从法拉第到麦克斯韦[M]：北京：科学出版社，1986.

[3] 严济慈．电磁学[M]：北京：高等教育出版社，1989：334-335.

[4] 孙延．论电磁感应定律的两种数学表述的等价性[J]．大学物理，1986(1)：5-7.

[5] 赵凯华，等．大学物理丛书电磁学专辑[M]．北京：北京工业大学出版社，1988：233-242.

[6] 朱如曾．回路构成法则，电磁感应佯谬的消除与电磁感应定律二表述的等价性[J]．物理通报，1983(5).

[7] 王忠亮，封小超．电磁学讨论[M]．成都：四川教育出版社，1988：426.

第8章　交　流　电

基本内容概述

8.1　正弦交流电的基本特征与表示方法

8.1.1　交流电与简谐交流电

交流电路中的电动势 $e(t)$、电压 $u(t)$和电流 $i(t)$随时间做周期性的变化.交变电动势、交变电压、交变电流统称为**交流电**.如果交流电随时间作正弦变化或余弦变化,如图8.1所示,这样的交流电叫**简谐交流电**.由于任何形式的交流电都可以分解为一系列频率为某一基频的整数倍的简谐交流电,因此,简谐交流电是最基本的,是处理一切交流电问题的基础.由于通常习惯于把简谐交流电表达为正弦形式,所以习惯上常把简谐交流电叫做正弦交流电.

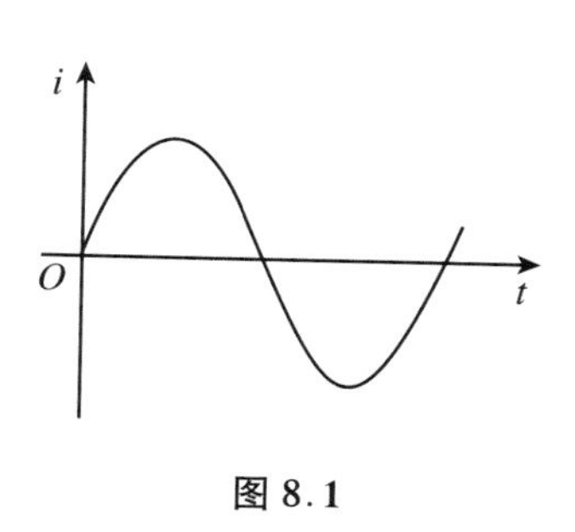

图8.1

正弦交流电的规律可表述为时间 t 的正弦函数或余弦函数形式.采用正弦函数时,有

$$\begin{cases} i = I_m\sin(\omega t + \varphi_i) & (\text{交变电流}) \\ u = U_m\sin(\omega t + \varphi_u) & (\text{交变电压}) \\ e = \mathscr{E}_m\sin(\omega t + \varphi_e) & (\text{交变电动势}) \end{cases} \tag{8.1}$$

用图线描述交流电的变化规律有两种方式:一是用横轴表示时间 t,纵轴表示 $e(t)$或 $i(t)$、$u(t)$,如图8.2(a)所示,其中 t_e 为对应于相位改变 φ_e 所需的时间,$t_e = \varphi_e/\omega$;二是用横轴表示 ωt,纵轴表示 $e(t)$或 $i(t)$、$u(t)$,如图8.2(b)所示.

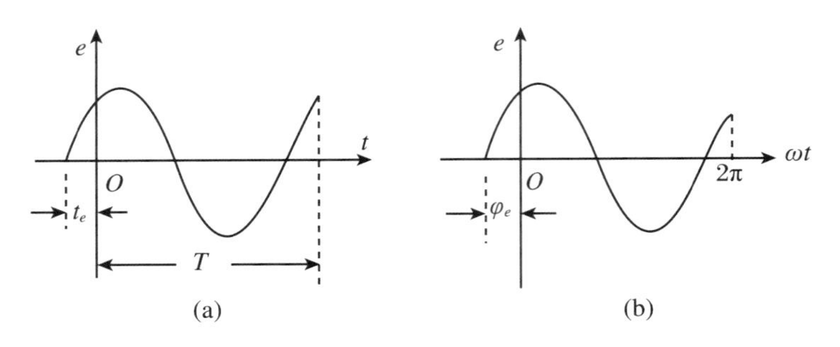

图 8.2

8.1.2 正弦交流电的特征量

对于交流电的任一变量,都可用三组量来描述其特征.

1. 周期(T)、频率(f)、角频率(ω)

交流电做一次周期性变化的时间叫交流电的**周期**,其单位是秒(s).

在单位时间内交流电做周期性变化的次数叫交流电的**频率**,其单位是赫兹(Hz).频率与周期的关系是

$$f = \frac{1}{T}$$

函数式中的 ω 叫**角频率**(或**圆频率**),角频率与频率及周期的关系是 $\omega = 2\pi f = 2\pi/T$.

周期、频率和角频率都表征交流电作周期性变化的快慢.

2. 峰值(幅值)和有效值

交流电瞬时值的最大值叫交流电的**峰值**或**幅值**,如式(8.1)中的 I_{m}、U_{m} 和 $\mathscr{E}_{\mathrm{m}}$,它们反映了交流电瞬时值随时间变化的幅度.

若一交变电流通过一个电阻时,在一个周期内所产生的焦耳热与同时间内一个稳恒直流电通过同一电阻所产生的焦耳热相等,则这个直流电的电流、电压、电动势的值分别称为这个交流电的电流、电压、电动势的**有效值**,分别用 I、U、$\mathscr{E}$ 表示.有效值与峰值的关系是

$$I = \frac{I_{\mathrm{m}}}{\sqrt{2}}, \quad U = \frac{U_{\mathrm{m}}}{\sqrt{2}}, \quad \mathscr{E} = \frac{\mathscr{E}_{\mathrm{m}}}{\sqrt{2}} \tag{8.2}$$

有效值从热效果的角度表征了交流电的强弱程度.若不特别声明,通常说的交流电的数值均指有效值.

3. 相位、初相、相位差

式(8.1)中的 $\Phi_i = \omega t + \varphi_i$、$\Phi_u = \omega t + \varphi_u$、$\Phi_e = \omega t + \varphi_e$ 分别称为交变电流、电

压、电动势在 t 时刻的**相位**或**相角**，简称**相**. 相位随时间而线性增加，交流电的瞬时值作周期性变化，相位每增加 2π，交流电的瞬时值重复一次. 相位确定了交流电的瞬时值与幅值的比例（例如，$\sin\Phi_i = i(t)/I_m$），因此，相位是表征交流电瞬时状态的一个很有用的物理量.

$t=0$ 时的相位 φ_i、φ_u、φ_e 叫**初相**. 它决定了交流电在 $t=0$ 时刻的状态.

两个交流电之间在某一时刻的相位之差叫**相位差**，简称**相差**. 只有同频率的两交流电之间才存在确定的相位差，且等于它们的初相之差，即

$$\Delta\Phi = \Phi_2 - \Phi_1 = (\omega t + \varphi_{02}) - (\omega t + \varphi_{01}) = \varphi_{02} - \varphi_{01} \tag{8.3}$$

两交流电存在相差，表示它们变化的步调不一致.

相位差为 2π 的整数倍的两交流电做同步调的变化，称为这两交流电**同相**.

相位差为 π 的奇数倍的两交流电的变化的步调相反，称为这两交流电**反相**.

$\Delta\Phi = \Phi_2 - \Phi_1 > 0$，叫交流电 2 的相位超前于交流电 1 的相位，或交流电 1 的相位落后于交流电 2 的相位. 这时，交流电 2 比交流电 1 先达到同方向的峰值，时间超前量 Δt 和相位超前量 $\Delta\Phi$ 之间的关系为 $\Delta t = \dfrac{\Delta\Phi}{\omega} = \dfrac{\Delta\Phi}{2\pi}T$；$\Delta\Phi < 0$，则结论刚好相反. 由于正弦交流电随相位变化的"周期"为 2π，两交流电的相位差通常用 $-\pi \sim +\pi$ 之间的角来表示. 例如，图 8.3(a)表示 $\Delta\Phi_{12} = \Phi_{1u} - \Phi_{2u} = \pi$；图 8.3(b)表示 $\Delta\Phi_{ui} = -\pi/2$；图 8.3(c)表示 $\Delta\Phi_{21} = \Phi_{2u} - \Phi_{1u} = -2\pi/3$.

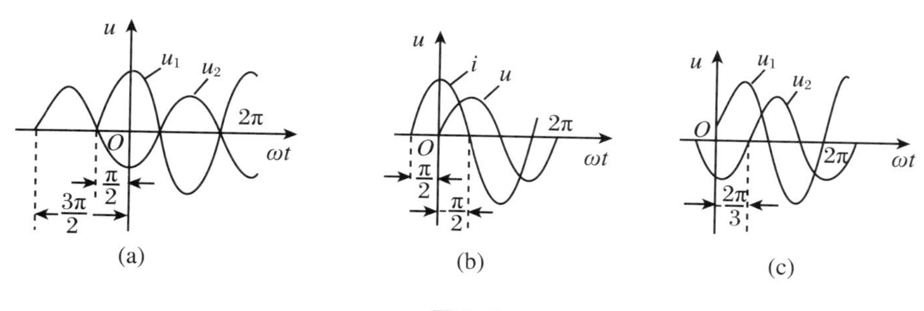

图 8.3

8.1.3 旋转矢量法

任何正弦量或余弦量都可以用一个在平面内绕定点匀速转动的矢量来表示. 如图 8.4(a)所示，所取矢量的长度按一定比例表示交变电流的峰值 I_m，矢量在 xOy 平面内绕 O 点沿逆时针方向匀速转动的角速度为交变电流的角频率 ω，且 $t=0$ 时，矢量与 x 轴的夹角等于交变电流的初相 φ_i，则此旋转矢量每一时刻在纵轴上的投影就表示该时刻交变电流的瞬时值. 旋转矢量法可以简明地解决比较简单的交流电路问

题，它与图像法的关系如图 8.4(a)、(b)所示.

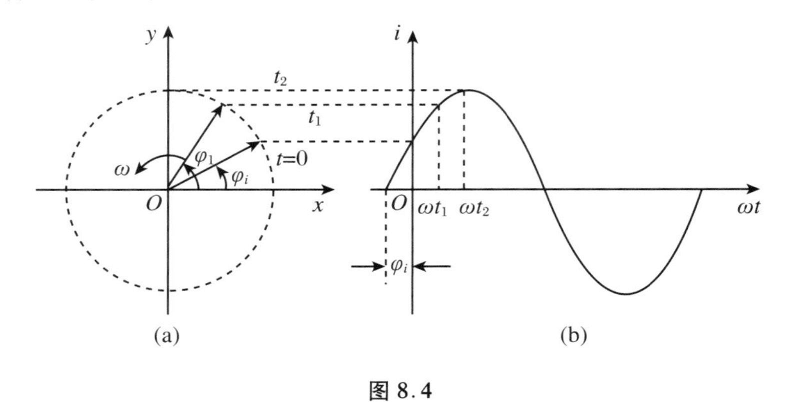

图 8.4

8.2 交流电路中的纯电阻、电感、电容元件

8.2.1 交流电路中的纯电阻元件

实验证明，在交流电路中的电阻元件上，欧姆定律仍然成立，即电阻上的电流与电压成正比. 如图 8.5(a)所示，设在电阻 R 两端所加的交变电压为

$$u(t) = U_{\mathrm{m}}\sin(\omega t + \varphi_u) \tag{8.4}$$

则

$$i(t) = \frac{u(t)}{R} = \frac{U_{\mathrm{m}}}{R}\sin(\omega t + \varphi_u)$$

$$i(t) = I_{\mathrm{m}}\sin(\omega t + \varphi_i),\quad \varphi_i = \varphi_u,\quad I_{\mathrm{m}} = \frac{U_{\mathrm{m}}}{R} \tag{8.5}$$

即电流与电压的相位差 $\Delta\Phi_{\mathrm{m}} = 0$. 其电流、电压的图像和旋转矢量图如图 8.5(b)、(c)所示.

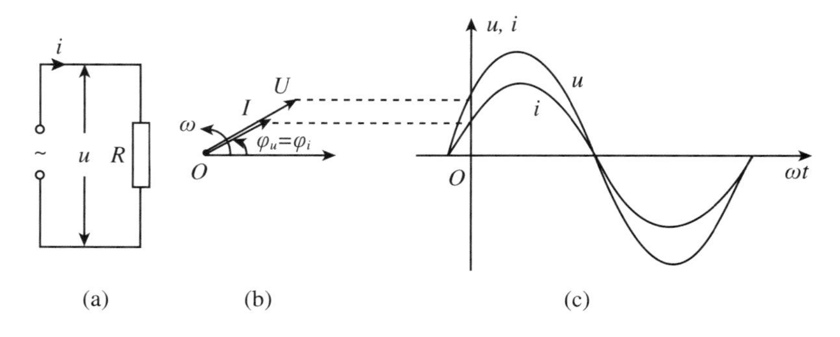

图 8.5

8.2.2 交流电路中的纯电感元件

若电感线圈的电阻 R_L 可忽略不计，这样的电感元件叫纯电感元件，常简称为**电感**. 设有一交变电压加在自感系数为 L 的纯电感元件上，如图 8.6(a)所示，通过它的交变电流为(设初期 $\varphi_i=0$)

$$i(t)=I_m\sin\omega t \tag{8.6}$$

由电磁感应定律，自感电动势 $e_L=-L\mathrm{d}i/\mathrm{d}t$，当不计电感元件的电阻时，线圈上的电压 U_{AB} 与 e_L 大小相等、方向相反(反相)，故

$$u(t)=-e_L=L\frac{\mathrm{d}i}{\mathrm{d}t}$$

则

$$u(t)=L\frac{\mathrm{d}(I_m\sin\omega t)}{\mathrm{d}t}=\omega LI_m\cos\omega t$$

即

$$u(t)=\omega LI_m\sin\left(\omega t+\frac{\pi}{2}\right)=U_m\sin\left(\omega t+\frac{\pi}{2}\right) \tag{8.7}$$

其中，$U_m=\omega LI_m$. 比较式(8.6)和式(8.7)可知，在纯电感电路中，电压与电流的频率相同，电压的相位超前于电流 $\frac{\pi}{2}$，其旋转矢量图和图线如图 8.6(b)、(c)所示.

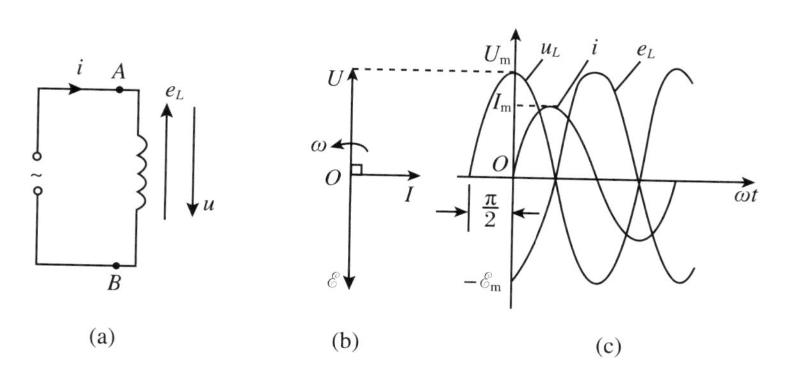

图 8.6

由式(8.7)，$U_m/I_m=U/I=\omega L$，式中，ωL 的单位为 Ω，它表示电感阻碍交流电通过的性质，称为感抗，用 X_L 表示，则

$$X_L=\omega L=2\pi fL \tag{8.8}$$

$$I=\frac{U}{X_L} \tag{8.9}$$

式(8.9)常称为纯电感电路中的欧姆定律.

需注意的是，感抗表示的是电压与电流的峰值或有效值之比，不代表它们的瞬时

值之比.感抗只对简谐交流电有意义,欧姆定律也只对有效值成立.由式(8.8)可知,感抗随交流电的频率的变化而变化,频率越高,感抗越大.所以,通常说电感元件具有通低频、阻高频的性质.

8.2.3 交流电路中的纯电容元件

将电容为 C 的电容器接在交流电路中,如图 8.7(a)所示,随着电路上电压的变化,连接电容器两极板的导线上出现持续的交变的充电和放电电流.从整个电路来看,说这时有交流电"通过"了电容器.

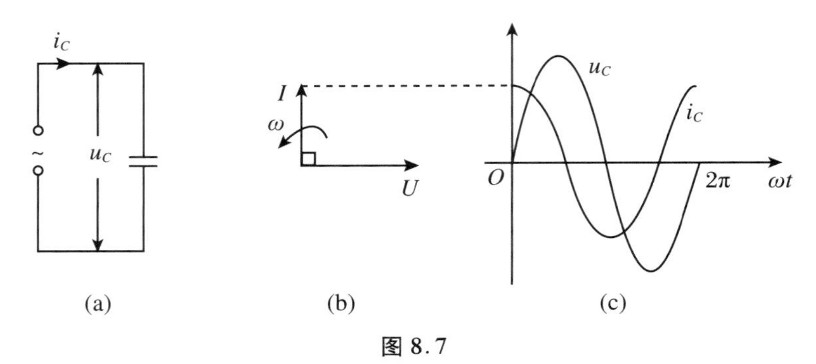

图 8.7

若连接电容器的导线的电阻和电容器的漏电电阻可以忽略不计,这样的电路叫纯电容电路.设加在纯电容电路上的交变电压为(设其初相为零)

$$u(t) = U_m \sin\omega t \tag{8.10}$$

则电路中的电流为

$$i(t) = \frac{\mathrm{d}q}{\mathrm{d}t} = \frac{\mathrm{d}(Cu)}{\mathrm{d}t} = C\frac{\mathrm{d}(U_m \sin\omega t)}{\mathrm{d}t}$$

即

$$i(t) = \omega C U_m \cos\omega t = I_m \sin\left(\omega t + \frac{\pi}{2}\right) \tag{8.11}$$

式中,$I_m = \omega C U_m$.比较式(8.10)和式(8.11)可知,在纯电容电路中,电流与电压频率相同,电流的相位超前于电压的相位 $\pi/2$.其旋转矢量图和图线如图 8.7(b)、(c)所示.

由式(8.11),在纯电容电路中

$$\frac{U_m}{I_m} = \frac{U}{I} = \frac{1}{\omega C}$$

式中,$1/(\omega C)$的单位为 Ω,它表示电容器阻碍交流电通过的性质,叫做容抗,用 X_C 表示为

$$X_C = \frac{1}{\omega C} = \frac{1}{2\pi f C} \tag{8.12}$$

$$I = \frac{U}{X_C} \tag{8.13}$$

式(8.13)常称为纯电容电路中的欧姆定律.由式(8.12)可知,容抗与交流电的频率成反比.所以,通常说电容器"通高频、阻低频","隔直流、通交流"(直流电可视为$f=0$的交流电).同样应注意,容抗是电压和电流的有效值或峰值之比,不是它们的瞬时值之比,也只对简谐交流电有意义.

8.3　串联交流电路和并联交流电路

在交流电路中,频率由电源决定,所有电流、电压等都是同频的.由于在电感元件和电容元件上,电流和电压之间存在相位差,而在电阻元件上,电流和电压仍是同相位的,因此,由电感、电容和电阻所组成的不同交流电路就因相差和峰值的不同而具有丰富多彩的特性.

在研究交流电路的特性时,会遇到两个简谐量的叠加.在力学中我们已经知道,任意两同频率的简谐量叠加的结果仍然是同频率的简谐量.研究简谐量叠加的方法有解析法、复数法、旋转矢量法等,我们这里将主要用旋转矢量法来进行研究.

8.3.1　串联交流电路和串联谐振

在串联交流电路中,通过各元件的电流$i(t)$是时刻相同的,而电容、电感上的电压与电流之间存在相位差.因此,我们用旋转矢量法研究串联电路时,为了比较不同元件上电压与电流的相位差,以电流$i(t)$的旋转矢量为基准,并用一水平矢量$\boldsymbol{I}$来表示(即设$i(t)$的初相为零).由于交流电的最大值与有效值之间存在$\sqrt{2}$倍的关系,所以常用有效值的大小来决定旋转矢量的长度.

在由电阻R、纯电感L和电容C所组成的串联电路(图8.8(a))中,电感上的电压的相位超前于电流的相位$\pi/2$,电容上的电压的相位落后于电流的相位$\pi/2$.设电感上电压的有效值大于电容上电压的有效值,则旋转矢量图如图8.8(b)所示.在图中,我们用多边形法则求$\boldsymbol{U}_R$、$\boldsymbol{U}_L$、$\boldsymbol{U}_C$的合矢量$\boldsymbol{U}$.容易得到串联电路两端的电压有效值U、电压与电流的相位差φ以及串联电路的阻抗Z满足

$$\begin{cases} U = \sqrt{U_R^2 + (U_L - U_C)^2} \\ \tan\varphi = \dfrac{U_L - U_C}{U_R} = \dfrac{\omega L - \dfrac{1}{\omega C}}{R} \\ Z = \dfrac{U}{I} = \sqrt{R^2 + (X_L - X_C)^2} = \sqrt{R^2 + \left(\omega L - \dfrac{1}{\omega C}\right)^2} \end{cases} \tag{8.14}$$

通常令$U_X = U_L - U_C$,U_X称为**电抗电压**,而$X = X_L - X_C$,X称为**电抗**.容易

证明

$$U_X = XI \tag{8.15}$$

由图 8.8(b)可看出,电抗电压 U_X 与电流 I 的相位差为 $\pi/2$. 由式(8.14)可知,$Z=\sqrt{R^2+X^2}$,这个关系可以用图 8.9 所示的直角三角形表示,称为**阻抗三角形**. 可以证明,这个结论对任意交流电路都是适用的.

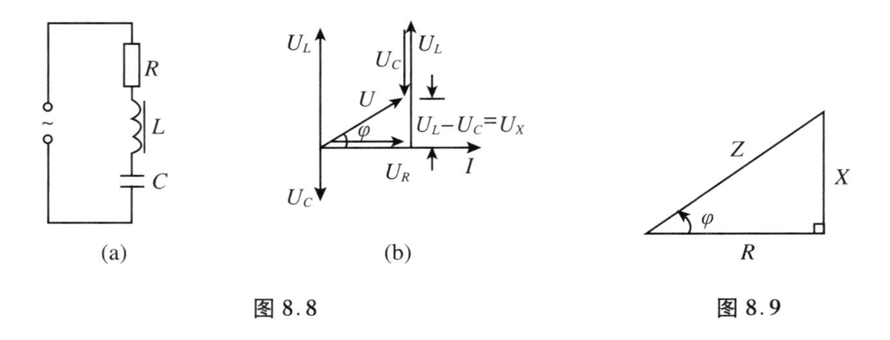

图 8.8　　　　图 8.9

在以上讨论中,假定了 $U_L>U_C$. 这时,$X_L>X_C$,感抗占优势,电抗具有电感性质,$\varphi>0$,电压 u 的相位超前于电流 i 的相位. 这样的电路叫**电感性电路**. 如果 $U_L<U_C$,这时,$X_L<X_C$,容抗占优势. 容易作图证明,这里电压 u 的相位落后于电流 i 的相位,这样的电路叫**电容性电路**.

若调整 ω、C、L,使电抗 $X=\omega L-\dfrac{1}{\omega C}=0$,则 $U_X=U_L-U_C=0$,即 u_L 和 u_C 时刻大小相等、方向相反. 由式(8.14)知,此时 $U=U_R$,$\varphi=0$,Z 最小,且 $Z=R$,即相当于纯电阻电路,电路的电流的有效值(或峰值)最大,$I=U_R/R$. 这种状况叫电路发生了电磁谐振,常称为**串联谐振**. 谐振角频率为

$$\omega_0 = \frac{1}{\sqrt{LC}} \tag{8.16}$$

如果电路只由 R、L、C 三者中任意两个串联构成,则在式(8.14)中去掉与未串入元件相关的量即可. 例如,在只有 L、C 串联的电路中,$R=0$,式(8.14)变为

$$\begin{cases} U = U_L - U_C \\ \tan\varphi \to \infty \left(\text{即 } \varphi = \dfrac{\pi}{2}\right) \\ Z = Z_L - X_C = X \end{cases} \tag{8.17}$$

8.3.2　并联交流电路和并联谐振

1. R、L、C 并联电路

如图 8.10(a)所示,在由电阻 R、纯电感 L、纯电容 C 组成的交流并联电路中,各

元件上的电压 $u(t)$ 时刻相同，而电流 i_R、i_L、i_C 之间有相位差.为了比较它们之间的相位差，我们取电压矢量 $\boldsymbol{U}$ 为基准，并令它沿水平方向.由于电感上的电流的相位落后于电压的相位 $\pi/2$，电容上的电流的相位超前于电压的相位 $\pi/2$.设 $I_C > I_L$，则旋转矢量图如图 8.10(b)所示.由多边形法则容易得到通过并联电路电流的有效值 I、电流与电压的相位差 φ' 以及阻抗 Z 满足

$$\begin{cases} I = \sqrt{I_R^2 + (I_C - I_L)^2} \\ \tan\varphi' = \dfrac{I_C - I_L}{I_R} = R\left(\omega C - \dfrac{1}{\omega L}\right) \\ Z = \dfrac{U}{I} = \dfrac{\omega L}{\sqrt{(1 - \omega^2 LC)^2 + \dfrac{(\omega L)^2}{R^2}}} \end{cases} \tag{8.18}$$

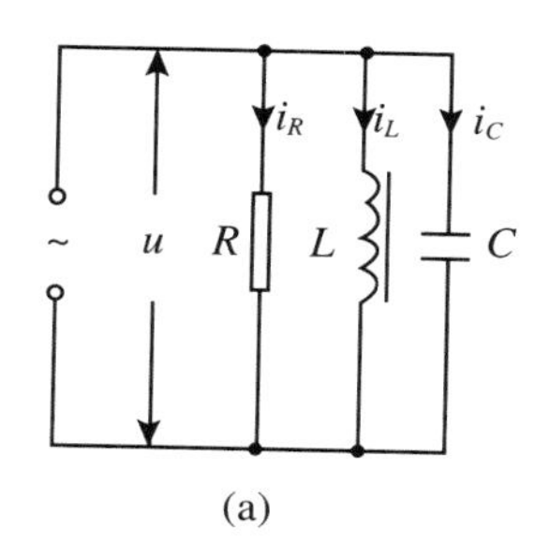

(a)

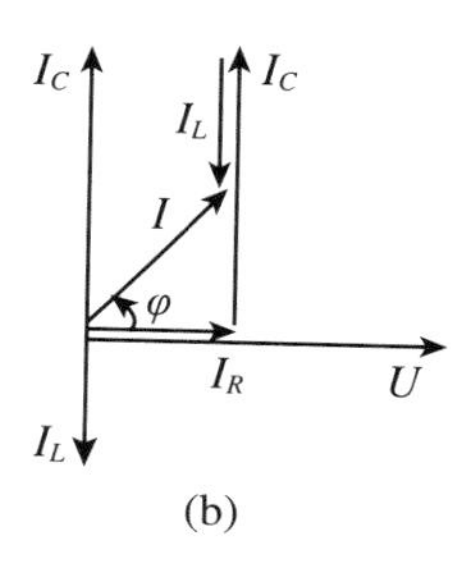

(b)

图 8.10

如果只有 R、L 并联，式(8.18)中 $C=0$，$I_C=0$，则有

$$\begin{cases} I = \sqrt{I_R^2 + I_L^2} \\ \tan\varphi' = -\dfrac{I_L}{I_R} = -\dfrac{R}{\omega L} \\ Z = \dfrac{1}{\sqrt{\left(\dfrac{1}{R}\right)^2 + \left(\dfrac{1}{\omega L}\right)^2}} \end{cases} \tag{8.19}$$

如果只有 R、C 并联，式(8.18)中 $L\to\infty$，$I_L=0$，则有

$$\begin{cases} I = \sqrt{I_R^2 + I_C^2} \\ \tan\varphi' = -\dfrac{I_C}{I_R} = R\omega C \\ Z = \dfrac{1}{\sqrt{(\omega C)^2 + \left(\dfrac{1}{R}\right)^2}} \end{cases} \tag{8.20}$$

2. L 与 R 串联后再与 C 并联的电路、并联谐振

实际的电感线圈的有功电阻 R(参看 8.4 节)常是不能忽略的.因此，线圈与电容并联的电路实际上相当于一个电阻 R 与 L 串联后，再与 C 并联，如图 8.11(a)所示

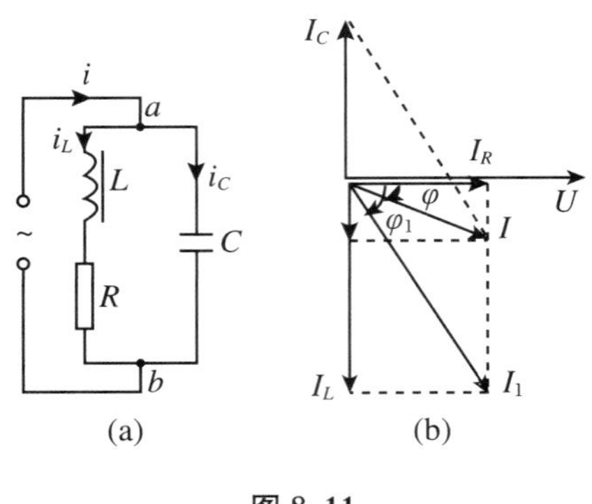

图 8.11

(如果考虑电容器的介质损耗,在电容支路上还相当于串联了一个电阻 R_C).这实际上是既含有串联成分,又含有并联成分的交流混联电路.用旋转矢量法解这类电路的基本思路是,通常先找出最基础的串联支路(如图 8.11(a)中的 LR 支路)或并联部分的阻抗和电流与电压之间的相位差,把电路(或其一部分)先化为并联(或串联)形式.这样逐次求解,直到解出电路的总电流或总电压以及它们的相位差.对于图 8.11(a)所示的电路,由于电路整体看属于并联电路,我们取电压矢量 $\boldsymbol{U}$ 为基准,作出 $\boldsymbol{I}_R$、$\boldsymbol{I}_L$、$\boldsymbol{I}_C$ 的旋转矢量图,如图 8.11(b)所示.先作图求出串联支路上的电流矢量 $\boldsymbol{I}_1$ 及其与电压矢量 $\boldsymbol{U}$ 的相位差 φ_1,然后再由 $\boldsymbol{I}_1$ 和 $\boldsymbol{I}_C$ 作图求 $\boldsymbol{I}$ 和 φ.由于

$$I_C = \frac{U}{X_C} = U\omega C,\quad I_1 = U\sqrt{R^2 + (\omega L)^2}$$

由图可知,I 在垂直于 U 轴方向的投影等于 I_1 和 I_C 在这个方向上的投影之差,I 在 U 轴上的投影等于 I_1 在 U 轴上的投影(等于 I_R),且 $\sin\varphi_1 = \omega L/\sqrt{R^2+(\omega L)^2}$,$\cos\varphi_1 = R/\sqrt{R^2+(\omega L)^2}$,故

$$\begin{cases} I = \sqrt{(I_1\cos\varphi_1)^2 + (I_1\sin\varphi_1 - I_C)^2} = \sqrt{\dfrac{(1-\omega^2 LC)^2 + (\omega CR)^2}{R^2 + (\omega L)^2}} \\ \tan\varphi = \dfrac{I_1\sin\varphi_1 - I_C}{I_1\cos\varphi_1} = \dfrac{\omega L - \omega C[R^2 + (\omega L)^2]}{R} \\ Z = \dfrac{U}{I} = \sqrt{\dfrac{R^2 + (\omega L)^2}{(1-\omega^2 LC)^2 + (\omega CR)^2}} \end{cases} \tag{8.21}$$

当电路的电流 i 和电压 u 的相位差为 $\varphi = 0$ 时,电路呈纯电阻性.这种现象叫做**并联谐振**.此时电路的阻抗最大,电流最小.由式(8.21)第二式,可知谐振角频率 ω_0 满足

$$\omega_0 L - \omega_0 C[R^2 + (\omega_0 L)^2] = 0$$

$$\omega_0 = \sqrt{\frac{1}{LC} - \left(\frac{R}{L}\right)^2} \tag{8.22}$$

若 R 可忽略,则 $\omega_0 = 1/\sqrt{LC}$,与串联谐振的角频率公式相同.

由上面讨论看出,用旋转矢量法讨论混联交流电路时,过程比较复杂和烦琐,混联结构越复杂,元件越多,越烦琐.比较简便的解法是复数法,但比较抽象.根据中学物理的实际,我们不再介绍复数法.

问题讨论

1. 交流电的功率

一般地说,交流电的即时功率 p 等于该时刻的电压 $u(t)$ 和电流 $i(t)$ 的乘积.但是,由于电压和电流之间通常存在相位差,使得交流电的功率比直流电复杂得多.

(1) 交流电的平均功率(有功功率)

设电源电压为 $u(t)=U_{\mathrm{m}}\sin\omega t$,电路中的电流为

$$i(t)=I_{\mathrm{m}}\cdot\sin(\omega t+\varphi)$$

则电路的瞬时功率为

$$\begin{aligned}p=ui&=U_{\mathrm{m}}\sin\omega t I_{\mathrm{m}}\sin(\omega t+\varphi)\\&=\frac{1}{2}U_{\mathrm{m}}I_{\mathrm{m}}\cos\varphi-\frac{1}{2}U_{\mathrm{m}}I_{\mathrm{m}}\cos(2\omega t+\varphi)\end{aligned}\tag{8.23}$$

由式(8.23)可知,交流电的瞬时功率 p 包含两部分:一部分为 $\frac{1}{2}U_{\mathrm{m}}I_{\mathrm{m}}\cos\varphi$,不随时间变化;另一部分 $\frac{1}{2}U_{\mathrm{m}}I_{\mathrm{m}}\cos(2\omega t+\varphi)$ 以2倍电源频率做周期性变化.

在实际问题中,往往有意义的不是瞬时功率,而是一个周期时间 T 内的**平均功率** $\boldsymbol{P}$:

$$\begin{aligned}P&=\frac{1}{T}\int_0^T p\mathrm{d}t=\frac{1}{T}\int_0^T\frac{1}{2}[U_{\mathrm{m}}I_{\mathrm{m}}\cos\varphi-U_{\mathrm{m}}I_{\mathrm{m}}(2\omega t+\varphi)]\mathrm{d}t\\&=\frac{1}{T}\int_0^T\frac{1}{2}U_{\mathrm{m}}I_{\mathrm{m}}\cos\varphi\mathrm{d}t-\frac{1}{T}\int_0^T\frac{1}{2}U_{\mathrm{m}}I_{\mathrm{m}}\cos(2\omega t+\varphi)\mathrm{d}t\end{aligned}$$

上式右端第二项的积分值为零,所以

$$P=\frac{1}{2}U_{\mathrm{m}}I_{\mathrm{m}}\cos\varphi=UI\cos\varphi\tag{8.24}$$

其中,U、I 分别为电压和电流的有效值.

对于纯电阻电路,$\varphi=0$,$P=\frac{1}{2}U_{\mathrm{m}}I_{\mathrm{m}}=UI=I^2R$.显然,这个平均功率用于产生焦耳热.与直流电的焦耳定律对比,可以理解为什么要从热效应出发定义交流电的有效值.

对于纯电感和纯电容电路,$\varphi=\pi/2$ 或 $-\pi/2$,$\cos\varphi=0$,$P=0$.这表明,纯电感元件的磁场能或电容元件的电场能与电源传输给电路的能量(常称电流能或电能)之间的转换是可逆的.

可见,由式(8.24)所决定的任意交流电路的平均功率是电路实际消耗的功率,通常称为**有功功率**.对于纯电阻电路,有功功率就是电路上产生焦耳热的功率.

图8.12~图8.15绘出了三种纯电路和一般交流电路中瞬时功率随时间变化的图线.图中斜线部分的"面积"代表在该时间内电流所做的功.从图中可以看出:① 交流电功率变化的频率为交变电压的频率的2倍;② 在纯电阻电路中,电流总做正功,在纯电感或纯电容电路中,在交流电的每半周期内,电流的正功(电源输出的能量)与电流的负功(元件回授给电路的能量)大小相等.在一般交流电路中,交流电的每半周期内电流有一段时间做正功,有一段时间做负功,但正功总是大于负功.这形象地说明了式(8.24)满足 $0 \leqslant P \leqslant UI$ 的道理.

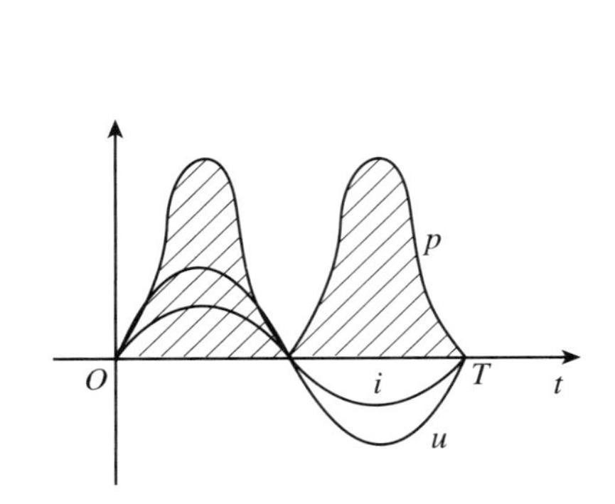

图 8.12　纯电阻元件上的功率

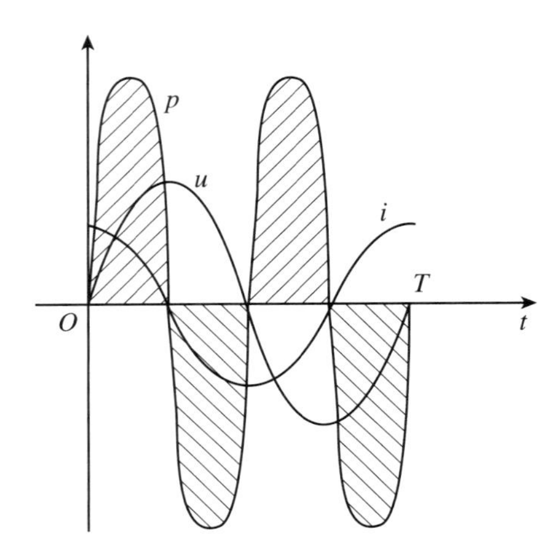

图 8.13　纯电容元件上的功率

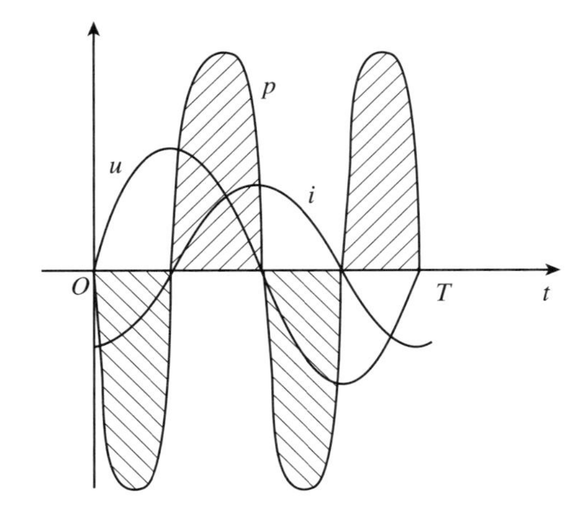

图 8.14　纯电感元件上的功率

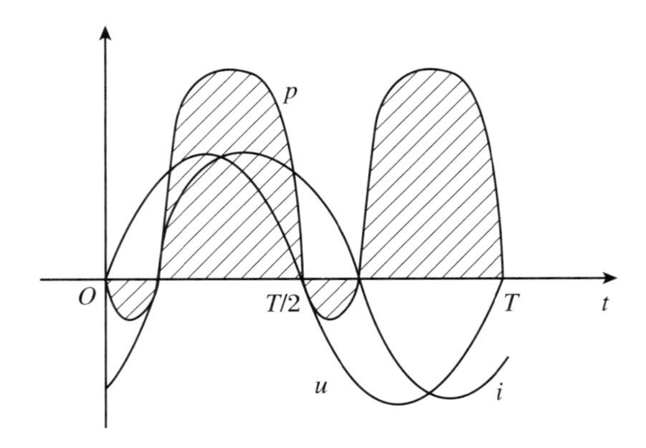

图 8.15　任意交流电路的功率

(2) 视在功率、无功功率和功率因数

对应于式(8.24)的旋转矢量图如图8.16所示.我们可以把矢量 $\boldsymbol{I}$ 沿矢量 $\boldsymbol{U}$ 方向和垂直于 $\boldsymbol{U}$ 的方向分解:

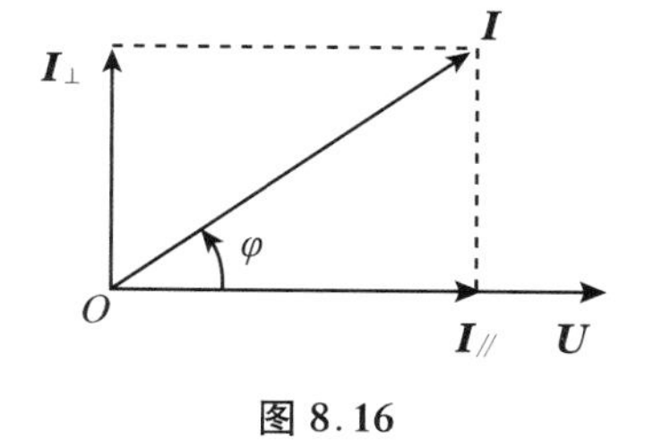

图 8.16

$$I_{/\!/} = I\cos\varphi, \quad I_\perp = I\sin\varphi \tag{8.25}$$

这实际上是把电流 $i(t) = I_m\sin(\omega t + \varphi)$ 等效为峰值分别为 $I_m\cos\varphi$ 和 $I_m\sin\varphi$ 的两个简谐电流 $i_{/\!/}$ 和 $i_\perp$，它们与 $u(t)$ 的相位差分别为 0 和 $\pm\pi/2$（负号对应于 $\varphi<0$），即

$$i_{/\!/} = I_m\cos\varphi\sin\omega t, \quad i_\perp = I_m\sin\varphi\sin\left(\omega t \pm \frac{\pi}{2}\right)$$

于是，电路的有功功率可以写为 $P = UI_{/\!/}$，所以 $I_{/\!/}$ 称为**有功电流**（或电流的有功分量）. $I_\perp$ 则称为**无功电流**（或电流的无功分量）. 相对应的功率

$$P' = UI_\perp = UI\sin\varphi \tag{8.26}$$

称为**无功功率**，它对应于电抗元件与电路之间能量的相互回授. 电路上，电流、电压的有效值 I 与 U 的乘积叫**视在功率**，它是交流电源提供给电路的功率. 由于 I、U 可用仪表测出，故又称**表观功率**，用 S 表示：

$$S = UI = \sqrt{P^2 + P'^2} \tag{8.27}$$

为了区别不同的交流电功率，视在功率的单位用伏安（V·A）或千伏安（kV·A）表示，无功功率的单位用乏（Var）或千乏（kVar）表示，有功功率的单位则用瓦（W）或千瓦（kW）表示.

在式(8.24)中，电流、电压之间的相位差的余弦表示电流的有功功率与视在功率之比：

$$\cos\varphi = \frac{P}{S} \tag{8.28}$$

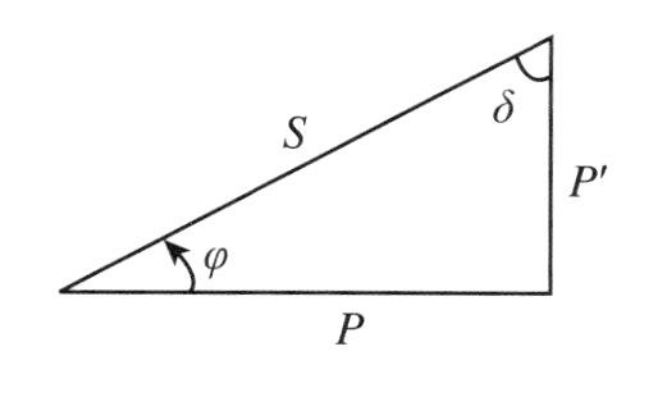

图 8.17

因此，$\cos\varphi$ 称为**功率因数**. 它表示交流电路中实际消耗的功率占电源提供给电路的功率的比例，是交流电路中的一个重要物理量. 在电力工程中，我们总是希望电路的功率因数越高越好，这样才能更有效地传输和使用电能.

由式(8.27)和式(8.28)可知，S、P、P' 的关系可用图 8.17 所示的直角三角形表示，通常叫**功率三角形**. 对比图 8.9 和图 8.17 可见，阻抗三角形与功率三角形是相似三角形. 由此不难得到

$$\begin{cases} S = UI = I^2 Z & \text{（视在功率）} \\ P = UI\cos\varphi = I^2 Z\cos\varphi = I^2 R & \text{（有功功率）} \\ P' = UI\sin\varphi = I^2 Z\sin\varphi = I^2 X & \text{（无功功率）} \end{cases} \tag{8.29}$$

因此，电抗 X 与无功功率相对应，对电路消耗的功率无贡献，而电阻 R 与有功功率相对应，通常称为**有功电阻**. 不过，在交流电路中，有功电阻并不一定就是直流电路中的欧姆电阻. 例如，电容器或电感线圈中的介质损耗（如介电损耗、磁滞损耗、涡流损耗等）反映到电路中来，就相当于一个有功电阻. 此外，如果电路中有电动机或其他元件把电能转化为机械能或其他形式的能，而不能再回授给电路时，对电路来说，这也相

当于一个有功电阻.所以,有功电阻实质上反映了电路的功率消耗,至于消耗的原因和能量转化的情况可以是多种多样的.这是有功电阻与欧姆电阻的基本区别.

(3) 品质因数(Q 值)、损耗角(δ)和耗散因数($\tan\delta$)

在无线电电路中,电抗元件(电感、电容)经常用来组成谐振电路,这时主要利用电抗元件的储能和放能作用,希望各种能量损耗(如欧姆损耗和介质损耗)小些,即无功功率大些.因此,把电抗元件上的无功功率与有功功率之比称为元件的**品质因数**,用 Q 表示,故常称为 **Q 值**. Q 值越大,元件损耗越小.由式(8.29)可得

$$Q = \frac{P'}{P} = \frac{X}{R} \tag{8.30}$$

从功率三角形图 8.17 可见

$$\tan\delta = \frac{P}{P'} = \frac{R}{X} = \frac{1}{Q} \tag{8.31}$$

再看阻抗三角形图 8.9,可见,δ 是电压和电流的相位差 φ 的余角$\left(\delta = \frac{\pi}{2} - \varphi\right)$. δ 越大($\tan\delta$ 越大),表示损耗越大.所以 δ 叫做**损耗角**,$\tan\delta$ 叫做**耗散因数**.要注意,式(8.30)和式(8.31)中的 R 均指有功电阻.

2. 变化电流的有效值和平均值

比较变化电流与稳恒电流的效果,可以用产生相同效果的稳恒电流、电压、电动势的值来描述变化电流的相应物理量的平均强弱程度.通过比较热效果得出的通常叫变化电流的有效值;通过比较移送电量的效果所得出的通常叫变化电流的平均值.变化电流的有效值和平均值在中学物理中都会直接或间接遇到.

(1) 脉动电流的有效值和平均值

如果电流只是大小随时间变化而方向不变,这样的电流叫**脉动电流**.

如果一个脉动电流通过一个电阻时在一段时间内所产生的热量与同一时间内一个稳恒电流通过同样的电阻所产生的热量相同,则这个稳恒电流的值叫做该脉动电流的**有效值**.相应地,也有对应的电压和电动势的有效值.设脉动电流为 $i(t)$,其有效值为 I,相应的稳恒电流为 $I_{恒}$,则按定义,$I = I_{恒}$.设在 $0\sim\tau$ 时间内,$i(t)$产生的热量为 Q,则

$$Q = \int_0^\tau \mathrm{d}Q = \int_0^\tau i^2(t)R\mathrm{d}t = I_{恒}^2 R\tau = I^2 R\tau$$

$$I = \sqrt{\frac{1}{\tau}\int_0^\tau i^2(t)\mathrm{d}t} \quad 或 \quad I^2 = \frac{1}{\tau}\int_0^\tau i^2(t)\mathrm{d}t \tag{8.32}$$

如果一个脉动电流通过一个导体时,在某一段时间内通过导体横截面积的电量与一个稳恒电流通过同一导体时在同样时间内通过导体横截面积的电量相同,则这

个稳恒电流的值叫该脉动电流的**平均值**，用 $\bar{I}$ 表示. 相应地，也有对应的电压和电动势的平均值. 设在 $0\sim\tau$ 时间内，通过导体截面的电量为 q，相应的稳恒电流值为 $I_{恒}$，则 $\bar{I}=I_{恒}$. 故有

$$q=\int_0^\tau i(t)\mathrm{d}t=\bar{I}\tau=I_{恒}\ \tau$$

$$\bar{I}=\frac{1}{\tau}\int_0^\tau i(t)\mathrm{d}t \tag{8.33}$$

由式(8.32)、式(8.33)可知，变化电流的有效值是它对时间的方均根值，而其平均值是它对时间的平均值. 有效值和平均值都与电流变化的规律和所取时间间隔 τ 有关. 对同一电流，在同一时间内，I 与 $\bar{I}$ 不一定相同；在不同时间内的有效值(或平均值)一般不同.

有效值 I 与电流在时间 τ 内发热的总效果有关，与能的转化和守恒定律直接相联系. 而平均值 $\bar{I}$ 与时间 τ 内电流移送的总电量有关，并直接由平均电动势(或平均电压)决定；在电磁感应现象中，则由时间 τ 内磁通变化量 $\Delta\Phi$ 决定. 因此，在涉及热效果的问题中，要用有效值；在涉及移送电量的问题中，要用平均值. 一般来说，确定电流的脉动规律 $i(t)$ 常是较复杂的. 在中学物理问题中，常用能量守恒定律间接求 I，用平均电动势间接求 $\bar{I}$.

例1 如图8.18所示，闭合矩形线圈 $abcd$ 可绕其水平边 ad 转动. 线框处在竖直向上的磁感应强度为 B 的匀强磁场中. $ab=d$，$bc=L$，bc 边质量为 m，其余边的质量不计. 线框电阻为 R. 现给 bc 边一个瞬时冲量，使 bc 边获得速度 v. 经时间 t，bc 边上升至最高处，ab 边与竖直线的最大偏角为 α. 求在 bc 边上升过程中，(1) 线圈中电流的有效值；(2) 流过导体截面的电量.

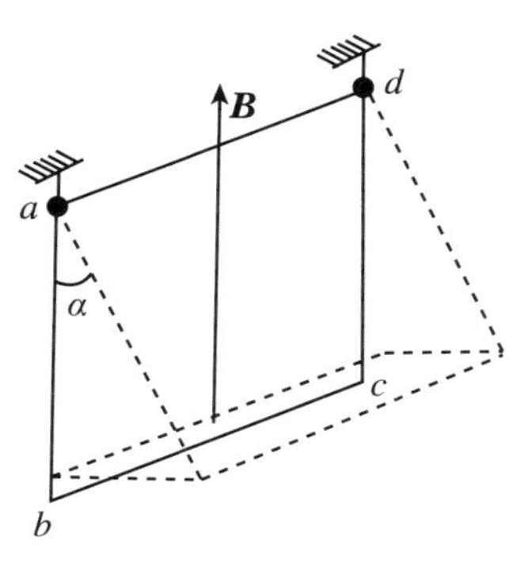

图 8.18

解 (1) 由能的转化和守恒定律有

$$Q=\frac{1}{2}mv^2-mgh,\quad h=d(1-\cos\alpha)$$

而 $Q=I^2Rt$，故

$$I=\sqrt{\frac{m[v^2-2gd(1-\cos\alpha)]}{2Rt}}$$

(2) 因 $q=\bar{I}\Delta t=\bar{\mathscr{E}}\Delta t/R$，其中 $\bar{\mathscr{E}}$ 为平均电动势. 由电磁感应定律，$\bar{\mathscr{E}}=\Delta\Phi/\Delta t$. 而 $\Delta\Phi=BLd\sin\alpha$，故

$$q=\frac{\Delta\Phi}{R}=\frac{BLd\sin\alpha}{R}$$

从解答过程看出，公式 $q=\Delta\Phi/R$ 在计算由于穿过线圈的磁通变化而引起的电荷迁移时是普遍适用的.

(2) 交流电的有效值和平均值

由于交流电是周期性变化的，各周期内发热效果相同，因此定义交流电的有效值时，通常取一周期时间作为时间间隔，即如果一个交流电和一个稳恒直流电通过相同的电阻，在交流电的一周期内所发出的热量相同，则此稳恒直流电的电流、电压、电动势的值叫做该交流电的有效值.由式(8.32)有

$$I=\sqrt{\frac{1}{T}\int_0^T i^2(t)\mathrm{d}t}\quad 或\quad I^2=\frac{1}{T}\int_0^T i^2(t)\mathrm{d}t \tag{8.34}$$

对于波形对称的交流电，它在一周期内的平均值必为零.所以通常取电流方向不变的半个周期的时间间隔来定义交流电的平均值.由式(8.33)有

$$\bar{I}=\int_0^{\frac{T}{2}}\frac{i(t)\mathrm{d}t}{\frac{T}{2}}=\frac{2}{T}\int_0^{\frac{T}{2}}i(t)\mathrm{d}t \tag{8.35}$$

交流电的有效值和平均值随交流电的变化规律不同而不同.对于图 8.19 所示的"矩形波"，$I=\bar{I}=I_\mathrm{m}$；对于图 8.20 所示的"锯齿波"，在一周期内，$i(t)=I_\mathrm{m}\left(\frac{2t}{T}-1\right)$.

$$I^2=\frac{I_\mathrm{m}^2}{T}\int_0^T\left(\frac{2t}{T}-1\right)^2\mathrm{d}t=\frac{I_\mathrm{m}^2}{T}\int_0^T\left[\left(\frac{2}{T}\right)^2t^2-2\cdot\frac{2}{T}t+1\right]\mathrm{d}t$$
$$=\frac{I_\mathrm{m}^2}{T}\left[\left(\frac{2}{T}\right)^2\cdot\frac{t^3}{3}-\frac{4}{T}\cdot\frac{t^2}{2}+t\right]_0^T=\frac{I_\mathrm{m}^2}{3}$$

所以

$$I=\frac{I_\mathrm{m}}{\sqrt{3}}$$

$$\bar{I}=\frac{2}{T}\int_0^{\frac{T}{2}}i(t)\mathrm{d}t=\frac{2}{T}\int_0^{\frac{T}{2}}I_\mathrm{m}\left(\frac{2t}{T}-1\right)\mathrm{d}t=\frac{2I_\mathrm{m}}{T}\left(\frac{2}{T}\cdot\frac{t^2}{2}-t\right)_0^{\frac{T}{2}}=-\frac{I_\mathrm{m}}{2}$$

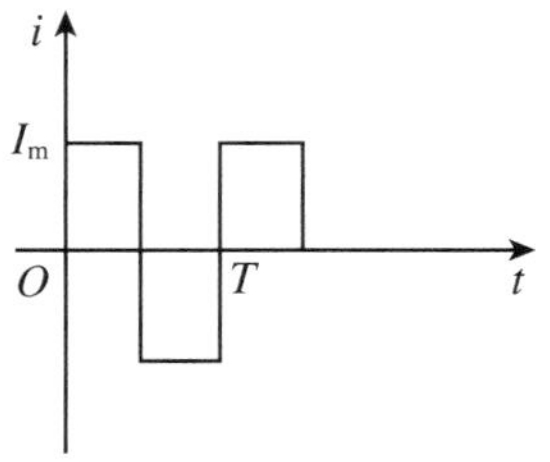

图 8.19

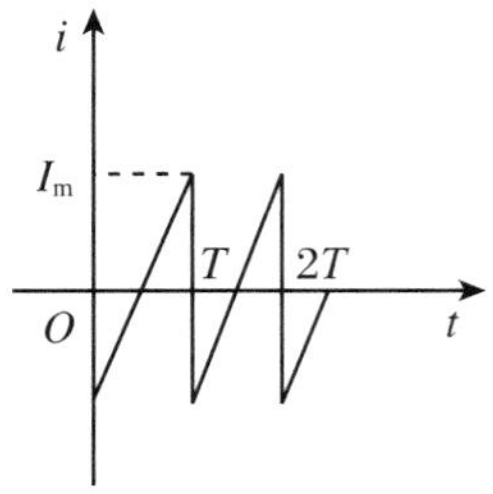

图 8.20

其中，负号表示在第一个半周期内，电流移送正电荷的方向与 i 轴正向相反.

(3) 正弦交流电的有效值和平均值

对于正弦交流电

$$i(t)=I_m\sin\omega t=I_m\sin\frac{2\pi}{T}t$$

有效值为

$$I=\sqrt{\frac{1}{T}\int_0^T I_m^2\sin\left(\frac{2t}{T}-1\right)^2\mathrm{d}t}$$

因

$$\sin^2\left(\frac{2\pi}{T}t\right)=\frac{1}{2}\left[1-\cos\left(2\cdot\frac{2\pi}{T}t\right)\right]$$

故

$$I=I_m\sqrt{\frac{1}{2T}\left[t-\frac{\sin\left(\frac{4\pi}{T}t\right)}{\frac{4\pi}{T}}\right]_0^T}=\frac{I_m}{\sqrt{2}}=0.707I_m$$

这就是大家所熟悉的正弦交流电的有效值与峰值的关系.

正弦交流电的平均值为

$$\bar{I}=\frac{1}{T/2}\int_0^{\frac{T}{2}}I_m\sin\left(\frac{2\pi}{T}t\right)\mathrm{d}t=\frac{2I_m}{T}\left[\frac{\cos\left(\frac{2\pi}{T}t\right)}{\frac{2\pi}{T}}\right]_0^{\frac{T}{2}}$$

即

$$\bar{I}=\frac{2I_m}{\pi}=\frac{2\sqrt{2}I}{\pi}$$

从第(2)、(3)两部分的结果看出,交流电的有效值和平均值一般不同,$I\geqslant\bar{I}$.比值$I/\bar{I}$称为波形因数,简谐交流电的波形因数为$I/\bar{I}=1.11$.

(4) 正弦交流电的有效值和平均值的理解与应用

① 一般来说,有效值中的"有效"是针对交流电路中的能量耗散而言的,也就是针对电源提供给电路的电能不可逆地转化为其他形式的能而言的.在问题讨论1中已经指出,交流电的有效值与交流电的平均功率对应,而交流电的平均功率就是有功功率;有功功率$P=I^2R$中的R是指有功电阻,而不仅指欧姆电阻.交流电能量在单位时间内(确切地说是一周期内)不可逆地转化为其他形式的能(内能、机械能、化学能……)的多少,反映在电路计算中就是与有效值相联系的有功电阻上的有功功率.

对于有功电阻,$P=I^2R=IU=\frac{qU}{t}$,$U=\frac{Pt}{q}=\frac{W}{q}$.其中,$q$为与电流有效值相对应的"有效电量",$W$为在$t$时间内电流的"有功功".所以,电压的有效值可以这样来理解:它表示交流电通过电路时,移送单位电量的电荷所做的有功功,也就是单位电量的电荷把电源提供的能量不可逆地转化为其他形式的能的数量.

在实际使用中,交流电的有效值概念也应用于纯电感或纯电容电路.但这时在电路中并没有发生不可逆转的能量耗散.因此,引入了视在功率 $S=IU$ 来统一度量电流向内能转化以及电源能与电场能或磁场能之间的相互转化.这是交流电的有效值在应用中的推广,并非有效值定义的原始意义.

② $I=I_m/\sqrt{2}$(或 $U=U_m/\sqrt{2}$、$\mathscr{E}=\mathscr{E}_m/\sqrt{2}$)是简谐交流电在一周期内的方均根值.由于正弦交流电变化的对称性,对任意半周期时间内,这些关系仍然适用.例如,图8.21中,在 $t_2-t_1=T/2$ 这半周期内,$i^2(t)$图线所围的"面积"(有斜线的部分)为一周期内图线所围的面积的一半,其中 t_1 可以是任意值.所以电流在半周期内对时间的方均根值应与一周期内对时间的方均根值相同.

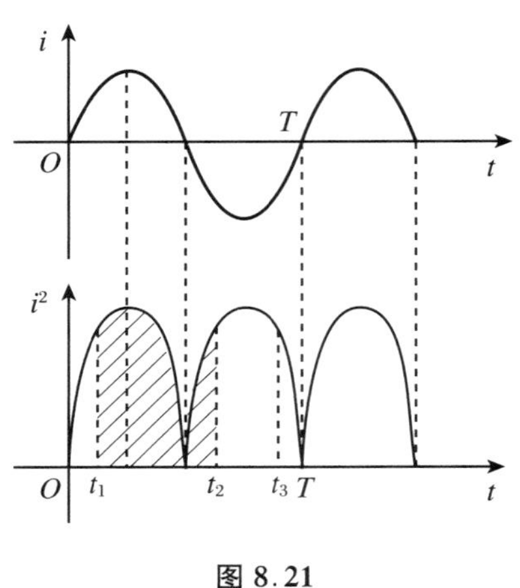

图8.21

但是,在交流电的任意 $T/4$ 时间内,$I=I_m/\sqrt{2}$就不一定成立了.例如,在图8.21中,若 $t_2'-t_1'=\frac{T}{4}$,当 $t_1'=k\frac{T}{4}$,$k=0,1,2,\cdots\left(0\rightarrow\frac{T}{4}、\frac{T}{4}\rightarrow\frac{T}{2}、\cdots\right)$时,$i^2(t)$图线所围面积的对称性仍然存在,$I=I_m/\sqrt{2}$仍然成立;但当 $t_1'\neq k\frac{T}{4}$时,$I=I_m/\sqrt{2}$不再适用,在图中,t_3-t_2 时间内 $i^2(t)$图线所围的面积显然与$0\rightarrow\frac{T}{4}$时间内$i^2(t)$图线所围面积不等.

上面的结论可以一般地证明如下.在任意时间 $t_2-t_1\leqslant T/2$ 内,由式(8.32),有

$$I^2=\frac{I_m^2}{t_2-t_1}\int_{t_1}^{t_2}\sin^2\left(\frac{2\pi}{T}t\right)\mathrm{d}t=\frac{I_m^2}{2(t_2-t_1)}\int_{t_1}^{t_2}\left[1-\cos2\left(\frac{2\pi}{T}\right)t\right]\mathrm{d}t$$

$$=\frac{I_m^2}{2(t_2-t_1)}\left[(t_2-t_1)-\frac{\sin2\left(\frac{2\pi}{T}\right)t_2-\sin2\left(\frac{2\pi}{T}\right)t_1}{2\left(\frac{2\pi}{T}\right)}\right]\tag{8.36}$$

在式(8.36)中,当 $t_2-t_1=T/2$,即 $t_2=t_1+T/2$ 时,方括号内第二项为零,故$I=I_m/\sqrt{2}$.

当 $t_2-t_1=T/4$,即 $t_2=t_1+T/4$ 时,有

$$\sin2\left(\frac{2\pi}{T}\right)t_2=-\sin2\left(\frac{2\pi}{T}\right)t_1$$

$$I^2=I_m^2\left[\frac{1}{2}+\frac{1}{\pi}\sin2\left(\frac{2\pi}{T}\right)t_1\right]\tag{8.37}$$

当 $t_1=kT/4$,$k=0,1,2,\cdots$时,式(8.37)中第二项为零,仍有 $I=I_m/\sqrt{2}$;当 $t_1\neq kT/4$ 时,$I\neq I_m/\sqrt{2}$.

在电力工程或无线电通信中,交流电的频率大于50 Hz,而通电时间至少以秒计.

因此,交流电在不到 $T/2$ 时间内所带来的有效值的这种差别往往可以忽略不计.但是,在低频交流电中,在不到 $T/2$ 时间内,简谐交流电的有效值不满足 $I=I_m/\sqrt{2}$ 的事实是不可忽略的.有的中学物理习题要求解不到一周期时间内(例如 $T/3$ 或 $2T/3$)导体上所发出的热量,而其所设计的解答却运用了 $I=I_m/\sqrt{2}$,这是不正确的.

③ 正弦交流电整流后的有效值和平均值

一些中学物理习题涉及交流电整流后的功率或发热的问题.这类问题往往因没有正确理解有效值和平均值而出错.

正弦交流电经全波整流后,其波形图如图 8.22(a)所示,瞬时电流的平方 $i^2(t)$ 的图像如图 8.22(b)所示.将图 8.22 与图 8.21 对比可知,全波整流后,电流的方均根值应与整流前相同,故 $I=I_m/\sqrt{2}$ 仍然适用.

但经半波整流后,波形图如图 8.23 所示.由于每一周期内,都有半个周期电流为零.故一周期内电流的有效值为

$$I=\sqrt{\frac{1}{T}\left[\int_0^{T/2} I_m^2\sin^2\left(\frac{2\pi}{T}t\right)\mathrm{d}t+\int_{T/2}^{T}0\mathrm{d}t\right]}$$

$$=I_m\sqrt{\frac{1}{2T}\left[t-\frac{\sin\left(2\cdot\frac{2\pi}{T}t\right)}{2\cdot\frac{2\pi}{T}}\right]_0^{T/2}}=\frac{I_m}{2} \tag{8.38}$$

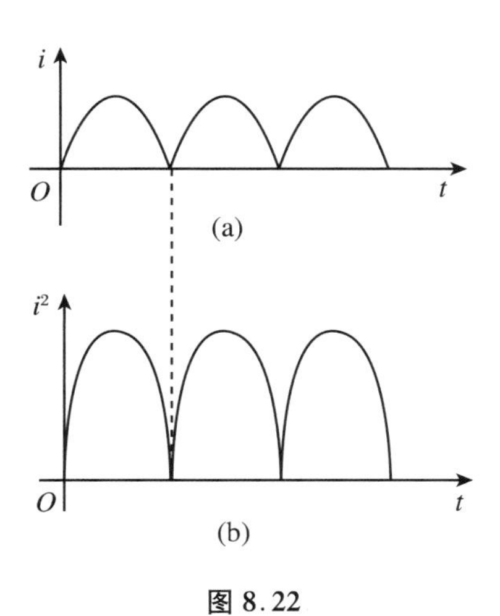

图 8.22

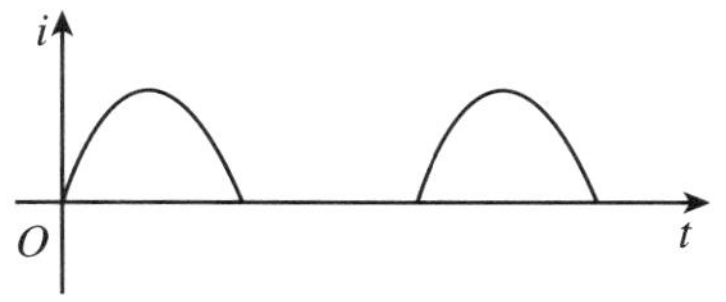

图 8.23

而一周期内电流的平均值应为

$$\bar{I}=\frac{1}{T}\left[\int_0^{T/2}\sin\left(\frac{2\pi}{T}t\right)\mathrm{d}t+\int_{T/2}^{T}0\mathrm{d}t\right]=\frac{I_m}{\pi} \tag{8.39}$$

可见,半波整流后的有效值为整流前的 $1/\sqrt{2}$,而平均值为整流前(半周的平均值)的一半.

例 2 如图 8.24 所示,图(a)中的交流电压表和图(b)中的直流电压表示数相同.

在相同时间 t（$t \gg T$，T 为周期）内，两图中相同电阻 R 上的发热量 Q_a 和 Q_b 哪个大些？

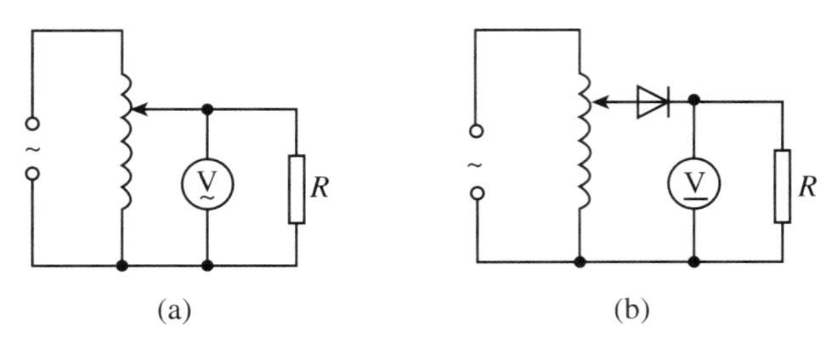

图 8.24

解 此题容易误认为图(a)中未经整流，一周期内都有电流通过 R，而两表的示数又相同，故 $Q_a > Q_b$.

实际上，由于直流电压表是磁电式仪表，所测量的是交流电的平均值（参看本章问题讨论 5）. 由式(8.39)可知，图(b)中直流表的示数 $\bar{U}_b = \bar{I}_b R = I_{mb} R/\pi = U_{mb}/\pi$；而由式(8.38)可知，图(b)中 R 上的有效值为 $U_b = I_b R = I_{mb} R/2 = U_{mb}/2$，故 $U_b = \pi \bar{U}_b/2$. 所以

$$Q_b = \frac{U_b^2}{R} t = \left(\frac{\pi \bar{U}_b}{2}\right)^2 \frac{t}{R} = \frac{\pi^2 \bar{U}_b^2 t}{4R}$$

而 $Q_a = \frac{U_a^2}{R} t$，由条件 $U_a = \bar{U}_b$，可知 $Q_b > Q_a$.

(5) 正弦交流电的有效值与峰值关系的初等推导

前面已经指出：由于正弦交流电波形的对称性质，在每一个 $t_2 - t_1 = T/4$ 内，当 $t_1 = kT/4$（$k = 0, 1, 2, \cdots$）时，电流的有效值与一周期内的有效值是相同的. 其定性分析是不难理解的. 因此，我们可以通过求这样的“$T/4$”时间的电流的有效值来确定一周期内交变电流的有效值.

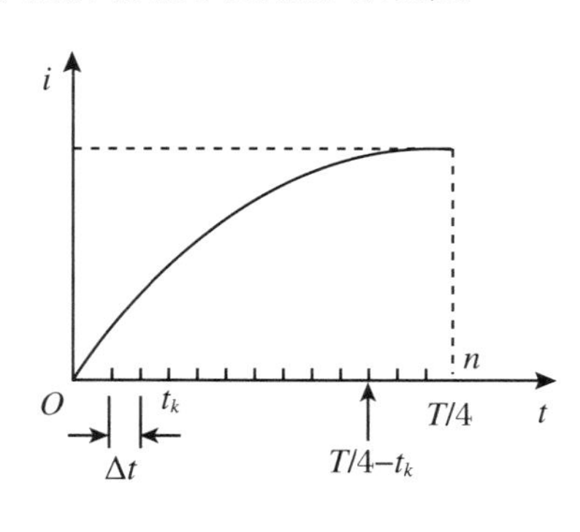

图 8.25

如图 8.25 所示，把 $T/4$ 时间分为 n 等份，每等份时间间隔为 Δt，则

$$T/4 = n\Delta t \tag{8.40}$$

设 n 很大，则在每个 Δt 时间内电流可以近似认为不变. 故

$$Q_{T/4} = i_1^2 R\Delta t + i_2^2 R\Delta t + \cdots + i_n^2 R\Delta t \tag{8.41}$$

在时间轴上，下述时刻组成的点组关于 $T/8$ 时刻的点对称：t_1 和 $T/4 - t_1$、t_2 和 $T/4 - t_2$、$\cdots$、t_k 和 $T/4 - t_k$，$k = 1, 2, \cdots, n/2$. 由于

$$i_{t_k} = I_m \sin\omega t_k$$

$$i_{T/4-t_k} = I_m \sin\left[\omega\left(\frac{T}{4} - t_k\right)\right] = I_m \sin\left[\omega\left(\frac{\pi}{2\omega} - t_k\right)\right] = I_m \cos\omega t_k$$

故共 $K = \frac{n}{2}$ 对 Δt 中电流的平方满足

$$i_{t_k}^2 + i_{T/4-t_k}^2 = I_m^2(\sin^2\omega t_k + \cos^2\omega t_k) = I_m^2 \tag{8.42}$$

由式(8.40)～式(8.42)可得

$$Q_{T/4} = I_m^2 \cdot K \cdot R\Delta t = I_m^2 R\Delta t \cdot \frac{n}{2} = \frac{1}{2} I_m^2 R \frac{T}{4} \tag{8.43}$$

按变化电流的有效值的定义，有

$$Q_{T/4} = I^2 R \frac{T}{4} \tag{8.44}$$

比较式(8.43)和式(8.44)，可得 $I = I_m/\sqrt{2}$，这正是期望的结果.

3. 正弦交流电感性电路和电容性电路的相位差

交流电路中电流与电压的相位差历来是中学物理的难点. 主要有：难于理解在电感性或电容性电路中为什么会出现电流、电压的相位差，为什么纯电路中这个相位差是 $\pi/2$，以及感抗、容抗的表达式为什么是那样，这里将对这些问题作出在中学知识范围内可以理解的讨论. 此外还将对“纯”电路中的实际相位差作简要的分析.

(1) 纯电路中电流与电压的相位差的初等推导

在中学物理中，通常用演示实验介绍电流与电压的相位差. 但实际上不可能有完全纯的电路，因而演示的结果一般不能做到相位差为 $\pi/2$. 所以，对纯电路的相位差给出初等推导是有意义的.

① 纯电感电路中电流与电压的相位差的初等推导

在纯电感电路中，自感电动势为

$$e_L(t) = -L\frac{\Delta i(t)}{\Delta t} \tag{8.45}$$

设电路电流为

$$i(t) = I_m \sin\omega t \quad (\varphi_i = 0) \tag{8.46}$$

从 t 时刻起，经时间 Δt 后，电流为

$$i'(t) = I_m \sin\omega(t + \Delta t)$$

则

$$\begin{aligned}\Delta i(t) &= i'(t) - i(t) = I_m \sin\omega(t + \Delta t) - I_m \sin\omega t \\ &= (I_m \sin\omega t \cos\omega\Delta t + I_m \cos\omega t \sin\omega\Delta t) - I_m \sin\omega t\end{aligned}$$

当 Δt 很小时，$\sin\omega\Delta t \approx \omega\Delta t$，$\cos\omega\Delta t \approx 1$，上式可简化为

$$\Delta i(t) = I_m \omega \Delta t \cos\omega t \tag{8.47}$$

将式(8.47)代入式(8.45),得

$$e_L(t)=-I_{\mathrm{m}}L\omega\cos\omega t=I_{\mathrm{m}}L\omega\sin\left(\omega t-\frac{\pi}{2}\right)$$

加在纯电感上的电压与自感电动势等值反向,所以

$$u(t)=-e_L(t)=I_{\mathrm{m}}L\omega\sin\left(\omega t+\frac{\pi}{2}\right)\tag{8.48}$$

令 $U_{\mathrm{m}}=I_{\mathrm{m}}L\omega$,而 $U_{\mathrm{m}}=I_{\mathrm{m}}X_L$,即感抗 $X_L=L\omega$,则式(8.48)可写为

$$u(t)=U_{\mathrm{m}}\sin\left(\omega t+\frac{\pi}{2}\right)\tag{8.49}$$

比较式(8.46)、式(8.49)可知,在纯电感电路中,电压的相位比电流的相位超前 $\pi/2$.

② 纯电容电路中电流与电压的相位差的初等推导

设加在纯电容电路上的电压为

$$u(t)=U_{\mathrm{m}}\sin\omega t\tag{8.50}$$

电容上的充、放电电流(即纯电容电路中的电流)为

$$i(t)=\frac{\Delta Q}{\Delta t}=\frac{C\Delta u(t)}{\Delta t}\tag{8.51}$$

从 t 时刻起,再经微小时间 Δt,电容上的电压为

$$u'(t)=U_{\mathrm{m}}\sin\omega(t+\Delta t)$$

则

$$\Delta u(t)=U_{\mathrm{m}}\sin\omega(t+\Delta t)-U_{\mathrm{m}}\sin\omega t$$

同①中的推导类似,可得 $\Delta u(t)=U_{\mathrm{m}}\omega\Delta t\sin\left(\omega t+\frac{\pi}{2}\right)$,代入式(8.51),得

$$i(t)=U_{\mathrm{m}}C\omega\sin\left(\omega t+\frac{\pi}{2}\right)\tag{8.52}$$

令 $I_{\mathrm{m}}=U_{\mathrm{m}}C\omega$,而 $I_{\mathrm{m}}=U_{\mathrm{m}}/X_C$,故容抗 $X_C=1/C\omega$.则式(8.52)写为

$$i(t)=I_{\mathrm{m}}\sin\left(\omega t+\frac{\pi}{2}\right)\tag{8.53}$$

比较式(8.51)、式(8.52)可知,在纯电容电路中,电流的相位比电压的相位超前 $\pi/2$.

(2) 纯电路中电流与电压出现相位差的物理分析

对于许多同学来说,即使做了上面的推导,得了这种“数学上的结果”,但对于“为什么 $i(t)$与 $u(t)$会产生 $\pi/2$ 的相位差”并不能真正理解.根据读者已有的物理和数学知识,可以对电流、电压变化的特征做出具体分析,以加深自身的理解.

① 纯电感电路中 i、u 的相位差的意义及原因分析

在纯电感电路中,电压 u 的相位比电流的相位超前 $\pi/2$,表示电压变化的步调超前于电流变化的步调.例如,就 i、u 各自达到正向峰值(或瞬时值与峰值的比值相同的状态)的时间而言,电压比电流超前 $T/4$.这不能被理解为“有了电压 $T/4$ 时间后,才有电流”,具体分析如下:

如图 8.26 所示，当电流的瞬时值为零，并向正向增加时（$t=0$ 时刻），电压即取正向峰值；以后电流向正向增大，而正向电压则减小；经过 $T/4$（$t=T/4$ 时），电压瞬时值变为零，并具有反向变化的趋势，而电流的瞬时值刚好变为正向峰值；再经 $T/4$（$t=T/2$ 时），电压瞬时值为负向峰值，而电流刚变到瞬时值为零并具有反向变化趋势……可见，就各自达到"正向峰值""瞬时值为零并具有反向变化趋势""负向峰值"……给定的状态，电压都比电流超前 1/4 周期. 这就是电压的相位（变化步调）比电流的相位（变化步调）超前 $\pi/2$ 的意义. 从图 8.26 中可以看出：一旦有了电压，就有了电流的变化，因而就有了自感电动势，i、u、e 同时存在于电路之中，无先后之分；$t=0$ 时，仅仅是电流的瞬时值为零，不是在这之前的 $T/4$ 时间内电流均是零；同样，图中 $t=T/4$时刻 u、e 瞬时值为零，不能认为它们在此后的 $T/4$ 时间内的值也是零.

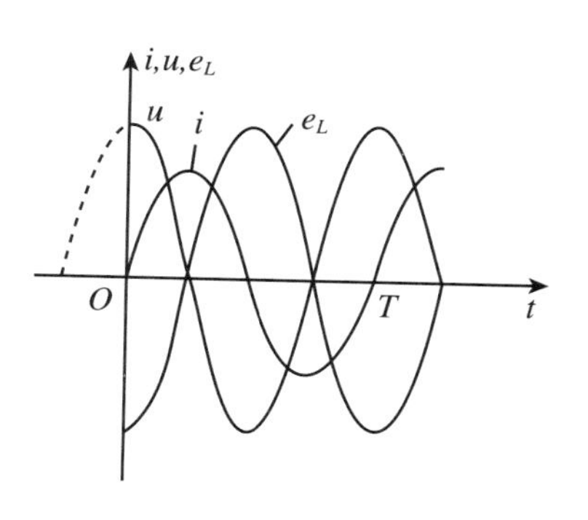

图 8.26

为什么在纯电感电路中，电压的相位会比电流的相位超前 $\pi/2$ 呢？这是由于在纯电感电路中，电压 u 与自感电动势 e_L 总是等值反向，所以关键在于分析清楚电流的相位与自感电动势的相位的关系. 在中学物理中，可以定性分析如下：如图 8.27 所示，把一周期 T 时间分成若干相等的微小时间间隔 Δt. 以 $0 \to T/4$ 时间为例，在各个相同时间 Δt 内电流的变化 Δi 是不同的，且随时间的增加而减小. 在 $t=0$ 时刻附近，$\Delta i/\Delta t$ 最大，在 $t=T/4$ 附近 $\Delta i/\Delta t$ 最小（取极限 $\Delta t \to 0$，$\Delta i/\Delta t \to 0$）. 由电磁感应定律 $e_L=-L\Delta i/\Delta t$ 可知，自感电动势 e_L 的大小与电流变化率 $\Delta i/\Delta t$ 成正比，方向与电流变化的方向相反（即电流增大时，e_L 与 i 反向；电流减小时，e_L 与 i 同向）. 所以在 $t=0$时，自感电动势负向最大（此时 $i=0$）；而 $t=T/4$ 时，自感电动势为零（此时 i 最大）；在 $t=0 \to T/4$ 时间内，自感电动势减小，其方向总与电流反向. 同理可以得

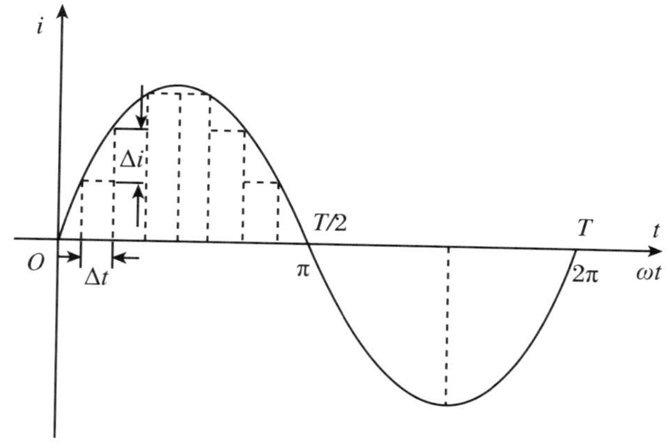

图 8.27

出,在 $T/4 \to T/2$ 时间内,自感电动势增大而方向与电流方向相同,等等. e_L 与 i 的关系如图 8.26 所示. 因为电压 u 与 e_L 时刻等值、反向,所以电压 u 随时间变化的规律也应如图 8.26 所示. 由图可见,在纯电感电路中,电压的相位总是超前于电流 $\pi/2$. 这是电磁感应定律的必然结果.

② 纯电容电路中 i、u 产生相位差的原因分析

纯电容电路中,电流的相位为什么超前于电压 $\pi/2$ 呢? 可以定性分析如下. 由于电容器上的电量 $q(t)$ 与电压 $u(t)$ 成正比,所以,当纯电容电路上加有正弦电压 $u(t) = U_m\sin\omega t$ 时,电容器上的电量 $q(t) = q_m\sin\omega t$,其中 $q_m = CU_m$. u、q 随时间变化的图像如图 8.28 所示. 又因为 $i(t) = \Delta q/\Delta t$,即电流的大小与电容器上的电量的变化率成正比,所以,电流的大小与电压的变化率 $\Delta u/\Delta t$ 成正比. 把一周期的时间分成若干微小的相等时间间隔 Δt,类似上段的推理分析(这里从略),可得到 $i(t)$ 图线如图 8.28 中虚线所示. 由图可知,$i(t)$ 的相位超前于电压 $\pi/2$.

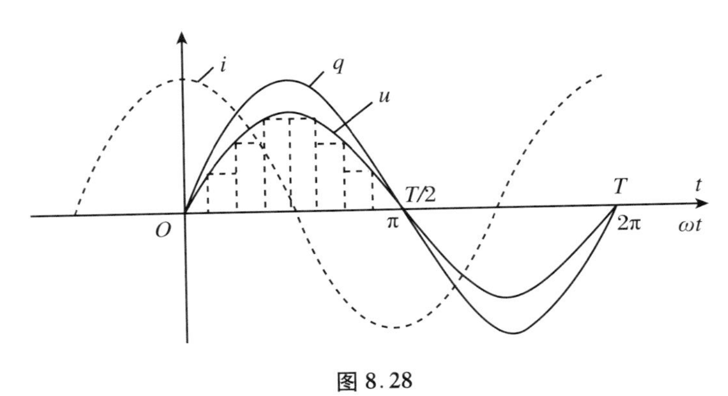

图 8.28

(3) "纯"电感电路中电流、电压的实际相位差

有的同学提出这样的问题:"既然在纯电感电路中,自感电动势与外加电压时刻大小相等、方向相反,那么电路中怎么会有电流流过? 如果电路中没有电流流过,又怎么会有电流的变化,从而有自感电动势?"怎样理解这种似是而非的"矛盾"呢?

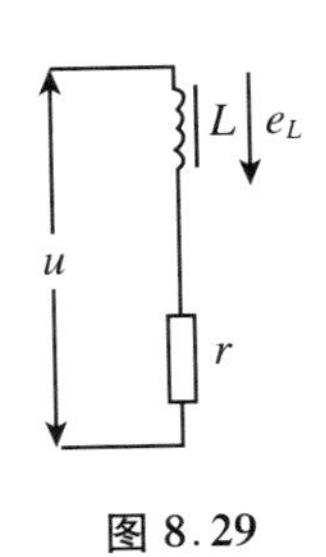

图 8.29

实际上,所谓"纯"电感电路,是为了突出电感电路的基本特征而作的理想化处理. 实际的电感电路总是不可避免地存在欧姆电阻(确切地说,是有功电阻,参看问题讨论 1 中的(2)),可以等效为图 8.29 所示的 rL 串联电路,其中 r 为电路中的电阻. 对此电路,应有

$$u(t) + e_L(t) = i(t)r$$

或

$$u(t) = -e_L(t) + ri(t) \tag{8.54}$$

为使讨论更加清晰,下面我们先用分析法研究 $u(t)$、$e_L(t)$ 和 $i(t)$ 的相位关系. 对于正弦交变电压有

$$i(t) = I_m \sin\omega t$$

$$e_L(t) = -L\frac{di}{dt} = -L\frac{d(I_m \sin\omega t)}{dt}$$

即

$$e_L(t) = -\omega L I_m \cos\omega t = \omega L I_m \sin\left(\omega t - \frac{\pi}{2}\right) \tag{8.55}$$

可见，$e_L(t)$的相位比电流 $i(t)$的相位落后 $\pi/2$.

将式(8.55)代入式(8.54)，得

$$u(t) = \omega L I_m \cos\omega t + r I_m \sin\omega t = \omega L I_m \left(\cos\omega t + \frac{r}{\omega L}\sin\omega t\right)$$

令

$$\cot\varphi = \frac{\cos\varphi}{\sin\varphi} = \frac{r}{\omega L} \tag{8.56}$$

则

$$u(t) = \frac{\omega L I_m}{\sin\varphi}(\sin\varphi\cos\omega t + \cos\varphi\sin\omega t) = \frac{\omega L I_m}{\sin\varphi}\sin(\omega t + \varphi)$$

由式(8.56)可得

$$\sin\varphi = \frac{\omega L}{\sqrt{r^2 + (\omega L)^2}}$$

故

$$u(t) = I_m \sqrt{r^2 + (\omega L)^2}\sin(\omega t + \varphi) \tag{8.57}$$

这就是说，电路的电压 $u(t)$的相位比电流的相位超前 φ，比 $e_L(t)$的相位超前 $\varphi + \pi/2$.

由式(8.56)可知，当 $r \to 0$ 时，$\cot\varphi \to 0$，$\varphi \to \pi/2$；当 $r \neq 0$ 时，$\varphi < \pi/2$，即在 r 很小时，电压的相位比电流的相位超前约为 $\pi/2$，但小于 $\pi/2$；电压的相位比自感电动势的相位超前约为 π，但小于 π. 由式(8.55)和式(8.57)可知

$$\mathscr{E}_{Lm} = \omega L I_m < U_m = I_m \sqrt{r^2 + (\omega L)^2}$$

所以，在 r 极小的“纯”电感电路中，在一周期的绝大多数时间内，$u(t)$和 $e_L(t)$的瞬时值方向相反，且 $|e_L(t)| < |u(t)|$. 只有认为 $r = 0$，$\varphi = \pi/2$，电压的相位才超前电流 $\pi/2$，电压与自感电动势才是等值、反相的. 这就回答了前面提出的似是而非的问题.

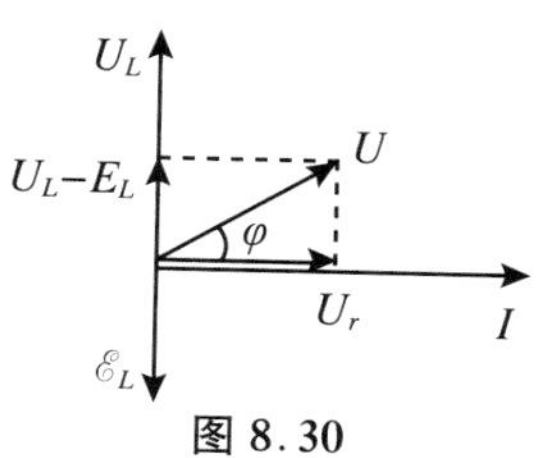

图 8.30

顺便指出，上面的讨论从一个特例说明了用旋转矢量法讨论交流电路的理论根据. 如图 8.30 所示，当电阻 r 上的电压 $U_r \neq 0$，$U_L > E_L$ 时，电路电压的相位超前电流的相位 φ；当 $U_r = 0$ 时，$\varphi = \pi/2$.

4. 提高功率因数的实际意义和方法

(1) 提高功率因数的实际意义

在式(8.24)中,功率因数 $\cos\varphi$ 中的相角 φ 是交流电路的总电压与总电流之间的相位差.对电感性电路,$\varphi>0$;对电容性电路,$\varphi<0$.正是因为交流电路中电感元件和电容元件的存在,使得电源输出的视在功率不能完全转化为有功功率.功率因数 $\cos\varphi$ 反映了交流电路对电源提供的功率的利用率.因此,提高电路的功率因数在电能的输送和利用中具有重要的实际意义.具体来说,有两方面的作用.

第一,充分发挥供电设备(发电机、变压器等)的工作潜力.

供电设备的工作能力用视在功率 $S=IU$ 表示,通常叫做它的容量.在一般的动力电路和照明电路中,电源提供能量的目的在于做有功功,如点亮电灯,推动电动机运转等,即把电能转化为工作目的所需的焦耳热或其他形式的能,如机械能、化学能等.在电源视在功率一定时,要求有功功率 $P=IU\cos\varphi$ 占电源提供的视在功率的比例越大越好,也就是功率因数 $\cos\varphi$ 越大越好.因此,提高功率因数能充分挖掘供电设备的潜力.例如,一台容量为 10^4 kW 的发电机,如果使电路的功率因数从 0.6 提高到 0.8,就可以使实际利用的功率从 6×10^3 kW 增加到 8×10^3 kW.

第二,提高输电效率,稳定用电器的电压.

供电设备和用电器之间要经过输电线路连接.输电线上的电流 $I=P/(U\cos\varphi)$.当供电设备输送的(用电设备所需要的)有功功率和输电电压 U 一定时,输电电流 I 与功率因数成反比.电路的功率因数越低,输电线上的电流就越大.在输电线电阻 $R_{线}$ 一定时,输电线上损耗的功率 $P_{损}=I^2R_{线}$ 就越大,输电效率就越低;同时,用电器上所得到的电压 $U_{用}$ 就越小,而且随着用电器的增减,$U_{用}$ 的起伏也较大.所以,提高功率因数不仅可以提高输电效率,而且可以减少对电源调压的要求.

例 1 某地需用电 $P_{用}=2.4\times10^5$ kW.为简化计,设用 $U_1=2.2\times10^5$ V 高压单相输电.输电线总电阻为 $R=10\ \Omega$,用户线总电阻 $r=2\times10^{-5}\ \Omega$,所用降压变压器认为是理想的,变压比 $K=900$,用电器额定电压为 220 V.

(1) 设一直满负荷工作,当用电线路功率因数由 0.6 提高到 0.9 时,输电线上一年中可以少浪费多少电能?

(2) 当所用实际功率在 $10\times10^4\sim2.4\times10^4$ kW 之间变化时,试计算用电线路功率因数分别为 0.6 和 0.9 时,用电器上所得到的电压的变化幅度.

解 (1) 设输电线路如图 8.31 所示.因变压器是理想的,由能量守恒得

$$I_1U_1=I_1^2R+\frac{P_{用}}{\cos\varphi} \qquad ①$$

$$I_1=\frac{U_1\pm\sqrt{U_1^2-\dfrac{4RP_{用}}{\cos\varphi}}}{2R} \qquad ②$$

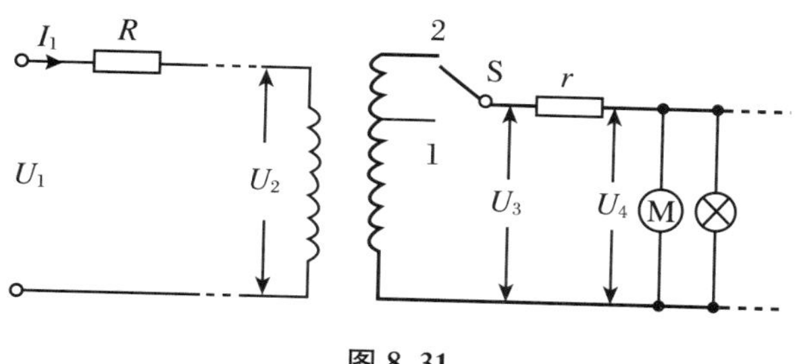

图 8.31

式②中根号前取"+"时，对应于图 8.31 中的 $U_2=U_1-\frac{U_1+\sqrt{U_1^2-4RP_{用}/\cos\varphi}}{2R}R$，当 $P_{用}\to 0$ 时，$U_2\to 0$，脱离物理实际，故应取"−". 分别将 $\cos\varphi=0.6$ 和 $\cos\varphi'=0.9$ 代入式②，得 $I_1=2\ 000$ A，$I_1'=1\ 288$ A. 则当功率因数由 0.6 提高到 0.9 时，一年中输电线上少浪费的电能为

$$\begin{aligned}\Delta E&=(I_1^2-I_1'^2)Rt=(2\ 000^2-1\ 288^2)\times 10\times 365\times 24\ \text{W}\cdot\text{h}\\&=2.05\times 10^8\ \text{kW}\cdot\text{h}\end{aligned}$$

供电系统可以少提供的功率为

$$\Delta P=(I_1^2-I_1'^2)R=2.34\times 10^7\ \text{W}$$

(2) 由图 8.31，有下列关系：

$$U_2=U_1-I_1R \quad ③$$

$$U_4=U_3-I_3r \quad ④$$

$$\frac{I_1}{I_3}=\frac{1}{K},\quad I_3=KI_1 \quad ⑤$$

$$\frac{U_2}{U_3}=K,\quad U_3=\frac{U_2}{K} \quad ⑥$$

由式③~式⑥，可得用电器上实际电压为

$$U_4=\frac{U_1-I_1(R+K^2r)}{K} \quad ⑦$$

由式②和式⑦，代入数据，可得表 8.1 所示的结果.

由表 8.1 看出，当电路的功率因数较低时，用电器上的电压 U_4 随负荷 $P_{用}$ 变化而变化的幅度较大. 在满负荷时，大大低于用电器的电压，这时，只有减小降压器的变压比(即将图 8.31 中电键 S 由 1 拨向 2)来进行调压.

表 8.1

$\cos\varphi$	0.6		0.9	
$P_{用}/(10^4\ \text{kW})$	24	10	24	10
I_1/A	2 000	785	1 285	517
U_4/V	186	221	207	229
ΔU_4/V	35		22	

(2) 提高功率因数的方法

提高功率因数就是减小电路中电压与电流之间的相位差.一个电路的功率因数与每个用电器的功率因数相关.而大多数用电器是电感性的,正是电感性用电器造成了用电线路的功率因数降低.因此,提高电路的功率因数可以从两方面考虑:一是改善用电设备自身的功率因数、使电动机与负载匹配以及采用合理的运行制度等;二是在电路中加入人工补偿装置,例如,加入电容性负载.下面,仅就在电感性电路中并联一个电容器来改善电路的功率因数作稍微详细的讨论.

在图 8.32(a)所示的电感性电路中,设开关 S 闭合前,电路的电压、电流的相位差为 φ;开关 S 闭合后,电压与电流的相位差为 φ'.由图 8.32(b)可见,$\varphi > \varphi'$,所以 $\cos\varphi < \cos\varphi'$,即电容并入后,整个电路的功率因数提高了.

为什么在电感性电路中并联一个电容器能提高电路的功率因数呢?定性的物理分析如下:在图 8.32(a)中,当 S 闭合后,接通电源时,若电压 u 由零增大,电容器充电.它从电源取得的能量转化为电场能存储起来.当电源电压减小时,电容器将放电,电场能转化为电(流)能,与电源一起向电感元件 L 和 r 供电,把储存的电场能的大部分授予电感性元件,从而减小了干路上的电流 i.当电源电压由零反向增加时,电感线圈内存储的磁场能转化为电(流)能,产生自感电动势,与电源一起对 r 供电和对电容器反向充电.这样,电感线圈从电源取得的转化为磁场能的那部分能量大部分不再加给电源,而是转化为电场能又储存于电容器中,或转化为 r 上的内能,做了有功功.当电路发生并联谐振时,干路上的电流、电压相位差为零.这时电容器的电场能与电感线圈的磁场能相互转化,不再加给电源,电源所提供的能量完全用在 R 上发热,电路呈纯电阻性.

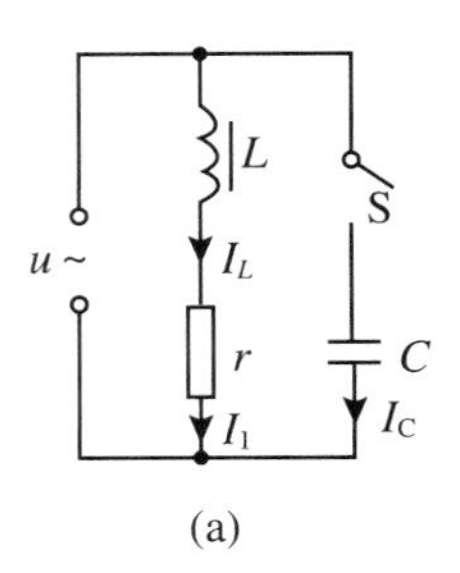

(a)

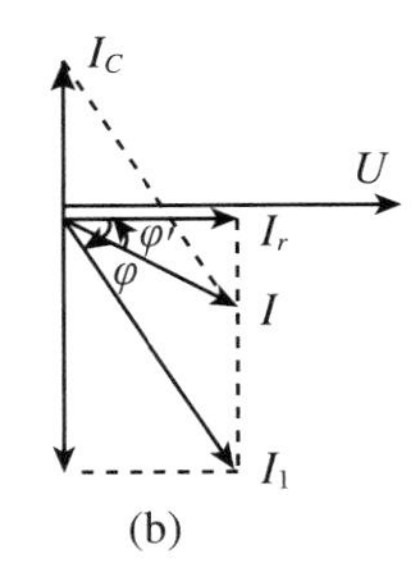

(b)

图 8.32

在一个频率为 f、电压为 U 的交流电路中,有一个功率为 P 的负载,要把它的功率因数由 $\cos\varphi$ 提高到 $\cos\varphi'$,需要并联容值为多大的电容器呢?由图 8.32(b)可知

$$I_1\cos\varphi = I\cos\varphi' = \frac{P}{U}$$

$$I_C = I_1\sin\varphi - I\sin\varphi' = I_1\cos\varphi\tan\varphi - I\cos\varphi'\tan\varphi' = \frac{P(\tan\varphi - \tan\varphi')}{U}$$

而

$$I_C = \frac{U}{X_C} = U \cdot 2\pi fC$$

故

$$C = \frac{P(\tan\varphi - \tan\varphi')}{U^2 \cdot 2\pi f}$$

例如,若 $P = 20$ kW,$U = 380$ V,$f = 50$ Hz,$\cos\varphi = 0.6$,$\cos\varphi' = 0.95$($\varphi = 53°8'$,$\varphi' = 18°12'$),代入上式可得

$$C \approx 4.44 \times 10^{-4}\ \text{F} = 444\ \mu\text{F}$$

5. 常用交流电表的工作原理

在中学物理中,要涉及交流电流表、电压表、功率表和电能表.这里,我们着重讨论它们的基本工作原理,而不涉及其技术细节.

一切电学测量仪表的基本原理都是利用通入仪表中的电流产生的热、磁、力等效应,转变为仪表可动部分的旋转力矩 $M_1 = f_1(I)$.此力矩与仪表的反抗力矩 $M_2 = f_2(\alpha)$相平衡时,就可得到通入仪表的电流 I 与仪表可动部分的转角 α 之间的函数关系 $f_1(I) = f_2(\alpha)$,从而可用仪表指针的偏角大小量度电流、电压、功率等.

(1) 交流电流表的基本工作原理

交流电流表按其测量特性分为两大类:一类可直接测定交变电流的有效值(我们以电磁式仪表为例介绍);另一类测量交流电的平均值(通常是把交流电整流后送入磁电式仪表进行测量).

① 电磁式电流表的基本结构和工作原理.

电磁式仪表是根据电流的磁场对磁铁性物质产生作用力的原理制成的.常见的有吸入型(扁圈型)和推斥型(圆圈型)两种.

吸入型电磁式仪表的基本结构如图 8.33 所示.当扁形线圈与电路相连时,电流流过线圈所产生的磁场使铁片磁化,因而铁片被吸入线圈的狭缝中,带动指针转动.可以近似认为把铁片吸入狭缝的磁力与被测电流的平方成正比,因而磁力矩也与被测电流的平方成正比:

$$M_{磁} = KI^2$$

而螺旋弹簧的扭力矩与扭转角 α 成正比:

$$M_{扭} = D\alpha$$

平衡时,有

$$M_{磁} = M_{扭}$$

$$\alpha = \frac{K}{D} \cdot I^2 = K_1 I^2$$

其中，K_1 为仪器结构决定的常数，指针偏角 α 与 I^2 成正比. 因此，电磁式仪表的刻度是不均匀的.

推斥型电磁式仪表的基本结构如图 8.34 所示. 圆线圈是固定的，其内有软钢片 1 作为不动钢芯. 软钢片 2 固定在转轴上. 当电流通过不动的圆形线圈时，钢片 1、2 同时被同性的磁化而互相推斥，产生转动力矩推动指针转动，直到与弹簧的扭力矩平衡.

电磁式仪表允许的电流为 15～25 mA. 在测量较大电流时，不能直接接入电路. 测量交变电流时，电流分配不仅与电阻有关，而且与电感有关，很难像直流电流表那样采用分流器来解决此问题. 通常使用电流互感器，把强电流转化为弱电流，以代替分流器. 例如，把图 8.33 中线圈头尾 a 和 b 接在电流互感器的副线圈上，而把电流互感器的原线圈串联接入待测电路中.

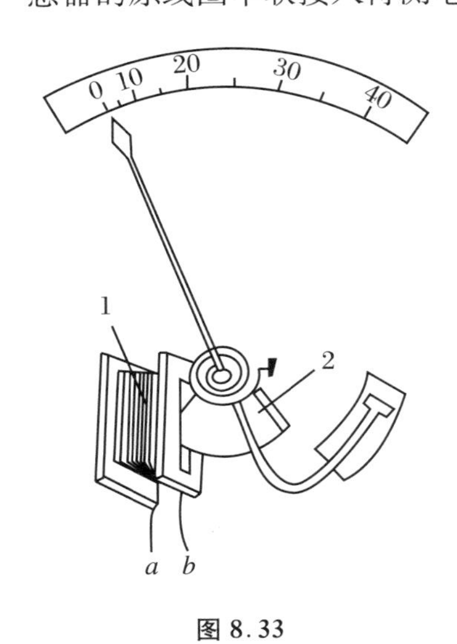

图 8.33

1. 扁形线圈；2. 铁片.

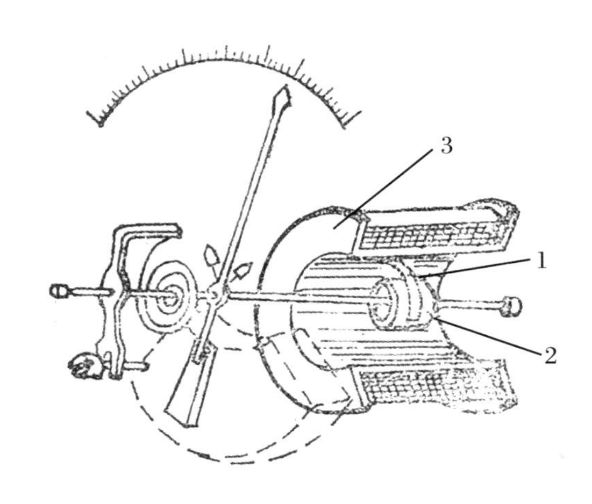

图 8.34

1、2. 软钢片；3. 圆形线圈.

由于指针偏角与电流的平方成正比，所以，在交流电中，指针偏角就与电流的方均值($\overline{I^2}$)成正比，故电磁式仪表直接测量出交流电的有效值.

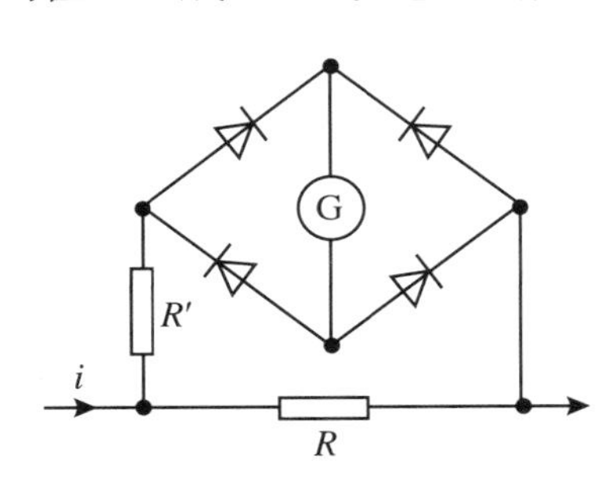

图 8.35

② 整流式交流电表的工作原理

用于多量程万用电表中的表头是磁电式仪表. 为了测量交流电，通常将交流电流整流后，再引入表头，如图 8.35 所示。其中，R 为分流电阻，R' 为限流电阻. 因此，整流式仪表直接测量的是交流电的平均值而不是有效值. 但由于简谐交流电的有效值与平均值有确定的倍数关系：$I/\bar{I}=1.11$(见本章问题讨论 2)，所以刻度盘上可以直接标上有效值. 但也正因为如此，整流式仪表只有用于测量简谐交流电时，才能得出正确的测量结果.

整流式仪表也可以采用半波整流，但这时测量的灵敏度降低，而且半波整流后的平均值仅为全波整流的平均值的一半(参看问题讨论2).在自制整流式电表时,进行表面刻度时要注意这一点.

将交流电流表改装为交流电压表与把直流电流表改为直流电压表的原理相同,这里从略.

(2) 功率表

测量交流电功率有单相功率测量和三相功率测量两种情况,实验室通常都用电动式仪表进行测定.这里只介绍单相功率测量.

① 电动式仪表工作原理

如图8.36所示,电动式仪表的核心部分为两个线圈:用粗导线绕制的线圈1固定在表壳上,叫不动线圈;用细导线绕制的线圈2固定在带有指针的转轴上,叫可动线圈.当两线圈中通有电流时,线圈2处于线圈1的磁场中,受到磁场力矩而转动,如图8.37所示.

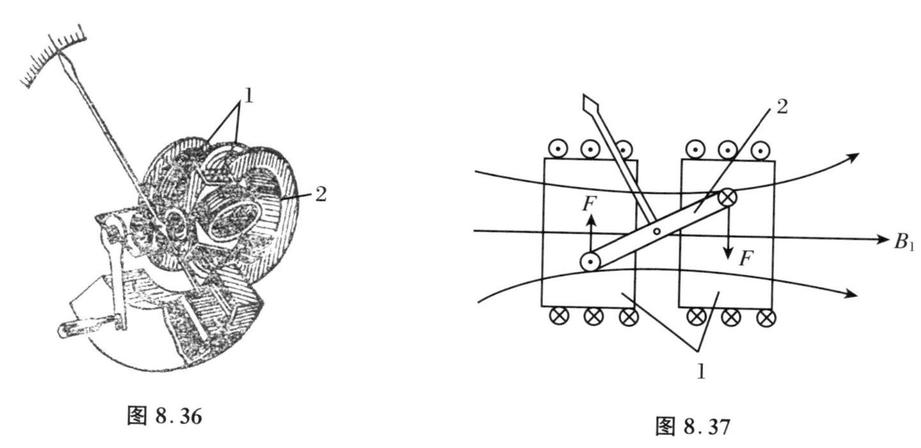

图8.36　　图8.37

设线圈1和2分别通有交流电 $i_1 = I_{m1}\sin\omega t$ 和 $i_2 = I_{m2}\sin(\omega t - \varphi)$,由于线圈1内的磁感应强度 B_1 与 i_1 成正比,线圈2受到的安培力又与 i_2 成正比,所以,线圈2所受的瞬时力矩与 i_1、i_2 的乘积成正比:

$$m = K_1 i_1 i_2 \tag{8.58}$$

由于可动线圈系统具有惯性,它的偏转角由磁场力矩在交流电一周期内的平均值 M 决定:

$$\begin{aligned} M &= \frac{1}{T}\int_0^T K_1 i_1 i_2 \mathrm{d}t = \frac{K_1}{T}\int_0^T I_{m1}\sin\omega t \cdot I_{m2}\sin(\omega t - \varphi)\mathrm{d}t \\ &= \frac{K_1 I_{m1} I_{m2}}{2T}\int_0^T [\cos\varphi - \cos(2\omega t - \varphi)]\mathrm{d}t \end{aligned}$$

上式第二项的积分值为零,$I_{m1}I_{m2}/2 = I_1 I_2$,故

$$M = K_1 I_1 I_2 \cos\varphi \tag{8.59}$$

式(8.59)中,I_1、I_2 为线圈中电流的有效值,φ 是 I_1、I_2 之间的相位差.

设磁场力矩与弹簧的扭力矩在线圈转角为 α 时平衡，$M = M_{扭} = D\alpha$，则

$$\alpha = \frac{K_1}{D} I_1 I_2 \cos\varphi = K_2 I_1 I_2 \cos\varphi \tag{8.60}$$

即电动式仪表的指针偏角 α 与两线圈电流的有效值及功率因数 $\cos\varphi$ 的乘积成正比.

② 电动式功率表

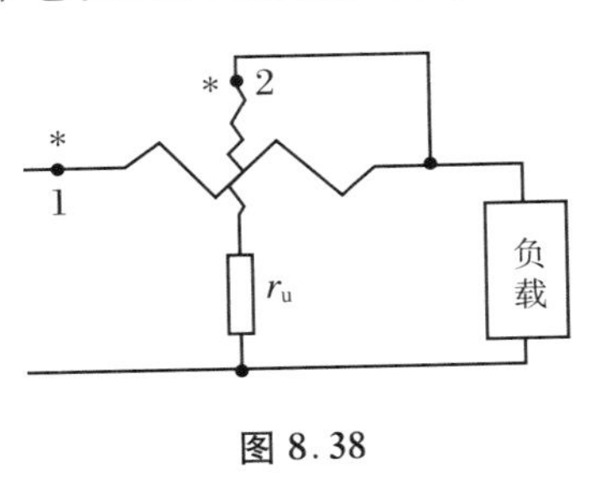

图 8.38

把电动式仪表的不动绕圈(常称串联线圈或电流线圈)与负载串联；将可动线圈(常称并联线圈或电压线圈)与附加电阻串联后，再跟负载并联. 这样，就构成电动式功率表，其线路图如图 8.38 所示. 在式(8.58)中，不动线圈中的电流 i_1 就是负载上的电流；可动线圈中的电流 i_2 与负载的电压同相位，因此式(8.60)中的 φ 就是负载的电流与电压之间的相位差；I_1 为负载的电流有效值 I，I_2 与负载电压的有效值 U 的关系为 $I_2 = U/r_u$(式中，r_u 为电压线圈的电阻与附加电阻之和). 所以，式(8.60)可改写为

$$\alpha = \frac{K_2}{r_u} IU\cos\varphi = K_3 P \tag{8.61}$$

其中，$P = IU\cos\varphi$，$K_3 = K_2/r_u$. 这就是说，电压线圈的偏角 α 与负载的有功功率成正比. 所以电动式功率表的表面刻度是均匀的.

在直流负载中，$\cos\varphi = 1$，式(8.61)仍然成立. 所以电动式功率表可以用相同的标度量度直流负载的功率和交流负载的有功功率.

在使用电动式功率表时，图 8.38 中电流线圈 1 和电压线圈 2 有“ * ”的一端必须接在电源的同一端，否则指针将反转而无法进行测量.

电动式功率表的电流线圈常做成两节；电压线圈的附加电阻也有多种值. 通过转换开关改变电流线圈的连接形式(两节线圈串联或并联)和电压线圈的附加电阻的值，可以改变量程. 仪器上分别标有电流线圈和电压线圈的额定值，使用时不可超过其额定值.

(3) 感应式电能表

交流电路内消耗的能量一般都是用感应式电能表来测量的. 这里只介绍单相感应式电能表的工作原理.

感应式电能表是根据交变磁场与位于交变磁场中的金属导体所产生的涡流之间发生相互作用的原理制成的.

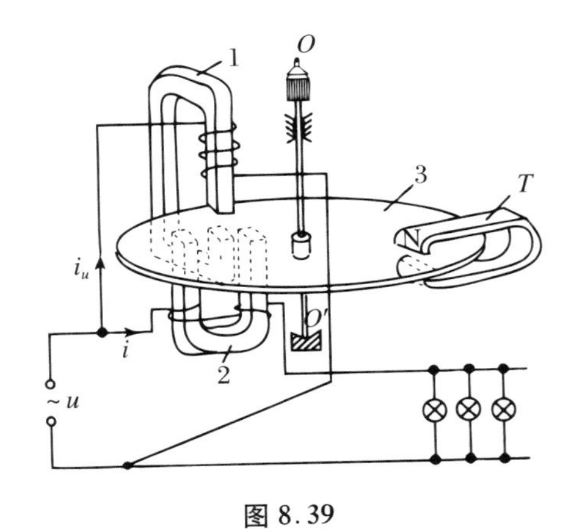

图 8.39

图 8.39 是感应式电能表的结构简图. 其中，1、2 为电磁铁，3 为铝盘. 在铝盘下方的铁芯上的线圈用粗铜线绕制，匝数较少，

与负载串联，叫电流线圈；在铝盘上方的铁芯上的线圈用较细的铜线绕制，匝数较多，与负载并联，叫电压线圈．T 为永久磁铁，它对铝盘的转动起阻尼作用．

设电流线圈的瞬时电流为 i，电压线圈的瞬时电流为 i_u；电流线圈的瞬时磁通为 ϕ，电压线圈的瞬时磁通为 ϕ_u．为简化讨论，忽略铁芯的磁滞，则磁通 ϕ 与 i 同相位；电压线圈可以近似为纯电感线圈，i_u 的相位落后于 u 的相位 $\pi/2$．而磁通 ϕ_u 与 i_u 同相位，所以 ϕ_u 的相位落后于 u 的相位 $\pi/2$．通常负载是电感性的，电流 i 的相位落后于电压相位 φ．则 ϕ、ϕ_u、i、u 之间的相位关系如图 8.40 所示．ϕ、ϕ_u 之间的相位差为

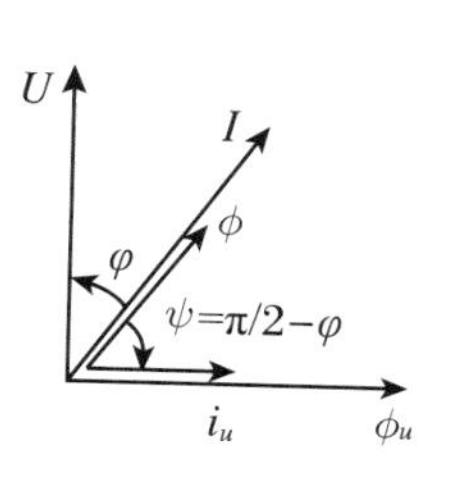

图 8.40

$$\psi = \frac{\pi}{2} - \varphi \tag{8.62}$$

实际中总有磁滞，但可以通过技术措施使得 ϕ 和 ϕ_u 之间的相位差满足式(8.62)(具体讨论从略)．

电流线圈和电压线圈的磁通变化时，各自在铝盘上产生涡流 i' 和 i'_u，如图 8.41 所示．涡流 i' 与磁通 ϕ_u 相互作用，产生瞬时转矩 m'；i'_u 与磁通 ϕ 相互作用，产生瞬时转矩 m'_u．由左手定则容易判定，在图 8.41 中，m' 和 m'_u 都使铝盘沿逆时针方向转动，瞬时总转矩 $m = m' + m'_u$．

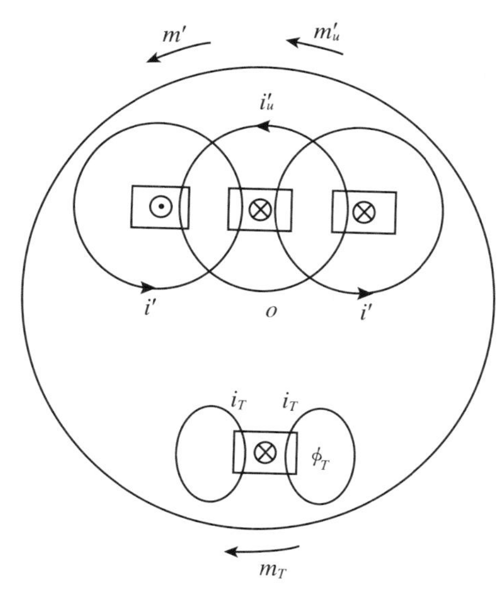

图 8.41

设 $i_u = I_{um}\sin\omega t$，由图 8.40 可知，$i = I_m\sin(\omega t + \psi)$；相应地，$\phi_u = \phi_{um}\sin\omega t$，$\phi = \phi_m\sin(\omega t + \psi)$．因 $m' \propto \phi_u i'$，$i' \propto \mathrm{d}\phi/\mathrm{d}t = -\phi_m\omega\cos(\omega t + \psi)$，故

$$m' \propto (\phi_{um}\sin\omega t)[-\phi_m\omega\cos(\omega t + \psi)]$$

瞬时力矩 m' 在一周期内的平均值为

$$M' \propto \frac{1}{T}\int_0^T \phi_{um}\phi_m\omega\frac{-[\sin(2\omega t+\psi)+\sin(-\psi)]}{2}dt$$

即

$$M' \propto \frac{\phi_{um}\phi_m\omega}{2T}\int_0^T[\sin\psi dt-\sin(2\omega t+\psi)]dt$$

上式中,第二项的积分值为零,所以

$$M' \propto \frac{\phi_{um}\phi_m\omega}{2}\sin\psi \quad 或 \quad M' = K'\phi_{um}\phi_m\sin\psi$$

同理,m'_u在一周期内的平均值为$M'_u = K'_u\phi_{um}\phi_m\sin\psi$.所以,总转矩 m 的平均值为

$$M = M' + M'_u = (K' + K'_u)\phi_{um}\phi_m\sin\psi$$

而 $\phi_{um}\propto I_u\propto U$,$\phi_m\propto I$,联系式(8.62)可得

$$M \propto IU\sin\left(\frac{\pi}{2}+\varphi\right) = IU\cos\varphi = P$$

所以

$$M = K_1P \tag{8.63}$$

在铝盘转动时,永久磁铁 T 的磁通 ϕ_T 也将在铝盘上产生涡流 i_T. i_T 与 ϕ_T 的相互作用所产生的力矩 M_T 将阻碍铝盘转动,且 M_T 与铝盘的转速 n 成正比:$M_T = K_2n$.电路负载不变时,$M = M_T$,铝盘转速稳定,则

$$n = \frac{K_1}{K_2}P = KP \tag{8.64}$$

即铝盘的转速与电路中消耗的有功功率成正比.在时间 t 内,负载消耗的电能为 $W = Pt$,铝盘转数为 $N = nt$,由式(8.64)得

$$N = KW \tag{8.65}$$

由式(8.65)可知,在时间 t 内,铝盘的转数与这段时间内消耗的电能成正比.因此,由转轴 OO'上的齿轮(图 8.39)带动计算机构计数,即可量度负载消耗的电能.

6. 关于理想变压器的几个问题

在中学物理中,必然会涉及关于互感变压器的下列问题:① 变比公式成立条件是什么? ② 原副线圈电压为什么反相? ③ 怎样理解功率关系式 $I_1U_1 = I_2U_2$? ④ 什么是理想变压器? ⑤ 自耦变压器线圈上的电流怎样分配? 这些问题都与对理想变压器的理解有关.

对于理想变压器,有两种主要观点.一种观点认为,理想变压器是没有能量损耗(铜损和铁损)的变压器,并认为在这种条件下,变压比公式 $U_1/U_2 = n_1/n_2$ 和变流比公式 $I_1/I_2 = n_2/n_1$ 严格成立;另一种观点认为,除没有铜损和铁损外,还应加上没有漏磁通的条件,才是理想变压器,并认为即使在这样的条件下,变流比公式也不严格成立.怎样评价这些观点,关键在于弄清变比公式的成立条件和怎样定义理想变压器.下面,我们用比较明晰的方式讨论上述问题.

(1) 变压比公式成立的条件

设变压器空载时,原线圈加有电压 U_1,通过原线圈的空载电流(励磁电流)为 I_0,并假定(理想化条件):

① 变压器没有铜损(即不计电阻引起的热损耗)和铁损(即铁芯中无磁滞和涡流损耗),变压器作为纯电感接入电路;

② 电流 I_0 只在铁芯中建立磁通,即变压器铁芯没有漏磁通,原副线圈内磁通完全相同,如图 8.42 所示.

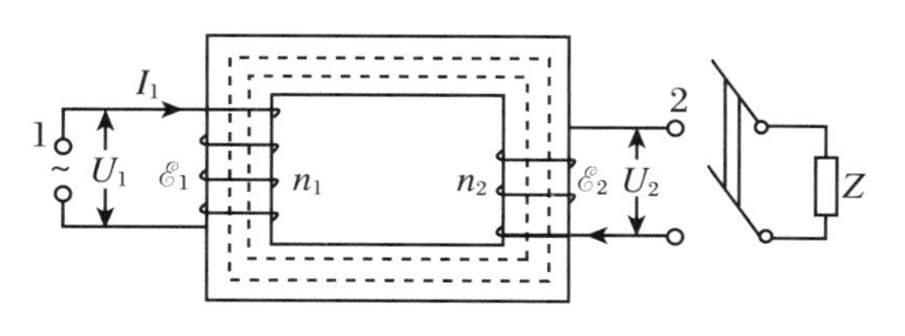

图 8.42

对于简谐交变电压

$$u_1 = U_{1m}\cos\omega t = U_{1m}\sin\left(\omega t + \frac{\pi}{2}\right) \tag{8.66}$$

在原线圈内产生的电流为(L_1 为原线圈的自感系数)

$$i_0 = \frac{U_{1m}}{\omega L_1}\sin\omega t = I_{0m}\sin\omega t \tag{8.67}$$

它所产生的磁通为 $\phi = \phi_m\sin\omega t$,这一磁通在原、副线圈内产生的感生电动势分别为

$$e_1 = -n_1\frac{d\phi}{dt} = -n_1\omega\phi_m\cos\omega t = n_1\omega\phi_m\sin\left(\omega t - \frac{\pi}{2}\right)$$

$$e_2 = -n_2\frac{d\phi}{dt} = n_2\omega\phi_m\sin\left(\omega t - \frac{\pi}{2}\right)$$

令

$$\mathscr{E}_{1m} = n_1\omega\phi_m,\quad \mathscr{E}_{2m} = n_2\omega\phi_m \tag{8.68}$$

则

$$e_1 = \mathscr{E}_{1m}\sin\left(\omega t - \frac{\pi}{2}\right) \tag{8.69}$$

$$e_2 = \mathscr{E}_{2m}\sin\left(\omega t - \frac{\pi}{2}\right) \tag{8.70}$$

令 e_1、e_2 的有效值分别为 $\mathscr{E}_1$、$\mathscr{E}_2$,由式(8.68)有

$$\frac{\mathscr{E}_{1m}}{\mathscr{E}_{2m}} = \frac{\mathscr{E}_1}{\mathscr{E}_2} = \frac{n_1}{n_2} \tag{8.71}$$

因为原、副线圈是纯电感性的,所以有效值 $\mathscr{E}_1 = U_1$,$\mathscr{E}_2 = U_2$,则

$$\frac{U_1}{U_2}=\frac{n_1}{n_2} \tag{8.72}$$

这就是说,在没有漏磁通和铜损、铁损的条件下,变压比公式准确成立.这个结论显然与负载是否接入无关.

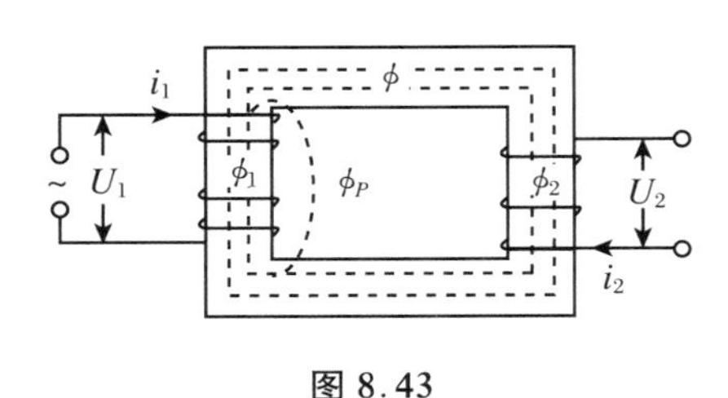

图 8.43

如果铁芯有漏磁通 ϕ_P(为简化讨论,设漏磁通仅存在于原线圈一侧),如图 8.43 所示,则穿过副线圈的磁通 ϕ_2 仅是电流 I_0 激起的磁通的一部分,记为 ϕ_1(一般情况是很大一部分).通常把 $\phi_2=\phi_1=\phi$ 称主磁通或工作磁通,它在原、副线圈内产生的感生电动势仍由式(8.68)~式(8.71)表示.漏磁通不穿过副线圈,但在原线圈中产生与 e_1 同相的感生电动势:

$$e_P=n_1\omega\phi_{Pm}\sin\left(\omega t-\frac{\pi}{2}\right)=\mathscr{E}_{Pm}\sin\left(\omega t-\frac{\pi}{2}\right) \tag{8.73}$$

因此,原线圈两端电压的幅值和有效值分别为

$$U_{1m}=\mathscr{E}_{1m}+\mathscr{E}_{Pm},\quad U_1=\mathscr{E}_1+\mathscr{E}_P$$

原、副线圈的电压比为

$$\frac{U_1}{U_2}=\frac{\mathscr{E}_1+\mathscr{E}_P}{\mathscr{E}_2}=\frac{n_1\omega(\phi_m+\phi_{Pm})}{n_2\omega\phi_m}\neq\frac{n_1}{n_2}$$

这就是说,在有漏磁通的情况下,即使没有铜损和铁损,变压比公式也不再严格成立.

(2) 原、副线圈的端电压相位相反的条件

在空载情况下,若变压器是纯电感性的,则电压 u_1 的相位超前于电流 i_0 的相位 $\pi/2$.由式(8.67)、式(8.70)可知,电动势 e_2 的相位落后于 i_0 的相位 $\pi/2$,故 u_1 与 e_2 的相位差为 π.而电压 u_2 的相位与 e_2 的相位相同,所以 u_1 与 u_2 的相位差为 π,即反相.由于漏磁通的存在并不影响电流、电压的相位关系(参看式(8.73)),所以这个结论与变压器磁芯是否存在漏磁通无关.

在变压器负载时,若负载是纯电阻性的,则 u_1 与 u_2 的相差为 π 的结论仍然成立.若电路是电感性(或电容性)的,则副线圈上的电流 i_2 和端电压 u_2 不再是同相位的.电流 i_2 的磁通反馈到变压器中,将改变 e_1(或 u_1)与 i_0 的相位关系,则 u_1 和 u_2 相位差为 π 的关系一般不再成立.

(3) 变流比公式成立的条件

① 自感系数、互感系数、线圈匝数间的关系

为了讨论变流比公式,我们先介绍在无漏磁通情况下,两个线圈 1 和 2 的自感系数 L_1、L_2、互感系数 M 与线圈 n_1、n_2 间的关系.

如图 8.44 所示,设两线圈分别通有电流 i_1 和 i_2,两电流产生的磁通分别为 ϕ_1 和 ϕ_2,由电磁感应定律,线圈 1 上的自感电动势为

$$e_1 = -n_1 \frac{\mathrm{d}\phi_1}{\mathrm{d}t} = -L_1 \frac{\mathrm{d}i_1}{\mathrm{d}t} \tag{8.74}$$

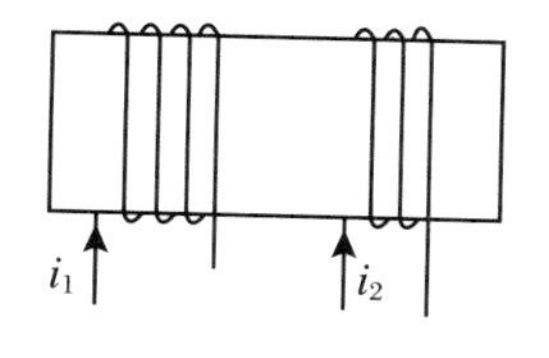

图 8.44

由于无漏磁通，所以，磁通 ϕ_1 全部穿过线圈 2，在线圈 2 中所产生的互感电动势为

$$e_{12} = -n_2 \frac{\mathrm{d}\phi_1}{\mathrm{d}t} = -M \frac{\mathrm{d}i_1}{\mathrm{d}t} \tag{8.75}$$

由式(8.74)、式(8.75)得

$$\frac{n_1}{n_2} = \frac{L_1}{M}, \quad M = \frac{n_2 L_1}{n_1} \tag{8.76}$$

同理，线圈 2 上的自感电动势为

$$e_2 = -n_2 \frac{\mathrm{d}\phi_2}{\mathrm{d}t} = -L_2 \frac{\mathrm{d}i_2}{\mathrm{d}t} \tag{8.77}$$

ϕ_2 在线圈 1 中产生的互感电动势为

$$e_{21} = -n_1 \frac{\mathrm{d}\phi_2}{\mathrm{d}t} = -\frac{M\mathrm{d}i_2}{\mathrm{d}t} \tag{8.78}$$

由式(8.77)、式(8.78)得

$$M = \frac{n_1 L_2}{n_2} \tag{8.79}$$

由式(8.76)和式(8.79)可得

$$M = \sqrt{L_1 L_2} \tag{8.80}$$

若有漏磁通存在，M 值将比$\sqrt{L_1 L_2}$小.

② 变流比公式及其成立条件

当变压器负载时，原、副线圈内的电流均在磁芯中激起磁通，产生互感现象. 设无铜损、铁损和漏磁通，且线圈的绕向如图 8.42 所示；原、副线圈的电流、线圈匝数、自感系数分别为 i_1、n_1、L_1 和 i_2、n_2、L_2，互感系数为 M；并设负载是纯电阻性的. 设

$$i_2 = I_{2\mathrm{m}} \sin\left(\omega t - \frac{\pi}{2}\right) \tag{8.81}$$

$$i_1 = I_{1\mathrm{m}} \sin(\omega t + \varphi), \quad u_1 = U_{1\mathrm{m}} \cos(\omega t + \varphi) \tag{8.82}$$

这时，原线圈中的磁通为电流 i_1 的磁通 ϕ_1（自感磁通）和电流 i_2 的磁通 ϕ_2 的总和. 由电磁感应定律，这时原线圈上的感生电动势为

$$e_1' = -n_1 \frac{\mathrm{d}(\phi_1 + \phi_2)}{\mathrm{d}t} = -n_1 \frac{\mathrm{d}\phi_1}{\mathrm{d}t} - n_1 \frac{\mathrm{d}\phi_2}{\mathrm{d}t} = -L_1 \frac{\mathrm{d}i_1}{\mathrm{d}t} - M \frac{\mathrm{d}i_2}{\mathrm{d}t}$$

所以

$$e_1' = -L_1 \omega I_{1\mathrm{m}} \cos(\omega t + \varphi) - M\omega I_{2\mathrm{m}} \cos\left(\omega t - \frac{\pi}{2}\right) \tag{8.83}$$

根据式(8.83)，当 $i_2 = 0(I_{2\mathrm{m}} = 0)$时，原线圈为空载电流，故

$$e_1' = -u_1 = -L_1 \omega I_{0\mathrm{m}} \cos(\omega t + \varphi)$$

代入式(8.83)得

$$-L_1\omega I_{0m}\cos(\omega t+\varphi)=-L_1\omega I_{1m}\cos(\omega t+\varphi)-M\omega I_{2m}\cos\left(\omega t-\frac{\pi}{2}\right)$$

即

$$L_1\omega(I_{1m}-I_{0m})\cos(\omega t+\varphi)=-M\omega I_{2m}\cos\left(\omega t-\frac{\pi}{2}\right)$$

令

$$i_1'=(I_{1m}-I_{0m})\cos(\omega t+\varphi)=I_{1m}'\cos(\omega t+\varphi)$$

则

$$L_1\omega I_{1m}'\cos(\omega t+\varphi)=-M\omega I_{2m}\cos\left(\omega t-\frac{\pi}{2}\right)\tag{8.84}$$

由式(8.84)可知,必有 $\varphi=\pi/2$,即 i_1'、i_1 均与 i_2 反相.

$i_1'=i_1-i_0$(或 $i_1=i_1'+i_0$),i_1'常称为反射电流,它是由于负载电流 i_2 的存在而在原线圈内增加的电流,其作用是抵消电流 i_2 在原线圈中增加的磁通量.

由式(8.76)、式(8.77)、式(8.84)可知,i_1'、i_2 的有效值满足

$$\frac{I_1'}{I_2}=\frac{M}{L_1}=\frac{n_2}{n_1}\tag{8.85}$$

通常情况下,虽然原线圈电感 L_1 很大,I_0 很小,但 I_0 总是存在的(约为满载电流的3%~8%).所以 $I_1'\neq I_1$,I_1 为原线圈中实际电流的有效值.只有当 $L_1\to\infty$ 时,由式(8.67)可知,$I_0\to 0$,才有 $I_1'=I_1$,即原线圈电流全是反射电流,因而

$$\frac{I_1}{I_2}=\frac{n_2}{n_1}\tag{8.86}$$

这就是中学物理教材中的变流比公式.由上面的推导可见,它成立的条件是很严格的,要求变压器无铜损、铁损、无漏磁通,且原线圈电感 $L_1\to\infty$.

(4) 理想变压器的定义

建立理想变压器模型是为了突出变压器的基本原理,对通常的实际问题作简化的近似处理.因此,式(8.72)和式(8.86)对于理想变压器应该是严格成立的.从上述推导过程可以看出,同时满足下列四个条件的变压器可定义为理想变压器:

① 没有漏磁,即通过原、副线圈的每一匝的磁通都一样;

② 原、副线圈没有电阻,即忽略线圈导线中的焦耳损耗(铜损);

③ 铁芯中没有铁损,即忽略铁芯中的磁滞损耗和涡流损耗;

④ 原、副线圈的感抗均趋于无穷大,从而空载电流趋于零(在上面的讨论中,只直接要求原线圈的电感趋于无穷大.但在许多情况下,两个线圈中任一个作原线圈都是可以的,所以要求两线圈电感均趋于无穷大).

在这样的意义上定义理想变压器,变流比公式(8.72)和(8.86)严格成立.因此,本问题讨论开头提到的认为满足上面前三个条件的变压器就是理想变压器,从而认

为式(8.86)对理想变压器不严格成立的观点是不妥当的.另一种观点认为只要是没有能量损耗的变压器,式(8.72)和式(8.86)就严格成立,这显然也是一种误解.从上面推导的过程中可看到:没有条件①,就不可能导出式(8.72);没有条件①和④,不可能导出式(8.86).而在可忽略电磁辐射的情况(变压器工作时就是这种情况)下,不满足条件①和④,变压器系统的能量同样是守恒的.

(5) 理想变压器的功率关系,空载电流的作用

从图 8.42 中看到,副线圈的电压 u_2 既是副线圈的端压,又是负载阻抗 Z 上的电压.若负载是纯电阻性的,则 i_2 的相位与 u_2 一致,在副线圈回路中,I_2 是有功电流,变压器输出的有功功率为 $P_{出} = I_2U_2$.另一方面,对于理想变压器,原线圈的电流 i_1 纯系反射电流.由于 u_1 与 u_2、i_1 与 i_2 均反相,所以 i_1 与 u_1 同相,即这时变压器输入的也是有功功率,$P_{入} = I_1U_1$.用式(8.72)和式(8.86)可以证明:

$$P_{入} = P_{出}, \quad I_1U_1 = I_2U_2 \tag{8.87}$$

这就是中学物理中常用的功率关系式.其中,有功功率 $P_{入}$ 并不是消耗在原线圈的回路中,而是通过磁场的耦合传递到副线圈回路中.由于假定了理想变压器没有损耗,能量全部从原线圈回路中传到副线圈回路中去,这是必然的结果.

从第(4)部分的分析中知道,反射电流 i_1'的总磁通时刻与负载电流 i_2 的总磁通大小相等、方向相反.所以,这里说到的"通过磁场的耦合"中的"磁场"是指空载电流 I_0 的磁场.这就是说,变压器即使在负载情况下工作,其铁芯中的"净磁通"也仅是空载电流 I_0 的磁通.前面指出理想变压器空载电流 $I_0\to 0$,只是强调在负载情况下,它在原线圈电流中所占的比例极小.由于 L_1 极大,所以极小的电流也可以在铁芯中建立足够强的磁通.在变压器空载时,忽略电磁辐射,空载电流 i_0 增大时,电源通过 i_0 提供的电能全部转化为变压器的磁场能.当空载电流 i_0 减小至零时,变压器所获得的这部分磁场能又全部反馈回电源.这种电能和磁场能的相互转化造成铁芯中始终存在变化的磁通,为负载时电能的传递创造了条件.当变压器负载时,铁芯中的实际磁通及其变化情况虽然与空载时是一样的,但它起到了把电源提供给原线圈的电能传递到副线圈中去的作用.

如果负载不是纯电阻性的,则理想变压器的原、副线圈的电流不再存在反相关系.这时,变压器原、副线圈的功率分别为 $P_1 = I_1U_1\cos\varphi_1$ 和 $P_2 = I_2U_2\cos\varphi_2$.由于假定了没有能量损耗,原、副线圈的有功功率应相等,即

$$P_1 = P_2, \quad I_1U_1\cos\varphi_1 = I_2U_2\cos\varphi_2 \tag{8.88}$$

这就是说,对于理想变压器,功率关系式(8.87)仅在负载为纯电阻时才严格成立.但当负载为非纯电阻性时,通常 φ_1 和 φ_2 的差别很小(详细讨论从略),式(8.87)可以近似使用.

(6) 理想的自耦变压器线圈上的电流分配

对于图 8.45 所示的自耦变压器,线圈上、下两部分的电流 I_1 和 $I_{下}$ 与纯电阻负

载 R 上的电流 I_2(均指有效值)的关系,存在两种截然相反的观点:第一种观点认为,电流 I_1 是总电流,$I_下$ 和 I_2 是支路电流,所以 $I_1 = I_下 + I_2$,$I_下 = I_1 - I_2$;第二种观点认为,初、次级的电流 I_1 和 I_2 均流过线圈下部,因而应有 $I_下 = I_1 + I_2$ 这两种观点均有不妥之处,即它们都没有正确反映线圈下部作为电源在对负载供电这一实质.第一种观点把电路作为无源电路看待,在物理概念上是不妥的.按这种观点,若电流 I_1 从图 8.45 中 a 点流向 b 点,则电流 I_2 应由 b 点流至 c 点,且 I_1 大于 I_2,这是不符合事实的.第二种观点认为,I_1、I_2 均应经过线圈下部,这一点是正确的,但没有注意到 i_1 和 i_2 反相,I_1、I_2 流经线圈下部时方向时刻相反,因而得出 $I_下$ 应为 I_1、I_2 之和的不正确结论.

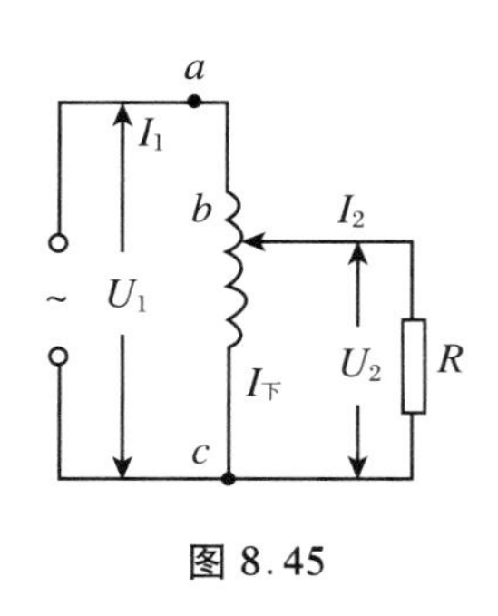

图 8.45

实际上,由前面对式(8.84)的分析可知,在理想变压器中,电流 i_1 和 i_2 时刻反相.所以,在理想自耦变压器中,下部线圈上流过的电流 i_1、i_2 方向时刻相反.又因在自耦变压器中,n_1 为线圈上、下两部分的总匝数,n_2 为线圈下部的匝数,$n_1 > n_2$,由式(8.86)可知,$|I_2| = n_1 I_1 / n_2 > I_1$,即线圈下部的电流方向应与 i_2 的方向相同,其有效值大小为

$$I_下 = I_2 - I_1 = \frac{(n_1 - n_2)I_1}{n_2} = \frac{(n_1 - n_2)I_2}{n_1}$$

例如,若图 8.45 中,$n_1 = 200$ 匝,$n_2 = 20$ 匝,$U_1 = 100\ \text{V}$,R 上的功率为 $P_2 = 150\ \text{W}$,则 $U_2 = n_2 U_1 / n_1$,$I_2 = P_2 / U_2 = P_2 n_1 / n_2 U_1 = 15\ \text{A}$,$I_下 = (n_1 - n_2) I_2 / n_1 = (200 - 20) \times 15/200\ \text{A} = 13.5\ \text{A}$.这时,$I_1 = 1.5\ \text{A} \ll I_下$.所以,当自耦变器线圈为同种导线绕制时,变压比和输出功率不可过大,否则将导致图 8.45 中下部线圈发热过大而损坏绝缘,造成事故.

7. $U_线 = \sqrt{3} U_相$、$I_线 = \sqrt{3} I_相$ 成立的条件

在中学物理中,$U_线$ 与 $U_相$ 及 $I_线$ 与 $I_相$ 的关系是用实验测定得出的.在这里给出适当的证明,并对其成立条件进行讨论.

(1) 星形连接时,$U_线$ 与 $U_相$ 的关系

当电源的三个绕组或三相对称负载作星形连接时,如图 8.46 所示,对于有效值有

$$I_线 = I_相, \quad U_线 = \sqrt{3} U_相 \tag{8.89}$$

"线"与"相"的电流关系是很明显的.下面对线与相的电压关系作出证明.

设电源三相绕组电动势和端压分别为

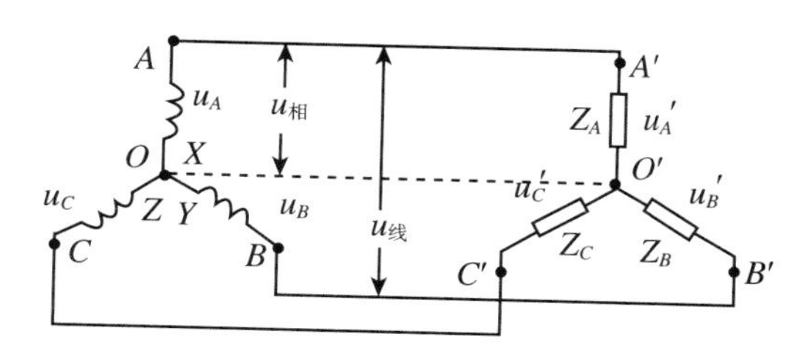

图 8.46

$$\begin{cases} e_{OA} = \mathscr{E}_m \sin\omega t, & u_A = U_m \sin\omega t \\ e_{OB} = \mathscr{E}_m \sin\left(\omega t - \dfrac{2\pi}{3}\right), & u_B = U_m \sin\left(\omega t - \dfrac{2\pi}{3}\right) \\ e_{OC} = \mathscr{E}_m \sin\left(\omega t - \dfrac{4\pi}{3}\right), & u_C = U_m \sin\left(\omega t - \dfrac{4\pi}{3}\right) \end{cases} \tag{8.90}$$

因三相绕组是对称的,所以 $U_m = \mathscr{E}_m - I_m Z_0$,其中 Z_0 为每相绕组的阻抗,I_m 为每相电流的最大值.在星形连接中,三相绕组的尾端 X、Y、Z 接在一起,电势相等.为论证简便,通常规定,每相的电动势和电压以从尾端指向头端为正.所以,端线与端线之间的线电压的瞬时值应为相邻两相的相电压瞬时值之差:

$$u_{AB} = u_A - u_B, \quad u_{BC} = u_B - u_C, \quad u_{CA} = u_C - u_A \tag{8.91}$$

相应的旋转矢量满足

$$\boldsymbol{U}_{AB} = \boldsymbol{U}_A - \boldsymbol{U}_B, \quad \boldsymbol{U}_{BC} = \boldsymbol{U}_B - \boldsymbol{U}_C, \quad \boldsymbol{U}_{CA} = \boldsymbol{U}_C - \boldsymbol{U}_A$$

对于 A、B 两相,线电压

$$\begin{aligned} u_{AB} &= U_m\left[\sin\omega t - \sin\left(\omega t - \frac{2\pi}{3}\right)\right] \\ &= U_m 2\cos\left[\frac{\omega t + (\omega t - 2\pi/3)}{2}\right]\sin\left[\frac{\omega t - (\omega t - 2\pi/3)}{2}\right] \\ &= 2U_m \sin\frac{\pi}{3}\cos\left(\omega t - \frac{\pi}{3}\right) \end{aligned}$$

故

$$u_{AB} = \sqrt{3}U_m \sin\left(\omega t + \frac{\pi}{6}\right) \tag{8.92}$$

由式(8.92)可知,A、B 相之间的线电压的有效值为

$$U_{AB} = \sqrt{3}U_{相}$$

同理,可以证明其余各线电压与相电压的关系.对于三相对称负载(各相阻抗相同的负载),同理可证式(8.89)成立.

从式(8.92)还看出,线电压瞬时值 u_{AB}(以及 u_{BC}、u_{CA})的相位比 u_A(相应地为 u_B、u_C)的相位超前 $\pi/6$.

上述关系可以用旋转矢量图 8.47(a)或(b)直观地表现出来.

从上面的论证过程中可以看出,关系式(8.89)只针对电源各绕组(或各相负载)

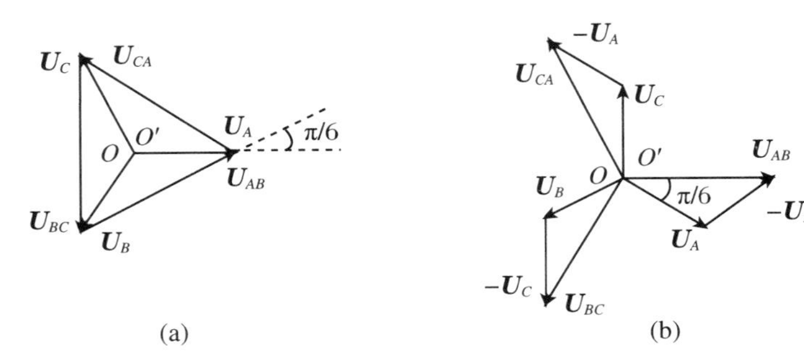

图 8.47

作星形连接,而且必须同时满足两个条件:

① 每相上的交变电动势必须是同频率的、简谐的,相邻两相的相位差为 $2\pi/3$,且最大值相同;

② 负载必须是对称的.

在这样的两个条件下,各相的电压、电流的最大值必然相同.在图 8.46 所示的"三相三线制"电路中,式(8.89)对电源和三相负载均适用.在实际中,电源总是满足条件①的,所以式(8.89)成立的关键条件是负载对称.

当电路各相负载不对称或电路发生故障时,式(8.89)一般不再成立,但式(8.91)仍然成立.照明电路的各相通常是不对称的,各线电流的有效值大小一般不一样.但由于三相电源(通常指三相变压器副线圈)的内阻很小,所以各线电流不同对电源各相的输出电压影响很小,近似认为不变.因此,式(8.89)对三相电源仍近似成立.但对于三相不对称的负载,在图 8.46 所示的"三相三线制"电路中,式(8.89)不再成立(详细分析见本章问题讨论 8).

(2) 三角形连接时,$I_{线}$ 与 $I_{相}$ 的关系

如果三相电源与三相负载均作三角形连接,如图 8.48 所示.当三相负载对称时,对于有效值有

$$U_{线} = U_{相}, \quad I_{线} = \sqrt{3} I_{相} \tag{8.93}$$

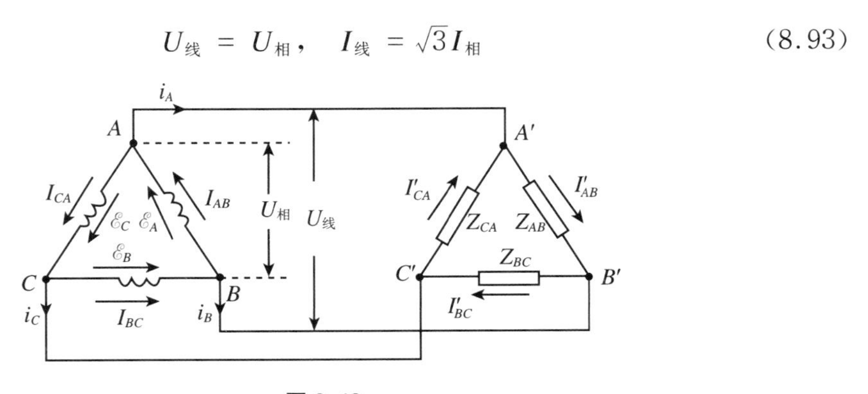

图 8.48

下面,对线电流与相电流的有效值的这种关系作出证明(不拟涉及电流与电压的相差).

当负载三相对称时,三相电源和三相负载的电流的最大值相同.我们先对线电流与电源的相电流的关系进行证明.设电源三相的正弦交变电流为

$$\begin{cases} i_{AB} = I_m \sin\omega t \\ i_{BC} = I_m \sin(\omega t - 2\pi/3) \\ i_{CA} = I_m \sin(\omega t - 4\pi/3) \end{cases} \tag{8.94}$$

以由绕组的“尾”指向“头”的电流方向为正,则

$$i_A = i_{AB} - i_{CA},\quad i_B = i_{BC} - i_{AB},\quad i_C = i_{CA} - i_{BC} \tag{8.95a}$$

或

$$\boldsymbol{I}_A = \boldsymbol{I}_{AB} - \boldsymbol{I}_{CA},\quad \boldsymbol{I}_B = \boldsymbol{I}_{BC} - \boldsymbol{I}_{AB},\quad \boldsymbol{I}_C = \boldsymbol{I}_{CA} - \boldsymbol{I}_{BC} \tag{8.95b}$$

下面,仅就第一个关系式证明式(8.93)(其余类似):

$$\begin{aligned} i_A = i_{AB} - i_{CA} &= I_m\left[\sin\omega t - \sin\left(\omega t - \frac{4\pi}{3}\right)\right] \\ &= I_m 2\cos\left[\frac{\omega t + (\omega t - 4\pi/3)}{2}\right]\sin\left[\frac{\omega t - (\omega t - 4\pi/3)}{2}\right] \\ &= I_m 2\sin\frac{2\pi}{3}\cos\left(\omega t - \frac{2\pi}{3}\right) \\ &= \sqrt{3} I_m \cos\left(-\omega t + \frac{2\pi}{3}\right) \end{aligned}$$

故

$$i_A = \sqrt{3} I_m \sin\left(\omega t - \frac{\pi}{6}\right) \tag{8.96}$$

可见,线电流的最大值及有效值与相电流的最大值及有效值的关系分别为 $I_{Am} = \sqrt{3} I_m$,$I_A = \sqrt{3} I$,线电流的相位比相电流的相位落后 $\pi/6$.

上述关系可以用旋转矢量图8.49(a)或(b)直观地表达.

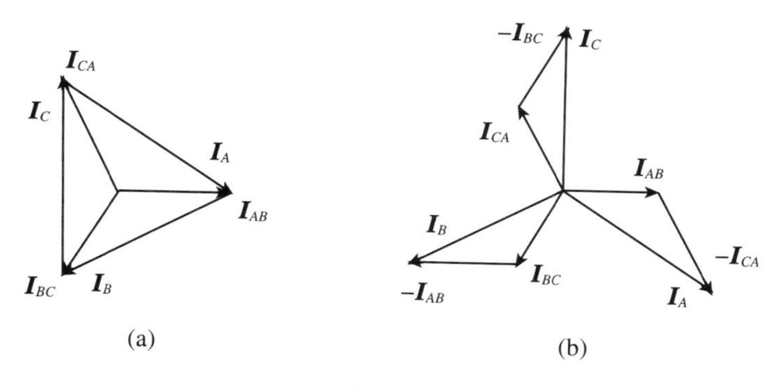

图8.49

上面的讨论仍然是在三相负载对称的条件下得到的.离开了这个条件,式(8.93)

中，$I_{线}=\sqrt{3}I_{相}$ 的关系就不成立.

由图 8.48 可以看出，每相负载实际上由每相电源独立供电. 因此，在三相负载对称时，负载的三相电流的瞬时值 i'_{AB}、i'_{BC}、i'_{CA} 的相位也应依次相差 $2\pi/3$，且最大值相同. 因此，上面的论证对三相对称负载也适用. 所以，当三相负载对称时，$I_{线}=\sqrt{3}I_{相}$ 对于电源和负载均适用.

当三相负载不对称时，由于电源是对称的，且内阻可忽略不计，设输电线电阻也可不计，则 $U_{线}=U_{相}$ 对电源和负载均成立，但各相负载（以及电源）上的电流与负载的阻抗有关，故 $I_{线}=\sqrt{3}I_{相}$ 不再适用. 此时，线电流与相电流的关系要用式(8.95)具体确定.

(3) 三相对称负载与三相电源的连接

在实际中，三相对称负载主要指三相变压器的原线圈和三相电动机. 三相电源和三相对称负载之间存在 Y－Y 关系（如图 8.46）、△－△关系（如图 8.48）、Y－△关系（如图 8.50）及△－Y 关系（如图 8.51）. 其中，Y－Y 关系和 Y－△关系常用于降压变压器的副线圈与三相电动机等负载之间；而△－△关系和△－Y 关系常只用于变压器原、副线圈之间.

只要三相负载对称，在相应的相接形式中，式(8.89)和式(8.93)无论是对电源或是对负载均成立. 例如，在图 8.50 中，对电源，式(8.89)成立；对负载，式(8.93)成立.

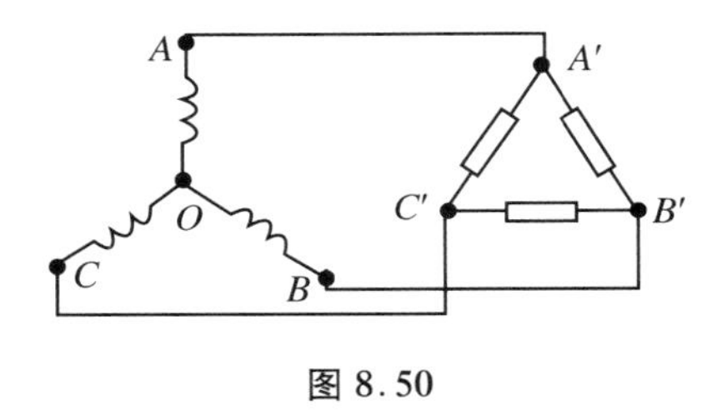

图 8.50

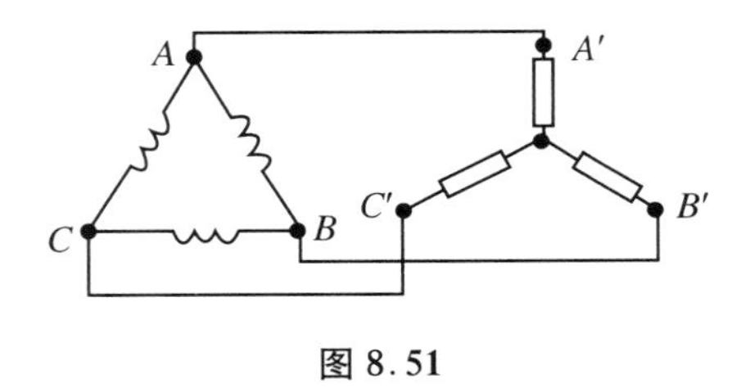

图 8.51

8. 电气安全保护——中线、零线、地线

(1) 中线及其作用

前面已提到，在三相电源与负载作 Y－Y 连接时，如果采用三相三线制，在负载不对称时，线电压和相电压的关系 $U_{线}=\sqrt{3}U_{相}$ 不再成立. 下面作稍为详细的分析.

在图 8.46 中，通常各输电线电阻是相等的，且较小. 所以，对于电源或负载，有

$$u_{AB}+u_{BC}+u_{CA}=0 \quad 或 \quad u_{A'B'}+u_{B'C'}+u_{C'A'}=0$$

它们的旋转矢量都将构成封闭的正三角形，如图8.47(a)所示. 这与负载是否对称无关. 但是，在负载不对称时，负载各相的电压最大值（或有效值）将不再一样，在图 8.46 中，零点 O' 的电势将不再在图 8.47 所示的线电压的旋转矢量所构成的封闭三角形的几何中心，而是发生了所谓“零点漂移”；若忽略输电线的电阻，并设 $Z_A<Z_B<$

Z_C，则电源和负载的相电压与线电压的矢量图如图 8.52 所示，其中 U_0 为 O' 与 O 之间的电压.若有一相负载(例如 C 相)断路，则矢量图如图 8.53 所示.这时，不仅其余两相负载不能正常工作，而且 O' 对 O 的电压(有效值)很大.所以要设法避免，也就是要争取 U_0 越小越好.因此，在照明电路中，要采用如图 8.54 所示的三相四线制电路.其中，连接 O、O' 的线称为中线.通常，中线的阻抗 $Z_0 \to 0$，这使得 $U_0 \to 0$.如果忽略输电线(火线、中线)的电阻，则 $U'_A = U_A$，$U'_B = U_B$，$U'_C = U_C$.中线的存在使得各相负载的电压与负载的阻抗的大小几乎无关.即使一相(或两相)负载断路，其余的负载仍能正常工作，式(8.89)这时近似适用.可见，当不对称三相负载作星形连接时，为了确保负载的相电压对称，必须要有中线.因此在中线上不能安装保险丝.

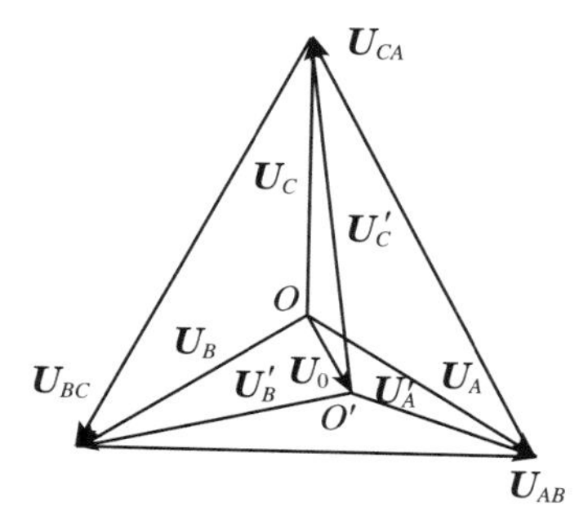

图 8.52

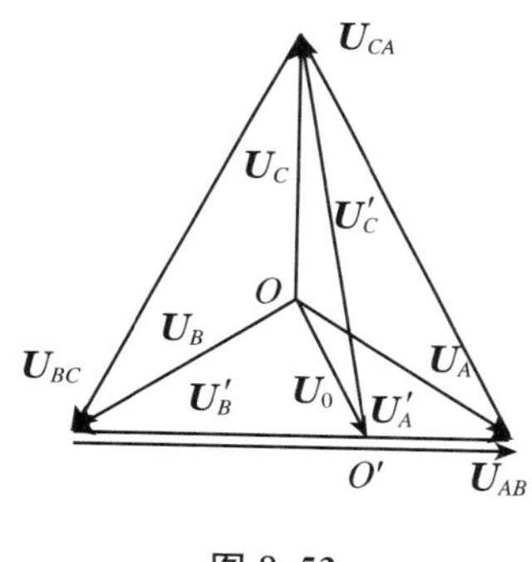

图 8.53

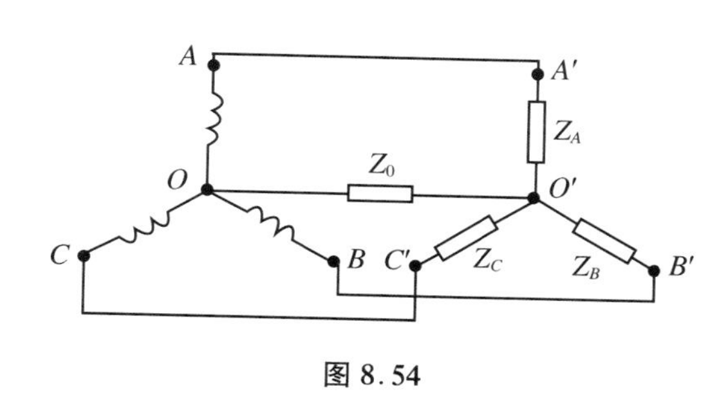

图 8.54

(2) 地线及接地保护

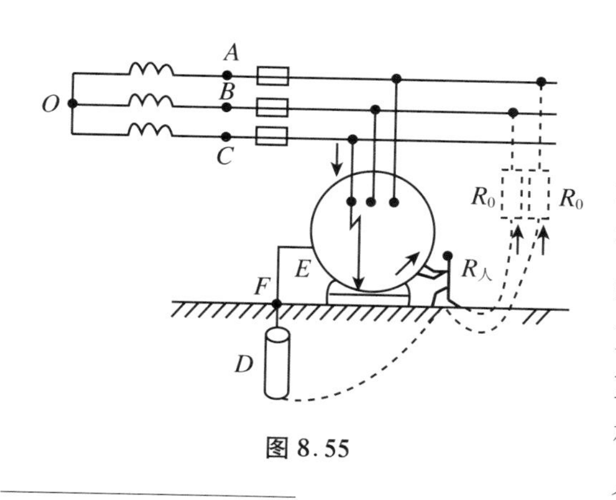

图 8.55

把电气设备的金属外壳用导线与埋在地中的接地极 D[①] 连接起来，称为接地，如图 8.55 所示；导线 EF 称为**地线**；这样的电气安全保护措施称为**接地保护**.在三相三线制(如图 8.55)中，如果没有实行接地保护，当电气设备发生故障，例如，C 相绕组绝缘损坏、与机壳短路或严重漏电时，可沿图中箭头所示的方向从 C 相经机壳、人体流入 A、B 两相线，由于人体电阻较大(约 100～150 kΩ)，有时可

① 接地极通常是由钢管、圆钢或角钢埋入地中构成的，接地极的对地电阻 $R_地$ 要求小于 10 Ω.若用电设备离自来水管很近，可将自来水管作为接地极.

以与空气的绝缘电阻 R_0 相近(特别是空气潮湿时更是如此),所以,人体上的电压将远超过安全电压(36 V),造成触电事故.实行了接地保护后,地线 EF 经接地极与人体并联,而接地极对地电阻很小,所以大大地降低了机壳对地的电压,使人体上的接触电压降到比较低的数值.

(3) 零线及接零保护

如图 8.56 所示,在三相四线制中,用导线 OF 将中线接地,即与接地极连接起来,接地后的中线称为**零线**.零线的接地极的对地电阻 R_0 不得大于 4 Ω.将用电设备外壳用导线 $O'E$ 与零线连接起来,称为**接零**;这种保护措施称为**接零保护**.例如,在图 8.56 中,如果没有实行接零保护,当有一相碰壳时,电流可沿箭头所示的方向,经人体和接地极到零线.由于人体电阻远大于接地极电阻,人体承受的电压很大,将造成触电事故.实行了接零保护,一旦负载 C 相绕组碰壳,导线 $O'E$ 将相线和中线短路,使保险丝很快熔断,或使开关跳开,将故障设备的电源切断.

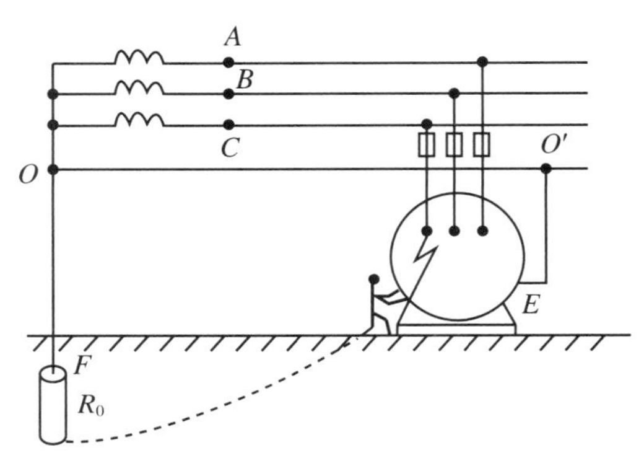

图 8.56

(4) 保护接地与保护接零的有效性

在低压(1 000 V 以下)三相四线制电路中,只实行接地保护是不够完善的.如图 8.57 所示,当一相负载只是绝缘性能大大下降,但未达到碰壳的地步时,由于电压较低(例如 200 V),有故障的相的电流不足以烧断保险丝,或不能使开关跳开,因而不能使电气设备与电源断开.这时,电气设备外壳长期有电流通过.由于人体电阻远大于 $R_{地1}$ 与 $R_{地2}$ 并联的电阻(约 4～5 Ω),当有故障的相与机壳之间的电阻也仅几 Ω 时,机壳对地电压可达 100 V 左右,因而很可能发生触电事故.要避免这种事故,最简单的办法就是实行接零保护,使机壳与零线间短路,这不仅可以大大降低机壳的对地电压,而且可以大大增加有故障的相的电流,促使该相的保险丝熔断,切断电源.

在低压三相四线制的单相供电电路中,只实行接零保护也是不够完善的.如图 8.58 所示,若电气设备绝缘程度大大降低,又只实行了保护接零,在零线由于某种原因断开时,电流将经人体沿箭头所示的方向流动;而人体电阻有可能大于故障处的电阻或可以与之相比较,因而可能发生触电事故.所以,在使用带有三线插座的单相用电器时(如电扇、电冰箱等),对用电器不能采用接零保护(图 8.59),而必须采用接地保护(图 8.60).

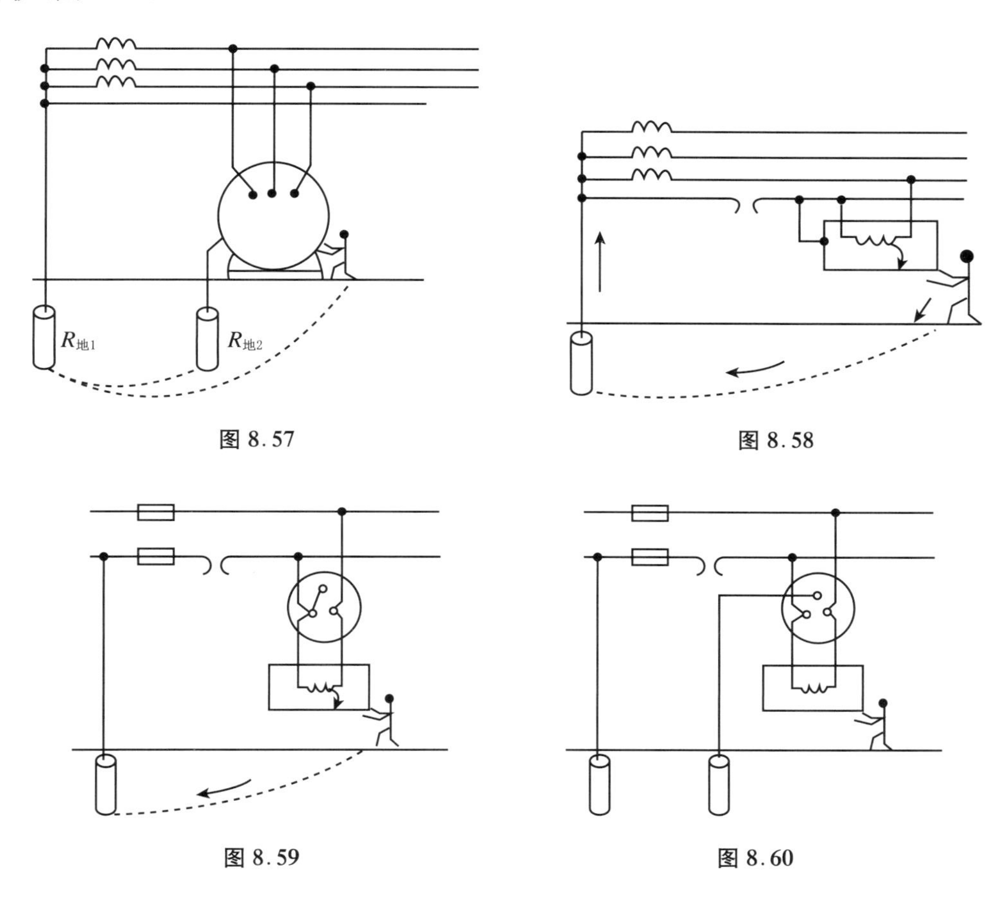

图 8.57　　图 8.58

图 8.59　　图 8.60

(5) 零线上是否可以安装保险丝或开关

前面讲过,在三相四线制电路中,为确保负载的相电压对称,中线上不能安装保险式单刀开关.但对一个具体的负载而言,零线上是否可以安装保险丝或开关,应根据不同情况区别对待.

① 在只实行接零保护的三相四线制电路(图 8.56)中,零线上不得安装保险丝或开关.否则,发生碰壳故障,引起短路电流,使零线上的保险丝熔断,而火线上的保险丝尚未熔断(或未装保险丝)时,零线上的对地电压将约等于相电压,会引起严重的触电事故.同样,用电设备上的接零保护线要牢固可靠,其上也不能装保险丝或单独装开关.只能装同时能切断零线和火线的自动开关.

② 在单相电路中,没有保护接零的要求,而只有接地保护的要求(图 8.60),零线仅起工作作用.在这种情况下,进户线的火线和零线可同时装上保险丝.这样做可以增加保险丝熔断的机会,减轻火灾的威胁.但零线必须用绝缘线,并用双极闸刀开关,

保证同时切断火线和零线，避免切断零线而未切断火线的危险.在与单个用电器相连的线路上，开关和保险均只能安装在火线上.若在零线上安装开关或保险丝，则开关断开或保险丝熔断时，用电器尚与火线相连，有可能引起触电事故.

9. 交流输电与直流输电

“输电”作为“发电”和“用电”的中间环节，是必不可少的.现代输电工程中并存着两种输电方式：高压交流输电和高压直流输电.两种方式各有自己的长处和不足，同时使用它们，可以取得更大的经济效益.这里作一简略介绍.

(1) 输电方式的变化

人类输送电力已有一百多年的历史.输电方式是从直流输电开始的.1874 年，在俄国圣彼得堡第一次实现了直流输电，当时输电电压仅 100 V.随着直流发电机制造技术的提高，到 1885 年，直流输电电压已提高到 6 000 V.但进一步提高大功率直流发电机的额定电压存在着绝缘等一系列技术困难；又不能直接给直流电升压.因此，输电距离受到极大的限制，满足不了输送容量增长和输电距离增加的要求.

19 世纪 80 年代末发明了三相交流发电机和变压器.1891 年，世界上第一个三相交流发电站在德国劳风竣工，以 3×10^4 V 高压向法兰克福输电.此后，交流输电就普遍地代替了直流输电.但是随着电力系统的迅速扩大，输电功率和输电距离的进一步增加，交流电遇到了一系列不可克服的技术困难.而近代大功率换流器(整流和逆变)的研制成功，却使高压直流输电突破了技术上的障碍.因此，直流输电重新受到人们的重视.1933 年，美国通用电器公司为布尔德坝枢纽工程设计出高压直流输电装置；1954 年，从瑞典本土到果特兰岛建起了世界上第一条远距离高压直流输电工程.

(2) 直流输电系统简介

在直流输电系统中，只是输电环节是直流电，发电系统和用电系统仍然是交流电.图 8.61 为高压直流输电的典型线路示意图[1].在输电线路的始端，发电系统的交流电经换流变压器 T_1、T_2 升压后，送到整流器 H_1 和 H_2 中去.整流器的主要部件是

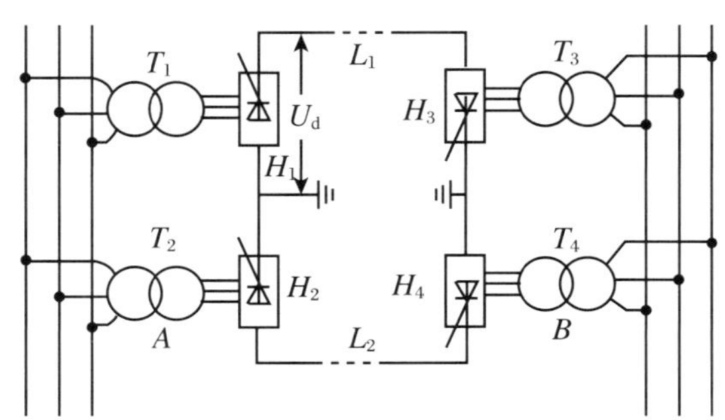

图 8.61

可控硅变流器和进行交直流变换的整流阀，它的功能是将高压交流电变为高压直流电后送入输电线路.直流电通过输电线路 L_1 和 L_2 送到逆变器 H_3 和 H_4 中.逆变器的结构与整流器的结构相同而作用恰好相反，它把高压直流电变为高压交流电.再经过换流变压器 T_3 和 T_4 降压，交流系统 A 的电能就输送到了交流系统 B 中.在直流输电系统中，通过改变换流器的控制状态，也可以把交流系统 B 中的电能送到系统 A 中去，即整流器和逆变器是可以互相转换的.

(3) 交流电和直流电的优缺点比较

高压直流输电方式比之高压交流输电方式具有明显的优越性.历史上仅仅由于技术水平的原因，才使得交流输电代替了直流输电.下面，先就交流电和直流电的主要优缺点作出比较，从而说明它们各自在应用中的价值.

交流电的优点主要表现在发电和配电方面.利用建立在电磁感应原理基础上的交流发电机可以很经济方便地把机械能(水流能、风能……)、化学能(石油、天然气……)等其他形式的能转化为电能.而且交流电源和交流变电站与同功率的直流电源和直流换流站相比，造价大为低廉.交流电可以方便地通过变压器升压和降压，这给配送电能带来极大的方便.这是交流电与直流电相比所具有的独特优势.

直流电的优点在输电方面主要有下列几点：

① 输送相同功率时，直流输电所用线材仅为交流输电的 2/3～1/2.

采用两线制(如图 8.61，以大地或海水作回线)直流输电与采用三线制三相交流输电相比，在输电线截面积相同和电流密度相同的条件下，即使不考虑趋肤效应，也可以输送相同的电功率，而输电线和绝缘材料可节约 1/3.设两线制直流输电线路输送功率为 P_d，则 $P_d=2U_dI_d$；设三线制三相交流输电线路所输送的功率为 P_a，$P_a=\sqrt{3}U_aI_a\cos\varphi$.对于超高压线路，功率因数一般较高，可取为 0.945.设直流输电电压等于交流输电电压的最大值，即 $U_d=\sqrt{2}U_a$，且 $I_d=I_a$，则

$$\frac{P_d}{P_a}=\frac{2\sqrt{2}U_aI_a}{3U_aI_a\times 0.945}\approx 1$$

如果考虑到趋肤效应和各种损耗(绝缘材料的介质损耗、磁感应的涡流损耗、架空线的电晕损耗等)，输送同样功率时，交流输电所用导线截面积大于或等于直流输电所用导线的截面积的 1.33 倍.因此，直流输电所用的线材还可以进一步节省，几乎只有交流输电所用线材的一半；同时，输电杆塔结构也比同容量的三相交流输电简单，线路走廊占地面积也要少.

② 在电缆输电线路中，直流输电没有电容电流产生，而交流输电线路存在电容电流，引起损耗.

在一些特殊场合，必须用电缆输电.例如，高压输电线经过大城市时，采用地下电缆；输电线经过海峡时，要用海底电缆.由于电缆芯线与大地之间构成同轴电容器，在交流高压输电线路中，空载电容电流极为可观.一条 200 kV 的电缆，每千米的电容约

为 0.2 μF，每千米需供给充电功率约 3×10^{3} kW，在每 1 km 输电线路上，每年就要消耗 2.6×10^{7} kW · h 电. 而在直流输电中，由于电压波动很小，基本上没有电容电流加在电缆上.

③ 直流输电时，其两侧交流系统不需要同步运行，而交流输电必须同步运行.

交流远距离输电时，电流的相位在交流输电系统的两端会产生显著的相位差；并网的各系统交流电的频率虽然规定统一为 50 Hz，但实际上常产生波动. 这两种因素引起交流系统不能同步运行，需要用复杂庞大的补偿系统和综合性很强的技术加以调整. 否则，就可能在设备中形成强大的循环电流而损坏设备，或造成不同步运行的停电事故. 在技术不发达的国家里，交流输电距离一般不超过 300 km. 而直流输电线路互连时，它两端的交流电网可以用各自的频率和相位运行，不需要进行同步调整.

④ 直流输电发生故障的损失比交流输电要小.

两个交流系统（如图 8.61 中的 A 和 B）若用交流线路互连，则当一侧系统发生短路时，另一侧要向故障一侧输送短路电流. 因此，使两侧系统原有开关切断短路电流的能力受到威胁，需要更换开关. 而在直流输电中，由于采用可控硅装置，电路功率能迅速、方便地进行调节，直流输电线路基本上不向发生短路的交流系统输送短路电流，故障侧交流系统的短路电流与没有互连时一样. 因此，不必更换两侧原有开关及载流设备.

在直流输电线路中，各极是独立调节和工作的（参看图 8.61），彼此没有影响. 所以，当一极发生故障时，只需停运故障极，另一极仍可输送不少于一半功率的电能. 但在交流输电线路中，任一相发生永久性故障，必须全线停电.

⑤ 直流输电可分期建设，分期投入运行.

如图 8.61 所示线路，根据输送功率的增加情况，可以先建一极，投入运行. 当负荷进一步增大时再建第二极、第三极……而三相交流输电必须一次建成，才能投入运行.

此外，直流输电对通信设备的干扰和对环境的污染都比交流输电小.

综上所述，交流电的优势在于发电和配电，直流电的优势在于输电. 超高压直流输电系统集中了交流和直流的长处，避免了各自的短处. 但是，由于直流输电系统的换流设备目前造价极为高昂，仅在远距离输电中才能充分发挥其优势，达到得大于失的经济效果.

(4) 我国直流输电现状及发展前景

我国在 1977 年就建成了第一条 31 kV 直流输电工业性实验电路. 2004 年 6 月，三峡至广东 ±500 kV 直流输电工程已正式投产. 向家坝—上海全长两千多千米高压直流输电工程已于 2010 年 7 月投入运行，成为当时世界最长的高压直流输电工程. 预计到 2020 年，我国将建成 15 个高压直流输电工程，并成为世界上拥有高压直流输电工程最多、输送线路最长、容量最大的国家.

直流输电在我国有广阔的发展前景，主要体现在如下方面：

① 我国能源与负荷分布不均，需要大容量远距离输电．目前，我国的主要能源（水力资源和煤炭资源）主要集中在西南、中南、西北及华北地区，而负荷则主要集中在京津、东北及华东、华南地区．所以不可避免要进行大容量远距离输电．青海龙羊峡—北京输电线路就属于这一类．

② 用直流线路联络两个交流系统，以取得较大的经济效益．葛洲坝—上海直流输电工程（距离 1100 km，电压 ± 500 kV）属于这一类．

③ 用海底电缆跨海送电．我国沿海岛屿众多，许多岛屿（如舟山群岛、海南岛、崇明岛、台湾等）需要由大陆送电或互联并网．舟山直流输电工程就属于这一类．

④ 用直流通过电缆向大城市中心供电，以解决大城市日益增长的迫切电能需要．在英国，用直流输电已从金斯诺思向伦敦供电．我国的上海、北京等大城市也已实现直流供电．

参 考 文 献

[1] 张勋文．物理通报，1987(2)：44．

第9章　电　磁　波

基本内容概述

9.1　位 移 电 流

麦克斯韦在电磁感应定律基础上提出感应电场概念,从而得到普遍情形下的电场环路定理$\left(\oint_L \boldsymbol{E}\cdot \mathrm{d}\boldsymbol{l}=-\iint_S \frac{\partial \boldsymbol{B}}{\partial t}\cdot \mathrm{d}\boldsymbol{S}\right)$.后来,又发现将安培环路定理$\left(\oint \boldsymbol{H}\cdot \mathrm{d}\boldsymbol{l}=\sum I_0\right)$应用到非稳恒电流的情形时遇到了矛盾.为了克服这一矛盾,麦克斯韦提出了位移电流概念.

通过某截面S的**位移电流等于电位移矢量的时间变化率对该截面的通量**,即

$$I_{\mathrm{D}}=\iint_S \frac{\partial \boldsymbol{D}}{\partial t}\cdot \mathrm{d}\boldsymbol{S} \tag{9.1}$$

通过与位移电流方向垂直的单位面积的位移电流称为位移电流密度$\boldsymbol{j}_{\mathrm{D}}$:

$$\boldsymbol{j}_{\mathrm{D}}=\frac{\partial \boldsymbol{D}}{\partial t} \tag{9.2}$$

引入位移电流概念以后,安培环路定理对非稳恒电流也适用,其普遍形式为

$$\oint_L \boldsymbol{H}\cdot \mathrm{d}\boldsymbol{l}=\sum (I_0+I_{\mathrm{D}})=\iint_S (\boldsymbol{j}_0+\boldsymbol{j}_{\mathrm{D}})\cdot \mathrm{d}\boldsymbol{S} \tag{9.3}$$

即磁场强度$\boldsymbol{H}$对任一闭合曲线L的环量(线积分)等于通过以此闭合曲线L为周界的任一曲面S的传导电流I_0和位移电流I_{D}的代数和.这里规定闭合曲线L的绕行方向与曲面S的正法线方向组成右手螺旋关系.

稳恒电流情形下的安培环路定理表明磁场由电流所激发.麦克斯韦提出位移电流假说,使位移电流I_{D}与传导电流I_0在安培环路定理中处于相同的地位,解决了安培环路定理应用到非稳恒情形下遇到的矛盾,而其最重要的意义是预言了在激发磁

场方面，位移电流 I_D 与传导电流具有相同的效能. 其实质是预言了**变化着的电场** $\left(\boldsymbol{j}_D=\dfrac{\partial \boldsymbol{D}}{\partial t}\neq \boldsymbol{0}\right)$ **也能够激发磁场**. 这与麦克斯韦关于**变化**磁场激发感应电场(式(7.11))的假说一起，成为麦克斯韦电磁场理论的重要基石，有着十分重要的意义.

9.2 麦克斯韦方程组

在提出感应电场和位移电流概念后，将电场和磁场的环路定理推广到普遍情形，再假定电场和磁场的高斯定理在普遍情形下也成立，于是便得到有关电场和磁场的四个方程：

$$\begin{aligned}&\oint\!\!\!\oint_S \boldsymbol{D}\cdot \mathrm{d}\boldsymbol{S}=\sum_{S内} q_0, \qquad \oint\!\!\!\oint_S \boldsymbol{B}\cdot \mathrm{d}\boldsymbol{S}=0\\ &\oint_L \boldsymbol{E}\cdot \mathrm{d}\boldsymbol{l}=-\iint_S \frac{\partial \boldsymbol{B}}{\partial t}\cdot \mathrm{d}\boldsymbol{S}, \quad \oint_L \boldsymbol{H}\cdot \mathrm{d}\boldsymbol{l}=I_0+\iint_S \frac{\partial \boldsymbol{D}}{\partial t}\cdot \mathrm{d}\boldsymbol{S}\end{aligned} \tag{9.4}$$

这便是麦克斯韦方程组的积分形式.

在介质内，上述方程组尚不完善，还需补充三个与介质性质有关的方程. 对于线性各向同性介质，有

$$\boldsymbol{D}=\varepsilon_r\varepsilon_0\boldsymbol{E}, \quad \boldsymbol{B}=\mu_r\mu_0\boldsymbol{H}, \quad \boldsymbol{j}=\sigma\boldsymbol{E} \tag{9.5}$$

其中，ε_r、μ_r 和 σ 分别是介质的相对介电常数、相对磁导率和电导率.

以上各式，除式(9.4)中的第4式外，在前面几章中都已分别讨论.

在真空中，$\varepsilon_r=1$、$\mu_r=1$. 麦克斯韦方程组可表示为

$$\begin{aligned}&\oint\!\!\!\oint_S \boldsymbol{E}\cdot \mathrm{d}\boldsymbol{S}=\frac{1}{\varepsilon_0}\sum q_0, \qquad \oint\!\!\!\oint_S \boldsymbol{B}\cdot \mathrm{d}\boldsymbol{S}=0\\ &\oint_L \boldsymbol{E}\cdot \mathrm{d}\boldsymbol{l}=-\iint_S \frac{\partial \boldsymbol{B}}{\partial t}\cdot \mathrm{d}\boldsymbol{S}, \quad \oint_L \boldsymbol{B}\cdot \mathrm{d}\boldsymbol{l}=\mu_0\iint_S\left(\boldsymbol{j}_0+\varepsilon_0\frac{\partial \boldsymbol{E}}{\partial t}\right)\cdot \mathrm{d}\boldsymbol{S}\end{aligned} \tag{9.6}$$

其相应的微分形式为

$$\begin{aligned}&\nabla\cdot \boldsymbol{E}=\frac{1}{\varepsilon_0}\rho_0, \qquad \nabla\cdot \boldsymbol{B}=0\\ &\nabla\times \boldsymbol{E}=-\frac{\partial \boldsymbol{B}}{\partial t}, \quad \nabla\times \boldsymbol{B}=\mu_0\varepsilon_0\frac{\partial \boldsymbol{E}}{\partial t}+\mu_0\boldsymbol{j}_0\end{aligned} \tag{9.7}$$

麦克斯韦方程组以对称的数学形式全面概括了电磁场的规律，是宏观电动力学的基本方程组. 原则上，利用它们可解决宏观电磁场的各种问题.

9.3　平面电磁波

9.3.1　真空中的平面电磁波

在无电荷、电流和任何介质的空间(真空)中,麦克斯韦方程组为

$$\begin{aligned} &\nabla\cdot \boldsymbol{E} = 0, \quad \nabla\cdot \boldsymbol{B} = 0 \\ &\nabla\times \boldsymbol{E} = -\frac{\partial \boldsymbol{B}}{\partial t}, \quad \nabla\times \boldsymbol{B} = \varepsilon_0\mu_0\frac{\partial \boldsymbol{E}}{\partial t} \end{aligned} \tag{9.8}$$

在一维的情形下,即令 $\boldsymbol{E}$ 和 $\boldsymbol{B}$ 都只是一维坐标 x 和时间 t 的函数,由式(9.8)可得

$$\begin{aligned} \frac{\partial^2}{\partial x^2}\boldsymbol{E} &= \varepsilon_0\mu_0\frac{\partial^2}{\partial t^2}\boldsymbol{E} \\ \frac{\partial^2}{\partial x^2}\boldsymbol{B} &= \varepsilon_0\mu_0\frac{\partial^2}{\partial t^2}\boldsymbol{B} \end{aligned} \tag{9.9}$$

这是关于电场强度和磁感应强度的平面电磁波的波动方程.方程右端的常系数决定了电磁波在真空中的传播速度 c,即

$$c = \frac{1}{\sqrt{\varepsilon_0\mu_0}} = 3\times 10^8\ \mathrm{m/s}$$

如果电磁振荡是简谐振荡,角频率为 $\omega\left(\text{周期 } T=\dfrac{2\pi}{\omega}\right)$,则由方程(9.9)决定了在真空中沿 x 轴正向传播的平面简谐电磁波的表达式为

$$\begin{aligned} E &= E_0\cos\left[\omega\left(t-\frac{x}{c}\right)+\varphi\right] = E_0\cos(\omega t - kx + \varphi) \\ B &= B_0\cos\left[\omega\left(t-\frac{x}{c}\right)+\varphi\right] = B_0\cos(\omega t - kx + \varphi) \end{aligned} \tag{9.10}$$

其中

$$k = \frac{\omega}{c} = \frac{2\pi}{cT} = \frac{2\pi}{\lambda} \tag{9.11}$$

为波长 λ 的倒数的 2π 倍.波长的倒数 $\dfrac{1}{\lambda}$ 表示沿波线单位长度(1 m)包括的波的数目(一个波长表示一个完整的波),因此 $k=\dfrac{2\pi}{\lambda}$ 表示 2π m 的长度中包括的波的数目,称为**周波数**,简称**波数**.式(9.10)中的常数 φ 表示 $t=0$ 时刻在 $x=0$ 处电磁振荡的相位,即表示 $x=0$ 处的初相位.

9.3.2 电磁波的性质

一般情况下,在均匀无损耗电介质中传播的平面电磁波的波动方程为(用电场矢量表示)

$$\frac{\partial^2 \boldsymbol{E}}{\partial x^2} = \varepsilon_r \varepsilon_0 \mu_r \mu_0 \frac{\partial^2 \boldsymbol{E}}{\partial t^2} \tag{9.12}$$

波速为

$$v = \frac{1}{\sqrt{\varepsilon_r \varepsilon_0 \mu_r \mu_0}} = \frac{c}{\sqrt{\varepsilon_r \mu_r}} = \frac{c}{n} \tag{9.13}$$

其中,$n = \sqrt{\varepsilon_r \mu_r} \approx \sqrt{\varepsilon_r}$(因在一般线性介质中,$\mu_r \approx 1$),称为(线性)介质的折射率.这里,$v$ 就是平面电磁波的相位传播速度,简称**相速度**.

在自由空间内传播的平面电磁波的性质可归纳为:

(1) 电磁波是横波.如用 $\boldsymbol{k}_0$ 代表电磁波传播方向的单位矢量(波矢),则电矢量 $\boldsymbol{E}$ 和磁矢量 $\boldsymbol{B}$ 都与 $\boldsymbol{k}_0$ 垂直,即

$$\boldsymbol{E} \perp \boldsymbol{k}_0, \quad \boldsymbol{B} \perp \boldsymbol{k}_0$$

而且,电矢量与磁矢量也是相互垂直的,即

$$\boldsymbol{E} \perp \boldsymbol{B}$$

(2) 电矢量 $\boldsymbol{E}$ 与磁矢量 $\boldsymbol{B}$ 同相位,即在波场的任何位置 $\boldsymbol{E}$ 和 $\boldsymbol{B}$ 的振动相位相同.$\boldsymbol{E}$ 和 $\boldsymbol{B}$、$\boldsymbol{k}_0$ 三个矢量构成右手螺旋关系,即 $\boldsymbol{E} \times \boldsymbol{B}$ 的方向总是与 $\boldsymbol{k}_0$ 的方向相同.图 9.1 为电磁波的 $\boldsymbol{E}$ 波和 $\boldsymbol{B}$ 波的波形示意图,图中显示了电磁波的上述两个性质.

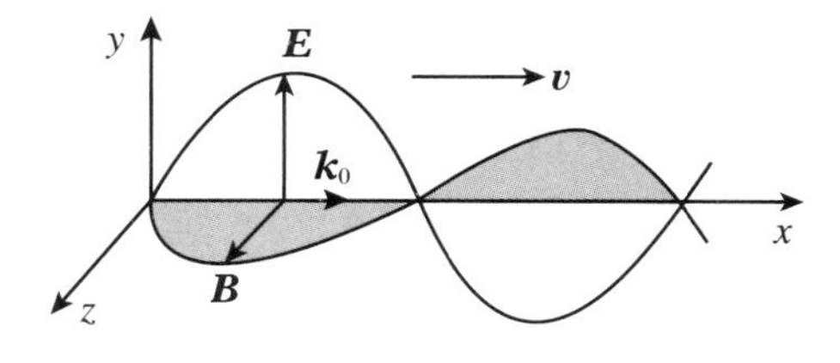

图 9.1

(3) $\boldsymbol{E}$ 和 $\boldsymbol{B}$ 的幅值 E_0 和 B_0 成比例,其关系为

$$\frac{E_0}{B_0} = \frac{1}{\sqrt{\varepsilon_0 \varepsilon_r \mu_0 \mu_r}} = v \tag{9.14}$$

即电场强度的幅值与磁感应强度的幅值之比恒等于电磁波的传播速度.

9.4 电磁波谱

麦克斯韦的电磁理论不仅预言了电磁波的存在，而且预言了光是一种电磁波．这一预言后来为著名的赫兹实验所证实．人们认识到，不仅可见光是电磁波，而且红外线、紫外线、X 射线、γ 射线这些物理性质不同的“射线”都是电磁波．只不过因其波长（或频率）不同而表现出不同的特性罢了．把各种电磁波按波长（或频率）排列起来，就组成了电磁波谱（图 9.2）．

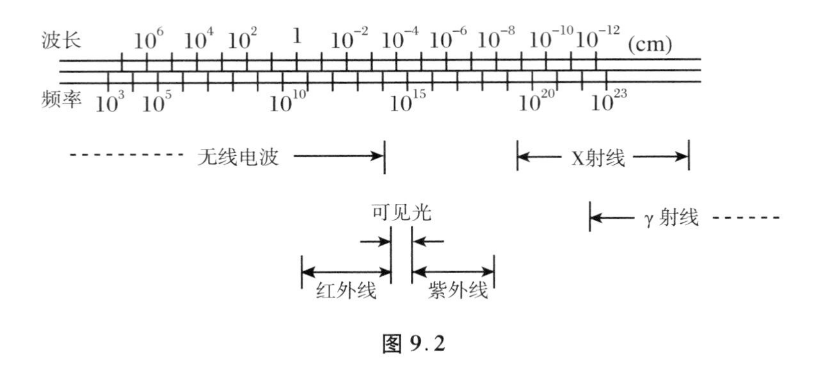

图 9.2

9.5 电磁波的能流密度和动量密度

电磁波是电磁振荡在空间的传播过程．电场和磁场具有能量．根据第 2 章和第 6 章可知，电磁场的**能量密度**为

$$w = \frac{1}{2}(\boldsymbol{E} \cdot \boldsymbol{D} + \boldsymbol{B} \cdot \boldsymbol{H}) = \frac{1}{2}\left(\varepsilon_r \varepsilon_0 E^2 + \frac{1}{\mu_r \mu_0} B^2\right) \tag{9.15}$$

在电磁波传播过程中，空间各点的 $\boldsymbol{E}$ 和 $\boldsymbol{B}$ 都是坐标和时间的函数，$\boldsymbol{E}$ 和 $\boldsymbol{B}$ 的变化都以一定的速度向前传播．因此，电磁场的能量密度也必然是以一定的速度向前传播着的．电磁振荡的传播（电磁波）必然联系着电磁场能量的传播．

单位时间内通过与波传播方向垂直的单位面积的电磁场能量叫做电磁波的**能流密度**．

电磁能流密度用**坡印亭矢量** $\boldsymbol{S}$ 表示：

$$\boldsymbol{S} = \boldsymbol{E} \times \boldsymbol{H} = \frac{1}{\mu_r \mu_0} \boldsymbol{E} \times \boldsymbol{B} \tag{9.16}$$

其大小表示能流密度的数值,在各向同性介质中,其方向与波矢 $\boldsymbol{k}_0$ 的方向相同,表示能量传播的方向.

电磁波(变化的电磁场)也具有动量,**单位体积中电磁场的动量称为动量密度**,用 $\boldsymbol{g}$ 表示,它与能流密度有关:

$$\boldsymbol{g} = \frac{\boldsymbol{S}}{c^2} = \frac{1}{c^2}(\boldsymbol{E} \times \boldsymbol{H}) \tag{9.17}$$

由于电磁场具有动量,当电磁波入射到物体表面而被反射时,应当产生对物体的压力(辐射压力).1901 年俄国学者列别捷夫成功地测定出了光压,证明了电磁场具有动量.

由光(电磁波)具有动量而产生的对物体的光压是很小的.太阳射到地面的各种波长的光(电磁波)产生的光压约为 $4.7\times10^{-6}\ \mathrm{N/m^2}$.

问题讨论

1. 电磁场理论建立的历史及其意义

(1) 电磁场理论建立的历史

人类对电磁现象的认识、研究和利用经历了漫长的岁月.16 世纪以前,电磁学的发展十分缓慢,仅仅停留在观察电作用、磁作用的个别现象,认识是零碎的.16 世纪末,英国人吉尔伯特算是对电磁现象进行稍微系统的研究的第一个人,他的工作基本上属于对现象的定性总结.18 世纪下半叶,法国人库仑把数学方法引进电磁学,用科学仪器作定量测定,于 1785～1787 年得到了电的平方反比定律和磁的平方反比定律,实现了从定性研究到定量研究的飞跃.之后,人们发明了伏打电堆和温差电池,才有条件研究动电和磁现象,从而发现电、磁之间的内在联系.1820 年,奥斯特发现了电流的磁效应,实现了从电、磁分离到电磁统一的飞跃.后来,法拉第发现电磁感应定律,并提出了力线思想和场观念,实现了从超距作用观到近距作用观的飞跃.紧接着,麦克斯韦在前人研究的基础上,在 1861～1862 年提出了涡旋电场和位移电流两个新观念,并于 1864 年建立了电磁场理论,实现了从零散的、局部的理论到完整的、统一的理论的飞跃.这就是电磁学发展的基本历程.

任何科学理论的诞生总是以闪光的新观念的问世为先导的.新理论是科学家在前人研究基础上,运用丰富的联想和创造性思维,进行综合、引申、突破和创新的产物.

一些表面上互不相关、适用范围各不相同的实验定律(库仑定律、毕奥-萨伐尔定

律和电磁感应定律等)能否扩展凝聚为一组有内在联系的、普遍成立的、能对电磁现象作出统一数学描述的理论体系,这是19世纪中叶物理学界面临的一大问题.

在这方面,法拉第走出了坚定的第一步;紧接着,麦克斯韦迈开了关键的第二步;赫兹则以划时代的实验证实了麦克斯韦的理论,并开拓了光辉的应用前景.

法拉第坚信电磁作用是一种近距作用,为此提出了力线思想和场观念.他认为电场、磁场起传递电力、磁力的媒介作用,力线具有物理实在的性质,是场的表象.

描述场的力线、力管虽是一种定性理论,但为建立电磁学的数学理论提供了物理依据.在当时,场观念是物理学中的一个全新观念、一个开创性见解,是对超距作用的挑战.

法拉第借用力线把场的许多性质简单而又极富启发性地表示出来了,却因缺乏数学功底,无法用恰当的数学语言来表述,体现不出理论描述的确定性、简洁性和预见性,因而不能更深刻地揭示电磁现象的内在规律性.但是,力线思想和场观念却鼓舞着麦克斯韦接过法拉第的火炬,继续深入地进行研究.

麦克斯韦大学毕业不久,读到了法拉第的《电学实验研究》一书,被其光辉的科学思想吸引.麦克斯韦受过良好的教育,先在爱丁堡大学攻读数学、物理,后转入剑桥大学专攻数学.受霍普金斯和斯托克斯两位导师的直接影响,他很重视数学与物理的结合,并成为一个优秀的数学物理学家.这一点对他日后完成电磁理论是至关重要的.

可以说,法拉第和麦克斯韦都很有胆识且极富想象力.一个是实验巨匠,长于物理直觉;一个是理论大师,长于数学分析.两人巧妙地互补结合,翻开了物理学历史上新的一页.

另一方面,开尔文的类比研究对麦克斯韦有很大的影响.在法拉第工作的激励下,开尔文深感有必要把力线思想翻译成数学语言,他用类比方法,从弹性理论和热传导理论中得到借鉴.

1842年,开尔文发表了关于热和电的数学论文.在题为“论热在均匀固体中的匀速运动及其与电的数学理论的联系”的文章中,他论述了热在均匀固体中的传导和法拉第应力在均匀介质中的传递这两种现象之间的相似性.并指出:电的等势面对应于热的等温面,而电荷对应于热源,电场线对应于热流线;热量从高温传到低温,而电力从高电势传到低电势.利用傅里叶分析方法,把拉普拉斯方程普遍用于热、电、磁三种运动,建立了这三种现象的共同数学关系.

1847年,开尔文在题为“论电力、磁力和伽伐尼力的力学表征”一文中,以不可压缩流体的流线连续性为基础,论述了电磁现象与流体力学现象的共性.

开尔文的这种类比研究,为麦克斯韦提供了有益的启示.

麦克斯韦对电磁理论的研究可以分为三个阶段.

第一阶段:

麦克斯韦在开尔文等人的工作的启示下获得了一些研究成果,于1855年发表了论文《论法拉第力线》.这是他第一阶段研究工作的结晶.

在这篇文章中,他发展了开尔文的类比思想,用不可压缩流体的流线类比法拉第的力线,把电场、磁场与流速场类比,把电场强度、磁场强度比作流速.通过类比,他明确了两类不同的物理量,$\boldsymbol{E}$ 和 $\boldsymbol{H}$ 相当于流体力学中的力,$\boldsymbol{D}$ 和 $\boldsymbol{B}$ 相当于流体力学中的流量;流量遵从连续性方程,可以沿曲面积分,而力则可沿线段积分.通过这种类比,就可以把流体力学中的数学工具移植过来,采用通量、环流、散度、旋度等具有明确定义的概念来定量描述抽象的电场、磁场在空间的变化情况,并开始建立电磁场方程.

第二阶段:

1860 年秋,年轻的麦克斯韦特意去拜访老资格的法拉第,这是一次难忘的会晤.当麦克斯韦请求指出《论法拉第力线》一文的缺点时,法拉第说:“您不应停留在用数学来解释我的观点,而应该突破它!”多么可贵的品质和崇高的人格啊!

突破和创新是科学研究的灵魂.有两个实验事实使麦克斯韦重新考虑他的研究方法.

一个是根据伯努利流体力学,流线越密的地方压力越小,而根据法拉第力线思想,力线越密的地方应力越大.两者不宜类比.

另一个是从电介质的运动来看,电的运动是平移运动,而从偏振光在晶体中的旋转现象来看,磁运动好像是介质分子的旋转运动.

由此观之,电磁现象有别于流体力学现象,电现象与磁现象也不尽相同,光靠几何上的类比无法洞察事物的本质.

类比思想强调的是事物的共性,而忽视了事物的个性.为了能反映电磁现象的特殊性,麦克斯韦把目光转向运用模型(电磁以太模型),并大量借助流体力学的观点和数学方法,从事艰苦的理论研究.在此基础上,于 1862 年发表了《论物理力线》一文,与《论法拉第力线》相比,有了质的飞跃.它不再是单纯的数学翻译,而是有了重大的引申和发展,其中意义最为重大的是提出了感应(涡旋)电场和位移电流两个全新观念,在电磁学理论研究上取得了关键性的突破.

第三阶段:

作为一位伟大的理论物理学家,当麦克斯韦从电磁现象的力学模型中把握住隐藏在纷繁的电磁现象背后的某些本质特征之后,径直把电磁场作为客体,把近距作用引向深入.在实验事实和普遍动力学原理基础上,构建一个全新的理论框架,全面概括电磁场的运动特征和建立电磁场方程.他于 1864 年宣读、1865 年正式发表论文《电磁场的动力学理论》.在这篇论文中,麦克斯韦提出了电磁场的普遍方程组(共二十个分量方程,包括有二十个变量;若采用矢量方程,则有八个方程).直到 1884 年,这个方程组才经赫兹整理给出了简化的对称形式,整个方程组只包括四个矢量方程,并一直沿用至今.

麦克斯韦由他的方程组得到了电磁波动方程和波在真空中的传播速度为光速c，从而预言了电磁波的存在，并指出光是一种电磁波.

为了系统地总结电磁学的研究成果，按照一种统一的思想来总结库仑定律建立近百年来的电磁学成就和他本人十多年来取得的成果，1865年，麦克斯韦辞去了皇家学院的教授职务，经过几年的努力，于1873年出版了他的专著《电磁学通论》.其中，有库仑、奥斯特、安培和法拉第等人的开山之功，也有他本人的创造性研究工作，以及最终建立起的完整的电磁学理论.其意义可与牛顿的《自然哲学的数学原理》(1687年)和达尔文的《物种起源》(1859年)相媲美.

电磁学理论具有如下几个特点：① 物理观念清晰；② 数学结构优美；③ 电磁时空对称；④ 逻辑体系严密.

综上所述，麦克斯韦对电磁学的突出贡献是：提出涡旋电场和位移电流两个全新观念；用严谨的数学方程建立了完整的电磁学理论.

电磁学理论是一座雄伟壮丽的大厦.从1785年库仑定律的发现到1865年麦克斯韦方程的发表，整整经历了八十年.法拉第给它打下了坚实的地基，麦克斯韦在上面建造了高楼，赫兹让这座大厦住满了人.法拉第、麦克斯韦、赫兹的名字永远和电磁学连在一起，光照人间，超越地区，超越世纪，直到今日.麦克斯韦的电磁场理论具有内在的完美性，并与一切经验相符合，但它的思想太不平常了，显得艰深难懂，在相当长的时间里未能得到承认.直到1888年赫兹实验的成功，震动了物理学界，才使电磁场理论取得决定性胜利，并最终被人们普遍接受.

(2) 电磁场理论建立的意义

① 使原来孤立的电学、磁学和光学三者统一起来.是继牛顿之后物理学上的又一次大综合，是物理学发展史上又一个里程碑.

② 抛弃了超距作用观，使近距作用观在物理学中深深地扎下了根.

③ 以场量为基本变量，引起了物理学理论基础的根本性变革；电磁场理论是经典场论，是现代规范场理论的先导.

④ 经赫兹整理得到的简洁对称方程组具有明显的美学品质，是物理美学的重要内容.

⑤ 电磁波的预言和发现，为人类开辟了无线电电子学的新纪元.

⑥ 电磁场理论的建立为狭义相对论提供了基础.这是爱因斯坦在1931年麦克斯韦诞辰一百周年时指出的.在麦克斯韦方程中，电场和磁场处于对称地位，时间和空间也处于对称地位.因此，电场和磁场的不可分割，暗示时间和空间也并非彼此独立.同时，麦克斯韦方程与光速不变原理是相容的.这几条正是狭义相对论的基本前提.遗憾的是，由于受绝对时空观的约束，麦克斯韦未能悟出自己建立的方程中所蕴藏的全部深刻内涵.

2. 赫兹实验

麦克斯韦本人对自己优美的电磁场理论深信不疑,但大多数物理学家却持怀疑态度.科学界对电磁场理论更关心的是理论所预言的电磁波是否真的存在.

遗憾的是,麦克斯韦本人不曾做这类实验,以致赫兹于1888年宣布实验成功时,他却在九年前过早地离开了人间.

赫兹(H. R. Hertz, 1857～1894)1857年2月22日出生于德国汉堡市一个富有家庭.1875年高中毕业.赫兹读大学时原先学的是工程,由于学习了数学和自然科学,使他的兴趣由技术转到了纯科学.1877年考入慕尼黑大学,攻读数学、物理.1878年进入柏林大学,在亥姆霍兹和克希霍夫门下学习物理学.他手艺高强,善于画、刻、木工、金工、设计和制造科学仪器,这些本领成为他研究工作的有力支柱.亥姆霍兹是欧洲大陆上赏识麦克斯韦工作重要性的少数物理学家之一,赫兹从他那里学习了电磁理论.亥姆霍兹还向学生们提出了一个物理竞赛题目,要他们用实验方法验证电磁波的存在.1884年,赫兹在关于麦克斯韦理论的论文里,得到了今日教科书中具有对称形式的麦克斯韦方程组.为了考察电磁波是否真的如麦克斯韦所预言的那样存在并以光速传播,他着手检测电磁波和测定电磁波的速度.1885年,他到卡尔斯鲁厄地方高等技术学校任物理学教授,原因之一就是这里有他做此类实验所需的相当数量的仪器.

1886年10月,赫兹在做放电实验时偶然发现近旁一个带有间隙的环路也产生火花,他想到这可能是电磁共振.于是从1886年10月25日开始集中精力进行电磁波是否存在的实验研究.

赫兹为此设计制造了一种直线形开放振荡器,如图9.3所示.在两根长12 in的铜棒一端各焊上一个金属球,另一端各安一块锌板,两根铜棒放在一条直线上,两球之间留一空隙,将它们接到感应圈的次级线圈两端,他把它称为“振荡偶极子”.另外,他将一根粗导线弯成圆环形,在环的开口端各焊上一个铜球,作为检测器,他把它称为“共振偶极子”,放在振荡偶极子附近.可以用改变空隙长度的方法来控制电火花的振荡频率.

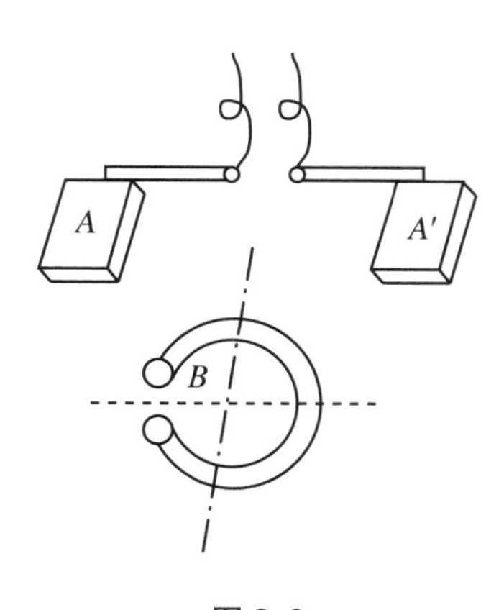

图9.3
振荡偶极子(上)和共振偶极子(下).

赫兹设想,如果麦克斯韦电磁理论正确的话,那么,振荡偶极子产生的变化电磁场就会以电磁波的形式在空间传播,在离振荡偶极子一定距离的地方,若用共振偶极子检测到这种电磁场,也就证明了电磁波的存在.这就是赫兹进行实验的思路.

1887 年的一天，在一间暗室里，赫兹给振荡偶极子输入高压脉冲电，使之振荡.突然，共振偶极子空隙也迸发出火花，他看到火花在两个铜球之间不断地跳跃.电磁波的存在就这样被实验证实了.

1888 年 3 月，赫兹进一步用驻波法测定了电磁波的传播速度.他在墙壁上钉上一块高 4 m、宽 2 m 的锌皮，用来反射电磁波，以形成驻波.他把波源放在离锌板 13 m 的地方，对着锌板发射电磁波.这样，反射波和入射波叠加而形成电磁驻波.安装在小车上的检测器能自由地沿驻波方向前后移动，根据检测器空隙火花强弱的变化，可测出驻波波腹和波节的位置.在波腹处可观测到空隙爆发出最明亮的火花，而在波节处则无火花产生.据此，他测得驻波的半波长为 4.8 m.根据麦克斯韦预言的电磁波速等于光速，计算出振荡器的周期为 1.55×10^{-8} s.再用开尔文在 1853 年建立的公式算出振荡器的周期为 1.4×10^{-8} s.可见，两者具有相同的数量级.赫兹把两者尚有 0.15×10^{-8} s之差归结为测量误差，从而肯定了电磁波的传播速度等于光速.他的这项研究成果于当年发表在《论空气中电磁波和它的反射》一文中.

当然，实验证实了电磁波传播速度等于光速，并不等于证实了电磁波与光波的同一性；但它是这种同一性证实中最重要的一环.

同年，赫兹又进一步用实验证实了电磁波具有反射、折射、聚焦、干涉、衍射和偏振等效应.偏振效应说明电磁波是横波.这样，他就从实验上完成了电磁波和光波同一性的全部证明，使人们对光是电磁波的论断所存的疑虑烟消云散.

麦克斯韦生前的荣誉远不如法拉第，在赫兹实验成功后，才使他被公认为是牛顿以后世界上最伟大的数学物理学家.爱因斯坦在谈到这段历史时感叹道："在这个时期，物理学家花了好多年时间才理解到麦克斯韦发现的全部意义.由此可见，他的天才迫使他的同行们在观念上要作多么勇敢的跃变.只是等到赫兹以实验证实了电磁波的存在以后，对新理论的抵抗才被打垮."

3. 为什么电磁波在真空中也能传播?

(1) 机械波只能在弹性介质中传播

弹性介质的特点是介质的相邻质元之间有弹性联系.介质中任一质点对平衡位置的位移都会引起与之接触的周围介质质元的形变(应变).因为介质具有弹性，发生应变的质元要恢复原来的形状，又必将对与它接触的质元施加弹性力，使那些质元也相继发生应变.这样，介质中任一点的机械振动都会因介质质元的这种弹性联系而由近及远地传播出去.如果一个周围没有任何实物物质的孤立物体发生振动，那么它将因没有传递作用的媒介而不会对外界产生任何影响，只能自己振动下去，而不会引起其他物体的振动.如果一个振动物体周围的物质是完全无弹性的，那么振动物体只能造成与之接触的那些介质的塑性形变，也就是说振动物体将把周围的介质"永久地"

挤开,最后它仍然是孤立地在那里振动着而不能将振动传播出去.

所以,在固体中传播的机械波的动力学方程(波动方程)必然包括介质的力学性质——弹性模量 M 和密度ρ.前者正是表征介质弹性的物理量.固体中沿 x 轴传播的平面机械波的波动方程为

$$\frac{\partial^2 \xi}{\partial x^2} = \frac{\rho \partial^2 \xi}{M \partial t^2} \tag{9.18}$$

波速为

$$v = \sqrt{\frac{M}{\rho}} \tag{9.19}$$

如果是纵波,靠介质的长变弹性传播,上两式中的弹性模量 M 应为杨氏模量 Y;如果是横波,靠介质的切变弹性传播,上两式中的弹性模量应为切变模量 N.在空气中,传播的声波(纵波)靠空气的体变弹性传播,式中的弹性模量应为体变模量 B.考虑气体的热学性质后,可得出空气中的声速公式为

$$v = \sqrt{\frac{\gamma RT}{\mu}} \tag{9.20}$$

式中,γ 为空气的比热比(定压热容量与定容热容量之比值),R 为普适气体常数($R = 8.31\ \mathrm{J/(mol \cdot K)}$),$T$ 为热力学温度,μ 为空气的摩尔质量.

由上可见,机械波靠介质的弹性传播,机械波的波速由介质的弹性模量和质量密度决定.在 ρ 相同的情况下,弹性模量越大,波速也越大.例如,在固体中,既可能传播纵波,又可能传播横波,但因一般固体的杨氏模量 Y 大于切变模量N,故在同一种固体中传播的机械纵波的波速大于横波的波速.

(2) 电磁波在真空中也能传播

麦克斯韦在建立电磁场理论的时候,尚未摆脱机械论的影响,大量借鉴了连续介质力学的观点和方法,从而构造了“以太”这种类似弹性介质的东西.在他看来,电磁波就是在“以太”中传播的弹性波.“以太”被赋予极其矛盾的机械属性,如密度极小,且无处不在,但又具有极大的切变模量等.随着近代物理的兴起,“以太”这种经典电磁理论的桎梏被否定了.振荡着的电磁场本身就具有由近及远传播的功能,它不需要任何介质,在真空中就能传播,这已经是大家公认的事实.

为什么呢?原来这是因为电和磁是紧密相互联系的.感应电场和位移电流从假说到被实验证实,成为麦克斯韦建立电磁场理论的重要基石,它正反映了变化的磁场感生电场和变化的电场感生磁场的客观规律.如图 9.4 所示,如果变化的磁场感生的电场也是变化着的,它又将感生磁场;如果这个磁场也是变化的,它又将感生电场.如此,变化

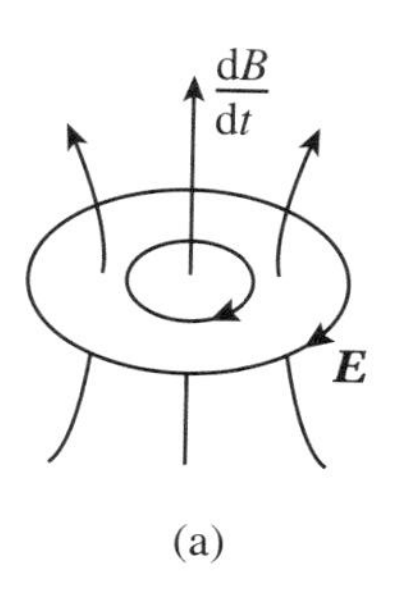

(a)

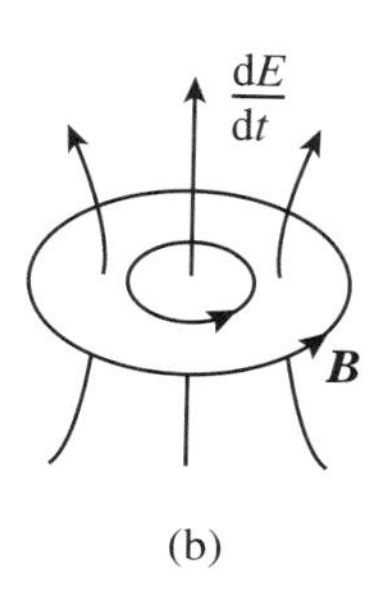

(b)

图 9.4

的电磁场就可通过相互感生而传播出去.所以,电磁波之所以传播,是依赖于变化的磁场感生变化的电场和变化的电场感生变化的磁场.

我们设想在空间某处有一个电磁振荡源,例如,它是一个交变的电场,它在自己周围激发磁场,由图9.5中的实线椭圆圈表示,由于这磁场也是交变的,它又在自己周围激发感应电场,由图9.5中的虚线圆圈表示.这样交变的感应电场和磁场相互激发,闭合的电场线和磁感线就像链条环节一样,一个一个地套连下去,在空间传播开,形成电磁波.图9.5只是电磁振荡在一个方向上传播的示意图,并非真实的电场线和磁感线的分布图.

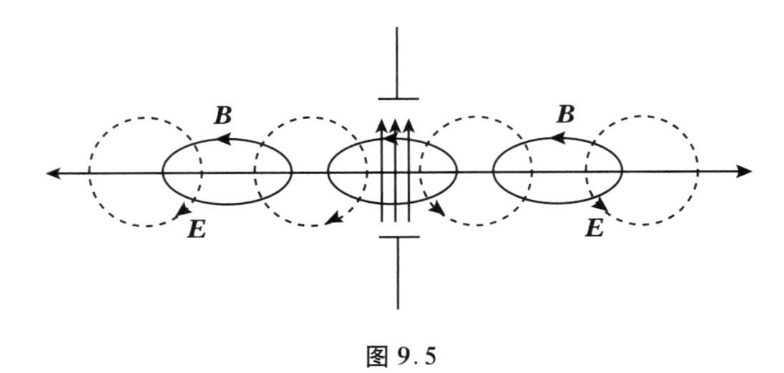

图9.5

可见,电磁场性质本身决定了电磁振荡通过电与磁的相互感生而传播,形成电磁波.电磁波无须借助其他物质来传播,电磁场本身就是它的物质承担者.由真空中的麦克斯韦方程组导出的平面电磁波方程式(9.9)与平面机械波方程式(9.18)的数学结构完全相同,表明它们有相同的传播特性,电磁波传播的是 $\boldsymbol{E}$ 和 $\boldsymbol{B}$ 的变化,机械波传播的是机械振动.

重要的不同点是,真空中电磁波方程中的 $\varepsilon_0\mu_0$ 是一个物理常数,真空中的波速 $c=1/\sqrt{\varepsilon_0\mu_0}$ 也是一个基本物理常数;而机械波方程中的常系数 $\dfrac{\rho}{M}$ 和波速 $v=\sqrt{\dfrac{M}{\rho}}$ 由介质的力学性质决定,机械波的传播必须借助弹性介质.

(3) 介质对电磁波的影响

前面讲了电磁波依赖变化的电场和磁场相互感生这种机制传播而不需要借助介质.但是,由于电场和磁场与物质间存在相互作用,介质对在其中传播的电磁波也是有影响的.这种影响又依介质的物理性质不同而异.下面,扼要介绍不同介质对平面电磁波的影响.

① 在无损耗的非色散电介质中,电磁波的传播速度即相位传播速度(相速)与电磁波的频率无关,依赖于介质的相对介电常数和相对磁导率,其总是小于真空中的光速,如式(9.13)所示,即

$$v=\frac{c}{\sqrt{\varepsilon_r\mu_r}}$$

② 在无损耗的色散电介质中,电磁波的相速度依赖于频率(或波长).由于色散介质的分子在电场中的极化与电场的频率有关,因而介电常数区别于通常的静态介电常数,它依赖于电场变化的频率.所以电磁波的相速与频率(或波长)有关.

色散介质又分为正常色散介质和反常色散介质两类.在正常色散介质中,电磁波的相速度随波长增长而增大,即$\frac{\mathrm{d}v}{\mathrm{d}\lambda}>0$;在反常色散介质中,相速度随波长增长而减小,即$\frac{\mathrm{d}v}{\mathrm{d}\lambda}<0$.

色散介质中电磁波的相速依赖于频率变化的例子是光(电磁波)通过三棱镜后的色散现象.由于相速度与频率有关,因而三棱镜对光的折射率 $n=\frac{c}{v}(\approx\sqrt{\varepsilon_{\mathrm{r}}})$ 与入射光频率有关.正常色散介质如玻璃、水晶等,它们的折射率 n 随波长增大而减小.因此,包括各种可见光频率的复色光——白光通过三棱镜后,不同频率的单色光因折射率不同而有不同的折射角.紫光波长最短,因而折射率最大,偏折角最大;红光波长最长,折射率最小,因而偏折角最小.于是,白光通过棱镜折射以后,发生色散,形成了彩色连续光谱.

在无损耗的理想电介质中,电导率 σ 为零.当电磁波在电介质中传播时,介质内只有位移电流而没有传导电流.另一方面,理想电介质分子在交变电场作用下的极化被当做“完全弹性的”,即介质分子的交变的位移极化和取向极化过程中没有阻尼,像完全弹性的振子一样在交变电场作用下做受迫振动.所以,变化电磁场的相互感生会无损耗(无吸收)地继续下去.介质对电磁波的作用表现为影响电磁波的传播速度.

在一般的非理想色散介质中,$\sigma=0$ 不严格成立,而且分子的极化也不能当做“完全弹性的”,因此,除波速依赖于频率外,物质还由于与电磁振荡的相互作用而吸收电磁波的能量,因而是有损耗的.

③ 导电介质(导体)对电磁波的影响

导体的电导率不为零($\sigma\neq0$),在导体内的电磁振荡中,变化电场要形成传导电流,这将不可逆地把电磁场的能量转换为热能.因此,导体将损耗(或吸收)电磁波的能量,从而使进入导体的电磁波很快地衰减为零.电磁波不能透过导体而传播.

根据普遍情形下的麦克斯韦方程组,在导电介质中,沿 x 方向传播的平面电磁波的波动方程为[3](用电场沿 y 坐标的分量表示)

$$\frac{1}{\mu_{\mathrm{r}}\mu_0}\frac{\partial^2 E_y}{\partial x^2}-\varepsilon_{\mathrm{r}}\varepsilon_0\frac{\partial^2 E_y}{\partial t^2}-\sigma\frac{\partial E_y}{\partial t}=0 \tag{9.21}$$

与在理想的电介质中的波动方程式(9.12)相比,式(9.21)多出包含电导率的场量 E_y 对时间的一阶导数项,这一项相当于阻尼振动中的阻尼项,使平面简谐电磁波的解具有以下形式:

$$E_y=E_0\mathrm{e}^{-\beta x}\cos(\omega t-\beta x) \tag{9.22}$$

其中

$$\beta = \sqrt{\frac{1}{2}\omega\mu_r\mu_0\sigma} \tag{9.23}$$

可见，进入导体后，振幅随 x 增加而指数衰减. 当电磁波渗入导体深度为 δ 时，E_y 的峰值衰减到它原来值的 $\frac{1}{\mathrm{e}}(0.368)$，称 δ 为 $\frac{1}{\mathrm{e}}$ 渗透深度，有

$$\delta = \left(\frac{1}{2}\omega\mu_r\mu_0\sigma\right)^{-\frac{1}{2}} = (\pi f\mu_r\mu_0\sigma)^{-\frac{1}{2}} \tag{9.24}$$

其中，$f = \frac{\omega}{2\pi}$ 为频率，渗透深度与频率的方根成反比. 以铜为例，$\mu_r = 1$，$\sigma = 5.8\times10^7$ S/m，当 $f = 60$ Hz 时，$\delta = 8.5\times10^{-3}$ m；当 $f = 10^6$ Hz 时，$\delta = 6.6\times10^{-5}$ m；当 $f = 3\times10^{10}$ Hz 时，$\delta = 3.8\times10^{-7}$ m.

可见，电磁波不能透过导体而传播，频率越高的电磁波，渗入导体的深度越浅，故低频的电磁波的渗透深度较大. 所以，薄层的导电材料可以透过低频的电磁波，对电磁波能起到低通滤波器的作用.

4. 怎样理解电磁波的横波性?

(1) 电磁波横波性的含义

我们讲电磁波是横波，是指在自由空间的单个平面电磁波(和远离电磁振子的球面波)，其电矢量 $\boldsymbol{E}$ 和磁矢量 $\boldsymbol{B}$ 与波的传播方向 $\boldsymbol{k}_0$ 垂直，因而是横波. 横波是偏振波. 如果电磁波的电矢量始终保持在与传播方向 x 垂直的 y 方向上振动，则说这个电磁波是在 y 方向**线偏振**的. 如线偏振光就是这种情况. 两个相同频率、不同相位、电矢量分别沿 y 和 z 方向振动的电磁波叠加，形成**椭圆偏振波**(特殊情形下为圆偏振，或在 yz 平面上某一方向的线偏振). 这时，电矢量在与波矢 $\boldsymbol{k}_0$ 相垂直的平面上旋转，$\boldsymbol{E}$ 的端点在此平面上描绘出一个椭圆，因而总保持 $\boldsymbol{E}\perp\boldsymbol{k}_0$，所以仍是横波.

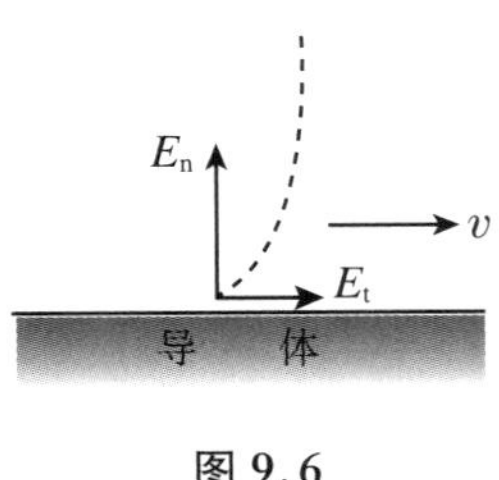

图 9.6

但是，在一些情形下，电场矢量可能在平行于传播方向上旋转，因而出现 $\boldsymbol{E}$ 沿传播方向的分量. 这时，电磁波不具有横波性，称这种情形为**交叉场**. 例如，在天线的近区场里，电磁波就既有沿传播方向的场分量，又有与传播方向垂直的场分量. 又如沿导体表面传播的平面波，在靠近导体表面处，既有与表面垂直的场分量 E_n，又有平行于表面的场分量 E_t，因此，$\boldsymbol{E}$ 在表面附近向波传播方向倾斜，如图 9.6 中虚线所示. 在电磁波被界面反射的区域内，也出现交叉场，在这些地方会出现与传播方向平行的电矢量分量.

(2) 平面电磁波的横波性的理论解释

电磁波的传播机制是变化电场和磁场的相互感生，$\frac{\partial \boldsymbol{B}}{\partial t}$感生电场和$\frac{\partial \boldsymbol{E}}{\partial t}$感生磁场的规律，决定了自由空间传播的电磁波必定是横波.在沿一根波线传播电磁波的示意图9.5中，就可以看出，在该波线上各点的 $\boldsymbol{E}$ 矢量与 $\boldsymbol{B}$ 矢量都是与波线垂直的.这里，我们根据电磁场的两个基本定理，即电场和磁场的高斯定理，论证在自由空间传播的电磁波一定是横波.

设平面电磁波沿 x 方向传播，作一母线平行于 x 轴的一圆柱面.此圆柱面与垂直于 x 轴的两底面 ΔS_1 和 ΔS_2 组成闭合曲面，其中两底面交 x 轴于x_1 与 x_2 点处(x_1 与 x_2 为 x 轴上任意两点)，如图9.7所示.由于是自由空间，此闭合曲面内无电荷.根据电场的高斯定理，任一时刻通过这个闭合曲面(高斯面)的电通量恒等于零.

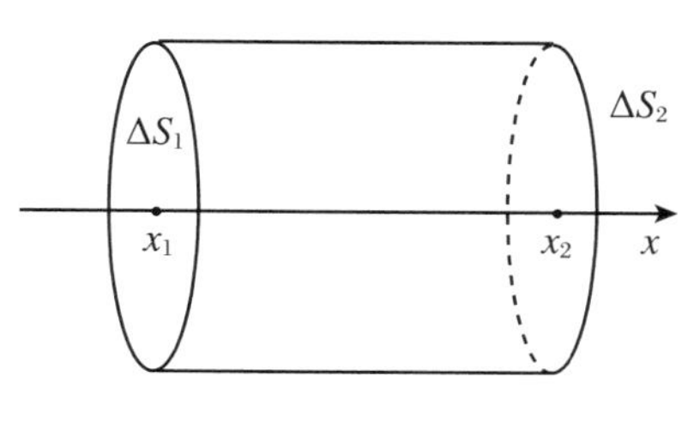

图 9.7

先考虑此高斯面的侧面(即圆柱面).由于平面波的电矢量只依赖于坐标 x 和时间 t，对任一确定时刻 t 在x 坐标相等的平面(与 x 轴垂直)上，各点的电场矢量 $\boldsymbol{E}$ 是相等的.所以，任一时刻，圆柱面上 x 坐标相等的圆圈上的各点的$\boldsymbol{E}$ 矢量相等.由此可知，如果在坐标为 x 的圆柱面上任一点有一个 $\boldsymbol{E}$ 矢量穿出这个高斯面，那么，在柱面上相同 x 坐标的对称点必有一个等大的$\boldsymbol{E}$ 矢量穿进此高斯面.由此可知，任一时刻，通过圆柱面穿出的电通量的数目与穿进的电通量的数目相等，两者刚好抵消，而使通过圆柱面(即高斯面)侧面的电通量为零.于是，高斯定理要求任一时刻通过两底面 ΔS_1、ΔS_2 的电通量代数和也必为零.

圆柱体形高斯面的两底面 ΔS_1 和 ΔS_2 垂直于 x 轴，但位置(x_1 和 x_2)是任意的.要通过此两面的电通量的代数和为零有两种可能：

一是电场 $\boldsymbol{E}$ 有任意的方向但不依赖于x，在两任意坐标 x_1 和 x_2 处，$\boldsymbol{E}$ 矢量相等.这样，从 ΔS_1 穿入高斯面的电通量必等于从 ΔS_2 穿出的电通量，两者抵消.但是，$\boldsymbol{E}$ 与x 无关这一前提意味着这是一个均匀电场，与电磁波的基本要求——$\boldsymbol{E}$ 是空间坐标和时间的周期函数相违背.所以不是我们所要求的，故应舍弃这种可能.

剩下的唯一可能的情况应是：在 ΔS_1 和 ΔS_2 处，电场的方向必须与此两底面平行，与 x 方向垂直.理由如下：x_1 与 x_2 是任选的两点，它不等于波长的整倍数.因此，电矢量 $\boldsymbol{E}$ 在 ΔS_1 与 ΔS_2 面上的相位是不同的，这两底面处的电矢量无一时刻是相等的，即 $\boldsymbol{E}_1 \neq \boldsymbol{E}_2$.因此，只要 $\boldsymbol{E}$ 存在着与x 平行的分量 $E_x \neq 0$，则 $E_{1x} \neq E_{2x}$.因而，从 ΔS_1 面穿进的电通量 $E_{1x}\Delta S_1$ 不会等于从 ΔS_2 面穿出的电通量 $E_{2x}\Delta S_2$，这样穿过两底面的电通量的代数和不为零.因此，只有在这两个任意截面处的电场不存在与 x 轴平行的分量，即 $E_{1x}=E_{2x}=0$，才能保证穿过此两底面的电通量都等于零，从而保证高斯定理成立.由于 x_1、x_2 是任意两点,所以,对波场中任一点,都必有 $E_x=0$,故电矢量应与传播方向垂直.

应用磁感应强度的高斯定理,同样可证明 $B_x=0$,故 $\boldsymbol{B}$ 矢量也应与传播方向垂直.

(3) 论证 $\boldsymbol{E}\perp\boldsymbol{B}$

前面已证明沿 x 方向传播的平面电磁波的电矢量 $\boldsymbol{E}$、磁矢量 $\boldsymbol{B}$ 都与传播方向 x 垂直.现在假定 $\boldsymbol{E}$ 沿 y 方向,$\boldsymbol{E}=E_y\boldsymbol{j}$,论证磁场必沿 z 方向,即 $\boldsymbol{B}=B_z\boldsymbol{k}$.

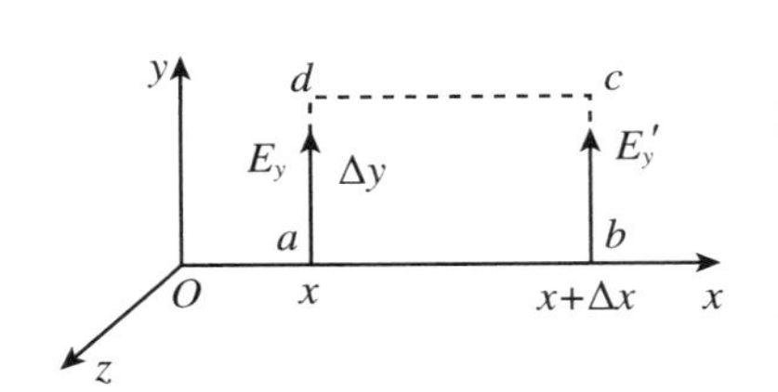

图 9.8

在任意位置 x 附近,在 xOy 平面上取小矩形回路 $abcda$,长为 Δx、宽为 Δy,如图 9.8 所示.a 处的电场强度为 E_y,b 处坐标为 $x+\Delta x$,电场强度为 $E_y'=E_y+\dfrac{\partial E_y}{\partial x}\Delta x$.

由于 $\boldsymbol{E}$ 无 x 分量($E_x=0$),故 $\boldsymbol{E}$ 沿回路的环量为

$$\oint_{abcd}\boldsymbol{E}\cdot\mathrm{d}\boldsymbol{l}=E_y'\Delta y-E_y\Delta y=\left(E_y+\frac{\partial E_y}{\partial x}\Delta x\right)\Delta y-E_y\Delta y=\frac{\partial E_y}{\partial x}\Delta x\Delta y \tag{9.25}$$

根据安培环路定理,有

$$\oint_{abcd}\boldsymbol{E}\cdot\mathrm{d}\boldsymbol{l}=-\iint_S\frac{\partial\boldsymbol{B}}{\partial t}\cdot\mathrm{d}\boldsymbol{S} \tag{9.26}$$

其中,S 为矩形回路围成的面积($\Delta x\Delta y$),面元 $\mathrm{d}\boldsymbol{S}$ 的方向沿 z 方向.

由于前已证明 $B_x=0$,暂且假定 $\boldsymbol{B}$ 有两分量:B_y 和 B_z,因为 B_y 与 $\mathrm{d}\boldsymbol{S}$ 垂直,$\boldsymbol{B}_z$ 与 $\mathrm{d}\boldsymbol{S}$ 同方向,故有

$$\frac{\partial\boldsymbol{B}}{\partial t}\cdot\mathrm{d}\boldsymbol{S}=\frac{\partial B_z}{\partial t}\mathrm{d}S \tag{9.27}$$

将式(9.25)、式(9.27)代入式(9.26),得

$$\frac{\partial E_y}{\partial x}=-\frac{\partial B_z}{\partial t} \tag{9.28}$$

这实际上是微分形式安培环路定理的一个分量式在 $E_x=0$ 的情况下的具体形式.该式只是表明,假定电场沿 y 方向,即 $E_y\neq0$,$\dfrac{\partial E_y}{\partial x}\neq0$,则磁场必有沿 z 方向的分量 B_z,且 $\dfrac{\partial B_z}{\partial t}\neq0$.

下面进一步论证磁场只有沿 z 方向的分量,即 $B_y=0$.

我们采用反证法,即假设 $B_y\neq0$,且 $\dfrac{\partial B_y}{\partial x}\neq0$,则必然会导出与前提($\boldsymbol{E}=E_y\boldsymbol{j}$)相矛盾的结果.

在 xOy 平面上作一小的矩形回路 $abcda$,长为 Δx,宽为 Δy,如图 9.9 所示.a 点

的坐标为x,b点的坐标为$x+\Delta x$.由于设$B_y\neq0$,$\frac{\partial B_y}{\partial x}\neq0$,故令$a$点的磁场为$B_y$,$b$点的磁场为$B_y'=B_y+\frac{\partial B}{\partial x}\Delta x$.$B_x=0$是已知的,则$B$对回路的线积分为

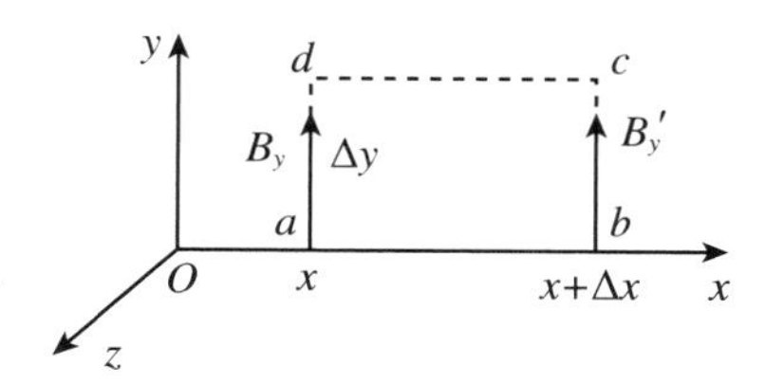

图 9.9

$$\oint_{abcd}\boldsymbol{B}\cdot \mathrm{d}\boldsymbol{l}=B_y\Delta y-B_y'\Delta y=\frac{\partial B_y}{\partial x}\Delta x\Delta y$$

根据普遍的磁场的安培环路定理,在自由空间,有

$$\oint_{abcd}\boldsymbol{B}\cdot \mathrm{d}\boldsymbol{l}=\varepsilon_0\mu_0\iint_S\frac{\partial \boldsymbol{E}}{\partial t}\cdot \mathrm{d}\boldsymbol{S}=\varepsilon_0\mu_0\frac{\partial E_z}{\partial t}\Delta x\Delta y$$

由上面两式可得

$$\frac{\partial B_y}{\partial x}=\varepsilon_0\mu_0\frac{\partial E_z}{\partial t}\tag{9.29}$$

可见,只要$B_y\neq0$,$\frac{\partial B_y}{\partial x}\neq0$,就有$\frac{\partial E_z}{\partial t}\neq0$,电场必有沿$z$轴的分量,而且是时间的显函数$\left(\frac{\partial E_z}{\partial t}\neq0\right)$.这与$\boldsymbol{E}=E_y\boldsymbol{j}$,$E_z=0$的前提相矛盾,所以$B_y\neq0$是不可能的.

综上所述,只要电矢量沿y方向($E_y\neq0$,$E_z=0$),则磁矢量必沿z方向($B_z\neq0$,$B_y=0$),故$\boldsymbol{E}\perp\boldsymbol{B}$.

5. 怎样理解 E、B 同相位

(1) E、B 同相位的含义是什么?

设平面简谐波沿x方向传播,根据横波性,设电矢量$\boldsymbol{E}$在xOy平面内振荡,磁矢量$\boldsymbol{B}$在xOz平面内振荡.根据平面电磁波的波动方程,得到平面简谐波的表达式,用E_y和B_z表示为

$$E_y=E_0\cos(\omega t-kx+\varphi_1)\tag{9.30}$$

$$B_z=B_0\cos(\omega t-kx+\varphi_2)\tag{9.31}$$

其中,φ_1、φ_2分别是在$x=0$处(原点),电振荡和磁振荡的初相位,是解波动方程式(9.9)中出现的积分常数.两个括号内的量$\omega t-kx+\varphi_1$与$\omega t-kx+\varphi_2$分别是电振荡和磁振荡在时刻t、位置x处的相位,所谓$\boldsymbol{E}$与$\boldsymbol{B}$同相位就是指

$$\omega t-kx+\varphi_1=\omega t-kx+\varphi_2\tag{9.32}$$

由于在自由空间传播的电磁振荡有相同的频率$\left(f=\frac{\omega}{2\pi}\right)$、相同的波数$\left(k=\frac{2\pi}{\lambda}\right)$(这些是由波动方程式(9.9)决定的),所以$\boldsymbol{E}$与$\boldsymbol{B}$同相位要求

$$\varphi_1=\varphi_2=\varphi\tag{9.33}$$

在波的表示式(9.10)中已经承认了这一结论.

将式(9.33)分别代入式(9.30)、式(9.31)可知,$\boldsymbol{E}$ 与 $\boldsymbol{B}$ 同相位意味着:

$$\begin{cases}\dfrac{E_y}{B_z}=\dfrac{E_0}{B_0}=\text{常数} & (9.34)\\[2ex] \dfrac{\dfrac{\partial E_y}{\partial t}}{\dfrac{\partial B_z}{\partial t}}=\dfrac{E_0}{B_0}=\text{常数} & (9.35)\\[2ex] \dfrac{\dfrac{\partial E_y}{\partial x}}{\dfrac{\partial B_z}{\partial x}}=\dfrac{E_0}{B_0}=\text{常数} & (9.36)\end{cases}$$

这几个关系表明,任一时刻,在任一位置,电场强度 E_y 和磁感应强度 B_z 以及它们对时间的变化率$\dfrac{\partial E_y}{\partial t}$和$\dfrac{\partial B_z}{\partial t}$、对空间坐标 x 的变化率$\dfrac{\partial E_y}{\partial x}$和$\dfrac{\partial B_z}{\partial x}$都成比例,而且比值都等于相同的常数.其意义还可以从下面两方面来理解:

一方面,若固定空间一点 $P(x=x_P)$,该点的 E_y 和 B_z 都随时间而变化,且在振荡着,但它们的振荡是同相位的,图 9.10(a)表示在 P 点的E_y 和 B_z 的振动曲线,即 E_y-t 和 B_z-t 图线.图 9.10(b)是为便于比较而把它们绘在一个平面上的曲线图.

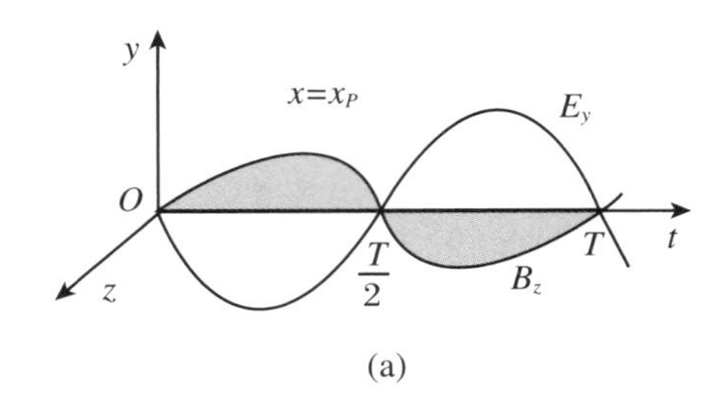

(a)

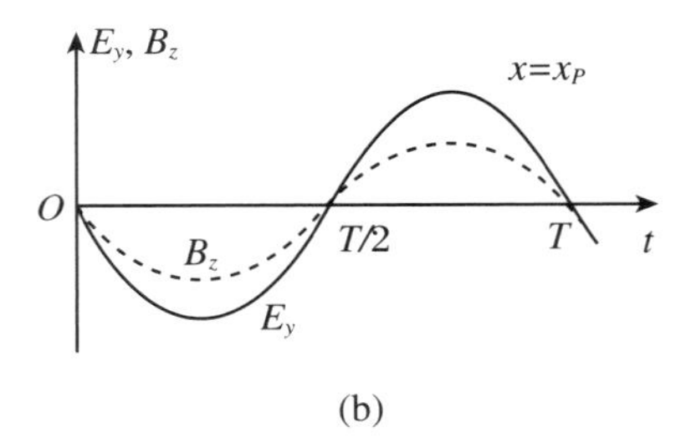

(b)

图 9.10

可见,在空间任一点,E_y 和 B_z 的变化完全同步.它们同时为零$\left(\text{图 9.10(b)中当 } t=0,\dfrac{T}{2},T \text{ 时}\right)$,同时取最大值$\left(\text{当 } t=\dfrac{T}{4}\text{时}\right)$,时时有相同的符号;在变化过程中,$\dfrac{\partial E_y}{\partial t}$与$\dfrac{\partial B_z}{\partial t}$成比例,即振动曲线在任一时刻的切线的斜率成比例,表明 E_y 和 B_z 的时间变化率也做完全同步的变化.如图 9.10 中,在 $t=\dfrac{1}{4}T$ 时,E_y 和 B_z 的变化率皆为零,在 $t=\dfrac{T}{2}$时刻,两者的变化率为正的最大,表示 E_y 和 B_z 在此时刻都正从负值通过零变为正值;在 $t=T$ 时刻,两者的变化率都为负的最大值,表示 E_y 和 B_z 在此刻都正从正值通过零变成负值,如此等等.

另一方面，若固定一个时刻 $t_0(t=t_0)$，E_y 和 B_z 随 x 坐标（空间）分布也完全“同步”. 它们的空间分布曲线，即该时刻的波形，如图 9.1 中所示. 为便于比较，我们在图 9.11 中，在同一平面上画出 t_0 时刻的 E_y 和 B_z 的波形，图中的 v 和箭头表示波速和波的传播方向.

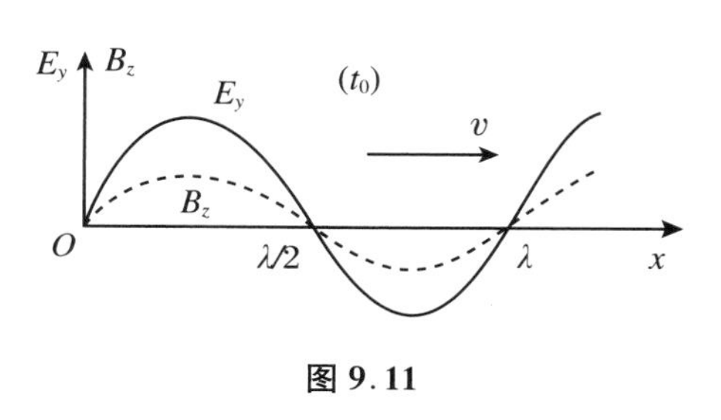

图 9.11

由图可见，对于任一确定时刻 t_0，E_y 和 B_z 的数值在任一位置都成比例. E_y 和 B_z 的波峰和波谷的位置相同，两者为零值的位置亦相同，E_y 和 B_z 的空间分布具有相同的周期性. 而且，E_y 和 B_z 对坐标 x 的变化率即 $\frac{\partial E_y}{\partial x}$ 和 $\frac{\partial B_z}{\partial x}$ 成比例. 表明在任何坐标处，两波形曲线的斜率成比例，$\frac{\partial E_y}{\partial x}$ 与 $\frac{\partial B_z}{\partial x}$ 也随 x 而作“同步”的变化. 在波峰和波谷处 $\left(x=\frac{1}{4}\lambda,\frac{3}{4}\lambda\right)$，它们都等于零；两波形曲线与 x 轴的交点 $\left(x=\frac{1}{2}\lambda,\lambda\right)$ 相同，在这些点处的 $\frac{\partial E_y}{\partial x}$ 和 $\frac{\partial B_z}{\partial x}$ 的绝对值取最大值，表示 E_y 和 B_z 的空间变化率最大.

综上所述，$\boldsymbol{E}$、$\boldsymbol{B}$ 同相位，表示 E_y 和 B_z 随时间的变化以及随坐标的分布都是完全同步的. 已知其中一个的传播规律，另一个的传播规律也就知道了，区别只是振荡的物理量不同、振幅不同以及振动的平面不同.

(2) $\boldsymbol{E}$、$\boldsymbol{B}$ 同相位的证明

自由空间的平面电磁波的波动方程虽是由麦克斯韦方程组导出的，但只靠它也不能证明 $\boldsymbol{E}$、$\boldsymbol{B}$ 同相位. 原因是波动方程式(9.9)是 $\boldsymbol{E}$ 和 $\boldsymbol{B}$ 彼此独立的波动方程. 要证明 $\boldsymbol{E}$ 与 $\boldsymbol{B}$ 同相位，必须根据 $\boldsymbol{E}$ 和 $\boldsymbol{B}$ 相互联系的规律，也即是要根据麦克斯韦方程组中联系电场和磁场的两个环路定理.

在问题讨论 4 证明 $\boldsymbol{E}\perp\boldsymbol{B}$ 的过程中，我们已经根据安培环路定理的积分形式，得到了沿 x 方向传播的平面电磁波的 E_y 和 B_z 满足的关系式（式(9.28)）. 现重写如下：

$$\frac{\partial E_y}{\partial x}=-\frac{\partial B_z}{\partial t} \tag{9.37}$$

用同样方法，可得

$$\frac{\partial B_z}{\partial x}=-\varepsilon_0\mu_0\frac{\partial E_y}{\partial t} \tag{9.38}$$

实际上，上面这两个式子就是自由空间的麦克斯韦方程组式(9.7)中的后两个方程在 $E_x=0$ 和 $B_x=0$ 情况下的两个分量式. 它表示 E_y 和 B_z 对空间坐标的变化率与它们对时间的变化率之间的相互关系.

现在设电磁波的表达式如式(9.30)、式(9.31)，对它们进行求导运算后，得

$$\frac{\partial E_y}{\partial x} = kE_0\sin(\omega t - kx + \varphi_1)$$

$$\frac{\partial B_z}{\partial t} = -\omega B_0\sin(\omega t - kx + \varphi_2)$$

代入式(9.37),得

$$kE_0\sin(\omega t - kx + \varphi_1) = \omega B_0\sin(\omega t - kx + \varphi_2).$$

此式的两端都是时间 t 和空间坐标 x 的正弦函数,要该式成立,必须

$$kE_0 = \omega B_0 \tag{9.39}$$

和

$$\varphi_1 = \varphi_2 = \varphi \tag{9.40}$$

一般情况下,为

$$\varphi_1 = \varphi_2 + 2n\pi$$

式(9.39)表明,电矢量和磁矢量之比为常数,即

$$\frac{E_0}{B_0} = \frac{\omega}{k} = f\lambda = c = \frac{1}{\sqrt{\varepsilon_0\mu_0}} \tag{9.41}$$

此常数为电磁波在真空中的波速.这就是式(9.14)在真空中的特殊形式.

式(9.40)表明,E_y 和 B_z 的振荡是同相位的.(一般的 $\varphi_1 = \varphi_2 + 2n\pi$ 也是同相位之意.)

我们也可根据式(9.38)得到上述结果.

事实上,一切平面波(包括机械波、电磁波等)都可以表示成某一物理量 ξ 作为时间 t 和空间坐标 x 的如下函数:

$$\xi = \xi_0 f(\omega t \mp kx + \varphi) \tag{9.42}$$

其中,kx 前面取“-”号表示该波动沿 x 正方向传播,取“+”号表示波动沿 x 负方向传播.如果有另一物理量 η 也是 t 和 x 的相同的函数,则

$$\eta = \eta_0 f(\omega t \mp kx + \varphi) \tag{9.43}$$

上述两个函数描述了两个沿 x 轴传播的平面波.函数 f 的宗量 $\omega t \mp kx + \varphi$ 相同,表示两波相位相同.不难证明,这种情况下,ξ 和 η 中的一个对时间的偏导数与另一个对空间的偏导数间有简单的比例关系:

$$\frac{\partial \xi}{\partial x} = \mp\frac{k\xi_0}{\omega\eta_0}\frac{\partial \eta}{\partial t} \tag{9.44}$$

$$\frac{\partial \eta}{\partial x} = \mp\frac{k\eta_0}{\omega\xi_0}\frac{\partial \xi}{\partial t} \tag{9.45}$$

若在上两式中取“-”号,把 ξ 换成 E_y,η 换成 B_z,并注意 $\frac{kE_0}{\omega B_0} = 1$,$\frac{kB_0}{\omega E_0} = \frac{1}{c^2} = \varepsilon_0\mu_0$,上两式即为式(9.37)、式(9.38).可见,麦克斯韦方程组中的两个环路定理(式(9.37)、式(9.38)是它的微分形式的分量式)本身就注定了平面电磁波中的 **E** 和 **B** 必须是同

相位的，不管这个平面波是不是简谐波.其实质是:变化的电场(位移电流)感生磁场、变化的磁场感生电场(感应电场)的规律确定了电磁互感在自由空间所产生的电磁波中，$\boldsymbol{E}$ 矢量和 $\boldsymbol{B}$ 矢量的振荡必是同相位的.

6. 电磁波的三种速度

19 世纪 80 年代以前，人们对光的传播速度的认识是单纯的，认为它就是振动相位的传播速度.后来用不同方法测量色散明显的介质的折射率——用折射定律测定与直接测量光在空气中的速度和在介质中的传播速度之比值——得到不同的结果.这促使瑞利对光速概念进行深入的研究，并提出了光(电磁波)的群速概念，解决了实验中出现的矛盾.现在人们知道，电磁波有三种速度:**相速**、**群速**和**能量传播速度**.它们的定义不同，一般情况下，它们的数值和意义都是不相同的.

(1) 相速度

相速度即相位传播的速度，亦即电磁振荡的同相位点向前传播的速度.设沿 x 方向传播的平面电磁波表达式为

$$E_y = E_0\cos(\omega t - kx) \tag{9.46}$$

图 9.12 中画出此波在 t 和 $t' = t + \Delta t$ 两时刻的波形.可见，t 时刻在 x 处的相位经 Δt 时间于 t' 时刻传到了 $x' = x + \Delta x$ 处.根据式(9.46)，有

$$\begin{aligned}\omega t - kx &= \omega t' - kx' \\ &= \omega(t + \Delta t) - k(x + \Delta x)\end{aligned}$$

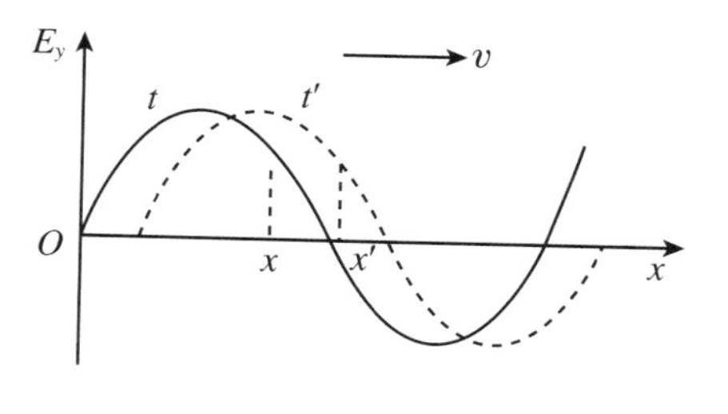

图 9.12

解得

$$\frac{\Delta x}{\Delta t} = \frac{\omega}{k} = f\lambda = v \tag{9.47}$$

这表示同相位点的空间坐标对时间的变化率就是相位传播的速度，称为**相速**，记作 v.相速等于频率 f 与波长 λ 的乘积.

单一频率的“单色”电磁波在介质中传播的速度就是该“单色”电磁波的相速.在真空中，各种频率的电磁波都以相等的相速传播.电磁波在真空中的相速就是电磁波在真空中的传播速度$\left(c = \dfrac{1}{\sqrt{\varepsilon_0\mu_0}}\right)$，它是一个基本的物理常数.

(2) 群速度

在色散介质中，不同频率的电磁波以不同的相速传播.因此，包含不同频率的“复色”电磁波在色散介质中的传播速度问题也就随之复杂化了.

下面，讨论两个同方向传播，振幅相同，频率略有差异，因而相速略有差异的两个

平面电磁波在色散介质中传播的情形.两波的角频率和波数分别为

$$\omega_0+\Delta\omega,\quad \omega_0-\Delta\omega$$

$$k_0+\Delta k,\quad k_0-\Delta k$$

两波的表达式分别为

$$E_{y1}=E_0\cos[(\omega_0+\Delta\omega)t-(k_0+\Delta k)x] \tag{9.48}$$

$$E_{y2}=E_0\cos[(\omega_0-\Delta\omega)t-(k_0-\Delta k)x] \tag{9.49}$$

两波叠加得总电场的波动规律为

$$\begin{aligned}E_y&=E_{y1}+E_{y2}\\&=E_0\{\cos[(\omega_0+\Delta\omega)t-(k_0+\Delta k)x]+\cos[(\omega_0-\Delta\omega)t-(k_0-\Delta k)x]\}\end{aligned}$$

应用三角函数和差化积公式,合成波表达式可化简为

$$E_y=2E_0\cos(\Delta\omega t-\Delta kx)\cdot\cos(\omega_0t-k_0x) \tag{9.50}$$

可见,合成的电磁波可表述为两个具有向 x 轴正方向传播的、时间和空间坐标的余弦函数的乘积.由于 $\Delta\omega\ll\omega_0$,$\Delta k\ll k_0$,第一个余弦函数随 t 和 x 的变化而做缓慢的周期性变化,第二个余弦函数则随 t 和 x 的变化而做迅速的周期性变化.于是,我们可以把合成的电磁波看做振幅被缓变的周期函数 $\cos(\Delta\omega t-\Delta kx)$ 调制、频率为 ω_0、波数为 k_0 的平面电磁波.其波形如图 9.13 中的实线所示.振幅应是正数,被调制后的振幅表示为

$$E_0'=2E_0\,|\cos(\Delta\omega t-\Delta kx)| \tag{9.51}$$

则合成后的平面电磁波应表示为

$$E_y=\begin{cases}E_0'\cos(\omega_0t-k_0x) & (\cos(\Delta\omega t-\Delta kx)>0)\\ 0 & (\cos(\Delta\omega t-\Delta kx)=0)\\ -E_0'\cos(\omega_0t-k_0x)=E_0'\cos(\omega_0t-k_0x+\pi) & (\cos(\Delta\omega t-\Delta kx)<0)\end{cases} \tag{9.52}$$

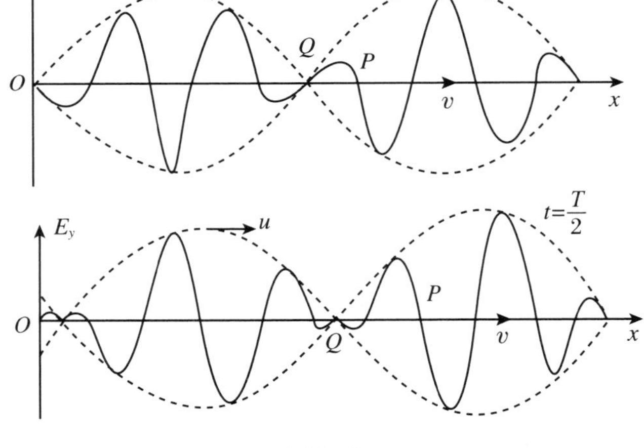

图 9.13

图中用粗虚线表示的包络线即为 $t=0$ 和 $t=\frac{T}{2}$ 两个时刻振幅的空间分布情况(振幅的波形).用实线表示的即为 $t=0$ 和 $t=\frac{T}{2}$ 时刻的合成电磁波的(振幅已被调制的)波形.

对于这种情形,存在着两种不同性质的传播速度:一是合成电磁振荡的相位传播速度,即相速度.如在图中的 P 点,相位为 $-\frac{\pi}{2}$,这个相位(即振荡的状态)以相速 v 传播.图中标示了 $t=0$ 和 $t=\frac{T}{2}$ 时这个相位点 P 的位置.某一确定相位点(常相位点)的时空坐标满足

$$\omega_0 t - k_0 x = \varphi = 常数 \tag{9.53}$$

两边求微分(注意 ω_0 和 k_0 为常量),得常相位点的变化速度(即相速度)为

$$\frac{\mathrm{d}x}{\mathrm{d}t} = \frac{\omega_0}{k_0} = c \tag{9.54}$$

另一种传播速度是振幅波形(图中的包络线)的传播速度,即**具有相同振幅的点的空间坐标随时间而变化的速度**,这称为**群速度**,记作 u.如图 9.13 中的 Q 点,该点是振幅为零的点,它以群速 u 从 $t=0$ 时刻的位置变化到 $t=\frac{T}{2}$ 时刻的位置.根据式(9.51),振幅不变点 $E_0'=$ 常量,其时空坐标满足的关系为

$$\Delta\omega t - \Delta k x = 常量 \tag{9.55}$$

两边求微分,注意 $\Delta\omega$、Δk 为常量,可得

$$\frac{\mathrm{d}x}{\mathrm{d}t} = \frac{\Delta\omega}{\Delta k}$$

这便是群速度 u,一般可表示为

$$u = \frac{\mathrm{d}\omega}{\mathrm{d}k} = 2\pi\frac{\mathrm{d}f}{\mathrm{d}k} \tag{9.56}$$

即群速度等于电磁波的角频率对波数的变化率(导数).我们知道波数 $k=\frac{2\pi}{\lambda}$,而 $\lambda=\frac{v}{f}$,这里的 v 是频率为 f 的电磁波的相速度.在色散介质中,频率 f(或 $\omega=2\pi f$)不同的电磁波的相速度 v 是不同的,这样,波长 λ 和波数 k 也都不同.所以,群速度依赖于介质的色散情况,也就是与相速随频率变化的具体规律有关.

群速也可看成波的包络线——振幅的波形——的相位传播速度.包络线的相邻两最小点(图 9.12 中振幅为零的两点)之间的区域可看做是一个波包.因此,群速又可看做波包传播的速度.它不同于电磁波的相速度,从图 9.13 中也可看出相速度和群速度是有区别的.

群速度概念只适用于吸收很小的透明波段,对于强烈吸收的波段,群速度则失去

其意义.

(3) 能量速度

能量速度即电磁波的能量传播速度,记为 v_e.

电磁波的能流密度矢量,即坡印亭矢量的方向表示电磁波能量传播的方向,大小表示单位时间通过与传播方向垂直的单位面积的能量.坡印亭矢量为

$$\boldsymbol{S} = \boldsymbol{E} \times \boldsymbol{H} = \frac{1}{\mu_r \mu_0} \boldsymbol{E} \times \boldsymbol{B} \tag{9.57}$$

单位体积内电磁波的电磁能量即能量密度为

$$w = \frac{1}{2}(\boldsymbol{E} \cdot \boldsymbol{D} + \boldsymbol{B} \cdot \boldsymbol{H}) = \frac{1}{2}\left(\varepsilon_r \varepsilon_0 E^2 + \frac{1}{\mu_r \mu_0} B^2\right) \tag{9.58}$$

电磁波的能流密度与能量密度的比值有速度的量纲,表示能量传播的速度.所以,能量速度的定义为

$$v_e = \frac{S}{w} \tag{9.59}$$

(4) 三种速度的关系

① 在无色散的介质中,各种频率的电磁波的相速 v 相同,波数对频率的依赖关系为

$$k = \frac{2\pi}{\lambda} = \frac{2\pi f}{v} = \frac{\omega}{v}$$

其中,v 为常数.

群速度为

$$u = \frac{d\omega}{dk} = \frac{d\omega}{\dfrac{d\omega}{v}} = v \tag{9.60}$$

即群速与相速相等.

由于平面电磁波的 $\boldsymbol{E} \perp \boldsymbol{B}$,所以由式(9.59)可知,能量速度为

$$v_e = \frac{\dfrac{1}{\mu_r \mu_0} EB}{\dfrac{1}{2}\left(\varepsilon_r \varepsilon_0 E^2 + \dfrac{1}{\mu_r \mu_0} B^2\right)} \tag{9.61}$$

由于 E、B 之间有关系(式(9.14)),即

$$\frac{E}{B} = \frac{E_0}{B_0} = \frac{1}{\sqrt{\varepsilon_r \varepsilon_0 \mu_r \mu_0}} = v$$

代入式(9.61),整理后得

$$v_e = v \tag{9.62}$$

即能量速度亦等于相速度.

可见,对于在无色散介质中传播的电磁波,相速、群速和能量速度都相等,故通常

不加以区分,都称作电磁波的传播速度.在真空中,这三种速度都等于 c.

② 在色散介质中,群速和相速不同,在前面已说明.可以证明,它们之间的关系为

$$u = v - \lambda \frac{\mathrm{d}v}{\mathrm{d}\lambda} \tag{9.63}$$

正常色散介质:相速随波长增长而增大,即 $\frac{\mathrm{d}v}{\mathrm{d}\lambda}>0$,群速小于相速,即 $u<v$;

反常色散介质:$\frac{\mathrm{d}v}{\mathrm{d}\lambda}<0$,群速大于相速,即 $u>v$.

对于无吸收(无损耗或损耗很小)的色散介质,群速度等于能量速度[4].

能量速度代表着真实的"信号"传递,它是不能超过真空中的光速的.而在一定情形下,相速度可以超过真空中的光速值.例如,在波导中传播的电磁波,群速度、能量速度均小于相速度,当波长增长而趋近于截止波长时(波长大于截止波长时,将不能沿波导传播;当波长等于截止波长时,将在波导管中形成驻波),相速度就趋于无限大,而能量速度和群速度将趋于零.

7. 关于电磁场的能量流动和动量

(1) 变化电磁场——电磁波的能量辐射

变化的电磁场以波动形式在空间传播,同时伴有电磁场能量的传播.波源将其他形式的能量转化成电磁场的能量向外发射电磁波的过程称为**辐射**.

我们以在真空中传播的球面电磁波为例说明这个问题.从点波源发出,沿任一矢径 $\boldsymbol{r}$ 方向传播的球面简谐电磁波表达式为

$$E = \frac{E_0}{r}\cos(\omega t - kr) \tag{9.64}$$

$$B = \frac{B_0}{r}\cos(\omega t - kr) \tag{9.65}$$

电矢量 $\boldsymbol{E}$、磁矢量 $\boldsymbol{B}$ 与波传播方向($\boldsymbol{r}$ 方向)三者相互垂直,并构成右手螺旋关系.E_0 和 B_0 为常量,相当于在 $r=1$ m 处电矢量和磁矢量的幅值.式(9.64)、式(9.65)表明,球面电磁波的振幅$\left(\frac{E_0}{r}和\frac{B_0}{r}\right)$与到波源的距离成反比,它们之间的关系仍满足式(9.14),即在真空中有

$$B_0 = \sqrt{\varepsilon_0\mu_0}E_0 = \frac{E_0}{c} \tag{9.66}$$

在时刻 t,距波源 r 处,电磁场的能量密度为

$$w = \frac{1}{2}\varepsilon_0 E^2 + \frac{1}{2\mu_0}B^2 = \frac{1}{2r^2}\left(\varepsilon_0 E_0^2 + \frac{1}{\mu_0}B_0^2\right)\cos^2(\omega t - kr)$$

应用式(9.66),可得

$$w = \frac{\varepsilon_0 E_0^2}{r}\cos^2(\omega t - kr) = \frac{\varepsilon_0 E_0^2}{r}\cos^2\omega\left(t - \frac{r}{c}\right) \tag{9.67}$$

可见,电磁场能量密度也是以波动形式沿着 $\boldsymbol{r}$ 方向传播的,传播的速度也是 c.与式(9.64)、式(9.65)相比,不同的是球面简谐电磁波的能量密度随相位 $\omega t - kr$ 做余弦平方的变化.这一方面表明,空间任一位置在任何时刻,能量密度都不可能是负值;另一方面,由于 $\cos^2$ 函数的周期是 cos 函数的周期的一半,故能量密度波的频率是相应电磁波频率的二倍,波长是电磁波波长的一半.

在一个周期的时间内,球面电磁波能量密度的平均值,即平均能量密度为

$$\bar{w} = \frac{\varepsilon_0 E_0^2}{2r^2} \tag{9.68}$$

可见,平均能量密度与到波源的距离的平方成反比,或与电磁波电矢量的振幅(E_0/r)的平方成正比.

球面电磁波的电磁场能量以波速 c 向四面八方辐射,单位时间通过与传播方向垂直的单位面积的能量,即电磁波的能流密度为

$$S = wc = \frac{c\varepsilon_0 E_0^2}{r^2}\cos^2\omega\left(t - \frac{r}{c}\right) \tag{9.69}$$

可直接应用坡印亭矢量的定义式 $\boldsymbol{S} = \frac{1}{\mu_0}\boldsymbol{E}\times\boldsymbol{B}$,并将式(9.64)~式(9.66)代入而求得式(9.69).可见,能流密度也是以波速 c 向前传播着的.在一周期内的平均能流密度通常称为电磁波的强度 I,其等于

$$I = \bar{S} = \frac{c\varepsilon_0 E_0^2}{2r^2} \tag{9.70}$$

可见,**球面波的辐射强度与到波源的距离平方成反比,与电矢量振幅的平方成正比**.

球面电磁波的能量来自波源,在无损耗的情况下,波源的**平均发射功率** P 表示平均每秒发射出的能量,它与单位时间内通过半径为 r 的球面传播出去的能量应当相等,因此,球面电磁波的强度与波源的发射功率之间的关系为

$$I = \frac{P}{4\pi r^2} \tag{9.71}$$

(2) 电磁波的辐射压强[5]

现在我们再讨论辐射压力问题.根据能量和动量的普遍关系,从理论上可以导出电磁场也具有动量.单位体积内的电磁场动量,即动量密度 $\boldsymbol{g}$ 与坡印亭矢量(能流密度矢量)之间的关系为

$$\boldsymbol{g} = \frac{\boldsymbol{S}}{c^2} \tag{9.72}$$

如果电磁波具有动量,当电磁波入射到某一介质表面被反射(或同时被吸收一部分)时,电磁波的动量密度将发生变化,那么,必然会联系着对介质表面的压力.事实上正是如此,这个压力叫做**辐射压力**.

电磁波射到吸收强烈的导体表面时，对导体表面产生辐射压力的机理可作如下解释：当电磁波照射到导体表面上时，电磁波中的电场将使导体内的自由电子运动起来，形成同电场方向相同的电流. 电磁波中的磁场又将对这些电流施加安培力作用. 这个作用力的方向总与入射电磁波的方向相同，其大小当然正比于被照射的导体的表面面积，因而具有压力的性质.

对于能完全吸收电磁波的所谓“黑体”，电磁波对黑体的辐射压强 p 等于入射电磁波的能量密度(即 $p=w$). 导电性能极好(σ 很大)的导体表面几乎可以完全反射电磁波. 对于完全反射电磁波的表面，电磁波的辐射压强等于入射电磁波能量密度的两倍(即 $p=2w$).

一般情况下，电磁波对既不完全吸收也不完全反射的金属表面的辐射压强与入射波的能量密度的关系为

$$p = (1+\rho)w = (1+\rho)\frac{S}{c} \tag{9.73}$$

其中，ρ 为反射系数，$0<\rho<1$.

由于光速 c 很大，在实际可获得的辐射强度下，辐射压力都很小. 例如，照射地球的日光在大气层处的辐射强度约为 $1.4\times10^3\ \mathrm{J/(m^2\cdot s)}$. 当它完全被吸收时，所产生的压强约为 $4.7\times10^{-6}\ \mathrm{N/m^2}$. 可见，光的辐射强度是十分微小的，要测定它的确不容易.

俄国物理学家列别捷夫于 1901 年以精密实验测定出了光压. 他用细丝挂起极轻的悬体，其两端各固定一个小翼，一个涂黑，几乎可以全部吸收光；一个光亮，几乎可全部反射光. 整个装置放在真空室中，成为扭转极灵敏的装置. 然后将强弧光聚射到小翼上. 由于黑翼和光亮翼受到的辐射压力不同，因而悬体就会扭转到一定的角度，从而可测出小翼上受的光压大小. 再测出辐射的强度，从而证实了理论预言的光压.

(3) 稳恒电场和磁场中的能流[6]

只有稳恒电场($B=0$)或只有稳恒磁场($E=0$)时，都没有能量的流动($S=0$). 在电场和磁场同时存在的地方才可能有能流. 在同时存在稳定的电场和磁场的区域，根据能流密度(坡印亭矢量)的定义，只要 $\boldsymbol{E}$ 与 $\boldsymbol{B}$ 不平行，也就会有能流($S\neq0$)，但能流是稳定的，空间各点的电磁能量密度都是常量. 这与变化电磁场的能量辐射是有区别的. 我们用实例来说明稳定场中能量流动的性质.

例如，对于充电的圆柱形电容器(内筒带正电，外筒带负电)处在与圆柱轴线平行的稳定磁场中的情形(图 9.14)，能流是闭合的，场中各点能量密度保持不变，没有能量的辐射.

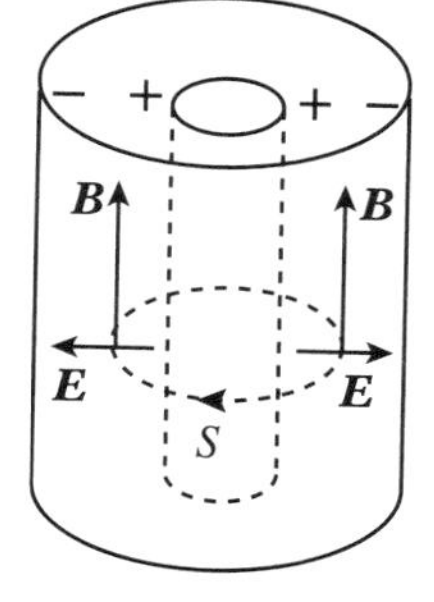

图 9.14

由于稳定场不辐射能量，场中各点的能量密度不变，故难于直接观察稳定场的能量流动. 但是，可以通过一些理想实验，从稳定电场和磁场的消失过程中出现的情形，根据普遍的动量守恒、角动量守恒定律来说明：原来的稳恒场中必有电磁场动量和角动量，因而原来的稳恒场中也就一定具有能量的流动.

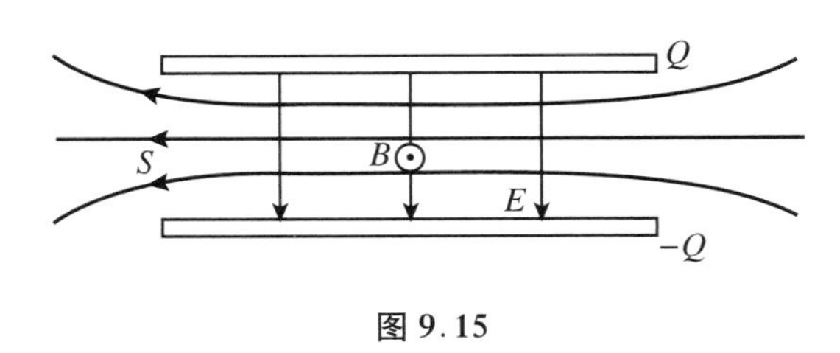

图 9.15

例 1 如图 9.15 所示，带电平行板面积为 A，极板间距为 l，且 l 比极板的线度小得多. 当同时存在极板间的电场和垂直指向外的稳恒磁场时，根据 $\boldsymbol{S}=\frac{1}{\mu_0}\boldsymbol{E}\times\boldsymbol{B}$，存在如图中所示的能流，能流从图中右方无限远处流来，向左方无限远处流去. 设想用一根导线连通正负极，使两极板的电荷放电，导线中的放电电流在磁场中定会受安培力，其方向指向图中的左方，使导线具有向左的横向动量. 根据普遍的动量守恒定律，放电过程中导线获得的机械动量应该是原来稳定场中的电磁动量转化而来的. 定量计算如下：

设放电的某一时刻，极板上的电荷分别为 Q 和 $-Q$. 能流密度为

$$S=\frac{1}{\mu_0}EB=\frac{Q}{\varepsilon_0 A}\frac{B}{\mu_0}=\frac{QB}{\varepsilon_0\mu_0 A}$$

动量密度为

$$g=\frac{S}{c^2}=\frac{QB}{c^2\varepsilon_0\mu_0 A}=\frac{QB}{A}$$

两极板间的空间内，电磁场的总动量为

$$G=gAl=QBl$$

动量变化率为

$$\frac{\mathrm{d}G}{\mathrm{d}t}=Bl\frac{\mathrm{d}Q}{\mathrm{d}t}=IBl$$

正好与安培力 IBl 一致. 这表明放电导线所获得的机械动量正是由电磁动量转化而来的. 可见，稳定场中存在向左的电磁动量，也就必然有向左的能量流动.

例 2 如图 9.16 所示，一个可绕竖直轴无摩擦转动的塑料圆盘，其中部有一个通稳恒电流的线圈，线圈中的电流产生稳恒磁场 $\boldsymbol{B}$. 在塑料盘边缘固定一些相同的金属小球，并使这些金属小球带上正电荷，因此空间分布有静电场. 图中只示意地画出了两根电场线和两根磁感线. 按照坡印亭理论推断，空间存在闭合的环形逆时针方向的能流，也画在图中. 因此，相应地就具有环形的逆时针方向的电磁动量，因而也应存在沿轴指向上的电磁角动量. 如何证实上述推断?

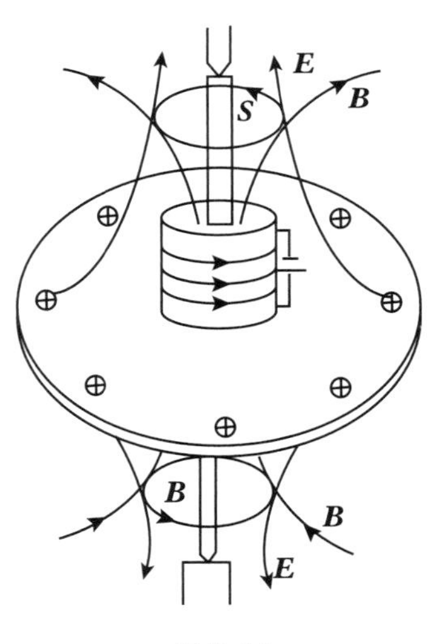

图 9.16

我们切断线圈中的电流，并保证这一操作不会给圆盘加上任何力矩. 由于电流消失，磁场随之消失，磁场的变化必然在空间中产生围绕转轴的逆时针方向的感应电场 E_{i}. 固定在圆盘周围的带正电的金属小球受感应电场力的作用，这些力对轴有逆时针

方向的力矩,故圆盘在线圈电流切断后应当绕逆时针方向转动起来,从而具有沿轴指向上的角动量.这应当是没有疑问的.

我们总是确信动量守恒定律、角动量守恒定律和能量守恒定律一样是自然界的普遍定律.在上述情况下,圆盘的机械角动量从无到有的增加,表面上看是磁场消失产生的感应电场对带电金属球的作用力的力矩产生的.但就整个系统而言,这增加的角动量似乎是从天上降下来的,与角动量守恒相违背.著名的美国物理学家费曼在其《费曼物理讲义》中提出了这个转动圆盘的“佯谬”,并幽默地说:“谁解答了这一佯谬,谁就发现了电磁学中的一个基本原理.”

看来,只有承认在切断电流以前的稳恒电磁场中存在着逆时针方向的电磁角动量,才能使断电后圆盘的转动符合角动量守恒定律.正是原来就存在于空间的电磁角动量在断电引起的磁场消失的过程中转换成了圆盘转动的角动量,感应电场的力矩是这种转换的媒介.费曼所指的那个电磁学基本原理大概就是指包括电磁场角动量的普遍的角动量守恒定律.

可见,在从稳恒到变化的转化中,根据守恒定律可证明在稳恒的电场和磁场中存在着动量、角动量.与此相联系,稳恒场中存在着电磁场能量的流动也就得到了间接的证明.

(4) 电路中能量是怎样从电源传输到负载的?

一经接通电源,无论多远的电灯即刻发光,电动机即刻转动.在第3章中已经说明,这绝不是靠漂移速度仅为每秒几毫米的自由电子从电源开始以接力赛跑形式形成电流的,而是由于电源接通,立即在线路中形成电场(电场以光速传播).电场推动线路上各处的自由电子同时开始定向漂移运动,因而线路各处立即形成电流.这种解释虽然正确,但未接触到能量从电源不断地传输到线路及负载中去的机理.概括地说,电路中能量的传输和转换是电源将其他形式的能量转换为电磁场能量,电磁场的能流把这些能量沿导线传送到电路各部分,并流进导线和负载中,再转换为其他形式的能量.现在,我们以直流电为例,讨论这一问题.

① 电磁场能量由电源流出.

电源靠非静电力做功把正电荷经电源内部从负极搬运到正极,形成电场,并在电源内部形成从负极到正极的电流.这个电流又激发磁场.图9.17表示出电流 I、电场 $\boldsymbol{E}$ 和磁场 $\boldsymbol{B}$ 的方向.由于在每一点 $\boldsymbol{E}$ 和 $\boldsymbol{B}$ 正交,故形成从电场向电源外部空间流动的电磁场能流 $\boldsymbol{S}=\dfrac{1}{\mu_r\mu_0}\boldsymbol{E}\times\boldsymbol{B}$,如图9.17所示.从电源流出的电磁场能量是靠非静电力做功将其他形式的能量(如化学能等)转换来的.

图9.17

② 导线引导电磁场能量向负载传输,同时将流入导线部分的电磁场能量转化为焦耳热.

在电源外部,导线表面是有电荷分布的.在靠近正极的导线表面分布有正的电

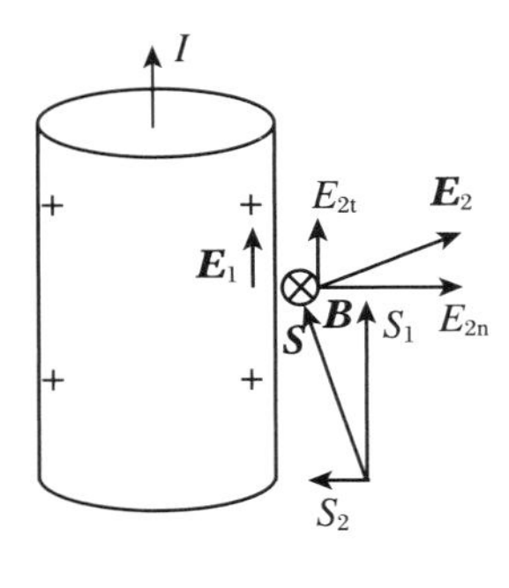

图 9.18

荷,图 9.18 表示靠近正极的一段导线.图中的 $\boldsymbol{E}_1$、$\boldsymbol{E}_2$ 分别为导线内和导线表面外 P 点的电场强度.导线常用良导体做成,电导率 σ 很大,在通常大小的电流情形下,导线内沿电流方向的电场强度 E_1 很小(欧姆定律:$\boldsymbol{j}=\sigma\boldsymbol{E}$).又根据电场的边值关系,导线表面内外的场强切向分量连续,即 $E_{2t}=E_{1t}=E$;在表面法线方向,场强的分量满足

$$\varepsilon_{r2}\varepsilon_0 E_{2n}-\varepsilon_{r1}\varepsilon_0 E_{1n}=\sigma_0$$

式中,σ_0 为表面的面电荷密度,在靠近电源的导线上,σ 为正.由于导体内的场强与表面平行,$E_{1n}=0$,故有

$$E_{2n}>0$$

所以,导线表面外 P 点的场强方向如图 9.18 所示.磁感应强度 $\boldsymbol{B}$ 垂直指向里.由 $\boldsymbol{E}_2$ 和 $\boldsymbol{B}$ 决定的电磁场能流密度矢量 $\boldsymbol{S}=\dfrac{1}{\mu_0}\boldsymbol{E}_2\times\boldsymbol{B}$ 可分解为沿电流方向的分量 S_1 和垂直于导体表面指向导体内的分量 S_2,前者由 E_{2n} 和 B 决定,后者由 E_{2t} 和 B 决定,即

$$\boldsymbol{S}=\frac{1}{\mu_0}\boldsymbol{E}_2\times\boldsymbol{B}=\frac{1}{\mu_0}\boldsymbol{E}_{2n}\times\boldsymbol{B}+\frac{1}{\mu_0}\boldsymbol{E}_{2t}\times\boldsymbol{B}=\boldsymbol{S}_1+\boldsymbol{S}_2$$

沿导线与电流 I 方向相同的能流分量 $S_1=\dfrac{1}{\mu_0}E_{2n}B$ 流向负载,即将电磁场能量输送到负载.

垂直于导线表面流向导线内的能流分量 $S_2=\dfrac{1}{\mu_0}E_{2t}B$,将空间电磁场的能量注入导线,转化为焦耳热.以下计算可证明这一结论.

设一段导线长为 l,半径为 a,则侧面积为 $A=2\pi al$.由于存在 S_2,单位时间内流入导线的电磁场能量为

$$\frac{\Delta W}{\Delta t}=\iint_A S_2\mathrm{d}A=\frac{1}{\mu_0}E_{2t}B\cdot 2\pi al$$

由于

$$E_{2t}=E_1=\frac{1}{\sigma}\cdot j=\frac{1}{\sigma}\frac{I}{\pi a^2}$$

$$B=\frac{\mu_0 I}{2\pi a}$$

所以

$$\frac{\Delta W}{\Delta t}=\frac{I^2 l}{\sigma\pi a^2}=I^2R$$

其中,应用了电阻定律 $R=\rho\dfrac{l}{\pi a^2}=\dfrac{1}{\sigma}\dfrac{l}{\pi a^2}$.可见,单位时间内通过导线表面流入的电磁场能量正好等于单位时间内这段导线的焦耳热.

对于靠近负极的导线,其表面带有负电,通过类似的分析,可得出相同的结论.

③ 电磁场能流流入负载,转化为其他形式能量.

设负载是电阻性的,电阻率很大,电导率 σ 很小,因此,在额定电流下负载中的电场 $\boldsymbol{E}_1$ 很强,而负载表面的电荷密度很小.所以,负载内外的电场可近似看做平行于导线表面,如图 9.19 所示.根据 $\boldsymbol{S}=\frac{1}{\mu}\boldsymbol{E}\times\boldsymbol{B}$,空间的电磁场能流几乎是垂直指向负载内的,并转化为电阻性负载内的焦耳热.

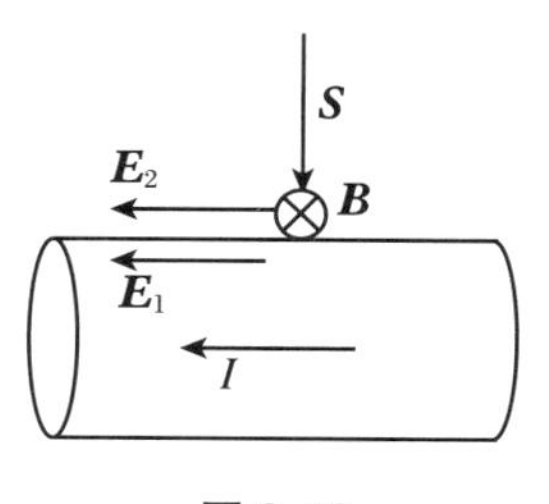

图 9.19

综上所述,即使在稳恒直流电路中,能量也是通过电路周围空间的稳恒电场、磁场的能流,从电源输送到外电路上,再到负载中去的.在这里,电场、磁场的能流是不闭合的,它从电源发出,流入电路、负载中.在它的起端与终端,都联系着电磁能和其他形式能量的转换过程.图 9.20 概括地表明直流电路中电磁能量流动的情况,图中的箭矢表示电磁场能流密度,“+”与“-”分别表示导线表面上分布的电荷的种类.电路中的电流是沿逆时针方向的.

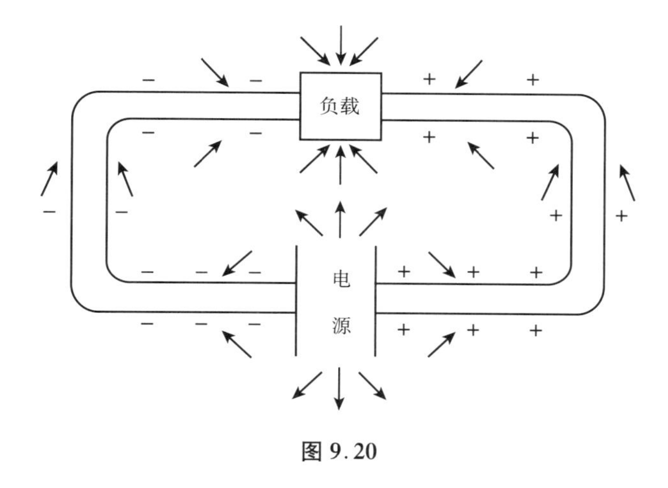

图 9.20

参 考 文 献

[1] 陈熙谋.Maxwell 电磁场理论的建立和它的启迪[J].大学物理,1986(10/11):33-39;27-34.

[2] 松鹰.麦克斯韦与电磁理论[J].自然,1979(11):11-18,21,66.

[3] 克劳斯.电磁学[M].北京:人民邮电出版社,1979.

[4] 赵凯华.电磁波的群速与能量传播速度[J].大学物理,1984(10):1-4.

[5] 严济慈.电磁学[M].北京:高等教育出版社,1989:467-481.

[6] 陈熙谋.能流密度概念不适用于静电场吗?[M]//电磁学专辑.北京:北京工业大学出版社,1988:169-173.

中国科学技术大学出版社中学物理用书(部分)

初中物理培优讲义.一阶/郭军
初中物理培优讲义.二阶/郭军
新编初中物理竞赛辅导/刘坤
高中物理学(1—4)/沈克琦
高中物理学习题详解/黄鹏志　李弘　蔡子星
中学奥林匹克竞赛物理教程·力学篇(第2版)/程稼夫
中学奥林匹克竞赛物理教程力学篇习题详解/于强　朱华勇　张鹏飞　程稼夫
中学奥林匹克竞赛物理教程·电磁学篇(第2版)/程稼夫
中学奥林匹克竞赛物理讲座(第2版)/程稼夫
中学奥林匹克竞赛物理进阶选讲/程稼夫
高中物理奥林匹克竞赛标准教材(第2版)/郑永令
中学物理奥赛辅导:热学·光学·近代物理学(第2版)/崔宏滨
物理竞赛专题精编/江四喜
物理竞赛解题方法漫谈/江四喜
奥林匹克物理一题一议/江四喜
物理竞赛教练笔记/江四喜
全国中学生物理竞赛预赛试题分类精编/张元元
全国中学生物理竞赛复赛试题分类精编/张元元
全国中学生物理竞赛决赛试题分类精编/张元元
物理学难题集萃.上、下册/舒幼生　胡望雨　陈秉乾
强基计划校考物理模拟试题精选/方景贤　陈志坚
强基计划物理一本通:给高中物理加点难度/郑琦
强基计划校考物理培训讲义/江四喜
高校强基计划物理教程:力学/邓靖武　肖址敏
高校强基计划物理教程:电磁学/邓靖武　肖址敏
高中物理解题方法与技巧(第2版)/尹雄杰　王文涛
物理高考题精编(3册)/王溢然
中学物理数学方法讲座/王溢然
高中物理经典名题精解精析/江四喜
高中物理一点一题型(第2版)/温应春
高中物理一诀一实验/温应春　闫寒　肖国勇
高中物理母题与衍生:力学篇(第2版)/董马云
力学问题讨论/缪钟英　罗启蕙
电磁学问题讨论/缪钟英